中国地震局监测预报专业重点教材

测震学原理与方法

中国地震局监测预报司　编

地　震　出　版　社

图书在版编目（CIP）数据

测震学原理与方法/中国地震局监测预报司编.
—北京：地震出版社，2017.2（2024.5重印）
中国地震局监测预报专业重点教材
ISBN 978-7-5028-4725-8
Ⅰ.①测… Ⅱ.①中… Ⅲ.①测震学－教材 Ⅳ.①P315.6
中国版本图书馆 CIP 数据核字（2016）第 021624 号

地震版 XM5813/P（5421）

测震学原理与方法
中国地震局监测预报司 编
责任编辑：刘素剑
责任校对：凌 樱

出版发行：地震出版社
北京市海淀区民族大学南路 9 号 邮编：100081
发行部：68423031 68467993
总编室：68462709 68423029
http://www.seismologicalpress.com
经销：全国各地新华书店
印刷：北京华强印刷有限公司

版（印）次：2017 年 2 月第一版 2024 年 5 月第二次印刷
开本：787×1092 1/16
字数：781 千字
印张：30.5
书号：ISBN 978-7-5028-4725-8
定价：80.00 元

《测震学原理与方法》编写组

（按姓氏笔画排序）

马　强　王　俊　代光辉　闫民正　刘瑞丰　杨大克
杨　陈　陈书清　陈　阳　陈智勇　何少林　何家勇
张立文　张晁军　罗新恒　房立华　孟晓春　赵　永
赵仲和　侯建民　段天山　袁松湧　袁　顺　高景春
黄文辉　黄志斌　梁建宏　康　英　廖诗荣　薛　兵

序

地震学的研究、应用与发展，依赖于高质量的观测数据。

我国几代地震科技工作者经过数十年的不懈努力，建成了由国家台网、区域台网和流动台网构成的多层次的观测系统，实现了观测仪器数字化、观测系统网络化、地震速报自动化，这是我国地震监测工作的历史性突破，提升了地震观测数据应用于地震应急、社会服务及科学研究的效能。

然而，数字化地震观测网络系统的建设和运维，高质量观测数据的获取和处理，地震参数的测定与速报，波形数据的管理与服务，地震目录及观测报告的产出等，都要求我们的监测技术人员熟练掌握观测仪器原理、观测系统构成、观测数据质量评估及管理、地震参数测定的理论、方法和技术，并在实际工作中灵活应用。

中国地震局非常重视地震监测人员的知识更新和专业素质的提升，自2004年起，持续开展面向监测一线的岗位培训、知识更新培训等，并组织专家学者编写了配套培训教材《地震学与地震观测》。但是地震监测的技术发展很快，教材中的许多内容需要更新和充实，为此，测震学科协调组根据中国地震局监测预报司的总体部署，组织专家对现代地震观测理论与方法进行了系统的梳理和提炼，形成了本教材，并命名为《测震学原理与方法》，这也是国内首部以测震学为名的教材。

这本教材讲述了当前测震学的先进技术和方法，内容上突出理论与实践相结合。相信这本教材的出版，对于提升我国测震工作人员的业务能力和技术水平会起到重要作用。

测震学科技术协调组

2017年1月

前言

测震学是地震学的重要分支。自从人类获得第一张地震记录图开始，历经近百年的发展，测震学逐渐发展成了一门成熟的观测学科。1912 年俄国伽利津院士出版了他的经典著作《测震学讲义》。1955 年苏联的 E. Ф. 萨瓦连斯基和 Д. П. 基尔诺斯编著了《地震学与测震学》，其介绍的测震学部分仅包括地震仪原理及仪器参数测定方法。而随着现代技术的发展，地震观测从单台模拟记录发展到数字化、网络化、自动化阶段，测震学的原理、技术和方法有了许多进步，逐渐形成了完善的测震学科。

本书是按照中国地震局监测预报司的总体要求和统一部署，由多人在对测震原理、技术和方法进行系统总结的基础上集体编著的一本专门讲述测震学的教材，书中主要介绍了地震观测基础知识、测震仪器基本原理、测震台站及台网建设、观测资料分析处理及解释应用等内容。本书适用于作为我国地震台站和地震台网中心测震岗位专业技术人员的培训教材，也可作为本、专科院校相关专业的教科书，并可供测震专业技术人员自学。

本书编写起始于 2013 年 3 月，于 2014 年 5 月 12 日完成征求意见版，在地震速报竞赛培训、测震台站观测岗位资格培训中征求意见并作为参考教材使用。2014 年 7 月新一届测震技术学科协调组成立之后，对教材给予了充分的重视，聘请近 20 位专家对教材进行了审核，并于 2015 年 4 月 25 日给出了修改意见。

教材编写组在认真研究各方面意见的基础上，利用半年多的时间对教材进行了全面梳理、修改和统编，形成出版稿。尽管教材编写组尽量努力地认真地对待每个科学和技术问题，但教材仍可能存在错误之处，请各位读者将书中的错误或者问题及时通知我们，再此表示感谢！

本书的第一章由孟晓春编写，第二章、第六章由薛兵编写，第三章由袁松湧、薛兵、闫明正编写，第四章由段天山、袁顺、陈书清、薛兵、高景春、杨大克编写，第五章由何少林、代光辉、高景春、黄志斌、杨大克、杨陈、王俊、陈智勇编写，第七章由赵永、孟晓春编写，第八章由高景春、黄志斌、康英、黄文辉、梁建宏、廖诗荣、侯建民、杨陈编写，第九章由赵仲和、何家勇、高景春、康英、张立文、陈阳、罗新恒、王俊编写，第十章由孟晓春、房立华、张晁军、王俊编写，第十一章由刘瑞丰、马强编写，第十二章由赵仲和编写。全书由杨大克、孟晓春、薛兵、赵仲和、何少林、王俊负责统稿。编写此书所引用的主要文章、专著、相关标准和技术规定等，已经列在教材之后的参考文献之中，读者可以此为线索，进一步阅读相关的文章、专著、相关标准和技术规定。在此对这些文章、专著、相关标准和技术规定的作者表示衷心的感谢！

目　　录

第一章　地震与地震波

俄国科学家伽利津在经典著作《测震学讲义》中写到：“可以把每个地震比作一盏灯，它燃着的时间很短，但照亮着地球内部，从而使我们能观察到那里发生了些什么。这盏灯的光虽然目前还很暗淡，但毋庸置疑，随着时间的流逝，它将越来越明亮，并将使我们能明了这些自然界的复杂现象……”测震学就是这样一门观测地震、分析处理地震信息、为利用地震研究地球内部结构、地震发生规律等提供科学依据的学科。本章主要介绍测震学所需要的地球内部结构、地震波及其走时规律等方面的知识。

第一节　地球内部结构

地震学家们通过对地震记录信息的分析和研究，获得了大量关于地球内部结构的研究成果，地球内部结构十分复杂，具有纵向和横向的不均匀性，纵向主体成层状结构，主要划分为 4 个圈层，即地壳、地幔、外核和内核。近期的研究成果还发现了内核中的层状结构。

一、地壳

1909 年，莫霍洛维奇通过对巴尔干地区库勒巴山谷连续发生的地震进行研究，发现了莫霍洛维奇界面，简称莫霍面。地壳就是地表到莫霍面之间的范围。全球 80% 的地震发生在该层内。地壳存在严重的横向不均匀性，大陆地壳平均厚度约为 33km，在青藏高原，地壳厚度达到 70km。莫霍面是全球连续性好的界面，该面的纵波速度通常为 6.0 ~ 8.2km/s；在活动带及大陆与海洋的过渡带，纵波速度只有 7.6 ~ 7.8km/s；在某些古生代的褶皱带，纵波速度可达 8.4 ~ 8.6km/s。地壳以康拉德面为分界面，分为上下地壳，上地壳主要为花岗岩层，下地壳主要为玄武岩层。康拉德面是 1923 年奥地利学者康拉德通过对奥地利东阿尔卑斯山地震的研究发现的。各地区康拉德面的深度不一致，陆地中平均深度约 20km，最深约 40km，最浅约 10km，康拉德面的连续性不好，不是所有地震都能反映出它的存在，在海洋地壳中该面基本缺失。海洋地壳的平均厚度为 7km，一些研究成果将其从上至下分为 3 层，第一层为未固结的沉积物，在大西洋中平均厚度为 1km，在太平洋底厚度仅 0.5km；第二层为固结的沉积物，厚约 1.7km，纵波速度约为 5km/s；第三层为厚度不到 5km 的玄武岩或辉长岩层，纵波速度约为 6.7km/s。

二、地幔

1914 年，本诺 · 古登堡通过对地球上发生的一些大地震的研究，发现了深度为 2900km 的古登堡面。随后的 PREM、IASP91、AK135 等模型也证实该面的存在，埋深接近 2900km（见附录 A）。从莫霍面到古登堡面之间的部分为地幔，根据纵向速度梯度变化性质可分为上、下地幔。通常称 660km 以上为上地幔，上地幔的径向非均匀性变化较为明显，速度梯度较大，其间存在一个软流层，厚度约为 100 ~ 300km，大陆地区在 120km 以下，海洋地区在60km以下，软流层没有明显的分界面，具有逐步过渡的特点，是全球性的圈层；400～660km处是过渡层，该层内的速度梯度变化很大。从660km至古登堡面为下地幔，下地幔的速度梯度变化较小，速度变化较为均匀。

三、地核

地核由外核、过渡层、内核构成。通过对地震记录的研究发现外核内的物质是液态的，深度范围为2900～4980km；内核为固态物质，深度范围为4980至地心。宋晓东教授的最新研究成果表明，内核之中还有一个内核，而且内核存在自转现象；4980～5120km是外核与内核之间的过渡层。2900km深处的古登堡面是地幔与外核的分界面，地震纵波在该面顶层的波速为13.6km/s，而在该面的底层纵波速度为7.8～8.0km/s。

随着地震观测精度的提高、地震记录信息分析技术的发展，地震学家们得出了更加精细的地球结构，并且计算出了各层的厚度与速度。目前较为常用的有PREM模型、IASP 91模型、AK135模型等。由于模型所采用的数据及研究方法的不同，使得各个模型之间存在一定的差异，但总体上的趋势是一致的。具体见附录A：常用地球结构模型。

第二节　地震及地震带

地震是指由于岩石破裂或者爆破等原因引起的地面振动。地震学者通过对所发生的地震进行统计，得出了地震活动的空间分布规律。

一、地震分类

我们经常见到一些名词，如构造地震，浅源地震等。这些名词常常描述的是同一个地震，例如：2015年4月25日尼泊尔的第二大城市博克拉发生的8.1级地震即是构造地震，它也是浅源地震。

1. 按地震成因分类

按地震成因，可以分为天然地震、陷落地震、诱发地震等大类。通常将由于构造运动或火山活动引发的地震称为天然地震。发生在板块内部的地震称为板内地震。发生在板块边界的地震称为板间地震；由于岩石破裂或者断层发生错动等构造运动造成的地震称为构造地震；由于火山作用（火山喷发）引发的地震称为火山地震。由于地层陷落引发的地震称为陷落地震。由于人类活动引发的地震称为诱发地震，主要包括矿山诱发地震和水库诱发地震。

2. 按地震强度分类

在微观地震学中，用震级表示地震的强弱程度。根据GB/T18207.1－2008基本术语中的划分：震中附近的人不能感觉到的地震，为无感地震；震中附近的人能够感觉到的地震，为有感地震。震级<1级，为极微震；1级≤震级<3级的地震，为微震；3级≤震级<5级的地震，为小（地）震；5级≤震级<7级的地震，为中（等）地震；震级≥7的地震，为大（地）震；震级≥8级的大地震，为特大地震。另外，造成人员伤亡和经济损失的地震，为破坏性地震；造成严重的人员伤亡和财产损失，使灾区丧失或部分丧失自我恢复能力，需要国家采取相应行动的地震，为严重破坏性地震。

3. 按震源深度分类

研究表明，构造地震的发生是过程性的，即从一个点开始逐渐破裂，例如，汶川 8.0 级地震的破裂过程达到 80s，破裂长度达到 200 多千米。为便于定量分析，经典地震学建立了点源模型，即将开始破裂点设为震源点，并假设地震是在瞬间发生的。震源在地面上的投影称为震中。震源深度是震源到震中之间的距离，通常以 h 表示。震源深度小于 60km 的地震称为浅源地震；震源深度大于 300km 的地震称为深源地震；震源深度在 60 ~ 300km 之间的地震称为中深源地震。全球有 80% 左右的天然地震是浅源地震。

4. 按震中距分类

震中到地震观测点之间的距离为震中距，通常以 Δ 表示。显然，震中距是指震中点到观测点之间的大圆弧长，通常用震中距这段弧长所对应的地心角的度数表示震中距，1°弧长相当于 111.19km。

震中距小于 100km 的地震称为地方震，震中距小于 10°的地震称为近震，震中距在 10° ~ 105°之间的地震称为远震，震中距大于 105°的地震称为极远震。需要特别说明的是，这个震中距值并不是绝对的，对于地震分析而言，更加重要的是看所记录到的地震波行进的路线，如果记录到的初至波是地幔波 P，即使震中距不到 10°也得按照远震进行分析。如果说某个地震是浅源远震，则表明该地震的震源深度小于 60km 且震中距在 10° ~ 105°之间。

二、地震带

地震带是指地震集中分布的区域，地震学者通过对地震规律的总结分析，得出全球三大地震带，即环太平洋地震带、欧亚地震带、海岭地震带。

环太平洋地震带的地震活动最为强烈，地球上 80% 左右的地震发生在该地震带上。该带还易发生深源地震，约 90% 的中深源地震及全部深源地震也发生在该地震带上。环太平洋地震带包括南北美洲太平洋沿岸和从阿留申群岛、堪察加半岛、日本列岛南下至我国台湾省，再经菲律宾群岛转向东南，直到新西兰。2011 年 3 月 11 日发生在该地震带上的日本东京附近海域 9.0 级地震就发生在该带上，并且引发了海啸。

欧亚地震带又称地中海—喜马拉雅地震带，主要分布在欧亚大陆，从印度尼西亚，经中南半岛西部和我国的云、贵、川、青、藏地区及印度、巴基斯坦、尼泊尔、阿富汗、伊朗、土耳其到地中海北岸，一直延伸到大西洋的亚速尔群岛。全球约 15% 的地震发生在该地震带上。2015 年 4 月 25 日尼泊尔的第二大城市博克拉发生了 8.1 级强烈地震，就发生在该地震带上。

海岭地震带主要分布在太平洋、大西洋、印度洋中的海岭地区。从西伯利亚北岸开始，穿过北极经斯匹次卑根群岛和冰岛，再经过大西洋中部海岭到印度洋的一些狭长的海岭地带或海底隆起地带，并有一分支穿入红海和著名的东非大裂谷区。

中国位于环太平洋和欧亚地震带之间，属于地震活动频度高、强度大、分布广的国家。受太平洋、印度洋和菲律宾海板块的挤压，地震断裂带十分发育。地震主要分布在华北、青藏、华南、新疆、台湾 5 个地震区的若干条地震带上，包括台湾地震带、东北地震带、喜马拉雅地震带、郯城–庐江地震带、海河华北平原地震带、燕山地震带、渭河平原地震带、黄河下游地震带、东南沿海地震带、贺兰山地震带、六盘山地震带、兰州–天水地震带、武都–马边地震带、安宁河谷地震带、滇东地震带、阿尔泰山地震带、北天山地震带、南天山地震带、塔里木南缘地震带、河西走廊地震带、西藏中部地震带、康定–甘孜地震带、金沙江–元江地震带、怒江–澜沧江地震带等。

华北地震区主要包括太行山两侧、汾渭河谷、阴山–燕山一带、山东中部和渤海湾。涉及河北、河南、山东、内蒙古、山西、陕西、宁夏、江苏、安徽等省的全部或部分地区。历史上发生过多次强震的郯城–营口地震带、华北平原地震带、汾渭地震带、银川–河套地震带都处在该区内，如1679年9月2日发生的三河–平谷8.0级地震、1668年7月25日山东郯城8½级地震、1969年7月18日渤海7.4级地震、1974年7月5日海城7.4级地震、1976年7月28日唐山7.8级地震等。

青藏高原地震区包括兴都库什山、西昆仑山、阿尔金山、祁连山、贺兰山–六盘山、龙门山、喜马拉雅山及横断山脉东翼诸山系所围成的广大高原地域。涉及到青海、西藏、新疆、甘肃、宁夏、四川、云南全部或部分地区。该震区发生过多次8级以上的地震，如1950年8月15日西藏墨脱8.6级地震、2001年11月4日昆仑山口西8.1级地震、2008年5月12日的汶川8.0级地震等。

华南地震区主要是东南沿海地震带，包括福建、广东两省及江西、广西邻近的地区。历史上发生过1604年12月29日福建泉州8½级地震、1605年7月13日广东琼山7½级地震。本区又可分为长江中游地震带和东南沿海地震带。

新疆地震区和台湾地震区的地震活动性很强，经常发生破坏性地震，如2002月12日17时19分新疆维吾尔自治区和田地区于田县发生的7.3级地震，1999年9月21日凌晨1时47分，台湾南投县发生7.6级的大地震等。

第三节　地震波基础知识

地震所产生的能量以波动的形式向四周传播，这一事实从获得真正意义上的地震记录图时就已经被科学家们所发现，科学家们将获得的地震记录信息与当时的欧洲科学家伽利略、胡克、柯西、泊松、斯托克斯等人所研究的波动理论联系起来。1906年美国旧金山大地震后，美国学者里德根据对圣安德烈斯断层的研究，提出了“弹性回跳理论”，并认为地球是个弹性球体，且地震波是弹性波，这一观点被科学界广为接受。之后的若干年，科学家们借助强大的数理理论和弹性力学方法对地震波进行深入研究，建立了地震波理论。

一、应力与应变的关系

物体在外力作用下发生变形，当外力取消后，物体恢复到受力前的状态，这样的物体称为弹性体。弹性力学中对弹性体提出了5个基本假设：即连续性、均匀性、各向同性、线弹性、小变形性。不同的作用力对于不同的介质，都将表现出不同的力学响应。当地震、爆破等小规模、瞬间力作用到地球介质时，震源区外围介质对这种力表现出弹性响应，因此，用弹性波动方程描述地震波的传播。

1. 应力

为更好地描述地球受到外力作用时产生的内力，定义物体由于外力作用而产生的内力为应力，应力是定量地描述物体所承受的内力情况的量。如果物体在外力作用下，其内部过某点的一个平面元ΔS上会产生相应的内力ΔF，假若这个内力在此平面上是连续分布的，我们

定义这一点的应力为

$$\sigma = \lim_{\Delta s \to 0} \frac{\Delta F}{\Delta S} = \frac{\mathrm{d}F}{\mathrm{d}S} \tag{1.3.1}$$

若物体所承受的外力是均匀的，则应力的定义为单位面积上的内力。即

$$\vec{\boldsymbol{\sigma}} = \frac{\vec{\boldsymbol{F}}}{\boldsymbol{S}} \tag{1.3.2}$$

应力不仅有大小而且有方向。应力的大小和方向取决于受力物体本身的性质和作用于物体上的外力的性质。受力物体各处的应力性质并不相同，为准确描述应力的大小和方向，通常将应力矢量在直角坐标系中进行分解：即分解为与3个坐标轴平行的应力分量。定义与考察面垂直的应力分量为正应力，与考察面平行的应力分量为切应力。通常用σ_{ij}表示，其中"i"表示应力的方向，"j"表示应力作用于与j轴垂直的面上。例如σ_{yx}表示应力作用方向为y方向，且作用于与x轴垂直的平面上，显然，这是一个切应力。再如σ_{xx}表示作用力的方向为x方向，且作用于与x轴垂直的平面上，此力则为正应力。

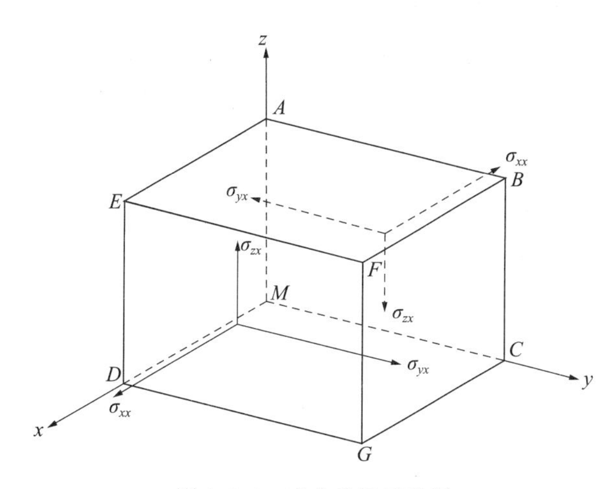

图1.3.1　应力分解示意图

以一个处于直角坐标系中的小六面体为例（图1.3.1），设该小六面体处于力平衡状态，则该六面体在6个截面上的应力分量可表示为表1.3.1，可以证明，其应力分量是对称的。对于固体，有6个独立的应力分量，分别为σ_{xx}、σ_{yy}、σ_{zz}、σ_{zx}、σ_{yz}、σ_{xy}。

表 1.3.1　应力分量表

应力＼截面	DEFG	ABCM	CBFG	AMDE	ABFE	CGDM
正应力	σ_{xx}	$-\sigma_{xx}$	σ_{yy}	$-\sigma_{yy}$	σ_{zz}	$-\sigma_{zz}$
切应力	σ_{yx}	$-\sigma_{yx}$	σ_{xy}	$-\sigma_{xy}$	σ_{xz}	$-\sigma_{xz}$
切应力	σ_{zx}	$-\sigma_{zx}$	σ_{zy}	$-\sigma_{zy}$	σ_{yz}	$-\sigma_{yz}$

若截面上的切应力等于零，则定义此时的正应力为主应力。主应力是应力分量中的极值，我们称张应力为最大主应力，压应力为最小主应力。主应力作用的面为主面，3 个主面相互垂直。当 3 个主应力的值互不相等时，如果其中 σ_{xx} 为最大主应力、σ_{zz} 为最小主应力、σ_{yy} 为中等主应力，最大切应力所在的截面的法线方向与最大主应力和最小主应力在同一平面内，且与最大主应力方向成 45°角（图 1.3.2）。此时

$$\tau_{\max} = \frac{\sigma_1 - \sigma_2}{2} \tag{1.3.3}$$

这里的 $\tau_{\max}$ 表示最大切应力；σ_1 为最大主应力；σ_2 为最小主应力。

在国际单位制中，应力的单位是帕斯卡（Pa）。$1\text{Pa} = 1\text{N} \cdot \text{m}^{-2}$，$1\text{N} = 1\text{kg} \cdot \text{m} \cdot \text{s}^{-2} = 10^5\text{dyn}$。地球内部的压力随着深度的增大而增大（见附录 A 的表 A.1）。

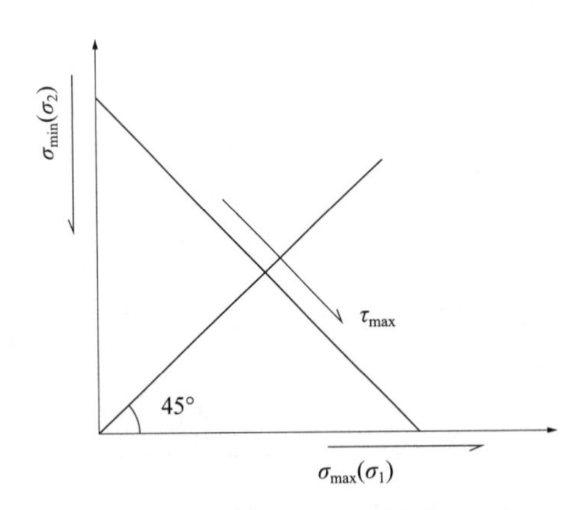

图 1.3.2　最大切应力与主应力关系图

2. 应变

弹性体受到外力作用时会产生形状和体积的变化，这种变化称为形变。应变是指形变量与原始量之比，通常用 ε 表示应变：

$$\varepsilon = \frac{\Delta V}{V} \tag{1.3.4}$$

式中，V 是形变前的原始量；ΔV 是形变量。物体形变的实质是一个物体的某些线段的长度变化及扭转时角度的变化。为简单起见，将应变分为线应变、角应变及体应变进行讨论。

（1）线应变：一般来讲，在正压力或张力作用下，物体内部将产生正应力，这种应力将给物体造成线应变。我们分析一个弹性正六面微分体受力时发生线应变的情况，观察其中的一条边，图 1.3.3 为该微六面体一条边发生形变后的放大图，图中 A、B 两点原相距为 $\mathrm{d}x$，经拉伸后 A 移到 A'、B 移到 B'（此图仅指示 AB 边沿 x 方向的坐标变化，没有沿 y 方向的坐标变化），前者移动的距离为 u，后者移动的距离为 $u+\mathrm{d}u$，根据应变定义沿 x 方向上发生的线应变为：

$$\varepsilon_x = \frac{(u + \mathrm{d}u - u)}{\mathrm{d}x} = \frac{\mathrm{d}u}{\mathrm{d}x} \tag{1.3.5}$$

式中 $\mathrm{d}x$ 是正六面微分体沿 x 轴方向的长度，u 是沿 x 方向的位移，$\mathrm{d}u$ 是边 $\mathrm{d}x$ 的伸长量。见图 1.3.3。同理，沿 y、z 轴的线应变分别为：

$$\left.\begin{aligned} \varepsilon_y &= \mathrm{d}v/\mathrm{d}y \\ \varepsilon_z &= \mathrm{d}w/\mathrm{d}z \end{aligned}\right\} \tag{1.3.6}$$

其中 $\mathrm{d}y$、$\mathrm{d}z$ 是正六面微分体 y、z 方向边的长度，v、w 分别是沿 y、z 方向的位移，$\mathrm{d}v$、$\mathrm{d}w$ 分别是 $\mathrm{d}y$、$\mathrm{d}z$ 的伸长量。

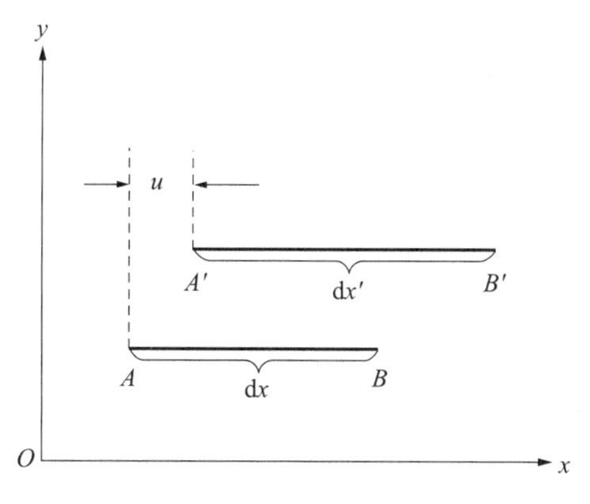

图 1.3.3　线应变示意图

（2）角应变：切应力的作用使物体发生形状的变化，通常用角应变来描述物体的形状变化。

图 1.3.4 中的 $ABCD$ 面为正六面微分体上与 z 轴垂直的面，其边长分别为 dx、dy，在外力作用下，$ABCD$ 变形为 $A'B'C'D'$，即由原来的矩形变成了平行四边形，这其中发生了线应变及角应变。用 ε_{xy} 表示该面发生的角应变，α、β 角分别表示 $ABCD$ 的变形量。则有：

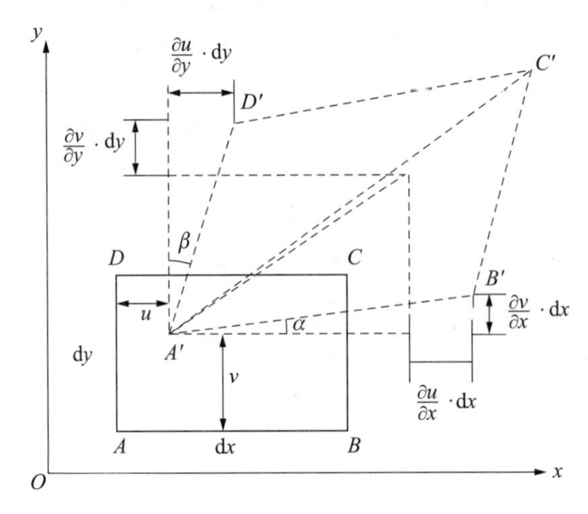

图 1.3.4　在切应力作用下，正六面微分体发生应变的示意图

$$\varepsilon_{xy} = \alpha + \beta = \frac{\partial v}{\partial x} + \frac{\partial u}{\partial y} \tag{1.3.7}$$

式中，$\partial u/\partial y$ 表示 dy 边在 x 轴方向的偏转量，$\partial v/\partial x$ 表示 dx 边在 y 方向的偏转量。类似地，与 x 轴、y 轴垂直的面上的角应变为：

$$\left.\begin{aligned} \varepsilon_{yz} &= \frac{\partial w}{\partial y} + \frac{\partial v}{\partial z} \\ \varepsilon_{zx} &= \frac{\partial u}{\partial z} + \frac{\partial w}{\partial x} \end{aligned}\right\} \tag{1.3.8}$$

由此，不难看出，在一个正六面微分体的每个面上存在 3 个应变分量，对于弹性体而言，只有 6 个应变分量是独立的。即

$$\varepsilon_{xx} \quad \varepsilon_{yy} \quad \varepsilon_{zz} \quad \varepsilon_{xy} \quad \varepsilon_{yz} \quad \varepsilon_{zx}$$

（3）体应变：由弹性体的性质可知，物体受力后，其质点间的相对位置不会发生改变，因此，一个六面体受力后仍然为一个六面体，设 dx，dy，dz 为正六面微分体受力前的边长，在受力发生形变后其边长为

$$\left.\begin{aligned} & dx + \frac{\partial u}{\partial x}\cdot dx \\ & dy + \frac{\partial v}{\partial y}\cdot dy \\ & dz + \frac{\partial \omega}{\partial z}\cdot dz \end{aligned}\right\} \tag{1.3.9}$$

若原六面微分体的体积为

$$V = \mathrm{d}x \cdot \mathrm{d}y \cdot \mathrm{d}z$$

形变后其体积为

$$V' = V + \Delta V = \left(\mathrm{d}x + \frac{\partial u}{\partial x} \cdot \mathrm{d}x\right) \cdot \left(\mathrm{d}y + \frac{\partial v}{\partial y} \cdot \mathrm{d}y\right) \cdot \left(\mathrm{d}z + \frac{\partial w}{\partial z} \cdot \mathrm{d}z\right)$$

略去高次项等，得

$$V' = \mathrm{d}x\mathrm{d}y\mathrm{d}z\left(1 + \frac{\partial u}{\partial x} + \frac{\partial v}{\partial y} + \frac{\partial w}{\partial z}\right)$$

由体应变定义，得体应变为

$$\theta = \frac{\Delta V}{V} = \frac{V' - V}{V} = \frac{\partial u}{\partial x} + \frac{\partial v}{\partial y} + \frac{\partial w}{\partial z} \tag{1.3.10}$$

θ 称为体积应变量，或体膨胀系数，它描述了正六面微分体在受力后体积的相对变化，即在各个方向上体积膨胀的总和。

3. 应力与应变的关系

根据胡克定律，弹性体在微小形变情况下，应力与应变成正比，式（1.3.11）是应力分量与应变分量的关系式，常称为本构关系。

$$\left.\begin{aligned}
\sigma_{xx} &= \lambda\theta + 2\mu\varepsilon_{xx} \\
\sigma_{yy} &= \lambda\theta + 2\mu\varepsilon_{yy} \\
\sigma_{zz} &= \lambda\theta + 2\mu\varepsilon_{zz} \\
\sigma_{yz} &= \mu\varepsilon_{yz} \\
\sigma_{zx} &= \mu\varepsilon_{zx} \\
\sigma_{xy} &= \mu\varepsilon_{xy}
\end{aligned}\right\} \tag{1.3.11}$$

式中，λ、μ 是拉梅常数，μ 是切变模量，θ 是体积应变量，σ 表示应力分量，ε 表示应变分量。从式（1.3.11）看出，在正应力作用下物体将产生线应变和体应变，在切应力作用下物体将产生角应变（即扭转变形）。关系式中涉及的 λ、μ 仅与介质的性质有关。

常用的弹性参数有杨氏模量 E，体积压缩模量 K，泊松比 v，拉梅常数 λ、μ。这些参数与地震纵波速度 v_P、横波速度 v_s 及物体的密度 ρ 有关，表 1.3.2 中给出了这 5 个参数之间的关系。

表 1.3.2　弹性参数互换表

基本常数	E，ν	λ，μ	K，μ
E		$\mu(3\lambda+2\mu)/(\lambda+\mu)$	$9K\mu/(3K+\mu)$
ν		$\lambda/2(\lambda+\mu)$	$(3K-2\mu)/(6K+2\mu)$
λ	$\nu E/[(1+\nu)(1-2\nu)]$		$K-\frac{2}{3}\mu$
μ	$E/[2(1+\nu)]$		
K	$E/[3(1-2\nu)]$	$\lambda+\frac{2}{3}\mu$	

弹性参数与地震波速之间的关系：

$$E = \rho\frac{3v_p^2 - 4v_s^2}{(v_p/v_s)^2 - 1}$$

$$\nu = \frac{1}{2}\left[1 - \frac{1}{(v_p/v_s)^2 - 1}\right]$$

$$\lambda = \rho(v_p^2 - v_s^2)$$

$$\mu = \rho v_s^2$$

$$K = \rho\left(v_p^2 - \frac{4}{3}v_s^2\right)$$

根据法国科学家泊松的发现和推演，弹性介质中可以传播纵波和横波，且泊松比为0.25。流体的泊松比为0.5，空气的泊松比为0，这两种介质都不能传播横波。地球内部固态介质的泊松比通常为0.25。当$\nu=0.25$时，$\frac{v_p}{v_s}=\sqrt{3}\approx1.732$

从而

$$E = \frac{5}{2}\rho v_s^2 \qquad K = \frac{5}{3}\rho v_s^2 \qquad \mu = \rho v_s^2$$

若介质为纯流体或气体，μ、E及v_s都为0，$\lambda=K=\rho v_p^2$。

二、波动方程

物体在外力的作用下，会产生应力，应力又将引起应变，这种应力与应变交互作用的过程就形成了物体内部的质点振动的传播，这就是波动，如果物体是弹性体，则为弹性波。下面以正六面微分（弹性）体在力的作用下沿x方向运动为例，给出质点位移的平衡方程。图1.3.5是正六面微分（弹性）体沿x方向受力分析图，设正六面微分（弹性）体的边长分别为dx、dy、dz，各面上沿x方向的力为：

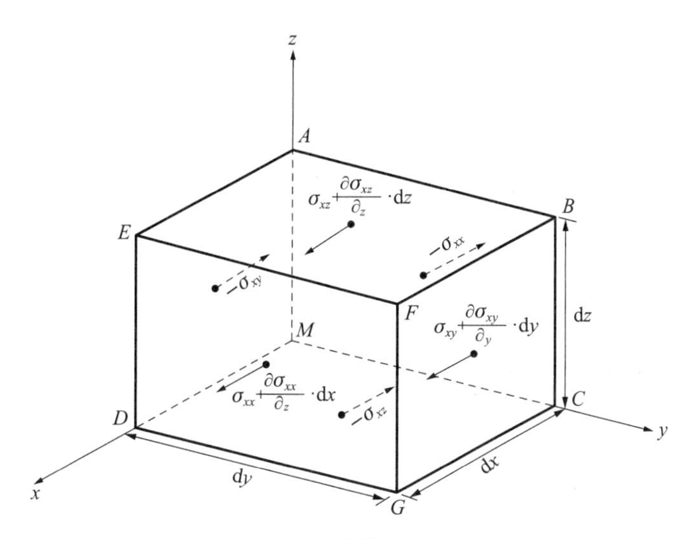

图 1.3.5　正六面微分体上沿 x 方向作用力

ABCM 面：　$\sigma_{xx}\mathrm{d}y\mathrm{d}z$

EFGD 面：　$\left(\sigma_{xx}+\frac{\partial\sigma_{xx}}{\partial x}\mathrm{d}x\right)\mathrm{d}y\mathrm{d}z$

AEDM 面：　$\sigma_{xy}\mathrm{d}x\mathrm{d}z$

BCGF 面：　$\left(\sigma_{xy}+\frac{\partial\sigma_{xy}}{\partial y}\mathrm{d}y\right)\mathrm{d}x\mathrm{d}z$

CGDM 面：　$\sigma_{xz}\mathrm{d}x\mathrm{d}y$

ABFE 面：　$\left(\sigma_{xz}+\frac{\partial\sigma_{xz}}{\partial z}\mathrm{d}z\right)\mathrm{d}x\mathrm{d}y$

由牛顿第二定律，$F=ma$ 可以导出质点位移平衡方程：

$$\rho\frac{\partial^2 u}{\partial t^2}=\frac{\partial\sigma_{xx}}{\partial x}+\frac{\partial\sigma_{xy}}{\partial y}+\frac{\partial\sigma_{xz}}{\partial z}\tag{1.3.12}$$

同理，质点沿 y、z 方向运动的质点位移平衡方程为：

$$\left.\begin{aligned}\rho\frac{\partial^2 v}{\partial t^2}&=\frac{\partial\sigma_{yy}}{\partial y}+\frac{\partial\sigma_{yx}}{\partial x}+\frac{\partial\sigma_{yz}}{\partial z}\\\rho\frac{\partial^2 w}{\partial t^2}&=\frac{\partial\sigma_{zz}}{\partial z}+\frac{\partial\sigma_{zx}}{\partial x}+\frac{\partial\sigma_{zy}}{\partial y}\end{aligned}\right\}\tag{1.3.13}$$

式中 u、v、w 分别为质点沿 x、y、z 方向的位移。将本构关系代入式（1.3.12）、（1.3.13）中，导出波动方程：

$$
\left.\begin{aligned}
(\lambda+\mu)\frac{\partial \theta}{\partial x}+\mu\ \nabla^2 u=\rho\frac{\partial^2 u}{\partial t^2}\\
(\lambda+\mu)\frac{\partial \theta}{\partial y}+\mu\ \nabla^2 v=\rho\frac{\partial^2 v}{\partial t^2}\\
(\lambda+\mu)\frac{\partial \theta}{\partial z}+\mu\ \nabla^2 w=\rho\frac{\partial^2 w}{\partial t^2}
\end{aligned}\right\} \tag{1.3.14}
$$

其中，$\nabla^2=\frac{\partial^2}{\partial x^2}+\frac{\partial^2}{\partial y^2}+\frac{\partial^2}{\partial z^2}$。

不难看出，式（1.3.14）中包括了体应变、线应变和角应变量。根据本构关系，质点在正应力作用下能发生体应变和线应变，在切应力作用下能发生角应变。下面讨论质点正应力作用下生成纵波，以及质点在切应力作用下生成横波的情况。

（1）纵波：设质点仅发生体应变，即质点位移 u、v、w 分别沿 x、y、z 方向。将方程（1.3.14）中的各式分别对 x、y、z 求微分，再相加得：

$$
\nabla^2\theta=\frac{1}{V_{\mathrm{P}}^2}\cdot\frac{\partial^2\theta}{\partial^2 t} \tag{1.3.15}
$$

称该式为纵波波动方程，式中 v_p 为纵波的传播速度。

$$
v_p=\sqrt{\frac{\lambda+2\mu}{\rho}} \tag{1.3.16}
$$

对纵波波动方程求解，可以看出纵波质点位移的特点。设波沿 x 方向传播，则质点的位移也沿 x 方向，此时有：$v=w=0$，$u\neq0$，解得：

$$
u=A\sin(\omega t-kx) \tag{1.3.17}
$$

式中，x 是波的传播方向，u 是质点的位移，此式说明，质点的位移与波的传播方向一致。若设波的传播方向为 y、z 方向，质点位移分别为 v、w，则有：

$$
v=A\sin(\omega t-ky) \tag{1.3.18}
$$

$$
w=A\sin(\omega t-kz) \tag{1.3.19}
$$

通过式（1.3.17）、（1.3.18）、（1.3.19）可得出结论：纵波的质点位移轨迹是简谐振动，且质点位移方向与波的传播方向一致。式中，A 为振幅，是质点的最大位移，T 是周期，k 为波数，λ 为波长，ω 为角频率。

$$
\lambda=v\cdot T \qquad k=2\pi/\lambda \qquad \omega=2\pi/T
$$

（2）横波：设波沿 x 方向传播，则质点的位移发生在 y、z 方向。将式（1.3.14）中的1、2两个式子分别对 y、x 求微分，再相减得：

$$\mu\nabla^2\left(\frac{\partial u}{\partial y}-\frac{\partial v}{\partial x}\right)=\rho\frac{\partial}{\partial t^2}\left(\frac{\partial u}{\partial y}-\frac{\partial v}{\partial x}\right) \tag{1.3.20}$$

将方程（1.3.14）中的2、3两个式子分别对 z、y 求微分，再相减得：

$$\mu\nabla^2\left(\frac{\partial v}{\partial z}-\frac{\partial w}{\partial y}\right)=\rho\frac{\partial}{\partial t^2}\left(\frac{\partial v}{\partial z}-\frac{\partial w}{\partial y}\right) \tag{1.3.21}$$

将式（1.3.14）中的1、3两个式子分别对 z、x 求微分，再相减得：

$$\mu\nabla^2\left(\frac{\partial w}{\partial x}-\frac{\partial u}{\partial z}\right)=\rho\frac{\partial}{\partial t^2}\left(\frac{\partial w}{\partial x}-\frac{\partial u}{\partial z}\right) \tag{1.3.22}$$

将式（1.3.20）、（1.3.21）、（1.3.22）写成下列形式

$$\nabla^2\vec{\Phi}(x,y,z)=\frac{1}{\boldsymbol{v}_s^2}\frac{\partial^2\vec{\Phi}(x,y,z)}{\partial t^2} \tag{1.3.23}$$

式（1.3.23）是横波波动方程，式中 $\boldsymbol{v}_s$ 是横波的传播速度。

$$\boldsymbol{v}_s=\sqrt{\frac{\mu}{\rho}} \tag{1.3.24}$$

对横波波动方程求解，可看出横波的质点振动性质。当波沿 x 方向传播时，有：$u=0$，$v\neq 0$，$w\neq 0$，则解得质点位移为：

$$v=A\sin(\omega t-kx) \tag{1.3.25}$$

$$w=A\sin(\omega t-kx) \tag{1.3.26}$$

式（1.3.25）、（1.3.26）说明横波的质点振动轨迹是简谐振动，且质点位移方向与波的传播方向垂直。若设波沿 y、z 方向传播，则位移分别发生在 x、z 和 x、y 方向上，可以得出：

$$u=A\sin(\omega t-ky) \tag{1.3.27}$$

$$w=A\sin(\omega t-ky) \tag{1.3.28}$$

$$u = A\sin(\omega t - kz) \tag{1.3.29}$$

$$v = A\sin(\omega t - kz) \tag{1.3.30}$$

由式（1.3.25）至式（1.3.30）可看出，横波的质点位移矢量在以波的传播方向为法线方向的平面内。定义该质点位移矢量在水平面内的分量为SH波，在垂直面内的分量为SV波。

三、弹性波的传播原理及定律

上面的阐述使我们知道在无限空间里，弹性体在外力的作用下能产生P、SH、SV波。研究表明，当体波遇到不同介质的分界面时，发生反射和折射而形成新波。弹性波在传播过程中遵从惠更斯–菲涅尔原理、费马原理及斯奈尔定律。

1. 惠更斯–菲涅尔原理

惠更斯在对光波进行研究时提出：在波的传播过程中，波前上的每一点都可看成发射子波的波源，在t时刻这些子波源发出的子波，经过Δt时间后形成半径为$v \cdot \Delta t$（v是波速）的球形波阵面，在波的前进方向上这些波的波阵面的包迹就是$t + \Delta t$时刻的新波阵面，这就是惠更斯原理。该原理也适用于地震波的传播，应用该原理可以解释地震波在传播过程中遇到介质分界面时发生反射、折射、衍射等现象时传播方向的变化。即只要知道某一时刻的波前就可以确定下一时刻的波前，从面决定波的传播方向。

但是，惠更斯提出的原理也有它的缺陷，它描述的仅仅是地震波传播的空间几何位置，而没有给出波沿不同方向传播时振动的振幅，对此，菲涅尔进行了补充，他认为，由波前面各点所形成的新扰动（新的振动），在观测点上互相干涉叠加，其叠加结果是在该点观测到的总扰动。

综上所述，惠更斯–菲涅尔原理的核心是：某一时刻波到达的扰动是前一时刻的波前面上各点作为子波传播叠加之和的结果。

2. 费马最小时间原理

费马最小时间原理的核心思想是：光在任意介质中从一点传播到另一点时，沿所需时间最短的路径传播。根据该原理，波在均匀介质中传播的路径是直线。这个原理不仅适用于均匀介质而且对非均匀介质也成立。

3. 斯奈尔定律

地球内部存在许多界面，在界面两边，介质的弹性常数和密度都不相同，弹性波的速度也不相同。当地震体波射线入射到界面时，其一部分能量将穿过界面，产生折射现象；另一部分能量将从界面反射回来，形成反射。地震波与光波类似，在发生反射、折射时遵从斯奈尔定律。

设R为固体介质分界面，下层的波速为v_1，上层的波速为v_2，当地震波以i角从下层入射到界面R上时，发生反射和折射现象，并遵从如下规律。

①P波入射：图1.3.6所示，设P波以ip角入射到R界面上，将产生反射的P波、SV波及折射的P波、SV波。此时入射波与反射波、折射波之间遵从如下规律：

$$\frac{\sin i_p}{v_{1p}} = \frac{\sin i'_p}{v_{1p}} = \frac{\sin i''_p}{v_{2p}} = \frac{\sin i'_s}{v_{1s}} = \frac{\sin i''_s}{v_{2s}} = p \tag{1.3.31}$$

式中，i'_p为 P 波的反射角；i'_s为 SV 波的反射角；i''_p为 P 波的折射角；i''_s为 SV 波的折射角；p 为射线参数，在波的反射折射过程中，p 始终是常数，其值由起始入射角和入射点的介质性质决定。

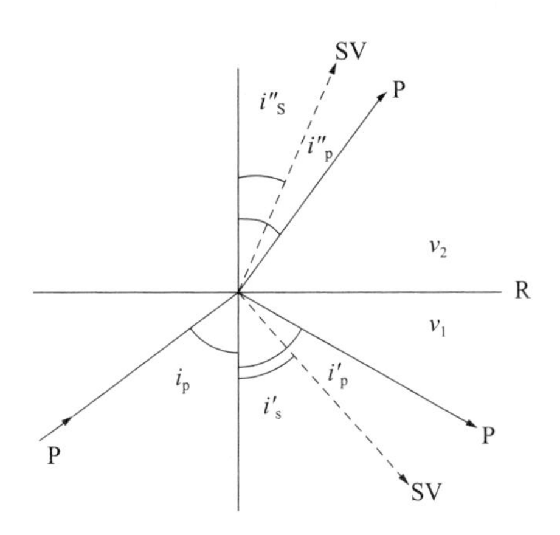

图 1.3.6　P 波射线入射平内面示意图（$V_2 < V_1$）

②SV 波入射：如图 1.3.7 所示，SV 波以 i_s 角入射 R 界面，将产生反射的 SV 波、P 波和折射的 SV 波、P 波、入射波与反射波之间存在如下关系：

$$\frac{\sin i_s}{v_{1s}} = \frac{\sin i'_s}{v_{1s}} = \frac{\sin i''_s}{v_{2s}} = \frac{\sin i'_p}{v_{1p}} = \frac{\sin i''_p}{v_{2p}} = p \tag{1.3.32}$$

式上 i_s 为入射角；i''_s为 SV 波的折射角；i'_p为 P 波的反射角；i'_s为 P 波的折射角；p 为射线参数。

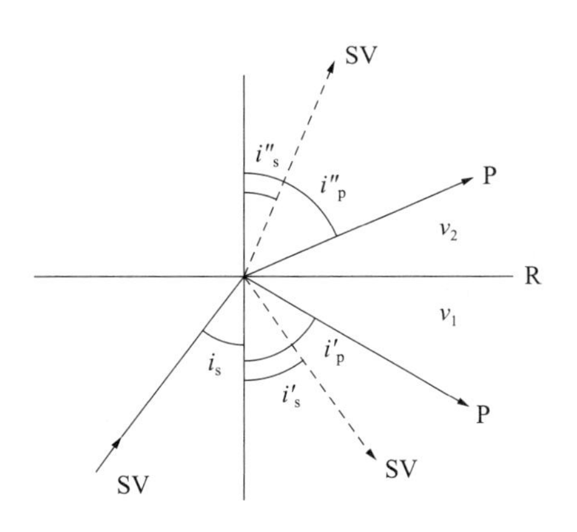

图 1.3.7　SV 波射线入射平界面示意图（$V_2 < V_1$）

③SH 波入射：当 SH 波入射界面时，仅能产生反射的 SH 波和折射的 SH 波（图 1.3.8）。入射波与反射波之间遵如下规律：

$$\frac{\sin i_s}{v_{1s}} = \frac{\sin i'_s}{v_{1s}} = \frac{\sin i''_s}{v_{2s}} = p \tag{1.3.33}$$

式中，i_s 为入射角；i'_s为 SH 波的反射角；i'_s为 SH 波的折射角。

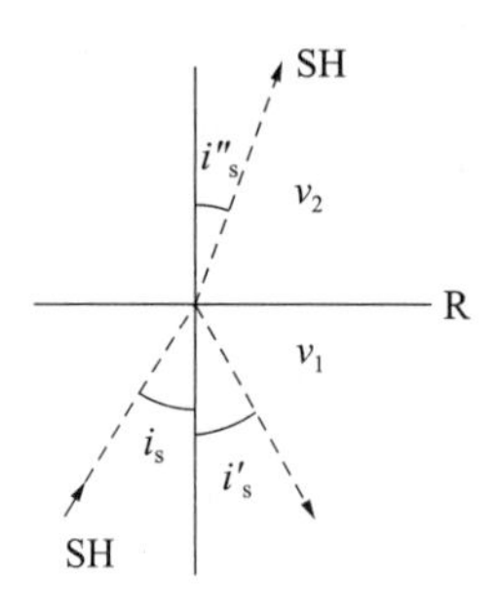

图 1.3.8　SH 射线入射平界面示意图

④转换波：如果波入射界面后所产生的新波的性质发生了改变，则称所生成的新波为转换波。根据波的传播规律，当 P 波入射到莫霍面时能产生 PmS 波，该波即为反射转换波。

⑤临界角：定义折射角等于 90°时的入射角为临界角。通常用 i_0 表示。根据斯奈尔定律：

$$\sin i_0 = v_1/v_2 \tag{1.3.34}$$

式中，v_1 为入射层的波速；v_2 为折射层的波速，$v_1 < v_2$。

⑥视出射角：地动位移与地表面之间的夹角，通常用 $\bar{e}$ 表示。视出射角与地动位移之间的关系为：

$$\mathrm{tg}\bar{e} = \frac{A_{UD}}{\sqrt{A_{EW}^2 + A_{NS}^2}} \tag{1.3.35}$$

式中，A_{UD}、A_{EW}、A_{NS}分别表示垂直向、东西向、北南向的地动位移。

视出射角 $\bar{e}$ 与出射角 e 之间的关系：

$$\cos e = \left(\frac{v_p}{v_s}\right)\cos\left(\frac{90° + \bar{e}}{2}\right) \tag{1.3.36}$$

4. 球对称地球模型中的折射定律

当考虑震中距超过 10°以后的问题时，通常是忽略地球的横向不均匀性，将地球介质结构模型简化为球对称分层模型，各层界面是同心球界面，如图 1.3.9 设各层内的速度由地表向下依次为 v_1，v_2，…，v_n，波射线在各薄层的入射点分别为 A_1，A_2，…，A_n，其相应的入射角为 i_1，i_2，…，i_n。当地震波以 i_1 角入射时，波射线在各层面将发生折射，折射定律为：

$$\frac{r_1\sin i_1}{v_1} = \frac{r_2\sin i_2}{v_2} = \cdots = \frac{r_n\sin i_n}{v_n} = p \tag{1.3.37}$$

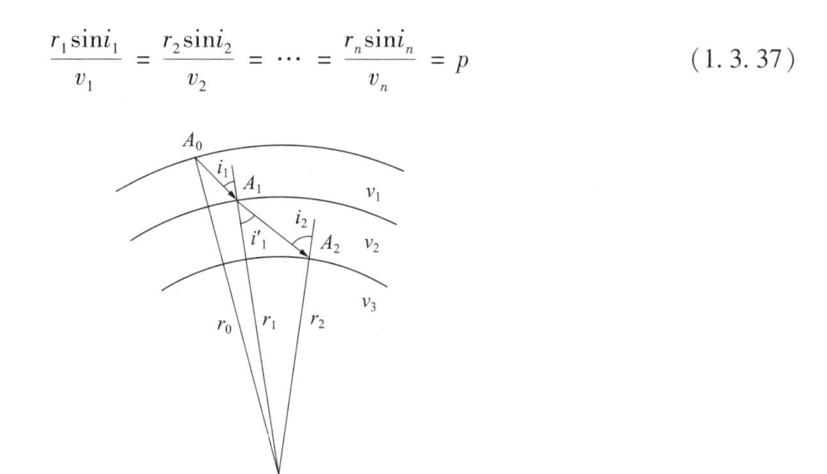

图 1.3.9　球对称分层地球模型中的射线路径示意图

式中 p 为球对称介质中的射线参数，如果射线的初始入射角为 i_0，初始波速为 v_0，地球半径为 R，则有：

$$p = \frac{R\sin i_0}{v_0} \tag{1.3.38}$$

通常波的传播速度随着深度增加逐渐增大，所以地震射线是凹向地表的对称曲线，若射线的最低点为 M，最低点的半径 r_M，折射角 $i_M = \pi/2$（图 1.3.10），此时有：

$$p = \frac{r_M}{v(r_M)} \tag{1.3.39}$$

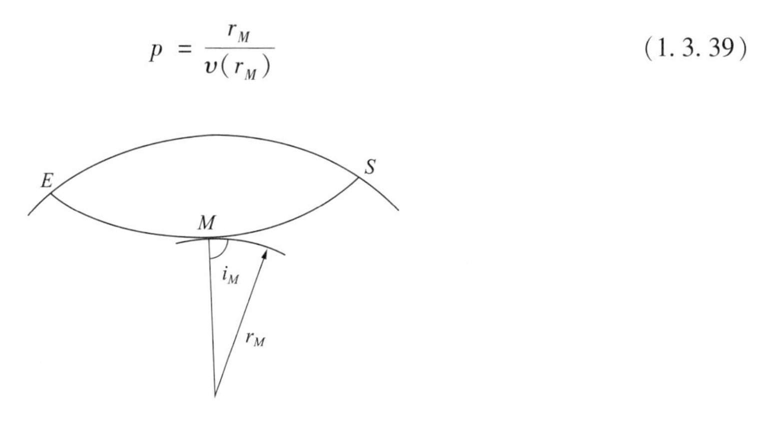

图 1.3.10　射线 EMS 与最小向径 r_M 关系示意图

四、地震波

地震所引起的地球内部的质点振动以应力应变交互方式向周围传播所形成的波动，称为地震波，地震波是弹性波。

（一）体波

由弹性波原理可知，地震发生时能够产生 P、SV、SH 波，这些波在传播过程中遇到介质分界面会发生反射、折射和干涉等，形成新波。安置在合适的震中距离上的测震仪器能够记录到它们，我们把记录在地震记录图上的地震波称为震相。震相名由波的性质和传播路径决定，与地震波的名称相同。例如首波 Pn 的震相名也是 Pn。

1. 近震震相

当震中距小于 1000km 时，主要的地震波有直达波、反射波和首波。对于单层地壳结构，主要的震相包括直达波的 Pg、Sg，反射波的 PmP、SmS，首波的 Pn、Sn 等。对于地壳内存在康拉德界面的地区，还可能有经过康拉德界面反射的波 Pc、Sc 和来自该面的首波 Pb、Sb 等。

（1）直达波。

由震源发出直接到达接收点的波称为直达波。

（2）反射波。

由震源发出，经过界面反射后到达接收点的波称为反射波。经过两次以上反射的波称为多次反射波。

（3）首波（折射波）。

首波的传播路径见图 1.3.11 中的 Pn、Sn，它是特殊的折射波，首波产生需要满足 2 个条件，其一：入射层的波速低于折射层的波速；其二：以临界角（i_0）入射。由于首波传播过程中能量损失较多，因此，在记录图上表现为振幅较小的振动，当它到达观测点的时间落后于直达波时，淹没在直达波列中，无法识别，只有当其先于直达波到达时，才能在记录图上识别出来，由此，称其为首波。由首波产生的条件知，从震中点到某一震中距范围内是没有首波的，称这一范围为首波的“盲区”。

（4）常见的近震震相。

图 1.3.11 是双层地壳结构中体波的传播路径示意图。

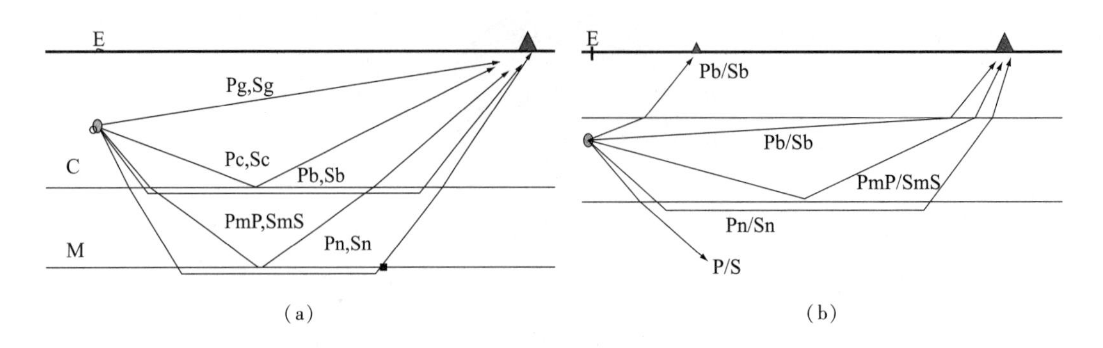

图 1.3.11　双层地壳结构中体波传播路径示意图

（a）震源在上地壳；（b）震源在下地壳

①震源在上壳中

P 波组有：Pn、Pb、Pg、PmP、Pc。

Pn 是莫霍面的纵波性首波；Pb 是康拉德面上的纵波性首波；Pg 是直达波；PmP 是莫霍面上的反射纵波；Pc 康拉德面上的反射纵波。

S 波组有：Sn、Sb、Sg、SmS、Sc。

Sn 是莫霍面的横波性首波；Sb 是康拉德面上的横波性首波；Sg 是直达横波；SmS 是莫霍面上的反射横波；Sc 康拉德面上的反射横波。

②震源在下地壳中

P 波组有：Pn、Pg、PmP。

Pn 是莫霍面的纵波性首波；Pb 是来自下地壳内震源的上行 P 波。Pg 是直达纵波；PmP 是莫霍面上的反射纵波。

S 波组有：Sn、Sg、SmS。

Sn 是莫霍面的横波性首波；Sb 是来自下地壳内震源的上行 S 波。Sg 是直达横波；SmS 是莫霍面上的反射横波。

③震源在莫霍面下方

当震源在莫霍面下方较浅处时，波射线经过莫霍面折射到达观测点的波也称为直达波，仍然用 Pg、Sg 表示。

2. 远震震相

远震的特点是传播路程长，穿透深度深，波在传播过程中遇到的界面多，波的种类丰富。震中距大于 10°以后所记录到的地震体波通常为地幔折射波、地表反射波、核面反射波、地核穿透波、震中附近地表反射波。

（1）地幔折射波。

地幔折射波是指从震源发出在地幔内折射后到达地面的波，用 P、S 分别表示地幔折射纵波和地幔折射横波，传播路径见图 1. 3. 12。这类波在震中距 10° ~105°之间一直存在。当震中距大于 105°之后，P 波已传播到古登堡面，由于古登堡面的“焦散”作用，使得 P 波

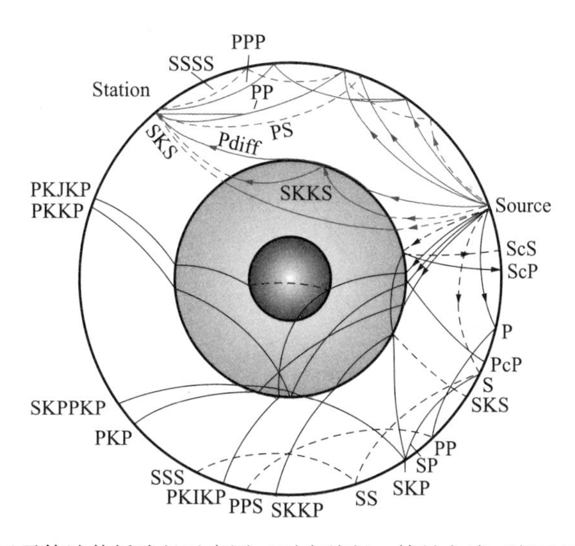

图 1. 3. 12　远震体波传播路径示意图（引自彼得 · 鲍曼主编《新地震观测手册》）

在该面发生折射后形成 PKP_1 和 PKP_2 波。由于外核是液态物质，S 波透过古登堡面进入外核后便消失了。

另外，P 波、S 波遇到古登堡面时还会产生衍射纵波 P_{dif} 和衍射横波 S_{dif}，该类波贴在古登堡面顶层掠行一段后折射到达地面。理论计算给出了这类波在 105°至 130°的走时值，事实上在大于 130°也经常记录到该类波。

（2）地表反射波。

地幔折射波在传播过程中经过地表的反射之后再出射地面的波称为地表反射波。根据波的传播规律，波入射到地表反射时，能产生同波性的反射波，也能产生不同波性的反射转换波。如 P 波经地表面反射一次后生成同性波，用 PP 表示；P 波经地表面反射一次形成转换波，用 PS 表示。P 波经地表面反射一次形成 P 波、二次反射后形成 S 波，则是 PPS 波。常见的地表反射波有 PP、SS、PPP、SSS；常见的地表反射转换波有 PS、SP、PPS、SPP、PSP……第一个字母表示原始波性，第二个字母表示经地表面反射一次的波性，第三个字母表示经地表面反射两次的波性。如果反射次数增多，命名原则依此类推。

（3）核面反射波。

地震波经过古登堡面反射时生成的新波称为核面反射波，如果反射之后波的性质发生了变化，则为核面反射转换波。核面波命名的原则是在入射核面的原始波与反射波之间加入小写字母“c”。如当 P 波入射核面经反射产生 P 波时，用 PcP 表示；当 S 波入射核面反射产生 P 波时，用 ScP 表示。常见的核面反射波包括 PcP、ScS、PcS、ScP 等，事实上只要能够传播到古登堡面的波，均有可能在该面发生反射形成新波，如 PPcP、PcPPcP 等。

（4）地核穿透波。

①外核穿透波：地震波射线入射到古登堡面时，一部分能量折射到外核，在外核传播后，再经古登堡面折射最终传播到观测点，这类波为外核穿透波。在外核内传播的射线名称为“K”，由于外核是液态介质，所以“K”为纵波性。外核穿透波有 PKS、PKKP、SKS、SKKS、S3KS 等。波在外核内反射一次，就用一个“K”进行描述，所以，SKKS 表示波在外核内发生了一次反射，S3KS 表示波在外核内发生了 2 次反射。

②内核穿透波：地震射线进入到内核，则为内核穿透波。如果在内核中波的性质为纵波性，则用“I”表示，如果是横波性则用“J”表示。典型的内核穿透波为 PKIKP，PKJKP。

另外，穿透外核而没有进入到内核的波，如 PKiKP，是在内核边界反射的 P 波。

（5）震中附近地表反射波。

这类波的最初反射点在震中附近（如图 1. 3. 13）。在命名时，用小写字母“p”“s”表示由震源到最初反射点的波性（原始波性）。常见的有 pP、pS、sP、sS、$pPKP_1$、pPP 等。事实上，只有当达到一定的震源深度时，才能较好的记录到它们，所以也称这类波为深度震相。同时，这类波是确定震源深度的依据。

3. IASPEI 对震相的定义

IASPEI 对震相名称的定义以及描述见附录 B，其中许多描述与我们习惯的表示不一致。例如 Pg 震相的定义是直达波，而 IASPEI 定义是“近距离处，来自上地壳内震源的上行 P 波，或射线底部到达上地壳的 P 波；更远距离处，还指由在整个地壳内多重 P 波反射形成的群速度约为 5. 8km/s 的到达的波。”再如 Pn 震相的定义是首波，IASPEI 的定义是“底部到达最上层地幔的任意 P 波，或来自最上层地幔内震源的上行 P 波。”

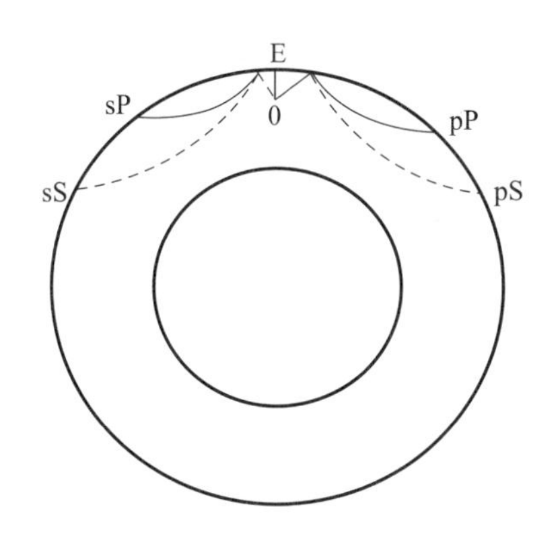

图 1.3.13　震中附近地表反射转换波示意图

(二) 面波

体波在传播过程中遇到介质分界面时会在界面附近发生反射、折射、干涉而形成面波。面波仅在界面附近传播，其振幅随着离开自由表面距离的增加按指数规律衰减。典型的面波有瑞利波和勒夫波，分别以它们的发现人英国学者瑞利和勒夫的名字命名。瑞利波和勒夫波是大周期、大振幅的正弦型振荡，成组出现。在地震记录中还常能见到一些具有面波性质的短周期面波，如 Lg、Rg，Li，πg 等。

1. 瑞利波

瑞利波是 P 波与 SV 波入射到自由表面相互干涉的结果。在表层附近，质点的运动轨迹为椭圆；在离表面为 0.2 个波长的深度以下，其运动轨迹仍为椭圆，但运动方向与表层相反。在自由表面上，质点沿表面法向的位移约为切向的 1.5 倍。理论上说，瑞利波只能沿着均匀半空间自由表面和均匀介质自由界面传播。地球与空气界面可以看作是自由界面，符合瑞利波产生的条件。瑞利波具有低速、低频和强振幅的记录特征。

瑞利波的传播速度与频率无关，仅与介质的弹性常数有关，通常瑞利波的速度为同介质中横波波速的 0.862 ~ 0.955 倍。

在震中附近不出现瑞利波。从震源射出的纵波在离震源距离为 $V_R \times h \times \sqrt{V_P^2 - V_R^2}$ 后才形成瑞利波。由震源射出的横波在离震源距离为 $V_R \times h \times \sqrt{V_s^2 - V_R^2}$ 后才形成瑞利波。其中 V_R 为瑞利波波速；h 为震源深度；V_P、V_s 分别为纵波和横波波速。

2. 勒夫波

勒夫波是 SH 型的面波，用 Q 或者 LQ 表示。在层状结构的介质中，若层上为自由表面，层下经过界面与另一介质紧密接触，且在半无限空间介质之上出现低速层的情况下，当 SH 波入射时，发生干涉形成勒夫波。勒夫波是一种垂直于传播方向的在水平面内振动的波。勒夫波的传播速度大于层中横波速度，小于层下横波波速，且不同频率的勒夫波其波速一般也不同。物理上称这种同性质波的传播速度随频率改变而改变的现象为频散现象。若频率低的波速度快，频率高的波速度慢，则为正频散，反之则为反频散。从理论上讲，勒夫波具有频散，而瑞利波在均匀半无限空间中传播没有频散。

如果在均匀半无限空间上覆盖一个均匀的盖层，其上层波速度低于下层波速，瑞利波和勒夫波的理论频散曲线如图 1.3.14 所示。

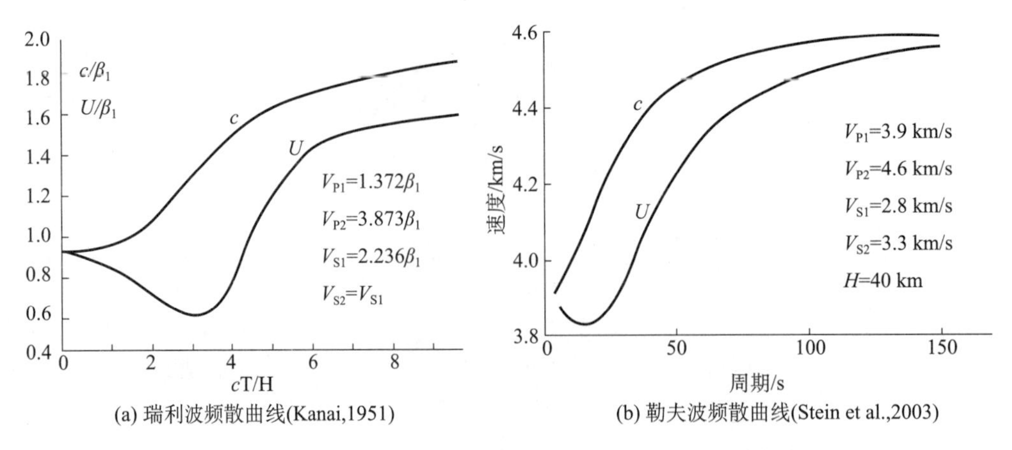

图 1.3.14 均匀半无限空间瑞利波、勒夫波理论频散曲线

（V_P 是纵波速度，V_S 是横波速度，c 是相速度，U 是群速度）

3. 地幔面波

在有大地震激发的情况下，在地震记录图上常常观测到绕地球若干圈的面波，它们的周期一般在几分钟到十分钟之间，其传播速度和频散受地幔结构的控制。这种波称为地幔面波。它的波长通常在 200km ~ 2500km，绕地球一圈需要 2.5 ~ 2.8 小时。通常用 Rm 和 Qm 分别表示地幔瑞利波和地幔勒夫波。并给予下标表示其绕地球的圈数。地幔瑞利波为纵波性，周期大于 10 分钟，群速度在 3.9 ~ 4.9km/s，波数为 5 ~ 8 个。地幔勒夫波具有横波（SV）性质，周期 50 ~ 200s，群速度 4.3 ~ 4.4km/s，波数 4 ~ 6 个。

4. 艾里（Airy）相

在群速度频散曲线的极小值所对应的频率点附近，与该频率相近的简谐波群几乎同时到达，从而在地震图上形成一个大振幅的震相，称为艾里震相。在大陆地区，面波所对应的艾里相的周期约为 20s，对超长周期的记录图，在周期 200s 附近也能发现艾里相。

5. 高阶面波

除瑞利波、勒夫波外，地震记录图上还常见到一些高阶面波，如 Lg，Rg，Li，πg 等。

Lg 震相：它的特点是初始尖锐，周期为 0.5 ~ 10s，有正频散特性，在水平分量上经常作为连续的短周期波列叠加在长周期的勒夫波波列上，且它在垂直分量上也有清晰的初动和波列，这点与勒夫波不同。Lg 波又可分为 Lg_1 和 Lg_2 两个震相，Lg_1 波速度约为 3.5 ~ 3.6km/s，Lg_2 波速度约为 3.3 ~ 3.4km/s，这都是根据初动算出的速度，Lg_1 一般比 Lg_2 的振幅要小些。它们随震中距的增大衰减较慢。

Rg 震相：表现为尖锐的初始，记录开始部分往往表现为强脉冲、大振幅、表面质点的运动轨迹与瑞利波相同，为逆进的椭圆。Rg 波随着震中距的增大衰减较慢，由初动算出的平均波速为 3.05km/s 左右，周期为 8 ~ 12s，表现为反频散，即小周期的波先到。

Li 震相：这是瑞典的巴特在 1957 年提出的，它是 SH 型的波，波速为 3.79km/s，相当于地壳底层的 S 波波速，周期在 8s 以下，振幅随震中距衰减较慢，但这种波不易分辨，不如 Lg 和 Rg 清晰。

πg 震相：它是在 P 波之后 S 波之前的波列，振幅比较小，周期为 1 ~ 6s，起始平缓，速度为6.1km/s左右，振幅随震中距衰减较慢，震中距小于15°时记录较好，垂直向较清晰，表现为3～5个周期的波列。我国东部的地震在东部的台站常记录到较好的πg震相，但πg波并不经常出现。

高阶面波是大陆型地壳结构所特有的地震波，当地震波通过的路径上有150km以上的海洋型地壳时，高阶面波便受阻而不能通过，当它们通过山脉地区时也受到强烈的衰减，因此，Lg和Rg能否顺利的通过成为区别地壳结构及其性质的重要标志。我国台湾地区的地震在我们各地震台站都能记到清晰的Lg和Rg波列，说明台湾海峡是大陆型地壳。

6. 面波的相速度和群速度

相速度在物理上的定义是单一频率波的传播速度，它实质上是简谐波的同相位面的传播速度。由于地震面波是由不同频率的波相互干涉形成的，这些原始波的频谱一般是连续的，如果这些波的波峰和波谷遇在一起就会相互抵消，反之，如果这些波的波峰与波峰遇在一起就会叠加形成大振幅，称这种叠加所形成的大振幅波的传播速度为群速度。由于在波的传播中能量都集中在大振幅处，因此，群速度也就是能量的传播速度。

设ω是一组波的角频率，k是相应的波数，另一组波的角频率就为（$\omega+\delta\omega$），相应的波数为（$k+\delta k$），这里的$\delta\omega$、δk是两组波的微小变化量。则相速度（v）与群速度（U）的关系为：

$$U=\frac{\delta\omega}{\delta k}=\frac{\delta kv}{\delta k}=v+k\frac{\delta v}{\delta k} \tag{1.3.40}$$

如果相速度与频率无关，则有$\frac{\delta v}{\delta k}=0$，$U=v$，即相速度等于群速度；当$\frac{\delta v}{\delta k}>0$时，$U>v$，对应相速度随着频率增大而增大的情况，此种情况对应的是波射线穿透低速层的情况；当$\frac{\delta v}{\delta k}<0$，$U<v$，对应相速度随着频率增大而减小的情况，此种情况对应速度随着深度增加而增加的情况。

（1）单台法测量面波的群速度。

图1.3.15是某个台站所记录到的瑞利波波列，某周期所对应的面波的群速度为：

$$U(T)=\frac{\Delta}{t(T)-T_0} \tag{1.3.41}$$

式中U（T）是周期T对应的群速度，T_0是发震时刻，Δ是震中距，t（T）是周期T的波的到时。

（2）双台法测量面波的群速度。

利用两个台所记录到的面波求同一周期所对应的群速度的公式为：

$$U(T)=\frac{\Delta_2-\Delta_1}{t_2-t_1} \tag{1.3.42}$$

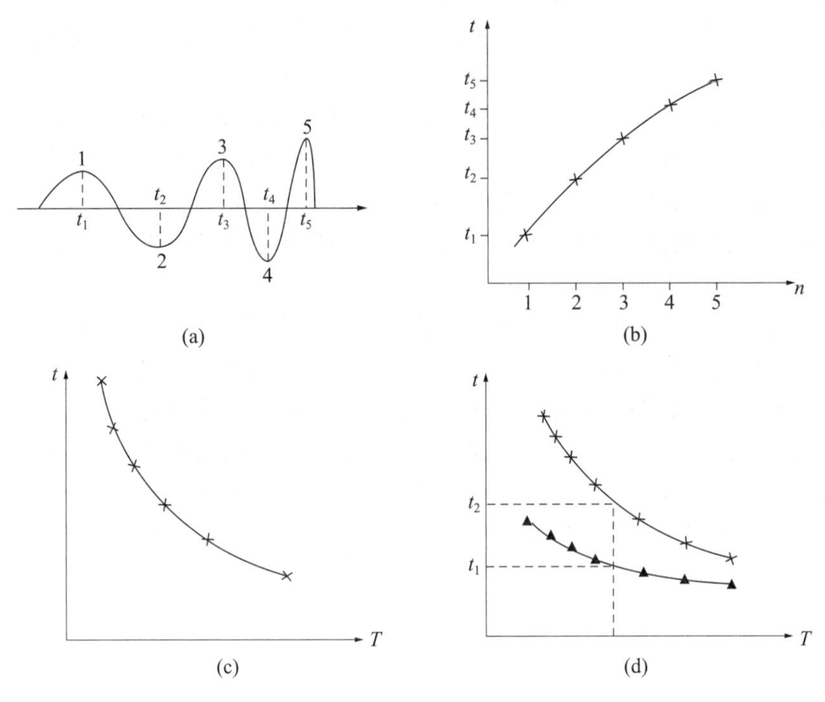

图 1.3.15　群速度求取方法示意图

式中，Δ_2、Δ_1 为两台的震中距；t_1、t_2 为某一周期 T 的波到达台 1、台 2 的时间；$U(T)$ 是周期 T 所对应的群速度。利用此法运算时，最好震中和两台处在同一大圆弧上，否则，测定结果误差较大。

有了数字地震记录后，出现了许多基于数字信号处理技术的面波相速度和群速度的测量方法，如傅里叶相位方法、移动窗口方法、时域维纳滤波方法、时频分析法等。目前用的较多是群速度频散曲线的时频分析法。

（三）尾波

地方震尾波的简称。在震中距小于 200km 的短周期（频率 1 ~ 30Hz）记录图上，在直达 S 波之后的记录尾部所呈现的一串持续振动，称为尾波。也有研究将直达 P 波和直达 S 波之间的波称为 P 尾波。尾波的持续时间为 2 倍 S 波走时点开始至记录振幅与台站干扰水平相当时为止。

1969 年安艺敬一首次将尾波解释为 S 波到 S 波的单次散射波，之后，许多科学家又发展了形成各向同性介质中尾波的多重散射模型。目前，尾波被认为是地下介质中大量随机分布的小尺度不均匀体对主要是 S 波的反复散射而形成的。我们知道，随着震中距的增加，直达 S 波的振幅会明显减小，但是尾波的振幅随着震中距的变化几乎没有变化，也就是说在不同震中距的观测点所记录到的同一地震的尾波的振幅无明显差异。尾波的频率及振幅与波的传播路径无关。尾波振幅与观测点的台址的地质条件无关。尾波的持续时间与震中距也几乎无关，但是尾波的记录长度与震级有关，震级大的地震其尾波持续时间长，所以，经常用尾波来计算震级（持续时间震级）。尾波的三维质点振动轨迹大致为球形，没有显示偏振现象。基于尾波的这些性质，尾波被作为研究地壳岩石介质不均匀程度的方法之一。根据一定的散射模型分析尾波振幅的衰减特征，能够测定地壳岩石介质的品质因子 Qc。

第四节　地震波的走时规律

地震波走时是指地震波从震源传播到观测点所用的时间。地震波的走时与波的性质、传播路径、介质性质等因素有关。走时方程也称时距方程，是描述地震波走时与传播路程之间关系的数学表述式。根据走时方程可以计算出不同地球速度结构情况下，每个地震波的传播时间。由走时方程所得到的曲线为走时曲线。

一、近震地震波的走时规律

此处讨论近震问题的假设条件为：震源是点源，地震波所经过的各层界面为平面，各层内的介质呈均匀分布，地震波的传播速度为匀速，地震波射线为直线。

（一）直达波走时规律

1. 单层地壳结构模型

设 Pg 波的传播速度为 v_p，Sg 波的传播速度为 v_s，震源深度为 h。直达波的走时方程为：

$$\left.\begin{aligned} t_{pg} &= \frac{D}{v_p} = \frac{\sqrt{\Delta^2 + h^2}}{v_p} \\ t_{sg} &= \frac{D}{v_s} = \frac{\sqrt{\Delta^2 + h^2}}{v_s} \end{aligned}\right\} \tag{1.4.1}$$

式中的 t_{pg}、t_{sg} 为 Pg、Sg 波的走时，D 是震源距，Δ 为震中距。图 1.4.1 是单层地壳结构直达波走时曲线示意图。

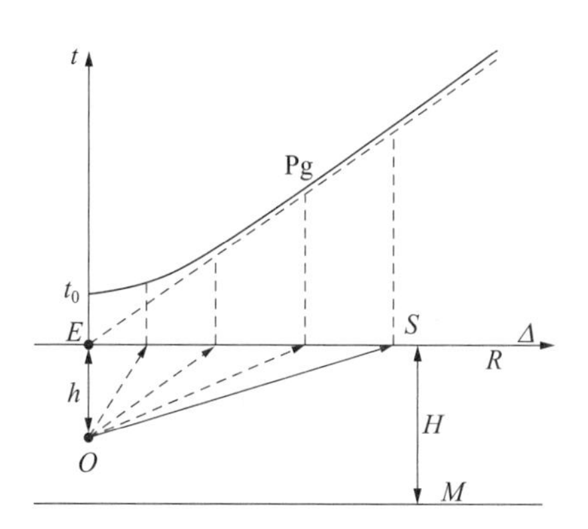

图 1.4.1　直达波射线传播路径及走时曲线示意图

若将式 1.4.1 两边平方整理，可得：

$$\frac{t_{pg}^2}{t_{pg0}^2} - \frac{\Delta^2}{h^2} = 1$$

$$\frac{t_{sg}^2}{t_{sg0}^2} - \frac{\Delta^2}{h^2} = 1 \tag{1.4.2}$$

其中：$t_{pg0} = h/v_p$，$t_{sg0} = h/v_s$。式（1.4.2）是一个关于走时 t 和震中距 Δ 的双曲线，对于地震波而言，有实际意义的是 $t>0$、$\Delta>0$ 的一支，其渐近线是一条过原点的直线，方程为：

$$t = \Delta/\boldsymbol{v} \tag{1.4.3}$$

渐近线的斜率为 $1/\boldsymbol{v}$。严格地讲，此处 $\boldsymbol{v}$ 为波的视速度，视速度的定义是

$$\boldsymbol{v} = \frac{\mathrm{d}\Delta}{\mathrm{d}t} \tag{1.4.4}$$

当震源深度 $h=0$ 时，视速度等于真速度。

2. 双层地壳结构模型

双层地壳结构模型情况下，如果震源点在上地壳，其走时方程与单层地壳模型情况一致。如果震源点在下层，则走时方程式如式（1.4.5）所示。式中各量的含义见图 1.4.2。其中 t 与 Δ 相对应，t 表示纵波或者横波的走时，e_1、e_2 为出射角，H_1、H_2 为上层、下层的层厚，v_1 对应上层的纵波或者横波速度，v_2 对应下层的纵波或者横波速度。

$$\left.\begin{aligned} t &= \frac{H_1}{\boldsymbol{v}_1 \sin e_1} + \frac{h - H_1}{\boldsymbol{v}_2 \sin e_2} \\ \Delta &= H_1 \cot e_1 + (h - H_1)\cot e_2 \end{aligned}\right\} \tag{1.4.5}$$

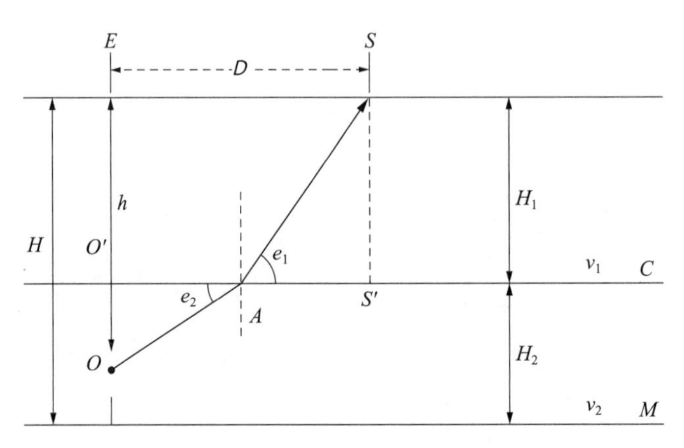

图 1.4.2　震源在 C、M 界面之间时直达波射线示意图

（二）反射波走时规律

1. 单层地壳结构模型

设 PmP 波的传播速度为 v_p，SmS 波的传播速度为 v_s，震源深度为 h，地壳厚度为 H。反射波的走时方程为：

$$\left.\begin{aligned} t_{\mathrm{PmP}} &= \frac{\overline{O'S}}{v_p} = \frac{\sqrt{\Delta^2 + (2H-h)^2}}{v_p} \\ t_{\mathrm{SmS}} &= \frac{\sqrt{\Delta^2 + (2H-h)^2}}{v_s} \end{aligned}\right\} \tag{1.4.6}$$

式中的 t_{PmP}、t_{SmS} 为 PmP、SmS 波的走时，Δ 为震中距。图 1.4.3 是单层地壳结构模型反射波的走时曲线示意图。

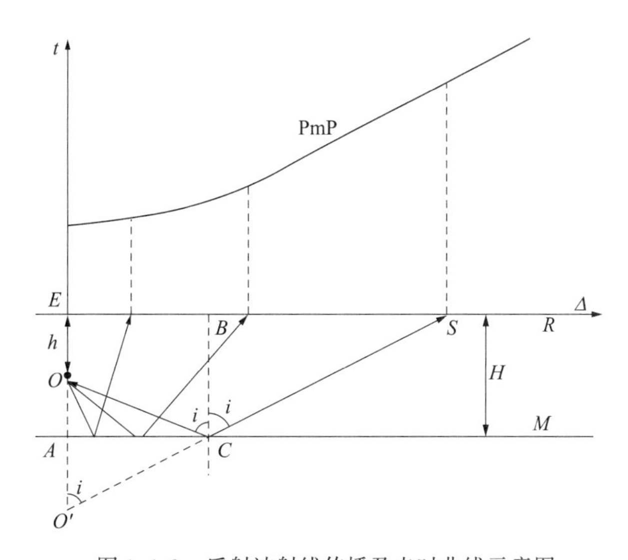

图 1.4.3　反射波射线传播及走时曲线示意图

若将式（1.4.6）写成通式形式，并两边平方整理，可得：

$$\frac{t^2}{\dfrac{(2H-h)^2}{v^2}} - \frac{\Delta^2}{(2H-h)^2} = 1 \tag{1.4.7}$$

式（1.4.7）说明反射波的走时曲线为双曲线，其在时间轴上的截距为$\dfrac{2H-h}{v}$，渐近线是一条过坐标原点的直线，方程形式为：$t=\dfrac{\Delta}{v}$。

2. 双层地壳结构模型

设震源在上层（如图 1.4.4），上层的层厚为 H_1，下层的层厚为 H_2，上层的波速为 v_1，

下层的波速为 v_2，i_1、i_2 为入射角，h 为震源深度，H 为地壳厚度。若波在 C 面上反射，走时方程的形式与单层地壳结构的走时方程形式相同。如果波在 M 面反射，走时方程形式为：

$$t = \frac{2H_1 - h}{v_1^2\sqrt{\frac{1}{v_1^2} - p^2}} + \frac{2H_2}{v_2^2\sqrt{\frac{1}{v_2^2} - p^2}} \tag{1.4.8}$$

$$\Delta = \frac{(2H_1 - h) \cdot p}{\sqrt{\frac{1}{v_1^2} - p^2}} + \frac{2H_2 \cdot p}{\sqrt{\frac{1}{v_2^2} - p^2}}$$

$$p = \frac{\sin i_1}{v_1} = \frac{\sin i_2}{v_2} \tag{1.4.9}$$

式中的 p 为射线参数。这种形式的走时方程称为走时参数方程。如果震源在下地壳，走时方程可以类推。

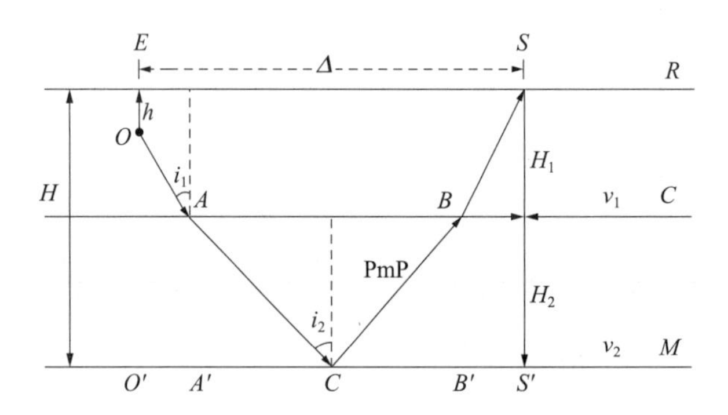

图 1.4.4　震源在 C 面之上时反射波射线传播路径示意图

（三）首波走时规律

1. 单层地壳结构模型

设 Pn 波在层内的传播速度为 v_{p1}，在界面底层的传播速度为 v_{p2}，Sn 波在层内的传播速度为 v_{s1}，在界面底层的传播速度为 v_{s2}，震源深度为 h，地层厚度为 H，波以临界角 i_0 入射界面。首波的走时方程为：

$$\left.\begin{aligned} t_{\mathrm{Pn}} &= \frac{\Delta}{v_{p2}} + (2H - h) \cdot \frac{\cos i_0}{v_{p1}} \\ t_{\mathrm{Sn}} &= \frac{\Delta}{v_{s2}} + (2H - h) \cdot \frac{\cos i_0}{v_{S1}} \end{aligned}\right\} \tag{1.4.10}$$

显然首波的走时方程是关于走时 t 和震中距 Δ 的线性方程（如图 1.4.5）。由首波产生条件可知，首波有一段“盲区”，“盲区”范围为 Δ_0，式中的 v 可以是纵波或者横波的速度。

$$\Delta_0 = H\tan i_0 + (H - h)\tan i_0 = (2H - h)\tan i_0$$

$$\Delta_0 = (2H - h)\frac{v_1}{\sqrt{v_2^2 - v_1^2}} \tag{1.4.11}$$

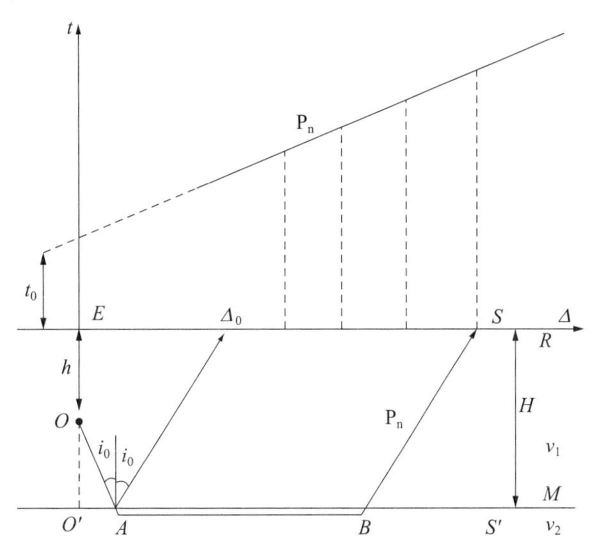

图 1.4.5　首波射线传播路径及走时曲线示意图

2. 双层地壳结构模型

图 1.4.6 是双层地壳模型示意图，当震源在上层时，在 C 面上产生的首波的走时方程与单层地壳模型走时方程的形式一样。在 M 面上产生首波的走时方程为：

$$t = \frac{\Delta}{v_3} + (2H_1 - h)\sqrt{\frac{1}{v_1^2} - \frac{1}{v_3^2}} + 2H_2\sqrt{\frac{1}{v_2^2} - \frac{1}{v_3^2}} \tag{1.4.12}$$

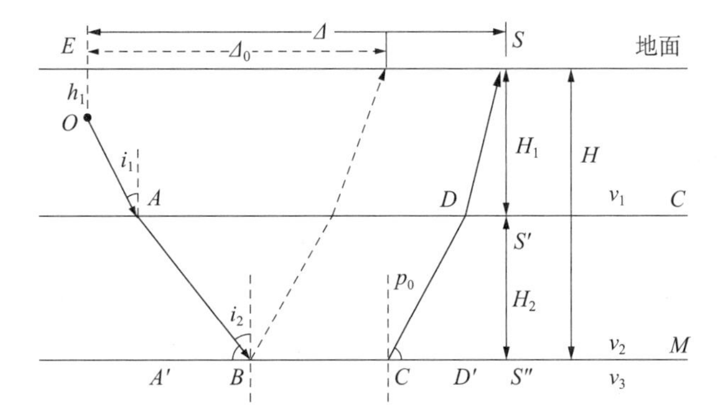

图 1.4.6　震源在 C 面之上时首波射线传播路径示意图

$$\Delta_0 = (2H_1 - h)\frac{v_1}{\sqrt{v_3^2 - v_1^2}} + \frac{2H_2 \cdot v_2}{\sqrt{v_3^2 - v_2^2}} \tag{1.4.13}$$

式中，v_1、v_2、v_3 分别为第一、二、三层内的波速，v 可以是纵波或者横波的速度。

3. 多层地壳模型结构

在地壳的某些地方，存在由多个界面分割的层（如图 1.4.7），设地壳内有 k 层，折射定律表示为：

$$\frac{\sin i_1}{v_1} = \frac{\sin i_2}{v_2} = \cdots = \frac{\sin i_k}{v_k} = \frac{1}{v_{k+1}} = p \quad K = 1,2,\cdots n \tag{1.4.14}$$

式中 p 为射线参数，v_1、v_2……v_{k+1} 表示从第一层到第 $k+1$ 层地震波的速度。由图 1.4.7 及式（1.4.12），不难得出震源在第 1 层的多层地壳结构走时方程为：

$$t = \frac{\Delta}{v_{k+1}} + (2H_1 - h)\sqrt{\frac{1}{v_1^2} + \frac{1}{v_{k+1}^2}} + \sum_{k=2}^{n} 2H_k\sqrt{\frac{1}{v_k^2} + \frac{1}{v_{k+1}^2}} \quad K = 1,2,\cdots n \tag{1.4.15}$$

式中 Δ 为震中距，H_1 为第一层的厚度，h 为震源深度，H_k 为从第 2 层到第 n 层各层的厚度。

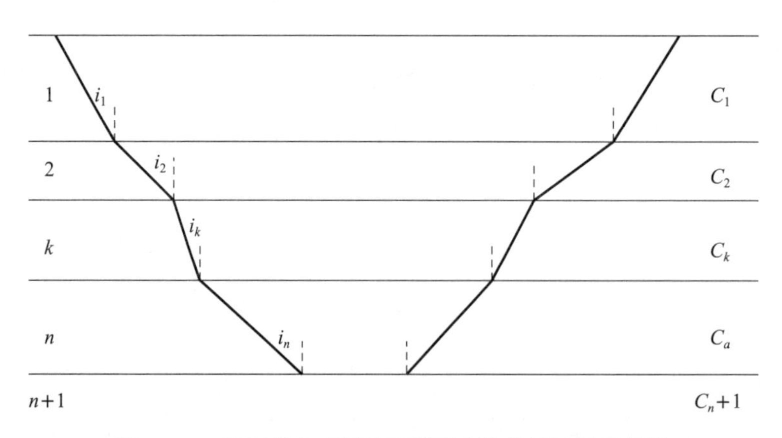

图 1.4.7　波射线在多层地壳模型中的传播路径示意图

（四）近震波走时之间的关系

1. 直达波与反射波走时之间的关系

以单层地壳结构为例，式（1.4.1）和式（1.4.7）给出了直达波和反射波的走时方程，式（1.4.2）和式（1.4.7）说明直达波、反射波的走时呈双曲线规律，且渐近线方程相同。由此说明，随着震中距的增大，反射波的走时与直达波逐渐接近。见图 1.4.8。

2. 首波与反射波走时之间的关系

当入射角等于临界角时，折射角等于 90°，此时能够产生首波，当入射角大于临界角时，折射角大于 90°，此时发生全反射现象，也就是说，当震中距大于首波的“盲区”距离时，就会发生全反射现象，而震中距等于首波的“盲区”距离时，产生首波。见图1.4.8。

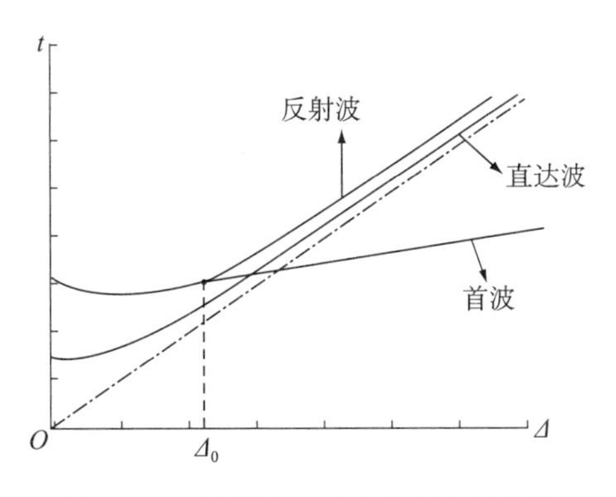

图1.4.8　近震波走时曲线关系示意图

3. 首波与直达波走时之间的关系

由式（1.4.1）和式（1.4.10）知，首波与直达波在某一震中距处的走时相等，即走时曲线相交（见图1.4.8），通常称这一震中距为Δ_1，这是因为首波在传播过程中有一段路径是沿着界面底部以波速v_2（$v_2 > v_1$）传播的。Δ_1的值由直达波与首波走时方程联立得出。

$$\Delta_1 = \left(\frac{v_1^2 v_2^2}{v_2^2 - v_1^2}\right)^{1/2} \cdot \left(\frac{2H - h}{v_2} + \frac{2}{v_1}\sqrt{H(H - h)}\right) \tag{1.4.16}$$

当$\Delta > \Delta_1$时，首波将先于直达波到达观测点。虽然当$\Delta > \Delta_0$时首波就已经产生，但是只有当$\Delta > \Delta_1$才能从记录图上看到首波。在华北地区，通常Δ_1约为120km左右。地壳越厚，Δ_1越大，在青藏高原地区，Δ_1大于240km；震源越浅，Δ_1越大。

根据各种波的走时方程不难看出，直达波、反射波和首波的走时之间存在一定的关系。在震中距小于Δ_0段内，只有直达波和反射波，且直达波较反射波先到达观测点；在震中距等于Δ_0时，产生首波，在Δ_0至Δ_1范围内，波到达观测点的顺序为直达波、首波、反射波；震中距大于Δ_1之后，首波传播时间最短，波到达观测点的顺序为首波、直达波、反射波。

二、球对称地球介质中地震波的走时规律

1. 走时方程

假设地球介质成球对称形分布，即地震波速度仅是深度的函数，深度相同的地方波速相等，地震射线为曲线。为讨论问题方便，设震源为点源，且忽略震源深度，将地球沿径向分为无数同心圆的薄层，划分原则为每个薄层内的介质是均匀的，即波速为恒定值。地震波的走时方程为：

$$\Delta(p) = 2p\int_{r(p)}^{R} \frac{\mathrm{d}r}{\sqrt{\frac{r^2}{v^2} - p^2}} = 2p\int_{r(p)}^{R} \frac{\mathrm{d}r}{\sqrt{\gamma^2 - p^2}} \tag{1.4.17}$$

$$t(p)=2\int_{r(p)}^{R}\frac{r\mathrm{d}r}{v^2\sqrt{\frac{r^2}{v^2}-p^2}}=p\Delta+2\int_{r(p)}^{R}\frac{\sqrt{\gamma^2-p^2}\,\mathrm{d}r}{r} \tag{1.4.18}$$

式中 R 为地球半径，r 是向径，v 是波速，p 为射线参数，γ 慢度，是速度的倒数。图 1.4.9 为射线传播路径图。

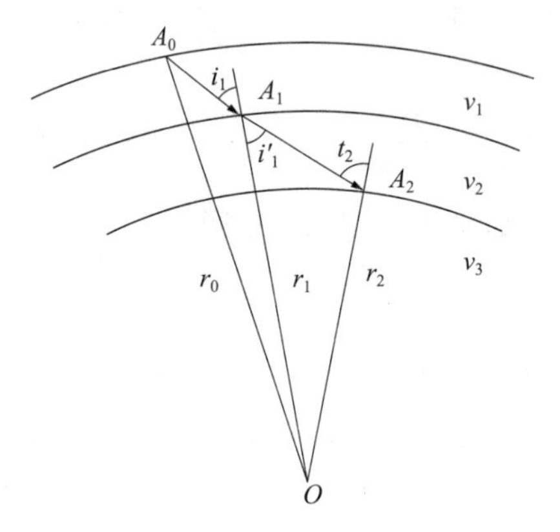

图 1.4.9　波射线在球对称介质中的传播示意图

2. 本多夫定律

本多夫定律描述了地震波走时与射线参数之间关系。设地震波由震源传播到地面观测点 A、B 时的传播时间差为 $\mathrm{d}T$，OA 与 OB 之间的夹角为 $\mathrm{d}\Delta$，Δ 为震中距，R 为地球半径，i_0 为初始入射角，v_0 为初始速度（图 1.4.10），则根据斯奈尔定律可得本多夫定律。

$$\frac{R\sin i_0}{v_0}=\frac{\mathrm{d}T}{\mathrm{d}\Delta}=p \tag{1.4.19}$$

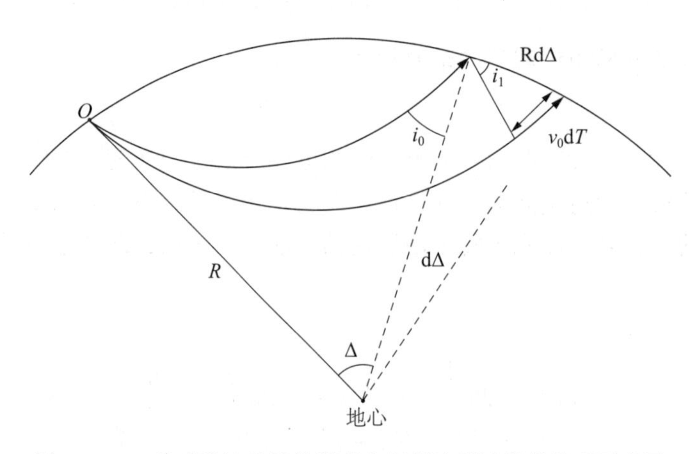

图 1.4.10　球对称地球结构模型中相邻地震波射线关系示意图

3. 速度对地震射线的影响

球对称介质中的地震射线为对称曲线，设 ρ 为地震射线上某一点 A 的曲率半径，A 点的极坐标用 A（r，Δ）表示，则曲率半径为：

$$\frac{1}{\rho}=\pm\frac{r^2+2\left(\frac{\mathrm{d}r}{\mathrm{d}\Delta}\right)^2-r\left(\frac{\mathrm{d}^2r}{\mathrm{d}\Delta^2}\right)}{\left[r^2+\left(\frac{\mathrm{d}r}{\mathrm{d}\Delta}\right)^2\right]^{3/2}} \tag{1.4.20}$$

式中 r 为 A 点的向径。结合式（1.4.15）可得到：

$$\rho=-\frac{p}{r}\frac{\mathrm{d}v}{\mathrm{d}r} \tag{1.4.21}$$

若 ρ 为正，射线向上弯曲，若 ρ 为负，射线向下弯曲。从式（1.4.20）看出，ρ 的正负取决于速度随向径（射线穿透深度）变化的变化率，所以，波速变化对射线的形状起决定性作用。

（1）当 $\frac{\mathrm{d}v}{\mathrm{d}r}=0$ 时，波速随向径没有变化，地震射线为直线，走时曲线也为直线。

（2）当 $\frac{\mathrm{d}v}{\mathrm{d}r}<0$ 时，波速随向径的变化而逐渐增长，此时，$\rho>0$，地震射线向上弯曲，相应的走时曲线凹向 Δ 轴。这种情况下地震射线能出射地表。

（3）当 $\frac{\mathrm{d}v}{\mathrm{d}r}>0$ 时，波速随向径的变化而逐渐下降，此时，$\rho<0$，地震射线向下弯曲，有三种情况。由式（1.4.18）和式（1.4.19）得：

$$\frac{\mathrm{d}v}{\mathrm{d}r}=\frac{v}{\rho\sin i} \tag{1.4.22}$$

① $\left|\frac{\mathrm{d}v}{\mathrm{d}r}\right|=\frac{v}{r}$ 的情况：

$$\rho=\frac{r}{\sin i} \tag{1.4.23}$$

当 $\sin i=1$ 时，$\rho=r$，表示射线的曲率与地球的曲率相同。此时地震射线沿地球绕行，但不出射地表。

② $\left|\frac{\mathrm{d}v}{\mathrm{d}r}\right|<\frac{v}{r}$ 的情况：

由式（1.4.22）可知，当 $\sin i=1$ 时，$\frac{1}{\rho}<\frac{1}{r}$，这时射线的曲率比地球的曲率小，因

此，射线的另一端仍然能从地面出射，相应的走时曲线凸向 Δ 轴。

③ $\left|\frac{\mathrm{d}v}{\mathrm{d}r}\right| > \frac{v}{r}$的情况：

由式（1.4.22）可知，当 $\sin i = 1$ 时，$\frac{1}{\rho} > \frac{1}{r}$，这时射线的曲率比地球的曲率大，形成地震射线圈向地心的现象。这种情况下，走时曲线上出现“空段”。

4. 各类速度层中的地震射线

（1）正常速度层：层内波速随着深度的增加而逐渐增长的层称为正常速度层。根据上面的讨论，此层内有$\frac{\mathrm{d}v}{\mathrm{d}r} < 0$，地震射线凹向地表并出射地面，相应的走时曲线凹向 Δ 轴（如图 1.4.11）。

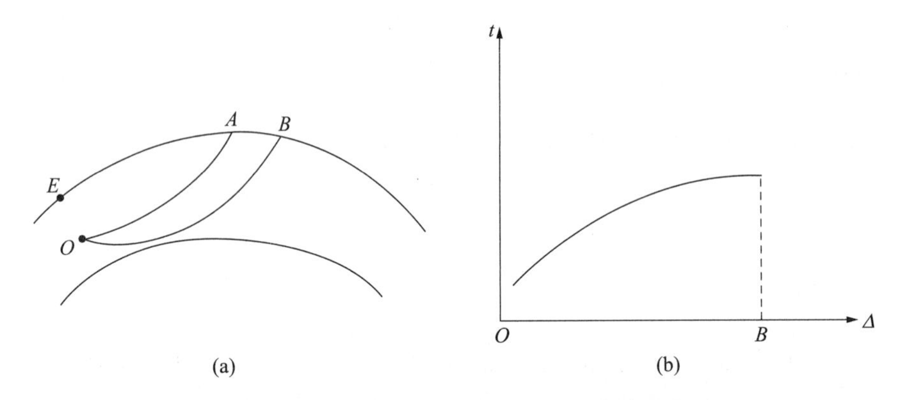

图 1.4.11　正常速度层地震射线与走时曲线示意图

（2）低速层：低速层是指波速在该层内随着深度的增加而逐渐降低，在该层外波速仍然随着深度增加而增长。即层内的波速为$\frac{\mathrm{d}v}{\mathrm{d}r} > 0$，层外的波速为$\frac{\mathrm{d}v}{\mathrm{d}r} < 0$，所以，波在低速层内传播时，地震射线凸向地表，且只有当 $\sin i = 1$ 及 $\left|\frac{\mathrm{d}v}{\mathrm{d}r}\right| < \frac{v}{r}$时，才会有一条射线出射地面，其余射线将会圈向地心或沿地表前进。此时，走时曲线上出现“空段”，称这一空段为“影区”（图 1.4.12）。典型的是上地幔低速层（深度约 70～200km）的“影区”，大约在震中距 5°～16°左右。

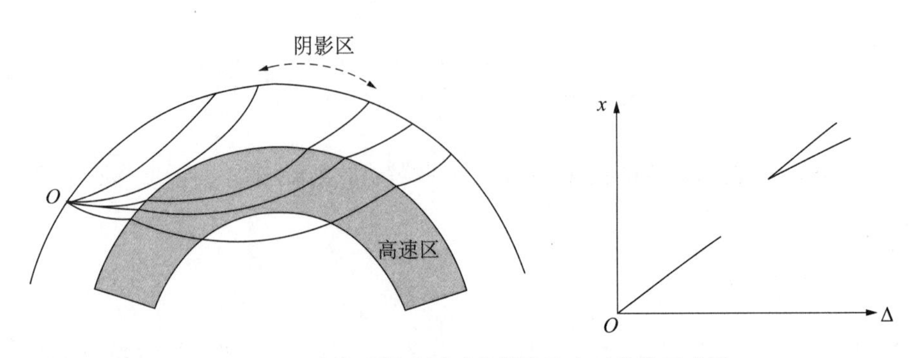

图 1.4.12　波穿过低速层时的射线及走时曲线示意图

（3）高速层：高速层是指这一层内波速随着深度增加的速率大于该层外波速随深度增加的速率。根据射线定律，射线穿过高速层时，其曲率会变大，从而导致经过高速层的射线与没有到达高速层的射线在同一地点出射地面，造成射线密集出射的现象。走时曲线会出现拐点。如果高速层的速率过大，还会造成射线穿透深的射线出射地面的震中距更小的情况，此时走时曲线将出现回折现象，图 1.4.13 是射线进入高速层的示意图。

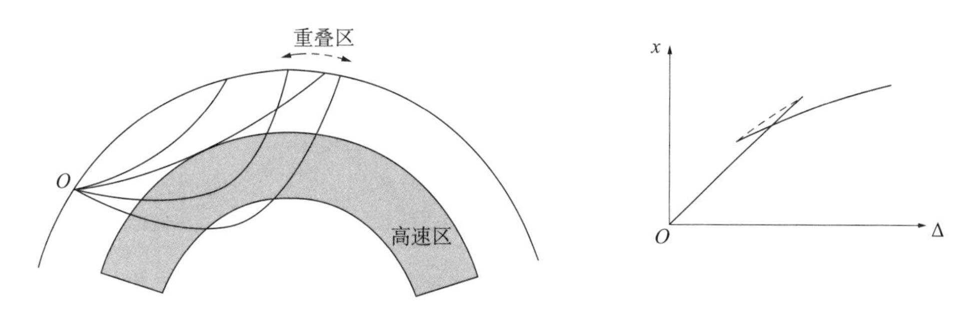

图 1.4.13　波穿过高速层时的射线及走时曲线示意图

附录 A：常用地球结构模型

地震学是研究地震的发生、地震波的传播以及地球内部结构的学科。迄今为止，地震学仍然是研究地球内部结构最有效的途径，地震波是认识地球内部结构最有效的载体。自地震学建立以来，地震学家根据所记录到的地震信息，推测出了较为精细的地球速度结构模型。

1. 初始参考地球模型（PREM）

初始参考地球模型简称 PREM 模型，是许多年来广泛应用的一维地球模型，由多依旺斯基和安德森教授提出，并在 1981 年第 21 届国际大地测量与地球物理联合会上正式通过。许多体波震相走时数据是建立在该模型上的。

表 A.1 是各向同性版的初始参考地球模型，即假设在 80 ~ 220km 的上地幔具有横向各向同性的性质，表中 z 是深度，r 是球面半径，v_p 是 P 波速度，v_s 是 S 波速度，ρ 是密度、$Q\mu$ 是剪切品质因子，Q_k 是压缩品质因子，P 是压强值。

初始参考地球模型给出的数值与目前所使用的地球模型的数值很接近，所不同的是 PREM 模型显示在 220km 深处有一个上地幔间断面，其他的模型没有显示。

表 A.1　初始参考地球模型（各向同性版）

深度 z/km	半径 r/km	v_P (km/s)	v_S (km/s)	ρ (g/cm^3)	Q_μ	Q_K	P/GPa
0.0	6371.0	1.45	0.00	1.02	0.0	57823.0	0.0
3.0	6368.0	1.45	0.00	1.02	0.0	57823.0	0.0
3.0	6368.0	5.80	3.20	2.60	600.0	57823.0	0.0

续表

深度 z/km	半径 r/km	v_P (km/s)	v_S (km/s)	ρ (g/cm^3)	Q_μ	Q_K	P/GPa
15.0	6356.0	5.80	3.20	2.60	600.0	57823.0	0.3
15.0	6356.0	6.80	3.90	2.90	600.0	57823.0	0.3
24.4	6346.0	6.80	3.90	2.90	600.0	57823.0	0.6
24.4	6346.6	8.11	4.49	3.38	600.0	57823.0	0.6
71.0	6300.0	8.08	4.47	3.38	600.0	57823.0	2.2
80.0	6291.9	8.08	4.47	3.37	600.0	57823.0	2.5
80.0	6291.0	8.08	4.47	3.37	80.0	57823.0	2.5
171.0	6200.0	8.02	4.44	3.36	80.0	57823.0	2.5
220.0	6151.0	7.99	4.42	3.36	80.0	57823.0	7.1
220.0	6151.0	8.56	4.62	3.44	143.0	57823.0	7.1
271.0	6100.0	8.66	4.68	3.47	143.0	57823.0	8.9
371.0	6000.0	8.85	4.75	3.53	143.0	57823.0	12.3
400.0	5971.0	8.91	4.77	3.54	143.0	57823.0	13.4
400.0	5971.0	9.13	4.93	3.72	143.0	57823.0	13.4
471.0	5900.0	9.50	5.14	3.81	143.0	57823.0	16.0
571.0	5800.0	10.01	5.43	3.94	143.0	57823.0	19.9
600.0	5771.0	10.16	5.52	3.98	143.0	57823.0	21.0
600.0	5771.0	10.16	5.52	3.98	143.0	57823.0	21.0
670.0	5701.0	10.27	5.57	3.99	143.0	57823.0	23.8
670.0	5701.0	10.75	5.95	4.38	312.0	57823.0	23.8
771.0	5600.0	11.07	6.24	4.44	312.0	57823.0	28.3
871.0	5500.0	11.24	6.31	4.50	312.0	57823.0	32.8
971.0	5400.0	11.42	6.38	4.56	312.0	57823.0	37.3
1071.0	5300.0	11.58	6.44	4.62	312.0	57823.0	41.9
1171.0	5200.0	11.78	6.50	4.68	312.0	57823.0	46.5
1271.0	5100.0	11.88	6.56	4.73	312.0	57823.0	51.2
1371.0	5000.0	12.02	6.62	4.79	312.0	57823.0	55.9
1471.0	4900.0	12.16	6.67	4.84	312.0	57823.0	60.7
1571.0	4800.0	12.29	6.73	4.90	312.0	57823.0	65.5
1671.0	4700.0	12.42	6.78	4.95	312.0	57823.0	70.4

续表

深度 z/km	半径 r/km	v_P (km/s)	v_S (km/s)	ρ (g/cm^3)	Q_μ	Q_K	P/GPa
1771. 0	4600. 0	12. 54	6. 83	5. 00	312. 0	57823. 0	75. 4
1871. 0	4500. 0	12. 67	6. 87	5. 05	312. 0	57823. 0	80. 4
1971. 0	4400. 0	12. 78	6. 92	5. 11	312. 0	57823. 0	85. 5
2071. 0	4300. 0	12. 90	6. 97	5. 16	312. 0	57823. 0	90. 6
2171. 0	4200. 0	13. 02	7. 01	5. 21	312. 0	57823. 0	95. 8
2271. 0	4100. 0	13. 13	7. 06	5. 26	312. 0	57823. 0	101. 1
2371. 0	4000. 0	13. 25	7. 10	5. 31	312. 0	57823. 0	106. 4
2471. 0	3900. 0	13. 36	7. 14	5. 36	312. 0	57823. 0	111. 9
2571. 0	3800. 0	13. 48	7. 19	5. 41	312. 0	57823. 0	117. 4
2671. 0	3700. 0	13. 60	7. 23	5. 46	312. 0	57823. 0	123. 0
2741. 0	3630. 0	13. 68	7. 27	5. 49	312. 0	57823. 0	127. 0
2771. 0	3600. 0	13. 69	7. 27	5. 51	312. 0	57823. 0	128. 8
2871. 0	3500. 0	13. 71	7. 26	5. 56	312. 0	57823. 0	134. 6
2891. 0	3480. 0	13. 72	7. 26	5. 57	312. 0	57823. 0	135. 8
2891. 0	3480. 0	8. 06	0. 00	9. 90	0. 0	57823. 0	135. 8
2971. 0	3400. 0	8. 20	0. 00	10. 03	0. 0	57823. 0	144. 2
3071. 0	3300. 0	8. 36	0. 00	10. 18	0. 0	57823. 0	154. 8
3171. 0	3200. 0	8. 51	0. 00	10. 33	0. 0	57823. 0	165. 2
3271. 0	3100. 0	8. 66	0. 00	10. 47	0. 0	57823. 0	175. 5
3371. 0	3000. 0	8. 80	0. 00	10. 60	0. 0	57823. 0	185. 7
3471. 0	2900. 0	8. 93	0. 00	10. 73	0. 0	57823. 0	195. 8
3571. 0	2800. 0	9. 05	0. 00	10. 85	0. 0	57823. 0	205. 7
3671. 0	2700. 0	9. 17	0. 00	10. 97	0. 0	57823. 0	215. 4
3771. 0	2600. 0	9. 28	0. 00	11. 08	0. 0	57823. 0	224. 9
3871. 0	2500. 0	9. 38	0. 00	11. 19	0. 0	57823. 0	234. 2
3971. 0	2400. 0	9. 48	0. 00	11. 29	0. 0	57823. 0	243. 3
4071. 0	2300. 0	9. 58	0. 00	11. 39	0. 0	57823. 0	252. 2
4171. 0	2200. 0	9. 67	0. 00	11. 48	0. 0	57823. 0	260. 8
4271. 0	2100. 0	9. 75	0. 00	11. 57	0. 0	57823. 0	269. 1
4371. 0	2000. 0	9. 84	0. 00	11. 65	0. 0	57823. 0	277. 1

续表

深度 z/km	半径 r/km	v_P (km/s)	v_S (km/s)	ρ (g/cm^3)	Q_μ	Q_K	P/GPa
4471.0	1900.0	9.91	0.00	11.73	0.0	57823.0	284.9
4571.0	1800.0	9.99	0.00	11.81	0.0	57823.0	292.3
4671.0	1700.0	10.06	0.00	11.88	0.0	57823.0	299.5
4771.0	1600.0	10.12	0.00	11.95	0.0	57823.0	306.2
4871.0	1500.0	10.19	0.00	12.01	0.0	57823.0	312.7
4971.0	1400.0	10.25	0.00	12.07	0.0	57823.0	318.9
5071.0	1300.0	10.31	0.00	12.12	0.0	57823.0	324.7
5149.5	1221.5	10.36	0.00	12.17	0.0	57823.0	329.0
5149.5	1221.5	11.03	3.50	12.76	84.6	57823.0	329.0
5171.0	1200.0	11.04	3.51	12.77	84.6	57823.0	330.2
5271.0	1100.0	11.07	3.54	12.82	84.6	57823.0	335.5
5371.0	1000.0	11.11	3.56	12.87	84.6	57823.0	340.4
5471.0	900.0	11.14	3.58	12.91	84.6	57823.0	344.8
5571.0	800.0	11.16	3.60	12.95	84.6	57823.0	348.8
5671.0	700.0	11.19	3.61	12.98	84.6	57823.0	352.2
5771.0	600.0	11.21	3.63	13.01	84.6	57823.0	355.4
5871.0	500.0	11.22	3.64	13.03	84.6	57823.0	358.0
5971.0	400.0	11.24	3.65	13.05	84.6	57823.0	360.2
6071.0	300.0	11.25	3.66	13.07	84.6	57823.0	361.8
6171.0	200.0	11.26	3.66	13.08	84.6	57823.0	363.0
6271.0	100.0	11.26	3.67	13.09	84.6	57823.0	363.7
6371.0	0.0	11.26	3.67	13.09	84.6	57823.0	364.0

2. IASP91 速度模型

IASP91 模型是借助归一化半径的参数化速度模型。IASP91 模型对地球基本结构的描述是：地壳由两个均匀层组成，在 20km 和 35km 深度处有两个间断面；在 35～760km 深度之间，每一层的速度以半径的线性梯度表示；在位于深度 410km 和 660km 处，上地幔速度不连续；上地幔模型考虑了大于 30°P 波和 S 波“平均”观测到时以及远震到时的约束条件，由于震源和记录台站的分布很不均匀，IASP91 模型还考虑了地理分布的偏差以及特殊参数给予的约束。在深度 760～2740km 之间的下地幔，P 波和 S 波速度 v_p 和 v_s 分布用半径的 3 次方表示，在深度 2740km 以下至核幔边界 3482km 的最下层地幔，速度随半径呈线性变化。地核和内核的速度函数用半径的二次多项式表示。表 A.2 是 IASP91 模型的参数式，表 A.3

是 IASP91 模型的数据列表。

表 A.2　IASP91 模型的参数式（x 为归一化半径，$x=r/a$，这里 $a=6371$km）

深度 z/km	半径 r/km	v_P (km/s)	v_S (km/s)
6371 ~ 5153.9	0 ~ 1217.1	11.24094—4.09689x^2	3.56454 − 3.45241x^2
5153.9 ~ 2889	1217.1 ~ 3482	10.039043.75665x—13.67046x^2	0
2889 ~ 2740	3482 ~ 3631	14.49470—1.47089x	816616 − 1.58206x
2740 ~ 760	3631 ~ 5611	25.1486—41.1538x + 51.9932x^2 − 26.6083x^3	12.9303 − 21.2590x + 27.8988x^2 − 14.1080x^3
760 ~ 660	5611 ~ 5711	25.96984—16.93412x	20.76890 − 16.53147x
660 ~ 410	5711 ~ 5961	29.38896—21.40656x	17.70732 − 13.50652
410 ~ 210	5961 ~ 6161	30.78765—23.25415x	15.24213 − 11.08552
210 ~ 120	6161 ~ 6251	25.41389 − 17.69722x	5.75020—1.27420
120 ~ 35	6251 ~ 6336	8.78541 − 0.74953x	6.706231—2.248585
35 ~ 20	6336 ~ 6351	6.50	3.75
20 ~ 0	6351 ~ 6371	5.80	3.36

表 A.3　IASP91 速度模型

深度 z/km	半径 r/km	v_P (km/s)	v_S (km/s)
6371.00	0	11.2409	3.5645
6271.00	100	11.2399	3.5637
6171.00	200	11.2369	3.5611
6071.00	300	11.2319	3.5569
5971.00	400	11.2248	3.5509
5871.00	500	11.2157	3.5433
5771.00	600	11.2046	3.5339
5671.00	700	11.1915	3.5229
5571.00	800	11.1763	3.5101
5471.00	900	11.1592	3.4956
5371.00	1000.00	11.1400	3.4795
5271.00	1100.00	11.1188	3.4616
5171.00	1200.00	11.0956	3.4421

续表

深度 z/km	半径 r/km	v_P (km/s)	v_S (km/s)
5153.90	1217.10	11.0914	3.4385
5153.90	1217.10	10.2578	0.0000
5071.00	1300.00	10.2364	0.0000
4971.00	1400.00	10.2044	0.0000
4871.00	1500.00	10.1657	0.0000
4771.00	1600.00	10.1203	0.0000
4671.00	1700.00	10.0681	0.0000
4571.00	1800.00	10.0092	0.0000
4471.00	1900.00	9.9435	0.0000
4371.00	2000.00	9.8711	0.0000
4271.00	2100.00	9.7920	0.0000
4171.00	2200.00	9.7062	0.0000
4071.00	2300.00	9.6136	0.0000
3971.00	2400.00	9.5142	0.0000
3871.00	2500.00	9.4082	0.0000
3771.00	2600.00	9.2954	0.0000
3671.00	2700.00	9.1758	0.0000
3571.00	2800.00	9.0496	0.0000
3471.00	2900.00	8.9166	0.0000
3371.00	3000.00	8.7768	0.0000
3271.00	3100.00	8.6303	0.0000
3171.00	3200.00	8.4771	0.0000
3071.00	3300.00	8.3171	0.0000
2971.00	3400.00	8.1504	0.0000
2889.00	3482.00	8.0087	0.0000
2889.00	3482.00	13.6908	7.3015
2871.00	3500.00	13.6866	7.2970
2771.00	3600.00	13.6636	7.2722
2740.00	3631.00	13.6564	7.2645
2740.00	3631.00	13.6564	7.2645

续表

深度 z/km	半径 r/km	v_P (km/s)	v_S (km/s)
2671.00	3700.00	13.5725	7.2320
2571.00	3800.00	13.4531	7.1819
2471.00	3900.00	13.3359	7.1348
2371.00	4000.00	13.2203	7.0888
2271.00	4100.00	13.1055	7.0434
2171.00	4200.00	12.9911	6.9983
2071.00	4300.00	12.8764	6.9532
1971.00	4400.00	12.7607	6.9078
1871.00	4500.00	12.6435	6.8617
1771.00	4600.00	12.5241	6.8147
1671.00	4700.00	12.4020	6.7663
1571.00	4800.00	12.2764	6.7163
1471.00	4900.00	12.1469	6.6643
1371.00	5000.00	12.0127	6.6101
1271.00	5100.00	11.8732	6.5532
1171.00	5200.00	11.7279	6.4933
1071.00	5300.00	11.5761	6.4302
971.00	5400.00	11.4172	6.3635
871.00	5500.00	11.2506	6.2929
771.00	5600.00	11.0756	6.2180
760.00	5611.00	11.0558	6.2095
760.00	5611.00	11.0558	6.2095
671.00	5700.00	10.8192	5.9785
660.00	5711.00	10.7900	5.9500
660.00	5711.00	10.2000	5.6000
571.00	5800.00	9.9010	5.4113
471.00	5900.00	9.5650	5.1993
410.00	5961.00	9.3600	5.0700
410.00	5961.00	9.0300	4.8700
371.00	6000.00	8.8877	4.8021

续表

深度 z/km	半径 r/km	ν_P (km/s)	ν_S (km/s)
271.00	6100.00	8.5227	4.6281
210.00	6161.00	8.3000	4.5220
210.00	6161.00	8.3000	4.5180
171.00	6200.00	8.1917	4.5102
120.00	6251.00	8.0500	4.5000
120.00	6251.00	8.0500	4.5000
71.00	6300.00	8.0442	4.4827
35.00	6336.00	8.0400	4.4700
35.00	6336.00	6.5000	3.7500
20.00	6351.00	6.5000	3.7500
20.00	6351.00	5.8000	3.3600
0.00	6371.00	5.8000	3.3600

3. AK135 模型

AK135 模型充了密度和 Q 值数据，这是通过对地球自由振荡和走时进行综合研究后得到了。表 A.4 是 AK135 速度模型，表 A.5 是 AK135 速度模型的一般结构，包括介质密度 ρ 和品质因子 Qu。

表 A.4　AK135 速度模型（大陆结构）

深度 z/km	半径 r/km	ν_P（km/s）
0.000	5.8000	3.4600
20.000	5.8000	3.4600
20.000	6.5000	3.8500
35.000	6.5000	3.8500
35.000	8.0400	4.4800
77.500	8.0400	4.4900
120.00	8.0500	4.5000

表 A.5　AK135 速度模型（一般结构）

深度 z/km	密度 ρ（g/cm^3）	v_P（km/s）	v_S（km/s）	Q_α	Q_μ
0.00	1.0200	1.4500	0.0000	57822.00	0.00
3.00	1.0200	1.4500	0.0000	57822.00	0.00

续表

深度 z/km	密度 ρ（g/cm^3）	v_P（km/s）	v_S（km/s）	Q_α	Q_μ
3. 00	2. 0000	1. 6500	1. 0000	163. 35	80. 00
3. 30	2. 0000	1. 6500	1. 0000	163. 35	80. 00
3. 30	2. 6000	5. 8000	3. 2000	1478. 30	599. 99
10. 00	2. 6000	5. 8000	3. 2000	1478. 30	599. 99
10. 00	2. 9200	6. 8000	3. 9000	1368. 02	599. 99
18. 00	2. 9200	6. 8000	3. 9000	1368. 02	599. 99
18. 00	3. 6410	8. 0355	4. 4839	950. 50	394. 62
43. 00	3. 5801	8. 0379	4. 4856	972. 77	403. 93
80. 00	3. 5020	8. 0400	4. 4800	1008. 71	417. 59
80. 00	3. 5020	8. 0450	4. 4900	182. 03	75. 60
120. 00	3. 4268	8. 0505	4. 5000	182. 57	76. 06
165. 00	3. 3711	8. 1750	4. 5090	188. 72	76. 55
210. 00	3. 3243	8. 3007	4. 5184	200. 97	79. 40
210. 00	3. 3243	8. 3007	4. 5184	338. 47	133. 72
260. 00	3. 3663	8. 4822	4. 6094	346. 37	136. 38
310. 00	3. 4110	8. 6650	4. 6964	355. 85	139. 38
360. 00	3. 4577	8. 8476	4. 7832	366. 34	142. 76
410. 00	3. 5068	9. 0302	4. 8702	377. 93	146. 57
410. 00	3. 9317	9. 3601	5. 0806	413. 66	162. 50
460. 00	3. 9273	9. 5280	5. 1864	417. 32	164. 87
510. 00	3. 9233	9. 6962	5. 2922	419. 94	166. 80
560. 00	3. 9218	9. 8640	5. 3989	422. 55	168. 78
610. 00	3. 9206	10. 0320	5. 5047	425. 51	170. 82
660. 00	3. 9201	10. 2000	5. 6104	428. 69	172. 92
660. 00	4. 2387	10. 7909	5. 9607	1350. 54	549. 45
710. 00	4. 2986	10. 9222	6. 0898	1311. 17	543. 48
760. 00	4. 3565	11. 0553	6. 2100	1277. 93	537. 63
809. 50	4. 4118	11. 1355	6. 2424	1269. 44	531. 91
859. 00	4. 4650	11. 2228	6. 2799	1260. 68	526. 32
908. 50	4. 5162	11. 3068	6. 3164	1251. 69	520. 83
958. 00	4. 5654	11. 3897	6. 3519	1243. 02	515. 46

续表

深度 z/km	密度 ρ（g/cm^3）	v_P（km/s）	v_S（km/s）	Q_α	Q_μ
1007.50	4.5926	11.4704	6.3860	1234.54	510.20
1057.00	4.6198	11.5493	6.4182	1226.52	505.05
1106.50	4.6467	11.6265	6.4514	1217.91	500.00
1156.00	4.6735	11.7020	6.4822	1210.02	495.05
1205.50	4.7001	11.7768	6.5131	1202.04	490.20
1255.00	4.7266	11.8491	6.5431	1193.99	485.44
1304.50	4.7528	11.9208	6.5728	1186.06	480.77
1354.00	4.7790	11.9891	6.6009	1178.19	476.19
1403.50	4.8050	12.0571	6.6285	1170.53	471.70
1453.00	4.8307	12.1247	6.6554	1163.16	467.29
1502.50	4.8562	12.1912	6.6813	1156.04	462.96
1552.00	4.8817	12.2558	6.7070	1148.76	458.72
1601.50	4.9069	12.3181	6.7323	1141.32	454.55
1651.00	4.9321	12.3813	6.7579	1134.01	450.45
1700.50	4.9570	12.4427	6.7820	1127.02	446.43
1750.00	4.9817	12.5030	6.8056	1120.09	442.48
1799.50	5.0062	12.5638	6.8289	1108.58	436.68
1849.00	5.0306	12.6226	6.8517	1097.16	431.03
1898.50	5.0548	12.6807	6.8743	1085.97	425.53
1948.00	5.0789	12.7384	6.8972	1070.38	418.41
1997.50	5.1027	12.7956	6.9194	1064.23	414.94
2047.00	5.1264	12.8524	6.9416	1058.03	411.52
2096.50	5.1499	12.9093	6.9625	1048.09	406.50
2146.00	5.1732	12.9663	6.9852	1042.07	403.23
2195.50	5.1963	13.0226	7.0069	1032.14	398.41
2245.00	5.2192	13.0786	7.0286	1018.38	392.16
2294.50	5.2420	13.1337	7.0504	1008.79	387.60
2344.00	5.2646	13.1895	7.0722	999.44	383.14
2393.50	5.2870	13.2465	7.0932	990.77	378.79
2443.00	5.3092	13.3017	7.1144	985.63	375.94
2492.50	5.3313	13.3584	7.1368	976.81	371.75

续表

深度 z/km	密度 ρ（g/cm^3）	v_P（km/s）	v_S（km/s）	Q_α	Q_μ
2542.00	5.3531	13.4156	7.1584	968.46	367.65
2591.50	5.3748	13.4741	7.1804	960.36	363.64
2640.00	5.3962	13.5311	7.2031	952.00	359.71
2690.00	5.4176	13.5899	7.2253	940.88	354.61
2740.00	5.4387	13.6498	7.2485	933.21	350.88
2740.00	5.6934	13.6498	7.2485	722.73	271.74
2789.67	5.7196	13.6533	7.2593	726.87	273.97
2839.33	5.7458	13.6570	7.2700	725.11	273.97
2891.50	5.7721	13.6601	7.2817	723.12	273.97
2891.50	9.9145	8.0000	0.0000	57822.00	0.00
2939.33	9.9942	8.0382	0.0000	57822.00	0.00
2989.66	10.0722	8.1283	0.0000	57822.00	0.00
3039.99	10.1485	8.2213	0.0000	57822.00	0.00
3090.32	10.2233	8.3122	0.0000	57822.00	0.00
3140.66	10.2964	8.4001	0.0000	57822.00	0.00
3190.99	10.3679	8.4861	0.0000	57822.00	0.00
3241.32	10.4378	8.5692	0.0000	57822.00	0.00
3291.65	10.5062	8.6496	0.0000	57822.00	0.00
3341.98	10.5731	8.7283	0.0000	57822.00	0.00
3392.31	10.6385	8.8036	0.0000	57822.00	0.00
3442.64	10.7023	8.8761	0.0000	57822.00	0.00
3492.97	10.7647	7.9461	0.0000	57822.00	0.00
3543.30	10.8257	9.0138	0.0000	57822.00	0.00
3593.64	10.8852	9.0792	0.0000	57822.00	0.00
3643.97	10.9434	9.1426	0.0000	57822.00	0.00
3694.30	11.0001	9.2042	0.0000	57822.00	0.00
3744.63	11.0555	9.2634	0.0000	57822.00	0.00
3794.96	11.1095	9.3205	0.0000	57822.00	0.00
3845.29	11.1623	9.3760	0.0000	57822.00	0.00
3895.62	11.2137	9.4297	0.0000	57822.00	0.00
3945.95	11.2639	9.4814	0.0000	57822.00	0.00

续表

深度 z/km	密度 ρ（g/cm^3）	v_P（km/s）	v_S（km/s）	Q_α	Q_μ
3996. 28	11. 3127	9. 5306	0. 0000	57822. 00	0. 00
4046. 62	11. 3604	9. 5777	0. 0000	57822. 00	0. 00
4096. 95	11. 4069	9. 6232	0. 0000	57822. 00	0. 00
4147. 28	11. 4521	9. 6673	0. 0000	57822. 00	0. 00
4197. 61	11. 4962	9. 7100	0. 0000	57822. 00	0. 00
4247. 94	11. 5391	9. 7513	0. 0000	57822. 00	0. 00
4298. 27	11. 5809	9. 7914	0. 0000	57822. 00	0. 00
4348. 60	11. 6216	9. 8304	0. 0000	57822. 00	0. 00
4398. 93	11. 6612	9. 8682	0. 0000	57822. 00	0. 00
4449. 26	11. 6998	9. 9051	0. 0000	57822. 00	0. 00
4499. 60	11. 7373	9. 9410	0. 0000	57822. 00	0. 00
4549. 93	11. 7737	9. 9761	0. 0000	57822. 00	0. 00
4600. 26	11. 8092	10. 0103	0. 0000	57822. 00	0. 00
4650. 59	11. 8437	10. 0439	0. 0000	57822. 00	0. 00
4700. 92	11. 8772	10. 0768	0. 0000	57822. 00	0. 00
4751. 25	11. 9098	10. 1095	0. 0000	57822. 00	0. 00
4801. 58	11. 9414	10. 1415	0. 0000	57822. 00	0. 00
4851. 91	11. 9722	10. 1739	0. 0000	57822. 00	0. 00
4902. 24	12. 0001	10. 2050	0. 0000	57822. 00	0. 00
4952. 58	12. 0311	10. 2329	0. 0000	57822. 00	0. 00
5002. 91	12. 0593	10. 2565	0. 0000	57822. 00	0. 00
5053. 24	12. 0867	10. 2745	0. 0000	57822. 00	0. 00
5103. 57	12. 1133	10. 2854	0. 0000	57822. 00	0. 00
5053. 50	12. 1391	10. 2890	0. 0000	57822. 00	0. 00
5153. 50	12. 7037	11. 0427	3. 5043	633. 26	85. 03
5204. 61	12. 7289	11. 0585	3. 5187	629. 89	85. 03
5255. 32	12. 7530	11. 0718	3. 5314	626. 87	85. 03
5306. 04	12. 7760	11. 0850	3. 5435	624. 08	85. 03
5356. 75	12. 7980	11. 0983	3. 5551	621. 50	85. 03
5407. 46	12. 8188	11. 1166	3. 5661	619. 71	85. 03
5458. 17	12. 8387	11. 1316	3. 5765	617. 78	85. 03

续表

深度 z/km	密度 ρ（g/cm^3）	v_P（km/s）	v_S（km/s）	Q_α	Q_μ
5508.89	12.8574	11.1457	3.5864	615.93	85.03
5559.60	12.8751	11.1590	3.5957	614.21	85.03
5610.31	12.8917	11.1715	3.6044	612.62	85.03
5661.02	12.9072	11.1832	3.6126	611.12	85.03
5711.74	12.9217	11.1941	3.6202	609.74	85.03
5762.45	12.9351	11.2041	3.6272	608.48	85.03
5813.16	12.9474	11.2134	3.6337	607.36	85.03
5863.87	12.9586	11.2219	3.6396	606.26	85.03
5914.59	12.9688	11.2295	3.6450	605.28	85.03
5965.30	12.9779	11.2364	3.6498	604.44	85.03
6016.01	12.9859	11.2424	3.6540	603.69	85.03
6066.72	12.9929	11.2477	3.6577	603.04	85.03
6117.44	12.9988	11.2521	3.6608	602.49	85.03
6168.15	13.0036	11.2557	3.6633	602.05	85.03
6218.86	13.0074	11.2586	3.6653	601.70	85.03
6269.57	13.0100	11.2606	3.6667	601.46	85.03
6320.29	13.0117	11.2618	3.6675	601.32	85.03
6371.00	13.0122	11.2622	3.6678	601.27	85.03

品质因子之间的关系如下：

$$1/Q_\alpha = 4(v_s/v_p)^2/3Q_\mu + [1 - 4(v_s/v_p)^2/3]Q_k$$

对于 P 用 Q_α 表示，对于 S 波，$Q_\mu = Q_\beta$。

附录 B：IASPEI 标准震相名的定义

表 B.1 地壳震相

Pg	近距离处，来自上地壳内震源的上行 P 波，或射线底部到达上地壳的 P 波；更远距离处，还指由在整个地壳内多重 P 波反射形成的群速度约为 5.8km/s 的到达
Pb（另称为 P*）	来自下地壳内震源的上行 P 波，或其底部到达下地壳的 P 波
Pn	底部到达最上层地幔的任意 P 波，或来自最上层地幔内震源的上行 P 波

PnPn	Pn在自由表面处的反射波
PgPg	Pg在自由表面处的反射波
PmP	P波在莫霍面外侧的反射波
PmPN	PmP的多重自由表面反射波；*N*为正整数。例如PmP2表示PmPPmP
PmS	P波在莫霍面外侧反射为S的波
Sg	近距离处，来自上地壳内震源的上行S波，或其底部到达上地壳的S波；更远距离处，还指由在整个地壳内多重S波反射及SV到P和（或）P到SV的转换波叠加而形成的到达
Sb（另称为S*）	来自下地壳内震源的上行S波，或其底部到达下地壳的S波
Sn	其底部到达最上层地幔的任意S波，或来自最上层地幔内震源的上行S波
SnSn	Sn在自由表面处的反射波
SgSg	Sg在自由表面处的反射波
SmS	S波在莫霍面外侧的反射波
SmSN	SmS的多重自由表面反射波；N为正整数。例如SmS2表示SmSSmS
SmP	S波在莫霍面外侧反射为P的波
Lg	在较大区域距离处观测到的、由在整个地壳内多重S波反射及SV到P和（或）P到SV的转换波叠加而形成的波。最大能量以大约3.5km/s的群速度传播
Rg	短周期地壳瑞利波

表B.2 地幔震相

P	射线底部到达最上层地幔以下的纵波，以及来自最上层地幔以下震源的上行纵波
PP	离开震源向下，并在自由表面处反射的P波
PS	离开震源向下的P波，在自由表面处反射为S波。近距离处，其第一段表现为壳内P波
PPP	与PP类似的震相
PPS	PP在自由表面处转换为S的反射波；其走时与PSP相当
PSS	PS在自由表面处反射的S波
PcP	P在核幔边界（CMB）的反射波
PcS	P在核幔边界反射转换为S的波
PcPN	PcP的多重自由表面反射波；N为正整数。例如PcP2表示PcPPcP
Pz+P（另称为PzP）	来自深度为z处的间断面外侧的反射P波，z为以km为单位的正数。例如P660+P表示来自660km处间断面上面的反射P波

续表

Pz－P	来自深度为 z 处的间断面内侧的反射 P 波。例如 P660－P 表示来自 660km 处间断面下面的反射 P 波，这意味着该震相先于 PP
Pz＋S（另称为 PzS）	来自深度为 z 处的间断面外侧的 P 到 S 的转换反射波
Pz－S	来自深度为 z 处的间断面内侧的 P 到 S 的转换反射波
PScS	离开震源向下的 P 波，在自由表面处反射为 ScS 波
Pdif（原 Pdiff）	地幔中沿核幔边界产生绕射的 P 波
S	射线底部到达最上层地幔以下的剪切波，以及来自最上层地幔以下震源的上行剪切波
SS	离开震源向下，并在自由表面处反射的 S 波
SP	离开震源向下的 S 波，并在自由表面处反射为 P 波。近距离处，其第二段表现为壳内 P 波
SSS	与 SS 类似的震相
SSP	SS 在自由表面处反射转换为 P 的波；其走时与 SPS 相当
SPP	SP 在自由表面处反射为 P 的波
ScS	S 在核幔边界的反射波
ScP	S 在核幔边界反射转换为 P 的波
ScSN	ScS 的多重自由表面反射波；N 为正整数。例如 ScS2 表示 ScSScS
Sz＋S（另称为 SzS）	来自深度为 z 处的间断面外侧的反射 S 波，z 为以 km 为单位的正数。例如 S660＋S 表示来自 660km 处间断面上面的反射 S 波
Sz－S	来自深度为 z 处的间断面内侧的反射 S 波。例如 S660－S 表示来自 660km 处间断面下面的反射 S 波，这意味着该震相先于 SS
Sz＋P（另称为 SzP）	来自深度为 z 处的间断面外侧的 S 到 P 的转换反射波
Sz－P	来自深度为 z 处的间断面内侧的 S 到 P 的转换反射波
ScSP	ScS 在自由表面处反射为 P 的波
Sdif（原 Sdiff）	地幔中沿核幔边界产生的绕射 S 波

表 B.3　地核震相

PKP（另称为 P′）	射线底部到达地核而未特别说明的 P 波
PKPab（原 PKP2）	底部到达外核上部的 P 波；ab 指的是 PKP 焦散点的后退分支
PKPbc（原 PKP1）	底部到达外核下部的 P 波；bc 指的是 PKP 焦散点的前进分支
PKPdf（另称为 PKIKP）	底部到达内核的 P 波
PKPpre（原 PKhKP）	由于核幔边界附近或核幔边界处的散射而形成的、在 PKPdf 之前的震相

PKPdif	外核中在内核边界（ICB）处产生的绕射 P 波
PKS	底部到达地核的 P 波，在核幔边界转换为 S，且并未特别说明的波
PKSab	底部到达外核上部的 PKS 震相
PKSbc	底部到达外核下部的 PKS 震相
PKSdf	底部到达内核的 PKS 震相
P′P′（另称为 PKPPKP）	PKP 在自由表面处的反射波
P′N（另称为 PKPN）	在自由表面经过 N－1 次反射的 PKP 震相。N 为正整数。例如 P′3 表示 P′P′P′
P′z－P′	由地核外深度为 z 处的间断面内侧反射的 PKP 震相，这意味着它先于 P′P′，z 为以 km 为单位的正数
P′S′（另称为 PKPSKS）	PKP 在自由表面处反射转换为 SKS 的震相，其他实例如 P′PKS、P′SKP
PS′（另称为 PSKS）	离开震源向下的 P 波，在自由表面处反射为 SKS 的震相
PKKP	在核幔边界内侧经过一次反射而未特别说明的 P 波
PKKPab	底部到达外核上部的 PKKP 震相
PKKPbc	底部到达外核下部的 PKKP 震相
PKKPdf	底部到达内核的 PKKP 震相
PNKP	由核幔边界内侧经过 N－1 次反射的 P 波，N 为正整数
PKKPpre	由于核幔边界附近的散射而形成的、在 PKKP 之前的震相
PKiKP	由内核边界反射的 P 波
PKNIKP	由内核边界内侧经过 N－1 次反射的 P 波
PKJKP	以 P 波形式穿越外核，且以 S 波的形式穿越内核的 P 波
PKKS	由核幔边界内侧经过一次反射的 P 波，且在核幔边界处转换为 S 波的震相
PKKSab	底部到达外核上部的 PKKS 震相
PKKSbc	底部到达外核下部的 PKKS 震相
PKKSdf	底部到达内核的 PKKS 震相
PcPP′（另称为 PcPPKP）	在自由表面处由 PcP 到 PKP 的反射波。其他实例如 PcPS′、PcSP′、PcSS′、PcPSKP、PcSSKP
SKS（另称为 S′）	以 P 波的形式穿越地核且未特别说明的 S 波
SKSac	底部到达外核的 SKS 震相
SKSdf（另称为 SKIKS）	底部到达内核的 SKS 震相
SPdifKS（另称为 SKPdifS）	在射线路径上带有一段震源处和（或）接收点一方的地幔面上 Pdif 波的 SKS 震相

续表

SKP	穿越地核的 S 波，并以 P 波的形式穿越地幔，该震相未特别说明
SKPab	底部到达外核上部的 SKP 震相
SKPbc	底部到达外核下部的 SKP 震相
SKPdf	底部到达内核的 SKP 震相
S′S′（另称为 SKSSKS）	SKS 在自由表面处的反射波
S′N	在自由表面处经过 N－1 次反射的 SKS 震相，N 为正整数
S′z－S′	由地核外深度为 z 处的间断面内侧反射的 SKS 震相，这意味着它先于 S′S′，z 为以 km 为单位的正数
S′P′（另称为 SKSPKP）	在自由表面处 SKS 到 PKP 的转换反射波，其他实例如 S′SKP、S′PKS
S′P（另称为 SKSP）	自由表面处 SKS 到 P 的反射波
SKKS	在核幔边界内侧经过一次反射而未特别说明的 S 波
SKKSac	底部到达外核的 SKKS 震相
SKKSdf	底部到达内核的 SKKS 震相
SNKS	由核幔边界内侧经过 N－1 次反射的 S 波，N 为正整数
SKiKS	以 P 波的形式穿越外核，并由内核边界反射的 S 波
SKJKS	以 P 波的形式穿越外核，并以 S 波的形式穿越内核的 S 波
SKKP	S 波在核幔边界内侧反射为 P 波，并以 P 波的形式穿越地核，然后又以 P 波的形式继续在地幔中传播的震相
SKKPab	底部到达外核上部的 SKKP 震相
SKKPbc	底部到达外核下部的 SKKP 震相
SKKPdf	底部到达内核的 SKKP 震相
ScSS′（另称为 ScSSKS）	在自由表面处由 ScS 到 SKS 的反射波，其他实例如 ScPS′、ScSP′、ScPP′、ScSSKP、ScPSKP

表 B.4　震源附近地表反射震相（深震震相）

pPy	上行 P 波在自由表面或洋底反射而形成的、如上定义的所有 P 型起始（Py）。字符“y”仅仅表示能够由自由表面产生的任意震相的一个通配符。例如 pP、pPKP、pPP、pPcP 等
sPy	上行 S 波在自由表面或洋底反射而形成的所有 Py 震相。例如 sP、sPKP、sPP、sPcP 等
pSy	上行 P 波在自由表面或洋底反射而形成的、如上定义的所有 S 型起始（Sy）。例如 pS、pSKS、pSS、pScP 等
sSy	上行 S 波在由自由表面或洋底反射而形成的所有 Sy 震相。例如 sSn、sSS、sScS、sSdif 等
pwPy	上行 P 波在大洋自由表面处反射而形成的所有 Py 震相
pmPy	上行 P 波在莫霍面内侧反射而形成的所有 Py 震相

表 B.5　面波

L	未特别说明的长周期面波
LQ	勒夫波
LR	瑞利波
G	勒夫型地幔波
GN	勒夫型地幔波，N 为整数，用以指明波包是沿大圆的小弧（奇数）或大弧（偶数）传播的
R	瑞利型地幔波
RN	瑞利型地幔波，N 为整数，用以指明波包是沿大圆的小弧（奇数）或大弧（偶数）传播的
PL	紧随 P 波起始之后的基阶漏能式 P 波，该震相由 P 波能量进入地壳和上地幔形成的波导层中偶合而形成
SPL	在 PL 波导层中偶合的 S 波，其他实例如 SSPL、SSSPL

表 B.6　声学震相

H	来自水下震源的水声波，它们在地下发生了耦合
HPg	在接收点一方转换为 Pg 的 H 震相
HSg	在接收点一方转换为 Sg 的 H 震相
HRg	在接收点一方转换为 Rg 的 H 震相
I	在地下发生偶合的大气声波到达
IPg	在接收点一方转换为 Pg 的 I 震相
ISg	在接收点一方转换为 Sg 的 I 震相
IRg	在接收点一方转换为 Rg 的 I 震相
T	第三个（Tertiary）波。这是来自固体地球中震源处的声波，通常由 SOFAR（声音测位与测距装置）通道在低速海洋水层中捕获
TPg	在接收点一方转换为 Pg 的 T 震相
TSg	在接收点一方转换为 Sg 的 T 震相
TRg	在接收点一方转换为 Rg 的 T 震相

表 B.7　振幅测量震相

A	未特别说明的振幅测量结果
AML	近震震级的振幅测量结果
AMB	体波震级的振幅测量结果
AMS	面波震级的振幅测量结果
END	对于持续时间震级，记录中可见的结束处的时间

未识别的到达

x（原 i、e、NULL）	未识别的到达
rx（原 i、e、NULL）	未识别的区域地震的到达
tx（原 i、e、NULL）	未识别的远震到达
Px（原 i、e、NULL、(P)、P?）	未识别的 P 型到达
Sx（原 i、e、NULL、(S)、S?）	未识别的 S 型到达

第二章 地震仪原理

地震仪是地震观测的关键设备，地震仪的参数和性能决定了地震观测数据质量。从机械放大地震仪、电子放大地震仪，到现代的数字地震仪，地震仪的发展史也是其技术性能提高的历史。现代的数字地震仪具有宽频带、大动态、低失真的特点，这些技术特点得益于反馈技术在地震计中的应用，以及高分辨模拟数字转换在地震数据采集器中的应用，这两项技术带来了数字地震仪在技术指标方面的提高。数字滤波技术的应用，解决了对地震计输出的模拟信号进行采样时的频率混叠问题，使得数据采集器能够在保证频带宽度的前提下，以尽可能低的采样率输出数字信号，并为不同带宽提供多种采样率的信号输出。较低的采样率减少了信息冗余，减轻了观测数据的传输、存储代价。

本章介绍了模拟地震仪和数字地震仪基本原理和基本特性；从摆的运动方程出发，以传递函数分析为基础，讨论了地震计、反馈地震计的原理；以采样定理为基础，讨论了数据采集器中的数字滤波技术和采样率变换技术。

第一节 地震仪概述

地震仪是记录地面运动的仪器，由地震计（拾震器）和记录器构成。大多数地震计设计为摆式结构，应用摆的惯性原理制成，通过测量和记录悬挂摆锤与悬挂框架之间的相对运动来近似表示地面运动。受到悬挂摆的固有运动的影响，摆锤与框架之间的相对运动仅在某个频段与地面运动量趋近于一致：在高于摆的自振频率的高频段，框架相对于摆锤的位移与地面运动位移趋于一致，在低于摆的自振频率的低频段，框架相对于摆锤的位移与地面运动加速度趋于一致。

为了提高地震仪记录微小振动的能力，需要将摆锤的相对运动进行放大。早期的地震仪使用了机械杠杆放大，放大倍数不高。为了提高地震仪的放大倍数，先后发展了光杠杆放大照相记录技术、动圈换能及电流计放大记录技术、电子放大记录技术等，放大倍数提高至数十万倍，能够记录极微震的地震波和远震的地震波。20 世纪 60 年代以来，数字化地震记录逐步发展起来，数字地震仪所具有的低失真、大动态范围和宽频带的特点，使地震波记录在逼近真实地面运动方面迈出了具有变革性的一步。数字地震仪成为现代地震观测的基石。

一、模拟地震仪

模拟地震仪是指以模拟量记录地面运动的地震仪，包括机械放大地震仪、各种笔绘记录地震仪、磁带模拟记录地震仪等。大部分模拟地震仪将地面运动以波形的形式记录在纸上。为了能够在波形记录图上识别微、小地震的地震波，需要将微小的地面运动进行放大。模拟地震仪的放大倍数就是记录图上波形振幅与地面振动幅值之比。

早期的模拟地震仪使用机械杠杆式放大机构。为了克服记录笔的摩擦阻力，提高放大倍数，摆锤质量通常设计的非常大，如德国在 20 世纪初制造的大维歇尔地震仪，其垂直向摆锤重1.2t，放大倍数150～200倍，水平向摆锤重17t，放大倍数1500～2000倍。图2.1.1为大维歇尔地震仪，现陈列于南京地震台博物馆。

图2.1.1 水平向（左）和垂直向（右）大维歇尔地震仪

我国1951年设计的51型地震仪为机械放大地震仪，采用机械杠杆放大和烟纸记录，大型51地震仪的固有周期为5s，放大倍数约为20倍；小型51地震仪的固有周期为3s，放大倍数约为40倍。

除机械放大地震仪外，大部分模拟地震仪的地震计采用动圈换能器，将摆锤的相对运动转换为电信号输出，输出信号幅度比例于地面运动速度，记录器可采用电流计放大照相记录或笔绘记录，或者采用电子放大笔绘记录。采用电流计放大记录时，记录笔的固有频率较高，阻尼系数较大，在以固有频率为中心的一个频带内具有积分特性，因此，地震仪的记录量为地面运动位移。使用电流计放大记录的一个实例是基式地震仪，基式地震仪是一种中长周期地震仪，主要用于记录中、远震，工作时的固有周期一般为12.5s，观测频带约为0.08～10Hz。

采用电子放大记录时，一般采用积分放大器实现积分信号变换，配合线性记录笔实现位移记录，其放大倍数由放大器决定，使模拟地震仪的放大倍数能够依据地震台站的背景噪声水平设置，以得到最高的观测灵敏度。我国1958年设计的581型地震仪，固有周期1.4s，阻尼系数0.4，记录笔固有周期0.17s，阻尼系数5，采用电子管放大器，地震仪的放大倍数可达20000倍。电子技术的发展和应用，大大提高了地震仪的放大倍数，使地震仪分为地震计和记录器两个部分，地震计将地面运动转换为电信号，记录器将电信号放大，并驱动记录笔绘制地震波形图。地震计安放在摆房中，而记录器可安放在记录室中，既方便值班，又避免了人员走动对地震记录的干扰。图2.1.2为DD－1型短周期地震仪，整套仪器包括3台DS－1型地震计和1台DJ－1型地震记录器，系统放大倍数不低于10万倍，观测频带1～15Hz。

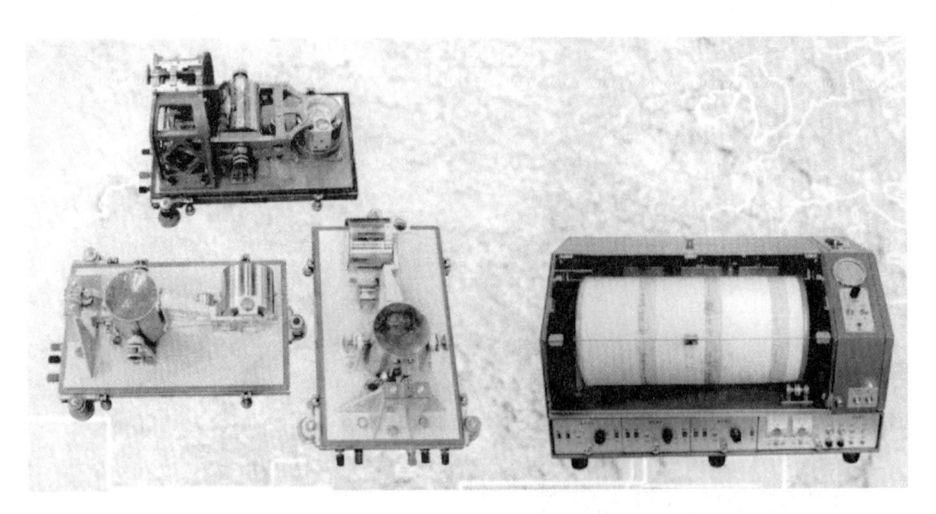

图 2.1.2　DD－1 型短周期地震仪

DS－1 型地震计采用动圈型电磁换能器，应用电磁感应原理将摆锤相对于框架的运动转换为电压信号输出。由于 DS－1 型地震计输出信号正比于摆锤运动速度，故在 DJ－1 型记录器中使用了积分放大器，将正比于摆锤运动速度的电压信号变换为正比于摆锤运动位移的电压信号，并驱动记录笔绘制地震波形。

短周期模拟地震仪的观测频带一般为 1～20Hz 或更高一些，这一频段没有海浪干扰，容易找到环境振动干扰很小的观测场址，覆盖了地方微震的主要频谱分布范围，故短周期地震仪放大倍数往往很大，适合地方微小地震观测。

图 2.1.3 给出了一个模拟滚筒记录器记录的地震波形图示例。图中清晰可见时间标志脉冲（分号脉冲）和 P、S 震相。由于走纸速度的限制，图中地震波形的细节没有充分显示出来；同时因记录笔的摆动为圆弧运动，记录的波形也显示出圆弧状失真。

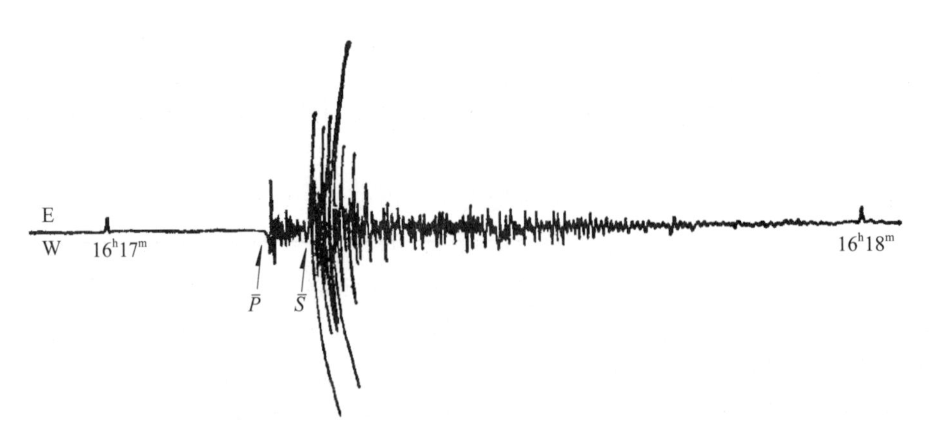

图 2.1.3　模拟滚筒记录器记录的地震波形示例

模拟记录器是限制模拟地震仪性能提高的主要因素。模拟滚筒记录的最大振幅一般可达 60mm，最小可分辨振幅为 0.5mm，动态范围仅 40 分贝左右。当较大地震发生时，地震波持续时间较长，滚筒旋转一圈后应及时换纸，以防止波形重叠而导致波形辨认困难。

基式地震仪、DK－1 型地震仪、DD－1 型地震仪、763 型地震仪等曾是我国较为广泛使用的模拟地震仪。

二、数字地震仪

数字地震仪是指以数字量（数字数）记录的地震仪。数字化记录技术的应用，极大地提高了地震波形记录质量，实现了大动态、宽频带地震观测，记录波形的失真度也大幅度下降。图 2.1.4 显示出了一个采用数字化记录的地方震地震波形，其中（b）为（a）中地震波起始部分的放大，显示出地震波形的更多细节。采用数字化记录地震波，不仅在绘制地震波形时可选择比例参数，得到所需要的可视效果，还能够使用现代的数字信号处理理论对记录波形进行数字滤波、频谱分析等更为复杂的数据分析和处理。

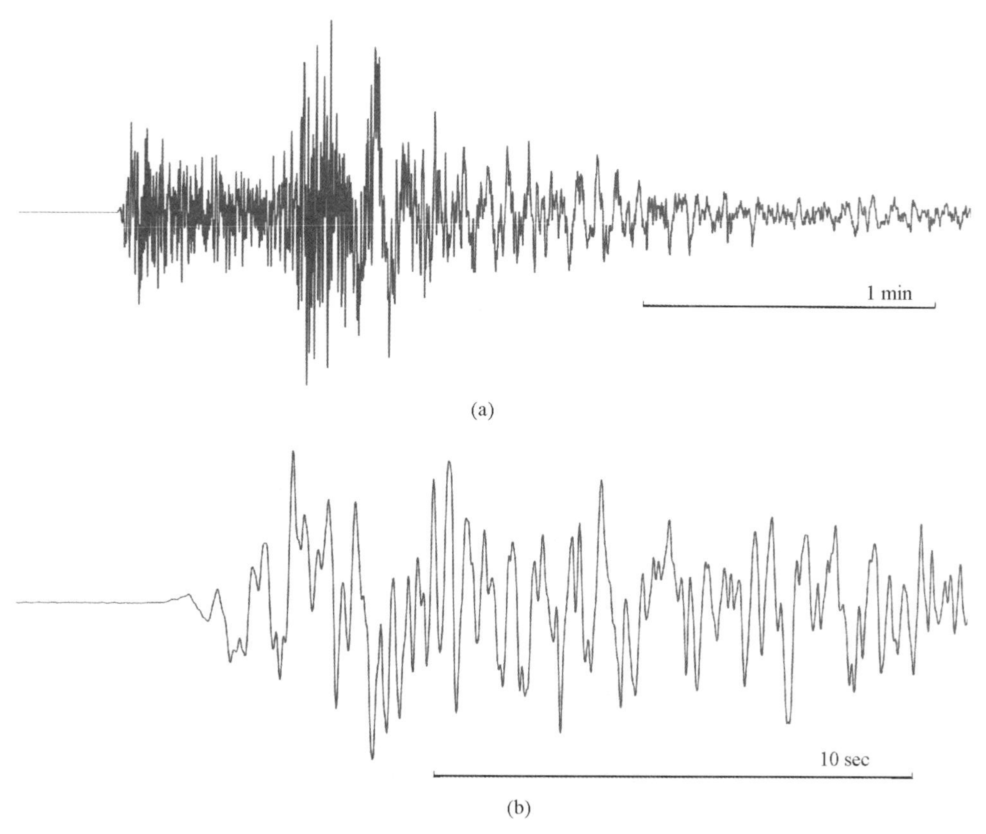

图 2.1.4　数字地震仪记录的地震波形示例

（a）一个地方震的地震波形；（b）起始部分地震波形的放大图

数字化地震记录需要将地震计输出的模拟信号转换为数字信号，地震数据采集器是实现这一功能的重要设备。地震数据采集器的主要功能是将地震波信号从模拟信号转换为数字信号并进行记录或传输。24 位模拟数字转换器的应用，使地震数据采集器的动态范围达到或超过 130 分贝，比模拟记录器高出 3 个数量级。

数字地震仪使用的地震计为力平衡式拾震器。力平衡式地震计通过电子线路的反馈，改变机械摆的固有周期和阻尼，使机械摆的位移振幅大幅度缩小，其频率特性主要取决于电子线路的反馈特性，具有频带范围宽、动态范围大、线性好的特点。

数字地震仪所具有的宽频带、大动态、高分辨、低失真的技术特点，使其能够不失真地完整记录微小地震、中强地震和远处强震的地震波，为深入开展震源、地球内部构造、岩石圈等基础研究工作提供优质观测数据。

第二节　线性动态系统和传递函数

傅立叶变换、拉普拉斯变换、z 变换是分析和描述地震仪频率特性的有效工具。本节简要介绍线性系统的基本概念，以及傅立叶变换、拉普拉斯变换、z 变换的定义和系统特性的传递函数表示。

一、连续时间系统

1. 线性动态系统的概念

通常把地震时的地面随时间的运动作为一个输入函数 $x(t)$，把地震观测作为一个已知其特性的系统，它的输出为 $y(t)$。为了由 $y(t)$ 推断出 $x(t)$ 的性质，系统必须有一个可以描述其特性的表示形式，而线性动态系统理论可以给出这一表示形式。

（1）动态系统。

如果一个系统，它的输出只取决于同时刻的输入信号，而与前一时刻的输入、状态无关，那么这样的系统叫即时系统。例如，一只电阻就可构成一个简单的即时系统：当在电阻一端加上电压时，另一端就立即有电压输出，这个过程没有时间的延时，而且与以前的状态无关。

有的系统，当外加信号输入时，输出信号的状态不仅与此刻的输入有关，而且还与以前的状态有关，即与它的历史有关，这样的系统称为动态系统，如采用电容、电感等文件构成的系统。地震观测系统也是一个动态系统。

有时也将即时系统称为无记忆系统，将动态系统称为记忆系统。

（2）线性系统。

一个系统如果满足叠加性和放大性，就称为线性系统。

对于一个系统，当输入为 $x_1(t)$ 时，输出为 $y_1(t)$；输入为 $x_2(t)$ 时，输出为 $y_2(t)$，并有 $x_1(t)+x_2(t)$ 输入时，输出为 $y_1(t)+y_2(t)$，那么，此系统具有叠加性。

对于一个系统，当输入为 $x(t)$ 时，输出为 $y(t)$；当输入为 $cx(t)$ 时，输出为 $cy(t)$，那么，此系统具有放大性（c 为常数）。

叠加性和放大性结合在一起，表述为：当输入为 $x_1(t)$ 时，输出为 $y_1(t)$，输入为 $x_2(t)$ 时，输出为 $y_2(t)$；并有 $c_1x_1(t)+c_2x_2(t)$ 输入时，输出为 $c_1y_1(t)+c_2y_2(t)$，那么，此系统具有叠加性和放大性，此系统为线性系统。

（3）时不变特性。

一个系统具有时不变特性，是指系统的各种描述参数具有不随时间变化的特性。即，当系统的输入为 $x(t)$ 时，输出为 $y(t)$；则当输入为 $x(t-t_0)$ 时，输出为 $y(t-t_0)$。

地震观测系统是一个带有时不变特性的线性动态系统，这是一个很好的近似。因为，实际的地震观测设备会随着时间逐渐老化和失效，其参数也随时间而逐渐发生变化。

（4）时不变线性动态系统的特征。

微分特性：当系统输入为 $x(t)$ 时，输出为 $y(t)$，则有输入为$\frac{dx(t)}{dt}$时，输出为$\frac{dy(t)}{dt}$。

因果性：如果一个系统，在 $t<0$ 时输入信号为0，那么，对应的输出也为0，则此系统为因果系统。

因果系统也是物理可实现系统，它表明一个系统对外界输入信号的真实响应。一个稳定的系统，如果在外界信号还没有激励的情况下，不可能超前地对激励信号做出响应。

2. 傅立叶变换

傅立叶变换的定义：如果$f(t)$ 在区间（$-\infty$，$+\infty$）上满足狄利克里条件（即$f(t)$ 存在有限个间断点和极限值），并且积分 $\int_{-\infty}^{\infty}|f(t)|dt$ 收敛（或称$f(t)$ 绝对可积），则

$$F(\omega)=\int_{-\infty}^{\infty}f(t)e^{-j\omega t}dt \tag{2.2.1}$$

为$f(t)$ 的傅立叶变换。并有

$$\frac{1}{2\pi}\int_{-\infty}^{\infty}F(\omega)e^{j\omega t}d\omega=\begin{cases}f(t) & \text{非间断点}\\ f(t-0)+f(t+0) & \text{间断点}\end{cases} \tag{2.2.2}$$

式中 ω 为角频率，傅立叶变换建立了时域和频域的对应关系。

3. 拉普拉斯变换

函数$f(t)$ 的拉普拉斯变换定义为

$$F(s)=\int_{0}^{\infty}f(t)e^{-st}dt \tag{2.2.3}$$

式中 $s=\sigma+j\omega$，是一个复数。在拉普拉斯变换中$f(t)$ 称为原函数，而 $F(s)$ 称为象函数。

对比（2.2.1）式和（2.2.3）式，有两处明显差别，一是傅立叶变换中的 $j\omega$ 在拉普拉斯变换中变为 $s=\sigma+j\omega$；二是（2.2.3）式的积分从0开始。在（2.2.3）式中引入了一个指数项 $e^{-\sigma t}$以后，使得在傅立叶变换中，对一些不满足绝对可积的函数$f(t)$，在乘以 $e^{-\sigma t}$以后，$f(t)e^{-\sigma t}$能满足绝对可积条件。当然，为了使 $e^{-\sigma t}$为衰减函数，t 的值必须大于0，这就造成了（2.2.3）式的积分下限不是 $-\infty$，而是0。对于实际问题来说，一般信号在起始时刻 $t=0$ 之前总是为0的，即$f(t)|_{t<0}=0$。换句话说，对于一个实际的物理问题来说，其外输入信号总是在某一时刻加上去的，因此，总能找到这样一个时间起点 $t=0$，有 $f(t)|_{t<0}=0$。

拉普拉斯反变换定义为

$$f(t)=\frac{1}{2\pi j}\int_{\sigma-j\infty}^{\sigma+j\infty}F(s)e^{st}\mathrm{d}s \tag{2.2.4}$$

傅立叶变换将时间域函数 $f(t)$ 变为频率域函数 $F(\omega)$，其中 ω 为实数。而拉普拉斯变换则把实数函数 $f(t)$ 变为复数域 s 的函数 $F(s)$。相对于 ω，可以将 s 理解为复频率。

表 2.2.1 列出了常用的拉普拉斯变换的性质和一些常用函数的拉普拉斯变换。

表 2.2.1　拉普拉斯变换性质和部分常用函数的拉普拉斯变换

原函数 $f(t)$	象函数 $F(s)$	原函数 $f(t)$	象函数 $F(s)$
$\delta(t)$	1	1	$\frac{1}{s}$
t	$\frac{1}{s^2}$	e^{at}	$\frac{1}{s-a}$
$\sin at$	$\frac{a}{s^2+a^2}$	$\cos at$	$\frac{s}{s^2+a^2}$
$\mathrm{sh}at$	$\frac{a}{s^2-a^2}$	$\mathrm{ch}at$	$\frac{s}{s^2-a^2}$
$f(at)$	$\frac{1}{a}F\left(\frac{s}{a}\right)$	$e^{at}f(t)$	$F(s-a)$
$f'(t)$	$sF(s)-f(0)$	$\int_0^t f(t)\mathrm{d}t$	$\frac{1}{s}F(s)$

4. 线性动态系统传递函数

一个线性动态系统可用一个关于输出量和输入量的常系数微分方程来表示，如式 (2.2.5) 所示。

$$a_0\frac{\mathrm{d}^n y}{\mathrm{d}t^n}+a_1\frac{\mathrm{d}^{n-1}y}{\mathrm{d}t^{n-1}}+\cdots+a_{n-1}\frac{\mathrm{d}y}{\mathrm{d}t}+a_n=b_0\frac{\mathrm{d}^m x}{\mathrm{d}t^m}+b_1\frac{\mathrm{d}^{m-1}x}{\mathrm{d}t^{m-1}}+\cdots+b_{m-1}\frac{\mathrm{d}x}{\mathrm{d}t}+b_m \tag{2.2.5}$$

如果只关心线性动态系统的输入和输出特性，可以用系统的传递函数来表示。系统的传递函数定义为系统输出信号的拉普拉斯变换与输入信号拉普拉斯变换之比。对式 (2.2.5) 进行拉普拉斯变换，并假设初值条件为 0，可得该系统的传递函数

$$H(s)=\frac{Y(s)}{X(s)}=\frac{b_0s^m+b_1s^{m-1}+\cdots+b_{m-1}s+b_m}{a_0s^n+a_1s^{n-1}+\cdots+a_{n-1}s+a_n} \tag{2.2.6}$$

式 (2.2.6) 是线性动态系统传递函数的一般表达形式。一般情况下，传递函数分子多

项式的幂次 m 不超过分母多项式的幂次 n；传递函数 $H(s)$ 的系数 a_0，…，a_n，以及 b_0，…，b_m 全是实数，它们仅由系统本身的特性决定，取决于系统中每个部件的参数，与输入函数和初始条件无关。

传递函数的分子多项式的根称为它的零点，分母多项式的根称为它的极点。传递函数零点、极点的分布表征了系统的动态特征。

一个稳定系统的传递函数的非实极点和非实零点可能成对出现，互为共轭复数，极点位于 s 平面的左半平面。

二、离散时间系统

1. 离散时间系统

模拟信号需要经过采样、量化两个步骤才能转换为数字信号，我们将模拟信号经过采样后的序列称之为时间离散信号。

所谓离散时间系统，是指将输入序列变换成输出序列的一种运算。

在离散时间系统中，最基本的和最主要的系统是线性时不变系统。

系统的线性性质是指系统满足叠加原理：当输入为 $x_1(n)$ 时，输出为 $y_1(n)$，输入为 $x_2(n)$ 时，输出为 $y_2(n)$；则有 $c_1x_1(n)+c_2x_2(n)$ 输入时，输出为 $c_1y_1(n)+c_2y_2(n)$，其中 c_1、c_2 为常数。

若系统的变换关系不随时间变化，则称该系统为时不变系统：即当系统的输入为 $x(n)$ 时，输出为 $y(n)$，则当输入为 $x(n-n_0)$ 时，输出为 $y(n-n_0)$。

系统的因果性是指系统 n 时刻的输出仅取决于 n 时刻和 n 时刻以前的输入，而与 n 时刻以后的输入无关。

2. z 变换

z 变换是离散时间系统分析中最重要的工具之一，其作用如同拉普拉斯变换在连续时间信号与系统中的作用一样。

序列 $x(n)$ 的 z 变换定义为

$$X(z)=\sum_{n=-\infty}^{\infty}x(n)z^{-n} \tag{2.2.7}$$

z 变换实际上为复变量 z 的幂级数，显然只有当该幂级数收敛时，z 变换才有意义。对于任意给定的序列 $x(n)$，使 z 变换收敛的所有 z 值的集合称为 $X(z)$ 的收敛域。按照级数收敛理论，使（2.2.7）式收敛的充分必要条件是满足下述绝对可和条件

$$\sum_{n=-\infty}^{\infty}\left|x(n)z^{-n}\right|<\infty \tag{2.2.8}$$

3. 线性、时不变离散时间系统的传递函数

离散时间线性时不变系统的输入输出关系常用以下形式的常系数线性差分方程来表示

$$\sum_{k=0}^{N} a_k y(n-k) = \sum_{k=0}^{M} b_k x(n-k) \tag{2.2.9}$$

式中系数 a_0，…，a_N 以及 b_0，…，b_M 是由系统结构决定的常数，不随时间改变。

在系统初始状态为零，即 $y(n)=0$，$n<0$ 时，对（2.2.9）式两边取 z 变换

$$Y(z)\sum_{k=0}^{N} a_k z^{-k} = X(z)\sum_{k=0}^{M} b_k z^{-k} \tag{2.2.10}$$

于是，系统的传递函数为

$$H(z) = \frac{Y(z)}{X(z)} = \frac{\sum_{k=0}^{M} b_k z^{-k}}{\sum_{k=0}^{N} a_k z^{-k}} \tag{2.2.11}$$

对（2.2.11）式的分子分母进行因式分解，得

$$H(z) = A\frac{\prod_{k=1}^{M}(1-c_k z^{-1})}{\prod_{k=1}^{N}(1-d_k z^{-1})} \tag{2.2.12}$$

其中 c_k 和 d_k 分别为传递函数 $H(z)$ 的零点和极点，因此除了一个常数 A 之外，传递函数完全由它的零点、极点来决定。对于一个稳定系统，其极点应全部位于 z 平面单位圆内部。

三、传递函数的表达方式与频率特性计算

1. 线性动态系统传递函数的表达方式

线性动态系统传递函数的一般表达形式见（2.2.6）式。

对（2.2.6）式的分子分母进行因式分解，得

$$H(s) = A\frac{\prod_{k=1}^{M}(s-c_k)}{\prod_{k=1}^{N}(s-d_k)} \tag{2.2.13}$$

其中 c_k 和 d_k 分别为传递函数 $H(s)$ 的零点和极点，A 为常数。因此，传递函数也可以用零点、极点列表来表达。

例如，$JCZ-1$ 型超宽频带地震计的 BB 通道为速度量输出，频带宽度为 360s ~ 50Hz，其传递函数为：

$$H(s)=\frac{Kms^2}{(s^2+K_{11}s+K_{12})(s^2+K_{21}s+K_{22})(s^2+K_{31}s+K_{32})(s^2+K_{41}s+K_{42})(s^2+K_{51}s+K_{52})} \tag{2.2.14}$$

其中，$K=1000\text{Vs/m}$，$m=2.4206\times10^{20}$，$K_{11}=0.024682$，$K_{12}=0.00030462$，$K_{21}=533.15$，$K_{22}=142122$，$K_{31}=667.60$，$K_{41}=488.72$，$K_{51}=178.88$，$K_{32}=K_{42}=K_{52}=119422$。

采用零点、极点列表方式表示如下：

表 2.2.2　JCZ－1 地震计 BB 通道零点、极点

常数项	零点	极点
2.4206×10^{23}	0	$-0.012342\pm j0.012342$
	0	$-266.57\pm j266.57$
		$-333.80\pm j89.440$
		$-244.36\pm j244.36$
		$-89.440\pm j333.80$

2. 根据线性动态系统传递函数计算频率特性

对于地震观测系统来说，所涉及的传递函数是极好的线性动态系统，而且总是稳定的，其收敛区域包含 s 平面的虚轴。因此，我们可以直接令 $s=j\omega$ 代入传递函数表达式来计算频率特性。

如果传递函数按照零极点列表的方式给出，可以按照（2.2.13）式写出 $H(s)$ 的表达式。然后按照以下公式计算幅频特性和相频特性。

$$H(j\omega)=H(s)\big|_{s=j\omega} \tag{2.2.15}$$

式中 $\omega=2\pi f$，为角频率。

幅频特性为 $|H(j\omega)|$，相频特性为 $\arg[H(j\omega)]$。

3. 线性时不变离散时间系统传递函数的表达方式

线性时不变离散时间系统的传递函数一般表达方式见（2.2.11）式和（2.2.12）式。

地震观测系统中，数字滤波器是常用的线性时不变离散时间系统。常用的数字滤波器有 IIR 型和 FIR 型，IIR 意思是无限冲击响应，FIR 意思是有限冲击响应。当传递函数为 z^{-1} 的有理分式时称为 IIR 滤波器，当传递函数为 z^{-1} 的多项式时称为 FIR 滤波器。

IIR 数字滤波器的传递函数一般用下式表达：

$$H(z) = \frac{\sum_{k=0}^{N} b_k z^{-k}}{1 + \sum_{k=1}^{M} a_k z^{-k}} \tag{2.2.16}$$

许多 IIR 数字滤波器设计程序可以按照（2.2.16）式直接输出系数 a_k 和 b_k。

FIR 数字滤波器的传递函数一般表示为：

$$H(z) = \sum_{n=0}^{N-1} h(n) z^{-n} \tag{2.2.17}$$

同 IIR 数字滤波器一样，许多 FIR 数字滤波器设计程序可以按照（2.2.17）式直接输出系数 $h(n)$。其中 $h(n)$ 为系统的单位脉冲响应。

4. 根据线性时不变离散时间系统的传递函数计算频率特性

计算数字滤波器的频率特性在 z 平面的单位圆上进行

$$H(e^{j\Omega}) = H(z)\big|_{z=e^{j\Omega}} \tag{2.2.18}$$

式中 $\Omega = \frac{2\pi f}{f_s}$，$f_s$ 为采样率。

幅频特性为 $|H(e^{j\Omega})|$，相频特性为 $\arg[H(e^{j\Omega})]$。计算时注意频率 f 的取值范围，应为 $0 \leqslant f \leqslant f_s/2$。

四、归一化传递函数

在滤波器设计中，有幅度归一化和频率归一化两种情况，幅度归一化指滤波器的通带增益为 1，频率归一化指滤波器的截止频率为 1Hz。频率归一化往往用于模拟滤波器设计数据表中。在数字滤波器设计中，频率归一化指采样率为 1sps。

在地震计的频率特性计算和标定数据处理中，常采用幅度归一化传递函数，绘制的幅频特性曲线称之为归一化幅频特性。地震计的归一化传递函数及归一化幅频特性表示地震计在不同频率处灵敏度值的相对比例关系。

地震计的传递函数常采用零极点列表的方式表示。已知传递函数的零点值 c_k 和极点值 d_k，根据式（2.2.13）可写出传递函数的表达式，式（2.2.13）中的常数 A 可作为归一化常数求出：将式（2.2.13）作为归一化传递函数表达式，在其通带中心频率附近取一频率值 f_0，将该频率值代入传递函数，令传递函数在该频点的幅值为 1，即可求出常数 A。

$$\left| A \frac{\prod_{k=1}^{M} (j \cdot 2\pi f_0 - c_k)}{\prod_{k=1}^{N} (j \cdot 2\pi f_0 - d_k)} \right| = 1 \tag{2.2.19}$$

对于宽频带地震计，f_0 可取 1Hz；对于短周期地震计，f_0 可取 5Hz。一般情况下，f_0 的取值与地震计灵敏度的标称测试频点一致。

对于预先不了解频率特性的情况下，可令 A 为 1，计算并绘出传递函数的幅频特性，取其通带的中心频率作为计算归一化常数的频点。

第三节　地震计

摆和换能器是地震计的基本构成部分，通过讨论摆运动方程，分析摆的运动特性及其对地面运动位移、速度、加速度的响应，这些响应可以通过传递函数来描述。换能器的作用是将摆锤相对于悬挂框架的运动转换为电压量，常见的换能器有动圈换能器和电容位移换能器，两者都可用于反馈地震计。对于反馈地震计，通过推导其闭环传递函数，分析反馈地震计的频率特性及其技术参数。

一、摆的悬挂方式及固有运动

在地震观测系统中地震信号的检测是用地震计来完成的。地震计，或称拾震器，是接收地面运动的一种传感器，主要是利用惯性摆来感受地面运动并将地面运动转换为电压信号输出。当地面运动时，和地面牢固连接的一切物体都随地面一起运动，如果我们悬挂一个摆锤，若摆的固有振动周期比地面运动周期大很多时，由于摆锤的惯性作用，摆锤与地面之间的相对运动就是我们需要观测的量，它足够精确地反映了地面运动的位移。

1. 垂直摆

垂直摆用于接收垂直向地面运动。最简单的垂直摆是用一个弹簧悬挂一个摆锤，如图 2. 3. 1（a）所示，许多理论分析均以该模型为基础，建立运动方程。图 2. 3. 1（a）所示的悬挂系统因为受到水平振动的影响大，在实际仪器设计中没有采用的价值，图 2. 3. 1（b）和图 2. 3. 1（c）是实用的两种悬挂方式，它们的共同点是都有一个旋转轴，使摆锤运动受到约束，只能绕旋转轴作旋转运动，当摆锤的振动幅度很小时，可以将绕旋转轴的圆弧振动近似认为是垂直振动，图 2. 3. 1（b）采用螺旋弹簧悬挂摆锤，抵消重力的影响，使摆锤质心位置处于和旋转轴同一个水平面上。图 2. 3. 1（b）所示的悬挂方式叫作“LaCoste 直角三角形悬挂”，其主要特点是能够实现很长的固有自振周期。图 2. 3. 1（c）采用叶片簧代替螺旋弹簧，与图 2. 3. 1（b）相比易于实现。

作为示例，图 2. 3. 3（a）为一个实际的垂直摆照片，它采用了与图 2. 3. 1（c）一样的叶片簧悬挂方式，下半部的磁钢、线圈机构为动圈换能器。

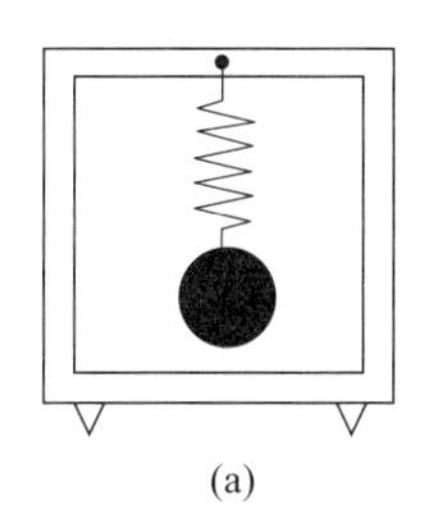

(a)

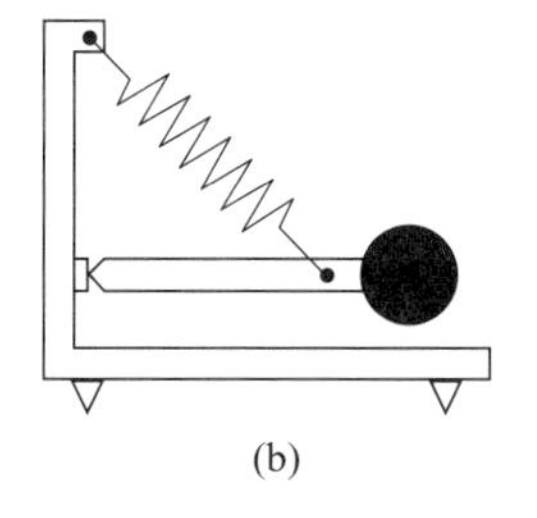

(b)

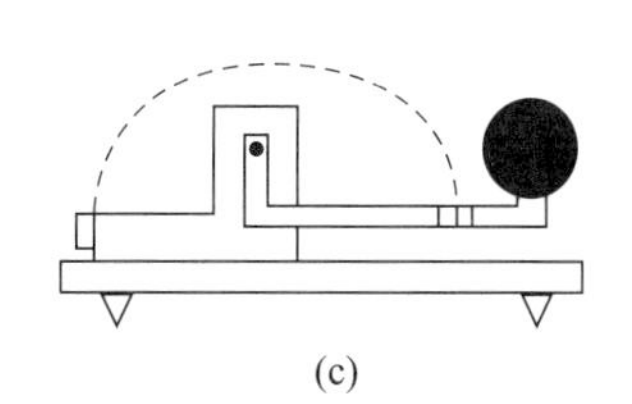

(c)

图 2. 3. 1　垂直摆悬挂示意图

2. 水平摆

图 2.3.2 示出了几种水平摆的悬挂方式：(a) 为铅直摆，其缺点是等效摆长较短，固有自振周期短，延长自振周期需要增加摆长，导致体积迅速增大。(b) 为花园门式悬挂的水平摆，其摆锤围绕一个近似垂直的旋转轴振动，固有自振周期与旋转轴倾斜角度有关，倾角越大，则周期越短；倾角越接近于 0，则周期越长；若倾角为 0，即旋转轴处于铅直状态，则摆系处于无周期状态。(c) 为倒立摆，两端的弹簧提供恢复力矩，保证摆锤能够回复到中心平衡位置。

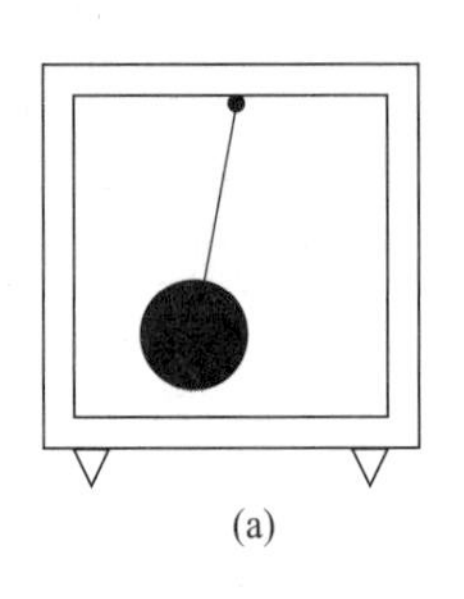
(a)

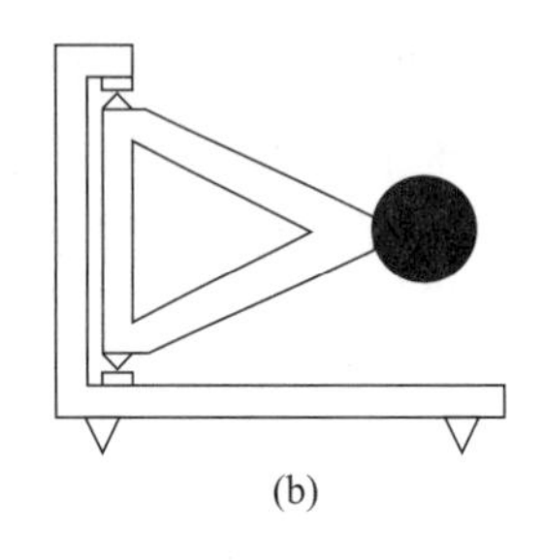
(b)

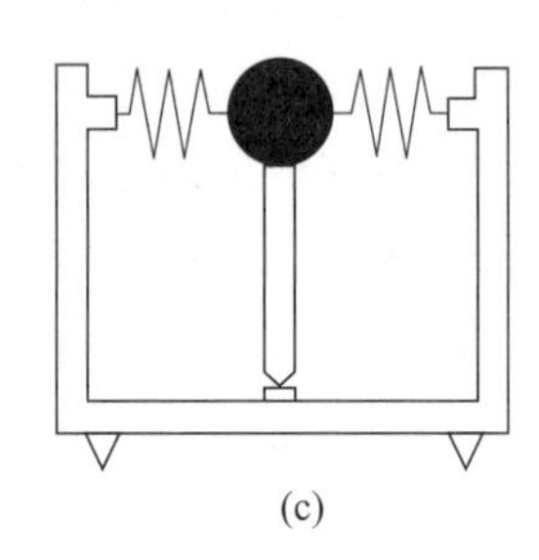
(c)

图 2.3.2　水平摆悬挂示意图

作为示例，图 2.3.3 (b) 为一个实际的水平摆照片，采用了与图 2.3.2 (a) 所示的悬挂方式，不同的是，该摆设计有负力矩机构，用于延长固有振动周期。

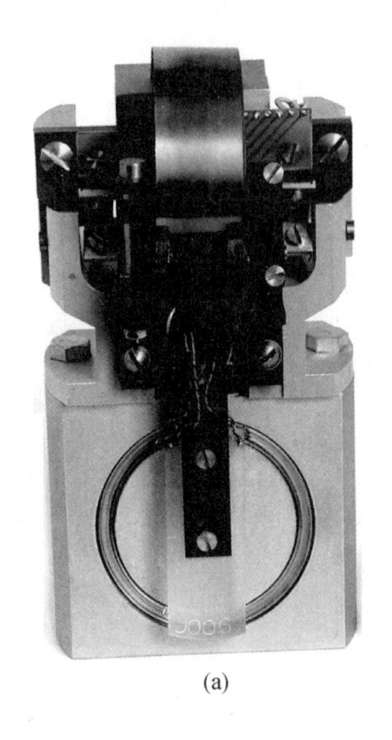
(a)

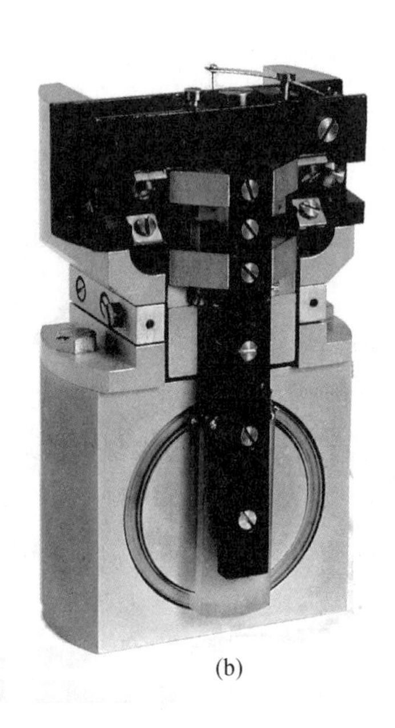
(b)

图 2.3.3　垂直摆和水平摆示例

3. 倾斜悬挂

STS－2 型甚宽频带地震计是一种力平衡反馈三分向一体地震计，其机械部分采用了三个完全相同的倾斜悬挂的摆，沿圆周均匀分布，如图 2.3.4 所示，其 U 轴、V 轴和 W 轴分别表示三个摆锤质心的振动方向。三个摆的信号输出由模拟运算电路进行坐标变换，转换成传统的 XYZ 坐标系信号，即转换成东-西、北-南、垂直三分量信号。

图 2.3.5 为倾斜悬挂原理示意图，（a）为采用螺旋弹簧悬挂，（b）为采用叶片簧悬挂方式，STS－2 地震计的摆就是采用叶片簧悬挂的。

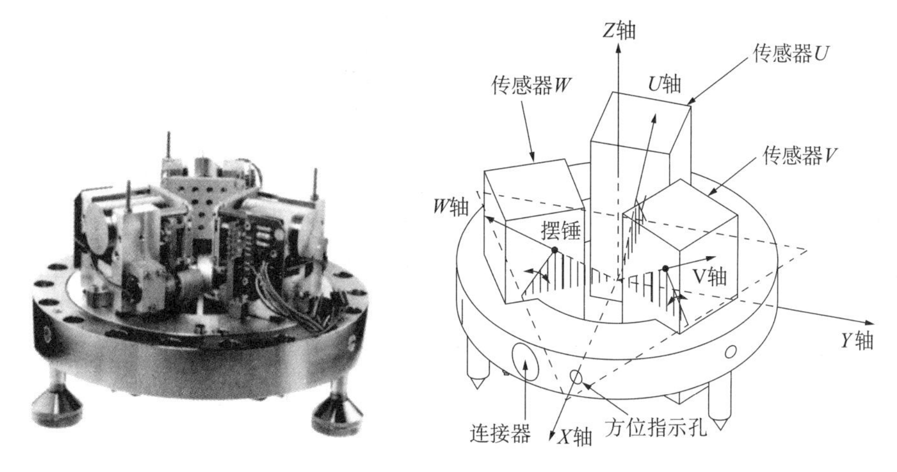

图 2.3.4　倾斜悬挂示例：STS－2 型地震计

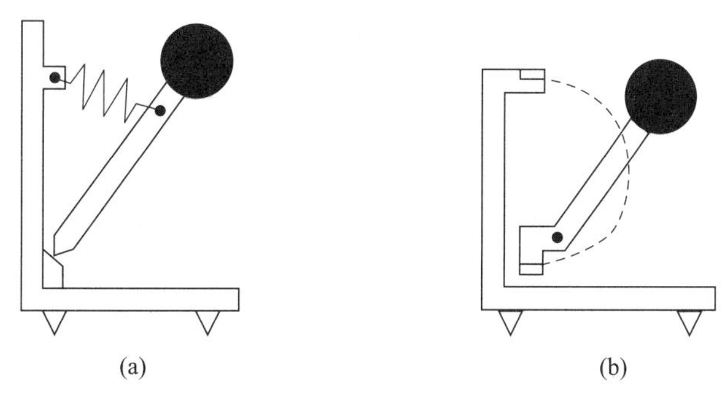

图 2.3.5　倾斜悬挂的摆

4. 旋转轴

大部分摆都采用旋转型结构，而不采用直动型结构。由于摆在实际工作中振幅很小，是直线振动的很好近似。

旋转型的摆全部采用十字交叉结构的弹簧片来实现摆体与底座支架的连接，实现旋转轴。旋转轴在十字交叉点的连线上。摆锤震动时，十字交叉簧仅仅有十分轻微的变形。十字交叉簧的应用克服了旋转轴的摩擦力可能产生死区的问题，提高了摆锤感应微小振动的能力。

5. 摆的固有运动

为了了解摆对地面运动的响应，首先要研究摆的固有特性。以下以简单悬挂的铅直摆为例，研究它的运动方程及其运动特征。

图 2.3.6 是一个可以绕 O 轴旋转的铅直摆，它的转动惯量为 J_S。当摆锤偏转微小角度 θ

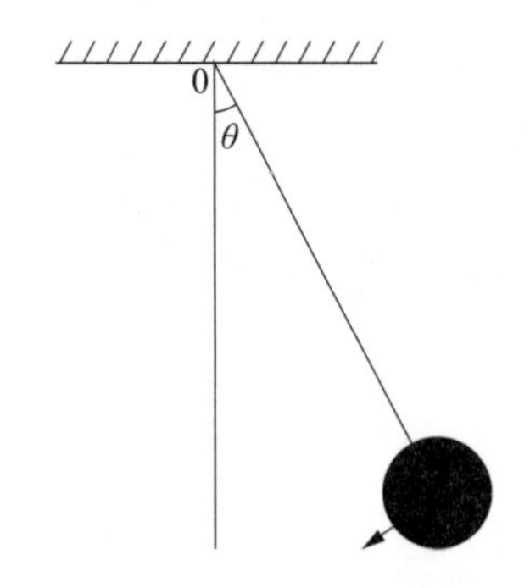

图 2.3.6　铅直摆

时，重力的分力产生一个使摆回复到平衡位置的力矩，它是角度 θ 的函数，并指向平衡位置，当 θ 很小时，可写为 $-c_S\theta$。摆锤运动过程中还会受到摩擦和空气阻力，由于运动速度不大，摩擦和空气阻力产生的阻尼力矩是角速度 θ 的函数，近似与振动角速度 θ 的一次方成正比，且总是阻碍摆的运动，阻尼力矩可以写为 $-b_S\theta$。这两个力矩控制了摆的转动，因此，摆的运动方程可写为

$$J_S\ddot{\theta} = -b_S\dot{\theta} - c_S\theta \tag{2.3.1}$$

式中 b_S 和 c_S 是常数。令 $b_S/J_S = 2\varepsilon_1$，$c_S/J_S = n_1^2$，则式（2.3.1）式可写为

$$\ddot{\theta} + 2\varepsilon_1\dot{\theta} + n_1^2\theta = 0 \tag{2.3.2}$$

这是一个二阶常系数齐次线性微分方程。由于一个指数函数的微分还是指数函数，令 $\theta = e^{\alpha t}$，则式（2.3.2）可写为

$$\alpha^2 e^{\alpha t} + 2\varepsilon_1\alpha e^{\alpha t} + n_1^2 e^{\alpha t} = 0 \tag{2.3.3}$$

可求出

$$\alpha = -\varepsilon_1 \pm \sqrt{\varepsilon_1^2 - n_1^2} \tag{2.3.4}$$

因此，方程（2.3.2）的通解为

$$\theta = c_1 e^{(-\varepsilon_1 - \sqrt{\varepsilon_1^2 - n_1^2})t} + c_2 e^{(-\varepsilon_1 + \sqrt{\varepsilon_1^2 - n_1^2})t} \tag{2.3.5}$$

式中 c_1、c_2 是由初始条件决定的积分常数。由于我们在写摆的运动方程时，只考虑了摆在运动过程中的约束，没有考虑地面振动对摆的影响，式（2.3.5）给出了初始条件不为零时，即摆锤的初始位置不为零或初始速度不为零时，摆自身的运动规律。这种运动称为摆的固有运动。

（1）当 $n_1 > \varepsilon_1$ 时：

在这种情况下原方程的特征方程是两个共轭复根。设 $\nu_1 = \sqrt{n_1^2 - \varepsilon_1^2}$，则其解可写作

$$\theta = A_1 e^{-\varepsilon_1 t} sin(\nu_1 t + \varphi) \tag{2.3.6}$$

式中 A_1 是取决于初始条件的积分常数。从上式可以看出由于正弦函数值只能在 ±1 之间变化，故振动只能限于在 $\pm A_1 e^{-\varepsilon_1 t}$ 两条曲线所包络的范围内。且 $e^{-\varepsilon_1 t}$ 是衰减的指数函数，因此这时振幅已不再是等幅的了，随着时间的增加振动将逐渐衰减，如图 2.3.7 所示。因为位移不能在每一周期后恢复原值，所以阻尼振动严格说只能算作是准周期运动。

为表示振动衰减快慢的程度，引入衡量振动衰减快慢程度量——阻尼常数 D_1

$$D_1 = \varepsilon_1 / n_1 \tag{2.3.7}$$

D_1 是表征摆特性的一个重要参量，代表阻尼的大小，是一个无量纲的量。

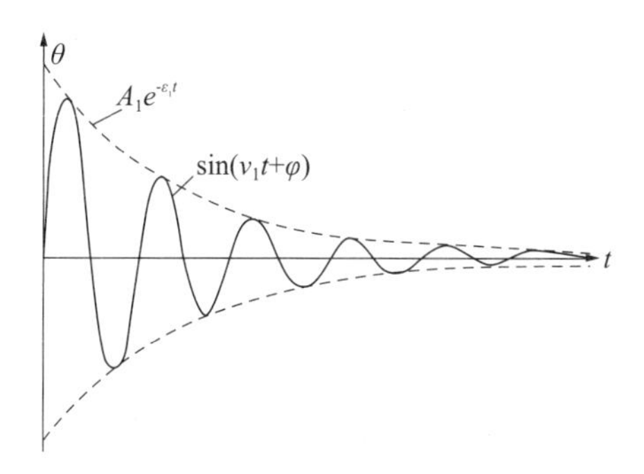

图 2.3.7　衰减振动波形

（2）当 $n_1 < \varepsilon_1$ 时：

在这种情况下，特征方程是两个不相等的负实根。设 $\bar{\nu}_1 = \sqrt{\varepsilon_1^2 - n_1^2}$，则式（2.3.2）的解为

$$\theta = e^{-\varepsilon_1 t}(c_1 \mathrm{sh}\bar{\nu}_1 t + c_2 \mathrm{ch}\bar{\nu}_1 t) \tag{2.3.8}$$

式（2.3.8）所表示的规律是由双曲函数所描述的无周期的运动。这时摆离开平衡位置以后，根本不发生振动，而只是缓慢地向平衡位置靠近，且随着 D_1 的增加，外力撤去后，摆直接回复到平衡位置的速度也就越来越慢。我们称这种情况为过阻尼状态。

（3）当 $n_1 = \varepsilon_1$，即 $D_l = 1$ 的情况时：

在这种情况下，特征方程为一对相等的负实根，则原微分方程（2.3.2）的解为

$$\theta = e^{-\varepsilon_1 t}(c_1 + c_2 t) = e^{-n_1 t}(c_1 + c_2 t) \tag{2.3.9}$$

式（2.3.9）所表达的也是一种非周期运动。这时摆将按指数规律逐步衰减到零，摆不再发生振动。如果 ε_1 稍微再减小一些，即变为衰减的正弦运动，所以摆是处于有周期、无周期运动的边界情况，故称其为临界阻尼状态。这时的 $D_l=1$，称为临界阻尼常数（或称中肯阻尼常数）。

图 2.3.8 为阻尼 D 取不同值情况下摆锤的固有运动波形，可见 D 取值为 1 附近时，摆锤回到平衡位置最快。实际工作中，常用的阻尼取值为 0.707，该取值对应的幅频特性响应最为平坦，符合巴特沃思滤波器特性。

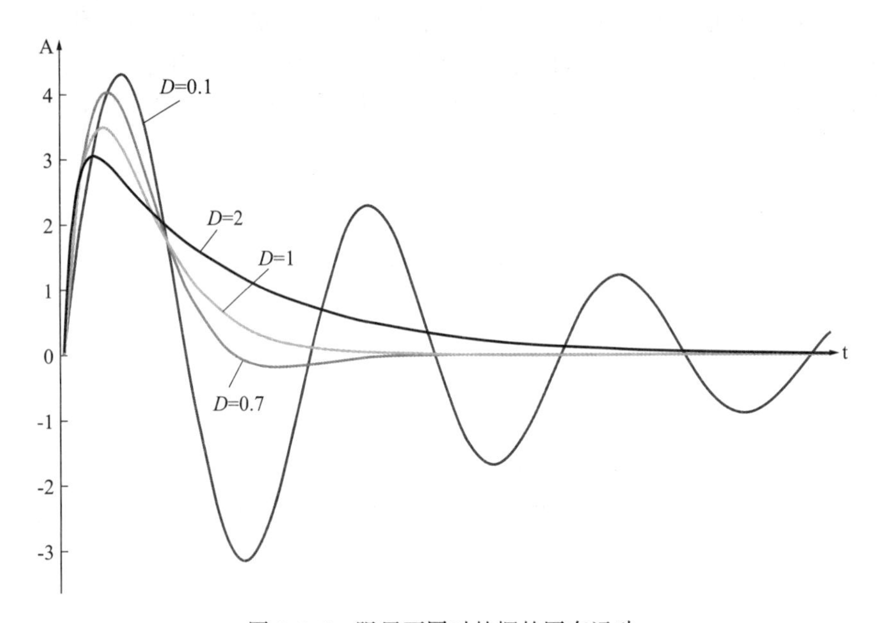

图 2.3.8　阻尼不同时的摆的固有运动

二、摆的传递函数与频率特性

1. 地面运动时摆的运动方程

当地面运动时摆锤因惯性暂时保持原来的位置，这是摆式地震计检测地面运动的基本原理。但摆的固有振动会叠加在它所检测到的地面运动上使得它拾取的地面运动发生畸变。

在图 2.3.9 中，OXY 为静止坐标系统，地震计底座与地基紧密连接并能一齐运动。通过与地震计底座相连的动坐标系统 oxy 来研究摆的运动。设两个坐标系是平行的，即 oy 平行 OY，当地面沿 x 反方向移动了距离 X 时，oy 随地面一齐移动了距离 X，因而转动了 θ 角，同时相对 OY 有一个加速度 $\mathrm{d}^2X/\mathrm{d}t^2$。当 θ 角很小时，对于只有一个自由度的摆来说，摆受力情况可用力学中的加速度参照系的方法来讨论，即假定这个系统是不动的，除作用在物体上原有的力（或力矩）外，再加上一个惯性力（或惯性力矩），其方向与回复力（矩）的方向相同，而大小是 $M\mathrm{d}^2X/\mathrm{d}t^2$（或 $Ml_0\mathrm{d}^2X/\mathrm{d}t^2$），其中 M 是摆锤质量，l_0 是折合摆长。这样可以得出转动型摆的运动方程为

$$J_S\ddot{\theta} + b_S\dot{\theta} + c_S\theta = -Ml_0\ddot{X} \tag{2.3.10}$$

将 $J_S = Ml_0^2$ 代入上式可得

$$\ddot{\theta} + 2\varepsilon_1\dot{\theta} + n_1^2\theta = -\ddot{X}/l_0 \tag{2.3.11}$$

若以相对摆的振动中心位移 x_c 为变量，(2.3.11) 也可写为

$$\ddot{x}_c + 2\varepsilon_1\dot{x}_c + n_1^2 x_c = -\ddot{X} \tag{2.3.12}$$

式 (2.3.12) 是一个常系数非齐次二阶线性微分方程，描述了摆锤相对于地面的位移与地面运动位移之间的关系。

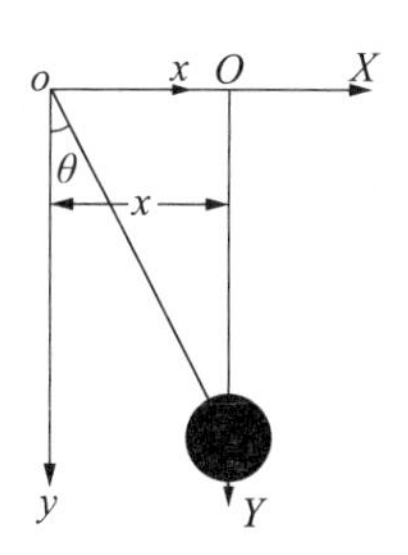

图 2.3.9　地面运动时摆的运动方程

2. 摆的传递函数

对 (2.3.12) 式求拉普拉斯变换，得到

$$s^2X_c(s) + 2\varepsilon_1 sX_c(s) + n_1^2X_c(s) = -s^2X(s) \tag{2.3.13}$$

式 (2.3.13) 中 X_c (s) 是 x_c 的拉普拉斯变换，X (s) 是 X (t) 的拉普拉斯变换，于是，摆的传递函数为

$$H(s) = \frac{X_c(s)}{X(s)} = \frac{-s^2}{s^2 + 2\varepsilon_1 s + n_1^2} \tag{2.3.14}$$

令 $s = j\omega$，则摆的频率特性为

$$H(j\omega) = H(s)\big|_{s=j\omega} = \frac{-\omega^2}{\omega^2 - n_1^2 - 2\varepsilon_1 j\omega} \tag{2.3.15}$$

3. 摆锤对地面运动位移的响应

记 x_d (t) 表示地面运动位移，y_d (t) 表示摆锤的位移，相应的拉普拉斯变换记为 X_d (s)

和 Y_d (s)，摆锤对地面运动位移的传递函数记为 H_d (s)，则

$$H_d(s) = \frac{Y_d(s)}{X_d(s)} = \frac{-s^2}{s^2 + 2\varepsilon_1 s + n_1^2} \tag{2.3.16}$$

取 $n_1 = 1$ 时，计算 $H_d(s)$ 的归一化频率特性并绘图，见图 2.3.10。

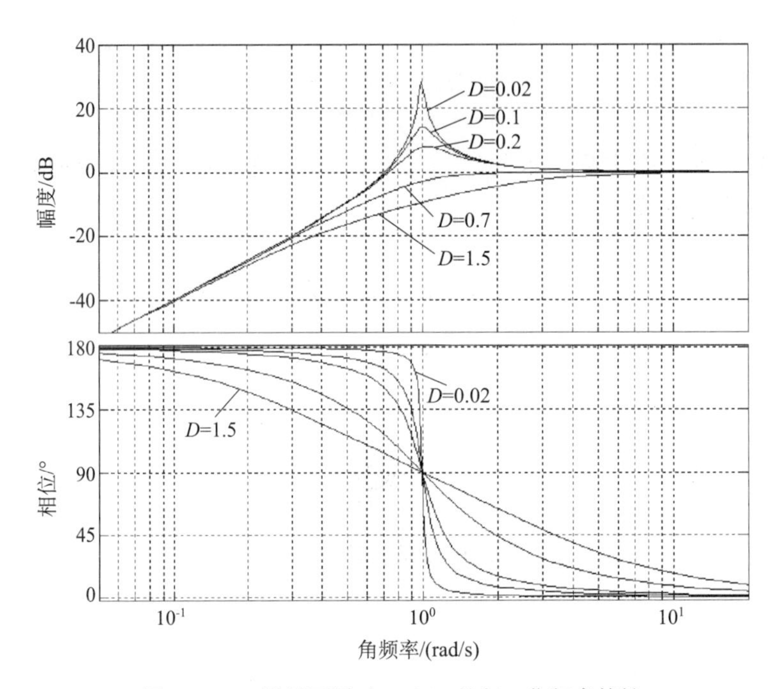

图 2.3.10 阻尼不同时 $H_d(s)$ 的归一化频率特性

4. 摆锤对地面运动速度的响应

记 $x_v(t)$ 表示地面运动速度，则 $x_v(t) = \frac{\mathrm{d}x_d(t)}{\mathrm{d}t}$，相应的拉普拉斯变换为 $X_v(s) = sX_d(s)$，则摆锤对地面运动速度的传递函数为

$$H_v(s) = \frac{Y_d(s)}{X_v(s)} = \frac{Y_d(s)}{sX_d(s)} = \frac{-s}{s^2 + 2\varepsilon_1 s + n_1^2} \tag{2.3.17}$$

取 $n_1 = 1$ 时，计算 $H_v(s)$ 的归一化频率特性，见图 2.3.11。

5. 摆锤对地面运动加速度的响应

记 $x_a(t)$ 表示地面运动加速度，则 $x_a(t) = \frac{\mathrm{d}^2 x_d(t)}{\mathrm{d}^2 t}$，相应的拉普拉斯变换为 $X_a(s) = s^2 X_d(s)$，则摆锤对地面运动加速度的传递函数为

$$H_a(s) = \frac{Y_d(s)}{X_a(s)} = \frac{Y_d(s)}{s^2 X_d(s)} = \frac{-1}{s^2 + 2\varepsilon_1 s + n_1^2} \tag{2.3.18}$$

取 $n_1 = 1$ 时，计算 $H_a(s)$ 的归一化频率特性并绘图，见图 2.3.12。

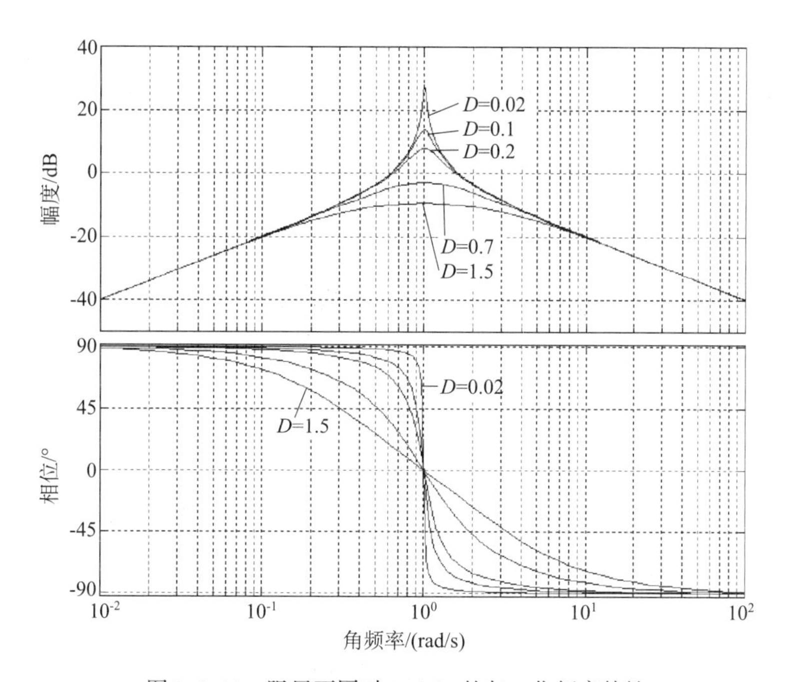

图 2.3.11　阻尼不同时 $H_v(s)$ 的归一化频率特性

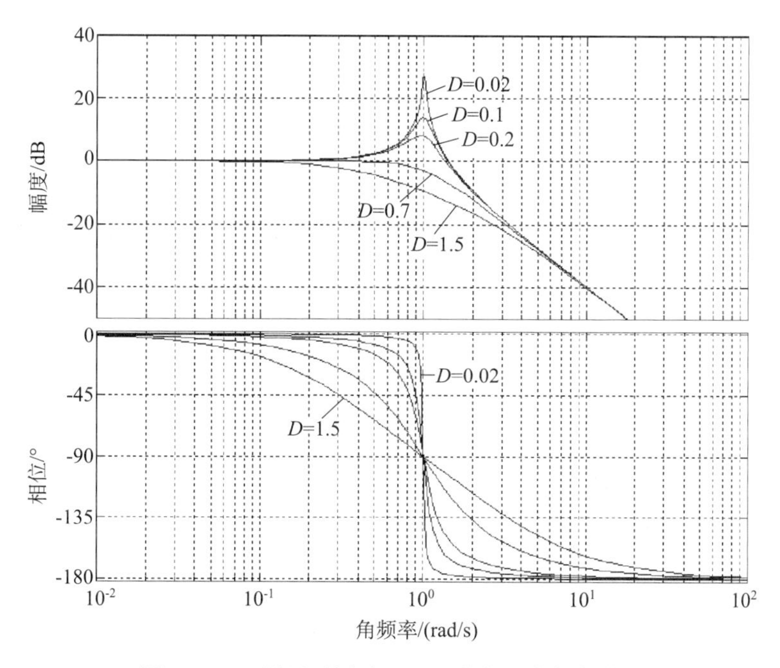

图 2.3.12　阻尼不同时 $H_v(s)$ 的归一化频率特性

三、换能器与阻尼器

换能器用于将摆的运动转换为电压信号，以便使用电子放大记录仪进行高灵敏度模拟记录或使用现代的高分辨率数据采集器进行数字记录。常用的换能器为动圈型换能器和电容位移型换能器

1. 动圈型换能器

动圈换能器是目前地震计中常用的一种类型，通常是在摆锤上连接安装一个线圈，并嵌入磁钢的间隙磁场中，通过线圈在磁场中运动而产生感应电动势，形成电压信号输出，参见图 2.3.3 和图 2.3.13。

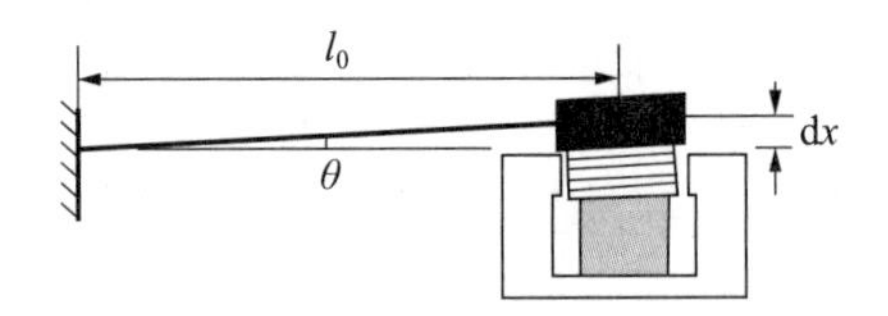

图 2.3.13　动圈换能器示意图

根据法拉第定律，线圈在回路中产生的感应电动势为 $e_s = \frac{\mathrm{d}\Phi}{\mathrm{d}t}$，$\mathrm{d}\Phi$ 是磁感应通量的变化量。若线圈有 N 匝，线圈半径为 r，磁感应强度为 B，当线圈中心移动距离 $\mathrm{d}x$ 时，则

$$\mathrm{d}\Phi = 2\pi rNB\mathrm{d}x \tag{2.3.19}$$

于是，感应电动势可写为：

$$e_s = 2\pi rNB\frac{\mathrm{d}x}{\mathrm{d}t} = S_{S0}\frac{\mathrm{d}x}{\mathrm{d}t} \tag{2.3.20}$$

由此可见感应电动势比例于摆锤运动速度 $\mathrm{d}x/\mathrm{d}t$，其中 S_{S0} 叫做换能器的电压灵敏度，即每单位速度所产生的电压，用 V · s/m 来量度。S_{S0} 越大，表示地震计的灵敏度越高。

$$S_{S0} = 2\pi rNB \quad (\mathrm{Vs/m}) \tag{2.3.23}$$

2. 电容型换能器

近年来，在宽频带反馈地震计中广泛应用电容型换能器。电容型换能器主要将摆的运动转换成电容量的变化，并进一步转换成电压量。

（1）位移式电容换能器。

最简单的金属平行板电容器的电容量 C，可由金属板的面积 S、板间距离 h，以及介电常数 ε 计算出来。

$$C = \frac{\varepsilon A}{h} \tag{2.3.24}$$

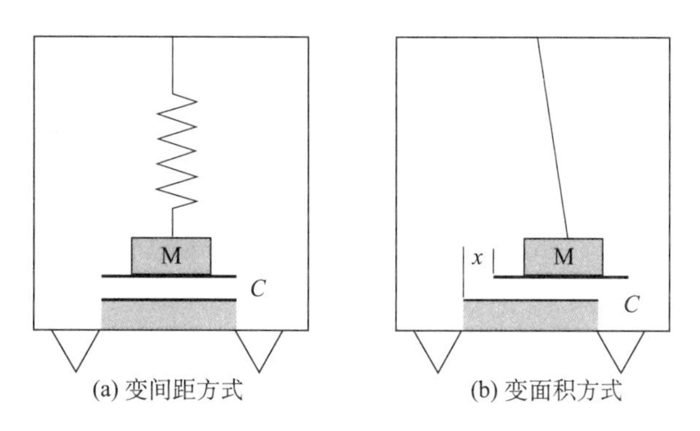

图 2.3.14　电容换能器示意图

图（2.3.14）（a）是一个垂直摆，换能器是变间距的平行金属板电容，电容的一个极板与底座相连，另一个与摆锤相连，则电容换能器的灵敏度为：

$$S_h = \frac{\mathrm{d}C}{\mathrm{d}h} = -\frac{\varepsilon A}{h^2} \tag{2.3.25}$$

式（2.3.25）可以取绝对值，即我们只关心灵敏度的大小。显然电容量 C 和间距 h 之间不是线性关系。

图（2.3.14）（b）是一个水平摆，换能器是变面积的平行金属板电容，电容的一个极板与底座相连，另一个与摆锤相连，设电容的极板是边长为 l 的正方形，若摆锤水平移动了距离 x 时，电容换能器的电容量为：

$$C = \frac{\varepsilon l(l - x)}{h} \tag{2.3.26}$$

则电容随位移 x 变化的灵敏度为：

$$S_x = \frac{\mathrm{d}C}{\mathrm{d}x} = -\frac{\varepsilon l}{h} \tag{2.3.27}$$

对比式（2.3.25）和式（2.3.27），可以看到电容量 C 和位移 x 之间呈线性关系。

设换能电容的极板是边长为 $l = 20\mathrm{mm}$ 的正方形，间距 $h = 0.5\mathrm{mm}$，空气的介电常数与真空介电常数相等，即 $\varepsilon = \varepsilon_0 = 8.854 \times 10^{-12}\mathrm{F/m}$，则平行板电容器的容量为 7.083pF，变间距电容换能器的灵敏度为 14166pF/m，变面积电容换能器的灵敏度为 354.2pF/m。由此可见，变间距方式的电容换能器的灵敏度要高得多。

（2）差动式电容换能器。

如果将两个相同的平行板电容器串联起来，中间一个极板可以移动，如图 2.3.15 所示，当其中的一个电容的极板间距减少时，另一个电容的极板间距等量增加。当中心极板偏离中心位置 Δh 时，两个平行板电容的容量分别为：

$$C_1 = \frac{\varepsilon A}{h - \Delta h},\ C_2 = \frac{\varepsilon A}{h + \Delta h} \tag{2.3.28}$$

因此，一个电容的容量增加，同时另一个电容的容量减小，当中间极板处于中心位置时，两个电容的容量相等。

由于变间距差动电容换能器灵敏度较高，在当代的力平衡反馈宽频带地震计中应用广泛。

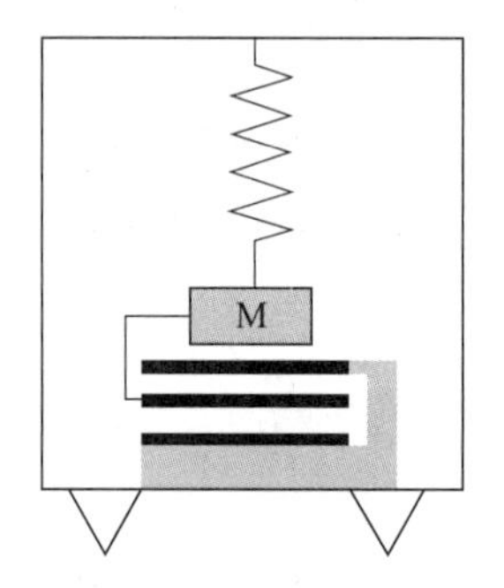

图 2.3.15　差动式电容换能器示意图

（3）检测差动电容变化的方法。

如图 2.3.16 所示，在差动电容的两个固定极板上施加幅度相同、相位相反的高频正弦信号 $U_m \sin\omega t$ 和 $-U_m \sin\omega t$，根据电容分压原理，可得中间电容极板上的电压：

$$U_0 = \frac{C_1 - C_2}{C_1 + C_2} U_m \sin\omega t \tag{2.3.29}$$

将（2.3.28）式代入（2.3.29）式，可得：

$$U_0 = \frac{\Delta h}{h} U_m \sin\omega t \tag{2.3.30}$$

由此式可以看出，当 $\Delta h = 0$ 时，即中间电容极板处于两个固定极板之间的中心位置时，输出为 0，当 $\Delta h < 0$ 时，输出反相。通过相敏检波电路检出 U_0 信号的幅值和相位翻转信息，参考图 2.3.16 中的波形转换示意图，由此，可写出该换能器的灵敏度

$$S_{dc} = k\frac{1}{h}\cdot\frac{U_m}{\sqrt{2}} \quad (V/m) \tag{2.3.31}$$

式（2.3.31）中 k 为相敏检波器放大倍数，h 为电容极板间距，$U_m/\sqrt{2}$ 为高频正弦信号的有效值。

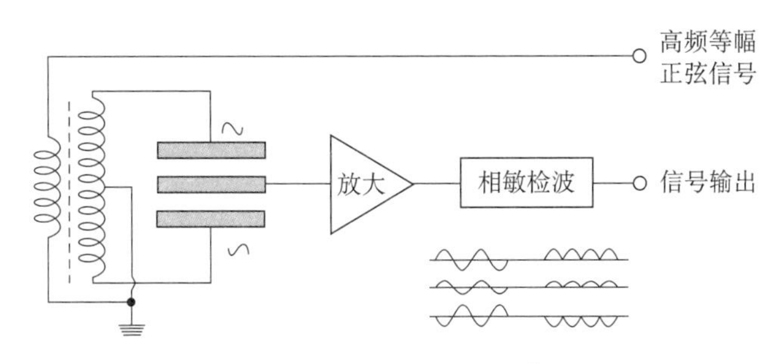

图 2.3.16　差动式电容换能器信号检测

3. 阻尼器及其作用

摆的运动是在一定周期情况下的阻尼振动，其阻尼系数与摆运动的速度成比例。阻尼器的目的是吸收摆固有振动的能量，使所接收的波的振动停止后，摆锤的运动也尽快停下来。由于摆系统中的摩擦和空气阻力很小，需要配置专门的阻尼器才能满足这一要求。

常用的阻尼器有电磁阻尼器、气体阻尼器、液体阻尼器等。

电磁阻尼器：与摆系统连接的金属环或闭合回路线圈在磁场中运动时产生阻作用。电磁阻尼器体积小，容易制作和调整，在地震仪系统中应用广泛。

气体阻尼器：相对于液体来说，空气的黏滞力太小，一般不能得到较大的阻尼。

液体阻尼器：流体摩擦力正比于物体运动的速度，一般利用液体的黏滞性产生摩擦力，如将翼板置入油槽中或利用充满油的活塞结构。液体阻尼器的优点是结构简单，阻尼力大。缺点是液体的黏滞性随温度变化大。

目前的宽频带地震计大多使用有源电子反馈技术，构成机电一体化的高分辨力、大动态、宽频带的传感器。宽频带反馈地震计是机械、电子相互耦合的系统，其传递函数由机械和电路两部分共同决定，阻尼特性取决于反馈电路参数。

4. 电磁阻尼器原理

电磁阻尼器与动圈型换能器结构相同。将固定在摆上的线圈与外接电阻连成回路，线圈置于固定磁场中，当摆运动时，通过线圈的磁感应通量发生变化，因而产生电动势

$$e_{s11} = 2\pi r_{11}N_{11}H_{11}l\theta = G_{11}\theta \tag{2.3.32}$$

式中 r_{11} 为阻尼线圈半径，N_{11} 为阻尼线圈匝数，H_{11} 为磁场强度，l 为旋转轴到阻尼线圈中心的距离，$G11$ 为阻尼线圈的电动常数。该电动势产生的回路电流为：

$$i = \frac{e_{s11}}{R_{s11} + R_D} \tag{2.3.33}$$

式中 R_{s11} 为阻尼线圈内阻，R_D 为外接电阻。该回路电流产生的力总是与引起电流的线圈运动方向相反。回路电流产生的阻尼力为：

$$F = -2\pi r_{11} N_{11} H_{11} i \tag{2.3.34}$$

故对旋转轴的阻尼力矩为：

$$M_D = Fl = -\frac{(2\pi r_{11} N_{11} H_{11} l)^2}{R_{s11} + R_D}\dot{\theta} = -\frac{G_{11}^2}{R_{s11} + R_D}\dot{\theta} \tag{2.3.35}$$

式（2.3.35）说明阻尼力矩与阻尼器的电动常数的平方成正比，与摆系统运动角速度成正比，与回路电阻成反比。改变阻尼电阻的值可以调节阻尼的大小。

5. 动圈换能地震计的传递函数

根据式（2.3.20），动圈换能器的传递函数为 $S_{S0}s$，结合式（2.3.17），可得动圈换能地震计的传递函数：

$$H(s) = S_{S0}H_v(s) = \frac{-S_{S0}s^2}{s^2 + 2\varepsilon_1 s + n_1^2} \tag{2.3.36}$$

可见，这是一个二阶高通滤波器。

对于动圈换能地震计，灵敏度 S_{S0}、阻尼 D、自振周期 T_0 是三个最常用的基本常数，使用 S_{S0}、D 和 T_0 三个量，可将式（2.3.36）改写成更为常用的形式：

$$H(s) = \frac{S_{S0}s^2}{s^2 + 4\pi Ds/T_0 + 4\pi^2/T_0^2} \tag{2.3.37}$$

四、反馈地震计

1. 反馈地震计的基本原理

大部分长周期地震计和宽频带地震计按照力平衡原理设计制造。力平衡的原理是：产生一个作用于摆锤上的电磁力，其方向与摆锤感受到的惯性力相反，大小基本相等，使得摆锤的运动幅度尽可能小，由于摆锤感受的惯性力正比于地面运动加速度，而作用于摆锤上的电磁力正比于通过电磁线圈的电流，因此，流过电磁线圈的电流就正比于地面运动加速度，于是，我们得到了正比于地面运动加速度的电信号输出。

为了实现力平衡，需要使用一个闭环伺服电路来实现。也就是把地震计传感器的输出信号经过电子电路处理后，形成电流信号输出到地震计的反馈系统电磁线圈中，产生用于平衡摆锤惯性力的电磁力。于是构成了一个机电相互耦合的闭环反馈系统，由于电磁力和惯性力方向相反，这是个负反馈系统。采用这一原理工作的地震计就是反馈式地震计。

构成反馈环路的各个电路部分总是有时间延迟（系统的因果性），就是说负反馈环路是有时间延迟的，而这个时间延迟与频率有关，因此一个稳定的系统总是有频率带宽限制的。为了研究反馈地震计的闭环特性，我们通过推导闭环系统的传递函数并进行分析来认识反馈地震计。

图 2. 3. 17 表示出了一般反馈地震计的原理框图，它包括机械摆、换能器和反馈网络，其中反馈网络包含了把电流转换成电磁力的电磁机构的特性。

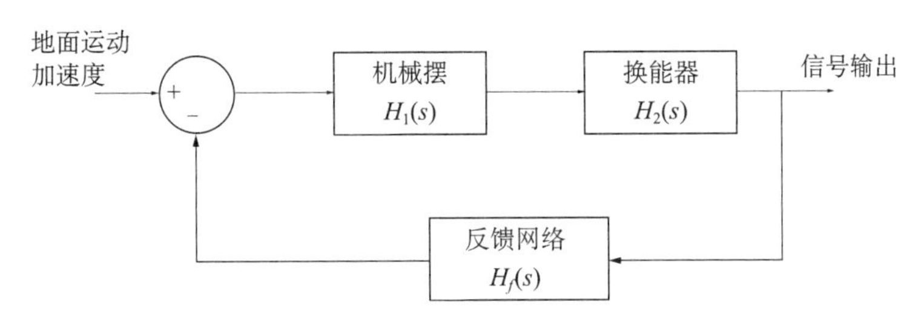

图 2. 3. 17　反馈地震计原理框图

由于力平衡的概念对应地面运动加速度，而不是地面位移，我们在推导闭环系统传递函数的时候，总是把地面运动加速度作为系统的输入信号，然后再根据需要对导出的闭环传递函数进行转换。

根据反馈理论，可以得出图 2. 3. 17 所示反馈地震计的闭环传递函数

$$H(s) = \frac{H_1(s)H_2(s)}{1 + H_1(s)H_2(s)H_f(s)} \tag{2.3.38}$$

2. 力平衡反馈加速度计

我们首先讨论力平衡反馈加速度计，因为它最简单、最直接，易于理解。力平衡反馈加速度计的模型框图参见图 2. 3. 18。

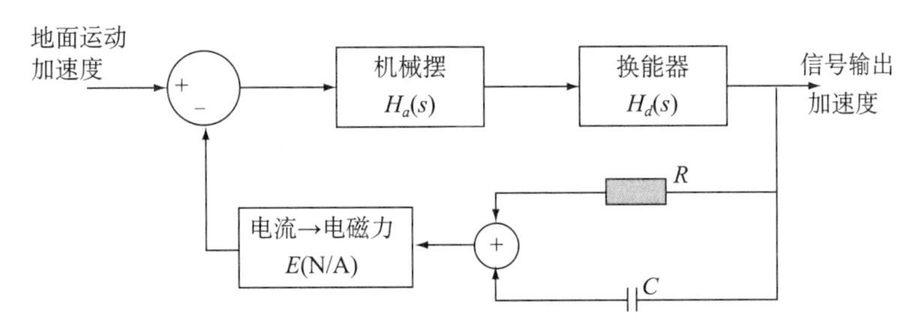

图 2. 3. 18　力平衡反馈加速度计原理框图

由式（2. 3. 18），我们已经得到了摆对地面运动加速度响应的传递函数。由于是负反馈系统，我们就不去考虑局部信号的极性问题了，只需保证整个反馈环是负反馈。于是，把式

（2.3.18）重新写为以下形式

$$H_a(s) = \frac{1}{s^2 + 2D\omega_0 s + \omega_0^2} \tag{2.3.39}$$

式中 D 为阻尼，ω_0 为机械摆的固有振荡角频率。它是摆锤位移对地面运动加速度的响应。

这里的换能器使用差分电容换能器，将摆锤位移转换为电压量。参考（2.3.31）式，由于在具体设计中，式（2.3.31）的右边是一个常数，因此，重新将换能器的传递函数写为：

$$H_d(s) = k \tag{2.3.40}$$

若输出电压信号的拉普拉斯变换记为 V_o（s），则流过线圈电流的拉普拉斯变换为：

$$I(s) = V_o(s)\left(\frac{1}{R} + sC\right) \tag{2.3.41}$$

则电磁反馈力产生的加速度为（s 域表达式）：

$$A_f(s) = V_o(s)\left(\frac{1}{R} + sC\right)\frac{E}{M} \tag{2.3.42}$$

式中 M 为摆锤质量，于是反馈网络传递函数为：

$$H_f(s) = \frac{A_f(s)}{V_o(s)} = \left(\frac{1}{R} + sC\right)\frac{E}{M} \tag{2.3.43}$$

根据式（2.3.38），闭环传递函数为：

$$H(s) = \frac{\dfrac{k}{s^2 + 2D\omega_0 s + \omega_0^2}}{1 + \dfrac{k}{s^2 + 2D\omega_0 s + \omega_0^2}\left(\dfrac{1}{R} + sC\right)\dfrac{E}{M}}$$

即

$$H(s) = \frac{k}{s^2 + \left(2D\omega_0 + \dfrac{kCE}{M}\right)s + \left(\omega_0^2 + \dfrac{kE}{RM}\right)} \tag{2.3.44}$$

对比式（2.3.39），可以看出闭环反馈后，固有振动角频率增加了，也就是频带展宽了（参考图 2.3.12），闭环反馈后固有振动角频率为

$$\omega_C = \sqrt{\omega_0^2 + \frac{kE}{RM}} \tag{2.3.45}$$

闭环反馈后的阻尼可以通过电容 C 的取值来调整。

3. 力平衡反馈宽频带地震计

力平衡反馈宽频带地震计的原理框图见图 2.3.19，其中反馈支路中的电容 C 的取值应足够大，使得微分反馈支路在有效频带内起到主要作用，以便得到正比于地面运动速度的信号输出。

通过电容 C 的微分反馈支路和积分反馈支路都与频率有关，频率越低，微分反馈力越小，而积分反馈力越大，这两个反馈力的方向是相反的，它们的相位与地震计的输出信号相比分别相差 $-\pi/2$ 和 $\pi/2$，当频率低至某个值时，微分反馈力与积分反馈力相等而互相抵消，这个频率就是反馈地震计的低频拐点频率，对应的周期就是反馈地震计的固有自振周期。在这个频率处，由于微分反馈力和积分反馈力抵消，反馈系统的输出会在该频率处呈现出一个共振峰，电阻 R 的作用就是用来消除这个共振峰的，它是反馈地震计的阻尼调整电阻。

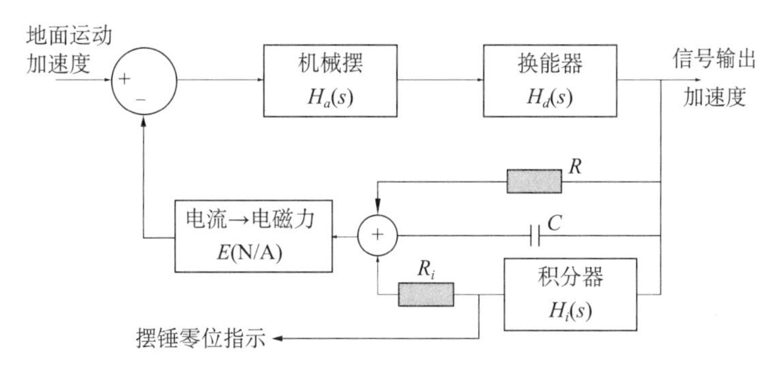

图 2.3.19　力平衡反馈宽频带地震计原理框图

与图 2.3.18 相比，图 2.3.19 只是多了一个积分反馈支路，由于 $H_i(s)=\frac{1}{s}$，因此则流过线圈电流为（s 域表达式）：

$$I(s) = V_o(s)\left(\frac{1}{R} + sC + \frac{1}{sR_i}\right) \tag{2.3.46}$$

通常在力平衡反馈加速度计中，采用电流源驱动反馈线圈，线圈的内阻不影响反馈电流的大小。而在力平衡反馈宽频带地震计中，不使用电流源驱动电路，反馈线圈的内阻与反馈电路的阻容网络构成串联连接。考虑反馈线圈内阻后，式（2.3.46）修正为式（2.3.47）

$$I(s) = \frac{V_o(s)}{R_L} \frac{s + \frac{1}{RC} + \frac{1}{sR_iC}}{s + \left(\frac{1}{R} + \frac{1}{R_L} + \frac{1}{R_i}\right)\frac{1}{C}} \tag{2.3.47}$$

式中 R_L 为反馈线圈内阻。一般情况下，反馈线圈内阻要比反馈网络中的其他两只电阻大约小 3 个数量级，式（2.3.47）分母中括号内的三项可忽略两项，只保留对应反馈电阻的那一项。于是，反馈网络的传递函数为：

$$H_f(s) = \frac{A_f(s)}{V_o(s)} = \frac{E}{MR_L} \frac{s + \frac{1}{RC} + \frac{1}{sR_iC}}{s + \frac{1}{R_LC}} \tag{2.3.48}$$

因此，闭环传递函数为：

$$H(s) = \frac{H_a(s)H_d(s)}{1 + H_a(s)H_d(s)H_f(s)}$$

将式（2.3.39）、式（2.3.40）和式（2.3.48）代入，得：

$$H(s) = \frac{ks\left(s + \frac{1}{R_LC}\right)}{s(s^2 + 2D\omega_0 s + \omega_0^2)\left(s + \frac{1}{R_LC}\right) + \frac{kE}{MR_L}\left(s^2 + \frac{1}{RC}s + \frac{1}{R_iC}\right)} \tag{2.3.49}$$

为了方便理解，需要对该式进行简化。首先考虑深度负反馈的情况下传递函数的简化问题。提高反馈深度，最简单的办法是增大 k 值，即增加差分电容位移换能器的增益，或者在差分电容位移换能器之后增加一级放大器。当 k 值很大时，（2.3.49）式分母中左边第一项的贡献将很小，忽略该项后，式（2.3.49）简化为：

$$H(s) \approx \frac{\frac{M}{EC}s(1 + sR_LC)}{s^2 + \frac{1}{RC}s + \frac{1}{R_iC}} \tag{2.3.50}$$

由于 R_LC 较小，主要影响高频段，只考虑低频段时可忽略该项。式（2.3.50）表示地震计对地面运动加速度的响应，忽略分子中 sR_LC 项，并转换为对地面运动速度的响应时，传递函数可写为：

$$H_v(s) = \frac{V_0(s)}{X_v(s)} = \frac{V_0(s)}{\frac{1}{S}X_a(s)} = SH(s) = \frac{\frac{M}{EC}s^2}{s^2 + \frac{1}{RC}s + \frac{1}{R_iC}} \tag{2.3.51}$$

这是一个标准的二阶高通滤波器，与动圈型地震计的传递函数形式一致，参见式(2.3.37)。于是，我们可以写出闭环反馈地震计的固有自振周期 T_C：

$$T_C = 2\pi\sqrt{R_iC} \tag{2.3.52}$$

它们完全由反馈电路参数决定，与机械摆参数无关。实际情况也是如此，被忽略掉的那项实际影响反馈地震计的高频段。在反馈电路参数典型取值的情况下，式（2.3.49）的分母可近似地分解为两个二次多项式的乘积，传递函数也就可以表达为描述低频段二阶传递函数和描述高频段二阶传递函数之积。对式（2.3.49）进行近似分解，并转换为对地面运动速度的响应，结果为：

$$H_v(s) \approx \frac{M}{EC} \cdot \frac{s^2}{s^2 + \left(\frac{1}{RC} + \frac{\omega_0^2 M}{kEC}\right)s + \frac{1}{R_iC}} \cdot \frac{\frac{kEC}{M}\left(s + \frac{1}{R_LC}\right)}{s^2 + \frac{1}{R_LC}s + \frac{kE}{MR_L}} \tag{2.3.53}$$

式（2.3.53）的右边表示为三项相乘。其中第一项为反馈地震计的灵敏度；第二项为二阶高通滤波器，增益为1；第三项为二阶低通滤波器，增益为1。整个传递函数为一个四阶的带通滤波器。

图2.3.19中积分器的输出是一个准直流慢变信号，该输出信号对地面运动加速度的传递函数经推导可近似写为：

$$H_a(s) \approx \frac{R_iM}{E} \cdot \frac{\frac{1}{R_iC}}{s^2 + \left(\frac{1}{RC} + \frac{\omega_0^2 M}{KEC_1}\right)s + \frac{1}{R_iC}} \tag{2.3.54}$$

可见这是一个二阶低通滤波器，该式右边第一项为加速度灵敏度。因此，图2.3.19中积分器的输出信号在比反馈地震计闭环自振周期更长的长周期频段，可作为一个地面运动加速度的观测量使用。例如，在STS－1型地震计及JCZ－1性地震计中，其VLP输出信号就是从内部反馈电路积分器输出端引出的。

对于大部分采用位移换能器的力平衡反馈地震计来说，积分器输出端信号受温度等环境因素的影响较大，通常不作为观测量使用。由于该信号的大小与摆锤偏移平衡位置的程度有关，在一般的力平衡反馈地震计中，常用作摆锤零位指示信号，在地震计内部设计有精确的自动水平调整机构，依据摆锤零位指示信号，进行精确调零。

当运行中的力平衡反馈宽频带地震计受到温度、气压、倾斜、内部部件老化等因素的影响，导致积分器的输出电压超出电路的线性工作范围时，则摆锤会持续偏离中心平衡位置，地震计将失去正常观测功能。因此，当发现积分器输出电压比较大时，应考虑启动地震计内部的水平调整功能进行调整。

4. 动圈换能反馈地震计

动圈换能反馈地震计具有结构简单、易于实现的特点，通过引入电子反馈技术，能够将普通短周期动圈型地震计的固有振动周期延长到20s，以便记录远震的面波。

我国“九五”期间，实施了观测系统的数字化改造，应用了很多动圈换能反馈地震计，如北京港震公司生产的FBS－3型地震计等。FBS－3型地震计采用了动圈换能反馈技术，机械摆的固有周期为2s，闭环反馈后频带宽度为0.05～20Hz。

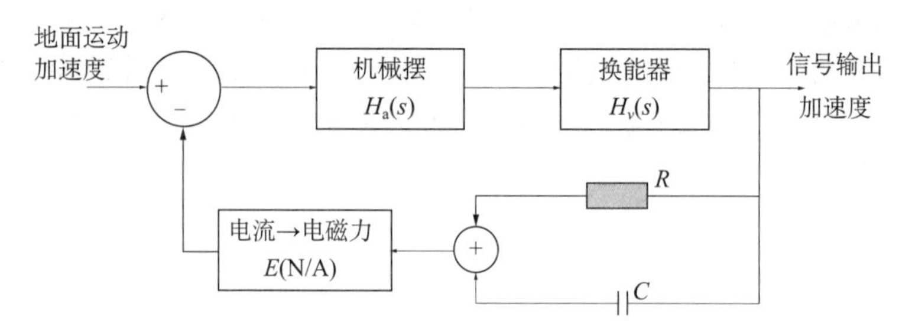

图2.3.20　动圈换能反馈地震计原理框图

图2.3.20示出了动圈换能反馈地震计原理框图。与力平衡反馈加速度计原理框图（图2.3.18）相比，除了换能器不一样，其形式是一样的。根据（2.3.20）式，动圈换能器的传递函数为：

$$H_v(s) = S_{S0}s \tag{2.3.55}$$

因此，动圈换能反馈地震计的传递函数为：

$$H(s) = \frac{H_a(s)H_v(s)}{1 + H_a(s)H_v(s)H_f(s)}$$

将式（2.3.39）、式（2.3.43）和式（2.3.55）代入，得：

$$H(s) = \frac{S_{S0}s}{s^2\left(1 + \dfrac{S_{S0}EC}{M}\right) + s\left(2D\omega_0 + \dfrac{S_{S0}E}{MR}\right) + \omega_0^2} \tag{2.3.56}$$

令 $G = \left(1 + \dfrac{S_{S0}EC}{M}\right)$，则上式改写为：

$$H(s) = \frac{\frac{S_{s0}}{G}s}{s^2 + s\left(\frac{2D\omega_0}{G} + \frac{S_{s0}E}{MRG}\right) + \frac{\omega_0^2}{G}} \tag{2.3.57}$$

式（2.3.57）表示地震计对地面运动加速度的响应。转换为对地面运动速度的响应时，传递函数写为：

$$H_v(s) = \frac{\frac{S_{s0}}{G}s^2}{s^2 + s\left(\frac{2D\omega_0}{G} + \frac{S_{s0}E}{MRG}\right) + \frac{\omega_0^2}{G}} \tag{2.3.58}$$

于是，固有振动周期为 $T_C = \frac{2\pi}{\omega_0}\sqrt{G} = T_0\sqrt{G}$，即反馈后固有自振周期增加了 $\sqrt{G}$ 倍。为了延长固有自振周期 T_C，需要增大 G，最有效的办法就是大幅度提高动圈换能器的灵敏度 S_{s0}，或者在动圈换能器后面插入电子放大单元。

闭环反馈延长固有自振周期以后，需要调整阻尼，可通过调整电阻 R 进行。

第四节　数据采集器

数据采集器将地震计输出的模拟信号转换为数字信号，转换过程包括模拟信号的采样和量化，以及数字信号的采样率变换。采样将模拟信号转换为时间离散信号，量化是对每一个采样的幅值进行测量并用数字编码表示。根据采样定理，为了保证在采样过程中不发生频率混叠现象，对模拟信号往往使用很高的采样率进行采样，以简化去假频滤波器的设计。对于高采样率的采集数据，使用数字滤波器进行滤波抽取，最终得到低采样率的数据。除此之外，地震数据采集器还应具有时间服务功能、数据传输功能等。

一、采样定理

采样是将模拟信号（时间连续信号）离散化的过程，它仅抽取时间连续信号波形某些时刻的样值。采样分为均匀采样和非均匀采样，当采样时刻取均匀等间隔点时为均匀采样，否则为非均匀采样。这里只讨论均匀采样。在均匀采样的情况下，单位时间抽取的样点数称之为采样率。

采样的简单模型见图 2.4.1，它是由一个在既定的时间内周期性地闭合的开关构成，这可以看作为两个输入信号相乘的过程，其输出信号是开关的控制信号与输入信号的乘积。控制信号是一列周期性的脉冲，可以用傅里叶级数表达为：

$$P(t) = \sum_{n=-\infty}^{\infty} \frac{h\,\tau}{\Delta T} \cdot \frac{\sin(\pi n f_s\,\tau)}{\pi n f_s\,\tau} \cdot e^{i2\pi n f_s t} \tag{2.4.1}$$

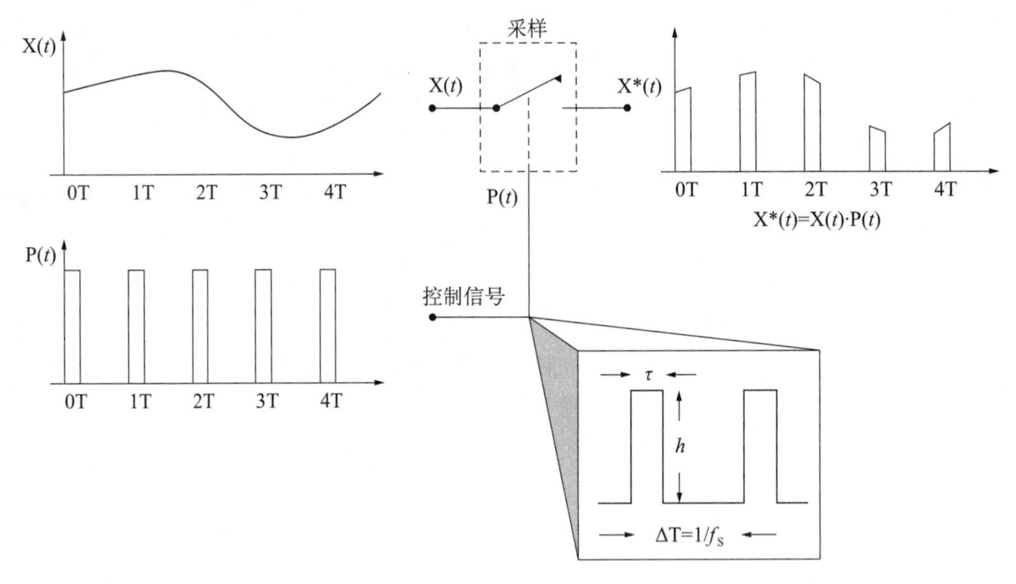

图 2.4.1　模拟信号的采样示意图

令 $A=h\tau$，表示单个脉冲的能量；由于 $\lim\limits_{\tau\to 0}\dfrac{\sin(\pi n f_s\tau)}{\pi n f_s\tau}=1$，于是

$$P(t)=\frac{A}{\Delta T}\sum_{n=-\infty}^{\infty}e^{i2\pi n f_s t} \tag{2.4.2}$$

$$x^*(t)=x(t)\cdot P(t)=x(t)\frac{A}{\Delta T}\sum_{n=-\infty}^{\infty}e^{i2\pi n f_s t} \tag{2.4.3}$$

$x^*(t)$ 的傅立叶变换为：

$$X^*(f)=\frac{A}{\Delta T}\int_{-\infty}^{\infty}\left(x(t)\cdot\sum_{n=-\infty}^{\infty}e^{i2\pi n f_s t}\right)\cdot e^{-i2\pi f t}\mathrm{d}t \tag{2.4.4}$$

即：

$$X^*(f)=\frac{A}{\Delta T}\sum_{n=-\infty}^{\infty}X(f-nf_s) \tag{2.4.5}$$

由此式可以看出，输出信号 $x^*(t)$ 的频谱变成为一个无限数目的频谱系列，在这个频谱系列中，只有0阶（$n=0$）为 $x(t)$ 的频谱 $X(f)$，除此之外为信号 $x(t)$ 的假频。为了说明这个现象，参见图2.4.2，输入信号频谱从22Hz开始下降，25Hz处已经下降至 -80dB，经过每秒50次采样后，输入信号频谱重复出现在50Hz、100Hz、150Hz等处，并在25Hz、

75Hz 等处产生频率混叠。

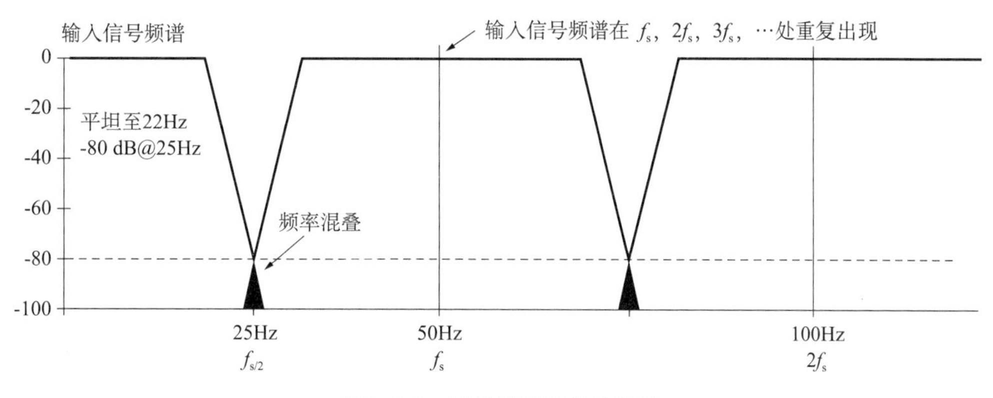

图 2. 4. 2　频谱混叠现象示意图

图 2. 4. 3 给出了频率混叠现象的时域解释，它更清楚地表明了不同频率的信号，经采样后得到同一个序列。也就是说，当出现大于 1/2 采样率的信号时，最终的采样序列中是无法区分出来的。

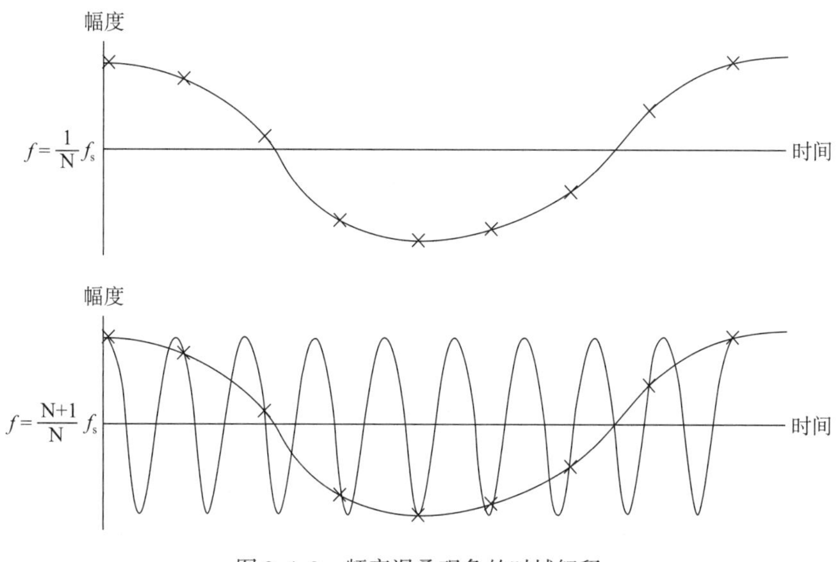

图 2. 4. 3　频率混叠现象的时域解释

采样定理：若连续信号 $x(t)$ 是有限带宽的，其频谱的最高频率为 f_c，对 $x(t)$ 采样时，若采样频率 $f_s \geqslant 2f_c$，那么，可由 $x(nT_s)$ 恢复出 $x(t)$，即 $x(nT_s)$ 保留了 $x(t)$ 的全部信息。

根据采样定理，被采样的模拟信号必须是有限带宽的信号。在地震数据采集中，需使用一个低通滤波器来衰减某个频点以上的信号和噪声，以保证在 1/2 采样率以上的频带中，残留信号的幅值小于量化误差或设计的最小分辨下限。因该低通滤波器的作用是为了防止采样过程中出现频率混叠效应，常称之为去假频滤波器。

二、模拟数字转换器

模拟信号经过采样转换为时间离散信号，再经过模拟数字转换器（ADC）进行量化，并转换为有限字长的数字编码，才能得到数字信号。

因为数字信号仅由有限字长的数字编码组成，用数字编码表示连续值域的信号时必然产生量化误差。图 2.4.4 所示为理想的 3 位 ADC 的量化误差。

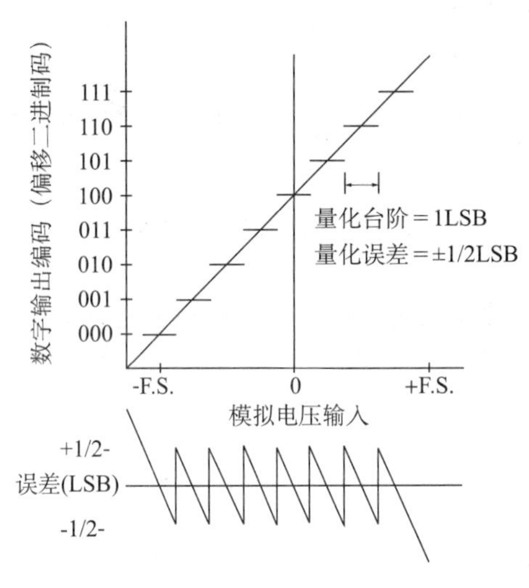

图 2.4.4　3 位模拟数字转换器量化误差

ADC 能够输出的数据位数越多，量化误差越小，分辨力越高。把 ADC 的量化误差看作量化噪声，一个具有 N 个二进制位的理想 ADC，分辨力为 2^{-N}，最大信噪比可达到

$$SNR = 6.02N + 1.76(\mathrm{dB}) \tag{2.4.6}$$

当 ADC 的位数足够多（大于 20 位）时，影响 ADC 分辨力的因素可能不再是量化误差，而是 ADC 的自身噪声。

有许多半导体公司生产模拟数字转换器芯片，用于将模拟信号转换为数字信号。ADC 芯片有很多品种，其工作原理、转换速度、分辨力等技术参数各不相同，以用于不同的用途。在地震数据采集中，主要使用高分辨力、大动态范围的 ADC 芯片。图 2.4.5 为两种常用于地震数据采集器中的 24 位 ADC 芯片在输入正弦信号时转换结果的频谱分析结果，左图为德州仪器公司的 ADS1281，右图为凌云逻辑公司的 CS5371。可见两种芯片的本底噪声处于同一水平，动态范围也基本一致。

早期的地震数据采集器大部分采用 16 位的逐次比较式模数转换器，其概念基于在一个反馈环里将数模转换器与比较器和移位寄存器结合起来，如图 2.4.6 所示。这种模数转换器需要循环 n 次来分辨 n 位的二进制输出码，完成一个采样的量化。每次转换时，该系统首先从最高有效位（MSB）开始，对于每一次循环，比较器都给出一个输出，表示输入信号的幅度比数字模拟转换器 DAC 的输出大还是小，若 DAC 输出大，数位就重新设定。这样从

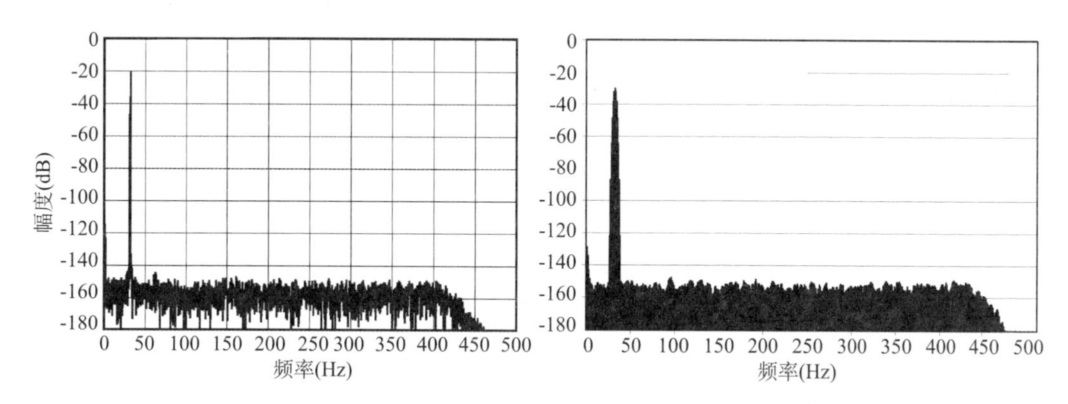

图 2.4.5　24 位模拟数字转换器输入正弦信号时的幅度谱

MSB 开始，然后是次最高有效位，依次类推。经过 n 次循环比较，DAC 的所有数位都已设置，这些数位就是转换结果，至此转换完成。由于每一次模数转换都是独立进行的，于是对于多路模拟输入通道，在配置了采样保持电路和多路切换开关电路时，可以共用一个 ADC 器件。

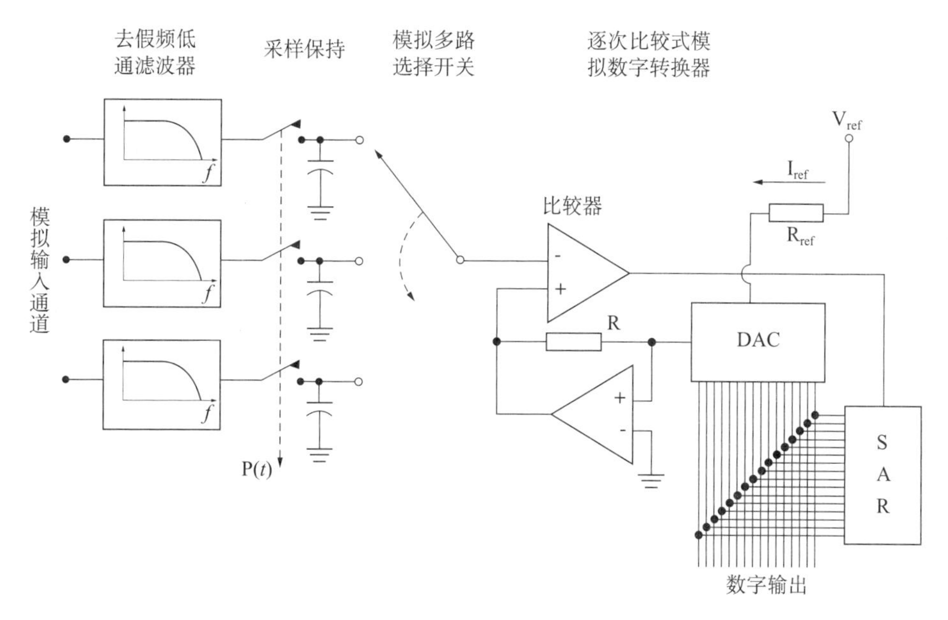

图 2.4.6　逐次比较式模数转换器

图中 Vref 为基准电压，通过基准电阻 Rref 产生基准电流 Iref，SAR 为逐次逼近寄存器

在现代地震数据采集器中，常采用高分辨增量-总和调制器实现模拟数字转换。图 2.4.7 示出了一个简单的一阶增量-总和调制器，其工作原理为：待采样的输入信号与 1 位 DAC 的输出一道进入加法放大器，其差分信号经积分后进入选通比较器，此比较器的输出以高出模拟信号频率很多倍的频率（即实际的采样频率）对差分信号进行采样。这种比较器的输出为 1 位的 DAC 提供数字输出，因而系统的功能就像一个负反馈环路通过对输入

的跟踪将差分信号最小化。代表模拟输出电压的数字信息编码为正负极性的脉冲序列在比较器输出。它可以应用数字滤波器重新得到并行的二进制的数据字。

实际使用的高分辨力的增量-总和调制器是四阶的，可以在较低的采样频率下得到较高的分辨力，如美国德州仪器公司的24位ADC芯片ADS1281、美国凌云罗辑公司的24位ADC芯片CS5371。

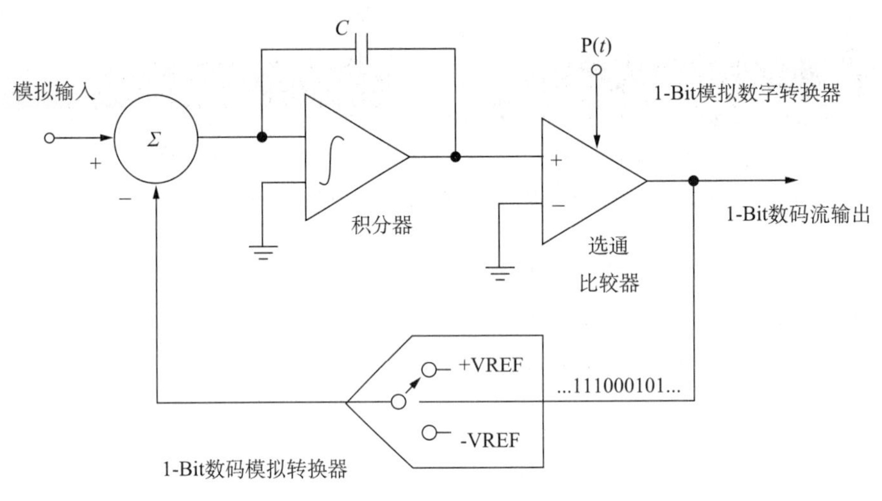

图 2.4.7　一阶增量-总和调制器工作原理示意图

图2.4.8示出了增量-总和调制器输出的1－Bit码的频谱分布，以及所需的数字滤波器的频率特性。增量-总和调制器输出的1－Bit码经过数字滤波器滤波后，得到多Bit码输出，输出采样率也可以大幅度降低。模拟输入信号经过增量-总和调制器后转换为1－Bit码输出，此1－Bit码包含的量化噪声不是在频域均匀分布的，而是集中在高频段，在接近直流的低频段，量化噪声非常小，也就意味着在低频段可以得到很高的模数转换的分辨力。

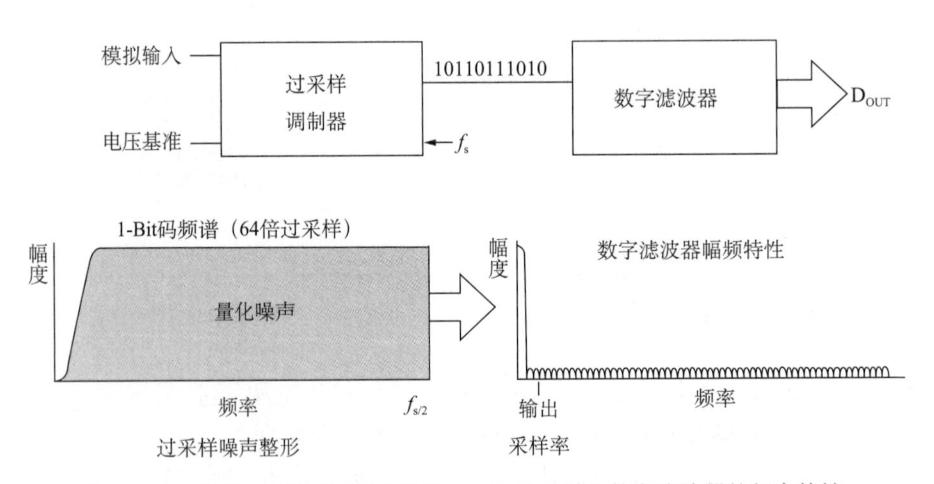

图 2.4.8　增量-总和调制器输出的1－Bit码频谱和数字滤波器的频率特性

使用增量-总和调制器完成模拟数字转换，需要仔细设计数字低通滤波器。实际的增量-

总和模数转换器芯片，往往集成了配套的数字滤波器部分或提供配套的数字滤波器芯片，如凌云逻辑公司的 CS5321 和 CS5371 是四阶的增量-总和调制器芯片，配套的数字滤波器芯片为 CS5322 和 CS5376，这些芯片常用于当代的地震数据采集器中。

三、数字滤波与输出采样率

采样定理也适用于数字信号的二次采样（抽样），以便从一个高采样率数字信号抽样出一个新的低采样率数字信号。使用数字信号抽样技术进行采样率变换，在现代信号采集中广泛使用。

根据采样定理，应保证抽取前输入数据流的频谱不超出输出采样率的 1/2。因此应在抽取时对输入数据流进行滤波，使输入数据流的频谱分布范围满足抽取的要求。现代地震数据采集器多采用 24 位 ADC，在 ±10V 量程的情况下，分辨力可达到 1.2μV。假设使用七阶巴特沃思低通滤波器设计高频截止频率为 40Hz 的去假频滤波器，需要 10 倍频程才能衰减 140dB，即在 400Hz 处低通滤波器的衰减量才能与 24 位 ADC 的量化误差相匹配。这种情况下，采样率的合理选择是 800sps（sps 即每秒采样点数）。使用数字抽取技术，应用数字滤波器进行去假频滤波，能够实现以 100sps 的低采样率数字信号来表示高频上限为 40Hz 的模拟信号，采样率只是使用模拟滤波器时的 1/8，大大减少了数字信号的数据量。因此，数字抽样技术成为现代地震数据采集的核心技术之一。

作为示例，图 2.4.9 给出了一个用于 2:1 抽取的 FIR 数字滤波器幅频特性，该滤波器的通带为 0 ~ 40Hz，阻带为 50 ~ 100Hz，阻带衰减为 150dB。使用该滤波器对采样率为 200sps 的数字信号进行滤波，滤波后的数字信号可以每隔一个采样点保留一个采样点，从而得到采样率为 100sps 的数字信号。该滤波器可用于 24 位数据采集器实现 2:1 的采样率变换。

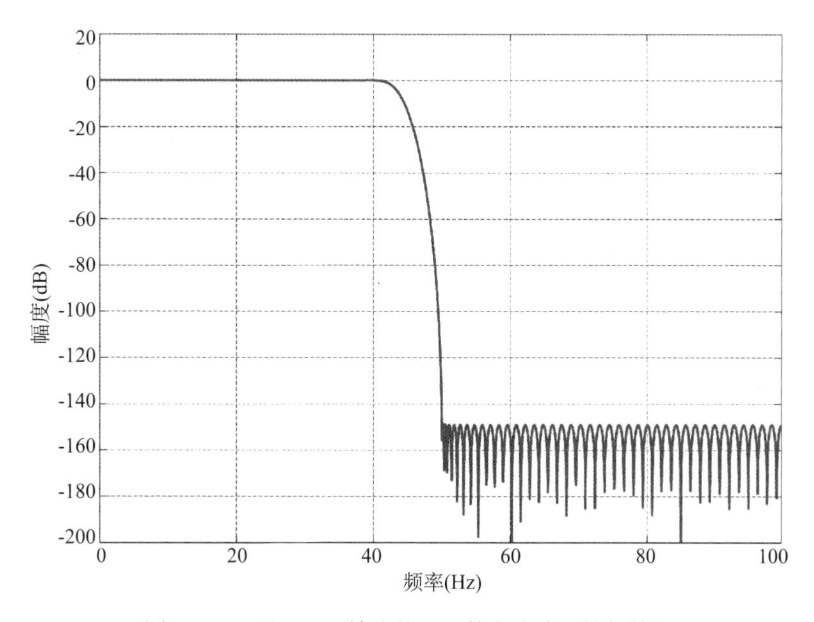

图 2.4.9　用于 2:1 抽取的 FIR 数字滤波器幅频特性

在 EDAS－24GN 数据采集器中，为了得到多种采样率输出的数字信号，采样了较为复杂的多级滤波与抽取运算，如图 2.4.10 所示，输入数字信号的采样率为 2000sps，通过数字滤波与抽取，产生了 7 种采样率的数字信号，这些采样率的数字信号可同时输出。

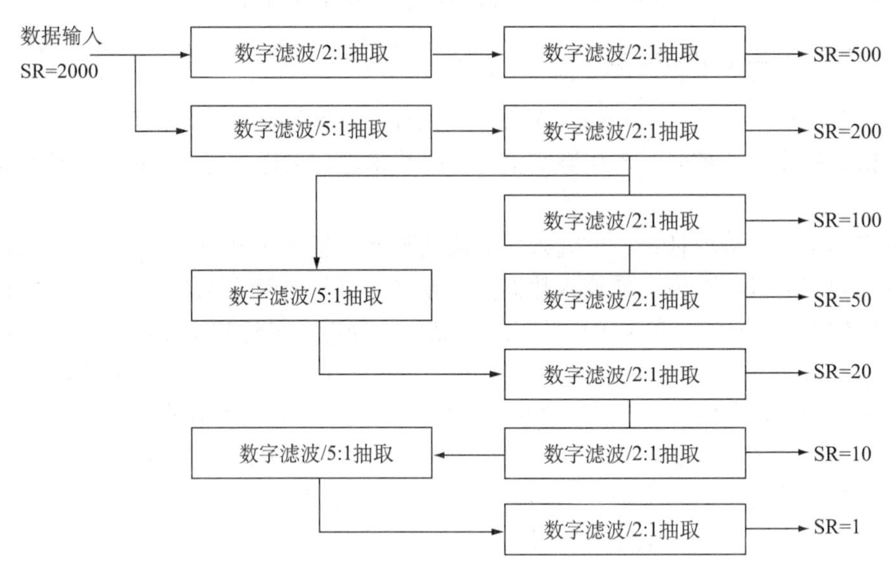

图 2.4.10　EDAS－24GN 数据采集器中的数字滤波运算

在地震数据采集器中，一般使用 FIR 型的数字滤波器。FIR 型数字滤波器可以设计成线性相位特性，也可以设计成最小相位特性，具有线性相位特性的数字滤波器对不同频率的信号具有相同时间延迟；最小相位 FIR 数字滤波器则具有最小的滤波器时延。具有与图 2.4.9 所示幅频特性相同的 FIR 数字滤波器，分别按照最小相位和线性相位实现，其单位冲击响应和相位特性曲线见图 2.4.11。两种相位特性 FIR 滤波器的传递函数零点分布是不同的：对于阻带，两者的零点分布相同，均位于单位圆上；对于通带，线性相位 FIR 滤波器的零点一半分布在单位圆内，另一半分布在单位圆外，关于圆周对称分布的两个零点，其相角相同，模互为倒数；而最小相位 FIR 数字滤波器在单位圆外无零点，单位圆内均为双重零点，且与线性相位 FIR 滤波器在单位圆内的零点分布相同。参见图 2.4.12。线性相位 FIR 数字滤波器的单位冲击响应波形的左半边与右半边是对称的，当输入数据中含有类似尖峰的波形时，如近震地震波初始震相，线性相位滤波器将会在初动半波之前产生较小的扰动波，容易造成初动震相极性的识别错误。而最小相位特性 FIR 数字滤波器则不会产生这种现象。因此，大多数地震数据采集器同时提供了两种相位特性的数字滤波器，供使用时选择。

数字滤波运算不可避免带来附加延时，单级 FIR 数字滤波器时延的大小与滤波器系数长度及滤波器相位特性有关，如线性相位 FIR 数字滤波器的理论时延为滤波器系数长度的一半（以采样周期为单位）。因此，FIR 数字滤波器输出样点的采样时刻需要进行延时修正，这种修正在数据采集器内部完成，以保证输出数据流中的时间编码正确地标示采样点的采样时刻。

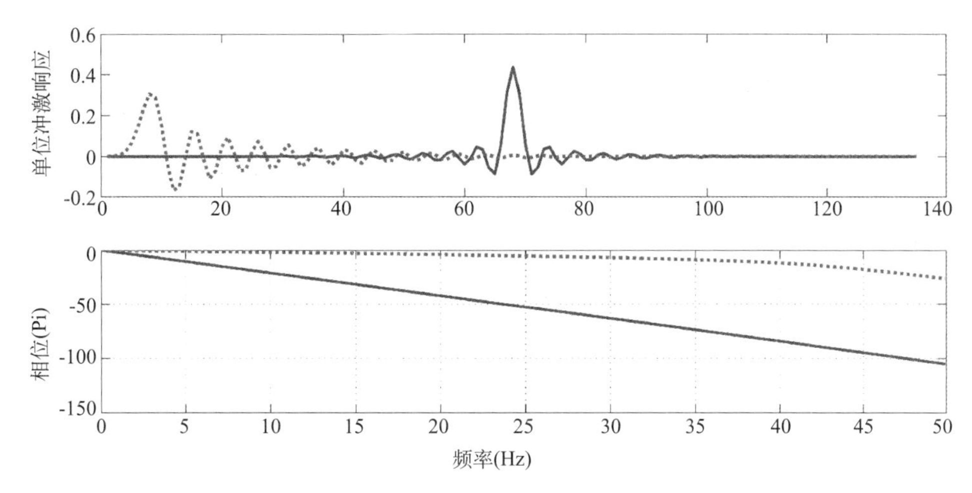

图 2.4.11　线性相位和最小相位 FIR 滤波器的冲击响应和相移

实线表示线性相位 FIR 滤波器，虚线表示最小相位 FIR 滤波器

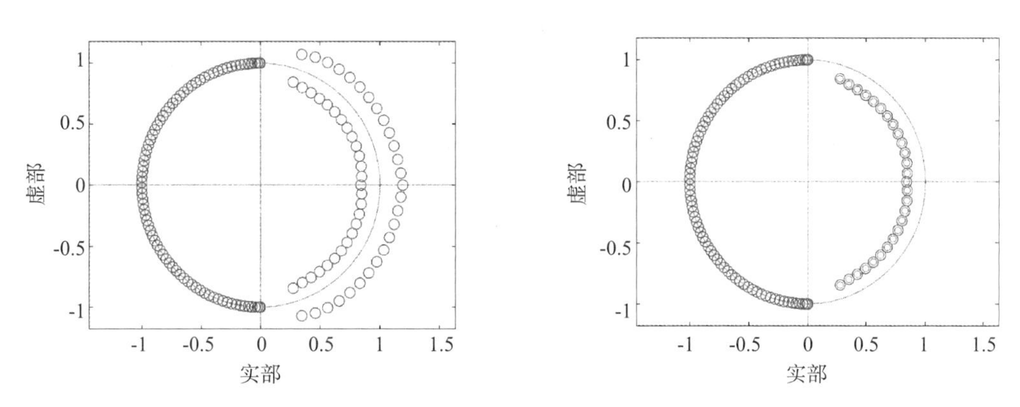

图 2.4.12　线性相位（左）和最小相位（右）FIR 滤波器的零点分布

四、采样率变换

采样率变换是指对数字信号进行抽取或内插，抽取操作用于降低采样率，内插操作用于升高采样率。一般情况下，采样率变换按照整数倍数进行。若采样率变换系数为分数，可通过先内插再抽取的方法实现。

降低采样率时，由于抽取后的采样率低于抽取前的采样率，需要在抽取前进行数字去假频滤波，因此，降低采样率将损失一部分频谱成分，损失的频谱部分主要是频率大于 1/2 输出采样率的部分，在略小于 1/2 输出采样率的频带，由于数字滤波器幅频特性处于通带到阻带的过渡区，也有一部分信号损失，图 2.4.9 中的 40 ~ 50Hz 即为数字滤波器的过度带。

降低采样率不仅用在数据采集器内部，也用于一般的数据分析或数据处理中，特别是应用地震波观测资料研究地球自由振荡等长周期信号时，往往需要对数小时甚至数天的数据进行频谱分析，将采样率由 100sps 降低至 1sps 或更低，可大幅度降低数据量，提高数据处理的效率。

在两个数据点之间插入一个或多个新的数据点，称为内插。内插将升高采样率，是抽取的逆过程，但是不能再生抽取过程中滤除的信息。

内插也可看成是采样波形重建过程。在绘制地震波形图时，将两个采样点用线条连接起来的操作事实上就是重建两个采样点之间波形的过程。内插方法有线性内插、多项式内插、数字滤波器内插等。一般在绘制波形图时将两个采样点用直线连接起来就是线性内插过程。对于等间隔均匀采样数字信号，数字滤波器内插是非常有效的方法。数字滤波器内插的运算流程参见图 2.4.13，图中 1:N 内插是指在两个相邻的样点之间插入 $N-1$ 个 0。

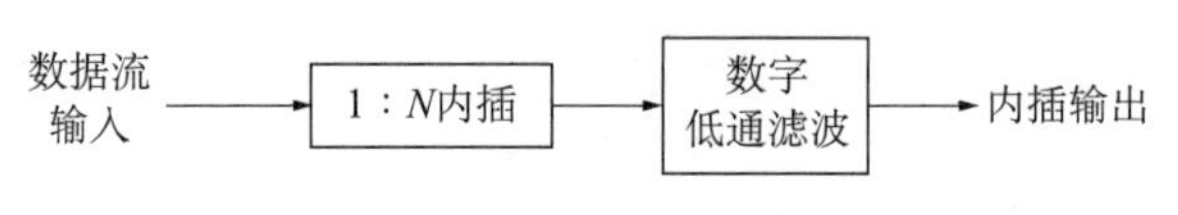

图 2.4.13　数据内插计算流程

一个数字序列经过内插 0 值，其频谱分布将发生变化，如图 2.4.14 所示，其中（a）表示原始数字信号的频谱分布，采样率为 fs；（b）表示两个数据点之间插入一个 0 后的频谱分布，插 0 后采样率为 2fs，在 fs/2 至 fs 频段内出现了原信号频谱的镜像；（c）表示两个数据点之间插入两个 0 后的频谱分布，插 0 后采样率为 3fs，在 fs/2 至 fs 频段内出现了原信号频谱的镜像，在 fs 至 3fs/2 频段内也出现了与原信号频谱分布一样的假频。由于插入 0 值并没有改变数字信号的能量，故原频谱的幅值变小。因此，只需要使用数字滤波器滤除因插入 0 值而出现的假频频谱成分，只保留 0 至 fs/2 之间的频谱成分即可完成内插，升高采样率。由于滤波后数字信号的幅度变小，因此，应将 N 作为增益校正因子对信号幅度进行校正。

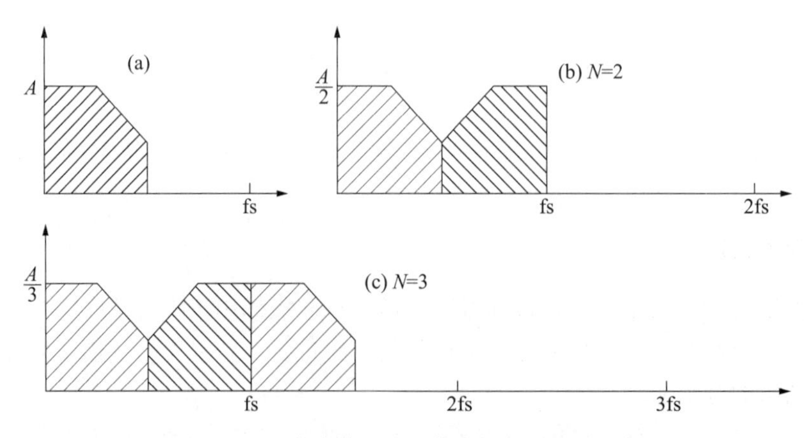

图 2.4.14　数字信号用 0 值内插后的频谱分布

作为数字滤波器内插示例，使用 100sps 的采样率对频率为 10Hz、25Hz 和 40Hz 正弦信号的线性组合进行采样，被采样的模拟信号由以下公式计算：

$$y = 5\sin(20\pi t) + 4\sin(50\pi t) + 3\sin(80\pi t) \tag{2.4.7}$$

采样得到的数字信号波形参见图 2.4.15，采样点由符号“+”标记，图 2.4.15 中下方的波形为采样数字信号经 1:4 内插后得到的，内插后采样率为 400sps，计算得到的采样点使用符号“·”标记。用于内插滤波的滤波器为线性相位 FIR 滤波器，通带为 DC ~ 40Hz，阻带为 50Hz ~ 200Hz，阻带衰减大于 100dB。

对 40Hz 正弦波来说，使用 100sps 的采样率进行采样，每个周期不足 3 个样点，在图 2.4.15 中可见，当采样点正好位于 40Hz 正弦波的过零点附近时，该局部 40Hz 正弦波的震荡幅度将表现的很小。经过滤波器内插后，内插采样点的值仍然能够计算出来。

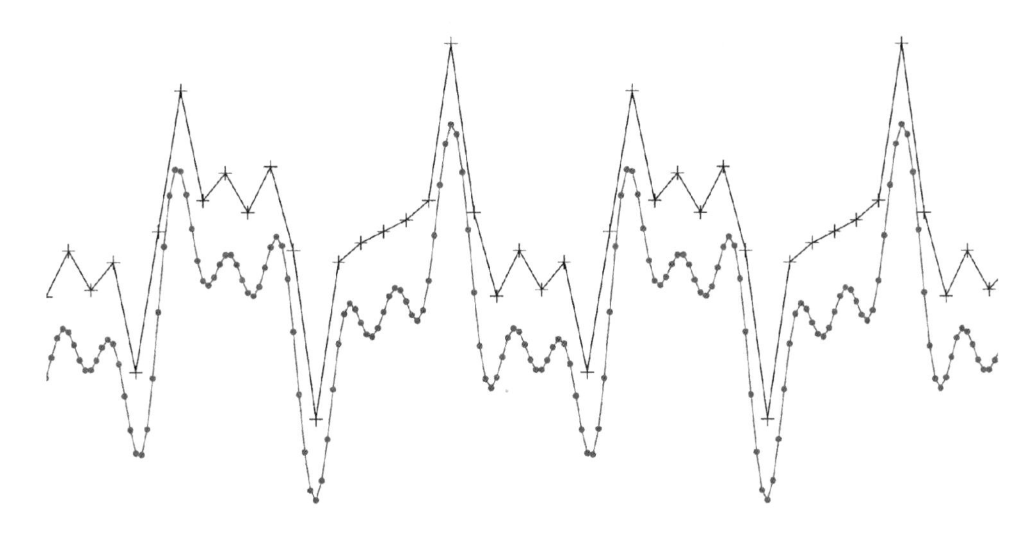

图 2.4.15　正弦模型数据采样信号的数字滤波器内插示例

输入数字信号采样率为 100sps（上），内插后采样率为 400sps（下）

五、数据采集器基本构成

1. 地震数据采集器基本构成

地震数据采集器的主要功能就是将地震计输出的模拟信号放大、滤波，转换为数字信号。图 2.4.16 示出了地震数据采集器的典型功能结构框图，包括输入放大器、低通滤波器、模拟数字转换器、GPS 授时系统、标定信号发生器、数据存贮器、通讯接口、中央处理器（CPU）等功能部分。

输入放大器用于将地震计输出的模拟信号幅度调理（放大）到适合于 ADC 的输入范围，即用于匹配地震计的测量范围和 ADC 的测量范围。

低通滤波器作为去假频滤波器，用于保证模拟信号在采样前是限带信号，以满足采样定理的要求。在使用 Delta-Sigma ADC 芯片的数据采集器里，低通滤波器可以简化为 ADC 芯片模拟输入端的一阶 RC 无源滤波器。

模拟数字转换器（ADC）用于将模拟信号转换为数字信号。目前的主流产品则全部采用了 24 位 ADC。ADC 的性能指标对于地震数据采集来说至关重要，它决定了数据采集器的关键技术指标，也决定了采集数据的质量。

所有地震数据采集的一个重要技术特征是对采集数据标识采样时刻，因此，地震数据采

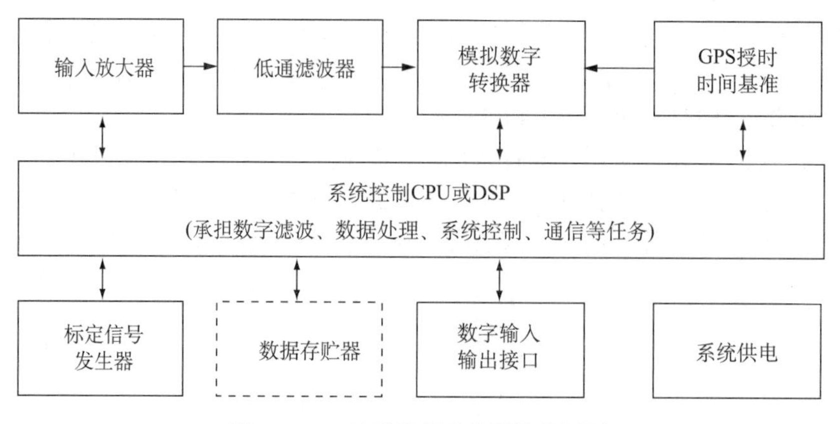

图 2.4.16　地震数据采集器结构框图

集器内部应具有时间基准，并与外界时钟同步。GPS 接收机或北斗终端设备，能够提供稳定的高精度的授时信号，以及地理位置信息，是地震数据采集器不可缺少的组成部分。

所有地震数据采集器配置有通讯接口，用于传输采集的数据，以及控制命令等。早期的数据采集器常采用 RS－232 或 RS－232 兼容串行接口来传送数据，而目前由于网络技术的快速发展，越来越多的采集设备集成了网络通讯接口，以便地震数据采集器能够直接接入计算机网络系统。

数据存贮器指用来存贮采集数据的大容量存贮设备，可以是磁盘、磁带数据记录设备、各种闪存卡等。对于采用实时数据传输的观测台站来说，本地数据存储功能不是必需的，可以不配置数据存贮器。数据采集器记录采集数据时有两种工作方式，一种是连续记录，也就是将采集数据连续不断地记录到存贮器中；另一种是事件触发记录，也就是只记录可能是地震波的那部分数据。地震数据采集器利用事件检测算法来识别地震事件。

配置数据存贮器的地震数据采集器更适合无需实时传输数据的场合使用，如流动观测。近年来，随着地震观测台站的密度的增加，以及网络技术的广泛应用，一个台站可能在某个指定的时间段工作在实时数据传输状态，而在其他时段工作在本地记录方式并暂停实时数据传输，这种情况也需要配置大容量的数据存贮器。

尽管标定信号发生器与数据采集过程无关，但几乎所有的地震数据采集器内置了标定信号发生器。通过设置参数，能够输出正弦波、方波脉冲、伪随机二进制信号等波形，这些信号被送到地震计，用于检验地震计的参数是否发生变化。

中央处理器（CPU）是数据采集器的核心控制部件，用于控制采集过程、数据处理、管理数据传输等。对于支持网络接入功能的数据采集器，往往在 CPU 上运行嵌入式操作系统，以支持文件系统和网络协议，以及面向多用户同时提供实时数据传输服务。

2. 地震数据采集器的时间服务

地震数据采集需要计时时钟来标识数据的采样时刻。现代的地震数据采集器都配置了内部的计时时钟，内置北斗授时终端（GPS 授时接收机），或具有标准授时信号输入接口并配置其他标准时间设备用来提供标准时间信号，以便随时修订数据采集器内部的计时误差。数据采集器计时时钟一般采用协调世界时（UTC）。

数据采集器内部时钟与外界的标准时钟信号同步的方法取决于设计的目标。一般情况下，数据采集设备的内部计时时钟运行连续可靠，与标准时间相比会产生漂移误差，而用于提供标准时间信号的设备，如 GPS 接收机，容易受到天气、卫星信号起伏、各种外界电磁干扰等因素的影响，使得输出信号短时间内中断。通常地震数据采集设备只依靠内部时钟工作，在外部时间标准信号有效的情况下，不断地将内部时钟与外部的标准时间信号对比，并修订内部计时时钟。即数据采集器使用内部时钟守时，依靠标准时间接收设备进行授时，以保证内部时钟的绝对时间偏差不大于规定值。

3. 地震数据采集器的主要功能

（1）数据采集。这是地震数据采集器的基本功能。一般地震数据采集器具有 3 个采集通道或 6 个采集通道，可连接一个或两个三分向地震计。

（2）数字滤波。用于采样率变换过程作去假频滤波。一般配置线性相位数字滤波器和最小相位数字滤波器，使用时可选择。

（3）实时数据传输。具有按照规定的数据格式和协议传输实时数据的功能，反馈重传功能，用于实现无差错数据传输。

（4）数据记录与回放。能够存储连续观测数据和事件数据，并具有数据回放的功能和数据存储空间自动维护功能。

（5）数据压缩。对采集数据进行压缩，用于数据记录和实时数据传输。

（6）事件触发与参数计算，即事件触发、预警参数计算和仪器烈度计算功能。

（7）网络接入。具有网络参数配置功能，包括 IP 地址、网关等参数。

（8）标定信号输出。能够输出脉冲标定信号、正弦波组标定信号，标定信号的参数可设置，具有定时启动标定信号输出的功能。

（9）卫星授时及时间同步。具有北斗授时功能和 GPS 授时功能，可同时具有 NTP 授时功能。

（10）地震计监控。能够向宽频带地震计输出锁摆、开锁、调零、标定允许等控制信号，能够连续监测摆锤零位。

（11）运行日志记录。

（12）远程管理。

4. 地震数据采集器的主要技术参数

（1）输入量程与量化因子。

数据采集器输入量程指模拟信号输入端的电压测量范围。数据采集器一般提供几个不同的输入量程，以便与不同型号的地震计配接。使用时，可根据地震计的灵敏度和台基噪声合理选择数据采集器的量程。

地震数据采集器一般不将 ADC 输出的数字数转换为电压量或其他物理量，而是将 ADC 输出的数字数直接记录或传输。数据采集器内部的数字滤波运算也并没为 ADC 的输出数据赋予某个物理量单位。为了表达方便，常将 ADC 输出的数字数的“单位”称之为 count，用 count 代表最小的数字数“1”。

数据采集器的量化因子是一个常量，用于将数字数转换为电压量。数据采集器的每一个量程均对应一个量化因子。例如：一个 24 位数据采集器，数字数编码范围为 $-8388608 \sim 8388607$，若工作在 ± 10V 量程，则量化因子为 1.192μV/count。

（2）采样率与频带宽度。

数据采集器一般提供多种输出采样率供使用时选择。有的数据采集器还能够同时提供不同采样率的实时数据流传输给不同的用户使用。

数据采集器的频带宽度与采样率相关，为了得到最大的数据编码效率，数据采集器的频带上限取为采样率的0.4倍，非常接近1/2采样率。

（3）动态范围与分辨力。

数据采集器的动态范围指数据采集器的一个指定量程可采集的最大信号幅值与最小可分辨信号幅值之比，常用dB表示。由于最小可分辨信号受到噪声的限制，在测量动态范围指标时，常用满量程与该量程下零输入信号噪声有效值之比来计算。

分辨力指数据采集器分辨小信号的能力。影响分辨力的因素是ADC的字长和系统噪声。

（4）线性度误差和总谐波失真度。

线性度误差和总谐波失真度都是用于描述数据采集器的非线性特性的，基于不同的测试方法定义。

线性度误差定义为校准曲线与规定直线之间的最大偏差。理想情况下，数据采集器输出数据的值与输入电压成线性关系，而实际上数据采集器的输入——输出关系不是严格的线性关系，数据采集器的线性度误差就是描述输入——输出关系偏离线性关系的程度的一个技术参数。

由于数据采集器的输入——输出关系存在非线性，当输入信号为一个正弦信号时，其采集数据中的正弦信号将出现畸变（波形失真），这种畸变称之为谐波失真，即输出数据的傅里叶谱中除了输入信号的频谱分量外，还出现了该信号的各个高次谐波。数据采集器的总谐波失真定义为理想正弦信号输入时，数据采集器输出数据的谐波含量的有效值与该输出数据的有效值之比。

（5）输入电阻。

数据采集器的输入电阻指数据采集器输入放大器的输入端等效电阻。当数据采集器与地震计连接时，数据采集器的输入电阻与地震计的输出电阻构成了一个分压网络，将对地震计的输出信号进行衰减，从而使得采集数据的值偏小。数据采集器的输入电阻越大，这种信号衰减效应越小。当数据采集器配接宽频带反馈地震计时，由于宽频带反馈地震计输出电阻极小，前述信号衰减效应可以忽略。

（6）共模抑制比。

数据采集器的模拟信号输入端通常采用平衡差分方式，具有正、负两个输入端。将一个电压信号同时加在正、负输入端上，该电压信号即为共模信号。同一根信号电缆内的两根信号线感应的干扰信号即表现为共模信号。共模抑制比指输入共模信号与输出数据中的共模信号之比。共模抑制比越大，抗共模干扰的能力越强。

（7）时钟漂移率和时间同步误差。

数据采集器的时钟漂移率描述数据采集器内部时钟的守时能力，定义为单位时间内产生的钟差。时间同步误差描述数据采集器内部时钟与标准时间信号的同步时的时间偏差，时间同步误差越小，说明授时精度越高。

第五节　地震仪的频带与输出特性

观测频带、观测量及测量范围是地震仪的主要技术参数。为不同的观测目的制造的地震仪，其主要技术参数也不同。在模拟地震观测年代，地震仪的观测频带通常与滚筒记录仪的走纸速度相关，短周期地震仪用于观测近震，走纸速度较快，而中长周期地震仪用于观测远震，走纸速度较慢。数字地震观测技术则以数字信号理论和计算机化的强大数据分析处理能力为基础，要求数字地震仪向着宽频带、大动态、低失真的方向发展。由于基于数字信号处理理论的积分、微分运算相比于模拟信号处理电路具有稳定、可靠、不损失信号精度的特点，因此，数字地震仪的设计中不再考虑观测量的转换，输出信号的观测量主要取决于力平衡反馈电路的设计。力平衡反馈技术可实现的观测量为速度量或加速度量。

对数字地震仪观测频带、观测量及测量范围等主要技术指标的认识，将有助于我们在实际工作中，依据观测目标和观测环境，对地震仪做出合理的选型。

一、观测频带

为不同的观测目的制造的地震仪，其观测频带也不同。例如：短周期地震仪主要用于观测地方震及近震；中长周期地震仪主要用于观测远震，适合记录地震面波。根据地震仪的观测频带，将地震仪划分为以下几种类型：

（1）短周期地震仪。

短周期地震仪工作频带的低频端在0.5～1Hz内，高频端在20Hz或20Hz以上。根据地球噪声模型，短周期地震仪的低频端刚好位于地球背景噪声随频率降低而升高的转折点附近，短周期地震仪的工作频带处于地球背景噪声水平较低的频率区间，有利于改善观测信噪比，提高地方微震监测的能力。短周期模拟地震仪采用模拟记录时，其放大倍数可达几万倍，甚至几十万倍。

（2）中长周期地震仪。

中长周期地震仪的固有周期一般在12～20s范围内，通常选择15s。中长周期地震仪主要用于记录远震和中强震。由于观测频带内地球背景噪声较高，采用模拟记录的中长周期地震仪，其放大倍数一般只有数千倍。

（3）长周期地震仪。

长周期地震仪指固有周期大于90s，用来记录全球范围地震的各种长周期地震波的地震仪。

（4）宽频带地震仪。

宽频带地震仪指工作频带的低频端在0.01～0.05Hz内，高频端在20Hz或20Hz以上的地震仪。

（5）甚宽频带地震仪。

甚宽频带地震仪指工作频带的低频端在0.003～0.01Hz内，高频端在20Hz或20Hz以上的地震仪。常见的甚宽频带地震仪是工作频带低频端为0.0083Hz（周期120s），采用位移换能反馈的地震仪。

（6）超宽频带地震仪。

超宽频带地震仪指工作频带的低频端小于0.003Hz，高频端在20Hz或20Hz以上的地震仪。超宽频带地震仪的观测频带几乎覆盖了天然地震的频谱分布范围，多安装于观测条件较好的国家级数字地震台站，用于记录全球范围内的中、强地震地震波。

现代的宽频带地震仪、甚宽频带地震仪和超宽频带地震仪使用数字化记录，可使用数字滤波器的观测数据进行分频带滤波，仍然能够高质量获得短周期数据，因此，对于地方震和近震观测，采用数字化记录的宽频带地震仪仍然能够获得理想的微震监测能力。

数字地震仪的观测频带决定于地震计和数据采集器。数据采集器的采样率限制了观测频带的高频端。由于大部分用于地震观测的数据采集器的采样率是可设置的，因此，观测频断高频端的限制不是技术上的，主要取决于应用需求。观测频带的低频端主要决定于地震计。与前述地震仪一样，地震计也按照其观测频带分为短周期地震计、宽频带地震计、甚宽频带地震计和超宽频带地震计。一般来说，地震计的频带越宽（指低频端截止频率越低），价格越高，对观测环境的要求也越高，特别是具有低噪声、低漂移技术特征的甚宽频带地震计和超宽频带地震计。

根据地震计的幅频特性曲线，可对比不同地震计的观测频带。图2.5.1给出了STS－1、STS－2、CTS－1和BBVS－60四种力平衡反馈地震计的幅频特性曲线，这四种力平衡式拾震器的观测量为地面振动速度，输出信号为电压量，标称－3分贝观测频带分别为360s～5Hz、120s～50Hz、120s～50Hz、60s～40Hz。作为对比，图2.5.1中还绘出了DD－1型地震仪和基式地震仪的幅频特性曲线，这两种地震仪记录的是地面振动位移，对应的放大倍数分别为30000倍和3000倍。DD－1型地震仪的记录频带为1s～20Hz，基式地震仪的记录频带为12.5s～20Hz。

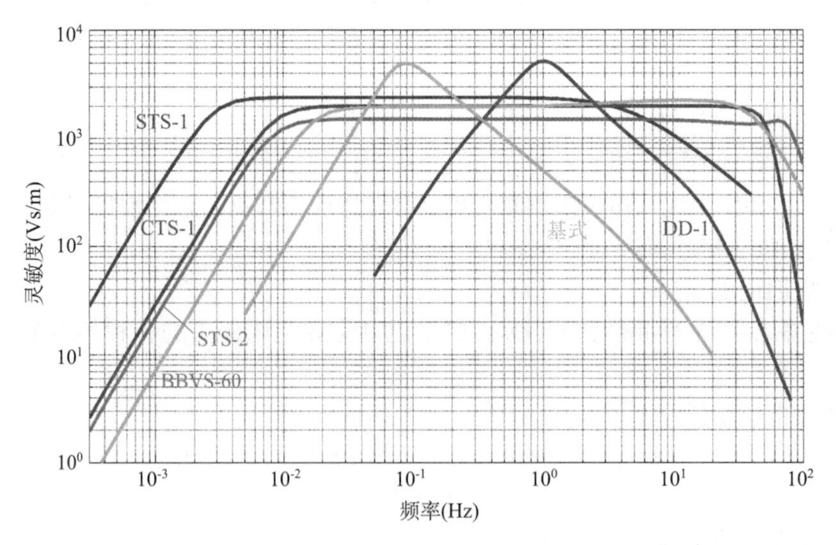

图2.5.1　部分地震计（地震仪）的幅频特性曲线

二、输出特性

地震仪的观测量可以是地面振动位移，也可以是地面振动速度或加速度。例如，早期的模拟地震仪大多记录地面振动位移，即记录的地震波振幅比例于地面振动位移；目前主流的各种型号宽频带反馈地震计，输出电压比例于地面振动速度；用于强震观测的力平衡加速度计，输出电压比例于地面振动加速度。

根据第六章图6.1.2所示的地震波频谱分布，当进行宽频带观测时，若观测量为地面振动加速度，由于长周期地震波的加速度幅值很小，受到地震计及数据采集器动态范围的限制，难以兼顾长周期地震波的观测；若观测量选为地面振动速度，可以很好地兼顾高频地震波和长周期地震波的观测。现代测震观测系统中，未采用宽频带位移观测，其原因是没有宽频带大动态的输出信号比例于地面振动位移的地震计。

（1）模拟地震仪。

大部分模拟地震仪记录地面振动位移。记录地面振动位移的一个特点是记录的地震图直接反映了地面质点的振动轨迹（三分向地震仪）。机械放大地震仪、DD-1型地震仪和基式地震仪是记录地面振动位移的典型地震仪。机械放大地震仪记录地面振动位移是显而易见的，而DD-1型地震仪和基式地震仪则是使用具有积分特性的记录器将比例于地面振动速度的信号进行积分而得到位移信号。

DD-1型地震仪由DS-1型地震计和DJ-1型记录器构成，DS-1型地震计采用动圈换能器，机械自振周期1s，阻尼系数0.5，地震计输出电压与地面振动速度成正比。DJ-1型记录器包括电子放大器、记录笔和记录滚筒，其中放大器具有积分放大特性，故记录波形图的振幅比例于地面振动位移。

基式地震仪为中长周期地震仪，由动圈换能地震计和电流计放大记录器构成，地震计的自振周期一般调整为12.5s，阻尼系数0.45，电流计的自振周期为1.2s，阻尼系数为5.0。我们知道，动圈换能地震计的频率特性是一个二阶高通滤波器，电流计的偏转角对输入电流的响应相当于一个二阶低通滤波器，由于电流计的阻尼系数很大，在其自振周期为中心相对较宽的频带内，其偏转幅度对输入电流的放大作用与频率成反比，呈现出积分放大特性，在地震计动圈换能器与电流计耦合系数较小时，配置电流计记录器的基式地震仪观测量为地面振动位移。

（2）动圈换能地震计。

根据电磁感应原理，动圈换能地震计的输出电压比例于摆锤相对于框架的运动速度，即比例于地面振动速度。

（3）宽频带反馈地震计。

现代的宽频带地震计，包括甚宽频带和超宽频带地震计，采用了力平衡反馈技术，即作用于摆锤上的反馈力与惯性力平衡，于是，形成反馈力的电信号比例于地面振动加速度。根据反馈控制理论，反馈电路由比例、微分和积分三个信号通道组成，反馈电路输出的电信号将转换为反馈力。当微分通道起主导作用时，反馈地震计的输出信号将比例于地面振动速度。因此，宽频带反馈地震计均设计为以地动速度为观测量。

制造观测量为地动位移的宽频带反馈地震计，需要反馈电路实现二次微分，这将导致反馈环路的不稳定。而在反馈环外实现积分运算，则是可行的。由于数值积分运算准确、稳定，不引入附加噪声，优于模拟积分电路，故没有必要在地震计的输出端附加积分电路，实现位移量观测，也没有厂家制造位移量观测的宽频带反馈地震计。

（4）力平衡加速度计。

力平衡反馈地震计中，反馈电路以比例反馈为主，则输出量比例于地动加速度。常见的力平衡加速度计以监测地方强震为目标，满量程为 2g，动态范围大于 120 分贝，频带范围为 DC 至 80Hz，在 0.01 ~ 80Hz 频带范围内能够满足地震波记录要求（参见图 6.1.2），主要用于强震观测和强震动观测。

三、地震计的测量能力

地震计的测量能力可用频带范围和幅值范围来表示。在地震计的技术指标中，观测频带范围由传递函数描述，测量幅值范围由动态范围、限幅电平、地震计自噪声水平描述。通过图形的方式表示地震计的测量范围比较直观，参见图 2.5.2。图 2.5.2 的纵坐标为加速度功率谱，采用相对于 $1m^2/s^4/Hz$ 的分贝值表示，图中以典型的甚宽频带地震计与 24 位数据采集器相结合为例绘出观测范围覆盖区域，该区域的下边界由仪器系统的噪声决定，上边界由仪器的限幅电平决定，右边界一般由数据采集器的采样率决定，左边界由地震计的自震周期决定。对于自振周期 120s 的甚宽频带地震计，在 120s 以上的长周期频段，地震计的灵敏度与周期的平方成反比，观测下限随周期增加而升高，仅观测小信号的能力下降，故图中的观测区域延长至 120s 以上。作为对比，图中还绘出了 DD－1 型短周期模拟地震仪的观测范围覆盖区域，由于 DD－1 型地震仪的动态范围较小，图中分别绘出了 DD－1 型地震仪工作在高放大倍数和低放大倍数两种状态下的观测范围。

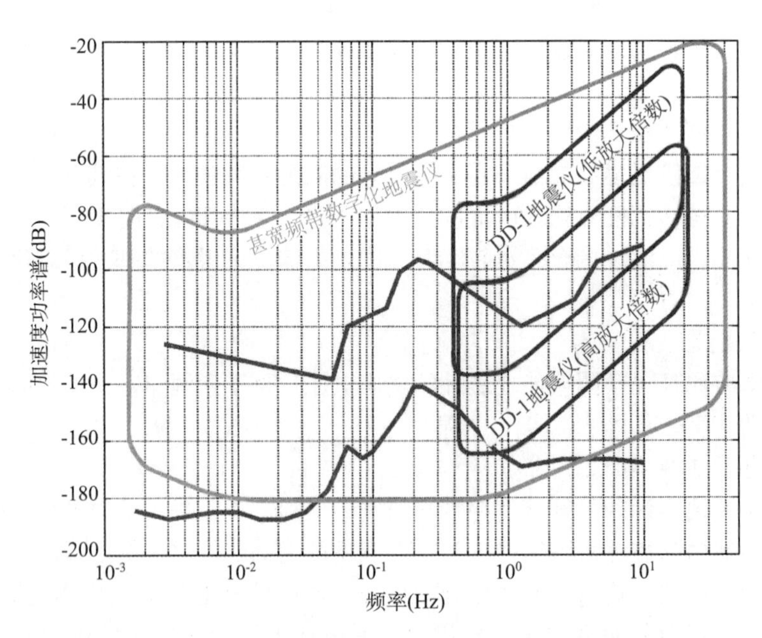

图 2.5.2　地震计（地震仪）频带范围和测量范围示意图

宽频带地震计的测量范围下限受限于地震计噪声水平。通常采用噪声功率谱的方式描述地震计的自噪声，图 2.5.3 给出了部分地震计自噪声功率谱的平均值，作为参考，图中还绘出了地球噪声模型 NLNM 曲线。

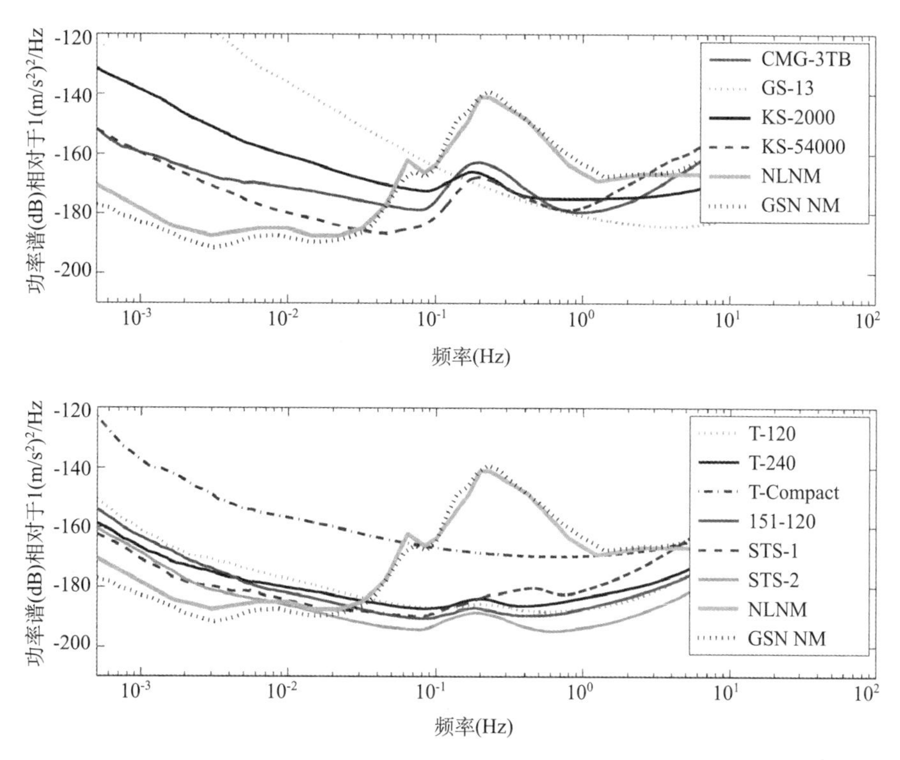

图 2.5.3　地震计自噪声功率谱

四、传递函数校正与数据仿真

地震计的传递函数存在离散性，并偏离标称传递函数（标准传递函数），在保存观测数据时，必须同时保存地震计的型号、产品序号、灵敏度及其传递函数。如果能将各个地震计的传递函数校正到标准传递函数，将会对数据应用带来很大便利。应用基于模拟地震仪观测波形震级公式测定震级时，需要将宽频带速度观测数据仿真成模拟地震仪的观测数据。

记 $x(t)$ 为地震计的输入信号，$X(s)$ 为 $x(t)$ 的拉普拉斯变换，$y(t)$ 为地震计的输出信号，$y_0(t)$ 为具有标准传递函数的地震计或者被仿真地震仪的预期输出信号，$Y(s)$、$Y_0(s)$ 分别为 $y(t)$、$y_0(t)$ 的拉普拉斯变换，$H_1(s)$ 为地震计的传递函数，$H_0(s)$ 为标准传递函数或者是被仿真地震仪的传递函数，有：

$$Y_0(s) = H_0(s)X(s) = H_0(s)Y(s)/H_1(s) \tag{2.5.1}$$

令 $H_S(s) = H_0(s)/H_1(s)$ 为校正传递函数（仿真传递函数），$h_S(t)$ 为其单位冲击响应，则：

$$y_0(t) = h_S(t) * y(t) \tag{2.5.2}$$

对观测数据进行传递函数校正是在数字域中进行的，应在数字域中设计校正传递函数 H_S (z)。

1. 传递函数校正

地震计低频端的传递函数是一个二阶高通滤波器，常用周期 T_0 和阻尼 D_0 两个量来表示。在低于 T_0 的长周期频段，地震计的灵敏度按照每倍频程 12dB 的斜率下降。即使对 $T_0=120\text{s}$ 的甚宽频带地震计，在低于 T_0 的长周期频段仍然能够记录到一定信噪比的有用信号。若地震计的周期和阻尼偏离了标准值，在以 $1/T_0$ 为中心频率的频带将带来较大的频率特性误差。

若地震计的周期和阻尼偏离了标准值，并记为 T_1 和 D_1，则校正传递函数可写为：

$$H_S(s) = \frac{s^2 + 4\pi D_1 s/T_1 + 4\pi^2/T_1^2}{s^2 + 4\pi D_0 s/T_0 + 4\pi^2/T_0^2} \tag{2.5.3}$$

使用双线性变换或冲击响应不变法可将（2.5.3）式所示的校正传递函数转换为数字系统的传递函数 H_S (z)，按照 H_S (z) 编写滤波程序对观测数据流进行滤波即实现了传递函数校正。

2. 仪器响应扣除

在（2.5.3）式中，将标准传递函数的自振周期 T_0 取值为可用频带的低端边界——在低于该频率边界的频段信噪比小于 1，则进行传递函数校正相当于将观测数据仿真成频带足够宽的地震仪的输出数据，使得地震计频率特性的影响可被忽略，相当于扣除了仪器响应。

作为示例，假定地震计的自振周期为 $T_1=120\text{s}$，阻尼 $D_1=0.7$，目标传递函数的参数为 $T_0=1200\text{s}$，阻尼不变，则校正传递函数为：

$$H_S(s) = \frac{s^2 + 0.0733s + 0.00274}{s^2 + 0.00733 + 0.0000274} \tag{2.5.4}$$

为了用软件实现式（2.5.4）所示的校正传递函数，必须将由拉普拉斯变换表示的式（2.5.4）转换为 z 变换表示的传递函数，这种转换通常可采取双线性变换法和冲击响应不变法。以下示例采用冲击响应不变法。设数字信号的采样率取为 100sps，对式（2.5.4）使用冲击响应不变法可得

$$H_S(z) = \frac{1 - 1.999267z^{-1} + 0.99926727z^{-2}}{1 - 1.9999267z^{-1} + 0.999926703z^{-2}} \tag{2.5.5}$$

式（2.5.5）即为用作仪器响应扣除的数字滤波器传递函数，其频率特性参见图 2.5.5，使用（2.5.5）式构建数字滤波器对观测数据进行滤波，得到的数据相当于自振周期为 1200s 的超宽带地震计的观测数据。图 2.5.6 为原自振周期为 120s 地震计低频端频率特性

图，以及经（2.5.5）式所示传递函数校正后的频率特性图，校正后的频率特性为截止周期为1200s的二阶高通滤波器。

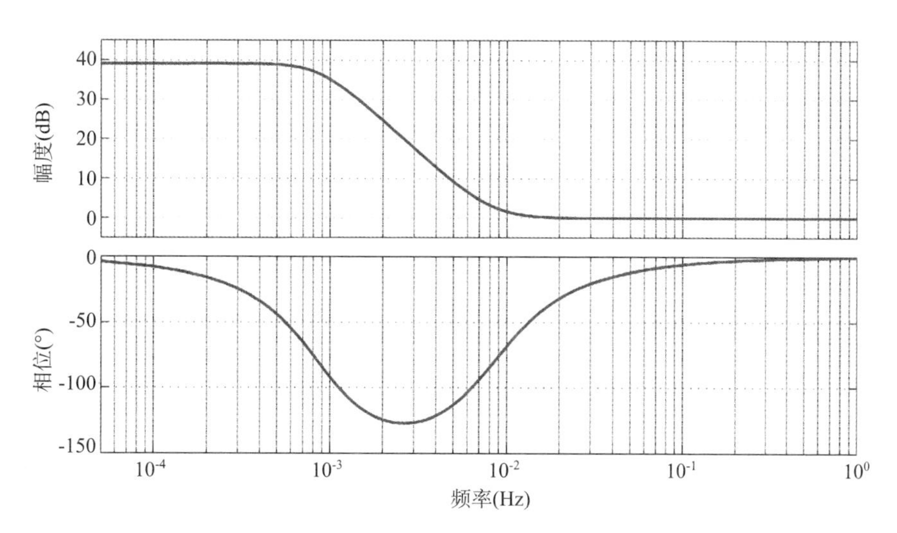

图 2.5.5　用于仪器响应扣除的数字滤波器的频率特性

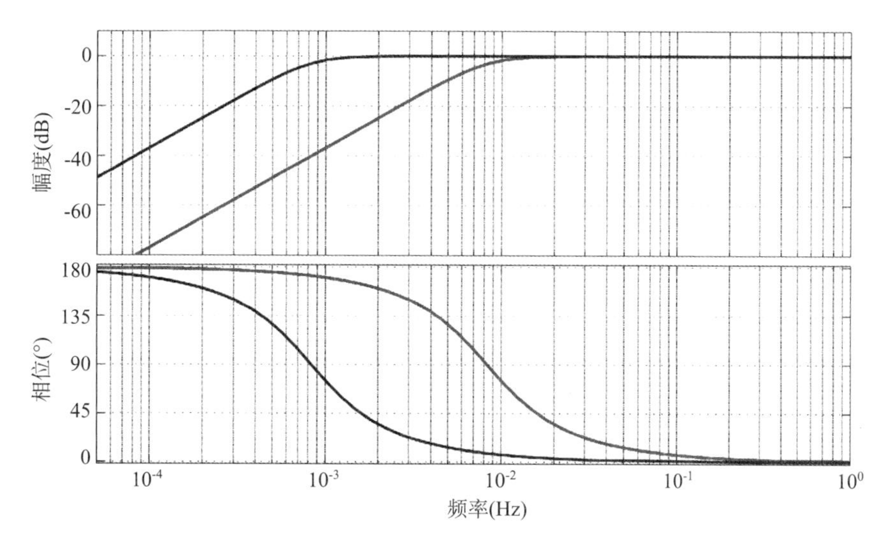

图 2.5.6　低频频带扩展前后的传递函数频率响应

3. 仿真 DD－1 地震仪

DD－1 型地震仪对地动位移响应的归一化传递函数为：

$$H(s) = \frac{s^3}{(s^2 + 5.655s + 39.48)(s + 4.545)} \cdot \frac{15791}{s^2 + 177.7s + 15791} \qquad (2.5.6)$$

由于宽频带数字地震仪记录的是速度量，频带为60s～40Hz，而 DD－1 型地震仪的频带为 1Hz ~ 20Hz，其低频截止频率比宽频带地震仪高 60 倍，故低频端可忽略宽频带地震仪传递函数的影响。在高频端，DD－1 型地震仪的截止频率小于宽频带地震仪。由于数字地震仪高频端的频率特性主要受到数据采集器中数字滤波器的控制，为锐截止型，扣除数据采集器频率特性的意义不大。故对于仿真 DD－1 型地震仪来说，可以忽略数字地震仪频率特性的影响，直接将（2.5.6）式转换为针对地动速度数字信号输入的滤波器即可，仿真传递函数为：

$$H_S(s) = \frac{s^2}{(s^2 + 5.655s + 39.48)(s + 4.545)} \cdot \frac{15791}{s^2 + 177.7s + 15791} \tag{2.5.7}$$

数字信号的采样率取为 100sps，使用冲击响应不变法将（2.5.7）式传递函数转换为数字系统传递函数，参见式（2.5.8），式中 0.003086 为归一化系数。由于在 20Hz 以上的频段幅频特性与（2.5.7）式有明显差别，在 z 平面（$z = -1$）处增加一个零点可改善高频误差，因此式（2.5.8）的分子上增加了一个因子（$1 + z^{-1}$）。图 2.5.7 为式（2.5.8）的频率特性图。

$$H_S(z) = \frac{(1 - 2z^{-1} + z^{-2})(1 + z^{-1})}{(1 - 1.9412z^{-1} + 0.94502z^{-2})(1 - 0.95557z^{-1})} \cdot \frac{0.003086}{1 - 0.5186z^{-1} + 0.16914z^{-2}} \tag{2.5.8}$$

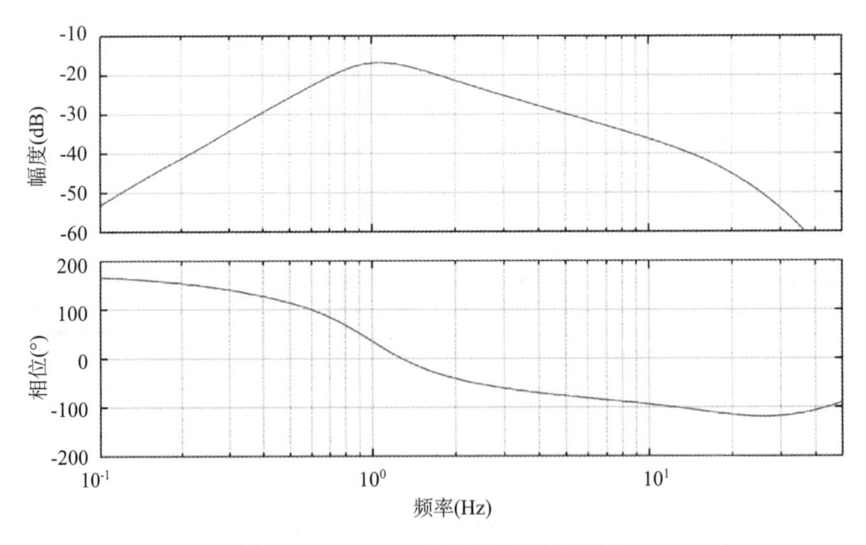

图 2.5.7　DD－1 仿真滤波器频率特性

4. 仿真 SK 地震仪

SK 基式地震仪的观测量为地动位移，观测频带为 12.5s ~ 20Hz，其水平向归一化传递函数为：

$$H_1(s) = \frac{s^2}{s^2 + 0.4466s + 0.2735} \cdot \frac{52.37s}{s^2 + 52.37s + 25.33} \tag{2.5.9}$$

宽频带地震仪记录数据为速度量，频带为60s～40Hz。宽频带地震仪低频端二阶归一化传递函数为：

$$H_2(s) = \frac{s^2}{s^2 + 0.148s + 0.01095} \tag{2.5.10}$$

故仿真传递函数可写为：

$$H_S(s) = \frac{s^2 + 0.148s + 0.01095}{s^2 + 0.4466s + 0.2735} \cdot \frac{52.37}{s^2 + 52.37s + 25.33} \tag{2.5.11}$$

数字信号的采样率取为100sps，使用冲击响应不变法将（2.5.11）式传递函数转换为数字系统传递函数，参见式（2.5.12），式中0.00415为归一化系数。图2.5.8为式（2.5.12）的频率特性图。

$$H_S(z) = \frac{1 - 1.99852z^{-1} + 0.99852z^{-2}}{1 - 1.99552z^{-1} + 0.99554z^{-2}} \cdot \frac{0.00403}{1 - 1.59035z^{-1} + 0.59232z^{-2}} \tag{2.5.12}$$

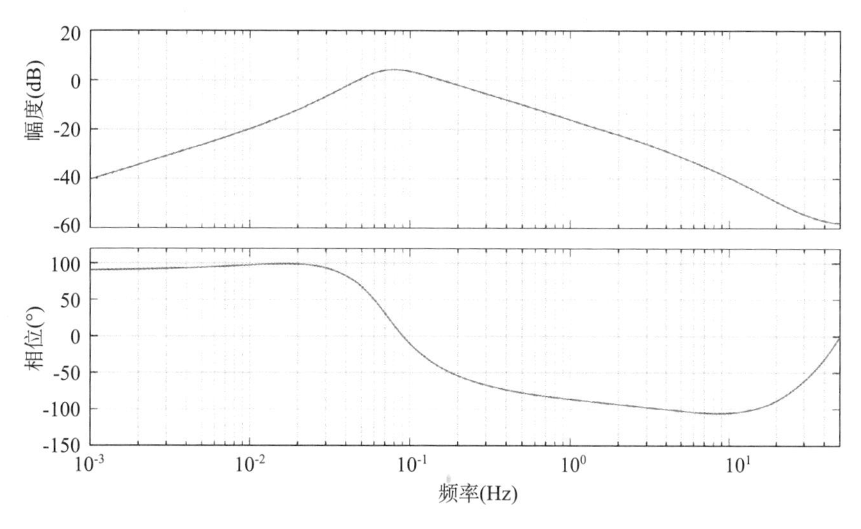

图2.5.8　SK仿真滤波器频率特性

第三章 常用地震仪器

本章简要介绍地震观测中常用的地震计和数据采集器，这些地震仪器目前仍然在使用中，或者虽然现已停用，但使用该仪器记录的资料仍有效，包括一些经典的模拟地震仪。在介绍各个地震仪的时候，尽可能列出其传递函数，以作为参数对比、记录资料对比的参考，或用于记录资料波形仿真。

第一节 常用地震计

本节介绍的地震计均采用了力平衡反馈技术，其中 FBS－3B 型地震计采用动圈换能器，STS－1 型地震计采用了差动变压器型位移换能器，其余地震计及两个型号的加速度计全部采用差动电容位移换能器。采用位移换能器的反馈地震计中，JCZ－1T 和 STS－1 的闭环自振周期最长，CMG－40T 的闭环自振周期最短，常配置为短周期地震计使用。

一、JCZ－1T 型超宽频带地震计

1. 概述

JCZ－1 型超宽频带地震计是我国 20 世纪 90 年代为国家数字地震台站研制的，采用了三分向分体结构，由一个垂直向和两个水平向地震计组成。2005 年改进为三分向一体化结构，保证了三个分向敏感轴线的正交关系，型号变为 JCZ－1T。JCZ－1T 型地震计采用了具有密封、高精度恒温功能的环境保护装置，有效抑制了大气压力和温度变化对仪器的影响，使地震计在超低频端也能稳定工作。JCZ－1T 型地震计采用力平衡式的负反馈系统，具有高灵敏度、低噪声特点，动态范围大于 140dB。每个分向的地震计分别有两个通道输出：0.00278～50Hz 速度平坦输出及 360s－DC 的加速度平坦输出，覆盖了从短周期地震波至固体潮汐的宽广频带。

如图 3.1.1 所示，JCZ－1T 型地震计包括地震计主体部分、远程控制单元（RCU）、恒温控制单元（TPU）及供电单元（RU、TU）构成。结构框图参见图 3.1.2，地震计主体部分包括三分向机械摆、相应的反馈电路（FCU）以及内置的温控电路（TCU）三个部分。

2. JCZ－1T 型地震计的反馈系统

JCZ－1T 超宽频带地震计采用了力平衡式的负反馈系统，位移传感器为高灵敏度的电容传感器。反馈原理框图参见图 3.1.3。反馈环路由线圈-磁体结构、位移传感器、阻容反馈网络及信号处理电路部分组成。线圈-磁体结构是一种力发生装置，它将电流转换成机械力；位移传感器检测出摆体与框架的相对位移，并转换为电信号；反馈网络电由两条支路组成，一是阻容反馈网络，二是信号处理电路，它们将位移换能器输出的电信号进行滤波处理后构成反馈环路。

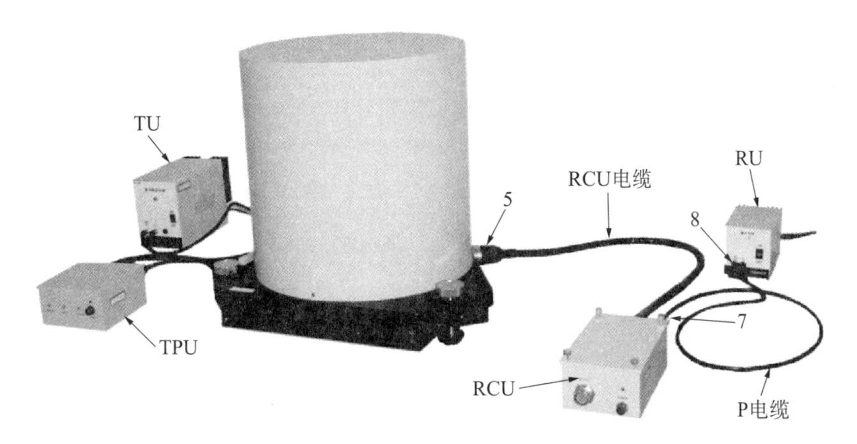

图 3.1.1　JCZ－1T 超宽频带地震计

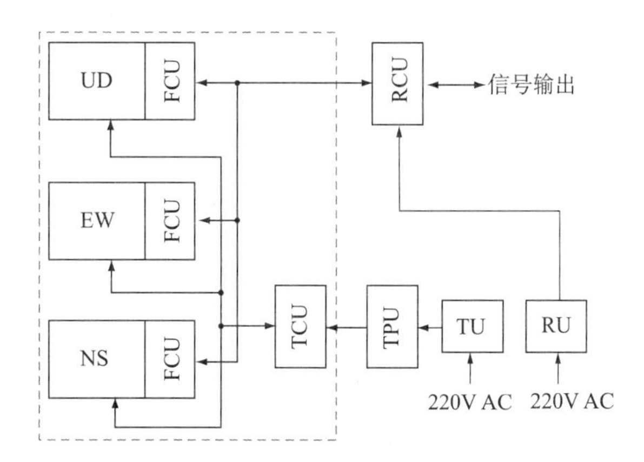

图 3.1.2　JCZ－1T 超宽频带地震计构成框图

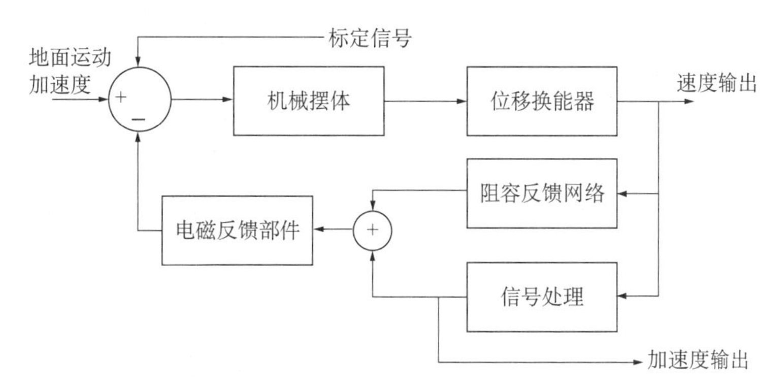

图 3.1.3　JCZ－1T 型地震计反馈原理框图

3. 仪器特点与主要技术指标

JCZ－1T 型地震计为超宽频带、大动态、三分向的地震传感器系统，主要特点为：

（1）三分向一体结构，采用密封机箱和高稳定恒温控制系统；

(2) 具有6通道信号输出，每个分向都提供了BB通道和LP通道，BB通道具有速度平坦特性，LP通道具有加速度平坦特性；

(3) 具有遥控锁摆、开锁、调零功能。

主要技术指标为：

频带宽度：BB：0.00278～50Hz速度输出平坦

LP：DC～0.00278Hz加速度输出平坦

灵敏度：BB：2×1000Vs/m

LP：$2\times10000\text{Vs}^2/\text{m}$

满量程：BB：$1.0\times10^{-2}\text{m/s}$

LP：$1.0\times10^{-3}\text{m/s}^2$

动态范围：大于140dB

供电：220V，AC

主体部分尺寸：570mm×506mm×490mm (H)

环境温度范围：3℃～33℃

4. 安装与调试

(1) 工作环境要求。

JCZ-1T型地震计宜安装在山洞中或地下室的摆房中，仪器安放区域应为没有破碎的基岩，且表面磨光，面积不小于3m^2，摆房年温度变化小于1℃，相对湿度小于90%，摆房内需预先画好方位基准线。

(2) 机械摆安放与方位调整。

地震计基座上设计有两个方向的水平泡、水平调整地脚螺丝，以及安装方位基准线。方位参考线与传感器的敏感轴线的关系参见图3.1.4。

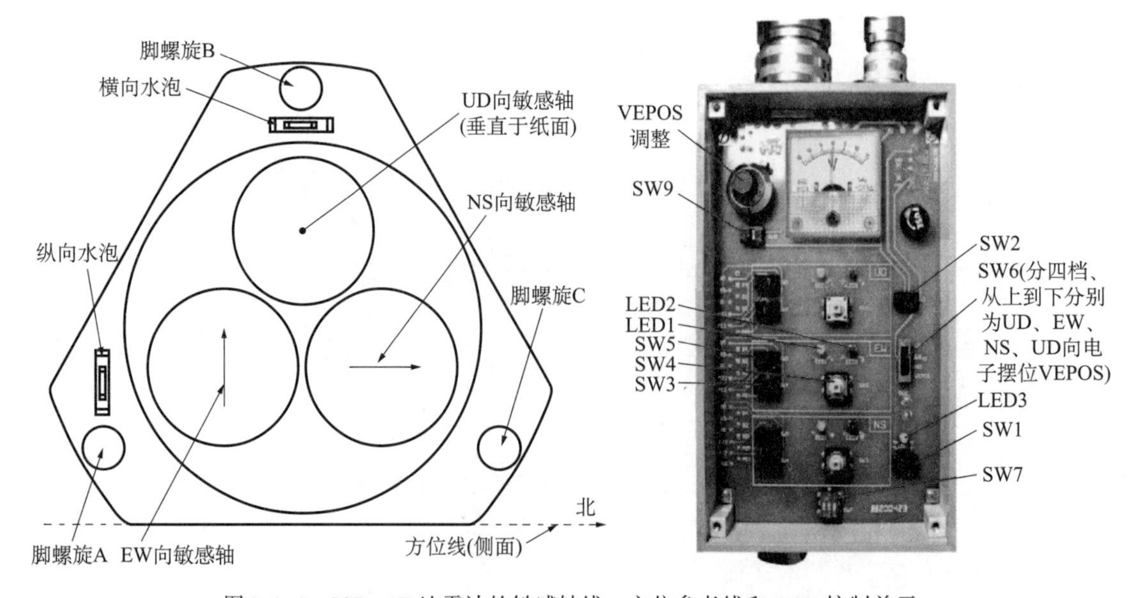

图3.1.4 JCZ-1T地震计的敏感轴线、方位参考线和RCU控制单元

(注：敏感轴线与标准*OXYZ*坐标系不一致)

（3）机械摆开锁和水平调整。

通过调整底脚螺旋，依次对三个传感器进行水平调整，使水泡居中。AFU 和 RCU 单元除放大滤波功能外，还具有控制传感器的功能。在连接好地震计系统各单元的电缆并检查无误之后，打开系统电源开关。然后在 AFU 和 RCU 单元控制面板上，选择相应功能，依次完成各分向摆的开锁操作。

（4）打开控温系统。

仪器在控温状态下才能正常工作。打开 TU 电源及 TPU 电源开关，控温器开始工作。视环境温度而定，仪器内部温度 12～24h 到达控温点，约 2～3 天，内部温度高度稳定。这时摆的零位稳定。仪器使用环境温度 3℃～33℃，如个别台站温度超过此范围，应通知研制者调整控温点。正常工作状态下，控温器 TCU 红色三个指示灯均应亮。JCZ－1T 提供了监测仪器内部温度变化的手段。

（5）零点调整。

在控温器工作 24 小时，温度稳定以后可以进行精置平，使仪器处于调零状态。垂直向只需精细调整水泡置平。水平向可使用脚螺旋预调，用脚螺旋 B，当顺时针转动时，摆位由正到负，观察 RCU 单元控制板表头，当表指示在 0 伏附近时，停止调整，注意应从顺时钟方向旋转脚螺旋，以消除螺旋间隙，调整完后应将脚螺杆上螺母并紧。下一步通过控制面板对零位进行更精细调整，具体操作依据产品手册进行。

5. 传递函数

JCZ－1T 型超宽频带地震计的 BB 通道为速度量输出，传递函数为：

$$H(s)=\frac{Kms^2}{(s^2+K_{11}s+K_{12})(s^2+K_{21}s+K_{22})(s^2+K_{31}s+K_{32})(s^2+K_{41}s+K_{42})(s^2+K_{51}s+K_{52})} \tag{3.1.1}$$

其中，$K=1000\text{Vs/m}$，$m=2.4206\times10^{20}$，$K_{11}=0.024682$，$K_{12}=0.00030462$，$K_{21}=533.15$，$K_{22}=142122$，$K_{31}=667.60$，$K_{41}=488.72$，$K_{51}=178.88$，$K_{32}=K_{42}=K_{52}=119422$。

采用零点、极点列表方式表示如下：

表 3.1.1　JCZ－1T 地震计 BB 通道零点、极点

常数项	零点	极点
2.4206×10^{23}	0	$-0.012342\pm j0.012342$
	0	$-266.57\pm j266.57$
		$-333.80\pm j89.440$
		$-244.36\pm j244.36$
		$-89.440\pm j333.80$

LP 通道为加速度量输出，归一化传递函数为：

$$H_{LP}(s) = \frac{3.0462}{s^2 + 0.024682s + 0.00030462} \tag{3.1.2}$$

二、CTS－1 型甚宽频带地震计

1. 概述

CTS－1 型甚宽频带地震计主要用于中国国家数字地震台网和区域数字地震台网，采用了三分向一体结构，由一个垂直向和两个水平向地震计组成，频带宽度为 0.0083～50Hz，输出信号为地动速度。具有锁、松摆，调零等遥控功能，设计了机、电均独立的标定线圈—磁体结构。

CTS－1 型地震计采用了力平衡式的负反馈系统，具有灵敏度高、自身噪声低，动态范围大的特点，传递函数稳定。整机结构方面，将三个分向的传感器密封在一个耐压容器中，有效抑制了大气压力及温度变化对仪器的影响，体积小，便于运输。CTS－1 型甚宽频带地震计及其控制单元（RCU）参见图 3.1.5。

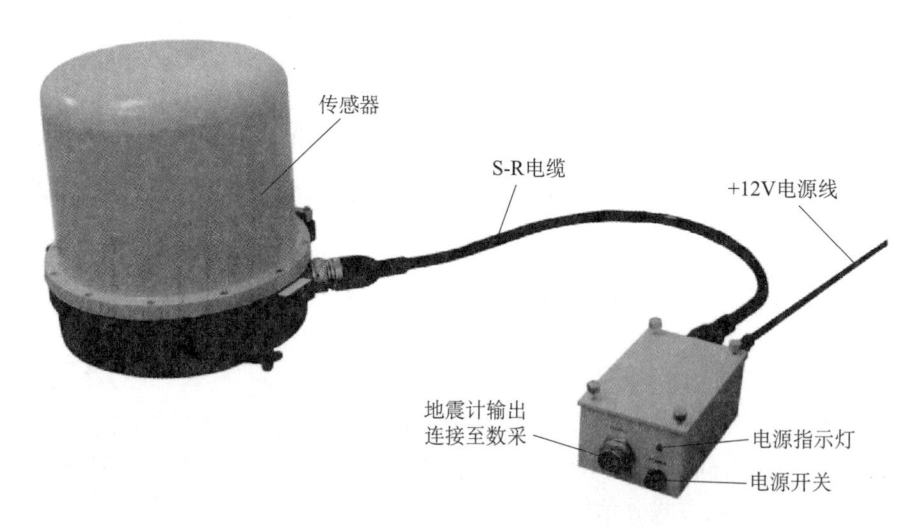

图 3.1.5　CTS－1 型地震计及其控制单元

2. 仪器特点与主要技术指标

CTS－1 型地震计为甚宽频带、大动态、三分向的地震传感器系统，主要特点为：

（1）三分向一体结构，速度平坦特性，频带宽度为 0.0083～50Hz；

（2）采用高精度位移换能负反馈电路设计，传递函数稳定，灵敏度高，动态范围大；

（3）具有遥控锁摆、开锁、调零功能。

主要技术指标为：

频带宽度：0.0083～50Hz 速度输出平坦

灵敏度：2×1000Vs/m

满量程：1.0×10^{-2}m/s

动态范围：大于 140dB

供电：9 ~ 18V，DC

功耗：2W

重量：12Kg

整机尺寸：Φ294mm × 271mm（H）

环境温度范围：－10℃ ~45℃

3. 安装与调试

（1）工作环境要求。

CTS－1 型地震计宜安装在没有破碎的基岩上，摆房的保温性要好，没有气流扰动，年温度变化最好小于 5℃，相对湿度小于 90%，摆房内需预先画好方位基准线。

（2）机械摆安放与方位调整。

依据摆房内的方位基准线安放地震计，参见图 3. 1. 6。

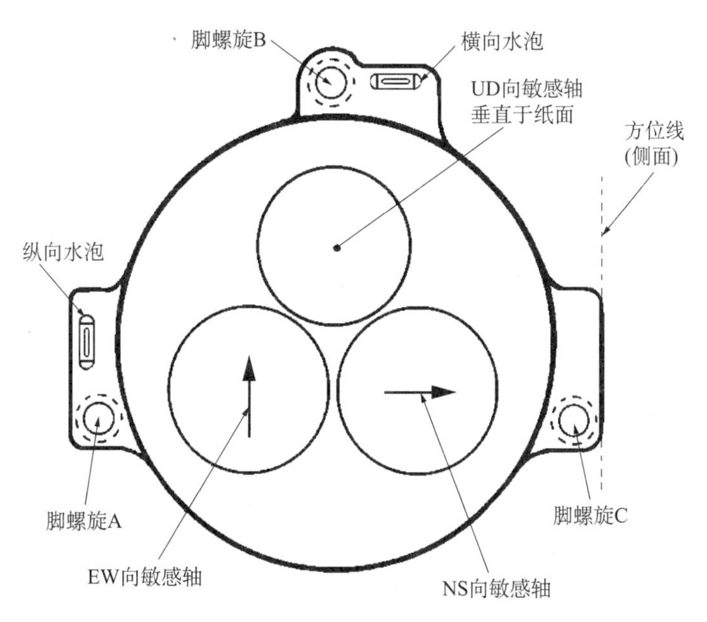

图 3. 1. 6　CTS－1 地震计敏感轴线、方位参考线和水准器

（3）机械摆开锁和水平调整。

通过调整底脚螺旋进行水平调整，使水泡居中。在连接好地震计系统各单元的电缆并检查无误之后，打开系统电源开关。然后在 RCU 单元控制面板上，选择相应功能，依次完成各分向摆的开锁操作。

（4）零点调整。

在 RCU 单元控制面板上，依次选择各个分向，再选择零位调整功能，按动调零按钮进行零位调整。调整时，注意观察控制面板上的零位指示表头。

4. 传递函数

CTS－1 型甚宽频带地震计的输出为速度量，传递函数为：

$$H(s) = \frac{Kms^2}{(s^2+K_{11}s+K_{12})(s^2+K_{21}s+K_{22})(s^2+K_{31}s+K_{32})(s^2+K_{41}s+K_{42})(s^2+K_{51}s+K_{52})} \tag{3.1.3}$$

其中，$K=1000\text{Vs/m}$，$m=2.4206\times10^{20}$，$K_{11}=0.074049$，$K_{12}=0.0027416$，$K_{21}=533.15$，$K_{22}=142123$，$K_{31}=667.62$，$K_{41}=488.71$，$K_{51}=178.88$，$K_{32}=K_{42}=K_{52}=119422$。

采用零点、极点列表方式表示如下：

表 3.1.2　CTS－1 地震计零点、极点

常数项	零点	极点
2.4206×10^{23}	0	$-0.037025\pm j0.037025$
	0	$-266.57\pm j266.57$
		$-333.81\pm j89.409$
		$-244.36\pm j244.36$
		$-89.440\pm j333.80$

三、BBVS－60/120 型力平衡反馈式宽频带地震计

1. 概述

BBVS－60/120 型宽频带地震计由三个独立分向传感器（一个垂直向、两个水平向）一体化安装组成，使用了高灵敏度的差分电容位移换能器，内置力平衡电子反馈电路、控制电路、电源变换电路，噪声水平低、动态范围大，容易安装使用。

BBVS－60/120 的三个分向的机械摆正交安装在一个底盘上，电子电路板安装在机械摆的上方，仪器外壳与底盘及底盘上的输出接插件采用防水密封技术，防止潮气进入，减小大气压力变化和气流对摆的扰动。每个分向的机械单元设计有高灵敏度的差分电容位移换能器，以及用于产生反馈力的线圈——磁体结构。水平摆采用花园门悬挂方式，垂直摆采用叶片簧悬挂；每个分向配置有马达驱动的零位调整机构，以及方便实用的松摆、锁摆机械结构。

2. 仪器特点与主要技术指标

BBVS－60/120 型地震计为宽频带、大动态、三分向的地震传感器系统，主要特点为：

（1）三分向一体结构；速度平坦特性，频带宽度为 0.0167～40Hz（60 型）或 0.0083～40Hz（120 型）；

（3）采用高精度位移换能负反馈电路设计，传递函数稳定，灵敏度高，动态范围大；

（4）具有远程零点监控、遥控调零功能和操作方便的锁摆、开锁机构；

（5）每个分向具有独立的标定线圈—磁体结构。

BBVS－60/120 型地震计的主要技术指标为：

频带宽度（60 型）：0.0167～40Hz 速度输出平坦

图 3.1.7　BBVS－60/120 型宽频带地震计

频带宽度（120 型）：0.0083～40Hz 速度输出平坦

灵敏度：2×1000Vs/m

满量程：10mm/s

自噪声：<NLNM（35s～10Hz）

动态范围：大于 140dB

供电：9～18V，DC

功耗：2W

重量：12Kg

环境温度范围：－15℃～＋50℃

3. 安装与调试

BBVS－60/120 宽频带地震计的水平调整机构、水平泡、锁、松摆螺钉设计在机壳底座上地震计安放好以后，首先应调整水平：松开地脚调整螺钉上的锁紧镙母，调整地脚调整螺钉（共三个），使两个水平泡均指示中间位置，然后将锁紧螺母锁紧。

调整水平后，需要松摆：将锁摆螺钉旋转 90°（顺时针或逆时针方向均可），使螺钉上的“一”字槽成水平状态即可。如需锁摆，应将锁摆螺钉上的“一”字槽旋转到垂直状态。注意：松摆和锁摆操作均应在地震计不加电的情况下进行，否则可能会使地震计受到损害。

BBVS－60/120 地震计的内部具有自动的零点调整机构，用于摆体零位精确调整。当 BBVS－60/120 地震计上电以后，内部零点调整机构立即检查摆体零位，偏差太大，则自动调整。

4. 传递函数

BBVS－60/120 型宽频带地震计的传递函数，包括灵敏度，以产品包装中所附的测试数据为准。

BBVS－60 宽频带地震计标称的传递函数如下所示：

$$H(s)=\frac{K\cdot A_0\cdot s^2\cdot(s+18.18)}{(s+772)(s+20.96)(s^2+0.01481s+0.01097)(s^2+360.7s+68596)} \tag{3.1.4}$$

式中：地震计电压灵敏度（标称值）$K=2000\text{V}\cdot\text{S/m}$

传递函数归一化系数 $A_0=6.02319\text{e}+007$

BBVS－60 宽频带地震计零极点列表：

a. 零点数：3 个

$Z_1=0$

$Z_2=0$

$Z_3=-1.817998\text{e}+001$

b. 极点数：6 个

$P_1=-7.403687\text{e}-002+7.405923\text{e}-002\text{i}$

$P_2=-7.403687\text{e}-002-7.405923\text{e}-002\text{i}$

$P_3=-1.803307\text{e}+002+1.899224\text{e}+002\text{i}$

$P_4=-1.803307\text{e}+002-1.899224\text{e}+002\text{i}$

$P_5=-2.095807\text{e}+001$

$P_6=-7.720300\text{e}+002$

BBVS－120 宽频带地震计标称的传递函数如下所示：

$$H(s)=\frac{K\cdot A_0\cdot s^2\cdot(s+18.18)}{(s+772)(s+20.96)(s^2+0.07404s+0.002742)(s^2+360.7s+68596)} \tag{3.1.5}$$

式中：地震计电压灵敏度（差分输出标称值）$K=2000\text{V}\cdot\text{S/m}$

传递函数归一化系数：$A_0=6.02319\text{e}+007$

BBVS－120 宽频带地震计零极点列表：

a. 零点数：3 个

$Z_1=0$；

$Z_2=0$；

$Z_3=-1.817998\text{e}+001$

b. 极点数：6 个

$P_1=-3.701843\text{e}-002+3.702961\text{e}-002\text{i}$

$P_2=-3.701843\text{e}-002-3.702961\text{e}-002\text{i}$

$P_3=-1.803307\text{e}+002+1.899224\text{e}+002\text{i}$

$P_4=-1.803307\text{e}+002-1.899224\text{e}+002\text{i}$

$P_5=-2.095807\text{e}+001$

$P_6=-7.720300\text{e}+002$

四、FBS－3B 反馈式宽频带地震计

1. 概述

FBS－3B 型宽频带地震计是由一个垂直向和两个水平向组成的一体式结构的力反馈式速度型地震计。采用了动圈式换能器，观测频带为 0.05～40Hz。图 3.1.8 为 FBS－3B 型地震计垂直向摆和水平向摆的机械结构示意图。机械摆部分采用的是旋转型复摆结构，用十字交叉片簧作旋转轴；水平分向用钢丝和叶簧悬挂，而竖直分向则用叶簧悬挂。换能系统由磁钢、工作线圈、反馈线圈和标定线圈等组成。

三个分向的拾震器均设有周期调节和零位调节螺钉，以及质量块锁紧和十字片簧锁紧装置。

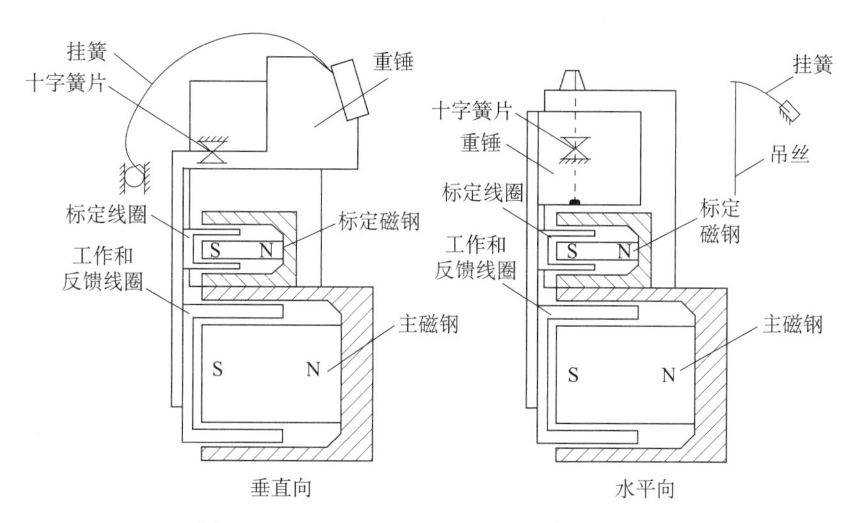

图 3.1.8　FBS－3B 型地震计的工作原理简图

2. 仪器特点与主要技术指标

FBS－3B 型地震计为宽频带、大动态、三分向的地震传感器系统，主要特点为：

（1）三分向一体结构；

（2）具有三通道信号输出，速度平坦特性，频带宽度为 0.05～20Hz；

（3）采用高灵敏度动圈换能负反馈设计，电路结构简单，动态范围大；

（4）每个分向具有独立的标定线圈—磁体结构。

主要技术指标为：

频带宽度：0.05～20Hz 速度输出平坦

灵敏度：2×1000Vs/m

满量程：10mm/s

动态范围：＞120dB

供电：11～14V，DC

功耗：1W

重量：12Kg

环境温度范围：-20℃ ~ +50℃

3. 安装与调试

地震计运到观测现场，打开减震包装箱，取出地震计，将地震计安放在指定的观测用台基上，并保证仪器底座上对位用平端面的法线方向指向地理西；调节地震计底座下的三只水平调整螺钉，并观察仪器底座上水平泡的变化，使水平泡居中，然后锁紧三只水平调整螺钉；逆时针旋下仪器顶部的密封压紧用压圈，并进而取下仪器外壳放在不妨碍操作的位置；逆时针旋松（如永久观测，可旋下并妥善保存）各分向上的锁紧螺钉（水平分向3只，竖直分向4只），直到摆体可以完全自由地、无阻滞地摆动时为止；重新安装仪器外壳，并旋紧密封压圈，用专用电缆连接FBS-3B到数据采集器。

4. 传递函数

FBS-3B宽频带地震计标称的传递函数为：

$$H(s)=\frac{KA_0S^2(S+132.1)}{(S+131.94)(S^2+0.4442212S+0.098696)(S+28159.77)} \quad (3.1.6)$$

式中：地震计电压灵敏度（标称值）$K=1000\mathrm{V/m/S}$，归一化系数 $A_0=28200$。

五、TDV-120UB/60B 地震计

1. 概述

TDV-120VB/60B宽频带地震计是一款宽频带、高灵敏度、低噪声的地震计，见图3.1.9。TDV-120VB/60B地震计采用精密差分电容位移传感技术以及力平衡电子反馈技术，增加了地震计的动态范围、频带宽度。三分向传感器芯体与包含有反馈电路、检测电路、控制电路的电子电路板一起安装在一个封闭机箱内，一体化的设计，安装使用方便。TDV-120VB/60B配备了马达调零电路，实现自动调零。并且配备箱外锁摆开关，可以不开机箱进行锁摆和解锁。

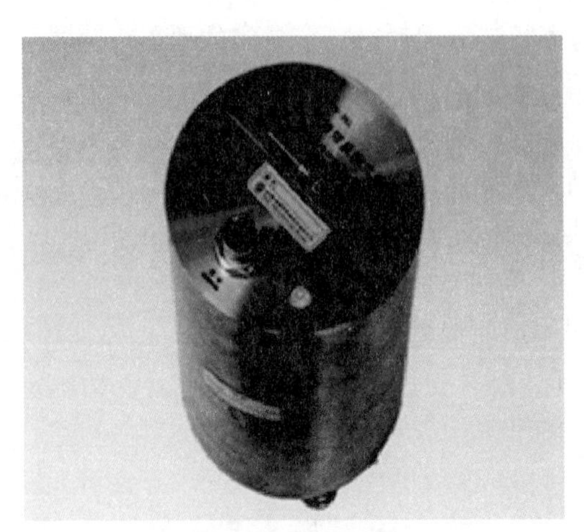

TDV-60B(60s)/TDV-120VB(120s)

图3.1.9 TDV-120VB/60B宽频带地震计

TDV－120VB/60B 宽频带地震计的反馈电路设计有比例、微分和积分三条反馈支路，参见图 3.1.10。传感器记录到地动信号后，传感器的精密电容位移换能器会输出正比位移的电压；该电压经过调理、放大后，比例、积分、微分三路反馈支路合成反馈电流送至反馈线圈，在磁场中产生电磁平衡力。

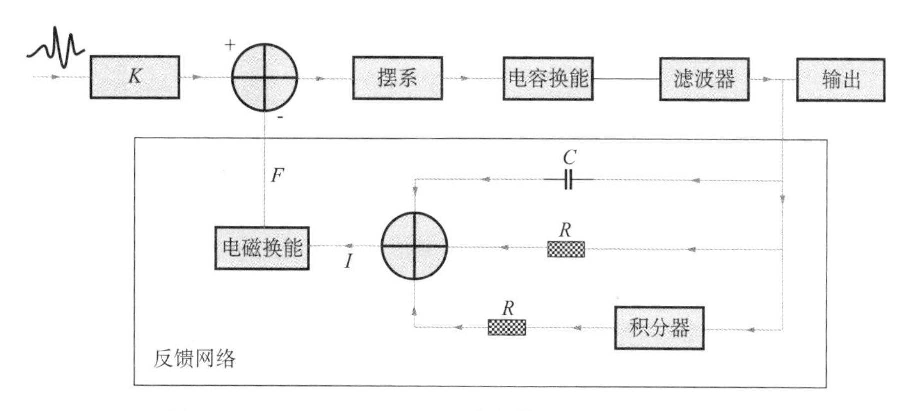

图 3.1.10　TDV－120VB/60B 宽频带地震计反馈原理框图

2. 主要技术指标

灵敏度：2×1000VS/m

观测频带：0.0167～50Hz（TDV－60B）；120s～50Hz（TDV－120VB）

动态范围：>140dB

供电：9～18V DC，最小 0.2W

工作环境：－20℃～＋50℃

3. 安装与调试

TDV－60 配备有专门的包装运输箱，内置 EVA 防震海绵，保护地震计免受外部振动的损害。在搬运过程中或者其它能使它剧烈运动的场合，需要锁摆，防止里面机密机械部件的损坏。安装调试使用时也需要非常小心、谨慎。

TDV－120VB/60B 宽频带地震计采用手动加/解锁、电动调零的方式，开锁时首先拧开锁孔上面的密封螺丝，插入 2.5mm 的六角螺丝刀，顺导孔找到正确开锁位置，按锁孔旁标识的方向旋转开锁，之后拧上密封螺丝。

4. 传递函数

TDV－120VB/60B 宽频带地震计的传递函数可以用零极点方式描述，其有 2 个零点，4 个极点

零点：$Z_1=0$

$Z_2=0$

TDV－60B 极点：

$$P_1=-0.0740+0.0740i$$

$$P_2=-0.0740-0.0740i$$

$$P_3=-222+222i$$

$$P_4=-222-222i$$

TDV－120UB 极点：

$$P_1 = -0.0370 + 0.0370i$$
$$P_2 = -0.0370 - 0.0370i$$
$$P_3 = -222 + 222i$$
$$P_4 = -222 - 222i$$

六、STS－1 地震计

STS－1 地震计由瑞士 Streckeisen 公司制造。第一台 STS－1 地震计于 1976 年研制成功并首先用于德国格拉芬堡台阵观测，1982 年应用于美国 GEOSCOPE。

STS－1 地震计首次应用了力平衡反馈原理，使用较为小型的机械摆，实现了固有周期的扩展，同时提高了地震计的动态范围。STS－1 型地震计应用的力平衡反馈技术已成为现代宽频带地震计普遍采用的经典技术。早期生产的 STS－1 地震计固有周期为 20s，此后又进一步扩展到 360s，使 STS－1 型地震计成为观测远震地震波的理想设备。

STS－1 型地震计包括垂直向地震计 STS－1V 和水平向地震计 STS－1H，通常采用两个 STS－1H 和一个 STS－1V 构成三分向观测系统。STS－1H 机械摆采用花园门悬挂方式，内置电机驱动的零位调整机构；STS－1V 采用叶片簧悬挂，以得到较长的固有周期。STS－1H 和 STS1V 机械摆照片参见图 3.1.11，左边为 STS－1H 机械摆，右边为 STS－1V 机械摆，两种机械摆均采用电感耦合式位移换能器。

图 3.1.11　STS－1 地震计的机械摆

为了降低温度、气压、磁场变化对观测仪器的影响，STS－1 型地震计采用了多种防护措施：水平向地震计采用了铝屏蔽罩，垂直向地震计同时使用了磁屏蔽罩和坡莫合金磁屏蔽罩，水平向地震计和垂直向地震计还采用了玻璃密封罩，并在安装时抽真空，以减小内部的空气对流和热传导，参见图 3.1.12，左边为垂直向地震计安装后的示意图，右边为反馈电路机箱。反馈电路与机械摆分开的好处是隔离了电路系统的发热对机械摆的影响。

图 3.1.12　STS－1V 地震计的机械摆单元和反馈电路单元

STS－1 型地震计的主要参数为：

频带范围：0.00278～10Hz

低频固有周期：20s 或 360s，阻尼 0.707

高频截止频率：10Hz，阻尼 0.623

限幅电平：±8mm/s

动态范围：>140dB

垂直向地震计质量：4kg

水平向地震计质量：5.5kg

垂直向地震计尺寸：12cm×17cm×18cm

水平向地震计尺寸：20cm（直径）×16cm（高）

反馈电路单元质量：3.6kg

反馈电路单元尺寸：11cm×20cm×26.5cm

玻璃罩尺寸：25cm（直径）×25cm（高）

环境温度范围：15℃±5℃

STS－1 地震计传递函数的零极点为：

零点：

$$Z_1=0$$

$$Z_2=0$$

极点：

$$P_1=-0.01234+0.01234\mathrm{i}$$

$$P_2=-0.01234-0.01234\mathrm{i}$$

$$P_3=-39.18+49.12\mathrm{i}$$

$$P_4=-39.18-49.12\mathrm{i}$$

七、STS－2 型和 STS－2.5 型地震计

1. 概述

Streckeisen STS－2 型地震计是在原 STS－1 型地震计基础上设计制造的第二代力平衡反馈地震计，1990 年开始应用，灵敏度高、频带宽、可遥控、可便携，安装简单。

图 3.1.13 为 STS－2 型甚宽频带地震计，将三分向摆体和反馈电路集成在一个小型密封机箱内，直径仅 235mm，高 260mm。STS－2 地震计设计有外置开锁摆机构，以及内置自动调零功能。为了加快缩短调零时间，在自动调零期间，通过切换反馈电路参数，将地震计转换为 1 秒周期的短周期工作状态，加快摆锤回到平衡位置的响应时间，进一步提高了安装使用的方便性。STS－2 型地震计应用了差分电容位移换能器，与 STS－1 相比，降低了位移量检测下限，改善了高频端观测信噪比，使其也适用于本地微震的观测。

图 3.1.13　STS－2 型甚宽频带地震计

STS－2 型地震计在结构上，采用了倾斜悬挂的倒立摆，三个分向的机械摆完全相同，沿圆周按照 120°角均匀分布，参见图 3.1.14。三个分向的敏感轴方向 U、V、W 也构成了一个直角坐标系 OUVW，从 OUVW 转换为传统的 OXYZ 坐标系，使用以下坐标变换公式

$$\begin{pmatrix} X \\ Y \\ Z \end{pmatrix} = \begin{pmatrix} -\sqrt{2/3} & 1/\sqrt{6} & 1/\sqrt{6} \\ 0 & 1/\sqrt{2} & -1/\sqrt{2} \\ 1/\sqrt{3} & 1/\sqrt{3} & 1/\sqrt{3} \end{pmatrix} \begin{pmatrix} U \\ V \\ W \end{pmatrix} \tag{3.1.7}$$

STS－2 型地震计内部设计有专门坐标变换电路实现 UVW 信号到 XYZ 信号的转换。

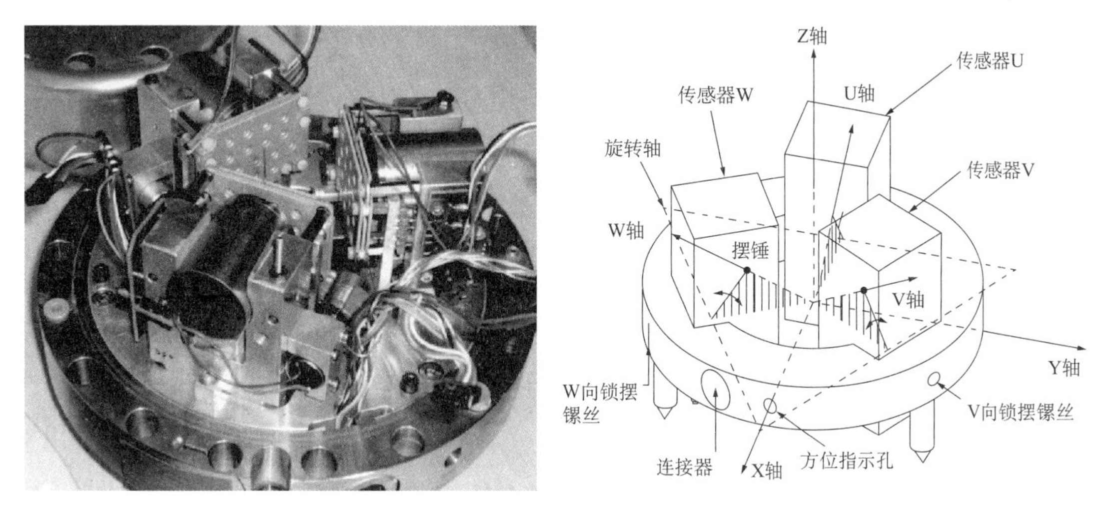

图 3.1.14　STS-2 地震计的机械摆及其敏感轴方向

STS-2.5 沿用 STS-2 的设计思路，继承了 STS-2 型地震计的优秀设计和技术性能，采用电动开解锁设计，具有 RS232 串口，能够进行数据和控制信息传输。STS-2.5 的反馈电路结构与 STS-2 基本一致，参见图 3.1.15。

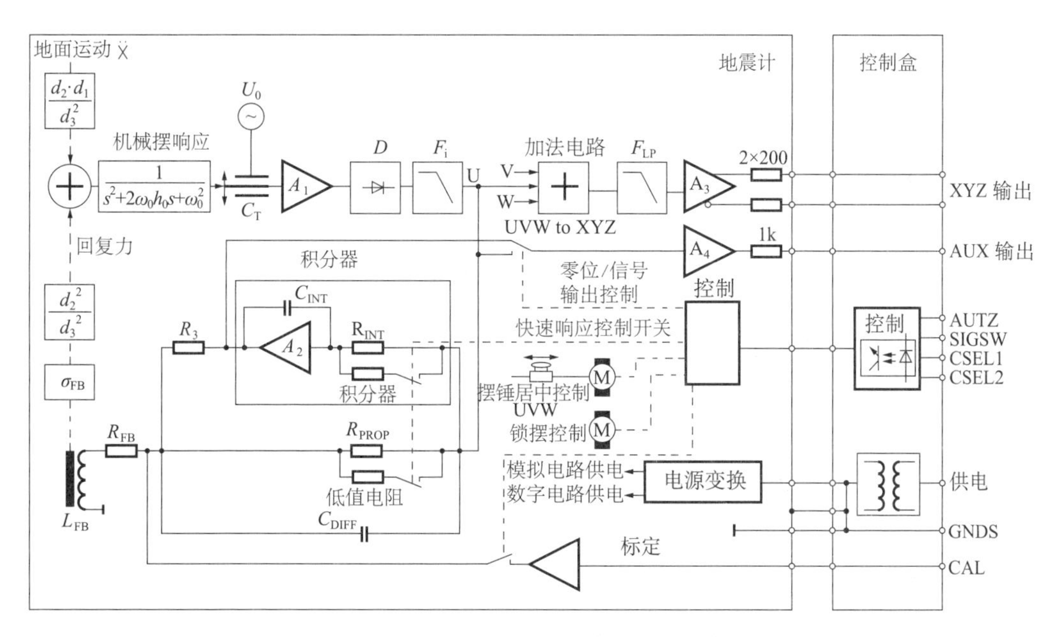

图 3.1.15　STS-2.5 反馈电路与控制电路框图

2. 主要技术指标

灵敏度：2×750Vs/m

观测频带：0.0083～50Hz

限幅电平：±13mm/s

自噪声：<NLNM（100s～10Hz）

供电：10～30V DC，平均0.55W，最大2.0W

重量：13kg

工作温度范围：±10℃（无需调零）

环境温度：-20℃～+70℃

3. 安装调试

STS-2.5地震计的观测频带为0.0083～50Hz，属于甚宽频带地震计。其内部U、V、W三个分向的输出信号需要经过坐标转换电路，转换为常用的标准X、Y、Z正交三轴坐标数据，最终输出正交数据的每一个分向实际都是由三个传感器输出混合而来。在此情况下，任何一个位移换能器的零漂、噪声都将引入三个正交分量，因此在安装时要保证台基的稳定性，并进行保温、防止气流扰动等防护措施，降低低频干扰。

STS-2.5底盘有一个定位孔，仪器附带一根定位杆，在安装地震计进行方位校正时，将定位杆插入定位孔，并且将定位杆指向东，完成方位校正。

完成方位校正并调整水平后，连接控制盒（HB）并连接电源对地震计进行解摆调零操作。HB上有LOCK/UNLOCK键和CENTER键，按下LOCK/UNLOCK键约1s钟，红色状态灯熄灭，三个换能器指示灯变为蓝色，这表示地震计已经完成开摆，按下CENTER键，三个换能器指示灯变为绿色，表示已完成调零，地震计可以开始工作；完成操作后约1min不再对HB进行操作，HB指示灯将全部熄灭进入休眠状态。

4. 传递函数

STS-2型地震计传递函数共有2个零点和5个极点：

零点：

$$Z_1=0$$

$$Z_2=0$$

极点：

$$P_1=-0.037-0.037i$$

$$P_2=-0.037+0.037i$$

$$P_3=-131+467i$$

$$P_4=-131-467i$$

$$P_5=-251$$

STS-2.5地震计的传递函数有8个零点和7个极点：

零点：

$$Z_1=0$$

$$Z_2=0$$

$$Z_3=-15.71$$

$$Z_4=-15.71$$

$$Z_5=-605.1$$

$$Z_6=-521.5+961.3i$$

$$Z_7=-521.5-961.3i$$

$$Z_8=961.3$$

极点：

$$P_1 = -0.03702 + 0.03702i$$
$$P_2 = -0.03702 - 0.03702i$$
$$P_3 = -16.05$$
$$P_4 = -16.05$$
$$P_5 = -339.3 + 115.6i$$
$$P_6 = -339.3 - 115.6i$$
$$P_7 = -961.3$$

八、CMG－3T、CMG－3ESP 地震计

1. 概述

CMG－3 系列地震计是英国 GÜRALP SYSTEM 公司制造的正交三轴力平衡负反馈地震计，目前在国内使用比较多的主要有宽频带 CMG－3ESPC、宽频带 CMG－3ESP、甚宽频带 CMG－3T 三种型号，主要用于地震科学台阵探测及流动地震观测。CMG－3 系列三分向地震计能够同时测量垂直向、北南向和东西向的地动信号。

CMG－3ESPC、CMG－3T 均采取了电动加/解锁及电动调零的摆锤控制方式，CMG－3ESP 采取手动加/解锁，电动调零的摆锤控制方式，参见图 3.1.16。CMG－3 型地震计采用电容变间隙位移换能器，最终输出信号为速度值，并具备独立的线圈/磁缸标定系统。安装简单易于操作携带，温度性能、密封特性较好，比较适于野外流动观测。

图 3.1.16　CMG－3ESP 地震计

2. 主要技术指标

CMG－3T 的主要技术参数为：

灵敏度：2×1000Vs/m

观测频带：0.0083～50Hz

动态范围：>140dB

供电：9～36V DC，0.6W

环境温度：-25℃～+55℃

3. 安装调试

CMG-3系列地震计是宽频带/甚宽频带地震计，因此在安装时建议选择山洞或专门的测震观测室的摆墩上。CMG-3系列地震计在提手上有方向表示，并且在底盘的北、南方向各有一个锥状金属方位指示旋钮，金色表示北向，将地震计严格按照摆墩上画好的方位线安放好后通过旋转底角螺丝进行水平调整，气泡居中后，锁紧铜螺母，开始加/解锁及调零操作。

CMG-3系列地震计的锁紧装置分为三种情况：数采控制加/解锁、控制盒（BREAK-OUTBOX/HCU）控制加/解锁、手动加/解锁。其中数采控制加/解锁目前仅在使用GURALP公司的DM系列地震数据采集器和REFTEK-130S地震数据采集器时，可以直接使用数采命令（LOCK/UNLOCK）对地震计进行加/解锁操作；控制盒控制加/解锁方式需要在地震计与数采之间增加一个控制盒，通过控制盒上的LOCK/UNLOCK与ENABLE键配合进行地震计的加/解锁操作；手动加/解锁则是在地震计圆筒形外壳中部有三个密封螺丝，拧开密封螺丝后，使用随机配备的内六角螺丝刀深入锁摆孔，按照地震计壳体上标明的方向转动已加/解锁，在进行此项工作时，一定要注意周围环境的洁净，如在沙尘等情况下需注意防护，而且在拧会密封螺丝前需涂抹如硅脂等密封制剂。完成开/解锁操作后，将地震计与数采连接进行调零（CENTER）操作，并检查地震计质心位置归零后，对地震计，进行现场标定检查后开始正式记录工作。

4. 传递函数

目前国内使用较多的CMG-3系列地震计有自振周期为60s和120s两种型号。

（1）周期60s地震计的传递函数：

零点：

$$Z_1=0$$

$$Z_2=0$$

极点：

$$P_1=-0.074+0.074i$$

$$P_2=-0.074-0.074i$$

$$P_3=-1005$$

$$P_4=-503$$

$$P_5=-1131$$

（2）周期120s地震计的传递函数：

零点：

$$Z_1=0$$

$$Z_2=0$$

极点：

$$P_1=-0.037+0.037i$$

$P_2 = -0.037 - 0.037i$

$P_3 = -1005$

$P_4 = -503$

$P_5 = -1131$

九、Trillium120 地震计

1. 概述

Trillium120 地震计是目前国内使用较多的 Trillium 系列地震计。Trillium 系列地震计由加拿大 Nanometrics 公司生产，主要包括 Trillium 240 甚宽频带地震计、Trillium 120 宽频带地震计、Trillium-Compact 便携地震计。Trillium 系列地震计采用电容换能器，采取倾斜悬挂结构设计，三个分向的机械摆结构相同，沿圆周按 120°角均匀分布，三分向地震计输出量为 O-UVW 坐标系，经电路转换后按照 O-XYZ 坐标系输出观测信号。Trillium 120P 型宽频带地震计采用电动调零，无需锁摆，操作比较简单，应用了其特有的快速归零技术。

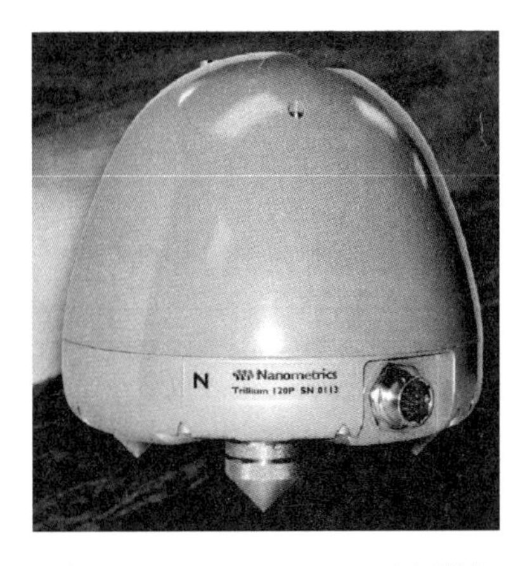

图 3.1.17　Trillium 120P 型地震计

2. 主要技术指标

观测频带：0.0083 ~ 145Hz

灵敏度：1200Vs/m

限幅电平：15mm/s（ < 1.5Hz）

最大输出电压：±20V，可选 UVW 信号输出或 XYZ 信号输出

自噪声：< NLNM（0.029Hz ~ 10Hz）

供电：9 ~ 36V DC，0.62W

尺寸：21cm（直径）×21.4cm（高）

环境温度：-20℃ ~ +50℃

3. 安装调试

Trillium120PA 地震计在安装时要保证台基的稳定性，并进行保温、防止气流扰动等防护措施，降低低频干扰。顶部有一个方位校正槽，将此槽方向与南北对准，必要时可使用激光器延长校准槽已校准方位，之后调整水平，使水平泡居中。

Trillium120PA 地震计由于机械弹性系统频率较高，因此无需锁摆，安放好地震计后可使用地震数据采集器直接进行调零，Trillium120PA 地震计在调零时为了快速归零，在执行调零操作时经地震计转换为短周期模式，快速稳定之后在转换回长周期模式进行工作。

4. 传递函数

Trillium120P 地震计可以使用零极点描述其传递函数特性，其有 4 个零点，7 个极点：

零点：

$$Z_1 = 0$$

$$Z_2 = 0$$

$$Z_3 = -106$$

$$Z_4 = -158$$

极点：

$$P_1 = -0.03859 - 0.03649i$$

$$P_2 = -0.03859 + 0.03649i$$

$$P_3 = -158 + 193i$$

$$P_4 = -158 - 193i$$

$$P_5 = -190$$

$$P_6 = -639 - 1418i$$

$$P_7 = -639 + 1418i$$

十、CMG－40T 地震计

1. 概述

CMG－40T 是一种采用差动电容位移换能器和力平衡反馈技术的短周期地震计，标称观测频带为 0.5～100Hz，可根据用户需求扩展到 0.0167～100Hz，其机械弹性系统为高频系统，所以 CMG－40T 地震计在一般情况下无需加/锁摆、调零，安装操作简便、工作稳定，参见图 3.1.18。

图 3.1.18　CMG－40T 地震计

2. 主要技术指标

灵敏度：2×1000Vs/m

观测频带：0.5～100Hz

动态范围：>145dB

供电：10～36V DC，0.6W

环境温度：-10℃～+60℃

3. 安装调试

CMG-40T 地震计属于短周期地震计，因此在安装使用时比较简便，对工作环境要求也相对较低。CMG-40T 地震计在提手上有方向表示，并且在底盘的北、南方向各有一个锥状金属方位指示旋钮，金色表示北向，将地震计严格按照摆墩上画好的方位线安放好后通过旋转底角螺丝进行水平调整，气泡居中后，锁紧铜螺母，即将地震计与数采连接对地震计进行现场标定检查后开始正式记录工作。在某些特殊情况下，如地震计在运输安装过程中受到较大加速度值的冲击、工作环境温度接近甚至超过工作范围，CMG-40T 的重锤机械质心位置有可能出现偏移，造成记录数据存在较大直流偏置甚至靠边无法工作（>±3.5V），再此情况下，CMG-40T 地震计顶板有三个调零螺孔，可拧开螺丝，使用细长一字螺丝刀沿导孔拧到调零螺丝后进行零位调整操作，完成调零操作后拧回螺丝前需使用硅脂等密封制剂进行密封。

4. 传递函数

CMG-40T 地震计可采用零极点方式描述其传递函数，CMG-40T 包括 2 个零点，6 个极点，以 CMG-40T（0.5～100Hz）为例：

零点：

$Z_1=0$

$Z_2=0$

极点：

$P_1=-2.221+2.221i$;

$P_2=-2.221-2.221i$;

$P_3=-391.9+850.7i$;

$P_4=-391.9-850.7i$;

$P_5=-2199$;

$P_6=-471.2$

十一、SLJ-100 加速度计

1. 概述

SLJ-100 是一种三分向一体的力平衡式反馈加速度计，观测量为地面振动加速度。SLJ-100 内部集成了三个力平衡式加速度计模块，两个水平放置，一个垂直放置，相互垂直地集成在一个密封的小型外壳内，每个模块包括机械摆和反馈电路。机械摆的摆锤主要由差动电容极板和反馈线圈构成，质量较小，自振频率大约在 20Hz 附近，具有悬挂强度大、抗冲击能力强的特点，运输过程中无需采取特别的防护措施。

SLJ-100 加速度计设计有摆锤零位调整机构，通过机壳上的三个预留的调整孔，可以调整三个模块机械摆的悬挂零位，实现机械零位调整。摆锤零位调整可在安装时进行，也可在运行维护时进行。

2. 主要技术指标

动态范围：>120dB

带宽：DC 至 100Hz

满量程：±2g，±1g，用户可选

输出电压：±2.5V 单端，±5V 差分

线性度误差：<1%（满量程）

横向灵敏度比：<1%（包括轴位偏差）

零点温度飘移：<500μg/℃（2g 传感器）

功耗：±12V，15mA

尺寸；12cm×12cm×7.5mm（高）

运行温度：-25℃～+65℃

3. 安装调试

安装 SLJ-100 加速度计时，需要使用安装底板。首先将加速度计固定在安装底板上，然后采用膨胀螺栓将底板固定在观测墩上，同时调整方位和水平，使仪器的方位基准与地理坐标一致，仪器的水平泡居中。

在 SLJ-100 加速度计通电以后，应检查每个分向信号输出的零点，若偏移较大，应进行调零。调零时使用专用工具，通过机壳上预留的调零孔调整摆锤的零点位置。

4. 传递函数

SLJ-100 加速度计的传递函数有 2 个极点，无零点。

极点：

$$P_1 = -444 + 444i$$
$$P_2 = -444 - 444i$$

十二、EpiSensor 加速度计

1. 概述

EpiSensor 系列加速度计采用了差动电容位移换能器和力平衡反馈技术，由美国 KINEMETRICS 制造。FBA ES-T 型传感器是一种适用于多种地震记录应用的三分向地面地震加速度计。该传感器包含三个 EpiSensor 力平衡式加速度计模块，相互垂直地集成在一个便于使用的小型外壳内。由于 EpiSensor 传感器可以在 ±0.25g 到 ±4g 的范围内选择设定满量程，观测频带可由 DC 至 200Hz，所以无论是用于近断层还是各类结构上的观测，用户都可以选择适当的满量程进行地震动记录。EpiSensor 可选择 4 种输出模式：±2.5V 和 ±10V 单端输出、±5V 和 ±20V 差分输出。±2.5V 单端输出适用于凯尼公司传统的地震数据采集器；±10V 单端或 ±20V 差分输出适用于目前市场流行的各种 24 位地震数据采集器。

EpiSensor 加速度计反馈原理框图参见图 3.1.19，电容变间隙位移换能器通过机械弹性系统将地面运动转换为电压变化量，经放大器、同步解调后，输出信号馈入到反馈电圈，并同时放大输出，输出电压信号比例于地面振动加速度。

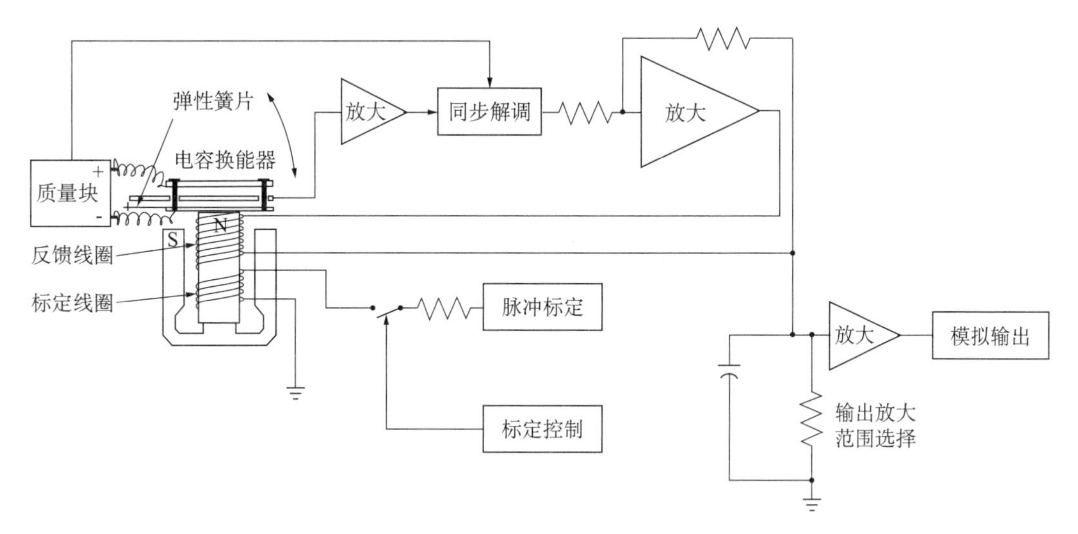

图 3. 1. 19　EpiSensor 加速度计原理框图

2. 主要技术指标

动态范围：155dB

带宽：DC 至 200Hz

满量程：±0. 25g，±0. 5g，±1g，±2g，±4g 共五挡，用户可选

输出电压：±2. 5V 单端，±5V 差分，±10V 单端，±20V 差分

横向灵敏度比：<1%（包括轴位偏差）

零点温度飘移：<500μg/℃（1g 传感器）

功耗：±12V，12mA（标准型号）

　　　±12V，35mA（低噪声型号）。

尺寸：直径：13. 3cm（圆柱型），高：6. 2cm

固定方式：单根螺栓固定，3 个水平调节底脚和 1 个气泡水平指示器

运行温度：-20℃ ~ +70℃

3. 安装调试

EpiSensor 加速度顶板有一个方向指示箭头，安装时指向北向，调整水平后用膨胀螺栓固定在摆墩上，即可通过电缆连接地震数据采集器开始记录。

EpiSensor 加速度器具有五种满量程设置可选择：±4g、±2g、±1g、±1/2g、±1/4g，用户可选择输出电压为 ±2. 5V 或 ±10V（单端）、±5V 或 ±20V（差分），可通过调整电缆跳线实现输出电压选择。

4. 传递函数

EpiSensor 加速度计的传递函数有 4 个极点，无零点。

极点：$P_1 = -981 + 1009i$

$P_2 = -981 - 1009i$

$P_3 = -3290 + 1263i$

$P_4 = -3290 - 1263i$

第二节　常用地震数据采集器

本节介绍的6个型号或系列的数据采集器分别来自6个生产厂家，均采用了高分辨力的模拟数字转换器，其中Q330HR是唯一一个采用26位模拟数字转换的数据采集器，其余均采用成品的24位模拟数字转换器芯片。这些数据采集器均采用数字滤波抽取技术，支持多种采样率。在时间服务方面，均采用卫星授时。

一、EDAS-24系列数据采集器

EDAS-24系列数据采集器主要有EDAS-C24B、EDAS-24IP和EDAS-24GN等型号。EDAS-C24B型地震数据采集器采用了CS5321模拟数字转换器芯片，实现24位数据采集，同时，采用高速数字信号处理器（DSP）实现过采样数字滤波器，提供了线性相位FIR和最小相位FIR两种特性的数字滤波器供用户选用。EDAS-C24B采用了数据压缩技术，降低了实时数据流传输数据量，提供两个RS-232C串口用于输出实时数据流。EDAS-24IP仍然采用DSP芯片承担采样率变换中的数字滤波任务，同时增加了运行Linux操作系统的方舟2号处理器单元，具有RS-232串行接口和一个10M/100M自适应的LAN以太网接口，支持基于Internet的网络通讯和数据传输，支持大容量数据存贮，具备数据采集、连续数据记录、事件数据记录和网络服务功能。

EDAS-24GN地震数据采集器采用了ADS1281芯片实现24位数据采集，并对EDAS-24IP的数字系统进行优化，采用了AT91RM9263嵌入式处理器运行Linux操作系统，并承担数字滤波计算。图3.2.1为EDAS-24GN电路结构框图，包括可以连接两个三分向地震计的模拟数字转换部分、以可编程逻辑器件FPGA为核心的接口电路部分、CPU板。其中GPS授时单元和压控温度补偿晶体振荡器构成了本机授时时钟，并控制AD转换。

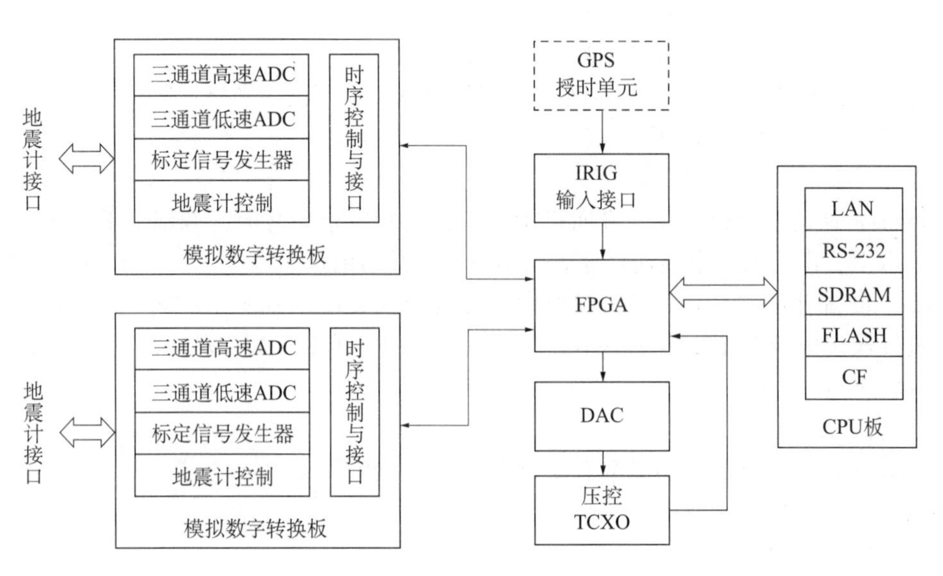

图3.2.1　EDAS-24GN电路结构框图

EDAS－24GN 支持从 1sps 至 500sps 共 7 种采样率的采集数据输出，能够同时输出不同采样率的实时数据，每一种采样率的输出数据都可以选择数字滤波器的相位特性，参见图 3.2.2。

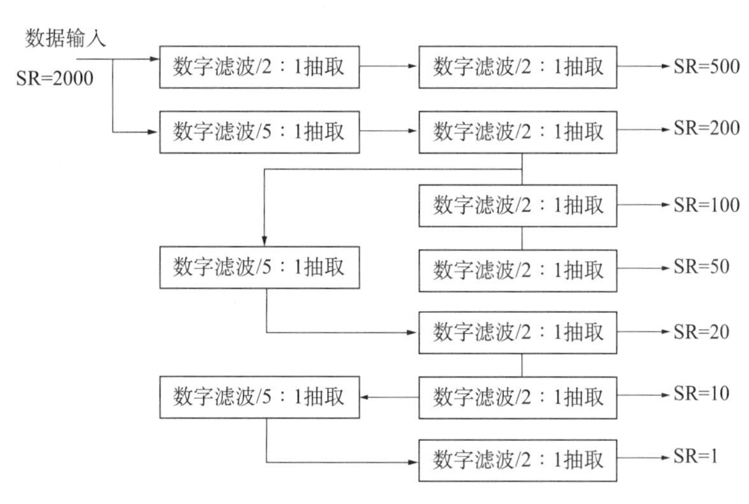

图 3.2.2　EDAS－24GN 中的数字滤波运算

EDAS－24GN 的主要技术性能：

量程：

高速通道 ±2.5V、±5V、±10V 或 ±20V，双端平衡差分输入

低速通道 ±10V，双端平衡差分输入

采样率：

高速通道 1，10，20，50，100，200，500sps

低速通道 1sps

频带宽度：0.4，4，8，20，40，80，200Hz

ADC 字长：24 位（高速通道和低速通道）

动态范围：135dB（采样率 50sps）

非线性失真度：－110dB

数字滤波器：FIR，可选线性相位/最小相位

实时数据输出：支持多路数据流同时输出

数据记录格式：EVT，MiniSEED

标定信号发生器：16bit DAC，可编程

地震计控制：支持，控制信号可编程

授时信号输入：IRIG－B 码，标配外接 GPS 授时单元

网络：10M/100M，支持 TCP/IP、FTP、Telnet、Http 等

供电：9～20V DC

工作温度：－20℃～＋60℃

二、REFTEK 130 地震数据采集器

REFTEK 130 系列地震数据采集器是目前国内外用于流动地震观测较多的地震数据采集器，其包括 130、130b、130s 等型号。REFTEK 130 系列地震数据采集器采用 24 位 Δ－ΣA/D 转换技术，具有分辨率高，功耗低的优点；其采用高强度工程塑料外壳，内置电磁屏蔽罩，使其具有重量轻、密封好、适应工作环境能力强、工作稳定的优点，同时采集、网络、本地存储全部集成化，操控简便，比较适于野外流动地震观测使用。

REFTEK 130 系列地震计可使用串口设备（计算机、PALM 设备、APPLE 设备）进行本地操控及网口设备进行本地/远程操控。通过专用线缆将 REFTEK 130 与本地串口设备连接收，使用 PFC 软件对数采配置参数及控制参数进行设置，设置好网络参数并形成网络链路后，可远程通过 WEB 界面使用专用程序对其进行设置及监控。

主要技术指标（以标准 REFTEK 130/6 为例）：

主通道：6 道

动态范围：>135dB

电压输入范围：20V，（峰峰）

增益：1 或 32

采样率：1～1000sps（可设置）

网络：10M 半双工，支持 UDP 或 TCP/IP、FTP、RTP 协议

传感器控制：发送标定信号及对传感器进行开/解锁、调零控制

工作温度：－20℃～＋60℃

本地存储介质：标配 8G 双工业级 CF 卡存储，最大支持 32G

供电：10～16V DC，3 通道平均功耗 <1.4W，6 通道平均功耗 <2.1W

封装：工程塑料密封外壳，IP68。

三、Q330 系列数据采集器

Q330 系列数据采集器由 QUANTERRA 公司生产，目前有五种型号：Q330、Q330S、Q330S＋、Q330HR、Q330HRS。Q330 应用了 Quanterra 独家专利、带有 DSP 的超低功耗 24 位 Δ—ΣA/D 转换技术，包括 8Mb RAM，GPS 接收器，功率管理，传感器命令/控制以及先进的遥传技术，是一种高分辨率、低功耗的地震观测系统。Q330S 和 Q330S＋为 Q330 的改进增强型号，增加了超级坚固的 USB 闪存记录单元。Q330HR 和 Q330HRS 打破了 24 位的性能限制，增强了用于研究用途的高级仪器的性能，提供了 26 位的分辨力，将动态范围提高到 145dB。

图 3.2.3 为 Q330 硬件电路框图，整个系统分为数字处理单元和模拟部分，数字部分由 ADSP－2187L 作为主 CPU，内置 M12 GPS 接收机及温度补偿晶体振荡器（TCXO），使用 CS8900A 提供 10M LAN 接口，采用 PIC 单片机和 PLD 可编程器件实现内部接口与时序控制；模拟部分采用隔离供电等技术措施，以阻断来自电源及数字电路的干扰。

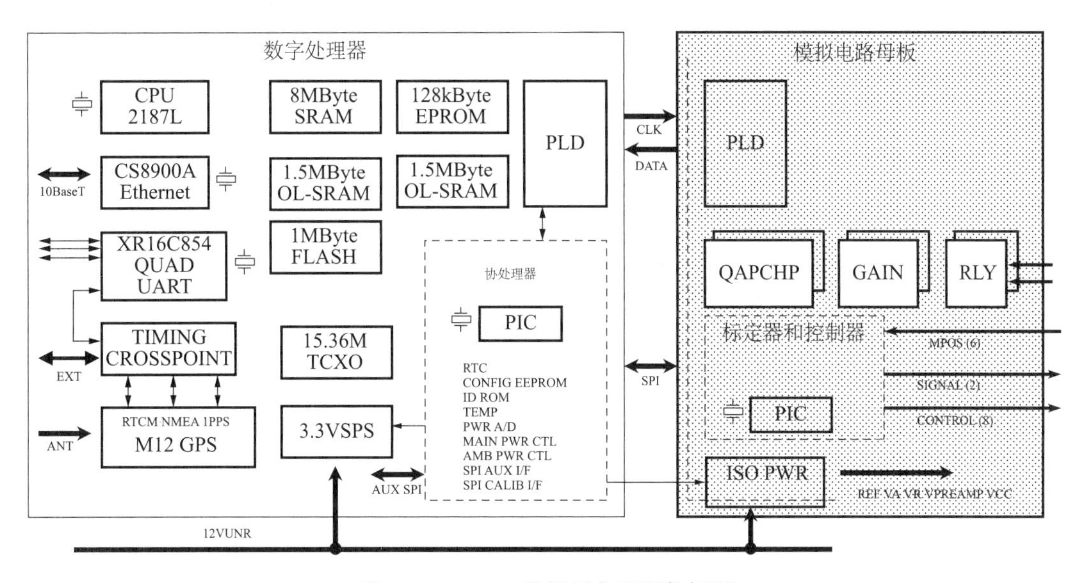

图 3.2.3　Q330 数据采集器硬件框图

表 3.2.1　Q330 系统数据采集器的主要技术指标

主要技术指标	Q330 数据采集器	Q330HR 数据采集器
采集通道数	3/6	3/6
动态范围	135dB	145dB
电压输入范围	40V（峰—峰）	40V（峰—峰）
输入放大器增益	1/30	1/20
采样率	200，100，50，40，20，10，1sps，或其他	200，100，50，40，20，10，1sps；任何通道可单独选定
数字滤波器	FIR，线性或最小相位	FIR，线性或最小相位
存储	8M RAM	8M RAM
网络	10M 以太网	10M 以太网
功耗	<0.6W（3 通道，平均） <0.8W（6 通道，平均）	<2.0W（3 通道，平均） <2.5W（6 通道，平均）
工作环境温度	-40℃ ~ +70℃	-10℃ ~ +50℃（满指标）

四、CMG DM24 地震数据采集器

英国 GURALP 公司生产的 CMG-DMG24 地震数据采集器适用于所有 CMG 系列地震计和其他地震计，采用 24 位 A/D 模数转换模块，动态范围大、功耗低。可采用自由的 Güralp

数据压缩格式及标准 miniSEEP 格式进行记录。对 CMG 系列地震计可直接进行开/解锁及调零操作。

CMG－24DM 地震数据采集器采用计算机串口/网口操控，需使用 GURALP 公司的 SCREAM 软件。应用 SCREAM 软件可设置 CMG－24DM 的采集参数如采样率、采集通道、数据格式等，也可设置数据记录格式、网络接口、GPS 工作模式等状态参数。

主要技术指标（CMG－DM24S3EAM）：

主通道：4 通道 24 位（3 个主通道，一个辅助通道），6～12 通道可选

动态范围：≥137dB（低功率单元，采样率 40sps）

电压输入范围：20V P－P（40V P－P 可选）

采样率：1～1000sps

网络：以太网口，支持 UDP 或 TCP/IP、FTP 协议

传感器控制：发送标定信号及对传感器进行调零控制

工作温度：－40℃～＋60℃

本地存储介质：内部 USB2.0 接口，16～64G 可选

供电：9～28VDC，三通道工作 <2.5W

五、TDE－324 CI/FI 地震数据采集器

TDE－324CI 型地震数据采集记录器是由珠海市泰德企业有限公司在 TDE－324C 地震数据采集记录器基础上研制开发的新一代地震数据采集记录器。TDE－324CI 型地震数据采集记录器采用了高性能低功耗的 RISC 处理器/DSP 器件、高可靠性的实时操作系统（RTOS）、CS537x 系列 24 位 AD 器件。集成了 3/6 通道 24 位地震数据采集、大容量电子硬盘（CF 卡）实现数据存储、基于 Internet 等网络协议上的实时数据网络多址传输以及实时串口数据传输，台站状态监测、多路信号标定、按键设置及数码管参数显示、系统避雷保护等功能。TDE－324CI 具备 6 路独立的 A/D 监测通道，能自动实现对环境与地震计的状态监控，如地震计的零点漂移（MASS POSITION）、台站供电电压、台站供电电流、台站温度等参数的监控。系统数据存储采用了修正的 SEED－STEIM2 压缩数据格式，数据压缩率高。

主要技术指标：

主通道：3/6 通道；

动态范围：≥139dB@50sps

≥135dB@100sps

≥131dB@200sps

电压输入范围：40VP－P；

增益：1，2，4，8，16，32，64 可选

采样率：1～500eps

网络：10/100M 以太网，支持 UDP 或 TCP/IP、FTP 协议

传感器控制：发送标定信号及对传感器进行调零控制

工作温度：－20℃～＋65℃

本地存储介质：一个 CF 卡接口，一个 Microdrive 接口

供电：6～30VDC，三通道工作 <1.2W

六、TAURUS 地震数据采集器

TAURUS 地震数据采集器由加拿大 NANOMETRICS 公司生产，采用24 位 A/D 转换器，精确的 GPS 时钟和内置大容量 CF 卡存储，集成彩色图形显示和五键面板可以迅速对地震数据采集器进行操控和查看实时数据。TAURUS 地震数据采集器标配为 3 通道，可以通过 Trident（独立24 位 A/D 转换设备）将其扩展为6、9 通道。TAURUS 地震数据采集器的数据获取或管理可使用其自由的 Apollo PROJECT 软件进行。

TAURUS 地震数据采集器可使用其五键面板直接操控或在设置好并联通网络的情况下进行远程 WEB 操控。TAURUS 地震数据采集器的操控分为状态显示及参数控制，状态显示主要包括地震计调零、实时波形显示、GPS 状态显示、存储状态显示等，可以直接由面板选择显示；参数控制包括采样率、地震计类型选择、通道设置、网络设置等，如需进行参数控制必须通过用户名密码进入，已确保重要参数不会被随意更改。

主要技术指标：

主通道：3 道

动态范围：>141dB@100sps

电压输入范围：40V P－P

增益：0.4，1，2，4，8

采样率：1～500sps

网络：10/100M 以太网，支持 UDP 或 TCP/IP、FTP 协议

传感器控制：发送标定信号及对传感器进行调零控制

工作温度：－20℃～＋60℃

本地存储介质：一个 CF 卡接口，一个 Microdrive 接口

供电：9～36VDC，液晶显示屏未工作时<2.3W，液晶显示屏工作时<3.3W

封装：铝密封外壳，整装 IP67。

第三节　模拟地震仪

本节介绍4 种模拟地震仪。除伍德-安德森地震仪外，其余地震仪均为我国曾经长期使用的地震仪，积累了大量的观测资料。伍德-安德森地震仪是一种古老的扭力地震仪，观测水平向地震波，在定义里克特震级标度方面起到了重要作用。

一、W－A 地震仪

1922 年，安德森和伍德设计了伍德-安德森扭力地震仪，摆的自由周期为 0.8s，阻尼 0.8，标称放大倍数为2800 倍。伍德-安德森地震仪在定义里克特震级标度方面起到了重要的作用。

伍德-安德森地震仪是一种水平向地震仪，采用照相记录方式。这种地震仪的机械摆高 36cm，摆锤为一个金属圆柱，质量不足 10g，其侧面固定在一根绷紧的、竖直悬挂的金属丝上，金属圆柱能够围绕金属悬丝转动，在金属悬丝上同时固定一面小的反射镜，随金属圆柱同步转动，通过反射镜将偏转角转换成光点位移进行照相记录。伍德-安德森地震仪采用电

磁阻尼系统，参见图3.3.1，图中T为悬挂金属丝，m为反射镜，C为金属圆柱，M为电磁阻尼系统的磁铁。

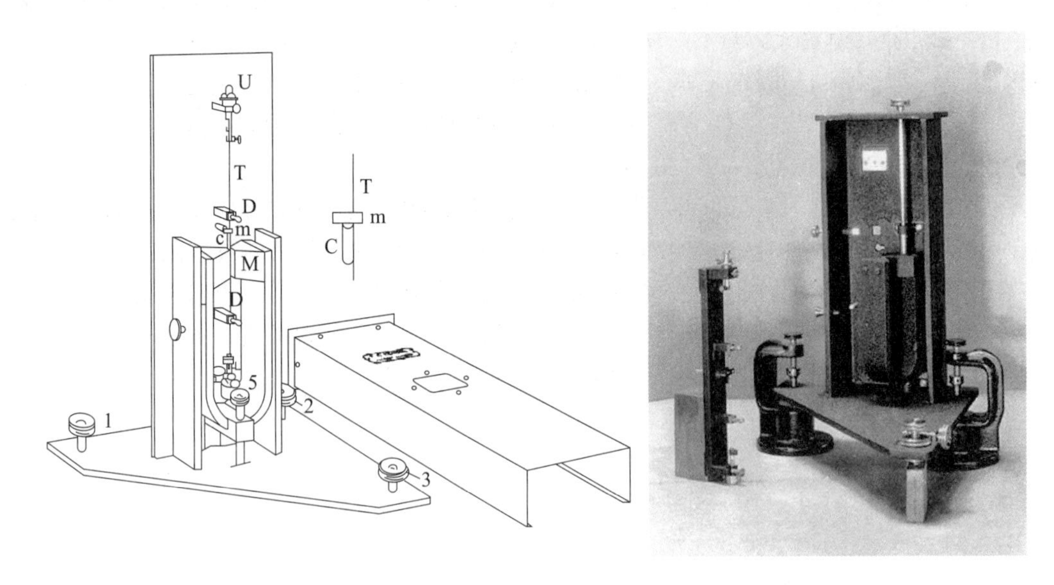

图3.3.1 伍德-安德森地震仪及其结构示意图

伍德-安德森地震仪记录的观测量为地面振动位移，传递函数可写为

$$H(s) = \frac{S_0 s^2}{s^2 + 2D\omega_0 s + \omega_0^2} \tag{3.3.1}$$

式中阻尼 D 为0.8，放大倍数 S_0 为2800，自振角频率 ω_0 为7.85rad/s。

二、SK地震仪

SK基式地震仪是由原苏联地震学家基尔诺斯教授在20世纪40年代后期研制的地震计与电流计耦合采用照像记录的中长周期地震仪。20世纪50年代初期苏联地震台站和我国大部分地震台站装备了基式地震仪。

基式地震仪是一套宽频带三分向光记录地震观测系统。该系统的二台水平向地震计，通过两组电阻网络，分别与二台短周期检流计耦合；而一台竖直向地震计测通过一组电阻网络与一台短周期检流计连接。地震计的工作阻尼小于临界阻尼、电流计工作于强阻尼两者配合在所需的频带，形成所需的位移平坦特性。基式地震计的照片见图3.3.2，左边为垂直向，右边为水平向。

基式地震仪是我国地震台上运转时间最长、取得连续记录资料最多的一种宽频带地震记录仪器，也是模拟地震观测时期记录动态范围最大、线性度最好的地震仪。这些观测资料不但在地震（包括核爆炸）震相分析、参数测定及震级计算方面起着显著作用，而且对中国地区震相走时的研究和制定也作出了重要贡献。此外，该仪器还推动了我国在震源物理、地壳和上地幔结构方面的研究，并取得了一批科研成果。随着20世纪90年代后期我国数字化

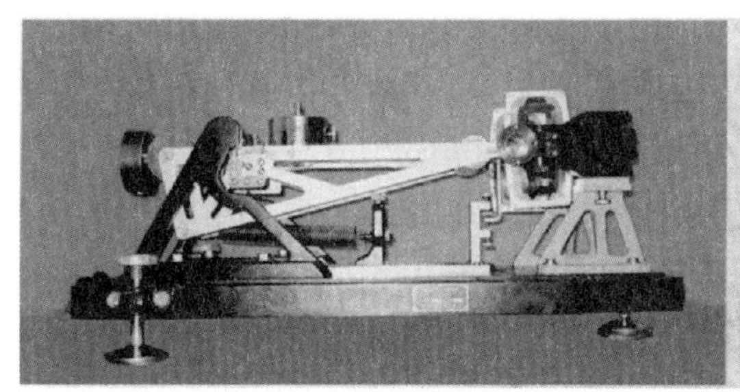 

图 3.3.2　SK 基式地震计

地震台网的建立，大部分地震台站的基式地震仪于 2000 年停止记录。

基式地震计可调周期范围较大，水平向为 5s ~ 30s，垂直向 7s ~ 25s。配套电流计的可调周期范围为 1s ~ 1.3s。基式地震仪运行参数为：地震计固有周期为 12.5s，工作阻尼为 0.45；电流计固有周期 1.2s，工作阻尼 5.0；水平向耦合系数 0.1，垂直向耦合系数 0.3；水平向放大倍数为 3000 倍，垂直向放大倍数为 1000 倍。

基式地震仪的观测量为地动位移，其水平向归一化传递函数为：

$$H(s) = \frac{s^2}{s^2 + 0.4466s + 0.2735} \cdot \frac{52.37s}{s^2 + 52.37s + 25.33} \tag{3.3.2}$$

垂直向归一化传递函数为：

$$H(s) = \frac{s^2}{s^2 + 0.4167s + 0.3134} \cdot \frac{52.40s}{s^2 + 52.40s + 22.10} \tag{3.3.3}$$

三、DD－1 地震仪

DD－1 地震仪由 DS－1 型地震计和 DJ－1 型记录器配用构成。DS－1 型地震计把地动信号转换成电信号，经 DJ－1 型记录器的放大器放大后，推动记录笔在记录纸上画出放大后的地震波形。如果地动位移幅度较大，就能触发接在垂直向放大器输出端的报警器，发出报警讯号。时钟（石英钟）给出时间标志信号，在放大器中形成脉冲，带动记录笔在记录纸上画出标记号（时号和分号）。

1. DS－1 型地震计

该仪器是国家地震局地球物理研究所和国家地震局地震仪器厂于 1971 ~ 1972 年研制的，广泛应用于全国地震基准台及区域测震台。图 3.3.4 为 DS－1 型短周期地震计，左边为垂直向 DS－1－V，右边为水平向 DS－1－H。

DS－1－H 水平向地震计采用动圈式换能器，固有周期 1s，灵敏度 700Vs/m，最大可测位移振幅 ±0.5mm，重 16kg，外形尺寸为 42cm × 28cm × 25cm；DS－1－V 垂直向地震计采用动圈式换能器，固有周期 1s，灵敏度 500Vs/m，最大可测位移振幅 ±0.5mm，重 18kg，

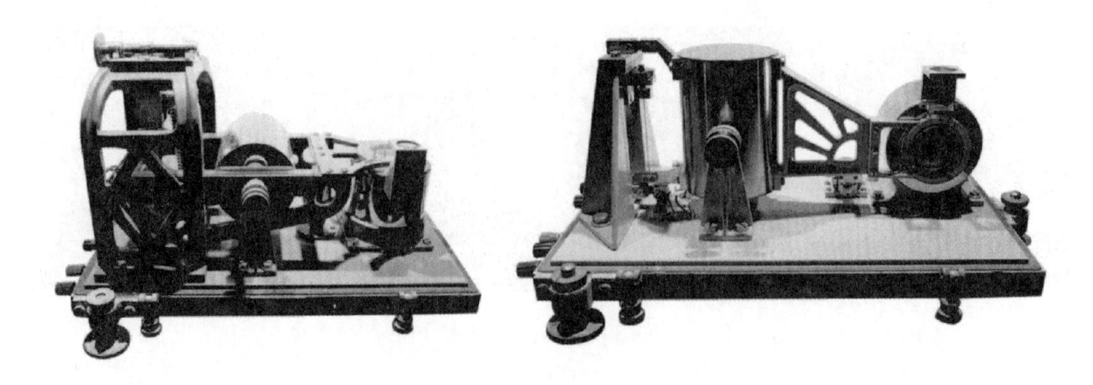

图 3.3.4　DS－1 型短周期地震计

外形尺寸为 39cm×28cm×27cm。DS－1 型地震计的换能器线圈匝数为 4800，线径 0.05mm，内阻 6kΩ，换能器磁场强度 0.45T；标定器线圈匝数为 1800，线径 0.05mm，内阻 710Ω，标定器磁场强度 0.15T。

2. DJ－1 型记录器

DJ－1 型记录器为墨水笔记录器，由带有积分特性的放大器、记录笔、记录滚筒、报警器等组成，参见图 3.3.5 中虚线框内的部分（时钟除外）。

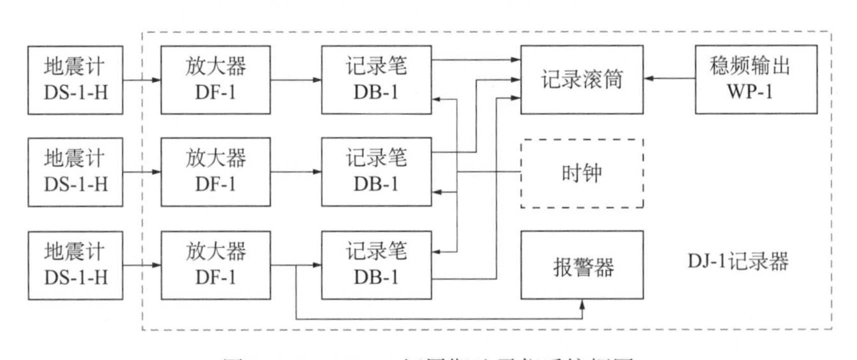

图 3.3.5　DD－1 短周期地震仪系统框图

DJ－1 放大器的无积分电压放大倍数为 30000 倍（配置多个衰减档），频带 0.25Hz～800Hz，积分器的时间常数为 0.22s；记录笔的固有频率为 20Hz，阻尼为 0.707；记录纸走速有三档，分别为 120mm/m、180mm/m 和 240mm/m。

3. DD－1 型短周期地震仪的传递函数

根据上述 DS－1 和 DJ－1 的参数，可写出 DD－1 型地震仪对地动位移响应的归一化传递函数：

$$H(s) = \frac{s^3}{(s^2 + 5.655s + 39.45)(s + 4.545)} \cdot \frac{15791}{s^2 + 177.7s + 15791} \qquad (3.3.4)$$

四、763 地震仪

763 长周期地震仪是为了记录远震激发的长周期地震波而设计的。1963 年开始研制，1977 年推广使用，33 个基本台安装了 763 长周期地震仪。763 型长周期地震仪是一套三分向光记录地震观测系统。该系统的两台水平向地震计和一台竖直向地震计，各通过电阻网络，分别与长周期检流计匹配，形成所需的特性。

图 3.3.6　763 长周期地震计

20 世纪 90 年代后期 763 长周期地震观测台网替代了国内的 SK 中长周期地震观测台网，使中国地震台网成为世界地震中心（ISC）测报面波震级的主要台网之一。我国 763 长周期地震观测台网的建成，使我国地震台站的观测频带从几十秒扩展到百秒以上，大幅度提高了监测能力，提高了识别周期较长的后续震相能力，扩大了单台定位极远震的能力。随着数字地震观测台网的建成，2002 年后大部分 763 长周期地震仪停止了记录。

763 型长周期地震仪采用与世界标准地震台网长周期通道一致的特性参数，即：地震计固有周期 =（15 ±0.1）s；地震计工作阻尼 =1.0 ±0.051；检流计固有周期 =（100 ±5）s；检流计工作阻尼 =1.0 ±0.05；耦合系数 0.1；系统放大率 750 或 1500 倍。

763 型地震仪对地面振动位移响应的传递函数为：

$$H(s) = \frac{s^2}{s^2 + 0.8227s + 0.1539} \cdot \frac{0.8497s}{s^2 + 0.1407s + 0.004501} \tag{3.3.5}$$

第四章　测震台站

测震台站是地震观测的基本单元，是测震台网的重要组成部分，是获取地面运动波形观测数据的关键环节。无失真地、完整地观测和记录地震波的能力是测震台站的首要目标，这一目标的实现主要取决于测震台站技术系统的性能和测震台站观测环境。如何实现既定的观测目标，如何获取高质量的观测数据，涉及测震台站的勘选与建设、观测设备配置、台站运行维护等环节。本章重点介绍测震台站的技术系统构成与技术性能、台站勘选与建设、运行维护等内容。

第一节　测震台站技术系统

测震台站技术系统主要由观测子系统、数据传输子系统、供电子系统及其辅助保障子系统等构成。其中观测子系统所配置的观测设备是决定测震台站技术水平的关键设备，不同的测震台网，不同的观测目的，对所需要配置的观测设备有不同的要求，观测设备的选型也会受到设备安装方式的限制，如井下地震观测需要使用专门设计的井下型地震观测设备。

从测震观测台站的管理角度来看，测震台站可分为有人值守台站和无人值守台站。有人值守台站还配备有台站数据处理系统。随着测震观测系统的数字化和网络化，有人值守台站的占比越来越小，其承担的台站观测数据分析任务已逐渐转移到台网中心。

一、技术系统基本构成

图 4. 1. 1 为测震台站基本构成示意图，包括有人值守台站和无人值守台站。有人值守台站配置了资料处理子系统，而无人值守台站无需配置。各个子系统的功能如下：

观测子系统主要由地震计和数据采集器组成，地震计将地动信号转换为电压信号，数据采集器将地震计输出的电压信号转换为数字信号。数据采集器的内部具有实时时钟，用于记录采样点的采样时刻。为了保证采样时刻的准确性，应对数据采集器的内部时钟进行授时。

传输子系统用于将测震台站的观测数据传输到台网中心，实现组网观测。传输子系统一般由网络接入设备组成，在没有网络接入条件的情况下，也可以使用无线数字传输电台等数据传输设备实现数据传输。

对于有人值守台站，传输子系统还提供了台站数据分析结果报送、台站与台网中心数据交换的途径。

供电子系统提供连续、稳定的电源。目前，我国测震台站常采用三种供电方式，即单独交流供电方式、太阳能供电与交流供电联合方式、单独太阳能供电方式。此外，为提高台站供电的稳定性，保障供电质量，常配置额定容量的 UPS 或后备发电机。

辅助保障子系统提供雷击防护、运行监控和观测环境保护等。

只在有人值守台站才会配置资料处理子系统。资料处理子系统完成观测资料的本地处理和结果上报等。

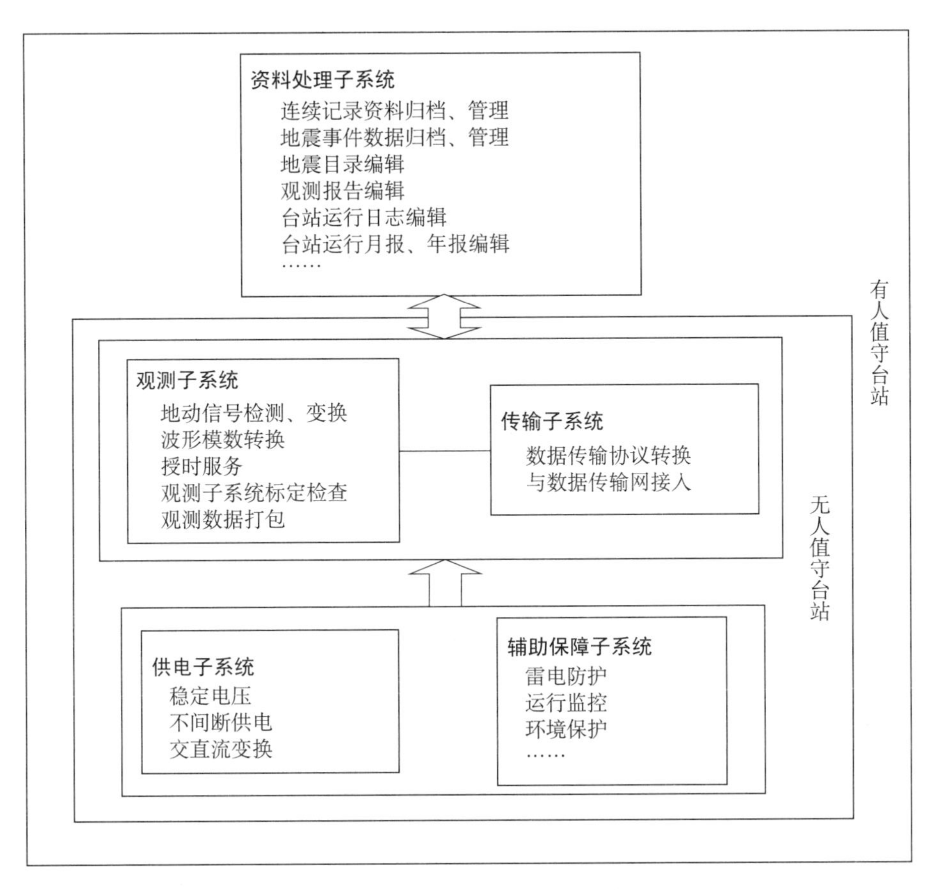

图 4.1.1　测震台站基本构成示意图

测震台站的信号及数据处理流程示意图如图 4.1.2 所示。地震计不仅以电压量输出地动观测信号，还能够接收数据采集器输出的测试信号（标定信号），用于检验地震计的运行状态，以及进一步测试地震计的频率特性；数据采集器以实时数据流的方式输出特定采样率的观测数据，通过网络传输至台网中心和台站资料处理子系统。

国家测震台站和区域测震台站具有不同的观测目标，其观测设备的配置有不同的技术要求。

国家测震台站主要用于监测全球范围内发生的较大地震，并为地球内部研究提供高质量的宽频带观测数据。所采用的观测设备应具有低噪声和低漂移的技术特点，观测设备的自噪声功率谱在数十秒至数百秒的频带范围内尽可能不高于皮特森的地球最小噪声模型（NLNM），观测频带尽可能往低频延伸，地震计的自振周期一般为 120s 或 360s，这样的技术性能对于有效地记录大地震激发的绕地球表面传播数圈的长周期面波和地球自由振荡信号提供了技术上的保障。

国家测震台站大部分配置甚宽频带观测系统，主要观测设备为甚宽频带地震计和高分辨型地震数据采集器，观测频带为 0.0083 ~ 40Hz；部分台站配置超宽频带观测系统，主要观测设备为超宽频带地震计和高分辨型地震数据采集器，观测频带为 0.00267 ~ 40Hz。

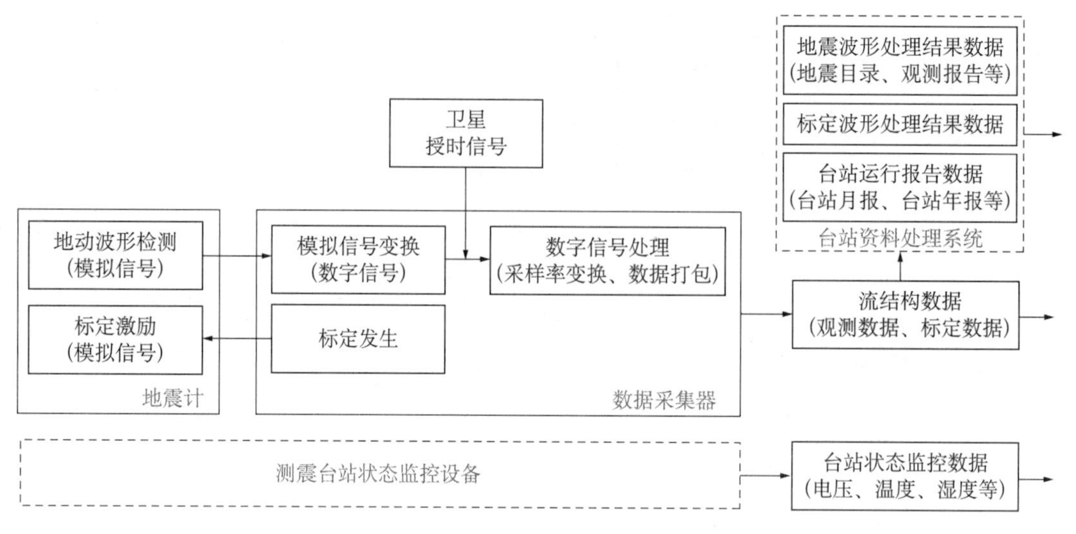

图 4.1.2　测震台站数据流程示意图

图 4.1.3 示出了一个典型的超宽频带数字地震观测系统构成，观测系统配置的主要专用设备包括 JCZ－1 型地震计、EDAS－24 型 24 位数据采集器、BBAS－2 型加速度计。同时，在台站还配置了数据传输设备和避雷设备等，有人值守台站还部署了相应的数据接收和处理系统。根据台站所具备的不同传输信道条件，台站观测数据通过卫星信道直接传输到国家台网中心，且通过 SDH/MSTP 等地震行业专网传输到省局测震台网中心，在省局测震台网中心与区域台站数据汇集后，经地震行业专网转发至中国地震台网中心。配置加速度计的主要目的是为了扩大台站的观测动态范围，地动加速度振幅的观测上限可扩展到 2g 以上，在当前主流的甚（超）宽频带地震计及数据采集器的动态范围受到技术限制而不能持续扩大的情况下，解决了大地震近场地震波记录限幅的问题。

JCZ－1 型超宽频带地震计具有 VBB 和 VLP 两路三分向输出信号，其中 VLP 输出的观测量为地动加速度，观测频带为直流（DC）至 360s。对于配置了 JCZ－1 型超宽频带地震计的台站，其数据采集器应具有 6 个输入通道，以满足 VBB 和 VLP 信号的采集需要。

区域测震台站主要面向本地地震监测的应用需求而建设。由于区域测震台站记录的地震事件多数为本地微、小地震，早期的区域台站常采用短周期地震观测设备。随着数字化观测技术的发展，区域测震台站已经普遍采用了大动态、宽频带的观测设备，观测数据质量有了很大提高。区域测震台站获取的宽频带观测数据能够更好地满足震源参数测定、地下介质波速结构反演、品质因子 Q 值结构反演等应用需求，例如在测定小震震源参数时，高频地震波传播时更容易受到浅层小尺度复杂构造的影响，而长周期地震波受到此类因素的影响就弱的多。

区域测震台站一般配置宽频带或甚宽频带观测设备，观测频带为 0.0167～40Hz，或者 0.0083～40Hz，数据采集采用 24 位高分辨模拟数字转换，采样率为每秒 100 次。图 4.1.4 示出了一个典型区域测震台站的技术系统构成，配置的主要专用设备有 BBVS－60/120 或 CMG－3 系列等宽频带地震计、24 位数据采集器，同时配置相应的数据传输设备和供电、避雷设备。根据台站所具备的不同传输信道条件，台站观测数据通过 SDH/MSTP/ADSL 等

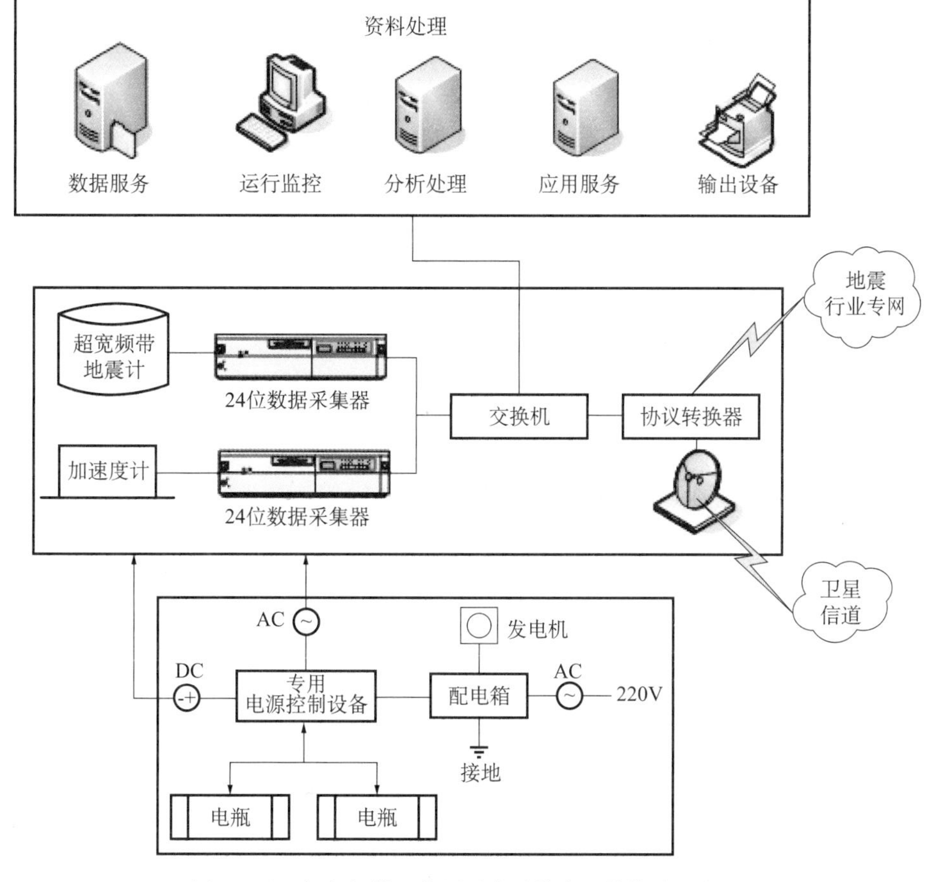

图 4.1.3　超宽频带国家测震台站技术系统构成示意图

有线链路地震行业专网，或 CDMA/3G 等无线链路传输到省局测震台网中心，并经地震行业专网转发至中国地震台网中心。

为了获得高信噪比的观测数据，为了达到更高的微震监测能力，测震台站一般建设在环境振动干扰小的基岩上。在经济发达地区和没有基岩出露的地区，难以勘选到理想的测震台站建设场址，解决这一问题的途径是将观测仪器安装到地下深处开展井下地震观测。

井下地震观测一般将地震计安装在数百米深的井下，用于井下观测的地震计均为专门设计的产品，密封在细长的金属圆筒中，能够承受 10MPa 以上的水压。应用于国家台网或区域台网的井下测震台站应配置符合相应应用需求的井下型超宽频带地震计或甚宽频带地震计。除井下地震计之外，井下测震台站其他设备配置与一般地表测震台站没有差别。

除了上述介绍的国家测震台站和区域测震台站之外，还有一些专用地震台网台站。如火山地震监测台网台站、水库地震监测台网台站，其技术系统与区域测震台站没有形式上的差别，在具体观测设备选型等方面可能选择成本较低的短周期观测设备。

近年来，为了提高测震台站记录近场大地震地震波的能力，在测震台站上增加强震加速度观测设备，包括力平衡加速度计和数据采集器，扩大了测震台站的观测动态范围。测震台站增加的强震观侧设备共用台站的供电和数据传输部分。具体实现时，也可以将台站所用的

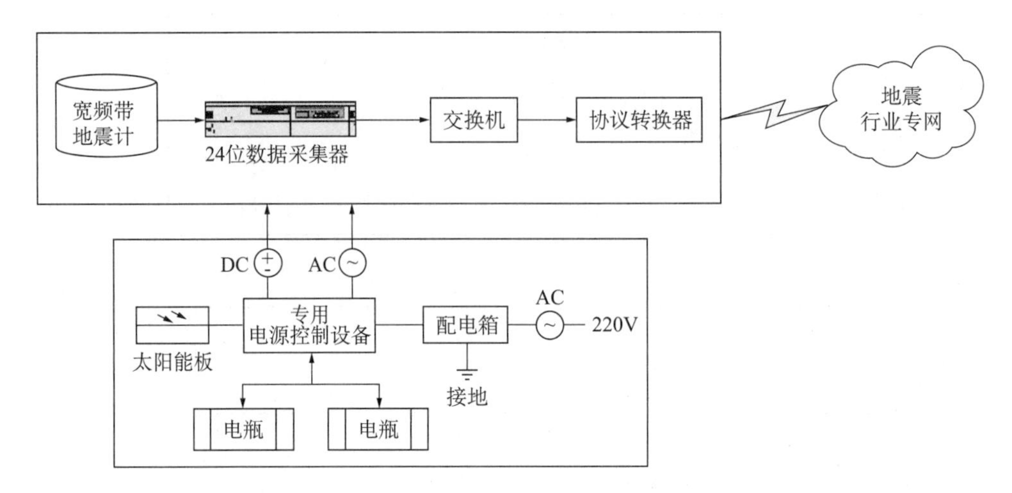

图 4.1.4　典型宽频带地表型无人职守区域测震台站技术系统构成示意图

3 通道数据采集器更换为 6 通道数据采集器，多出来的三个采集通道用于连接强震加速度计。

二、技术系统基本参数

1. 观测频带与采样率

测震台站技术系统的观测频带决定于所采用的地震计，以及数据采集器的采样率参数。根据采样定理，观测频带的上限必须小于采样率的 1/2，实际数据采集器工作在每秒 100 次采样的情况下，有效信号带宽可达 40Hz。在观测频带的低频端，主要受到地震计的频带限制。当采用短周期地震计时，观测频带的低频端为 1Hz 或 0.5Hz；当采用甚宽频带地震计时，观测频带的低频端为 0.0083Hz。

一般来说，观测频带的低频端采用地震计的自振频率（或自振周期）来表示，在低于地震计自振频率的一段频带，仍然能够有效记录地震波信号，使用该频段的信号应依据地震计的传递函数进行频率特性校正，并注意记录波形的信噪比是否满足使用要求。

2. 测量范围

测量范围的上限取决于地震计满度值和数据采集器满度值。举例来说，地震计的满量程为 0.01m/s，灵敏度为 2000V · s/m，满度输出电压为 ±20V，若数据采集器的满量程设置为 ±20V，则系统的测量上限为 0.01m/s；若数据采集器的满量程设置为 ±10V，则系统的测量上限为 0.005m/s。

测量范围的下限取决于地震计和数据采集器的噪声。对于宽频带、甚宽频带和超宽频带技术系统来说，在低于 1Hz 的中长周期频段，测量下限主要受到地震计噪声的限制。

在仪器选型时，应注意仪器噪声要小于台基噪声，使仪器噪声不成为台站监测能力的限制因素。

当需要提高技术系统的测量范围上限时，可增加强震加速度观测。使用满量程为 ±2g 的力平衡加速度计及其数据采集系统，可将测量范围上限提高至 2g。

3. 观测量

测震台站技术系统采用的各种宽频带地震计和短周期地震计，均为将地面运动速度转换为电压量输出的传感器，因此，观测量为速度量。

国家测震台站配置的超宽频带地震计，具有 VBB 和 VLP 两路输出信号，对应 VBB 信号输出的采集数据，观测量为速度量；对应 VLP 信号输出的采集数据，观测量为加速度量。

若测震台站配置强震观测，并采用了力平衡加速度计，观测量为加速度量。

4. 温度范围

我国地域辽阔，南北气候差异大，季节性温差大，要求测震台站技术系统应能够适应宽温度范围的观测环境。

现行地震计、数据采集器等台站设备的可工作温度范围很宽，一般可达 -25℃ ~ +50℃。由于观测仪器运行时的自身发热，采取适当保温措施能够在北方冬季的严寒气候环境中运行。

对于宽频带观测来说，还有最大环境温差方面的要求。例如，根据地震计厂家的数据，STS-2 型地震计在温度变化范围 ±10℃内无需进行摆锤调零，CMG-3T 型地震计无需调零的温度范围为 ±12℃，CMG-3ESP 则为 ±10℃。对宽频带地震计进行零点调整，必然中断正常观测，若宽频带地震计零点偏移过大而不采取调零措施，则发生靠摆的可能性很大，一旦发生靠摆现象，宽频带地震计将失去地面振动传感功能。因此，宽频带地震计的无需调零最大温度范围的要求，使得测震台站应采取一定的措施，以衰减环境昼夜温差变化，甚至季节温差变化。

5. 时间服务

数字信号便于传输和存储。数字信号传输过程中，容易实现存储转发、反馈重传等功能，保障了数字信号的无差错传输。正是数字信号的存储、转发、重传、滤波运算等操作带来了不确定的变化的延时。因此，测震台站技术系统应具有授时功能，使得观测数据在采样时就打上时间标记。目前，授时功能被集成在数据采集器中，在具体实现台站技术系统时，应选择授时源，并进行信号测试，以保证技术系统时间服务的有效性。

第二节　台址勘选

测震台站的勘选是实现观测目标、保证测震观测质量的关键环节。台站选址首先要符合台网布局要求。在台址勘选过程中，开展现场考察和场址测试工作，优选背景噪声低、远离干扰源的理想场址，以保障未来台站产出数据的质量和台站的监测能力。

一、观测台站选址原则

观测台站的选址首先应符合台网布局要求。国家测震台网台间距较大，允许台址偏离预定地理位置的距离较大，台址勘选的余地也比较大；区域台网台间距较小，允许台址偏离预定地理位置的距离也较小。

观测台站的选址应符合观测环境要求。国家标准 GB/T 19531.1-2004《地震台站观测环境技术要求第 1 部分：测震》规定了测震台站的观测环境要求，勘选台址时应依据该标准对预定区域进行现场调查，了解当地可能的振动干扰源，并进一步了解当地的近期与长期建设发展规划，避免今后可能出现的新干扰源。

在满足布局要求和观测环境要求的前提下，进一步考虑交通、供电、通信等基础设施情况，选择有利于台站建设和运行维护，有利于通讯、供电保障的场址。

测震台记录波形反映的应是台站所在地点基岩的振动。具体确定场址时，优先考虑有基岩出露或基岩埋深较浅的场址。基岩场址的背景噪声较小，有利于提高台站的监测能力；与有沉积层覆盖的场址相比，地震波传播到基岩场址的路径没有经过沉积层的耦合，有利于获得高保真的观测资料。在没有基岩出露的情况下，可以考虑采用井下地震观测。选择将测震台建在覆盖层上，是出于台网布局的要求和投资的限制所采取的折中方案。

二、观测场地技术要求

1. 观测场地类型

观测场地一般可以分为地表、洞室、浅井（含地下室）和深井（井下）四种类型。风化层不厚、无破碎夹层、完整大面积出露的基岩是理想的地表观测场地；洞室观测场地不仅具有基岩场地的优点，还具有环境温度基本恒定的特点，特别适合于超宽频带或甚宽频带地震观测；当有基岩出露但风化层较厚，或者虽没有基岩出露但覆盖层很浅（如不超过10米）的情况下，宜采用浅井（含地下室）观测，浅井观测环境也具有温度变化小的特点，有利于各种宽频带地震观测。深井观测适用于覆盖层较厚的情况，需要专门钻井并采用专门设计的井下型地震计。

不同的观测需求对观测场地的要求并不一致。国家测震台站主要用于监测全球范围内发生的较大地震，获取高质量的观测数据，特别是高质量的长周期观测数据。根据皮特森地球噪声模型和台站背景噪声谱概率密度分析，在30s以上的长周期频带振动干扰背景普遍较小，同样在这个长周期频段，甚（超）宽频带地震计更容易受到环境温度、气压、地磁变化等因素的影响，其中以环境温度变化的影响最大。因此，对于国家测震台站，选择洞室观测、浅井或地下室观测更为合适。区域测震台站主要用于本地微震观测。地震越小，其地震波的优势频率越高，短周期频段是监测本地微震的最佳频段。为了提高微震监测能力，短周期频段背景噪声干扰小的场地应为区域测震台站的首选。

2. 环境地噪声水平分级及分区

观测场地地噪声水平主要影响测震台站的监测能力。0.05～1Hz频段的地噪声主要来源于海洋，随台站距离海岸的距离的增大而逐渐衰减；而频率高于1Hz的短周期频段的地噪声主要来源于人类活动，以及风、河流等自然因素，不同场址的短周期噪声水平可能相差很大，是影响测震台站监测能力的主要因素。GB/T 19531.1－2004《地震台站观测环境技术要求第1部分：测震》根据1～20Hz频段的地噪声水平将环境地噪声水平分为5级：

——Ⅰ级环境地噪声水平：$Enl < 3.16\times10^{-8}$ m/s；

——Ⅱ级环境地噪声水平：3.16×10^{-8} m/s $\leq Enl < 1.00\times10^{-7}$ m/s；

——Ⅲ级环境地噪声水平：1.00×10^{-7} m/s $\leq Enl < 3.16\times10^{-7}$ m/s；

——Ⅳ级环境地噪声水平：3.16×10^{-7} m/s $\leq Enl < 1.00\times10^{-6}$ m/s；

——Ⅴ级环境地噪声水平：1.00×10^{-6} m/s $\leq Enl < 3.16\times10^{-6}$ m/s。

上述环境地噪声水平等级用分贝数表示为（相对于1m/s）：

——Ⅰ级环境地噪声水平：$EnldB < -150$ dB；

——Ⅱ级环境地噪声水平：-150dB≤EnldB<-140dB；
——Ⅲ级环境地噪声水平：-140dB≤EnldB<-130dB；
——Ⅳ级环境地噪声水平：-130dB≤EnldB<-120dB；
——Ⅴ级环境地噪声水平：-120dB≤EnldB<-110dB。

不同地区的环境地噪声平均水平是不同的，例如：沿海经济发达地区的地噪声水平明显大于内陆地区。不同地噪声水平的地区难以按照同一个地噪声水平标准来勘选和建设测震台站。在地噪声水平较高的地区实现较高的地震监测能力，还可以通过提高台站密度来实现。为了指导不同地噪声水平的地区进行台站勘选与建设，《地震台站观测环境技术要求第1部分：测震》按地噪声水平进行了分区，并规定了各区的测震台站地噪声水平。表4.2.1为中国大陆背景地噪声区域划分。

表4.2.1 国大陆背景地噪声区域划分

区域分类	地理位置
A类地区	西藏、新疆、青海、内蒙、宁夏、黑龙江、甘肃西部
B类地区	四川、云南、贵州、湖南、湖北、江西、山西、陕西、河南、甘肃东部、吉林、广西
C类地区	北京市的郊区县、重庆市的郊区县、安徽，以及天津、河北、山东、辽宁、广东、福建、江苏、浙江七省的距离海边100km范围以远地区
D类地区	城市市区、上海、以及天津、海南、河北、广东、福建、江苏、浙江、辽宁、山东、广西省的沿海地区（距海边10~100km范围以内）
E类地区	海岛、港湾、距海边小于10km范围内沿海

对于短周期测震台站，环境地噪声水平在各类地区应符合下列要求：
——A类地区：应不大于Ⅱ级环境地噪声水平，即EnldB<-140dB；
——B类地区：应不大于Ⅲ级环境地噪声水平，即EnldB<-130dB；
——C类地区：应不大于Ⅲ级环境地噪声水平，即EnldB<-130dB；
——D类地区：应不大于Ⅳ级环境地噪声水平，即EnldB<-120dB；
——E类地区：应不大于Ⅴ级环境地噪声水平，即EnldB<-110dB。
对于宽频带测震台站，环境地噪声水平在各类地区应符合下列要求：
——A类地区：应不大于Ⅱ级环境地噪声水平，即EnldB<-140dB；
——B类地区：应不大于Ⅱ级环境地噪声水平，即EnldB<-140dB；
——C类地区：应不大于Ⅲ级环境地噪声水平，即EnldB<-130dB；
——D类地区：应不大于Ⅲ级环境地噪声水平，即EnldB<-130dB；
——E类地区：应不大于Ⅳ级环境地噪声水平，即EnldB<-120dB。
对于甚宽频带测震台站，环境地噪声水平在各类地区应符合下列要求：
——A类地区：应不大于Ⅰ级环境地噪声水平，即EnldB<-150dB；
——B类地区：应不大于Ⅰ级环境地噪声水平，即EnldB<-150dB；

——C 类地区：应不大于Ⅱ级环境地噪声水平，即 EnldB < －140dB；

——D 类地区：应不大于Ⅱ级环境地噪声水平，即 EnldB < －140dB；

——E 类地区：应不大于Ⅲ级环境地噪声水平，即 EnldB < －130dB。

3. 避开干扰源的距离

观测场地要避开对观测有影响的干扰源，包括当地发展规划中各种潜在的干扰源。GB/T 19531.1－2004 规定了离开干扰源的最小距离，见表 4.2.2。

表 4.2.2　地震计安放位置与干扰源之间的最小距离

干扰源	最小距离/km		最小距离比例系数			
	Ⅱ级环境地噪声台站		其他级别环境地噪声台站			
	硬土和沙砾土	基岩	Ⅰ	Ⅲ	Ⅳ	Ⅴ
Ⅲ级（含Ⅲ级）以上铁路	2.00	2.50	2.00	0.80	0.60	0.40
县级以上（含县级）公路	1.30	1.70	2.00	0.80	0.60	0.40
飞机场	3.00	5.00	2.00	0.80	0.60	0.40
大型水库、湖泊	10.00	15.00	3.00	0.10	0.04	0.02
海浪	20.00	20.00	8.00	0.20	0.10	0.05
采石场、矿山	2.50	3.00	2.00	0.80	0.60	0.40
重型机械厂、岩石破碎机、火力发电站、水泥厂	2.50	3.00	2.00	0.80	0.60	0.40
一般工厂、较大村落、旅游景点	0.40	0.40	2.00	0.80	0.60	0.40
大河流、江、瀑布	2.50	3.00	4.00	0.60	0.40	0.20
大型输油输气管道	10.00	10.00	2.00	0.60	0.40	0.20
14 层（含）以上的高大建筑物	0.20	0.20	2.00	0.50	0.30	0.10
6 层楼以下（含 6 层）低建筑物、高大树木	0.03	0.04	2.00	0.80	0.60	0.40
高围栏、低树木、高灌木	0.02	0.03	2.00	0.80	0.60	0.40

注 1：N 级台站与干扰源之间最小距离 = Ⅱ级台站与干扰源之间最小距离 × N 级台站最小距离比例系数；

注 2：大型水库、湖泊：指库容量 $\geq 1 \times 10^{10} m^3$ 的水库、湖泊；

注 3：重型机械厂：指有大型机械、往复运动机械的工厂；

注 4：一般工厂：不产生明显振动感的工厂；

注 5：地震台站与 7～13 层建筑物的最小距离根据地震台站与 6 层和 14 层建筑物的最小距离按层数内插。

4. 供电、通信、交通

交流供电的台站位置应具有交流电的接入条件，不具备交流供电条件的区域，可以采用硅太阳能电池板提供电源。

通信方式有多种选择，可根据台站当地的实际情况，选择有线的 SDH、ADSL、MSTP 等，或无线的超短波、微波、扩频微波、CDMA、2G、3G/4G、卫星等通信方式。选择无线方式通信的台址附近应该没有强大电磁干扰源，如无线电发射台、变电站、电气化铁道、机场以及电焊设备、X 光设备、高压输电线等。

好的交通条件将会极大地方便台站的安装架设与日常维护，有利于缩短维护周期，对于提高台站数据连续性起重要作用。在进行台址踏勘时，要注重前往台址的最后 1km 道路，在不同季节或气象地质灾害发生时，能够通行。

三、台址勘选步骤

台址勘选的过程基本可划分为台址初勘、现场踏勘、场地测试和台址确定 4 个阶段。

台址初勘也就是台址的初步勘察，该项工作主要是根据台网总体布局和监测能力要求，在室内预先依据各类地图对台站位置进行初步选择。初选台址位置时，可以采用纸介质地图、地质图与电子地图相结合的方式，对拟定的台址区域的地质、地形地貌以及交通等环境信息进行查看，对台址进行初步选择。台址初勘数量要有一定的冗余，以便台址现场踏勘时，对初勘台址进行选择比较，提高工作效率。

现场踏勘是对台址初勘时所选定的区域进行实地查看。首先应对台址初勘时得到的各类信息进行核实，查看场地条件，调查干扰背景，了解当地的近期与长期建设发展规划，避免今后可能出现新的干扰源；一个好的地震观测场地不但要满足观测环境的要求，同时还需要稳定的供电、数据通信系统与日常维护所需的便利交通条件以及安全保障。因此，在台址现场踏勘的过程中，对这些因素要充分考虑。现场踏勘中，要记录观测场地的地质构造、岩性结构和地形地貌情况。

观测场地环境地噪声水平会直接影响到台站的地震监测能力，因此在现场踏勘的基础上要对拟定的观测场地环境地噪声进行现场测试。在勘选台址进行现场测试时，选择合适台基位置，清理表面风化层，开挖观测基坑，底部接触到坚实基岩，如地表坚实无法开挖基坑，则需要选择低洼避风处安放地震计，且在地震计周围堆沙土（或水泥砂浆）围堰，顶部用石板或木板加压重物作盖。地震计安装好后，加盖防风、防雨罩等相应保护措施，配置好数据采集器响应等参数，连续运行 48h 以上。由于在同一范围较小的区域内，不同架设测试仪器地点和不同时段的环境地噪声也会有较大差异，所以速度功率谱密度不满足要求时，可以在周围重新选择测试点进行测试，直到选到合适的台址。

在以上 3 个阶段工作结束后，台址勘选人员编写勘选报告。报告内容必须包括拟选台站观测场地地形、地貌描述和现场照片；提供比例尺尽可能大的地形、地质图；气象和自然条件（雷电、日照、大风、极端温湿度、冻土层厚度等）；供电、通信、交通、生活条件；地区发展规划；现场测试数据处理结果。

依据勘选报告中台址观测场地环境地噪声水平测试结果，现场踏勘了解的数据通信、供电、交通、安全保障、地形、地貌自然条件，参照当地的近期与长期建设发展规划，对测试资料进行综合对比分析，在环境地噪声水平满足“GB/T 19531. 1 – 2004《地震台站观测环境技术要求》第 1 部分：测震”中的相关要求的前提下，优先选择通信、供电、交通、安全保障好的地点，确定为合适的台址。

第三节 台站建设

测震台站技术系统稳定、可靠运行离不开运行环境的保障。环境保障主要包括环境防护和基础设施保障两个方面。环境防护包括：防雨、防水、防风、隔热、防盗等，基础设施保障包括：供电、通信、防雷、布线等。台站建设的主要内容有观测室建设、供电与防雷等基础工作、设备安装调试工作。

一、观测室建设

观测室用于安放地震观测设备和记录处理设备，为地震观测设备长期稳定运行提供防护和基础保障。对于有人值守台站，观测室通常分为地震计房和记录室；对于无人值守台站，因无需建设独立的记录室，观测室等同于地震计房。地表观测室、山洞观测室、地下观测室分别用于地表观测、洞室观测和地下室（浅井）观测情况下安放地震计、数据采集器等观测设备。

根据《建筑工程抗震设防分类标准》（GB 50223），观测室的使用功能在地震时不能中断，属于重点设防类（乙类），应按照高于当地抗震设防烈度Ⅰ度的要求进行观测室建设。

根据《地震监测设施和地震观测环境保护条例》，观测室和场地环境得到保护，应在台站明显部位设置告示标牌。

1. 地表观测室

地表观测室多用于区域测震台网台站和专用测震台网台站。对于无人值守台站来说，观测室建筑面积无需很大，安装设备后的内部空间能够满足台站设备维护工作为好，以节省建设费用。规划地表观测室建设方案时，要考虑季节风向，结合当地地形设计建筑物外形，控制建筑物的高度和风阻面积，合理安排和布局相关附属设施，如院墙、电线杆或天线杆等，以降低风产生的地噪声干扰。院墙能够阻止无关人员和大型动物靠近观测室，避免干扰观测数据，同时对防盗也有一定的作用。台站交流供电线路、通信线路可能需要使用电线杆架空到台站附近，再通过地埋方式引入到观测室；当使用无线超短波或微波传输观测数据时，根据无线电波传播路径和当地地形情况，也可能需要竖立天线杆或铁塔。需要注意的是使电线杆与观测室之间保持一定的距离，以避免电线杆的晃动耦合到观测仪器而产生干扰。

观测室的屋顶或侧墙上方预留穿线管道，并做防雨处理。架设卫星授时接收天线，采用太阳能供电的情况下在屋顶架设太阳能电池板等将使用该穿线管道。对于宽频带观测来说，要求观测室内部的温度变化越小越好，为了减小室内温度随室外环境气温的变化，建设观测室时，应增加墙壁及屋顶的热阻。增加热阻的有效方法是对观测室的外墙和屋顶增加隔热层。聚苯乙烯泡沫塑料是一种性能优良的保温材料，其热传导系数大约是混泥土的1/50，使用连续挤出工艺生产的聚苯乙烯板是一种常用于建筑物墙面和屋顶的保温材料。将保温层附着在外墙面、内墙面都能够实现热隔离，但效果略有差别：当保温层附着在外墙面时，整个墙体均在保温层内部，保温层内部的热容量要大得多，同样的热交换量产生的温度变化更小。另外，观测室还应密封，以阻止室内室外的空气交换，减小观测室内的温度变化。

2. 山洞观测室

山洞观测室多用于对环境温度变化要求较高的宽频带测震台站，如国家测震台站。由于观测山洞的建设成本高，观测山洞除测震测项外，一般还有其他地球物理测项，如地倾斜、重力等。

地下温度可分三层：外热层（变温层）、常温层（恒温层）和内热层（增温层）。外热层的温度主要来自太阳的辐射，随季节、昼夜的不同而不同，随天气的变化而变化；内热层的热能来自地球内部，温度随深度增加而增加，深度每增加 100m，温度增加 2℃ ~2.5℃；外热层和内热层之间为常温层，地下温度大致保持为当地年平均温度，深度范围大概为 10 ~300m。为了获得温度相对恒定的观测环境，山洞观测室应有一定的进深，考虑到山洞本身的空气流动有利于热交换，是引起山洞深处温度变化的主要原因，因此，建设山洞观测室时，山洞进深一般在 10m 以上，并设置两道以上的密封门以隔离空气流动，山洞的入口建设有过渡间和辅助间，用于配电和辅助设备安装等。建设山洞观测室时，还应注意覆盖层具有一定的厚度，当覆盖层厚度大于 5m 时，可基本上保证山洞深部的年温度变化在 1℃以内。

尽管山洞观测室具有温度较为恒定的优点，由于岩石缝隙容易渗水，空气湿度很大。潮湿的环境能够降低电路连接或电缆线接头处的绝缘电阻，使暴露的电气连接部分发生锈蚀，导致连接故障。山洞观测室的高湿度对设备运行不利。因此，应对山洞观测室内的墙壁、顶壁和地面采取防潮、防渗水措施。采用夹墙结构对山洞观测室进行内装修有利于降低观测室内的湿度。夹墙隔离了岩体散出的潮气，夹墙结构中空气层起到隔热的作用，在观测仪器等用电设备自发热的作用下，降低了空气的相对湿度。

3. 地下观测室

在没有基岩出露且基岩埋深很浅（一般小于 10m）的情况下，建设地下观测室将地震计安装在基岩上，能够获得低噪声和良好振动耦合的优点。与地面观测室相比，地下观测室还具有温度变化小、风引起的噪声小等特点。即使在厚覆盖层的地区，采用地下观测室，也能够在一定程度上减小来自地表的干扰，振动耦合效果也好于地表。

在设计和建设地表观测室时，若将观测室建成地表和地下两层结构，将地震计安装在地下室，即可实现简单的地下室观测。参见图 4.3.1，观测室上下两层间使用混凝土浇灌，用保温材料隔热和密封，预留供人员上下的孔洞与爬梯，除地震计之外的其他仪器设备放置于上层观测室内。这种结构具有地下观测室的优点，也方便维护。由于地震计的安装深度并未处于地下恒温层中，环境温度的变化仍然比较大。

增加地下观测室的埋深，可进一步降低地震计工作环境的温度变化幅度。图 4.3.2 示出了一种适合宽频带或甚宽频带地震观测的地下观测室结构，其地震计墩建在地下的基岩上，埋深一般在 3.5m 以上，地震计安装位置至地表设计有两层隔热层，能够有效阻止地表温度变化对地震计的影响。一个实际地下观测室的例子见图 4.3.3，由于观测室位于地下，地表没有突出的风阻较大的建筑物，太阳能电池板距离观测室也有一定的距离，相比于地表观测室，风产生的干扰噪声大为减小。

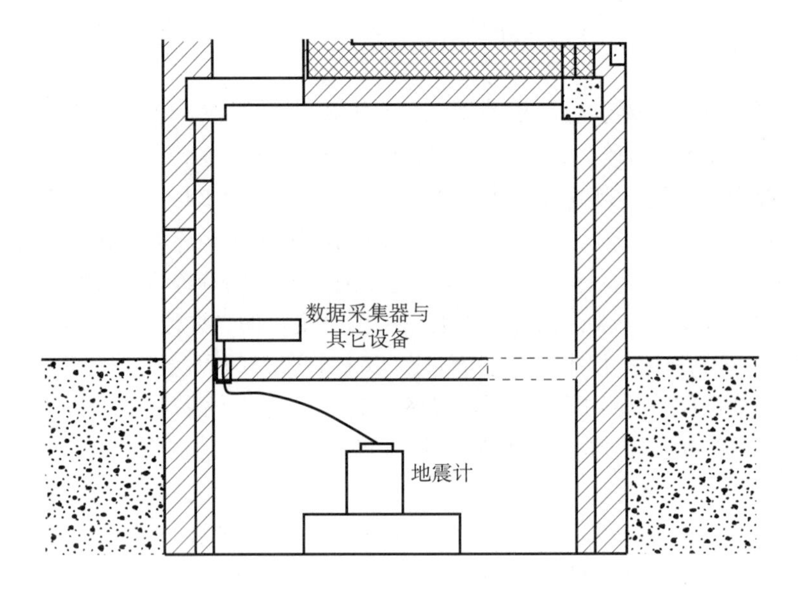

图 4.3.1　地下室观测示意图

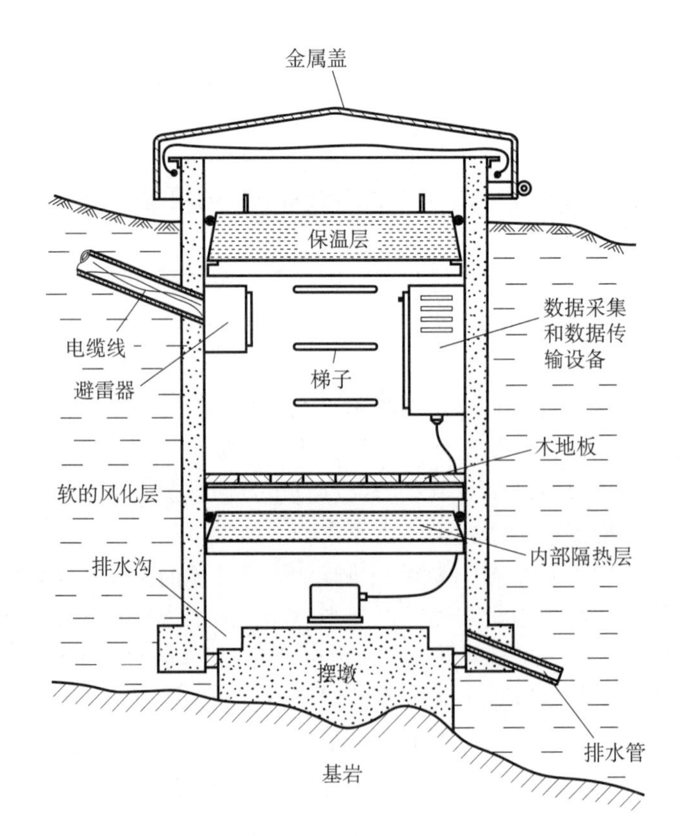

图 4.3.2　宽频带或甚宽频带观测台站设计示意图

图 4.3.3　地下观测室示例（新疆地震局）

上述地下观测室的室内空间比较大，能够容纳人员进入并开展设备安装和维护工作。如果无需人员进入，则可采用一种低成本的浅井观测方式：在地表钻一个可将地震计放入的钻孔，钻孔深度可达 5～10m，对于宽频带观测，以进入恒温层为好。钻孔采用金属管或塑料管防护，防止井壁塌陷或杂物掉入，井底倒入水泥砂浆并捣平，形成安放地震计的平面。由于井孔直径较小，地震计安放深度较深，使用普通的宽频带地震计或甚宽频带地震计时，难以调整地震计的地脚螺丝进行置平，也难以精确地对正地理方位。已有地震计生产厂家研制出适合这种浅井观测的仪器，这种仪器与传统的地表地震计相比，直径更小，安装时无需调整地脚螺丝进行人工置平，能够适应最大 5°的场地倾斜等。

地下观测室的建设，需采取防水、防渗、防潮、隔热等措施。

4. 测震井

测震井用于覆盖层较厚的地区，以及地表振动干扰较大的地区开展地震观测。与前述浅井观测不同，井下地震观测采用专门的井下型地震计，可卡在测震井的井壁上进行地震观测。大部分地震测震井的钻井深度深入基岩 50m，以衰减地表振动干扰，提高微震的监测能力。

测震井建设要达到以下要求：井斜度应小于 4°。大部分井下地震计有最大倾斜安装要求，不同型号的地震计允许的倾斜角度不同，一般不超过 5°，井斜过大将导致井下地震计安装后无法调整到运行状态。井斜过大可能带来的另一个问题是影响井下地震计三轴正交性。测震井应采用无缝钢管护井，钢管内径根据设备的要求确定，一般大于井下地震计外径 20～40mm，钢管壁厚不小于 5mm；使用磁法定向的测震井，离井底 10m 段应采用无磁性不锈钢管。套管丝扣应密封，井套管要露出地面 0.4～0.5m，井口采取罩盖等防护措施。测震井应固井，套管与井壁间的固井材料应采用强度等级不低于 *M*7.5 的水泥砂浆，井底应采用强度等级不低于 *M*7.5 的防渗水泥砂浆封堵，封堵厚度应大于 1m，抽干井水并清洗管壁及井底残留物。测震井井口应留有安装井口滑轮的底角螺钉及电缆引出管道；井口外应保留有长 10m、宽 3m 以上的空地，以放置用于安装井下仪器的绞盘等设备。需要使用设备（陀螺仪、磁法定向仪等）对井下定向的，应在井口周围留有满足定位仪正常使用需要的场地。

测震井井口应建设井房，以安装除地震计之外的其他设备。若测震井井口位于井房内时，应留有可用于绞盘纲缆进出的孔道。

5. 地震计墩建设

地震计墩用于安放地震计，是连接地震计与基岩的振动耦合体。地表观测室、山洞观测室和地下观测室一般都要建地震计墩。在基岩上建设地震计墩，应清除干净其表面的风化层、碎石泥沙等，墩基岩表面应保持粗糙，墩基凿制过程不应采用爆破作业。无渗水现象的基岩，可直接凿制成地震计墩。浇铸地震计墩的混凝土采用强度等级不低于 C30 的素混凝土，有渗水现象的基岩，采用强度等级不低于 C30 的防渗素混凝土。C30 是指抗压强度 30MPa。地震计墩应一次性浇铸，人工捣实，出浆后一次抹平墩面（基本水平）并压光，不准二次抹面，表面不应有裂缝、蜂窝和麻面，四边侧模板应光滑。

地震计墩的尺寸根据所要放置地震计的大小和数量进行设计，一般尺寸为长 1.5m、宽 1.5m、高出地坪面 0.6m；四周应有隔震槽，隔震槽底及四周应采取防潮措施，有渗水现象的应采取抗渗措施；槽内充填松散材料。地震计墩设计如图 4.3.4 所示。

影响混凝土强度等级的因素主要有水泥等级和水灰比、集料、龄期、养护温度和湿度等有关。现场用符合《回弹法检测混凝土抗压强度技术规程》（JGJ/T23－2011）的回弹仪在安装地震计的位置附近测试，大于 30MPa 为满足要求。地震计墩面应有地理子午线（方位标志），设置标志时可采用寻北仪测定方位。

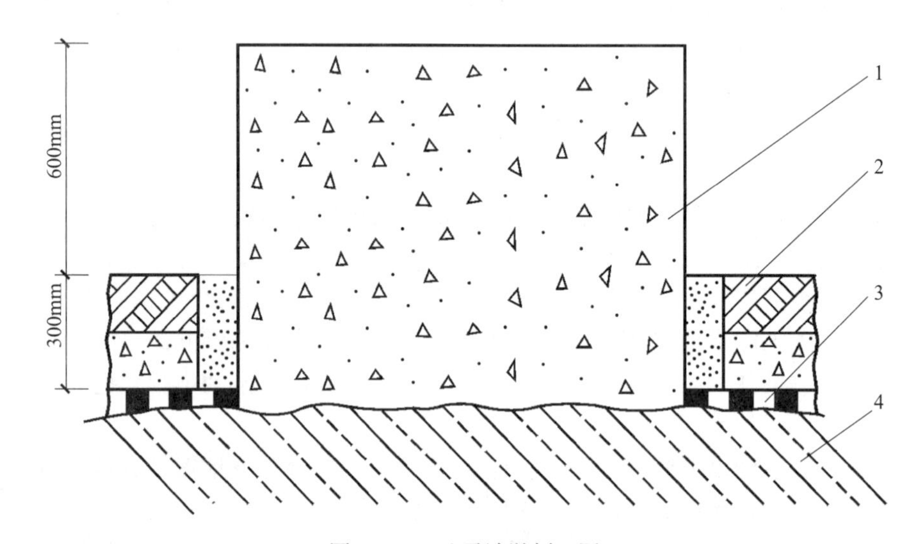

图 4.3.4　地震计墩剖面图

注：1. 地震计墩；2. 房内地面；3. 防潮（防渗水）层；4. 基岩

二、供电与防雷

1. 交流配电

地震台站的交流配电遵照《低压配电设计规范》（GB50054）进行设计和实施。

由外部引入的低压交流供电线路，或台站自设变压器引出的低压交流供电线路，应采用铠装电缆埋地铺设进入地震台站总配电室，再由总配电室接入到观测室。对于只有观测室的无人值守台站，则直接将低压供电埋地铺设进入观测室。从地震台站总配电处送过来的相线、零线与地线都先进到配电箱，配电箱内设接零排与接地排，并设置总开关和单相分开关。山洞的配电箱安装在山洞入口处。从配电箱到各插座的配电线均套上 PVC 管埋墙铺设或嵌入 PVC 槽明线铺设。在无人值守台站观测房内的电源插座宜套上绝缘的保护插头防止蚊虫爬进插座内，同时防潮。

地震台站大多处于比较偏僻的地方，交流供电可能为农用电，不能保障台站观测设备不间断可靠供电的需求。这种情况下，应安装交流稳压电源和 UPS 电源，交流稳压电源的输出给 UPS 配电。UPS 的输出为地震观测仪器设备供电。交流稳压电源和 UPS 电源的功率容量，视用电负荷的大小而定，并保留一定的功率余量。UPS 电池容量的配置依据台站设备实际消耗功率以及当地可能停电的最大持续时间来确定，同时还要考虑电源逆变的效率和蓄电池的老化效应，特别是蓄电池随着充放电循环的增加，其有效容量不断下降。对于无人值守的测震台站，观测设备、数据设备、台站监控设备等耗电总功率不大，且使用直流供电的情况下，也可设计使用充电电源和蓄电池构成的直流电源进行供电，达到不间断供电的目的。

2. 太阳能供电

太阳能供电系统适用于总功耗不太大的无人值守测震台站。在测震台站没有交流供电的条件或者交流供电不能满足台站不间断运行需求的情况下，太阳能供电系统成为另一个可能的选项。采用太阳能供电需要具备良好的日照条件。在雷电危害严重的地区，尽管雷雨季节日照不足，但采用太阳能供电的测震观测系统不容易受到感应雷击的破坏，成为采用太阳能供电系统另一个考虑因素。随着太阳能电池板价格的不断下降，建设成本和维护成本将成为采用太阳能供电系统还是采用交流供电系统的一个主要考虑因素。

采用太阳能供电系统，需要根据台站实际功耗、当地日照条件、雷雨季节可能的最大无日照时间来计算所需的太阳能电池板的参数和数量、蓄电池的容量等参数。

太阳能供电系统由太阳能电池组件、太阳能控制器、蓄电池（组）组成。按实际需要还可以配置逆变器。太阳能电池组件是太阳能供电系统中的核心部分，其作用是将太阳的辐射能量转换为电能。太阳能控制器的作用是控制整个系统的工作，并对蓄电池起到过充电保护、过放电保护的作用。

太阳能电池容量的计算与当地的地理位置、太阳辐射、气侯等因素有关。首先计算标准辐照度下当地的年平均日照时数，计算公式为：

$$H=\frac{\text{年辐射总量}(\mathrm{KJ/cm^2})}{365\times 0.1(\mathrm{W/cm^2})}$$

式中 $0.1\mathrm{W/cm^2}$ 是 25℃、AM1.5 光谱时的辐照度，也是太阳能电池的标准测试条件。各类地区的年辐射总量见下表：

表 4.3.1 我国各类地区太阳能年辐射量表

等级	地区	年辐射总量（$\mathrm{KJ/cm^2}$）
1	宁夏北部、甘肃西部、新疆东南部、青海西部、西藏西部	670～840
2	河北西北部、山西北部、内蒙古、宁夏南部、甘肃中部、青海东部、西藏东南部、新疆南边	630～670

续表

等级	地区	年辐射总量（KJ/cm^2）
3	云南、山东、河南、河北东南部、山西南部、新疆北部、吉林、辽宁、陕西北部、甘肃东南部、安徽北部、广东南部、福建南部、江苏北部	500～590
4	湖南、广西、江西、浙江、湖北、福建北部、广东北部、陕西南部、江苏南部、黑龙江、安徽南部	420～500
5	四川、贵州	330～500

为了接收较强的太阳辐射，各类地区的太阳能电池的安装角度有所不同。一般情况下，安装角度等于当地的纬度。在标准状态下，每瓦的太阳能电池输出电流为70mA，太阳能电池的功率P由下式决定：

$$P = \frac{\text{日用电量(Wh)} \times \text{太阳能电池修正系数}}{0.07(\text{A/W}) \times H \times 12.5(\text{V}) \times \text{蓄电池放电深度}}$$

太阳能电池修正系数是考虑灰尘、气候、蓄电池特性等方面的影响，一般取1.2；12V蓄电池的平均放电电压为12.5V，放电深度取为80%，H是平均日照时数（小时）。

例如：一个无人值守台站观测设备的功耗（地震计和数据采集器）为7～10W，有线通信设备（SDH调制解调器、路由器等）的功耗约为20W，台站总耗电取为30W，太阳光照年辐射总量取为630KJ/cm^2（等级2地区），则可计算出日平均日照时数为6.7h，太阳能电池功率为184W。根据该计算值，实际工作中可按照250W或300W来配置太阳能电池的功率。

太阳能供电系统的蓄电池容量主要根据台站设备耗电和最大连续无日照的天数来计算。例如：使用12V蓄电池时，台站设备功耗30W对应的静态电流为2.5A，按12V电池容量计算的日耗电量为60Ah。假定最大连续无日照时间为15天，蓄电池容量取为标称容量的80%（蓄电池容量因老化而下降），可计算出所需蓄电池的容量为1125Ah。实际可选择1500Ah，可采用15块100Ah的蓄电池并联使用。

3. 测震台站防雷与布线

雷电是危害测震观测设备，进而影响测震台站运行率的一个重要因素。

雷电对测震台站的危害是雷电的过电压、过电流入侵观测技术系统，造成电器设备和元器件的损坏，其形式有两种：直击雷和感应雷。测震台站的防雷包括区域防雷、电源进线防雷、通信传输线防雷、传感器引线防雷四个方面，在进行防雷设计时，应认真调查当地的地理、地质、气候、环境等条件和雷电活动规律并从台站实际出发，进行全面规划，综合防范。

测震台站防雷设计与实施主要以《地震台站观测系统布线及防雷技术要求（试用稿）》为基础，所依据的相关国家标准有：《建筑物防雷设计规范》（GB 50057）、《建筑物电子信息系统防雷技术规范》（GB 50343）、《电子信息系统机房设计规范》（GB 50147）等。

(1) 防直接雷击。

需要采取防直接雷击的地震台站在建设观测房时应按照国标 GB50057 执行，安装直接雷击防护装置。直接雷击防护装置宜采用避雷带（网）或避雷针作为接闪器，采用独立避雷针时，则避雷针必须距离被保护建筑物 3m 以上。避雷针必须使用独立的接地网，该地网距离地震观测仪器设备地网 5m 以上。

(2) 地网与接地。

直击雷和感应雷的防护都是采取措施把雷电流导入大地，合理而良好的接地装置是可靠防雷的保证。接地的规划设计和实施不能脱离当地的地理环境、气候、土壤电阻率等条件，同时还应结合台站实际情况选取合适的接地体类型等进行设计和实施。地网的接地电阻是接地装置的重要指标，应在设计和实施中保证接地装置的接地电阻小于 4Ω。当地网接地电阻过大时，可采取外延增加接地网尺寸、将接地体深埋于低电阻率的土壤中、使用降阻剂、换土等方法使其达到要求。

观测室的主地线及接地排应用 4×40mm 的扁铜（或镀锌扁钢）布设，主地线的长度一般不超过 30m。配电室、观测室内的电源防雷器、电源防雷插座的地线应就近接到接地排。

(3) 配电线路防雷。

测震台站交流供电防雷以防感应雷为目的，在台站总配电室、观测室安装多级防雷器，逐级衰减电源线感应的雷击浪涌电流。根据《地震台站观测系统布线及防雷技术要求（试用稿）》，台站供电线路采用多级防雷，第一级是在总配电室安装电源防雷器，第二级是在观测室安装电源防雷器，第三级和第四级采用防雷插座，第三级防雷插座为观测室的稳压电源、UPS 电源供电，第四级防雷插座为观测设备供电。对于没有独立设置总配电室的无人值守测震台站，在观测室配电处安装电源防雷器，第二与第三级防雷为防雷插座，地震观测仪器设备的电源插头插在最后一级的防雷插座上。电源防雷器的地线连接线长度不宜超过 1m，横截面积不应小于 $10mm^2$。

山洞观测室的电源防雷器在山洞口就近接地，山洞内各室的电源防雷插座不需单独引地线，直接插到就近的电源插座上。

(4) 观测设备的布线与接地。

室外通信线路及信号线路的铺设必须与配电线路分开，保持隔离距离 1m 以上。山洞内的通信线、信号线须与配电线路分开铺设，平行距离 0.5m 以上。观测室内的强电、弱电线路分开布设，对于传输微弱观测信号的电缆，如连接地震计和数据采集器的电缆等，宜套金属管铺设，或者采取屏蔽措施铺设，穿越观测室墙壁的敷设线应采用采用金属管铺设，金属管应接地，并对穿墙线孔空隙采用绝热材料封堵，以减小热交换。

观测室内所有需要接地的仪器设备、机柜、防雷器等就近接到接地母排，接地线用不小于 $6mm^2$ 的多股铜导线，接地母排用不小于 $10mm^2$ 的多股铜导线连接到主地线，接地线采用线耳连接工艺。

三、设备安装

1. 地震计安装

地表观测室、山洞观测室、地下观测室中建有专门用于安装地震计的仪器墩。仪器墩上标有方位基准线，用于安放地震计时的方位基准，以保证地震计输出的三分向信号与地理坐标的 EW、NS、UD 相一致。

地震计宜安装在地震计墩的中间位置。需要在一个地震计墩上安装多个地震计或加速度计时，应尽可能将侧重于长周期频段观测的高灵敏度的宽频带地震计靠近地震计墩中心安装。常见的情况是在一个地震计墩上同时安装宽频带地震计和加速度计，以扩大地面振动观测的动态范围。

确定了地震计的安装位置之后，将地震计安放到地震计墩上的第一个操作步骤是对正地震计的方位。大部分地震计的外壳上有方位标示用来对正方位。地震计外壳上经常出现的方位指示箭头仅用于大致标志安装方向，精确的安装方位基准位于地震计的底盘上，经常以基准面、两个基准点、可插入延长棒的基准孔等形式出现。安装时应保证地震计底盘上的基准面（两个基准点的连线、基准棒）与地震计墩上的方位线平行或垂直，平行或垂直的选择依赖于地震计生产厂家关于方位基准方向的说明——大部分地震计的基准面（线）是北南向的，地震计墩上的方位线也是北南向的，此时应选择平行安装。

地震计安装的第二个操作步骤是置平。地震计的三个地脚螺丝用于支撑地震计底盘，其高度是可以调整的。通过调整地脚螺丝，使地震计底盘保持水平状态。水平状态一般由安装在地震计上的水平泡指示，置平操作就是调整地脚使水平泡居中。水平泡居中之后应锁紧地脚螺丝。地震计置平操作中一个容易忽视的问题是如何选择地脚螺丝的支撑高度。振动台测试表明，地脚螺丝支撑高度影响地震计水平分向高频段的频率特性——源自于较高的支撑高度降低了地震计的机械共振频率。因此，应尽可能降低地震计底盘的高度，这使得地脚螺丝的支撑高度最小。

第三个操作步骤是解锁。在运输和搬运过程中，地震计的摆锤是锁止的，以防止运输和搬运过程中的冲击损坏摆锤的连接簧片。不同地震计的解锁操作是有差别的，应按照厂家提供的手册进行解锁操作。地震计的解锁操作可分为三种情况，一种情况是需要打开地震计的外壳，松掉或移除摆锤锁止螺丝，这种情况在早期的地震计中较为常见；另一种情况是将摆锤锁止螺丝的调整端延伸到地震计的外壳，使得无需打开地震计外壳即可实现摆锤的解锁和锁止操作；再一种情况是地震计的内部设计有电机驱动的摆锤锁止与解锁机构，这种情况下的解锁操作需要在地震计通电以后进行，通过与地震计连接的数据采集器或地震计控制盒向地震计发出摆锤解锁指令，实现地震计的解锁。

第四个操作步骤是摆锤零位调整。摆锤零位调整操作仅针对采用位移换能器的宽频带反馈地震计——目前标称自振周期在 30s 以上的宽频带反馈地震计大多需要摆锤零位调整才能进入工作状态。摆锤零位调整需要在地震计通电以后进行，通过与地震计连接的数据采集器或地震计控制盒向地震计发出摆锤零位调整指令，将地震计的摆锤调整到中心状态。这类宽频带地震计均有摆锤零位监测信号输出，通过地震计控制盒上的信息显示，或者通过数据采集器控制软件读取摆锤零位监测信号值，可确认地震计摆锤零位调整操作是否完成，是否达到预期效果。一般情况下，摆锤零位调整操作完成以后，摆锤零位监测信号电压应小于摆锤零位监测信号可能达到的最大值的 1/10。摆锤零位调整操作中需要注意的问题是：地震计的自振周期越长，摆锤达到平衡状态的时间也越长，操作人员应有足够的耐心以确认摆锤零位调整的效果。宽频带地震计的摆锤零位在初次安装之后的一段时间内，将会由于应力释放以及环境温度逐渐达到新的平衡态而产生漂移，要求较高时，应在宽频带地震计初次安装 24h 之后对摆锤零位进行复检，必要时再次启动调零操作。这种二次零位复检和调整对于超宽频带地震计和甚宽频带地震计往往是必要的。

2. 井下地震计安装

井下地震计安装在观测井中。井下地震计在观测井中的安装方式有两种，一种是直接卡在井壁上；另一种是使用定向底座进行安装，先安装定向底座，测定定向底座的方位角，然后再将井下地震计安装到定向底座上。定向底座可根据观测井井径设计为卡壁式或落底式。

井下地震计电缆在安装过程中起到承重绳索的作用，应采用耐潮湿、抗腐蚀的铠装电缆，电缆与地震计的接头应防水密封，并能够承受数百米甚至上千米水深的水压。安装井下地震计，应在井口固定井架和电缆绞车。

安装井下地震计之前，应对观测井进行检查，检查可使用井下电视、测斜仪等设备，将井下电视或测斜仪连接在测量电缆上，通过绞车放入井下，同时通过井下电视观察井下情况或者连续读取井斜测量数据。

采用定位底座按装方式的井下地震计，首先应安装定位底座——将定位底座下放到安装位置并使其卡在井壁上，或者将定位底座下到井底。然后使用陀螺仪测量井下定位底座上定位槽的方位，根据定位槽方位的测量数据，转动井下地震计密封筒底部的带有定位销的导向杆，使得定位销相对于井下地震计指北标志的角度等于定位底座的方位角，固定后连接并密封地震计电缆接头，将地震计下放到定位底座上，当地震计上的定位销滑到定位底座的定位槽中时，地震计的指北标志正好指向地理北。当地震计落到定位底座上之后，还应释放地震计密封筒顶部的扶正器，并将电缆应力解除器卡在井壁上。扶正器的作用是使得井下地震计密封筒的顶部与井壁之间实现刚性耦合，电缆应力解除器的作用是在距离地震计密封筒较近的位置将电缆固定在井壁上，以阻断上部电缆晃动传递到地震计密封筒。合适的机械设计使得当地震计落在底座上电缆张力突然松弛时释放扶正器和卡住电缆应力解除器。

直接卡壁式井下地震计的安装不使用定位底座。当使用绞车将这种地震计下放到预定深度时，使用地表的控制器，将地震计直接卡在井壁上。与使用定位底座不同的是，直接卡壁安装的井下地震计在卡壁后其安装方位角是未知的。为了确定井下地震计的安装方位角，可在地表安装一台参考地震计，同时记录一段时间的数据，将井下地震计的水平方向按照预定的方位角系列进行坐标旋转，并将旋转后的数据与地表地震计的记录进行相关分析，找出相关系数最大时对应的旋转角度，即为井下地震计的方位角偏差。井下地震计方位角偏差可在数据采集器中校正。

当井下地震计固定在井壁上之后，即可连接地震计控制盒或数据采集器，进行地震计摆锤的解锁、水平姿态及摆锤零位调整等操作，具体参考地震计手册进行。

3. 其他设备安装

除地震计外，需要安装的设备还有数据采集器、通信设备、稳压电源等。这些设备宜安装在一个小型的机柜中，机柜及其各设备的外壳连接到接地排。各设备之间的电缆连接按照设备手册的说明进行，台站设备的互连示意图参见图 4. 3. 5。

卫星授时接收天线或卫星授时接收机应安装在室外开阔位置或观测室顶，要求接收卫星的圆锥体张角 >90°，保证能同时接收 4 颗以上卫星信号；远离强大无线电发射体；处于在避雷防护区内。

若需在地震计墩上同时安装强震加速度计，应将加速度计用膨胀螺栓固定在地震计墩上，固定时调整好加速度计的方位和水平。强震加速度计的数据采集可与地震计共用一个 6

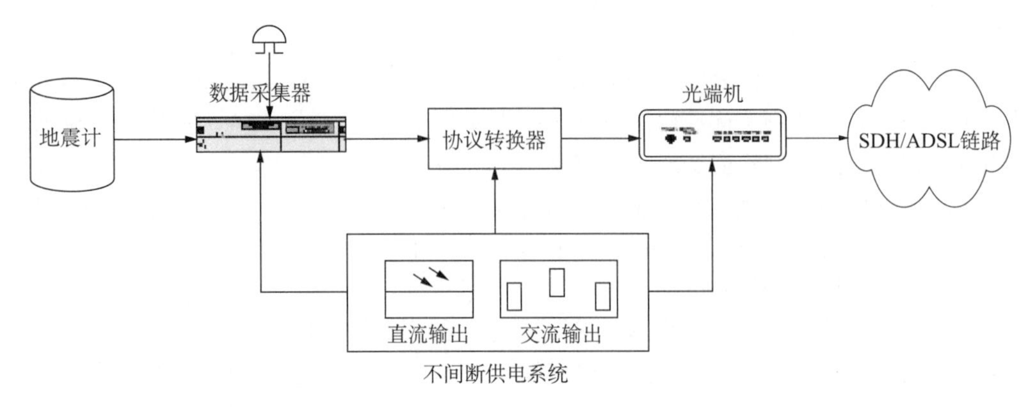

图 4.3.5　测震台站设备互连示意图

通道数据采集器，也可使用独立的数据采集器。

4. 参数和台站编码设定

在台站观测系统投入正常工作前，应该对系统的工作参数进行设置，保证观测数据正确可靠。主要设置参数为数据采集器参数：对于测震观测，数据采集器的采样率一般设为100sps；对于强震加速度观测，采样率一般设为200sps；设置采样率时应同时设置数字滤波器的相位特性，一般选择最小相位特性；根据地震计的灵敏度和台基噪声水平，选择合适的数采输入放大器的增益，以平衡微震监测能力和观测动态范围。

数据采集器采用 IP 方式进行数据传输时，应按照中国数字地震观测网络 IP 统一规划设置 IP 地址，设置访问权限及登录密码。其它通信参数根据使用需要设置。

为了检验系统工作情况，需要对数据采集器的阶跃标定参数和正弦波标定参数进行设置，以适合特定的地震计型号和数采输入放大器的增益设置，获得高信噪比的标定响应数据，验证台站观测系统的频率特性。

按照《地震台站代码》（DB/T 4－2003）要求设置台站代码。

5. 宽频带地震计的防护措施

宽频带测震台站记录资料中，地震波只占很小的比例，大部分为噪声。如果这些噪声来自于地下振动，而不是来自于观测仪器自身，不是来自于观测仪器对非地面振动的其它环境变量的响应，则记录的地噪声资料可用于研究地下介质的物性参数及其随空间的分布等，近年来基于背景噪声的研究在理论和实践方面都有很大进展。可利用的噪声信号频带非常宽，除近海岸产生的 10～20s 的一类脉动和 5～10s 的二类脉动外，周期 100s 以上的脉动也有很多人研究，这一频段的脉动可能源于海洋次重力波的作用。地球自由振荡的周期也长达数千秒。

与 5～20s 的脉动不同，更长周期的脉动信号非常小，往往埋没在地震计的长周期噪声和环境干扰噪声中，如环境温度、气压、磁场等。因此，应尽可能在台站建设时，采取一些有效的防护措施，减小温度、气压、地球磁场等环境因素对地震观测数据的影响，以期获得高质量的长周期观测资料，服务于噪声成像及地球深部构造等研究工作。

上述温度、气压、磁场等环境因素中，以温度的影响最大，故重视长周期观测数据质量的测震台站大多采用山洞观测室。山洞观测室的日温度变化和年温度变化均很小，但很少针对山洞观测室温度变化开展定量监测，记录山洞内部观测室的温度随时间的变化曲线。为了了解处于山洞观测室中宽频带地震计内部的温度变化，通过在地震计内部加装一个采用铂电阻为测温元件的温度传感器，记录地震计内部温度变化。图4.3.6为2011年6月24~26日在浙江湖州地震台记录的温度数据，由于地震计内部电路的发热，记录温度值高于当地的年平均温度。由图4.3.6可见，连续3天的温度变化量小于0.01℃。分析温度变化曲线和地震计输出信号的相关性，将深化对地震计温度特性的认识，有利于合理应用长周期观测数据。

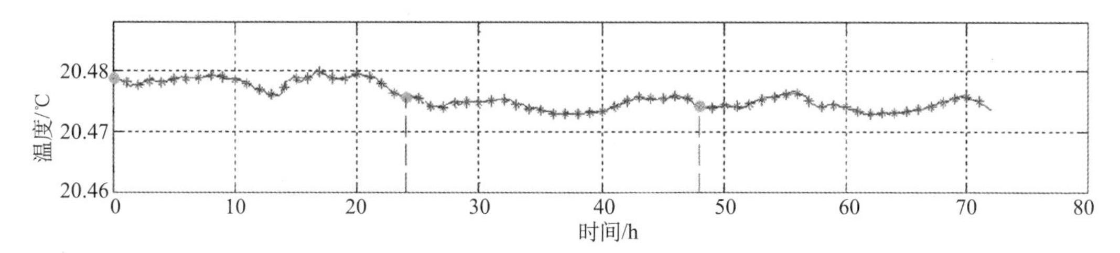

图4.3.6 浙江湖州台山洞观测室日温度变化

大部分应用位移换能的力平衡反馈地震计都声称能够在-25℃ ~ +50℃温度范围内工作，并不意味着这些地震计运行时能够适应环境温度数十度的剧烈温度变化，部分宽频带地震计的生产厂家同时给出了另一个温度变化范围的技术指标，即地震计运行时的相对温度变化应在一定范围之内，如±10℃。地震计工作环境温度的相对变化超出一定范围，将导致地震计的摆锤难以维持在平衡位置而发生靠摆现象。这一方面反映出宽频带地震观测对环境温度变化的要求，另一方面也反映出长周期观测资料容易受到温度变化的影响。当宽频带地震计发生靠摆现象时，必须启动地震计摆锤零位调整功能才能重新恢复运行状态。

地表观测室受环境温度变化的影响较大。当环境温度变化超出宽频带地震计允许的温度变化范围时，可对宽频带地震计使用保温罩来衰减环境温度日变化。

顿兰特在建设德国区域地震台网中针对STS-2型地震计采取了较为复杂的热隔离与屏蔽措施，如图4.3.7所示。所考虑的因素主要有：地震计自发热将导致地震计周边空气流动，采用绝热材料紧密覆盖住地震计可减小这一效应；采用辉长岩基板和不锈钢罩实现外层密封防护，进一步降低热交换；辉长岩基板比较厚，气压变化时不易变形。

采用更为简单的热隔离措施也能收到一定的效果，如图4.3.8所示，一种采用表面敷有铝箔的橡胶发泡海绵作为保温材料，另一种使用毛毡作为保温材料，图中的有机玻璃罩壳起到隔离空气流动的作用。

对于隔热保温罩对宽频带地震观测的作用，可通过对比观测试验进行验证。第六章中图6.2.1和图6.2.4给出了一个实验观测的结果对比，验证了保温罩对降低长周期噪声的有效性。对于地表观测室，环境温度的日变化相比于山洞观测室要大很多，更有必要对宽频带地震计采取隔热保温措施，以减缓地震计内部的温度变化率，降低温度变化对观测数据的影响。

地磁变化也可能对宽频带地震观测产生影响，其原因是地震计悬挂摆锤所用的由恒弹合金材料制作的弹簧片本身具有较高的导磁率；用作力平衡反馈的线圈能够感应磁场变化；地震计制作材料的磁致伸缩效应使得地震计的各个部件在磁场变化时将产生变形。实验表明，

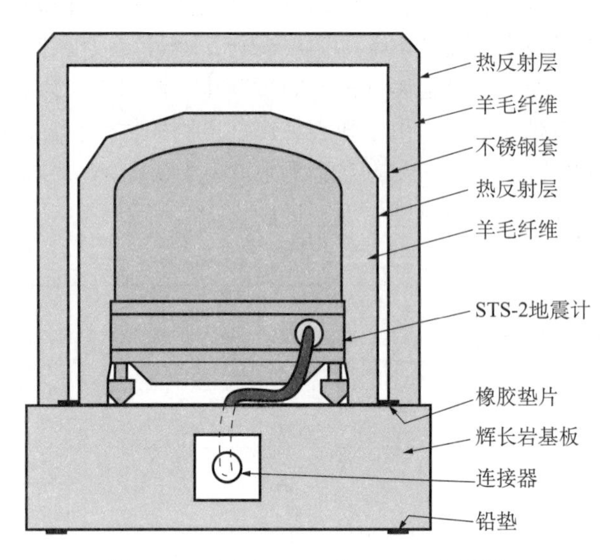

图 4.3.7　用于 GRSN 的 STS－2 屏蔽罩

图 4.3.8　在宽频带地震计上加保温罩

磁场影响对宽频带地震计的垂直分向较大，这是因为垂直向地震计均安装用于抵消重力的较大的悬挂弹簧片。2007 年，德国区域地震台网在 BFO 台进行的地震计噪声测试中，研究了地磁场对地震计输出信号的影响，所用地震计型号为 STS－2 和 TRILLIUM240，记录波形如图 4.3.9 所示，图中波形均经过长周期频带的带通滤波，其中第 1 道波形为地磁场垂直分量，第 2、3、4 分别为 3 台宽频带地震计的垂直向波形。可见 TRILLIUM240 记录波形与磁场波形的相关性很好，通过进一步线性拟合，得到 TRILLIUM240 地震计的磁场灵敏度为 $1.4ms^{-2}/T$，STS－2 地震计的磁场灵敏度为 $0.4ms^{-2}/T$。

针对 BBVS－120 地震计的磁场灵敏度测试得到的结果约为 $2.5ms^{-2}/T$，当使用坡莫合金磁屏蔽罩之后，磁场灵敏度下降到 $0.1ms^{-2}/T$。测试时使用了亥姆赫兹线圈产生周期为 100s 的正弦变化磁场作为测试信号。

由于针对宽频带地震计受磁场变化影响所开展的有关测试和实验不够多，上述地震计磁场灵敏度测试结果仅对测试样机有效。根据地磁场的变化幅度和地震计磁场灵敏度可估算出

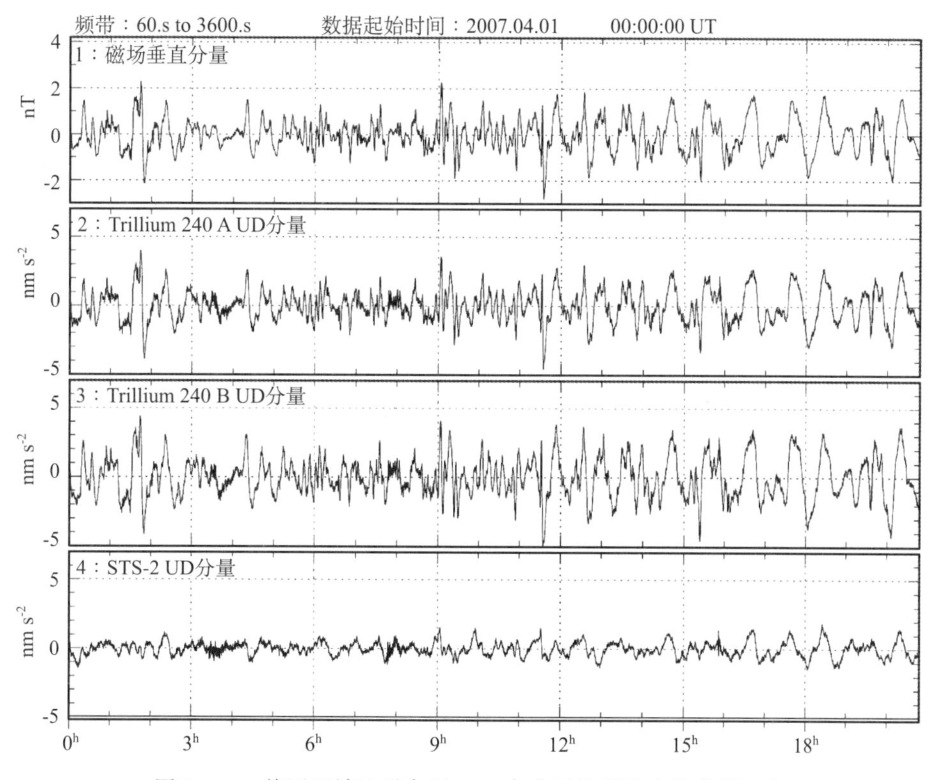

图 4.3.9　德国区域地震台网 BFO 台关于地磁影响的观测试验

地磁场对观测数据的影响大致在 $10^{-8} \sim 10^{-9} m/s^2$，与环境温度变化相比，磁场变化对地震计的影响要小。

气压变化对宽频带地震观测的影响机制更为复杂。气压变化直接作用于地震计的摆锤表现为浮力变化，主要影响垂直向地震计。现代宽频带地震计均采用密封机壳，当环境温度变化不大时，浮力变化并不大。地震计采用密封措施后，气压变化的影响将使地震计的底板变形，从而影响水平分向地震计的输出。事实上，气压变化也会引起地面变形，从而被水平向地震计记录下来。

一般来说，对于地表宽频带观测，环境温度年变化量应小于所用宽频带地震计允许的相对温度变化范围，以保证地震计不会因季节变化发生摆锤偏移过大问题。对于要求高的测震台站，评估温度、气压、磁场对观测数据的影响时，可以采用同步观测及相关分析的方法，并根据评估结果确定是否采取防护措施。

第四节　测震台站运行维护

测震台站的连续稳定运行，不仅依赖于观测仪器的稳定性和可靠性，还依赖于观测仪器的运行条件和环境保障，如供电、通信、防雷、防盗等。测震台站运行维护的主要内容有：台站设施的管理与观测条件保障、台站观测数据质量监控、观测仪器运行状态监测、台站基本参数和观测参数维护。本节主要从观测仪器和观测数据监控、台站参数维护方面讨论测震台站运行维护工作及要求。

一、观测数据统计分析

1. 数据连续率统计

台站设备故障、通信网络故障将造成实时数据流中断。在台网中心使用软件自动监测实时数据流或收集实时数据流接收程序产出的状态信息，能够反映出台站数据流的动态情况，一旦数据中断，即发出报警信息，通知值班人员处理。根据实时数据流的动态信息，进一步累计实时数据流的中断次数和中断时间，统计出每个月的中断次数、累计中断时间，计算月数据连续率。

目前测震台站装备的数据采集器本身具有数据存储功能，配置容量8GB～32GB的固态存储器，可存储数月的连续数据，因此，当通信网络故障导致数据流中断时，台网中心的实时数据处理和地震速报等功能不能使用该台数据，当通信故障排除，数据流恢复正常之后，台网中心仍然能够通过网络回放通信网络中断期间的采集数据，用于数据存档。应用台站数据采集器的数据存储及回放功能，可提高存档数据的连续率。因此，台站数据连续率可按照实时数据流连续率和存档数据连续率分别统计。

2. 台基噪声分析与统计

台基噪声是影响台站监测能力的主要因素。测震台站的台基噪声水平受到天气的影响有一定的起伏变化，从长期来看，台基噪声水平是统计平稳的。每个台站的台基噪声功率谱的分布有其自身特点，通过对台基噪声功率谱进行统计分析，跟踪台基噪声水平和台基噪声功率谱形态的变化，识别台基噪声的异常情况，从而为进一步分析判断观测环境变化、观测仪器状态提供信息。当台站附近出现新的干扰源时，某个频段的台基噪声功率将升高，在功率谱图上的反映是某个频段的幅值异常升高，若干扰源是一个周期信号，反映在功率谱图中则是一系列等频率间隔的谱线；当功率谱图的形态有较大变化时，可考虑观测仪器出现故障的可能性。

台基噪声功率谱的统计分析可自动连续进行。由于地震的发生是小概率事件，对统计结果的影响不大，故进行台基噪声谱估计时不必剔除地震事件波形数据。计算台基噪声功率谱时，宜将连续观测数据按照整点截取数据，每小时计算一次，产出三个分向的噪声功率谱。台基噪声功率谱的统计是在每小时产出的基础上，以周或月为单位，统计计算台基噪声功率谱的概率密度函数。台基噪声功率谱估计及统计分析方法参见第六章。

1～20Hz的短周期频段噪声有效值用来估算台站的监测能力。统计该频段台基噪声速度有效值的小时均值也可反映出台基噪声水平随时间的变化情况和昼夜变化情况。可按周或月绘制台基噪声时均值变化曲线。

二、观测仪器状态监测

1. 脉冲标定

脉冲标定用来检测地震计低频端的频率特性，对于宽频带测震台，一般每月进行一次脉冲标定。

脉冲标定的设置参数主要有脉冲标定信号幅度、脉冲宽度、定时启动脉冲标定的时间等。脉冲信号幅度和宽度的设定与地震计的自振周期有关，一般来说，自振周期越长，脉冲信号的幅度应越小，脉冲宽度应越宽。对于短周期地震计，通常将脉冲宽度设置为15s；对于宽频带地震计，脉冲宽度宜设置为300s；甚宽频带地震计，脉冲宽度宜设置为1200s；对于超宽频带地震计，脉冲宽度宜设为1800s。脉冲幅度的取值与地震计的自振周期成反比，设置时还应考虑实际地震计的标定系统常数，合适的设置值以使得地震计对标定信号的响应幅度达到满度的1/5～1/2为好。

设置好脉冲标定参数之后，应启动脉冲标定，检验地震计输出波形的大小，并使用标定软件对标定数据进行现场处理，得到地震计的自振周期、阻尼、灵敏度参数。若脉冲标定幅度过大、或过小、或反相，应修改脉冲标定信号的幅度设定值及极性。由脉冲标定得到的地震计周期、阻尼参数应与所用地震计的出厂参数或标称参数一致，误差一般不超过3%，如发现不一致，应进一步检查地震计和数据采集器的型号及参数设置，应特别注意数据采集器中是否设置了高通滤波器，若设置了高通滤波器，应将其取消。

由脉冲标定波形计算地震计的灵敏度，与地震计的灵敏度、标定常数、数据采集器量程设置有关，若与地震计的标称值不一致时，应检查数据采集器参数设置和标定计算程序的参数设置是否正确。标定处理程序计算灵敏度时需要设置标定常数，单位为 $m/s^2/A$，若地震计参数表中没有给出标定常数，或者给出的有关标定常数（标定线圈常数）与标定处理程序要求输入的量不一致，可通过正弦波标定计算出来。对于宽频带地震计，由于所需的标定信号幅度很小，数据采集器标定电路的零点偏移可能叠加在输出脉冲信号上，引起输出幅度误差，这种情况与具体的数据采集器有关，导致地震计的灵敏度计算出现较大的误差。一旦出现这种情况，应将标定脉冲的幅值设置为负数（假定原来为正数），绝对值保持不变，重新启动标定，并进行数据处理，将两次标定得到的灵敏度值进行平均，作为最终的结果。

当以上工作完成且计算结果无误以后，再次复核脉冲标定参数，并将上述脉冲标定结果及标定设置参数作为档案资料记录下来，包括周期、阻尼、灵敏度，若进行幅度反向标定，还包括反向标定灵敏度及平均灵敏度值。

2. 正弦波标定

正弦波标定一般在初次安装观测设备、更换观测设备和维修观测设备之后进行，以检验或验证观测设备的运行状态和正弦标定参数设置的合理性等。当脉冲标定或台基噪声功率谱等反映出观测仪器可能存在故障时，也可启动正弦波标定，为故障判定提供线索。

正弦波标定的参数设置主要有正弦波组的数量、每组正弦波的振荡周期数、幅度、周期或频率。正弦波标定参数的设置与具体所用的地震计和数据采集器有关，所设定的标定参数应符合数据采集器实际能够输出标定信号的能力。一般来说，正弦波标定频点的选择要覆盖地震计的整个观测频带。为便于对比，应避免随意选择频点，最好参考1/3倍频程中心频率值进行选择，表4.4.1列出了0.001～100Hz之间的1/3倍频程中心频率值。在数据采集器的采样率设置为100sps的情况下，对于短周期地震计，正弦波频点可在0.1～48Hz范围内选择，如0.1，0.2，0.5，1，2，5，10，20，25，31.5，40Hz，由于数据采集器采样率的限制，不能选择50Hz以上的频点，为了检验高频端幅频衰减，可增加42.4Hz、44.9Hz和48Hz三个频点。对于宽频带地震计和甚宽频带地震计，进行长周期正弦波标定花费时间过长，可在长周期频段适当少取一些频点。例如，对于自振周期为60s的宽频带地震计，可在短周期标定频点的基础上，增加0.008Hz、0.016Hz和0.0315Hz三个频点；对于自振周期为120s的甚宽频带地震计，可在短周期标定频点的基础上，增加0.004Hz、0.008Hz和

0.016Hz 三个频点。如果数据采集器不支持精确设置标定频率，可取最为接近的近似值。

表 4.4.1　0.001～100Hz 间的 1/3 倍频程中心频率

0.00125	0.0016	0.002	0.0025	0.00315	0.004	0.005	0.0063	0.008	0.01
0.0125	0.016	0.02	0.025	0.0315	0.04	0.05	0.063	0.08	0.1
0.125	0.16	0.2	0.25	0.315	0.4	0.5	0.63	0.8	1
1.25	1.6	2	2.5	3.15	4	5	6.3	8	10
12.5	16	20	25	31.5	40	50	63	80	100

正弦波标定信号幅度值的设置，以使得地震计对标定信号的响应幅度达到满度的 1/10～1/2 为好。由于地震计对标定输入信号的积分作用，在地震计的有效频带内，应尽可能按照标定信号幅度随频率升高而等比例增加的规律设置。

每组正弦波的振荡周期数的设置，对于长周期正弦波，应至少保证有 3 个完整的振荡周期，对于 0.1Hz 以上的高频段，每组正弦波的持续时间应不短于 30s。

设置正弦标定参数之后，即可启动正弦波标定，以检验所设置的幅度是否合适。若正弦波标定波形正常，应用标定数据处理软件分析正弦波标定数据，计算出各个频点的灵敏度，对于短周期地震计，取 5Hz 作为归一化频点，将各个频点的灵敏度除以 5Hz 的灵敏度，转换为以 5Hz 为基准的相对灵敏度，绘制归一化幅频特性。对于宽频带地震计，则取 1Hz 为归一化频点进行计算，并绘制归一化幅频特性。作为对比，可同时将地震计标称传递函数的归一化幅频特性绘制在正弦标定幅频特性图中。

对比归一化频点由正弦标定得到的灵敏度与地震计标称灵敏度，其误差应在 5% 以内，若误差较大，应检查数据采集器参数设置和标定计算程序的参数设置是否正确。标定处理程序计算灵敏度时需要设置标定常数，单位为 $m/s^2/A$，若地震计参数表中没有给出标定常数，或者给出的有关标定常数（标定线圈常数）与标定处理程序要求输入的量不一致，则根据地震计的标称灵敏度、数据采集器量化因子、归一化频点正弦标定参数计算标定常数。

将上述正弦波标定参数设置信息、标定数据处理结果（归一化频率特性图、归一化频点及其灵敏度、标定常数等）作为档案资料记录下来。

3. 地震计摆锤零位监测

采用位移换能器的宽频带反馈地震计，均有摆锤零位监测信号输出，相应的数据采集器均具有采集或监视该信号的功能。当宽频带地震计的摆锤零位输出信号达到允许的最大值的 80%～90% 时，应远程启动地震计的调零功能，以防止地震计出现靠摆而失去观测功能。

宽频带地震计摆锤零位监测应连续进行，至少每小时测量 1 次。当地震计的摆锤零位输出信号作为甚低频加速度信号记录时，采样周期宜为 1s 或 0.1s。目前，不同厂家的数据采集器对于如何保存和传输摆锤零位监测数据并不统一，甚至摆锤零位信号的测量也不是自动连续进行的，仅在接收到相关命令时才启动测量，这种状态不利于地震计摆锤零位的自动连续监测，应进一步开展有关工作以促进有关技术研发工作和标准化。

4. 时间服务质量

测震台站的时间服务质量对于地震定位精度有较大影响。目前测震台站的时间服务功能内置于数据采集器中，依托GPS卫星授时保持内部时钟的准确性。GPS授时的稳定性与GPS信号的接收条件有关，卫星信号场强越大，能够接收到信号的卫星数量越多，结果越可靠；GPS接收机位于数据采集器内部时，可能受到数据采集器内部的开关电源、CPU电路等因素的干扰，使得接收效果变差，从而影响授时的稳定性。阴雨天和大雪天气也影响GPS信号的接收效果。当GPS授时中断时，数据采集器内部时钟的偏差将逐渐变大。另外，GPS时间与UTC时间不同，由于闰秒的出现，UTC时间已经滞后GPS时间接近20s，GPS接收机输出的UTC时间是在GPS接收机内部由GPS时间转换而来，这需要GPS接收机收到闰秒信息包之后才能保证转换的正确性。上述问题可能是目前测震台网中部分台站出现较大钟差的部分原因。

数据采集器在与GPS输出的时间信号同步时，会测量数据采集器内部时钟的钟差。若将数据采集器每次对钟的钟差数据收集起来，将有助于跟踪和评价测震台站的时间服务质量。目前，不同厂家的数据采集器对钟差数据有不同的处理方法，有的厂家的数据采集器能够将钟差数据随数据流传回台网中心，有的数据采集器将钟差数据记录在对钟日志文件中。因此，自动获取和分析台站的对钟情况和钟差信息尚具有一定的困难，需要进一步加强这方面的技术工作。随着北斗系统的投入运行和台站网络环境的改善，北斗授时和NTP授时可用于测震台站。尽管NTP授时的准确度不如卫星授时，但其时间编码的可靠性很高。当数据采集器具有同时使用多个授时源时，台站的时间服务质量将获得很大改善。

三、观测参数及其维护

1. 需维护的观测参数

测震台站地震计及数据采集器的参数，如地震计灵敏度和传递函数，数据采集器的量程、采样率、数字滤波器设置及其传递函数、采集数据数字量转换为输入电压值的量化因子等这些参数对于数据应用时必须的，应保证其正确性。鉴于不同厂家生产的地震计、数据采集器具有各自特色的参数表示，相同类型不同型号地震计之间的参数取值并不统一，甚至相同型号地震计个体之间的参数也有一定的离散性。目前的观测系统中，地震计的灵敏度和传递函数均是按照每个台站单独记录在数据库中。

测震台站观测参数维护的目标是保证观测参数的正确性，并与实际仪器的特性相一致。特别是在测震台站更换和维修观测设备之后，应确保观测参数与系统中使用的参数一致，若新更换的设备参数与原来不一致，或者观测设备维修后参数发生了变化，应将新的参数变化设置到系统中，并将旧的参数作为历史参数存档。

新建台站设备安装之后，以及台站设备维修或更换之后，应立即对地震计的参数进行核对，对数据采集器的参数及其参数设置进行核对，以保证其参数及参数设置符合要求，该要求来自于测震台网的运行维护与管理需求。需核对和记录的参数有：地震计和数据采集器的型号、地震计灵敏度、地震计传递函数、数采量程、量化因子、采样率、数字滤波器及传递函数、标定参数、网络接入参数等。

2. 测震台站基础资料

台站基础资料是在台站勘选、建设、设备安装等过程中形成的有存档价值的资料，包括：台站附近的地形地貌和地质构造情况、台基岩性，台站所在地的气象和自然条件，台站交通情况，台站建设及施工情况，地震计房及地震计墩的设计与建设情况，台站供电、通信、防雷、布线的设计与施工情况，台站地理坐标，台站方位基准及其测定情况，台基噪声测试数据，设备安装情况，地震计防护情况，台站设备清单等。

对于井下地震观测台站，还包括观测井的建设情况，观测井的井深、井斜等参数，钻井岩芯分析结果，井下地震计的安装方位角等。

第五章　测震台网

将测震台站按照不同的观测目标需求组成观测网即为测震台网。测震台网可按照不同的原则进行分类。如按照组网范围不同，可分为全球测震台网、国家测震台网、省级区域测震台网和地方测震台网。还有各种针对特殊目的而长期观测的专用测震台网，如小孔径台阵、火山测震台网、水库测震台网，以及各种短期观测的流动测震台网，如应急流动测震台网、宽频带流动地震台阵等。以前还曾依据台站记录方式划分为模拟测震台网和数字测震台网。测震台网的主要目的是为了监测各类地震活动或地面运动，以及为地震科学研究提供各类基础资料。测震台网的基本任务是完成地面运动波形实时连续检测、观测数据传输和汇集、地震事件分析和处理、数据管理与服务等。

第一节　测震台网设计

测震台网设计需从整个台网的功能需求出发，考虑各台站和台网中心的实际场地条件综合设计。台网设计是台网建设的依据，在建设时，可以根据实际条件进行有依据的调整。

在实际构成测震台网时，可以是新建台站组网，也可以利用已有台站通过数据共享组网，或是二者的结合。

一、测震台网构成

目前各种类型的测震台网都是由 4 个以上的测震台站、数据传输网和台网中心组成。测震台站拾取的数据通过数据传输网传输至台网中心，台网中心完成数据的实时接收、汇集存储、处理分析、产品管理和服务，以及数据流的转发和共享等。图 5. 1. 1 是某省级区域测震台网的构成示意图。

二、测震台网布局

测震台网的布局整体上要满足台网建设预期的地震监测目的，在确定台站的具体位置时，还要考虑场地各种条件、地震定位需求等影响因素。

在进行台网布局设计时，首先确定监测的区域范围。监测区可以是行政区划的区域、地震重点监视防御区、重要设施监测区（如水库、矿山、核电站等)，或者是一个地质构造带等。其次，确定测震台网的监测目的和监测能力，如以监测地震为目的，要考虑环境地噪声对地震监测能力的影响。第三，既要考虑到目前的建设目的，也兼顾考虑未来发展的需求，以期达到一网多用，提高台网建设的应用效益。

(1) 台站分布原则。

台网布局由地震监测能力、场地条件、定位需求、烈度速报能力、地震预警能力等因素决定。合理的台网布局有利于减少或消除监测区地震检测能力的弱区或盲区。

①大体均匀分布原则：台站大体均匀分布是为了在地震定位过程中，参加定位的台站尽

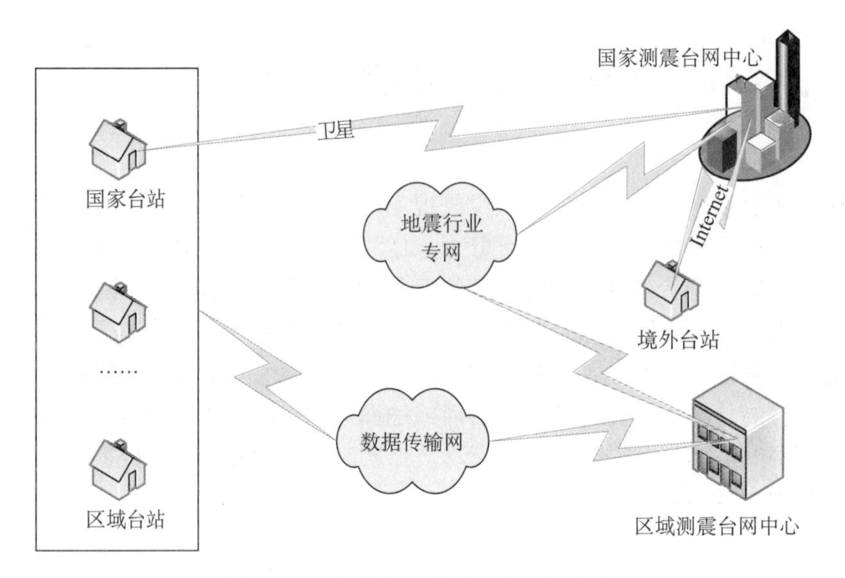

图 5.1.1 某省级区域测震台网构成示意图

可能均匀地包围震中。在实际布设过程中往往会受地形、地质构造、交通、通信及建设经费等条件影响，在监测区域内很难达到台站的均匀分布。图 5.1.2 是首都圈测震台站分布图，从图中看出，北京市和天津市台站间距较小，约 20km，密度较高，且大体均匀分布；河北省 57 个台站的间距相对较大，分布不均匀，平均台站间距约 50km，其中北部地区台站间距较大，约 70km；南部地区台站间距相对较小，约 30km。

②重点目标加密原则：台站的空间分布通常要兼顾一般地区和地震重点监视防御区的监测能力。在地震重点监视防御区根据地震速报、烈度速报和地震预警等的要求，或者为满足科学研究的需要，在特定区域增加台站或者在特定的时间段内增加流动台站，进一步缩小台站间距，提高该地区地震监测能力，获得更加详细的地震数据资料。

（2）测震台站数量和间距的估计。

目前，全球测震台网，以美国 GSN 全球测震台网为例，我国境内台站间距约 1000km。而我国的国家测震台网，现有 148 个台站，多数台站间距约 250km，省级区域测震台网的台站间距受监测目的、监测能力和地形地貌等因素的限制而有差别，目前华北地区平均 40km 左右，西部地区平均 100km 左右。为了特殊监测目的，例如火山测震台网、水库测震台网、应急流动测震台网、地震烈度速报和预警台网的台站间距则更小。

以地震监测为目的的测震台网，在实际设计过程中可参照下面过程进行台站间距的估计。

①根据监测区域，在地图上考虑地形地貌特征条件，按照空间大致均匀分布原则，参考已有相似台网的台站布局，设计新建台网的台站分布，确定台站初选位置。

②在台站初选位置现场，根据供电、通讯、交通等建设和运行维护条件，调整初选位置。

③确定台站位置的环境地噪声水平值，根据台站的经纬度、环境地噪声水平值等，利用测震台网监测能力计算方法或程序估算台网监测能力，并与预期台网监测能力相比较，若达

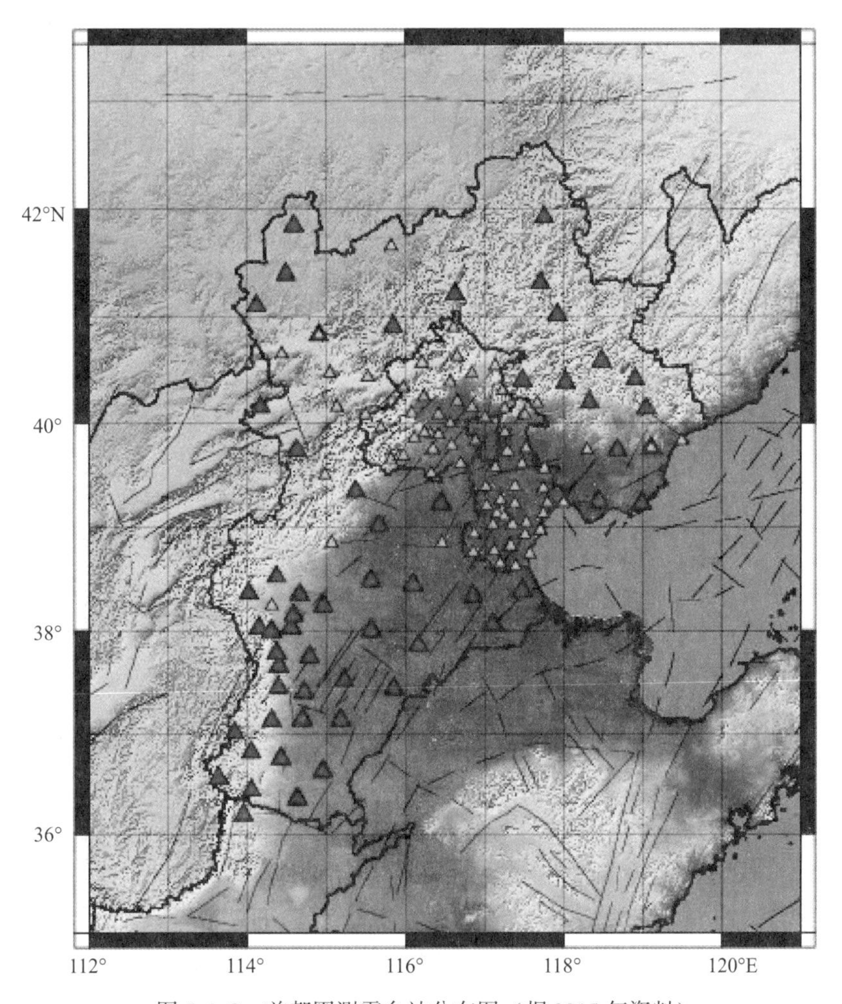

图 5. 1. 2　首都圈测震台站分布图（据 2015 年资料）

到或优于预期台网监测能力，则将估计的台站数量和分布作为该台网的建设布局和数量，并计算出台站的间距。若达不到预期的台网监测能力，可增加台站数量，减小台站间距，或调整台站初选位置，重新估算台网的监测能力，直到满足预期的监测能力。

④对台网内特殊构造地区，可适当加密台站，以提高地震监测能力。

（3）台网监测能力。

测震台网的监测能力是指台网监测震级下限的能力，台网监测能力图中某一等震级线表示对该震级的监测能力范围。江苏区域测震台网监测能力如图 5. 1. 3. 某种监测能力的台网建设完成后，可利用实际观测资料对台网的监测能力进行复核验证。

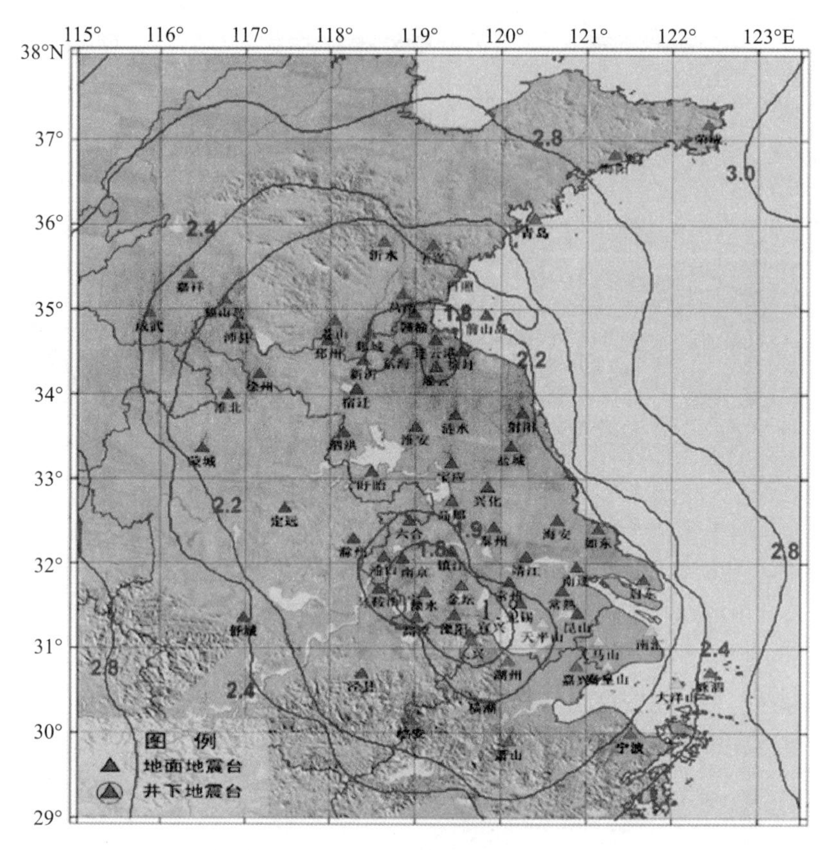

图 5.1.3　江苏区域测震台网地震监测能力（据 2014 年资料）

三、专用仪器配置

测震台网专用仪器主要指地震仪和数据采集器。

专用仪器配置选择时应考虑：（1）根据台网的监测需求确定的仪器主要技术指标；（2）仪器对环境的适应性；（3）仪器运行的稳定性和可靠性；（4）仪器厂商的技术支持能力。其中首先要考虑仪器的主要技术指标。

①地震仪配置：根据监测目的，台站可配置不同观测频带和动态范围的地震仪。不同频带的地震仪对于不同区域内的地震记录情况不同。

根据观测频带划分，常用的地震仪包括短周期地震仪、宽频带地震仪、甚宽频带地震仪与超宽频带地震仪。地震监测仪器都有一定的观测范围，在有可能发生大地震的近场监视区，还需要考虑配置大动态观测的设备（如加速度仪等），确保观测数据的可用。短周期地震仪主要用于记录地方震；宽频带地震仪、甚宽频带地震仪与超宽频带地震仪由于频带宽、动态范围大，可用于记录地方震、近震、远震和极远震，但观测环境和安装条件要求较高。一般不同观测频带仪器可在台网内进行均匀分布，在可能发生大地震的监视区考虑增配强震动观测仪器。

目前在我国，全球测震台网和国家测震台网的台站同时配置速度计和加速度计，速度计选择甚宽频带地震仪或超宽频带地震仪；省级区域测震台网配置宽频带地震仪或井下型短周期地震仪；地方测震台网一般配置宽频带地震仪，也可配置地表或井下型短周期地震仪。其他专用测震台网地震仪选型可参考相似类型台网确定。

②数据采集器配置：主要考虑连接地震仪的数量、种类，以及数据传输网的通讯方式。目前常选择的数据采集器主要指标是：24 位字长，支持网络和串口通讯，支持包括 50sps、100sps 等多种采样率，动态范围 50sps 时在 120dB 以上，支持 EVT 和 MiniSEED 等数据记录格式，可接收卫星授时信号，具有数字滤波功能，支持多路数据流同时输出，具有标定信号发生功能，提供地震仪控制功能，工作温度范围尽量宽。

四、软件功能设计

测震台网日常运行中很多功能和任务完成需要软件来实现，这些软件应具备的主要功能包括：

1）地震数据接收、汇集和管理；
2）地震参数快速自动测定与发布；
3）地震参数人机交互分析与处理；
4）仪器地震烈度计算；
5）震源参数计算；
6）大震应急产品产出；
7）地震波形分析和编目；
8）地震信息交换；
9）地震信息发布；
10）地震产出产品共享与服务；
11）台网运行状态监控。

第二节　测震台网传输链路

测震台网传输链路的任务是实现台站数据或台网数据的远距离、无失真、实时传输。测震台网的数据传输主要基于公共数据网来实现，目前使用的传输方式主要有 ADSL、SDH、MSTP、3G/4G、短波、超短波、扩频微波、卫星等。

一、传输链路设计

在通信链路选择时，可根据传输要求、通讯条件、运维能力等选择不同的传输方式。

（1）传输速率。对台网数据传输，传输速率是最主要的指标之一。一个台站按三分向观测、100 点/秒采样率、24 位数据采集器估算，仅地动信号的传输速率为 7. 2kbps，若考虑数据传输中的控制信息在百字节左右，一个台站的传输速率要求不超过 9. 6kbps。

（2）传输链路构建。目前，有多种传输方式都可以实现地震数据的远距离、无失真、实时传输。在远距离传输时要考虑台站分布、传输需求、传输条件、运行经费和维护等因素构建传输链路，如台站可直接到省级区域测震台网中心、台站到汇集中心再到省级区域测震台网中心、台站直接到国家测震台网中心、省级区域测震台网中心到国家测震台网中心等。

对于在小范围的多个台站，如50km左右范围，若无线传输条件满足要求时，可采用无线汇集多个台站信号后再复用传输到省级区域测震台网中心；也可将多个相邻台站采用有线汇集后复用传输到省级区域测震台网中心。目前，省级区域测震台网中心到国家测震台网中心应采用有线传输方式。若采用无线传输，需要考虑传输距离、传输路径、环境干扰特征等因素。

测震台网建设完成后，需要对数据传输链路的实时运行率、传输延迟等情况进行监控。

二、常用传输链路

目前国家测震台网或省级区域测震台网都采用有线传输方式，无线传输做为补充或备份信道。测震数据传输链路示意图如图5.2.1。以下简要介绍目前常用的地震数据传输链路。

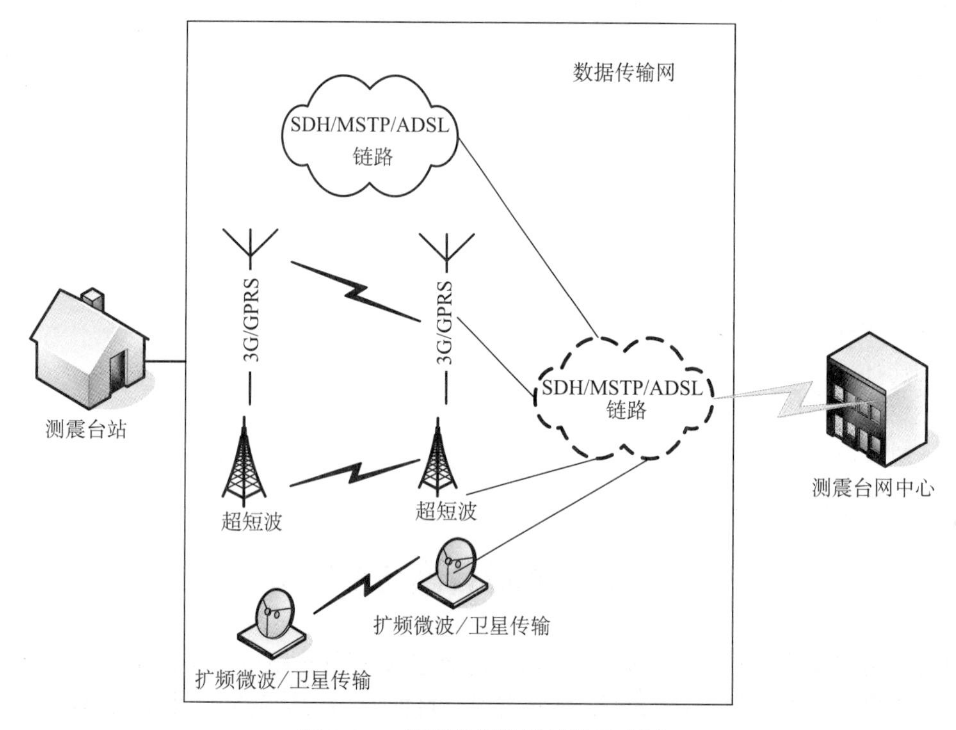

图5.2.1　测震数据传输链路示意图

1. ADSL

ADSL技术是运行在原有普通电话线上的高速宽带技术，它利用已有的一对电话铜线，为用户提供上、下行非对称的传输速率。ADSL接入技术具有许多优点，可直接利用现有用户电话线，而且上网和打电话互不干扰。ADSL可提供下行2M～8Mbit/s，上行64K～640kbit/s的传输速度。对于单个台站，即使是64kbit/s也可满足日常的数据传输需要。

ADSL提供灵活的专线与虚拟拨号接入方式。专线方式即用户24小时在线，用户具有静态IP地址，采用专线接入的用户只要开机即可接入Internet。虚拟拨号方式主要面对上网时间短、数据量不大的用户。

ADSL提供的专线方式和虚拟拨号方式在测震台网数据传输中都曾有过广泛的应用，如云南区域测震台网和广东区域测震台网。

2. SDH

SDH 即同步数字体系，它规范了数字信号的帧结构、复用方式、传输速率等级、接口码型特性，提供了一个国际支持框架。这种传输网易于扩展，适于新电信业务的开展，并且使不同厂家生产的设备互通成为可能。

SDH 统一的标准光接口能够在光缆段上实现横向兼容，允许不同厂家的设备在光路上互通，满足多种环境的要求。SDH 属 OSI 的物理层，未对其高层有严格的限制，便于在 SDH 上采用各种网络技术，支持 ATM 或 IP 传输。SDH 是严格同步的，从而保证了整个网络的稳定可靠，误码少，且便于复用和调整。总结起来，SDH 的核心特点是：同步复用、标准光接口以及强大的网路管理能力。

我国测震台网曾广泛应用了 SDH 同步数字传输方式。

3. MSTP

MSTP（基于 SDH 的多业务传送平台）是指基于 SDH 平台，同时实现 TDM、ATM、以太网等业务的接入、处理和传送，提供统一网管的多业务节点。

MSTP 的特点是：业务的带宽配置灵活，MSTP 上提供了 10/100/1000Mbit/s 系列接口，通过 VC 的捆绑可以满足各种用户的需求；可以根据业务的需要，工作在端口组方式和 VLAN 方式，其中 VLAN 方式可以分为接入模式和干线模式。可以工作在全双工、半双工和自适应模式下，具备 MAC 地址自学习功能，QoS 设置功能等。

目前，省级区域测震台网中心到国家测震台网中心之间的数据传输链路大多选择 MSTP 方式。

4. 3G/4G 传输

①3G 传输

第三代蜂窝移动通信系统（3G）的提出主要用于解决 2G 系统所面临的问题，为用户提供高速数据业务和更灵活的数据传输，同时实现全球漫游。第三代移动通信系统以多媒体数据业务为主要特征，最大程度的提高频段利用率，提供大容量、高速率的多媒体数据业务。

3G VPDN 组网方式在地震行业应用比较广泛，尤其在流动地震观测中曾得到广泛应用。固定测震台站有线接入条件比较差的地区也在使用 3G VPDN 组网方式实现数据传输。3G VPDN 网络是基于 2G/3G 网络的 VPDN，即虚拟拨号专用网，是一种拨号接入的虚拟专用拨号网业务。

行业 VPDN 接入 CDMA 分组网的方式主要有两种，互联网接入和专线接入。

图 5.2.2 表示了地震行业应用 VPDN 网络，采用互联网接入和专线接入的组网方式。

② 4G 简介

4G 技术包括 TD – LTE 和 FDD – LTE 两种制式。LTE（长程演进）是 GSM/UMTS 标准的升级，借助新技术和调制方法提升无线网络的数据传输能力和数据传输速度，以及更低的传输延迟。

4G 集 3G 与 WLAN 于一体，并能快速高质量传输数据、视频和图像等。4G 能够以 100Mbps 以上的速度下载，并能满足几乎所有用户对于无线服务的要求。

4G 的特点是：通信速度快。传输速率可达到 20Mbps，甚至最高可达 100 Mbps；网络频谱宽。每个 4G 信道占有 100MHz 的频谱；通信灵活。可以随时随地通信，更可以双向下载

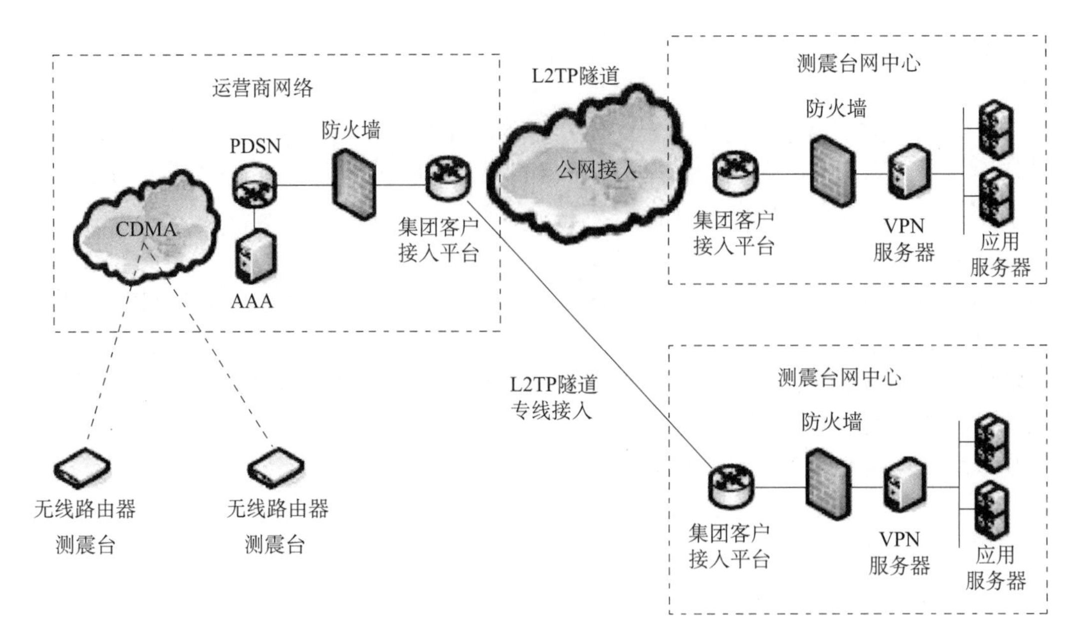

图 5.2.2　采用互联网接入和专线接入的 VPDN 组网方式

传递资料、图画、影像；智能性能高；兼容性好。

5. 超短波传输

超短波的工作频率一般指 30 ~ 300MHz，在地震行业将 40 ~ 400MHz 称为超短波。超短波主要用于 9600bps 以下点对点的实时数据流的短距离传输，小型测震台网应用较多。

按规定，地震系统使用经国家无线电管理委员会批准的 47MHz 频段和 223MHz 频段。

若采用超短波传输地震信号，要进行传输信道剖面图制作、传输信道理论计算，干扰场强和电平余量的实际测试，以确保传输信道长期运行的可靠性。

6. 微波传输

微波是一种“视距”传播，即直线传播。与利用电磁波的电离层反射现象进行“超视距”传播相比，其传播特性稳定。在设计时需要考虑的两个主要问题是：①自由空间传播损耗。实际微波接力通信的电波并非在理想的自由空间中传播，而是在低层大气中传播，电波不仅会受到地球曲率的影响，而且还会受到诸多不利因素的影响，从而使接收点场强产生附加的损耗。②视距传播距离与天线高度的关系。当发射与接收天线高度 h1 = h2 时，视距传播距离约为 $5\sqrt{2h}$。

7. 扩频传输

扩频传输主要用于视距范围内点对点、一点对多点高速数据流传输及多路数据汇集后主干道数据流传输，通常也是工作在微波频段，其优点是抗干扰能力强、功率小、集成度高、且不需要申请使用频点。扩频通信特别适合于短距离传输地震信号或做中继信道，但它对通道的要求比较高，不能受任何阻挡。

当在城市地区采用无线方式传输地震信号时，由于面临进城无线背景干扰强和无线多路汇集、组网和网络化等问题，扩频技术为地震数据短距离传输开辟了新途径，并在地震系统的实际应用中显示出一定优越性。

8. 卫星传输

卫星通信是利用人造地球卫星作为中继站来转发或反射无线电波，在两个或多个地球站之间进行的通信。卫星通信系统一般都工作在微波频段，它的电波传播特性也基本与微波方式相似。

卫星通信的特点：①通信距离远。利用地球同步轨道卫星，最大通信距离可达18000km左右；②覆盖面积大，且便于实现多址连接通信。卫星可用广播方式工作，而不仅仅是“点对点”通信；③通信频带宽，传输容量大。通信卫星的射频采用300MHz以上的微波频段，可供使用的频带很宽；④通信线路稳定可靠，传输质量高。对于地球同步轨道卫星通信系统来说，地球高纬度地区的通信效果不好，两极地区存在通信盲区；另外，地面微波系统与卫星通信系统之间存在相互干扰。

卫星通信主要用于超远距离点对点传输，较适合地点偏避、公共数据网条件不好的台站的信号传输。

在地震数据卫星传输中常采用VSAT（甚小口径卫星终端站），其具有天线口径小，通常为1.2～2.4m，灵活性强、可靠性高、使用方便，小站可直接装在用户端等特点。

三、地震传输协议

中国测震台网使用了国内外多种型号的数据采集器，一般都提供了两种接口的实时数据流输出，一种是遵循TCP/IP或UDP/IP协议的网络数据接口，另外一种是兼容RS232串行异步传输标准接口的实时数据流。但不同厂家的数据采集器往往使用了不同的通信协议和数据流格式。为了规范实时波形数据流在中国测震台网间的使用与共享，中国地震局自主开发了基于TCP/IP网络协议的、用户层面的实时数据流交换协议NetSeisIP，其基本模型如图5.2.3所示。NetSeis/IP协议分为服务端和专用客户端两大部份。服务端用于监听用户连接、用户认证、接收、缓存和转发波形数据、台站数据状态监控等。专用客户端分为4种：ComServ2Server、Serial2Server、Server2Server、Seedlink2Server。该协议通过约定控制连接、数据连接、数据端口等，以指定参数传输实时波形数据，同时通过环形缓冲和嵌入式数据库JDataBase管理包括波形数据、运行日志、丢帧记录和数据处理结果的动态数据和包括台站信息和仪器响应的静态数据。波形数据流格式采用miniSEED数据包。基于该协议开发的JOPENS—SSS流服务软件系统，具有多种型号数据采集器的实时数据接口程序，为中国测震台网提供了实时地震数据流的上传与下载服务，实现了从测震台站到测震台网中心的汇聚、台网中心内部各处理模块之间及台网中心之间的交换与共享，并采用数据解码校验、断点续传、超时重连等多种技术措施处理数据包误码、数据包丢失、数据流中断等数据传输故障，有效提升了数据传送的可靠性。

四、传输实例

以下选择几个具有一定代表性的省级区域测震台网，简述其数据传输系统的构成与特点。

（1）SDH数据传输实例。

数据传输特点：全网采用SDH同步数字传输方式。如山西区域测震台网应用SDH同步数字传输体系，全网实现光纤传输，传输网络为三层结构，由区域中心节点、汇聚节点、测震台站组成，主干采用 SDH，备份采用 InternetVPN，台网数据传输拓扑见图 5. 2. 4。

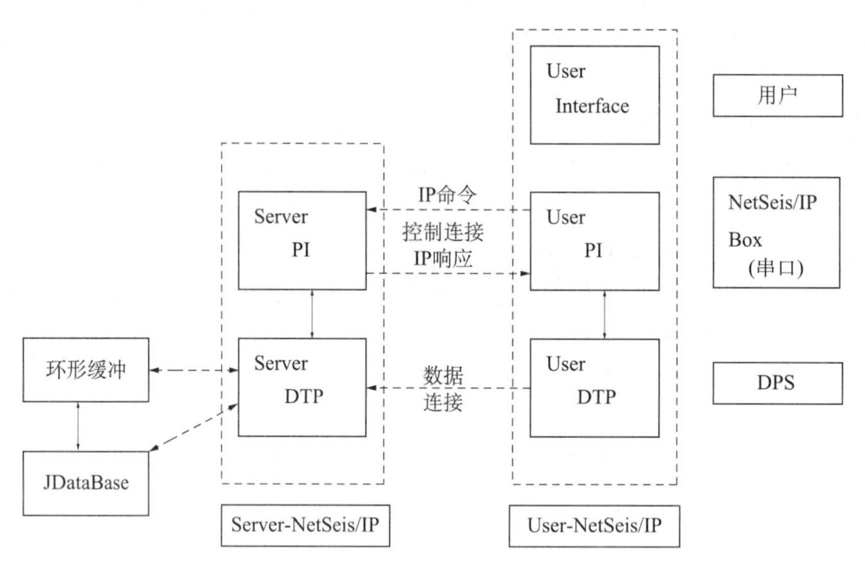

图 5. 2. 3　NetSeis/IP 协议的服务模型

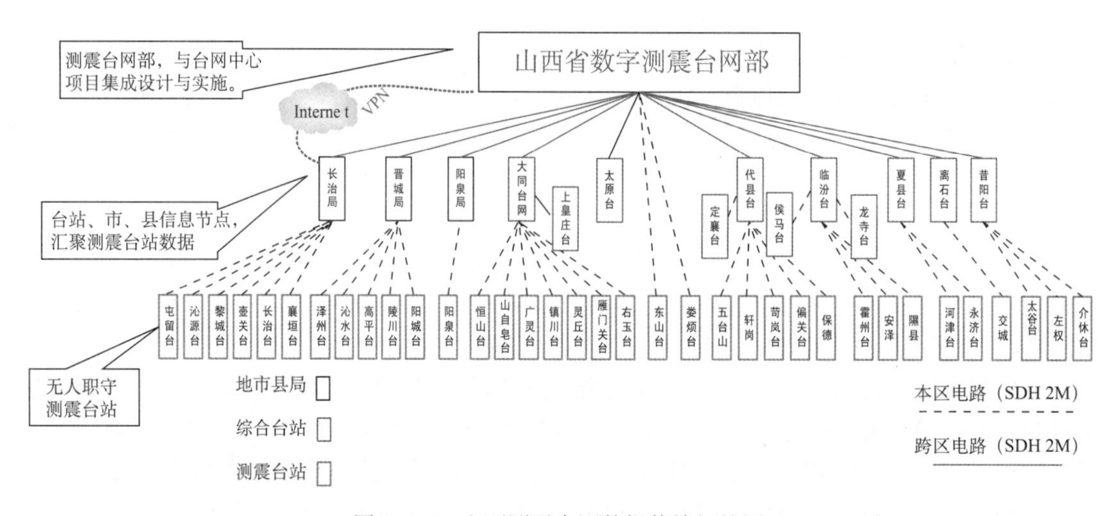

图 5. 2. 4　山西测震台网数据传输拓扑图

（2）SDH/CDMA 互备传输方式实例。

数据传输特点：有线与无线双信道主备方式，采用 SDH 同步数字传输为主信道，CDMA 无线方式为备份信道。如重庆区域测震台网数据传输拓扑见图 5. 2. 5。

（3）混合数据传输方式实例。

数据传输特点：多技术混合组网方式，采用了 SDH、DDN、ADSL、CDMA/VPN、GPRS、卫星、InternetVPN 数据传输与汇集技术。如广东区域测震台网数据传输拓扑见图 5. 2. 6。

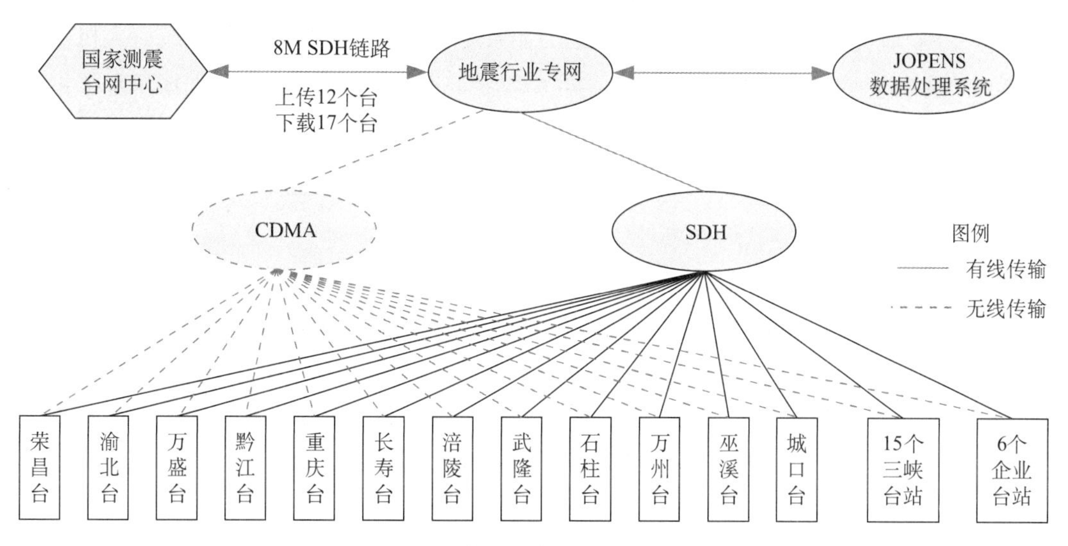

图 5.2.5　重庆测震台网数据传输拓扑图

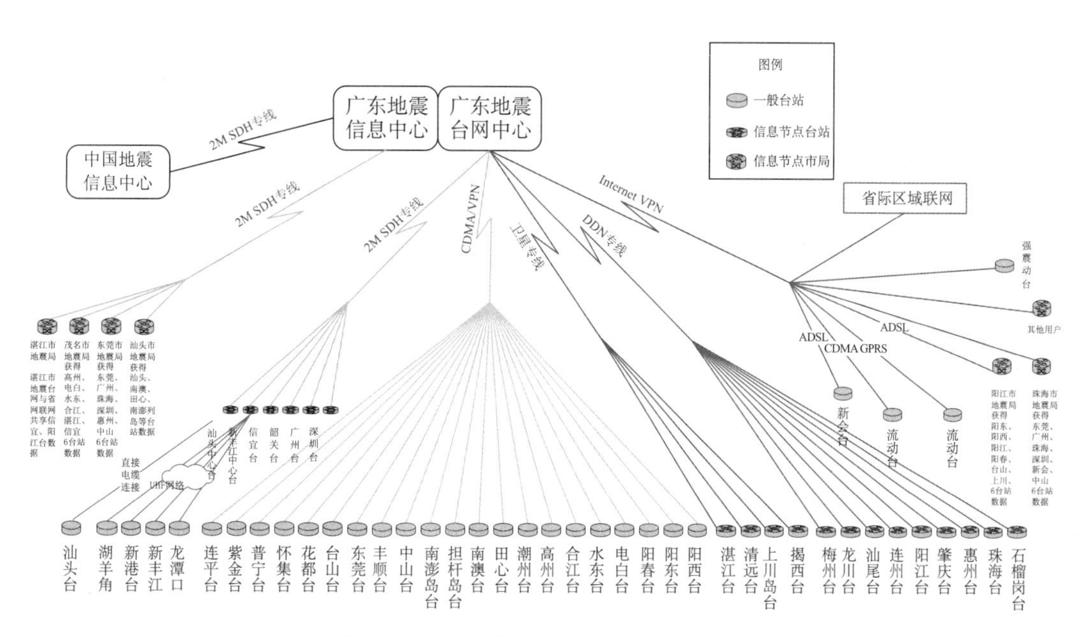

图 5.2.6　广东测震台网数据传输拓扑图

第三节　台网中心建设

测震台网中心建设包括场地建设、技术系统建设和辅助系统建设三部分，其中场地建设主要是土建、装饰装修和办公设施建设等；辅助系统建设是为台网中心软硬件系统正常运行提供支撑条件，如供电系统建设、避雷系统建设、消防灭火系统建设、门禁系统建设、安全监控系统建设等；技术系统建设主要包括网络和计算机等硬件支撑系统、各类通用和专用软件系统。专用软件系统又包括实时数据汇集交换系统、地震参数自动速报系统、人机交互处理系统、消息交换系统、分析编目系统、震源参数处理系统、仪器地震烈度速报系统、地震预警信息处理系统、数据存储管理与服务系统等，为保证系统的可靠性，其中的关键设备需要采用双机热备份，整个系统在网络环境的支撑下实现数据的交换与共享。

一、设计与建设要求

1. 数据量分析

测震台站原始观测数据通过数据传输网实时汇集至省级区域测震台网中心，流动台站数据通过流动台网汇集至省级区域测震台网中心。省级区域测震台网中心通过地震行业专网，将本区域测震台站的观测数据实时上传到国家测震台网中心。国家测震台网中心向各省级区域测震台网中心转发其所需的相邻省市测震台站的观测数据。同时，全球 GSN 台站通过互联网汇集至国家测震台网中心，援外台站通过卫星信道和互联网汇集至援外台网后再汇集至国家测震台网中心。国家测震台网中心同时将所汇集到的所有台站数据传送到国家数据备份中心，进行观测数据的互为备份。

一般来说，一个省级区域测震台网应有处理 100 个以上台站数据的能力。若存储和管理 100 个台站的原始波形数据、事件波形数据和各种数据产品，每天的数据量为 3（分向）×100（采样率）×3（24 位、3 字节）×86400（秒）×100（台）≈7.8GB。5 年的数据量为 7.8GB×365（天数）×5（年）≈14TB。事件波形数据、地震速报、地震分析编目等产出按照原始连续波形数据的 10% 计算，加上数据备份等，测震台网中心连续工作 5 年的存储空间需求约为 35TB。

水库、核电、矿山和火山测震台网可参照以上过程，对存贮空间的需求进行估算。

测震台网中心作为台站实时观测数据和产出数据的交换中心，以及综合处理与存储中心，其数据交换、数据处理、存储等关键业务系统的软、硬件配置要考虑一定的冗余。

2. 数据处理分析

测震台站实时观测数据通过数据传输网汇集到省级区域测震台网中心的实时流服务器（SSS 流服务器），并通过地震行业专网上传到国家测震台网中心。当发生地震时，省级区域测震台网中心将本台网产出的地震目录和震相数据等处理结果发送到国家测震台网中心的消息服务器上，供国家测震台网中心和其它省级区域测震台网中心使用。国家测震台网中心根据省级区域测震台网中心的产出结果进行集中处理，将产出的全国地震目录和观测报告等综合处理结果也发送到消息服务器上，供各省级区域测震台网中心和相关用户使用，区域测震台网中心数据处理分析示意图见图 5.3.1。

3. 中心选址

测震台网中心是整个测震台网的核心，应该选择在电力供给稳定可靠，交通和通信便捷，工作与生活条件较好的地区，并且能方便地与上级管理部门、震情分析研究机构、地震应急指挥等部门进行及时有效的联系。同时，应远离产生粉尘、油烟、有害气体以及生产或贮存具有腐蚀性、易燃、易爆物品的场所，远离水灾火灾隐患区域，远离强振动源和强噪声源，避开强电磁场干扰。

若采用扩频微波、超短波等无线方式传输数据到测震台网中心，在建设中心之前，要对

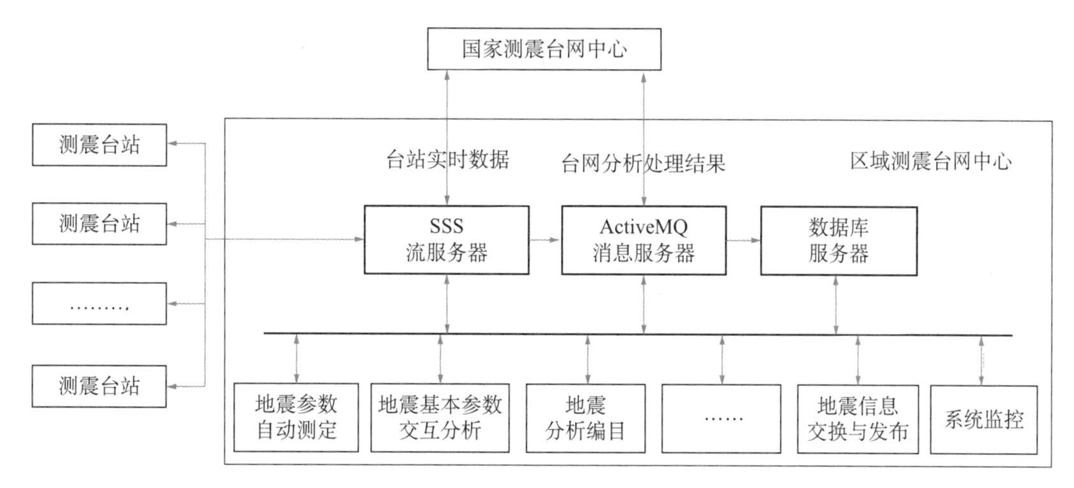

图 5.3.1　区域测震台网中心数据处理分析示意图

周围各种干扰场强进行严格测试，避开当地各种无线干扰和障碍。

4. 信息处理系统设备配置

测震台网中心处理系统主要包括实时数据汇集交换子系统、地震参数自动速报子系统、人机交互处理子系统、消息交换子系统、分析编目子系统、震源参数处理子系统、数据存储管理与服务子系统，以及运行监控与展示子系统等的硬件和软件。为了保证这些系统功能的充分发挥，需要配置运算能力、存储能力满足需求、稳定性强的服务器等设备。随着大数据处理能力的提升，也可考虑利用云技术完成一些处理和存储任务。

数据汇集交换子系统宜配置 2 台并行运行的服务器，运行实时波形流汇集分发软件，实时获取地动波形观测数据，为后续数据处理子系统和数据存储与管理子系统提供格式统一的实时波形流服务，同时进行实时波形数据交换。

地震参数自动速报子系统宜配置 2 台并行互备运行的地震参数速报业务处理服务器，安装地震参数自动速报软件，其从实时波形流服务器获取台站连续波形数据，进行震相拾取、地震事件判别、地震定位、震级计算、事件波形截取和报警。与消息服务器相连，将自动生成的基本参数速报结果发送到消息服务器进行发布。

人机交互处理子系统宜配置 2 台以上并行运行的工作站，安装地震参数速报人机交互处理软件。值班员通过人机交互处理软件调用实时处理软件生成的自动速报结果进行震相修正、人机交互定位和震级计算，产出最终速报结果，将最终的结果发送到消息服务器进行交换和发布，并存储到数据库系统。

消息交换子系统宜配置 2 台并行运行的服务器，安装消息服务软件，实现各业务处理子系统之间处理结果的实时交换，并将最终结果发给紧急信息服务系统。

分析编目子系统宜根据地震发生数量确定工作站的台数，安装地震编目软件，产出测震台网地震目录和观测报告，并将结果发送到消息服务器进行发布；同时进入全国统一编目系统，由国家台网中心生成全国的国家台站地震目录和观测报告，以及全国统一编目地震目录和观测报告。

震源参数处理子系统宜配置工作站和微机，安装震源参数处理软件。震源参数处理软件从基本参数速报子系统获取地震基本参数和事件波形数据，进行波形反演计算，产出震源机制解结果，并将结果发送到消息服务器进行发布。

数据存储管理与服务子系统是管理与存储的平台，宜配置多台服务器或工作站，实现数据在线存储，连续波形与事件波形归档与服务，为速报子系统和数据产出加工子系统提供在线波形数据服务，实现辖区内台站观测数据的截取、归档、处理与服务，面向科研人员提供及时、完整、可靠的地震科学数据。

运行监控与展示子系统用于汇集连续观测数据流状态信息、各子系统运行状态信息以及环境条件信息，并经过分析产出各系统运行状态统计日志等。该子系统配置的主要设备包括监控服务器、台式计算机、视频矩阵、大屏幕显示和网络 KVM 等。

5. 机房设计

测震台网的电子信息系统机房是测震台网中心的核心场所，主要放置网络、存储、数据处理等设备。

（1）机房等级。

测震台网中心机房按照《电子信息系统机房设计规范》（GB 50174－2008）规定属于 A 级，在异地建立的备份机房，设计时应与原有机房等级相同。同一个机房内的不同部分可以根据实际需求，按照不同的标准进行设计。

为了保证系统能正常连续运行，机房内的设备、供电等应考虑容错配置，即有相应备份设备和后备电源等，确保若操作失误、设备故障、外电源中断、维护和检修，不会导致台网系统运行中断。

台网中心的功能区应根据系统运行特点及设备具体要求确定，一般由主机房、处理机房、监控和信息展示区、支持区和行政管理区等功能区组成。

（2）面积估算。

主机房的使用面积应根据设备的数量、外形尺寸和布置方式确定，并预留今后业务发展需要的使用面积。在主机房设备外形尺寸不完全掌握的情况下，主机房的使用面积一般可取主机柜投影总面积的 5～7 倍。处理机房、监控和信息展示区面积为主机房面积的 0.2～1.0 倍。用户工作室可按每人 $3.5m^2$～$4m^2$ 估算。硬件及软件人员办公室等长期有人工作的房间，可按每人 $5m^2$～$7m^2$ 估算。

（3）设计要求

①建筑。净高应根据机柜高度不小于 2.6m。变形缝不应穿过主机房；不能够布置在用水区域的垂直下方，不应与振动和电磁干扰源为邻。当管线需穿越楼层时，设置技术竖井。主机房设置单独出入口，当与其他功能用房共用出入口时，应避免人流、物流的交叉。有人操作区域和无人操作区域分开布置。

铺设防静电活动地板，活动地板的高度应根据电缆布线和空调送风要求确定；活动地板下空间只作为电缆布线使用时，地板高度不小于 250mm。既作为电缆布线，又作为空调静压箱时，地板高度不小于 400mm。

②环境要求。主机房工作时的温度宜为 23℃ ±1℃、相对湿度宜为 40%～55%。含尘浓度，在静态条件下测试，每升空气中大于或等于 0.5μm 的尘粒数应少于 18000 粒。

在电子信息设备停机时，在主操作员位置测量的噪声值应小于 65dB；主机房和辅助区的绝缘体的静电电位不应大于 1KV。

③机柜布置。机柜或机架上的设备为前进风/后出风方式冷却时，机柜和机架的布置采

用面对面或背对背的方式。主机房和设备间的距离应符合下列规定：

a）用于搬运设备的通道净宽不应小于1.5m。

b）面对面布置的机柜或机架正面之间的距离不应小于1.2m。

c）背对背布置的机柜或机架背面之间的距离不应小于lm。

d）当需要在机柜侧面维修测试时，机柜与机柜、机柜与墙之间的距离不应小于1.2m。

e）成行排列的机柜，其长度超过6m时，两端应设有出口通道；当两个出口通道之间的距离超过15m时，在两个出口通道之间还应增加出口通道；出口通道的宽度不应小于lm，局部可为0.8m。

④空调系统。主机房应设置独立精密空调系统，其他区域是否设置空调系统，应根据设备要求和当地的气候条件确定。要求有空调的房间集中布置，室内温、湿度要求相近的房间，相邻布置。

⑤供电。户外供电线路一般采用架空方式敷设。当户外供电线路采用具有金属外护套电缆时，在电缆进出建筑物处应将金属外护套接地。不间断电源供电系统应有自动和手动旁路装置。确定不间断电源系统的基本容量时应留有余量，不间断电源系统的基本容量E≥1.2P，其中E是不间断电源系统的基本容量（不包含备份不间断电源系统设备）（KW/KVA），P是设备的计算负荷（KW/KVA）。

机房应配置后备发电机系统，当市电发生故障时，后备发电机能承担全部负荷的需要。容量应包括UPS的基本容量、空调和制冷设备的基本容量、应急照明及关系到生命安全等需要的负荷容量。并列运行的发电机，应具备自动和手动并网功能。

⑥防雷。主机房防雷以防感应雷为主，兼顾考虑直击雷防护。所采取的措施有电源防雷、通讯线防雷、等电位连接等。国家标准《建筑物电子信息系统防雷技术规范》（GB 50343）对计算机房防雷做了详细的规定，主机房防雷应遵守该规范进行实施。

⑦布线。主机房、辅助区、支持区和行政管理区应根据功能要求划分成若干工作区，工作区内信息点的数量应根据机房设备和用户需求进行配置。布线应符合现行国家标准《综合布线系统工程设计规范》（GB 50311）的规定。

⑧安全防范系统。由视频安防监控系统、入侵报警系统和出入口控制系统组成，各系统之间应具备联动控制功能。紧急情况时，出入口控制系统应能受相关系统的联动控制而自动释放电子锁。

⑨火灾自动报警系统。机房应符合现行国家标准《火灾自动报警系统设计规范》（GB 50116）的有关规定。应有洁净气体灭火系统，并按照现行国家规范《建筑设计防火规范》（GB 50016）、《高层民用建筑设计防火规范》（GB 50045）和《气体灭火系统设计规范》（GB 50370）要求执行。其他区域（变配电、不间断电源系统和电池室）可设置高压细水雾灭火系统或自动喷水灭火系统。

⑩抗震设防标准。测震台网中心机房建筑的抗震强度应按当地抗震设防烈度加Ⅰ度设计，在烈度Ⅶ度以上的地区还应考虑设备的抗震措施。

二、台网中心实例

目前中国的省级区域测震台网中心共有32个。台网中心的场地建设和辅助系统建设通常在大楼建设时综合考虑，以下主要介绍其技术系统建设情况，并以江苏区域测震台网中心为例。

通常省级区域测震台网中心的数据处理技术系统构成主要由服务器为主的硬件设备系统、通用系统软件以及 JOPENS 测震台网地震数据处理系统等软件组成。测震台网中心的台站观测数据通过省局数据传输网，汇集到测震台网中心流服务设备上。

江苏区域测震台网中心在硬件配置方面，以服务器和工作站为主，根据地震速报、编目、系统管理、资料报送及存储等项工作的具体要求，将各功能模块分别部署在多台服务器上，并对关键功能模块进行双机备份，例如有主、备数据流服务器，EQIM 主机和备机等，其构成如图 5.3.2 所示。

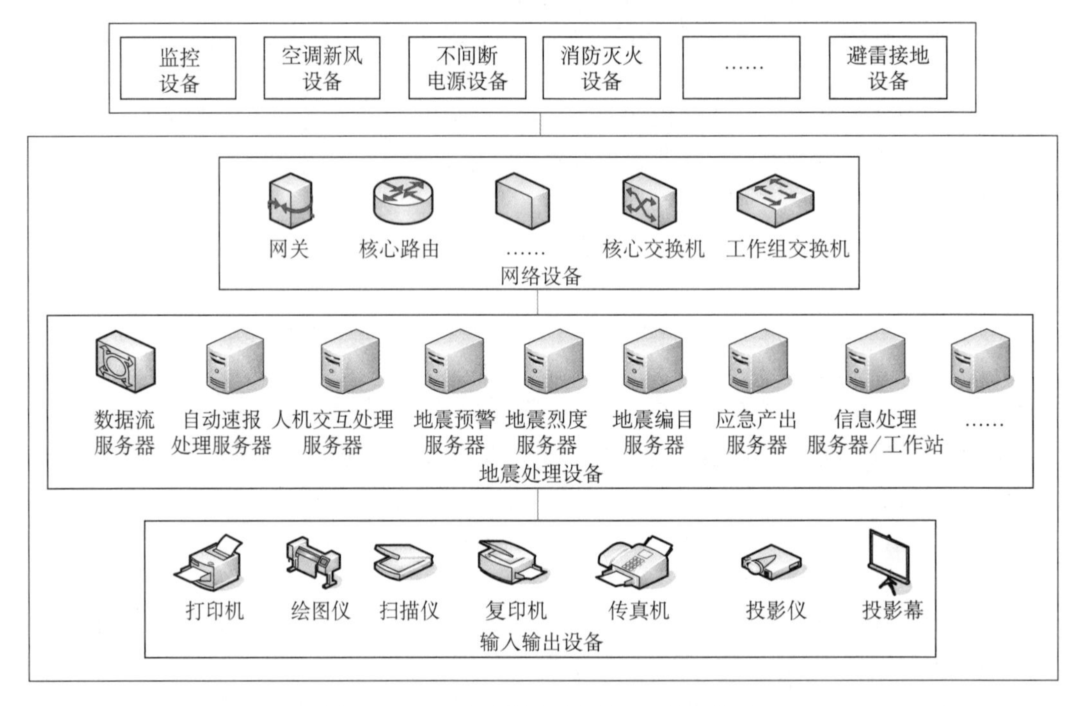

图 5.3.2　江苏区域测震台网中心设备构成

省级区域测震台网中心具备的业务功能有：数据传输网络接入、台站观测数据接入汇集、数据传输与共享服务、地震数据处理、数据库管理与服务、系统管理与备份、技术系统运行监控、地震信息发布等部分。

江苏区域测震台网中心数据处理统以部署在 Suse Linux 操作系统下的 JOPENS 为基本平台，使用 JOPENS 的 mysql 数据库对台站参数、波形数据、震相数据、定位数据统一进行存储、管理；使用 JOPENS 的 SSS 模块接收和分发地震台站产生的实时波形数据；使用 JOPENS 的 JBOSS 模块通过 Web 对系统参数进行配置和管理、对系统运行情况进行监控；使用 JOPENS 的 MSDP 模块进行地震编目；使用江苏测震台网的 PARA 地震速报系统进行事件检测触发、自动定位处理、人机交互分析以及 EQIM 地震速报。其构成如图 5.3.3。

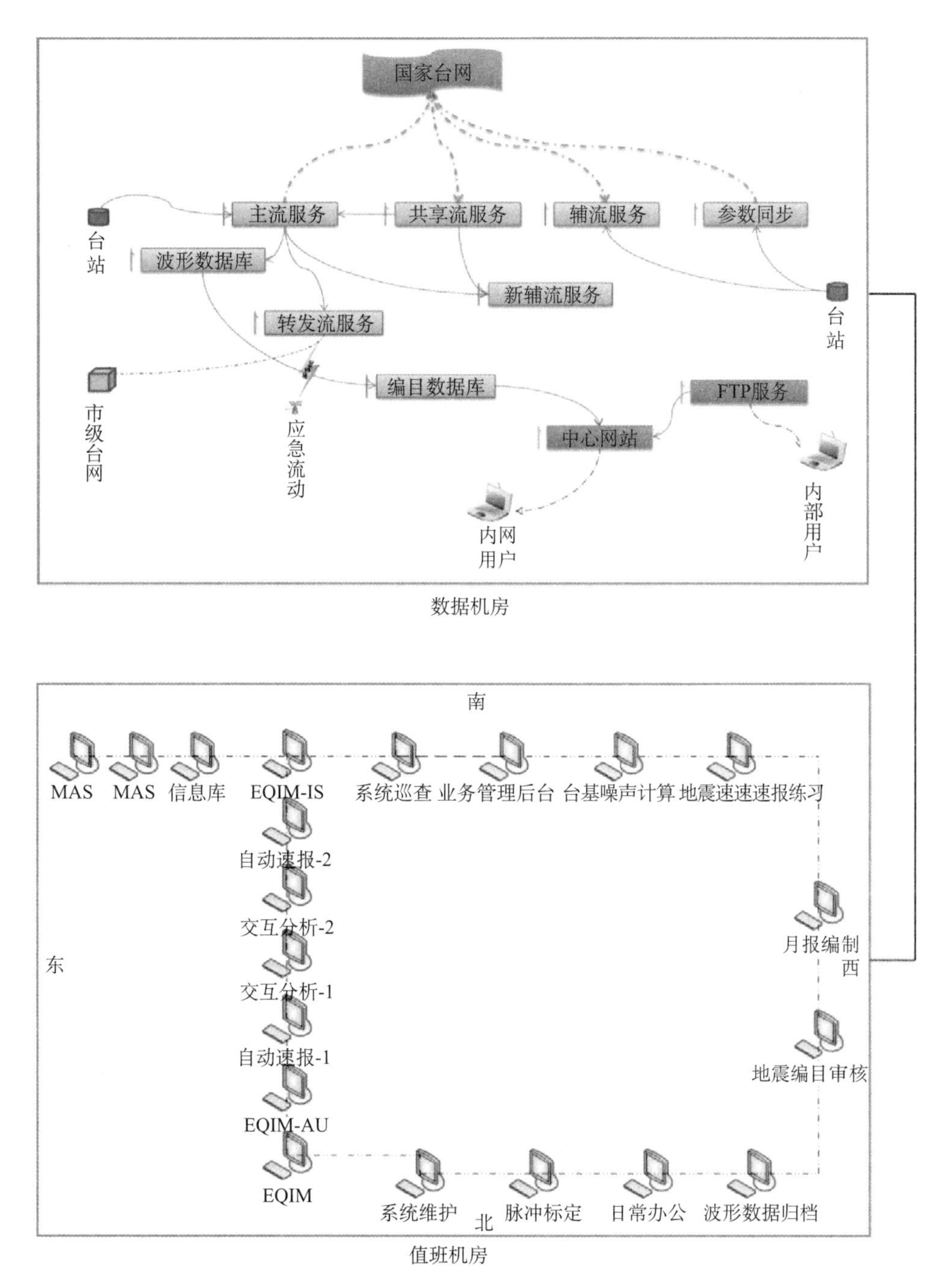

图 5. 3. 3　江苏区域测震台网中心数据处理系统构成

第四节　测震台网运行

测震台网建设完成后，需要进行台站、台网参数配置，系统联调、试运行、验收等。正常运行期间仍然需根据《测震台网运行管理细则》对系统进行维护和管理。

一、软件部署

台网建设完成后，在台网中心需要安装操作系统，部署实时数据汇集交换系统、地震参数自动速报系统、人机交互处理系统、消息交换系统、分析编目系统、震源参数处理系统、数据存储管理与服务系统等。正式运行前，还需要对各种软件运行所需参数进行配置。

①台站基本参数：需要配置的台站参数包括台站经纬度、高程，地震计参数、数据采集器参数、台基类型、传输方式等。这些参数配置有些可以在台站完成，也可在台网中心完成。图 5.4.1 是通过 JOPENS 控制台配置台站参数界面。

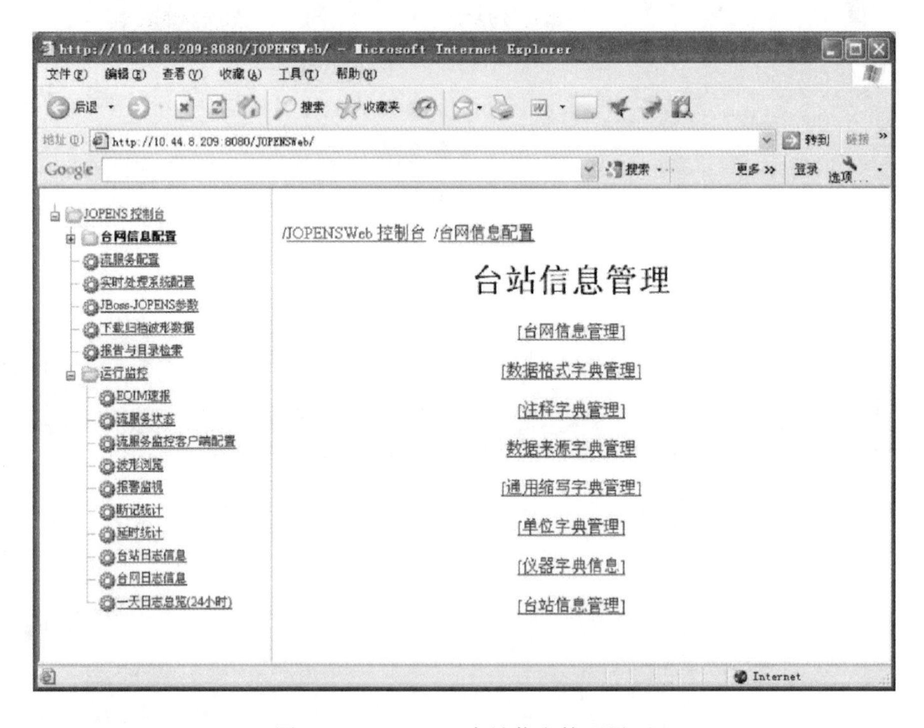

图 5.4.1　JOPENS 台站信息管理界面

地震计参数配置包括灵敏度和传递函数，灵敏度可根据厂商提供的出厂参数或实际标定结果进行配置。

数据采集器参数配置包括量程、采样率、数字数转换为输入电压值的量化因子等，设置采样率时需考虑数字滤波器类型，例如采样率设为 100sps 时，数字滤波器的类型选择为最小相位。

②网络化数据传输参数：数据接收时需配置台站 IP 地址、数据接收端口地址、服务器 IP 地址等。

③信号处理参数：在对波形进行分析处理时需配置触发算法参数，例如 STA/LTA 检测算法中的短时窗长度、长时窗长度、滑动时窗长度、幅度比等。震相识别参数、定位算法参数、走时表或分层速度模型、地图数据、地震综合判决条件（如触发台站数、初动周期值、

不同台网自动测定地震基本参数之间的差等）、震级计算参数、地震编目和震源参数计算参数等。

④产出管理与服务：在对各种产出进行管理和提供服务时需定义发布对象、内容等。

在参数配置完成后，需进行一定时期的试运行，以检验参数的设置是否正确，产出是否合理。

二、台网的常规运行

根据《测震台网运行管理细则》，测震台网常规的运行任务包括：运行维护、地震数据汇集与共享、地震速报、地震编目、大震应急产出、波形数据归档、运行月报和年报编写等。

运行维护主要包括：观测系统网络维护、数据库管理系统维护、台站参数检查和同步、系统的脉冲和正弦标定、台基噪声计算、仪器故障维修、运行率统计等。

地震数据汇集与共享：省级区域测震台网中心负责汇集所管辖的国家台站和区域台站实时观测数据；并向国家测震台网中心上传本省台站的实时观测数据；国家测震台网中心负责通过数据流服务器向省级区域测震台网中心（含国家数据备份中心、区域自动速报中心、国家地震速报备份中心、国家强震动中心）转发所需台站实时观测数据。

地震速报：省级台网中心按照《地震速报技术管理规定》和《自动地震速报技术管理规定》完成规定的地震基本参数快速测定和初步测定结果的上报。国家测震台网中心完成规定的地震基本参数快速测定，同时对省级区域测震台网中心上报的结果进行复核，并发布正式测定结果。

地震编目：省级台网中心按照《测震台网运行管理细则》完成规定的地震编目任务，国家台网中心汇集省级台网编目结果，进行综合分析产出国家台网地震目录和观测报告、统一编目地震目录和地震观测报告。编目产出内容应符合《地震编目规范》要求。

大震应急产出：按照《地震监测台网应急产出和服务工作方案》执行。

波形数据归档：国家测震台站和省级台网中心负责定时归档本台站和台网所属台站的连续波形数据和标定波形数据。国家测震台站和省级台网中心负责截取地震编目编报范围内所有地震的事件波形数据，事件波形数据必须包含完整的地震事件及初至前至少 1 分钟的背景噪声数据。国家测震台网中心负责定时归档全国所有测震台站的连续波形数据和事件波形数据。

运行月报和年报编写：省级区域测震台网中心每月中旬前编写上月的运行月报，每年第一季度编写上年的运行年报，并报送到国家测震台网中心。国家测震台网中心每月月底前完成上月的中国测震台网运行月报，每年第二季度前编写完成上年的运行年报，并提供共享服务。

第五节　测震台网实例

测震台网因监测目的、监测范围、监测能力等的不同，台网的结构、仪器的选配、专用软件的部署等方面均存在一定差异。本节介绍典型的省级区域测震台网、国家测震台网、专用台网，以及国际测震台网的实例。

一、省级区域测震台网

1. 系统结构

省级区域测震台网由台站和台网中心两部分组成，其中台站包括本区域建设台站，也包括通过共享接收的周边地区建设台站。

以江苏区域测震台网为例，该台网汇集本省的46个台站（其中地面台站32个，井下台站14个），并从国家测震台网中心接收河南、山东、安徽、浙江、上海5个省（市）32个台站的实时波形数据。本省所属测震台站信号的传输方式以光纤SDH为主，仅前三岛台（属海岛台）采用卫星+SDH传输、昆山台采用ADSL+SDH方式传输，系统结构如图5.5.1所示，其中15个台站的信号（含13省属台站和2个国家台站）直接传输到江苏省测震台网中心，其余31个市、县地震台站的信号先传至当地市地震局信息节点，再集中传至省测震台网中心。

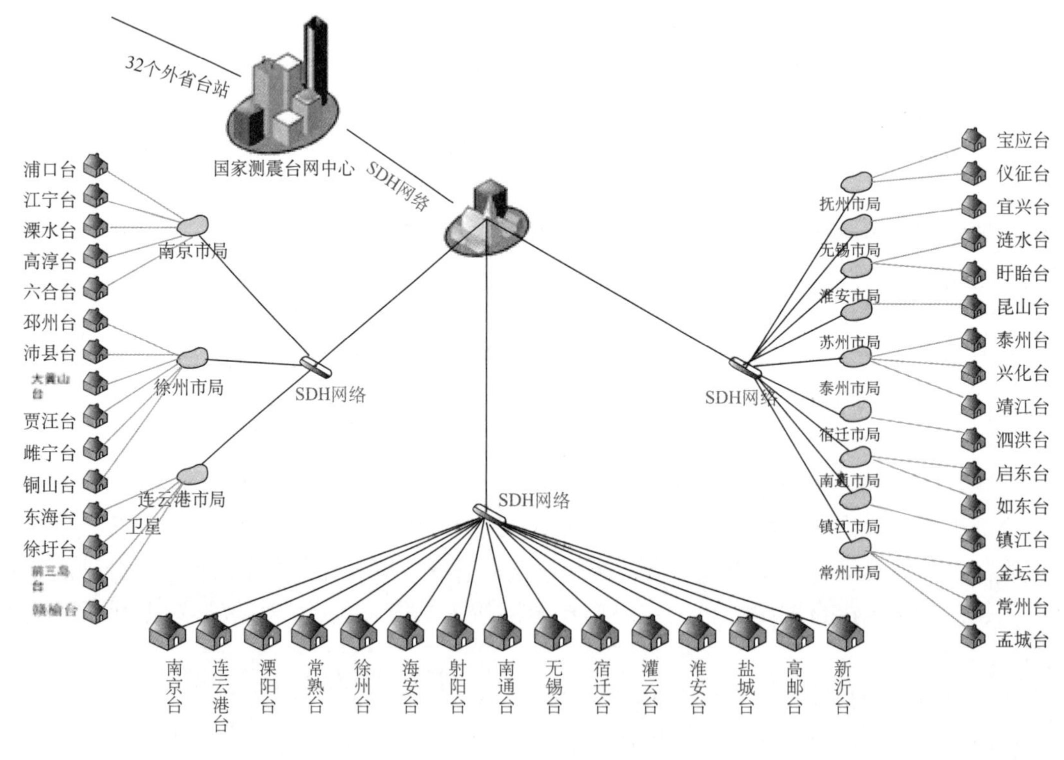

图5.5.1 江苏区域测震台网结构图

2. 数据流程

区域测震台网中心实时数据接收系统汇集省内区域台站和国家台站的观测数据，同时接收和汇集由国家测震台网中心转发的周边地区测震台站信号。台网中心对接收到的数据流进行实时自动地震基本参数测定和地震报警，并进行人机交互处理，产出地震基本参数初步测定结果，上报国家台网中心，在接收到国家台网中心地震正式速报结果后进行地震信息发布。同时，对地震事件进行分析编目，产出区域台网地震目录和观测报告。此外，还对连续波形数据、地震事件波形数据进行日常存档和提供共享服务。目前省级区域测震台网中心的观测数据汇集和交换基于数据库方式。

典型省级区域测震台网数据流程如图 5.5.2。

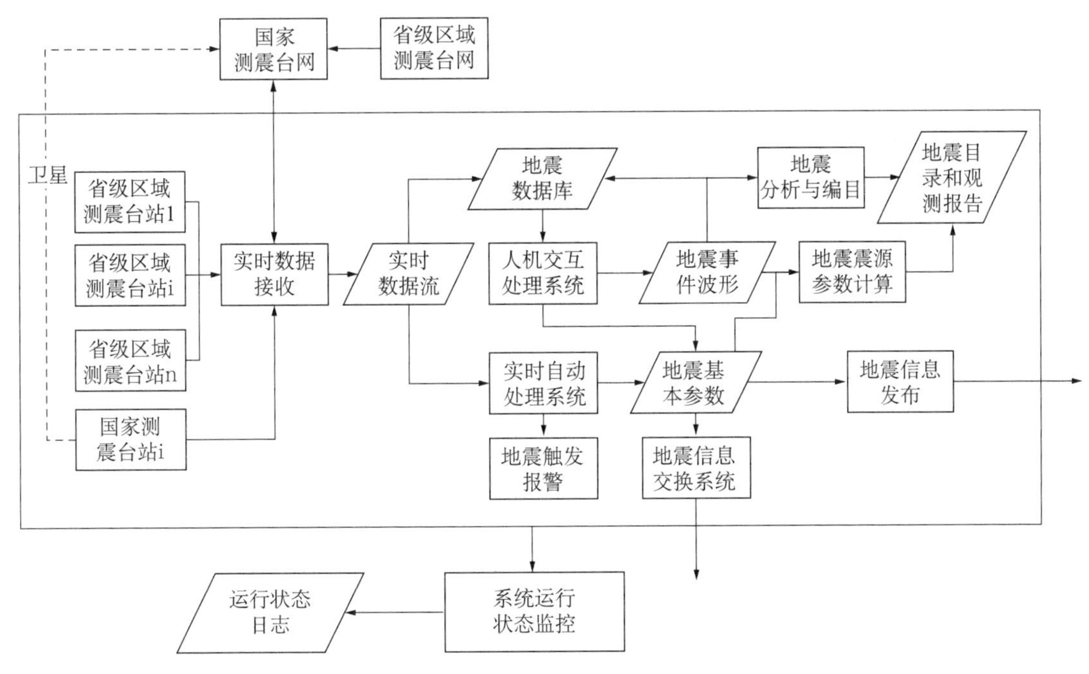

图 5.5.2　典型省级区域测震台网数据流程框图

3. 专用软件系统

目前省级区域台网中心使用专用软件主要是中国地震局系统自行开发研制的台网数据处理系统 JOPENS。该系统的运行环境为 Suse Linux/FreeBSD、Windows 系统。

JOPENS 系统的模块主要包括：数据库服务（JOPENS/DB）；流服务（JOPENS/SSS）；实时处理服务（JOPENS/RTS）；人机交互快速处理与速报（JOPENS/MSDP）；JOPENS 控制台；地震编目服务；JBoss 中间件等。

二、国家测震台网

国家测震台网通常由区域测震台（网）、全球地震台站（网）及援外台站等组成，基本结构如图 5.5.3 所示。国家测震台网主要功能体现在国内和全球大震速报、统一地震编目等方面。随着网络技术的迅猛发展和宽频带地震计的广泛使用，国家测震台网可以利用汇集到的区域测震台网的实时波形数据，动态构成以地震事件为网心的虚拟网，从而提高地震定位精度和统一编目质量。

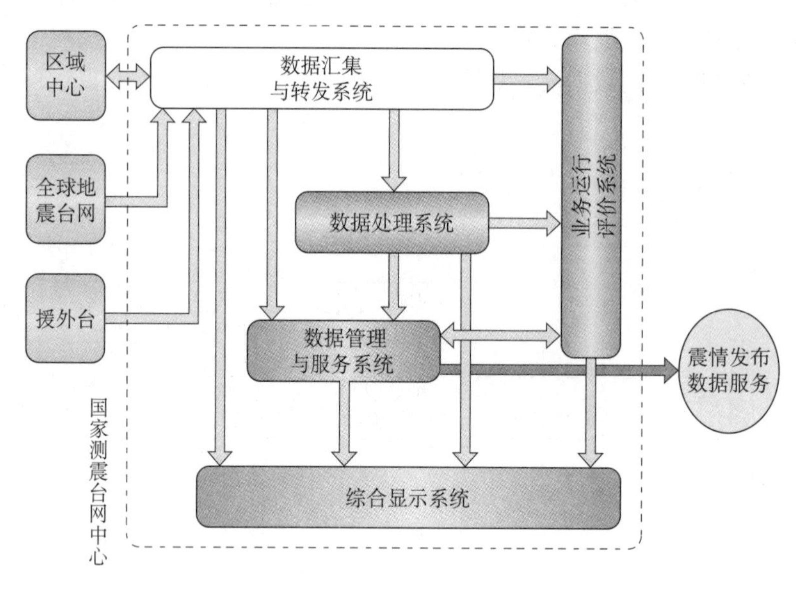

图 5.5.3　国家测震台网中心总体数据流程

中国国家测震台网实时汇集来自 148 个国家测震台站、32 个省级区域测震台网、境外台站及流动台站的实时波形数据。通过所部署的 JOPENS、国家中心存储软件、国家中心实时处理软件、国家中心交互处理软件、国家中心精细分析软件、国家中心大屏显示软件、EQIM 软件等专用软件，产出自动地震速报结果、正式地震速报结果、国家测震台站地震目录和观测报告、统一编目地震目录和观测报告、大震应急产出产品、连续波形数据和地震事件波形数据等，发布地震速报信息。

国家测震台网技术系统由数据汇集与转发系统、数据处理系统、数据管理与服务系统、业务运行评价系统和综合显示系统等 5 个系统构成。其中数据汇集与转发系统包括全国测震实时数据汇集与转发、全国测震非实时数据交换 2 个子系统；数据处理系统包括实时处理、人机交互处理、快速 CMT、精细分析、编目 5 个子系统；数据管理与服务系统包括台站参数管理、连续波形数据存储、事件波形自动截取、数据服务和数据库 5 个子系统，总共 14 个子系统。

中国国家测震台网依据统一规划和测震业务功能需要，共使用了 5 个 C 类子网，见表 5.5.1。通过网段划分将核心业务系统与一般业务办公系统分开，避免了相互之间的 IP 地址和网络流量竞争，也大大降低了核心业务系统感染病毒和受攻击的安全风险。国家测震台网中心系统网络连接见图 5.5.4。其 5 个子网的交换机使用千兆多模光纤与核心交换连接，交换机之间带宽达到或超过 4G，桌面到交换机带宽达 2G。

表 5.5.1 国家测震台网网络划分

序号	网段地址	带宽	说明
1	10.5.202.0	8G	流服务器、消息服务器、数据库服务器、Web 服务器等
2	10.5.201.0	8G	各类存储设备
3	10.5.66.0	6G	数据分析用服务器、工作站
4	10.5.65.0	4G	一般工作区
5	10.5.22.0	4G	一般工作区

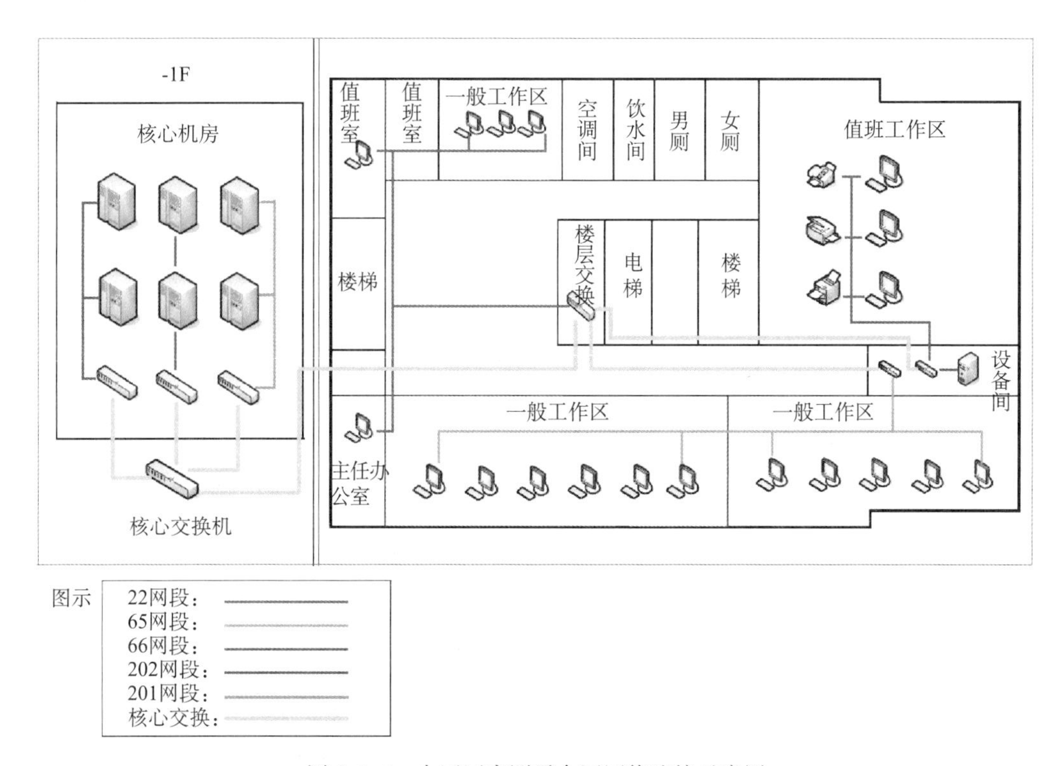

图 5.5.4 中国国家测震台网网络连接示意图

三、专用台网

1. 火山测震台网

火山测震台网的建设主要是为了监测火山地区地面活动状态，进行火山灾害预测和为地球科学研究提供基础数据。我国目前建成的火山测震台网包括 33 个火山测震台站、4 个省级火山台网中心和 6 个火山台网中心。

(1) 火山测震台站

目前，火山测震台站包括海南琼北火山台网 4 个台；黑龙江五大莲池火山台网 2 个台、镜泊湖火山台网 5 个台；吉林长白山火山台网 10 个台、龙岗火山台网 4 个台；云南腾冲火山台网 8 个台，如图 5.5.5。火山测震台站主要分布在活动火山周围，火山区域地震监测能

力可达到 M_L1.0 级。例如云南腾冲火山台网台站分布图如图 5.5.6，其分布南北约 60km、东西约 30km，平均台间距约 10km，网内监测能力达到 M_L0.5 级。

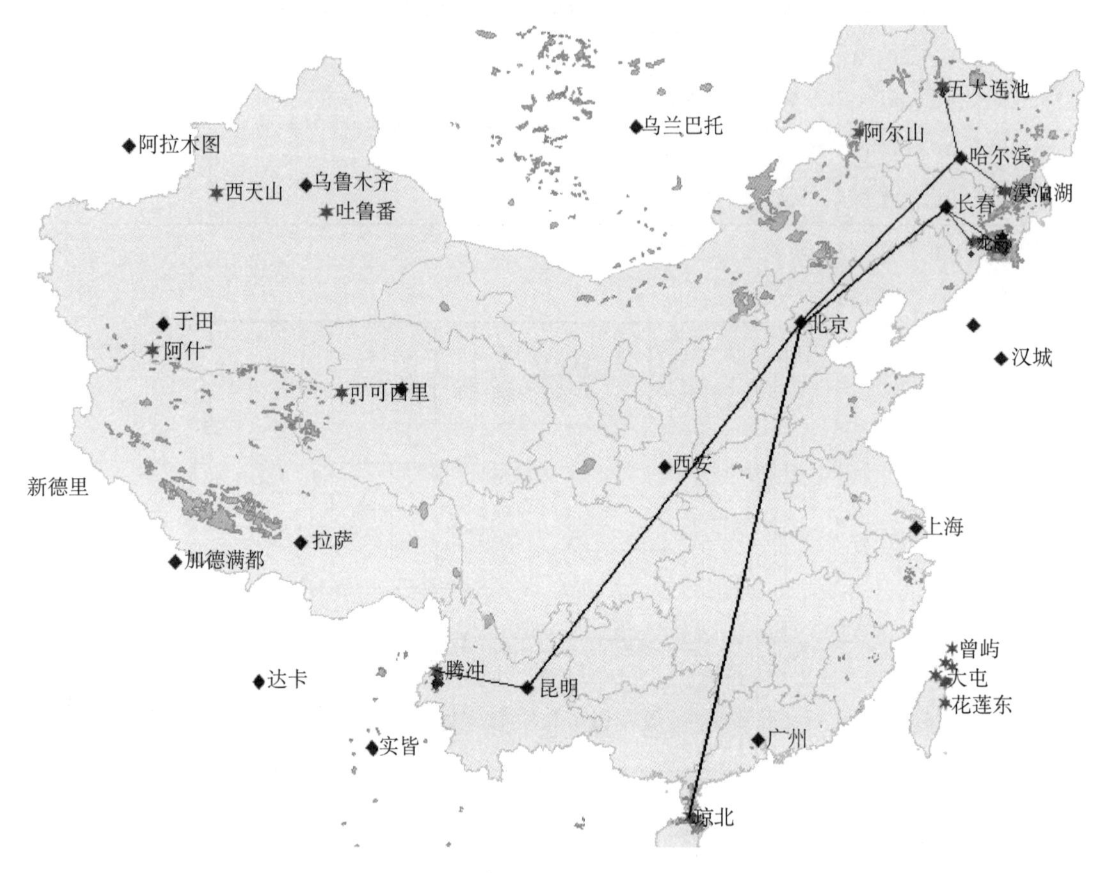

图 5.5.5　火山台网分布图（据 2015 年资料）

火山测震台站的场地类型与固定测震台站场地类型基本相同，台站技术系统与省级区域测震台站技术系统基本一致。吉林长白山火山测震台网地表型台站采用宽频带地震仪、井下型台站采用短周期地震仪观测系统；其他火山测震台网的火山测震台站基本上采用宽频带观测系统。火山测震台站技术系统配置有 2 种模式，一种模式用于地表型（含地表山洞型）火山台站，配置为 40Hz～60s 宽频带地震仪；另一种配置模式用于井下型的火山台站，配置为 20Hz～2s 短周期井下地震仪。

在数据传输方式上，火山测震台大多数都采用 SDH 专用信道、或无线 CDMA（VPDN）传输网络进行实时数据传输。其中云南腾冲火山测震台网台站与吉林部分火山台站是采用 SDH 专用信道传输数据方式，黑龙江、海南火山台站采用无线网络 CDMA（VPDN）传输数据方式；吉林部分火山测震台站由于受到场地位置与通信条件的限制，采用了本地存储记录，定期人工取数方式收集数据方式。

火山测震台站避雷系统则采取与省级区域测震台站相同模式建设。火山测震台站的供电模式则根据火山台站当地的供电、气候、台站位置，选择的供电方式有交流供电和直流供电两种。

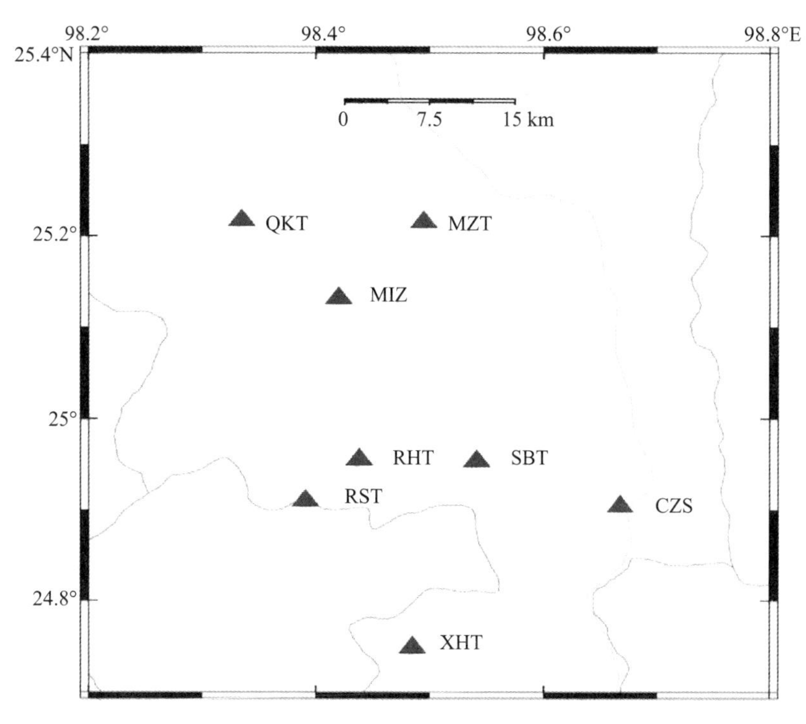

图 5. 5. 6　云南腾冲火山台网台站分布图（据 2015 年资料）

（2）火山测震台网中心

火山测震台网是台网所在行政区省级区域测震台网的组成部分，它的主要任务是监测火山区域的地震活动和颤动。

火山测震台网中心的功能是对火山测震台站的波形数据汇集、分析、在线存储；责任区内的火山地震速报（$M \geqslant 3.0$）、地震编目。还包括实时数据上传省级区域测震台网中心、国家测震台网中心、国家火山测震台网中心及数据交换、离线数据备份等，对研究人员的非实时波形数据服务、编目数据服务等。

火山测震台站通过数据传输网络将实时监测数据传送到当地火山测震台网中心并转发到相关的省级区域测震台网中心进行集中处理，如图 5. 5. 7。

火山测震台网中心由一个火山监测台网数据接收、分析处理系统和中心设备组成，每天实时或非实时接收分析处理火山台网观测数据。除长白山火山台网中心是一个相对独立的火山观测数据接收处理中心外，同时又通过长白山地震台信息服务网络平台，将长白山火山测震台网中心收集的火山台站数据由流服务器转发到省局区域测震台网中心，而其他（黑龙江、云南、海南）火山监测台网台站采用 SDH 专线或无线网络直接传输到省级区域测震台网中心，火山监测台实时数据在省级区域测震台网中心除建立独立的火山观测数据接收处理系统外，又直接进入省级区域测震台网中心的数据处理系统。

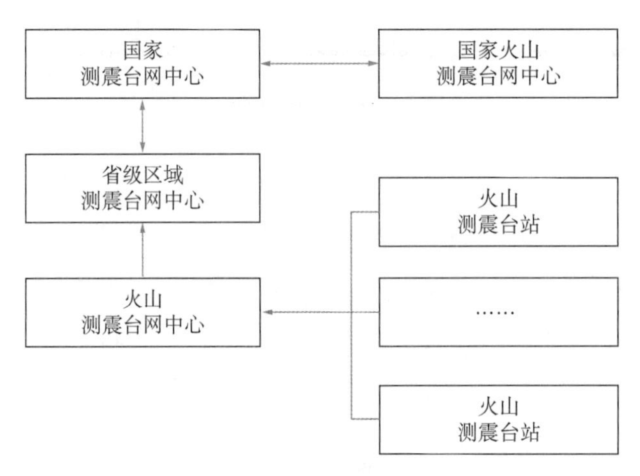

图 5.5.7　火山测震台网数据流程

火山测震台网中心采用基于计算机网络的分布式系统，多个在网络和数据库技术支撑下的行业专用软件相互协作完成火山观测数据接收处理各项功能。火山测震台网中心的软件系统从功能模块上可划分为常规处理（JOPENS 系统）、标定处理、活动性分析等模块及部分组成。

2. 水库测震台网

大型的水利工程和水力发电工程都需要建立大型的水库，而一定容量的水库在储水过程中有可能诱发地震，水库诱发地震与采矿、采油和注水诱发地震相比，具有震例多、破坏性强和影响广等特征。

水库地震监测是通过测震观测台网对水库及其周围地区可能发生的地震进行监测，为工程的防震减灾和水库诱发地震预测研究提供完整可靠的数据。单个水库建设的测震台网一般是孔径较小、子台布设密度高、可观测震级下限较低的小孔径密集式微震测震台网。

我国乃至世界水库诱发地震的监测所用的技术装备均来自天然地震观测设备，或原样照搬、或稍作向高频段拓宽观测频带的改造。典型的水库测震台网包括：

①单个型水库测震台网：以三峡水库测震台网为例，其于 2001 年通过验收投入运行，是我国第一个采用数字测震观测的水利水电工程，含 24 个高灵敏台、2 个强震动台、3 个中继站和 1 个台网中心，是我国最大的水库测震台网，如图 5.5.8。三峡水库测震台网使用了我国地震部门同期国产数字地震观测系统。所不同的是将观测频带扩展为 1 至 40 赫兹，频率特性采用了速度平坦型响应。三峡水库台网中的高灵敏台全部配置三分向一体化短周期地震仪，20 个台站配置开环短周期地震仪和 16 位数据采集器，4 个台站配置反馈式短周期地震仪和 24 位数据采集器，数据采集器的采样率每秒 100 点。地震数据的永久性保存采用大容量光盘，地震数据报送和波形数据的传输均通过公用数据网进行。

三峡水库测震台网建成后的数年间又有 10 余个水库建设了测震台网，包括进行数字化改造的云南省澜沧江上的漫湾水电站、广东省的新丰江水电站、贵州省红水河上的天生桥一级水电站，以及新建的小湾水电站、广西省红水河上的龙滩水电站和百色水利枢纽、四川省岷江上游的紫坪铺水利枢纽、涪江上的武都引水工程和大渡河上的瀑布沟水电站、湖北省清

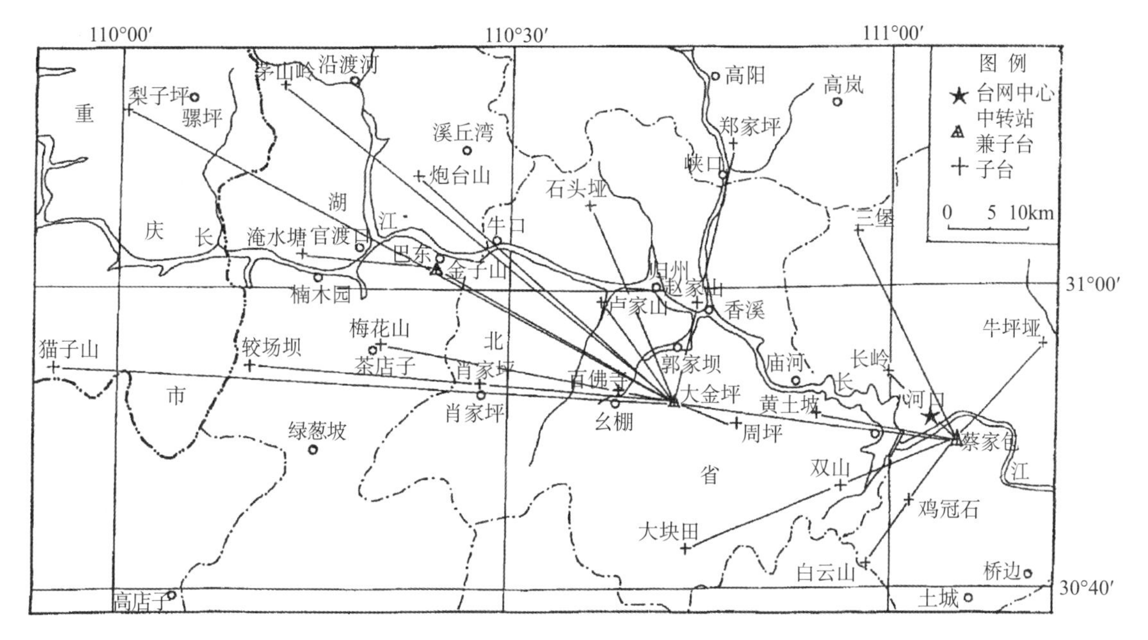

图 5.5.8　三峡测震台站分布示意图

江上游的水布垭水电站等。

②流域性水库测震台网：贵州省境内的乌江是水利水电资源储量丰富且密集的地区，共有 7 个水库组成。为了节省费用，充分利用资源，乌江对水库诱发地震的监测预测采取了流域整体规划、分期建设的方式。乌江流域上中游共规划了 34 个子台、采用数字地震观测技术、网内监测能力为 M_L1.5 级，分两期建设。乌江流域水库测震台网是我国第一个流域性质的水库诱发地震监测网。

乌江上游水库测震台网于 2004 年建成投测，由 16 个遥测子台、3 个中继站、1 个台网中心组成，监测能力为 M_L0.6 级。采用短周期观测为主，少数子台配有宽频带地震观测和加速度地震观测，24 位数据采集器；采用无线超短波、扩频微波中继和卫星混合组网。测震台网总体结构见图 5.5.9。

黄河上游、长江中上游、澜沧江等流域的梯级水库诱发地震监测系统亦采取了统一规划、分期施工的方式进行设计与建设。

四、国际测震台网

1. 美国全球测震台网（GSN）

1984 年美国 57 所大学联合成立地震学联合研究会（IRIS），计划建设全球测震台网（GSN）。该台网是一个永久固定的台网，是 IRIS 的三个核心计划之一。台网的设计目标是以两千公里跨度在全球范围内统一建立约 100 多个连续运行的、高质量数字化地震台站，动态范围 140dB，频带 0 ~ 5Hz，分辨率 24 位以上，数据实时传输。它将实时地记录区域和全球范围内的地震信号，从最小的地球背景噪声到加速度为 2g 的大震，从地球潮汐到 100Hz 以内的高频震相。全球测震台网同时还为其它地球物理测量提供工作平台。

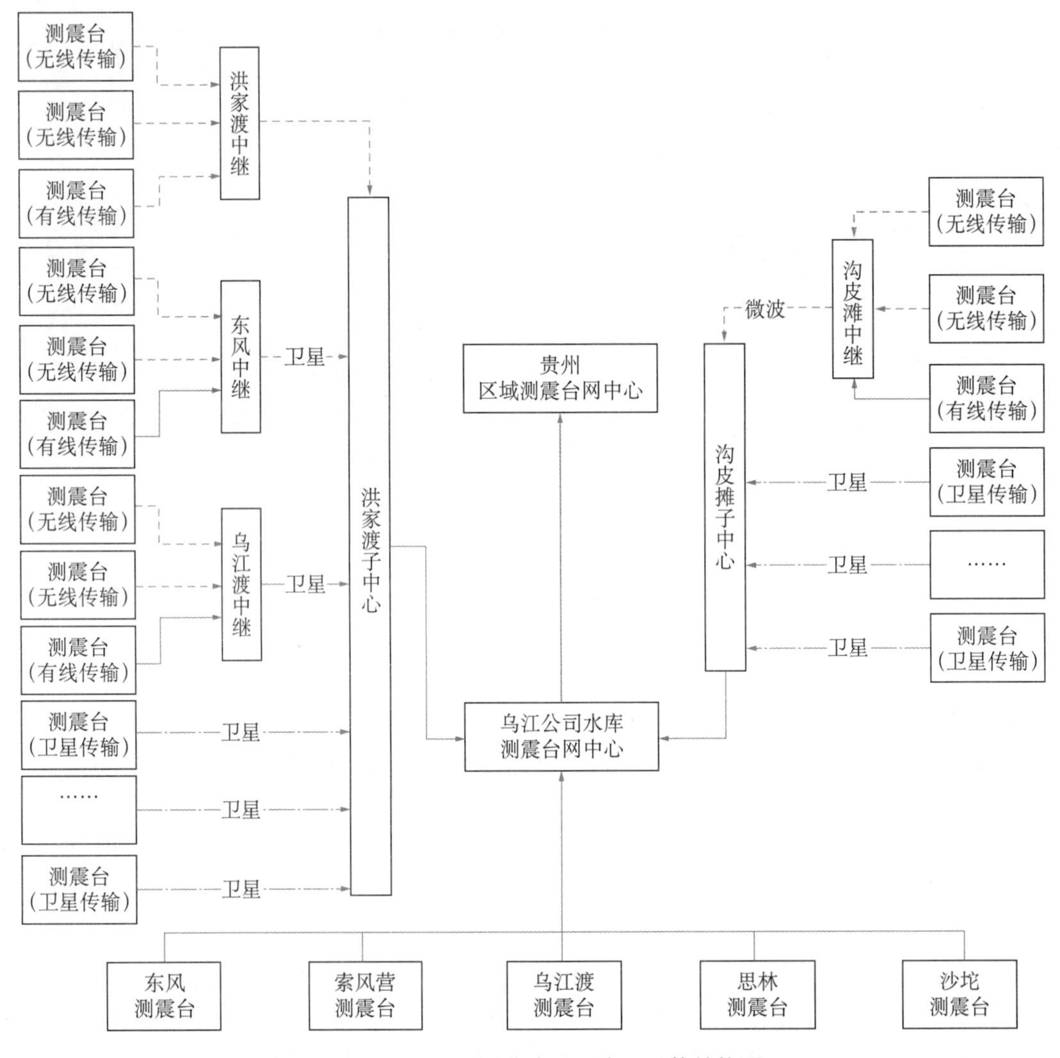

图 5.5.9　乌江上游水库测震台网总体结构图

从 1985 年起该计划开始实施，到 2013 年底 GSN 的台站数量已达到 171 个，如图 5.5.10，合作的机构已达到 59 个国家的 100 多个单位。

全球测震台网主要用于控制全球大尺度的地震活动和构造，服务于全球地震监测活动性监测与地球科学研究，台站采用均匀分布的原则。GSN 数据的传输以实时数据传输和准实时数据传输为主，数据的传输方式为卫星、Internet 和拨号电话，另外有 7 个台站以邮寄磁带的方式传送数据。

从 1981 年起，国家地震局与美国地质调查局合作建设中国数字测震台网（CDSN），CDSN 是我国第一个国家级数字测震台网，目的是提高对全国地震的监测能力，建立可用于多种地震科学研究的数据管理和服务系统。至目前，CDSN 包括北京、佘山、牡丹江、海拉尔、乌鲁木齐、拉萨、琼中、恩施、西安、昆明 10 个数字化地震台站，其观测技术系统由 STS－1 和 STS－2.5 地震仪、Episensor 加速度计、Q330HR 数据采集器组成，硬件和软件系

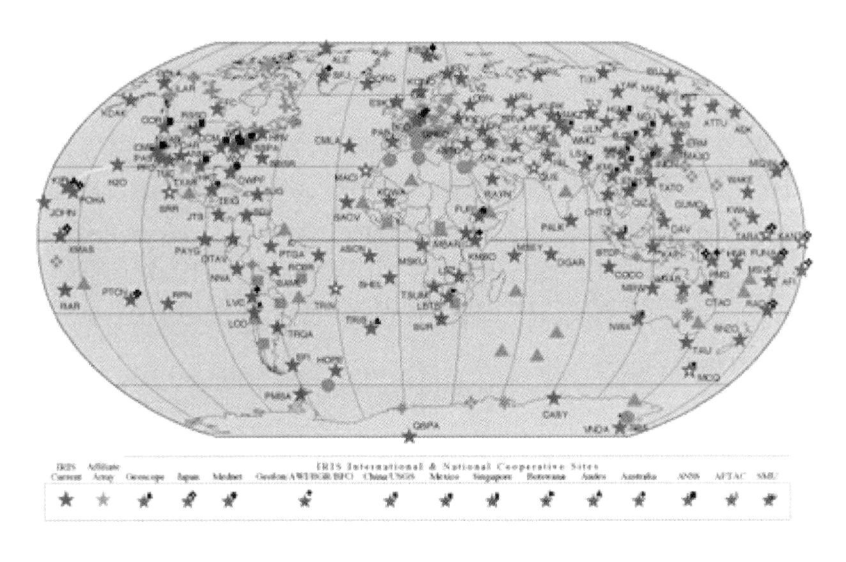

图 5.5.10　美国全球测震台网（GSN）台站分布图

统符合 GSN 的技术要求，

2. IMS 国际地震监测系统

1996 年联合国大会讨论通过了《全面禁止核试验条约》（CTBT），并规定建立全球核证系统。条约组织下属的国际监测系统（IMS）由国际地震监测系统、国际放射性核素监测系统、国际次声监测系统、国际水声监测系统及相应的通信手段组成. 其地震监测网由 50 个基本地震台站和 120 个辅助地震台站组成，IMS 地震台站分布如图 5.5.11 所示。IMS 监测数据通过全球通信系统（GCI）发送到国际数据中心（IDC），由 IDC 对数据进行汇集、处理和分析。

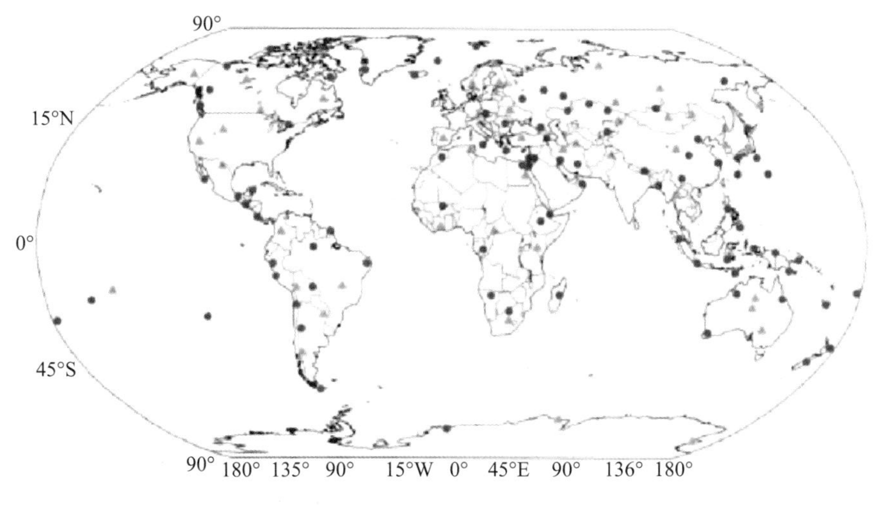

图 5.5.11　IMS 台站分布

实心三角表示基本台站，实心圆表示辅助台站

3. 美国的国家测震台网

美国国家地震监测系统（Advanced NationalSeismic System，ANSS）是 USGS 地震灾害计划中地震观测台网建设的重要组成部分。由国家、区域、城市和结构监测台站组成，主体由高质量、宽频带、均匀分布的台站组成。

ANSS 的职责是提供准确的、及时的有关地震事件的数据和信息，包括地震对建筑物和结构的影响、现代化的监测技术和方法。ANSS 包括国家骨干网（Backbone net-work）、国家地震信息中心（National Earthquake Information Center，NEIC）、国家强震动计划（National StrongMotion Project）以及由 USGS 及其合作单位共同维护的 15 个区域测震台网。ANSS 骨干网是美国国家测震台网的主要组成部分。目前骨干网台站总数达到了 93 个，其台站分布见图 5. 5. 12。

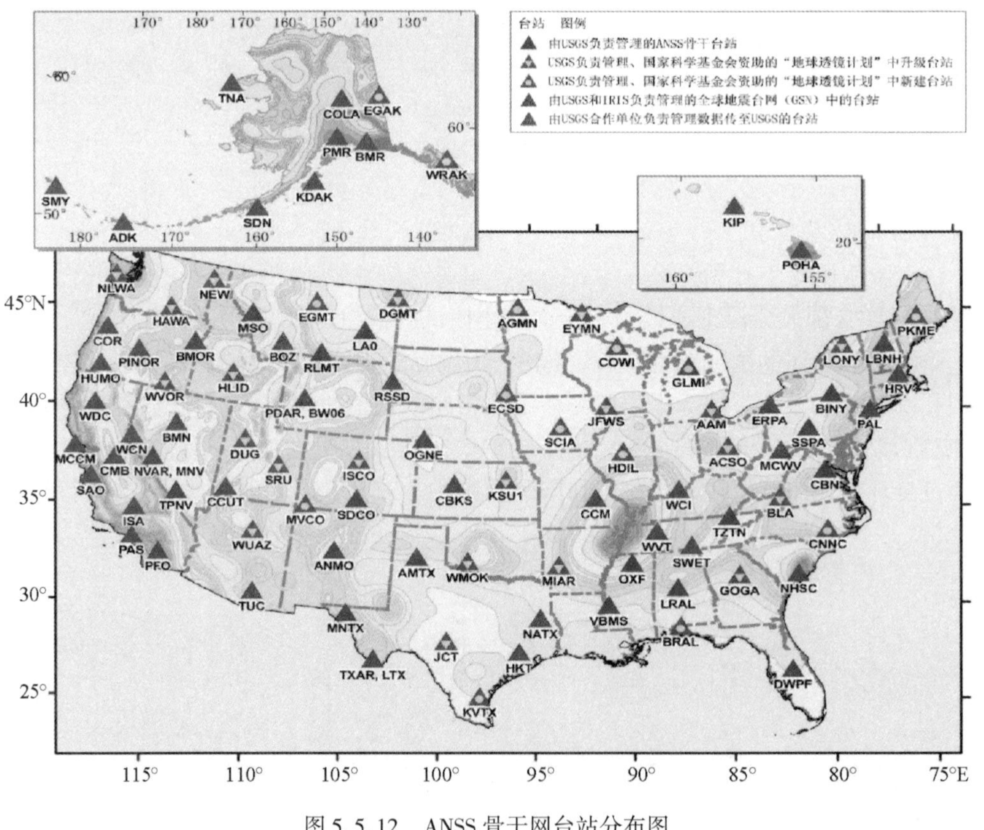

图 5. 5. 12　ANSS 骨干网台站分布图

第六节　流动观测与台阵

用于地震现场的临时观测或为某一科研项目开展的临时观测称为流动观测，用于流动观测的测震台网称为流动观测台网。流动观测台网包括以加强强震后的余震监测为主要目的的地震应急流动测震台网、以科学研究为主要目的的宽频带流动地震台阵。

随着测震台网的发展，出现了在一个较小的区域内按一定规则部署多个台站组成的小孔径地震台阵，通过信号波形聚束叠加等技术提高信噪比，突破当地背景噪声的限制，达到监测小信号的目的，弥补了常规测震台网对小信号监测能力的不足。

一、应急流动测震台网

大地震发生后，由于固定台网的台间距较大，不能完全满足余震跟踪和精确定位的需求，需要布设流动台网与固定台网组网观测，以提高余震监测能力和地震定位精度。为满足特殊时段以及地震预测区域的震情保障需求，也需要流动台网与固定台网组网观测。

1. 流动子台

应急流动子台技术系统主要由地震仪、数据采集器、通信传输系统、供电系统组成。流动子台监测系统通常配置短周期地震仪、加速度计及六通道数据采集器，或配置短周期地震仪和三通道数据采集器，如图 5. 6. 1。

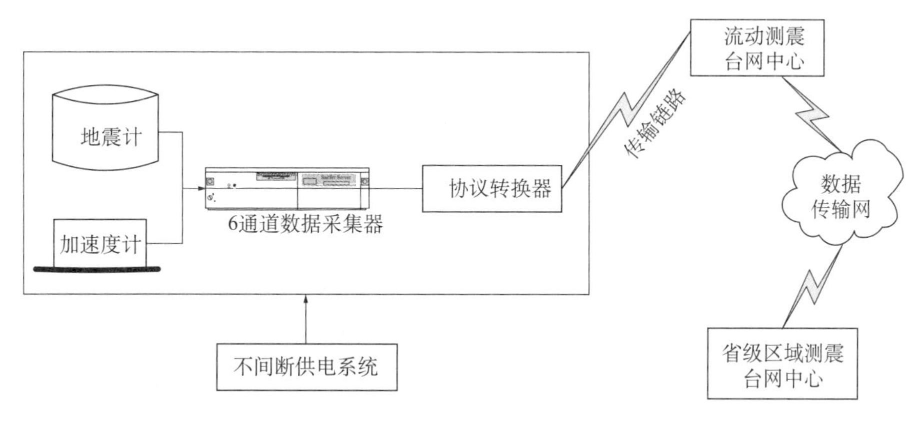

图 5. 6. 1　流动子台技术系统构成示意图

流动子台布设地点具有不确定性，在实际布设时多采用无线传输模式或无线与有线接力组合模式；为了应对完全没有公共通讯信道的特殊地震现场情况，每个应急流动台网还应配备一定比例的超短波或扩频微波等自有信道通讯设备。

供电系统以太阳能供电设备为主，同时备份配备交流供电接入设备。

2. 应急流动测震台网中心

应急流动测震台网中心应具有数据实时接收、汇集、展示、数据处理及存档等功能，同时应具备向省级区域测震台网中心实时传送数据、快速向地震应急现场指挥部提供观测结果的功能。

应急流动测震台网中心技术系统主要由适合野外流动的便携服务器、笔记本电脑、路由器、交换机等设备组成，如图 5. 6. 2。中心供电系统采用交流电加长延时 UPS 方式，UPS 电池组提供 2 小时以上冗余电力供应。另外配置发电机作为备用供电方式，用来在没有交流电接入时保证流动台网中心系统的正常运转。

应急流动测震台网中心的软件一般配备 JOPENS 数据汇集处理软件和 EQIM 速报信息共享交换软件。

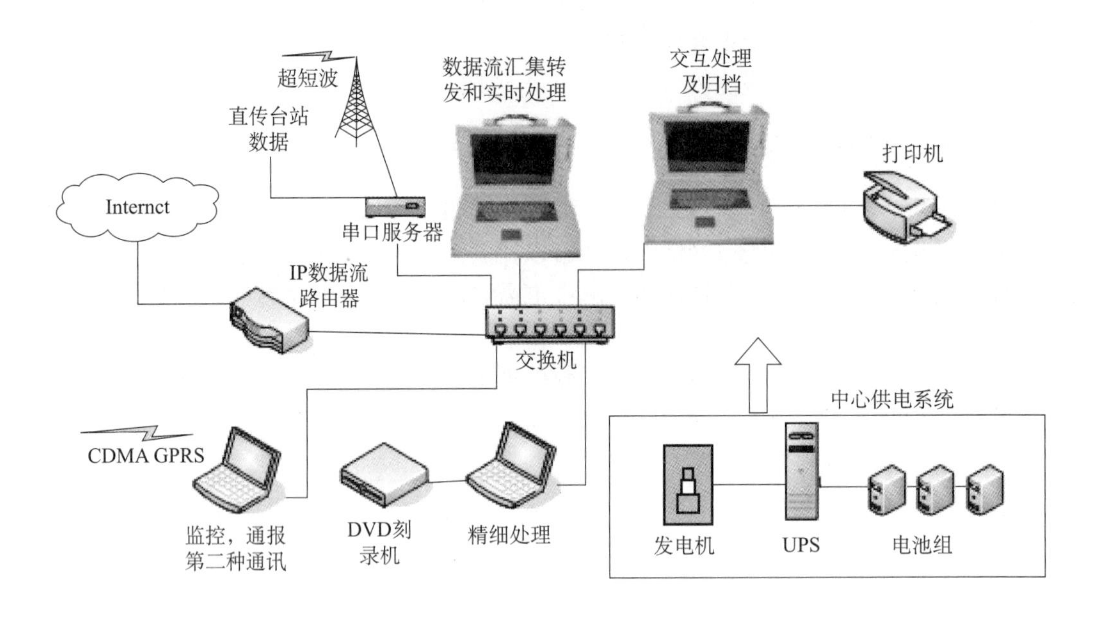

图 5.6.2　流动台网中心技术系统构成示意

二、宽频带流动地震台阵

近二十年来，使用宽频带流动地震台阵的天然地震观测记录对大陆岩石圈结构进行高分辨率地震成像的技术得到了迅猛发展和广泛应用，宽频带流动地震台阵日益成为大陆动力学和构造物理学研究的重要手段。使用高分辨率观测阵列的记录资料可以进行高分辨率的地震定位、震源机制、震源破裂过程和地震成像研究，可以大大改善研究结果的精度，得到相应的高分辨率的研究结果。

宽频带流动地震台阵使用的流动测震仪，一方面应具备与固定台网中的甚宽频带台或宽频带台类似的性能指标，体现在都是配置了宽频带（60s ~ 50Hz）或甚宽频带（120s ~ 50Hz）地震计和24位的数据采集记录器，并在指标一致性上要求较高；另一方面，要针对野外流动观测的现场条件，综合考虑设备的便携性和环境适应性，同时采用合适的观测环境条件保护措施以确保高质量的宽频带观测。

宽频带流动地震台阵在具体应用时，需要根据研究目标和内容，合理选择布设规模（区域面积、测点数量）与测点布设方式（排列形式、测点间距）。台阵布设区域可以从数万平方千米到百万平方千米；台阵观测点数量可以从十数台、数十台，一直到数百台或更多；台阵测点排列形式一般按网格状均匀分布，也有呈十字交叉线列或条带状展布等其他形式的；测点间距一般为数十到百千米量级，特别密集时可能达到千米级。近年来，宽频带流动地震台阵呈现出朝着大规模、高密度方向发展的趋势。如美国 USArray 项目，使用了 400 台流动测震仪，按照间距约 70km 的密度，对美国大陆滚动式分区布设宽频带流动地震台阵。

开展宽频带流动地震台阵观测的能力，核心硬件条件体现在装备流动数字测震仪的数量和配套设施。经近十年的努力，中国地震局装备了中国地震科学探测台阵系统，目前拥有超过 1 千套宽频带和甚宽频带流动测震仪以及配套使用的无线网络、供电等配套辅助设备，可以投入宽频带流动地震台阵观测。除此之外，还配备了用于对野外大面积布设的流动台阵系统进行监控的无线网络监控管理系统、包括大容量气枪和大型精密控制震源两类震源的高性能可控震源系统、由仪器仓储和检测维修设施构成的流动观测技术保障系统，以及承担海量观测数据的汇集、存储和共享服务任务的流动台阵数据管理中心等配套技术系统，形成了全球最大的宽频带/甚宽频带流动地震台阵观测技术平台。

在中国地震科学探测台阵系统的仪器和技术支持下，已完成了一批国内外大规模流动地震台阵观测项目，如活动地块边界带动力过程与强震预测、华北地下精细结构探测、华北克拉通与兴蒙-吉黑造山带地震台阵观测对比研究，以及远东地区地磁场、重力场及深部构造观测与模型研究等。中国地震局在 2010 年开始实施了“中国地震科学台阵探测”项目(ChinArray)，如图 5.6.3。该项目基于中国地震科学台阵探测系统，计划在 20 多年的时间内分期分区在中国大陆进行地震台阵观测，利用 600 ~ 1000 套宽频带地震仪，开展七期在不同工作区域的流动地震台阵观测。ChinArray 规划的地震台阵台站间距为 35km 左右，每个站点的观测时间为 24 个月，将对中国大陆实行完整的地震台阵覆盖，对大陆下方整体的地壳与上地幔三维结构进行精细成像。

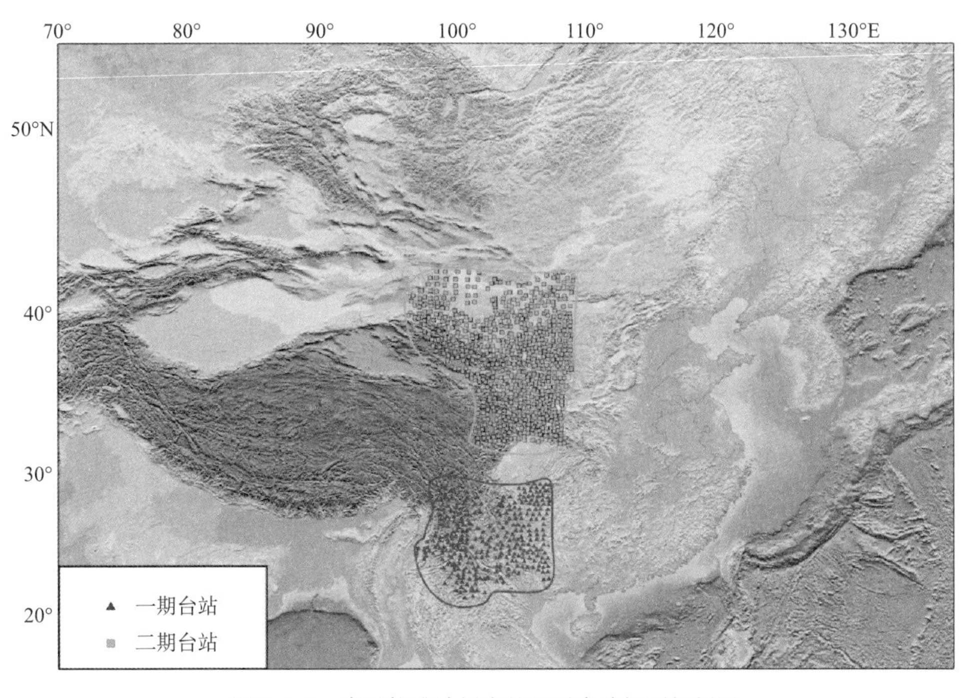

图 5.6.3　喜马拉雅计划中的地震台阵探测规划图

三、地震台阵

地震台阵是为了监测微弱地振动信号而发展起来的一种地震观测系统，它最初的主要目的是为了探测远处地下核试验的地动信号。地震台阵是在一定的孔径范围内有规则排列一组地震仪，通过对这组地震仪的输出信号进行各种组合分析，压低干扰背景、突出有用地震波信号和获取有关震源及地球内部结构的信息。

原则上说，地震台阵是测震台网的一种特殊形式，与测震台网类似，一个地震台阵，应由三个部分组成：台阵的若干子台、从子台到数据汇集与处理中心的数据传输链路，以及数据汇集与处理中心。

地震台阵数据可以按照测震台网的方式处理。但大部分台阵处理技术要求整个台阵记录的信号具有很强的一致性，因此，对台阵的几何形状、空间展布以及数据的质量等有一定的约束。地震台阵通常采用规则的几何形状，最常见的有环型台阵、T 型台阵。但现在的地震台阵也不一定具有非常规则的几何形状。台阵孔径有多种尺度的，如大孔径台阵（孔径在 100km ~ 200km）、中等孔径台阵（孔径 20km 左右）、小孔径台阵（孔径 3km ~ 5km）和微形台阵（孔径小于 1km），目前主要使用小孔径台阵。台阵的观测仪器配置尽量选用相同型号的仪器以保持观测信号一致或相似；同时要求各子台的信号采集同步。

对台阵各单台相干信号求和，可以提高地震信号的信噪比。在波束生成或叠加求和前，找到最佳的延迟时间，并对单条记录进行偏移（“延迟并求和”），由于信号彼此间的相关性，可以得到最大振幅，形成台阵波束，该方法称为台阵波束生成（Beam forming）。

因时间域中的时间位移等价于频率域中的相移，在频率域中进行慢度分析，由大量不同慢度值生成波束，该方法称为频率-波数（f - k）分析。

我国目前已建设有西藏那曲、新疆和田、青海那木洪、福建福清和漳州、广东阳江、甘肃兰州和内蒙古海拉尔等多个小孔径台阵。

西藏那曲台阵采用环形阵列布设方式，台阵的孔径约为 3km，由 9 个子台组成，分为阵心（1 个台）、内环（3 个台）、外环（5 个台），呈近均匀几何分布，内环半径为 500m 左右，外环半径为 1500m 左右，如图 5.6.4。

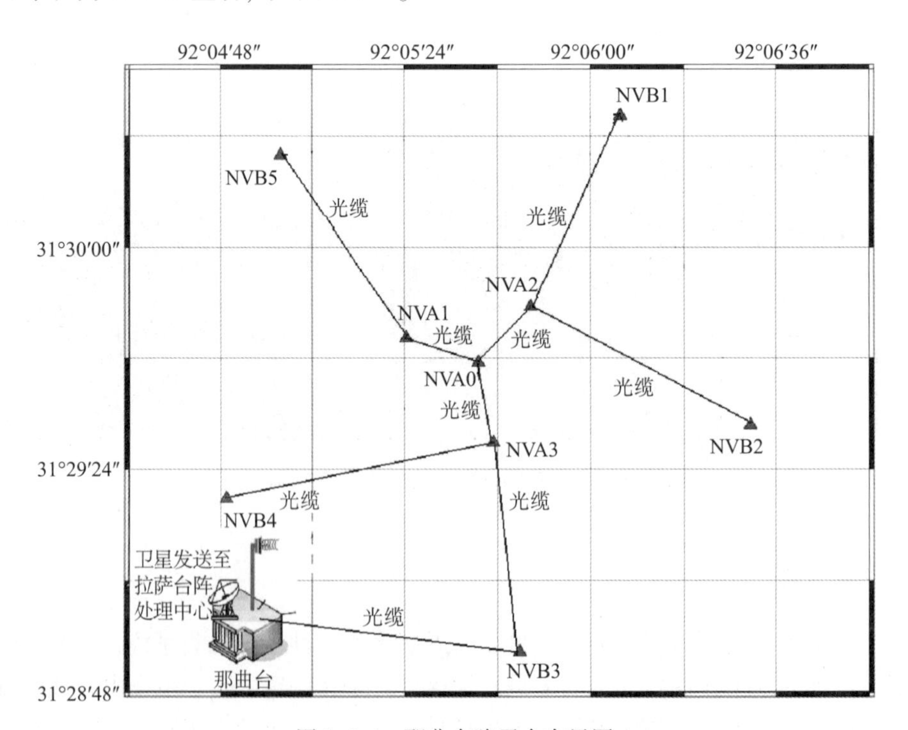

图 5.6.4　那曲台阵子台布局图

那曲台阵的子台全部采用速度平坦型短周期地震仪，频带宽度都是2s～50Hz，同时，与那曲国家台配置的甚宽频带地震仪组网观测，并进行对比分析处理。子台全部配备24位数据采集器，供电采用市电集中供电方式。那曲台阵典型子台技术系统构成如图5.6.5。

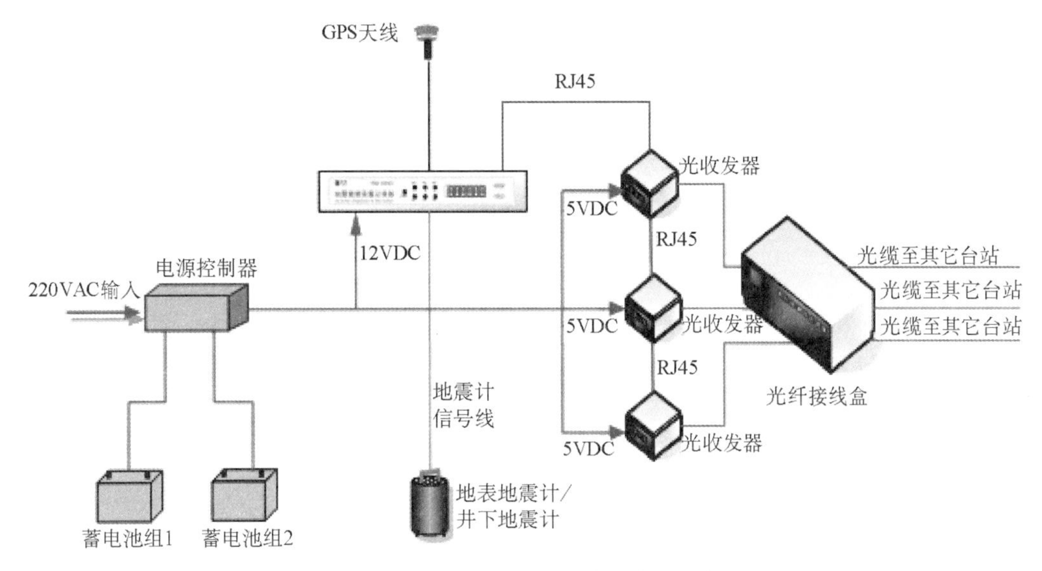

图5.6.5　那曲台阵典型子台技术系统构成

那曲台阵采用光缆将台阵子台连接在一起，如图5.6.6。在那曲国家台对整个台阵的数据进行汇集与管理、子台参数设置与管理、实时监控等功能，并通过2M光缆传回西藏区域测震台网中心和中国测震台网中心，如图5.6.7。

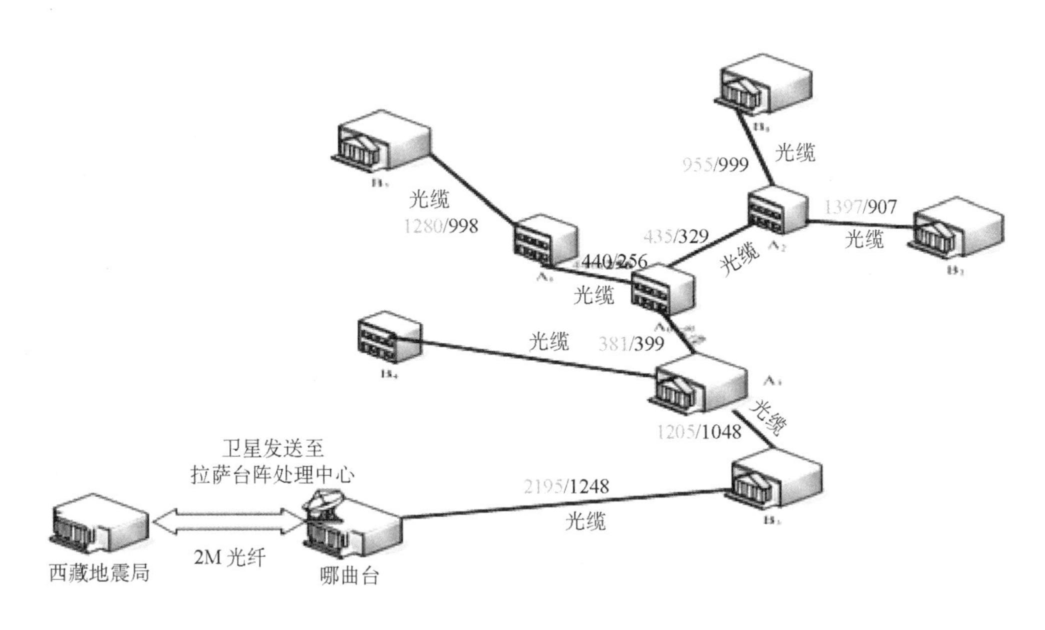

图5.6.6　那曲台阵子台网络构成示意图

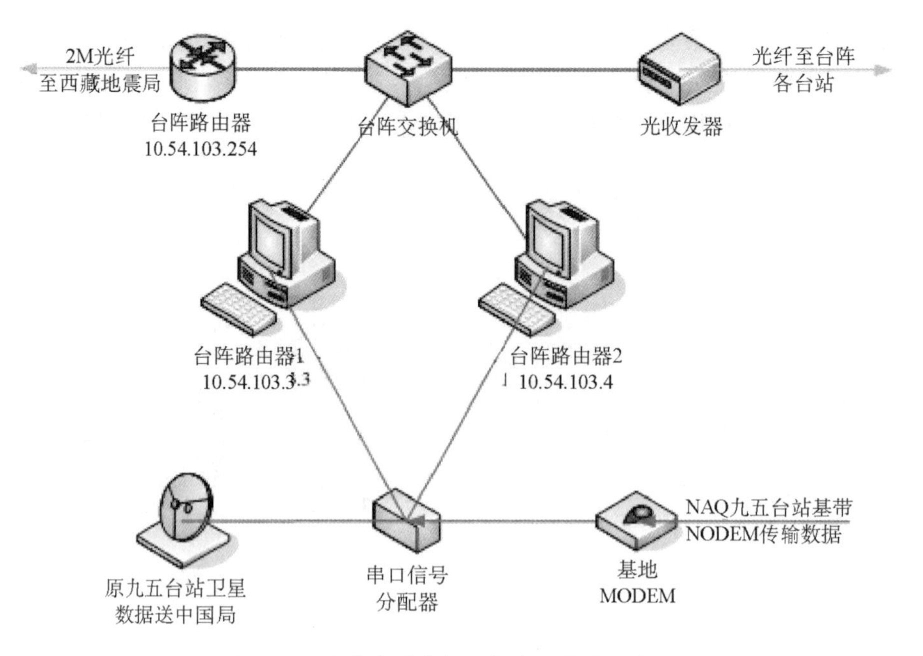

图 5.6.7 那曲台阵数据汇集中心构成示意图

台阵数据处理配备专用的处理软件，主要功能为读入小孔径台阵子台波形数据，进行信号处理并给出相应的图形化显示，具体包括波形浏览，聚束计算，信号增强，震相和文件管理，f－k 分析，参数计算，地震定位，震级计算等。

第七节 地震预警技术

一、地震预警技术原理

地震预警是指在地震发生后，根据观测到的地震波初期信息，快速估计地震参数并预测对周边地区的影响，抢在破坏性地震波到达之前，发布地震动强度和到达时间的警报信息。利用地震预警系统提供的数秒至数十秒预警时间，公众可以采取避震措施减少人员伤亡，重大基础设施和生命线工程可以实施紧急处置措施避免次生灾害，如紧急制动高速列车、及时关闭燃气管线、关闭核反应堆、停止精密仪器运行等。

地震预警有三种方式，即：①现地预警方式，此种方式是在预警目标区布设地震监测仪器，其原理是地震能量以纵波（P 波）和横波（S 波）形式向外传播，纵波传播速度快但能量较小，一般不会造成破坏，横波速度相对较慢但能量大，是造成地震破坏的主要因素，利用P 波信息快速侦测地震，抢在破坏性S 波前发布警报信息。②前端预警方式，此种方式是在潜在震源区布设地震监测仪器，其原理是在地震发生后，临近台站快速侦测地震，并以电磁波形式传输警报信息，抢在破坏性地震波到达某地前发布警报。③复合预警方式，随着地震台站密度的逐步增加、通信方式的发展及实时地震学研究的深入，目前已经淡化了现地和前端预警方式的限制，而采用充分利用台网资源的复合预警方式。不同预警方式预警时间如图 5.7.1 所示。

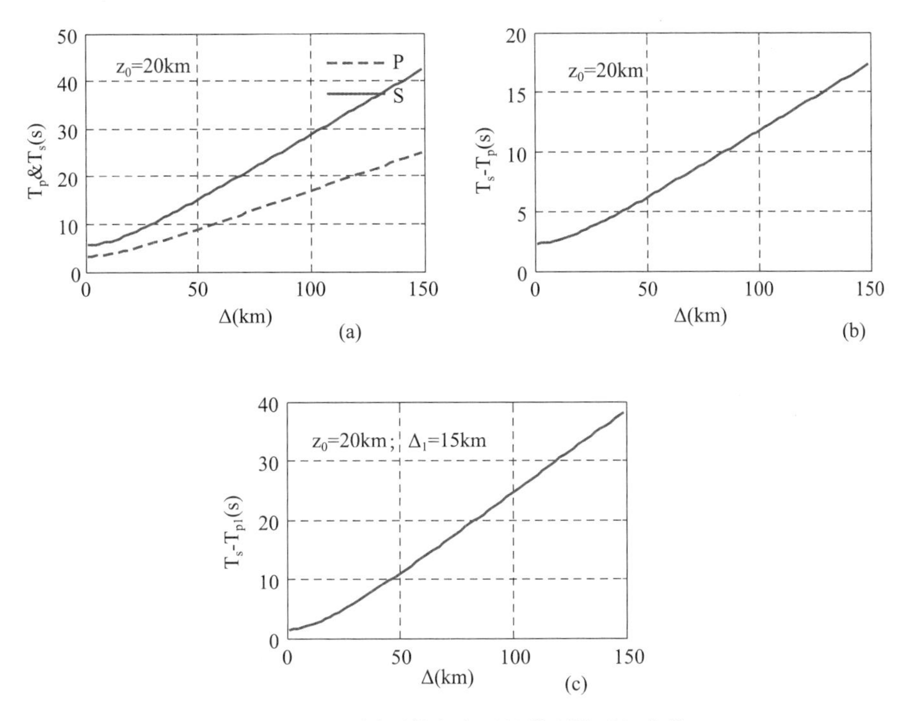

图 5.7.1 不同预警方式可提供预警时间曲线

（假定 P 波波速 $v_p=6.01\text{km/s}$，S 波波速 $v_s=3.55\text{km/s}$，震源深度 $z_0=20\text{km}$，Δ 为震中距）

（a）P 波及 S 波走时曲线；（b）现地理论预警时间曲线（不考虑数据传输和处理用时）；

（c）异地理论预警时间曲线（不考虑数据传输和处理用时，最近台站震中距 $\Delta_1=15\text{km}$）

目前，国际上已经建设了多个针对特定设施、单个城市甚至全国范围的地震预警系统，已经初步取得了减灾实效，如日本铁路 UrEDAS 系统、日本紧急地震速报预警系统、墨西哥 SAS 和 SASO 系统、我国台湾地区的即使地震警报系统等。我国从 2000 年左右即开始地震预警技术研究，目前已在多个地区开展了在线示范试验。

二、地震预警系统的构成

地震预警系统一般由地震观测、数据处理和信息发布子系统构成。其系统构成如图 5.7.2 所示。地震预警在本质上是地震发生后与破坏性地震波赛跑的超快地震速报，相对于传统的地震速报来说，为了保证得到的地震预警信息的实效性，地震预警系统对台站部署密度、数据传输和处理时效有更高的要求。

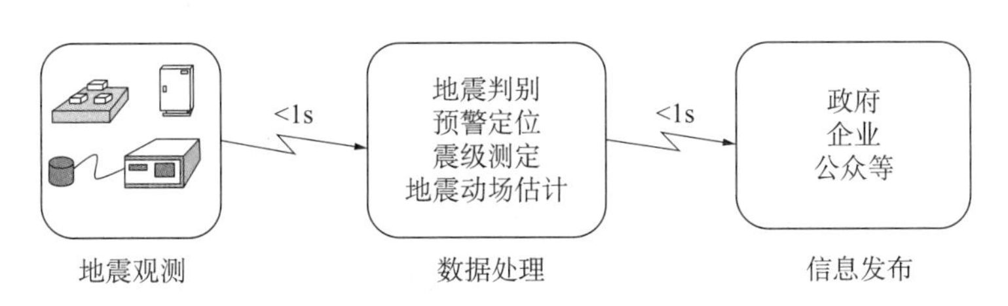

图 5.7.2 地震预警系统构成示意图

地震观测子系统的作用是在地震发生后快速接收到地震波信息。从预警系统的时效性和可靠性考虑，地震观测台网台站越密越好，台站越密集，能越快速地在震后接收到地震波，获取更长的预警时间，也能在同一时间内接收到更多的波形信息并得到更可靠的地震基本参数和预测地震动场。当台间距缩小到与震源深度相当时，震源深度将成为预警时间延时的主要限制因素。

目前地震预警常用的观测手段包括测震仪、强震动仪、地震烈度仪等，此外全球卫星导航系统（GNSS）观测点也可用于地震预警观测。典型的地震观测站点构成如图 5.7.3 所示。

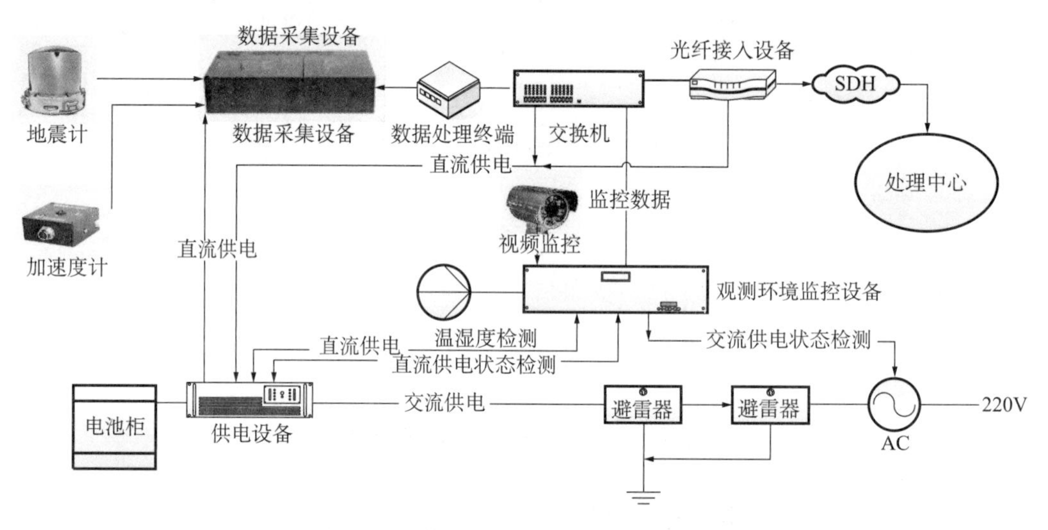

图 5.7.3　典型地震预警观测设备配置图

数据处理子系统是实现地震预警信息产出的核心。数据处理主要包括自动判别地震、测定震源位置和震级大小、破坏性地震波估计或预测破坏性地震波到达时间、地震动大小和潜在破坏。与传统地震速报相比，地震预警处理的特点主要体现在仅能用最初接收到地震波的有限台站的有限记录信息自动判别是否是地震，并快速计算震源位置和震级大小，其可靠性是地震预警效能的关键。此外，随着接收到地震波的台站数量的增加以及地震记录信息的逐渐丰富，测定的地震基本参数将随之自动更新。目前在地震预警定位方法上，主要采用双台及多台双曲线方法、维诺图方法、“着未着”方法及经验估计方法等处理技术，在地震预警震级测定技术上，主要采用基于 P 波段信息的幅值、卓越周期及波形综合判定等技术，在地震动场预测方法上主要采用地震动衰减关系和 P 波段波形综合判定等技术。

信息发布子系统是地震预警系统取得减灾实效的“最后一公里”，一般通过互联网、手机、广电媒体及专线等形式发布，信息发布和接收延时一般小于 1s。

三、地震预警技术上的局限性

地震预警技术虽然是减轻地震灾害的有效手段，但其原理决定了其技术本身有一定的局限性，主要体现在：①存在地震预警盲区，可提供的预警时间极短且对中小地震减灾效果有限。地震波传播到最近台站、震相的检识、地震判别和地震基本参数处理均需要一定的时间，当地震预警信息发布时，破坏性地震波已经扫过了震中附近较大的区域，这些区域是没有预警时间的，也就是“地震预警盲区”。对于地震破坏最严重的震中附近区域，预警系统往往是无能无力的；②对于远离震中的地震影响地区，地震预警系统提供的预警时间也是以秒计量，留给人们和工程的紧急处置时间非常有限；③地震基本参数和预测地震动大小的算法存在局限性，导致初次计算结果与实际情况之间存在偏差，为地震预警信息的应用带来困难。为了提高地震预警时效性，一般使用首先记录到地震波的 1～3 个台站 3s 左右的 P 波数据开始进行计算并发出初次预警信息。而对于一个 7 级地震，断层破裂的结束至少 10s，也就是初次地震预警信息发布是在地震破裂尚未完成时进行的。

第六章　观测质量评估

观测质量评估是为了检测地震观测台网的建设目标能否达到、产出的观测数据达到怎样的技术水平、运行目标是否达到、在长期的运行过程中观测质量是否发生变化等，这些是台网建设和运行过程中的重要问题，也是开展观测质量评估的重要目标。

影响观测质量的因素是多方面的。从测震台站的角度来看，影响观测质量的因素有观测仪器、观测环境、运行条件保障等多个方面。首先，观测仪器的性能应满足达到预定观测目标的要求；其次，观测环境应满足观测仪器的运行要求，并具有低的背景振动噪声。这两方面的要求达到了，台站产出数据的质量就有了保障。运行条件保障涉及供电、防雷、通信等方面，通过规范台站设计与建设，加强台站的运行维护即可为观测仪器的稳定运行提供保障。日常工作中统计设备的运行率和数据连续率等即可评价其影响。本章重点讨论观测仪器的检测方法、观测环境噪声的分析与统计等，从而评价台站的监测能力并进而评估台网的监测能力。

第一节　观测质量评估的主要内容

观测质量评估有两方面的内容，一方面是地震台网对地震事件的监测能力和记录能力；另一方面是观测数据的技术水平及质量。监测能力描述了地震台网对区域小地震的识别与处理能力；记录能力描述了台网对不同大小、不同震中距地震事件完整记录地震波形的能力。通常情况下，监测能力依赖于地震观测台站的背景噪声水平，地震波记录能力取决于观测频带的宽度和动态范围。影响观测数据技术水平及质量的因素有：观测环境的背景振动干扰，观测环境温度、气压变化，电磁场干扰，以及观测仪器的技术能力等。观测仪器频带的有限性将导致观测数据频率失真，观测仪器的非线性失真将导致观测波形发生畸变，观测仪器的噪声将影响观测数据的信噪比，观测仪器技术参数的精度与稳定性将影响观测数据的定量指标等。

观测质量评估工作所产出的有关资料，包括台基噪声谱分析及其统计结果、地震观测仪器测试结果等资料，是观测资料进一步应用及研究的参考。

一、观测频带与观测量

1. 观测频带

地震波的频谱取决于震源和传播路径中的介质性质。根据现代震源模型，震源的位移谱在低频端变化不大，在高频端与频率的平方成反比，其转折点称之为震源谱的拐角频率，参见图 6.1.1（a），可见，地震越大，拐角频率越低。当以地面振动速度为观测量时，观测数据的频谱对应震源的速度谱参见图 6.1.1（b）。

图 6.1.1 给出的是震源谱的理论值。在地震波传播过程中，由于传播衰减和介质吸收效应，不同频率地震波的能量损耗是不均匀的，一般来说，频率较低的地震波传播损耗比频率

较高的地震波传播损耗要小一些，传播距离也较远。因此，实际记录到的地震波的频谱分布不仅与地震的大小有关，也与传播路径有关。

根据实际观测资料得到的地震波频谱见图 6.1.2。该图给出了由地震波观测资料统计分析得到的三组不同震中距的地震波的频谱分布曲线，分别是震中距为 3000km、100km 和 10km 的地震。从图中可以看到，GSN Min 表示地球背景噪声的最小值（与地球低噪声模型 NLNM 相似），可作为地震观测的下限，高于 GSN Min 的地震波信号的频谱主要分布在数千秒至数十赫兹的频段内，跨越 5 个数量级；地方震和区域地震地震波的最大加速度振幅主要分布在 0.1Hz 以上的频段，远震地震波的最大加速度振幅主要分布在 0.01 赫兹至 1 赫兹的频段；在振幅方面，若以 $10^{-10}\mathrm{m/s^2}$ 为下限，至 $M7.5$ 级地方震可达到的振幅 $1\mathrm{m/s^2}$，已经达到了 10 个数量级。

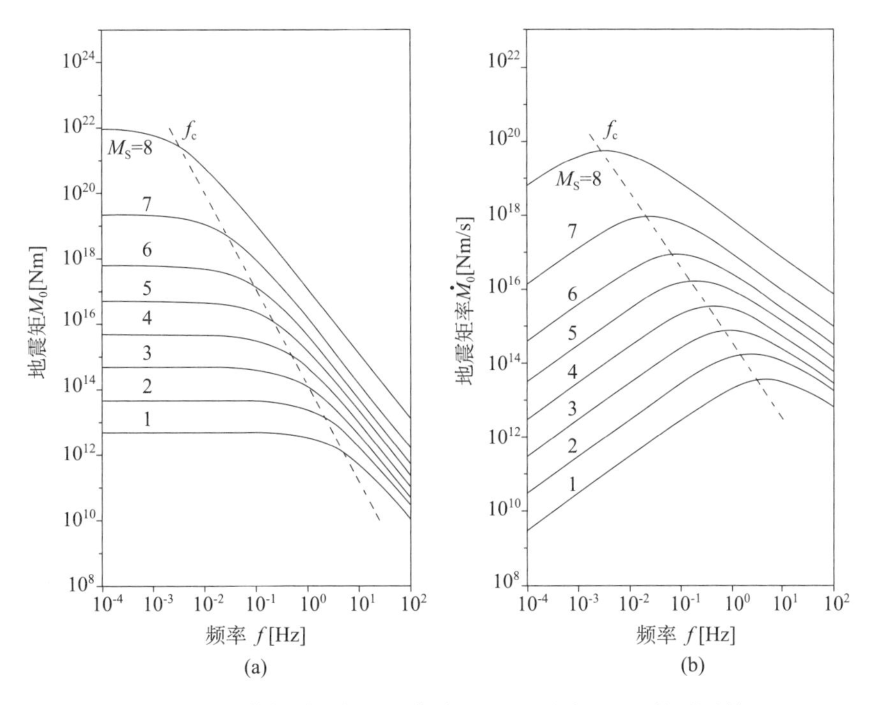

图 6.1.1　剪切震源的地面位移（a）和速度（b）的震源谱

图 6.1.2 所示的地震波频谱与幅度分布范围，正是地震观测所需覆盖的频带和测量范围，所以要求用于地震观测的仪器应具有非常宽的频带和非常大的动态范围。地震仪的观测频带应覆盖地震波的频谱分布范围，地震仪的测量范围应覆盖从台站背景噪声的微小振动到大地震，甚至特大地震激发的地震波。数字地震观测技术和地震计力平衡反馈技术，使得地震观测仪器在扩展频带和动态范围方面取得了长足进步，现今的地震仪的观测频带已经能够覆盖大部分地震波的频谱范围，测量范围可达 7 个数量级。即使这种具有非常宽的观测频带和非常大的动态范围的高端数字地震仪，也需要额外配置低灵敏度的强震观测仪器来记录大振幅的地震波。

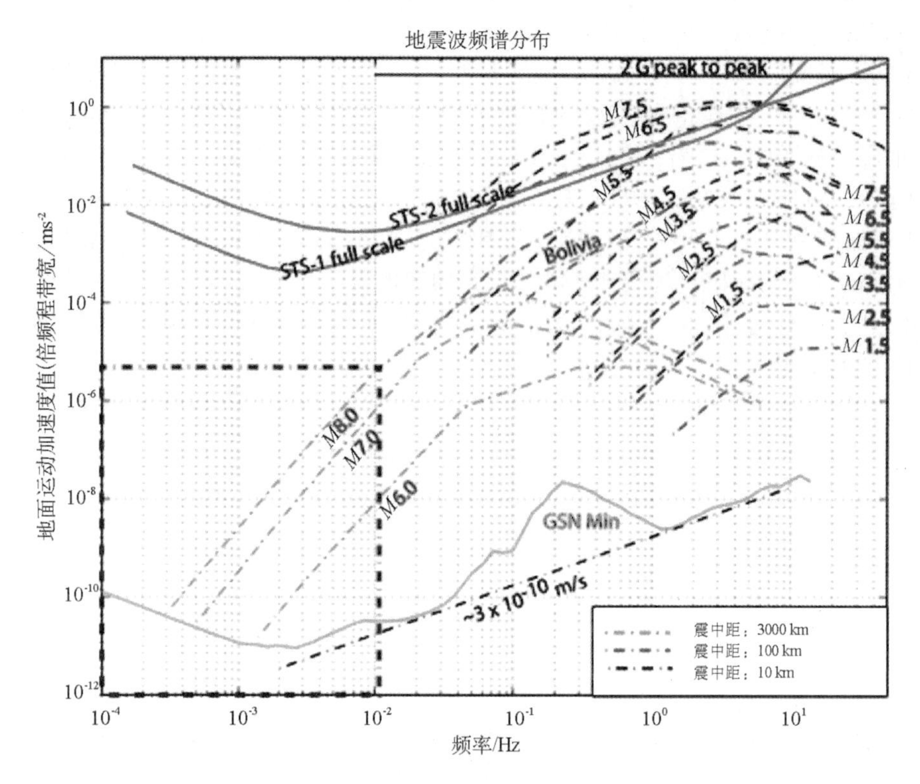

图 6.1.2　地震波频谱分布图，以及 STS-1 型、STS-2 型宽频带地震计能够观测的最大信号

引自加州大学圣地亚哥分校乔纳森·伯格的演示文档“地震频谱”。倍频程带宽：指一个频带的高端截止频率是低端截止频率的 2 倍，中心频率为该频带高低端截止频率的几何平均

2. 观测量

较早时期的模拟地震仪的观测量为地动位移，但其观测频带较窄，动态范围很小，地震波记录质量较差。现今的数字地震仪，其大动态、宽频带的特点，使得记录地震波的性能大幅度提升。目前广泛使用的是采用力平衡反馈技术的地震计和力平衡加速度计。地震计的频带可达 360s～50Hz，甚至更宽，观测量为地动速度。力平衡加速度计的观测频带的低频端为 0Hz（直流），高频端可达 100Hz 以上，观测量为地动加速度。

由于受到电子放大器输出电压以及电子噪声与机械摆热噪声等因素的限制，无论力平衡反馈加速度计还是力平衡反馈地震计，其动态范围总是有限的，一般可达 140dB。根据图 6.1.1 和图 6.1.2，地震波的频谱若按照地动速度计算，呈现出中心高、两边低的形态，因此，观测地动速度量能够在较宽的频带范围内获得均衡的较大的动态范围，兼顾记录长周期地震波和短周期地震波。若按照地动加速度计算，可见地方震地震波的能量主要分布在 0.1～50Hz 的中高频段，而远震地震波由于周期长、加速度振幅相比地方震要低的多，在以地动加速度为观测量的情况下，以地方震为观测目标选择观测仪器参数时，将不能兼顾远震地震波的记录。

根据图 6.1.1，采用地动位移为观测量时，更有利于长周期频段获得大信噪比观测数据，但是，目前没有输出电压与地动位移成正比，且灵敏度在观测频带内保持常数的具有宽频带、大动态特点的传感器。尽管对地动速度观测数据进行积分可得到地动位移，但在积分过程中不能获得额外的好处。因此，在地震观测台网中，主要还是选择地动速度作为观测量。

二、影响观测数据质量的因素

1. 观测仪器技术性能

在宽频带地震观测中，数据采集器的采样率决定了观测频带的高频端，在100sps采样率的情况下，高频截止频率约为43Hz；地震计的频率特性决定了观测频带的低频端。地震计的低频截止频率为其固有周期的倒数，常见宽频带地震计（包括甚宽频带地震计等）的固有周期有60s、120s和360s。处于观测频带外的地震波频谱将在记录时被衰减，从而导致地震波记录的频率失真。对于比地震计固有周期更长的长周期频段，地震计对地震波的衰减具有2阶特性，即周期增加一倍，衰减量为12dB，可在使用观测资料时依据地震计的传递函数对带外衰减进行校正（也称之为地震计频率特性扣除）。校正地震计的频率失真需要准确知道地震计的传递函数。地震计传递函数，或者说地震计的频率特性可在实验室进行测试，也能够在观测台站进行在线检测。

地震计的输出量应与观测量呈线性关系，但实际地震计都存在或多或少的非线性失真。非线性失真将导致地震波记录波形发生畸变。现今的地震数据采集器具有良好的线性性能，其非线性失真小于 -100dB。地震波记录中存在的非线性失真主要取决于地震计的线性性能。地震计的线性性能在应用了力平衡反馈技术之后，也得到了很大改善，其非线性失真一般分布在 -60 ~ -80dB 范围内。地震计非线性的测试一般在实验室进行。

地震计的噪声影响观测资料的信噪比，也影响观测动态范围。地震仪噪声不仅来源于电路部分的电子噪声和机械摆的热噪声，也来自于地震观测台站非振动量环境因素，如环境温度、气压等，这是因为地震仪的很多参数均是温度的函数，机械摆的零位容易受到气压的影响，摆锤以及悬挂摆锤的簧片、反馈线圈等或者本身具有微弱的磁性，或者对磁场变化敏感，将受到地磁场变化的影响。对地震计及数据采集器的噪声进行测试，特别是在观测台站进行实际测试，能够反映出地震仪噪声和环境因素的综合影响，为估算观测数据的信噪比提供依据，为观测环境改善提供依据，为数据应用提供参考。

地震波震相检测、地震波走时计算依赖于准确、可靠的时间服务。在数字地震观测中，时间服务在数据采集器中实现，依据授时接收机提供标准时间信号同步数据采集器内部时钟及信号采样。若时间服务出现偏差或错误，直接导致观测资料不能用于地震定位、地震速报等即时数据处理，甚至影响观测资料在后续研究工作中的应用。

2. 观测环境

地震观测环境的温度、气压、磁场变化主要影响长周期地震波的地震观测，其影响可合并到地震仪器的噪声中，与仪器噪声一起作为对振动量观测的扰动量，用于评估振动量观测的信噪比。近年来，应用台基振动噪声观测数据反演地下介质速度结构的研究工作广泛开展，台基振动噪声观测资料已经变为有价值的数据，因此，评估台基振动噪声观测数据的信噪比将具有非常重要的实际意义。

地震观测环境背景振动噪声影响台站的观测能力和地震波观测动态范围。背景噪声越大，从记录波形中识别小地震事件越困难，振幅低于台站背景噪声的地震波形将淹没在背景噪声中而无法识别。即背景噪声越大，监测小地震事件的能力越弱，观测动态范围也越小。

地球表面，由于各种原因，总是存在着微小的振动，例如风、寒潮、海浪、交通运输、人和动物的活动等，都会引起地表微微颤动，它们对地震观测造成干扰而影响地震观测的效果，通常称这些干扰为地震噪声（地噪声）或环境背景噪声，有时也称为地脉动。短周期的台站背景噪声有其天然的原因，比如风、湍急的水流等，风摩擦粗糙的地形、树木和其他植物或者在风中摇摆和震动的耸立物，瀑布或河流以及小溪中的急流都是影响地震观测的因素。风产生的噪声是宽频带的，频率范围从大约 0.5Hz 到 15Hz 以上。高频噪声的另一个主要来源是人类活动：大型机械，公路和铁路交通等，这些噪声来源是分布式的、固定的或移动的，来自于各个不同的方向，叠加成为一个相当复杂的的噪声场。海洋中的大浪、以及海浪猛烈地冲击海岸也是对地震观测有很大影响的噪声源，沿海地区观测台站的背景噪声往往比远离海岸的台站要大得多。

在长周期频段，水平噪声比垂直噪声要大得多，这主要是由于倾斜产生的。倾斜将重力偶合到水平方向，对水平方向的影响要远大于对垂直方向的影响。倾斜可以由交通、风、日照和当地大气压力起伏所引起。例如，日照使得山体的向阳面和背阴面温度上升不一样，向阳面要高一些，由于热膨胀效应，会导致山体微小倾斜。

台基背景振动噪声的频谱分布不是均匀的，计算台基振动噪声的大小及其频谱分布对于评估台站监测能力十分重要。通过统计对比不同台站的台基振动噪声及其频谱分布，可获得台基噪声谱分布的统计规律，进而用作评价新建台站背景噪声的参考，以及用作建立台站监测能力分级标准的依据。

1993 年，美国 USGS 发布了关于地震背景噪声的观测与模型的报告，该报告中给出了全球多个地震台站的正常地球背景噪声功率谱分析结果，并给出了地球高噪声新模型 NHNM 和地球低噪声新模型 NLNM，即通常所称的皮特森模型。图 6.1.3 为各台站噪声功率谱的集合及其上下包络线，其中上下两条包络线就是 NHNM 和 NLNM，标示了地球正常背景噪声谱分布的上限和下限。正常测震台站的台基噪声功率谱应位于 NHNM 和 NLNM 之间。表 6.1.1 以加速度功率谱和 dB 两种形式列出了地球噪声新模型 NLNM 和 NHNM 的数值。NHNM 和 NLNM 作为参考线已经广泛应用于台基噪声评估和地震仪器噪声评估中。

2004 年，加州大学圣地亚哥分校地球和行星物理研究所的乔纳森·伯格，在其关于地震频谱的报告中，应用 GSN 地震台站的资料，计算并统计了由地方震到远震三种震中距的地震波的频谱分布，同时给出了 GSN 最小噪声模型，参见图 6.1.2。GSN 模型采用了倍频程带宽噪声有效值表示方法，若换算为功率谱密度表示，与皮特森的 NLNM 基本一致。

3. 运行状态

地震观测台站的运行状态也是影响地震观测数据质量的重要因素。如台站运行的连续率、台站观测设备参数的变化等。台站运行率可由实时传输的观测数据的校验和统计得到，台站观测设备参数变化情况可通过台站运行日志分析及在线参数检测得到。

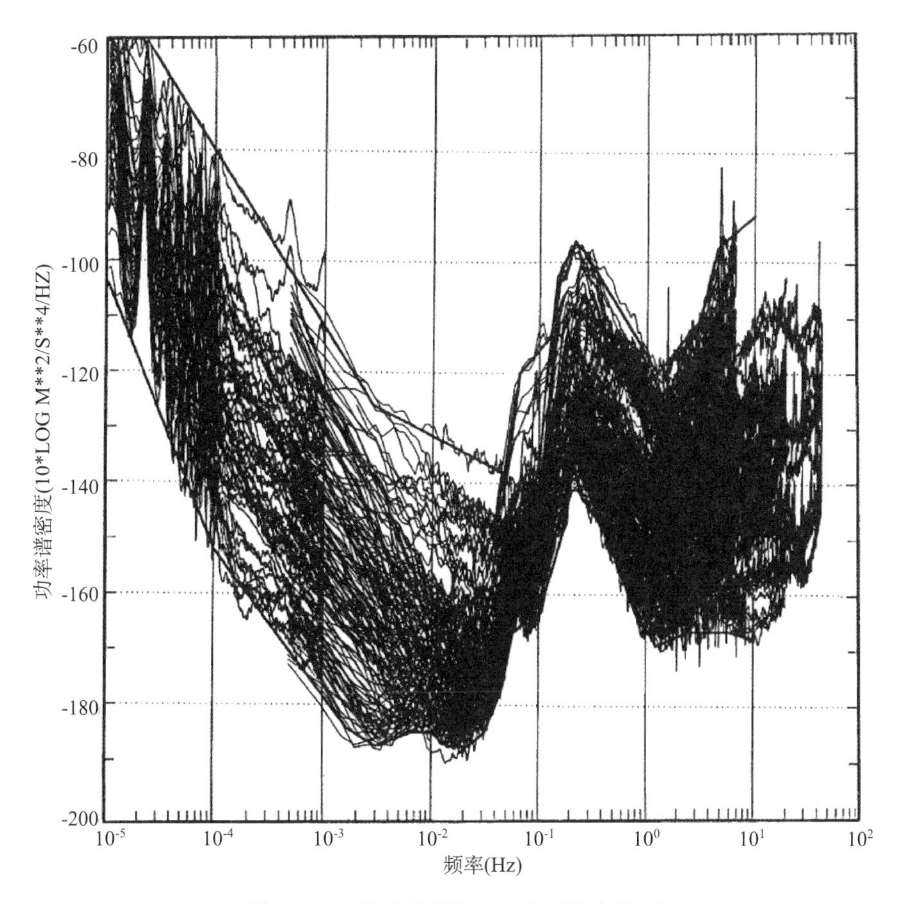

图 6.1.3　地球背景噪声和地球噪声模型

表 6.1.1　地球噪声新模型 NLNM 和 NHNM

NLNM			NHNM		
T (s)	Pa (m^2s^{-4}/Hz)	Pa (dB)	T (s)	Pa (m^2s^{-4}/Hz)	Pa (dB)
0.10	1.6×10^{-17}	−168.0	0.10	7.1×10^{-10}	−91.5
0.17	2.1×10^{-17}	−166.7	0.22	1.8×10^{-10}	−97.4
0.40	2.1×10^{-17}	−166.7	0.32	8.9×10^{-12}	−110.5
0.80	1.2×10^{-17}	−169.2	0.80	1.0×10^{-12}	−120.0
1.24	4.3×10^{-17}	−163.7	3.80	1.6×10^{-10}	−98.0
2.40	1.4×10^{-15}	−148.6	4.60	2.2×10^{-10}	−96.5
4.30	7.8×10^{-15}	−141.1	6.30	7.9×10^{-11}	−101.0
5.00	7.8×10^{-15}	−141.1	7.90	4.5×10^{-12}	−113.5
6.00	1.3×10^{-15}	−149.0	15.40	1.0×10^{-12}	−120.0

续表

NLNM			NHNM		
T（s）	Pa（m^2s^{-4}/Hz）	Pa（dB）	T（s）	Pa（m^2s^{-4}/Hz）	Pa（dB）
10.00	4.2×10^{-17}	-163.8	20.00	1.4×10^{-14}	-138.5
12.00	2.4×10^{-17}	-166.2	354.80	2.5×10^{-13}	-126.0
15.60	6.2×10^{-17}	-162.1	10^4	9.7×10^{-9}	-80.1
21.90	1.8×10^{-18}	-177.5	10^5	1.4×10^{-5}	-48.5
31.60	3.2×10^{-19}	-185.0			
45.00	1.8×10^{-19}	-187.5			
70.00	1.8×10^{-19}	-187.5			
101.00	3.2×10^{-19}	-185.0			
154.00	3.2×10^{-19}	-185.0			
328.00	1.8×10^{-19}	-187.5			
600.00	3.5×10^{-19}	-184.4			
10^4	6.5×10^{-16}	-151.9			
10^5	4.9×10^{-11}	-103.1			

第二节　观测信噪比

观测信噪比指观测数据中有用信号与噪声之比。在检测、处理地震波形数据时，地震波形信号为有用信号，同时存在于观测数据中的台基噪声及仪器噪声则是无用的干扰量（噪声）；在分析处理台基噪声数据时，台基噪声成为了有用的信号，而只有仪器噪声成为了干扰量，这种情况下，可将台基噪声称之为地脉动，以区别于“噪声”所具有的“无用信号”的常规含义。只有高出噪声的信号才能被有效地识别出来加以利用，即信噪比必须大于1的信号才有用。因此，观测数据信噪比是一个应用观测数据的重要参量。

由于测震台站的噪声不是白噪声，对于宽频带地震观测来说，无法使用一个简单的信噪比值来描述，需要在频域来描述噪声谱的分布。

一、台基噪声功率谱估计

1. 台基噪声功率谱

对地震台站的台基噪声记录进行功率谱分析，是了解台基噪声频谱特征、评价台站对地震波观测能力的重要手段。

地震观测台站背景噪声可以视为平稳随机信号，依据随机过程理论，通常用概率统计的方法来描述随机信号。平稳随机信号在时间上是无限的，其能量也是无限的，但是其功率却是有限的。平稳随机信号的功率谱反映了信号的功率在频域随频率的分布，也称功率谱密度。当采用加速度表示地震观测台站背景噪声时，其功率谱密度的单位为 m^2s^{-4}/Hz；当采用速度表示台站背景噪声时，其功率谱密度的单位为 m^2s^{-2}/Hz。图 6.2.1 所示的台基噪声功率谱即为加速度功率谱密度，纵坐标采用 dB 表示，且 0dB 表示 $1m^2s^{-4}/Hz$。

若在观测频段内台基噪声的功率大于地震波的功率，则地震波信号淹没在台基噪声中，难以分辨。若在某个子频段内，地震波的频谱高于台基噪声谱，则使用频带宽度与该子频段相匹配的带通滤波器可以提取或分析该子频段的地震波信息。参见图 6.2.1 宽频带地震仪在北京西拨子地震台记录的台基噪声功率谱分析结果。

2. 台基噪声功率谱估计方法

功率谱表示随机信号的频率成分及各成分的相对强弱，功率谱估计就是基于有限长度的数据计算功率谱。功率谱估计有周期图法、自相关法和参数模型法。在地震观测台站台基噪声功率谱估计中，常使用 Welch 方法，该方法为改进的周期图法。Welch 方法首先将输入数据分段，对每一数据段应用窗函数进行加权，计算周期图，最后对分段周期图进行平均得到功率谱。在 Welch 方法中，对分段数据使用窗函数，降低了 FFT 计算的频谱泄露；对各个分段周期图进行平均，降低了 FFT 谱分析结果的抖动，即降低谱分析结果的标准差。Welch 方法对窗函数没有特殊要求；分段是为了保证一定的频谱分辨力，各分段之间可以有部分重叠（一般可重叠 50%）。

Welch 方法使用 FFT，计算效率高，编程简单。在 Matlab 环境下已实现为可直接调用的函数 pwelch（ ），调用格式如下

[Pxx，f] =pwelch（x，window，noverlap，nfft，fs）

pwelch（ ）函数的输入量有采样序列 x、窗函数向量 window、数据分段样点数 nfft 和重叠样点数 noverlap、采样率 fs，返回的功率谱及频率分别存放在向量 Pxx 和 f 中。其中窗函数向量 window 的数据长度应与数据分段长度 nfft 的取值相同。

使用 Welch 方法估算功率谱时，数据分段数量越多，则计算结果的方差越小；数据分段的长度越长，频谱分辨率越高，越能够反映长周期频段的情况。为了得到较好的估算结果，应准备较长时间的连续观测数据。对于持续时间为 1 小时的观测数据，数据分段的长度可在 5～10 分钟范围内选择。

估算台基噪声功率谱时，首先应准备好观测数据，并将以数字数表示的观测数据使用地震计灵敏度值和数据采集器量化因子转换为地动速度量，然后进行功率谱估算，并使用地震计传递函数对估算结果进行频率特性校正。

台基噪声功率谱一般转换为加速度功率谱表示。绘图时需要将经过传递函数校正的速度功率谱转换为加速度功率谱，并同时绘制 NLNM 和 NHNM 曲线作为参考。式（6.2.1）将速度功率谱转换为加速度功率谱，并进行传递函数校正。

$$PSD_a(f_k) = \frac{(2\pi f_k)^2 PSD_v(f_k)}{|H(f_k)|^2} \tag{6.2.1}$$

二、台基噪声谱的概率密度统计

地震的发生是一个小概率事件，测震台站的观测数据大部分是台基噪声，即台站所在地的环境背景振动噪声。在短周期频段，台基噪声主要来源于各种近场干扰源和风吹；在 20s ~1s 的中周期频段，台基噪声主要来源于海洋波浪；在长周期频段，环境温度变化、日照、气压、潮汐等因素的影响表现在两个方面，其一是引起地形变并通过台基耦合到地震仪，其二是直接对地震仪产生影响，导致观测数据发生变化，如温度变化对宽频带地震仪有较大的影响。综上所述，台基噪声是随时间不断变化的，白天和夜间的噪声水平由于环境因素的变化而不同。因此，应对台基噪声谱进行多次统计分析，才能得到代表测震台站噪声特征的统计量。

对于特定的一个测震台站，其台基噪声的影响因素相对固定，且变化不大，台基噪声频谱具有相对稳定的分布和幅度。图 6.2.1 为使用 BBVS－120 型地震计在北京西拨子地震台记录的台基噪声谱，时间是 2008 年 3 月 19 日 21 时至 20 日 6 时，其中每条噪声功率谱曲线由 1 个小时的观测数据估算出来，9 个小时的三分向数据共估算出 27 条功率谱曲线，可见每个分向的噪声谱在 9 个小时的时间内变化不大，基本上代表了该台站夜间噪声水平和分布特征——最安静时段噪声水平。对台基噪声谱进行长时间的概率密度统计，能够反映台基噪声谱在各个频点的幅值分布，包括概率密度分布范围及概率密度最高的区域。图 6.2.2 所示为台基噪声的概率密度函数，图中的蓝线和红线表示噪声幅值分布的上边界和下边界，中间

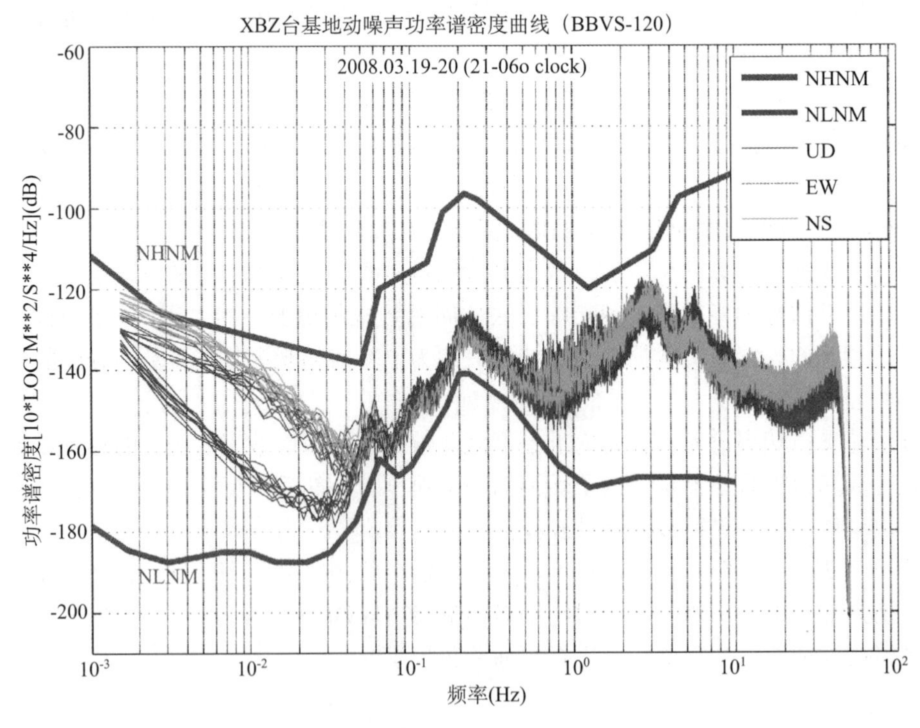

图 6.2.1　北京西拨子地震台台基噪声功率谱

（使用 BBVS－120 甚宽频带地震计记录）

的黑色线表示各频点幅值概率最大区域的中心。当发生地震时、大风速天气或台站所处环境干扰因素发生明显改变，台基噪声谱将会有较大的变化，这种变化反映在概率密度分布图中，使得幅度分布范围变宽，同时使上边界上移。由于地震事件是小概率事件，将地震事件包含在台基噪声概率分布的统计计算中，不影响黑色中心线在图中的形状和位置，仅影响上边界的形状和位置。

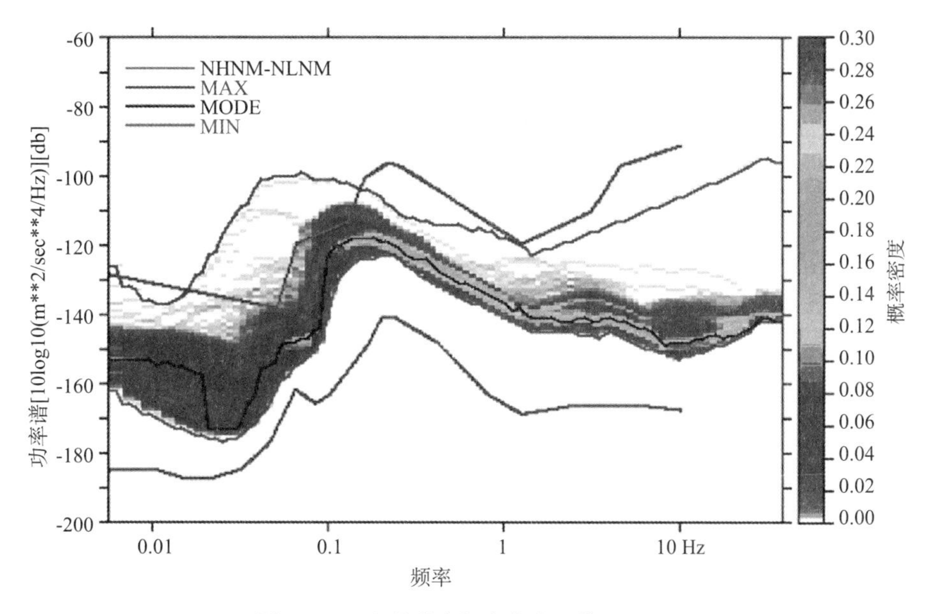

图 6.2.2　台基噪声概率密度函数（PDF）

概率密度函数的计算步骤为：

（1）准备数据。计算概率密度分布需要数天的连续观测数据，可按周或月来截取连续观测数据，并对截取的数据进行分段、分道。数据分段的长度与估计功率谱的带宽有关，一般按整点时刻将数据分为 1 小时持续时间的数据段，当关注 1000s 以上长周期的功率谱时，也可按 2 小时的时间长度进行数据分段。对分段数据进行分道，即分成东西、北南、垂直三个分向的数据，以下计算过程仅针对一个分向的数据。

（2）计算功率谱。对每一个分段数据进行功率谱估计，结果转换为加速度功率谱，并进行传递函数校正。

（3）子频带划分。为了减少统计的数据量，使用 1/8 或 1/6 倍频程带宽将功率谱覆盖频带划分为若干个子频带，各子频带的中心频率取为

$$f_m = G^{(2n+1)/(2b)} \tag{6.2.2}$$

式中，G 为倍频程系数，其值为 2 或 $10^{3/10}$（工程上常用 $10^{3/10}$），n 为任意整数，n 的取值范围应使得所有子频带的集合与需统计的功率谱频带相符，b 为倍频程带宽分数的分母。分数倍频程带宽的上限频率和下限频率为

$$
\begin{cases} f_H = G^{1/(2b)} f_m \\ f_L = G^{-1/(2b)} f_m \end{cases} \tag{6.2.3}
$$

（4）统计计算。在每个子频带内，计算功率谱的平均值，并转换为 dB 表示。在 -200 ~ -60dB 范围内以 1dB 为间隔划分出 140 个区间，频带和幅度的划分形成一个网格，每个网格点设置一个初始值为 0 的计数器，对功率谱平均值落入相应区间范围的数量进行计数。当统计完所有数据分段的功率谱之后，将每个网格点的计数值除以数据分段数量，转换为百分比表示。

（5）绘图。使用不同的色标来表示百分比，绘制台基噪声概率密度函数图。可同时绘制地球噪声模型 NLNM 和 NHNM 作为参考。找出每个子频带中数值最大的格子，并用黑色线条把它们依次连接起来，所形成的曲线表示概率密度最大值与频率的关系，可作为该台站台基噪声平均模型。

图 6.2.3 为福建永安小陶地震台台基噪声概率密度函数图，该图使用 2010 年 1 月份的数据，子频带划分采用 1/8 分数倍频程带宽。图中的黑色线表示台基噪声平均模型；下边的红色虚线表示台基最小噪声模型，在短周期频段大约比 NLNM 高出 30dB，上边的黄色线为 90% 概率密度的分界线，表示该台站在 90% 的时间内台基噪声谱低于该线。

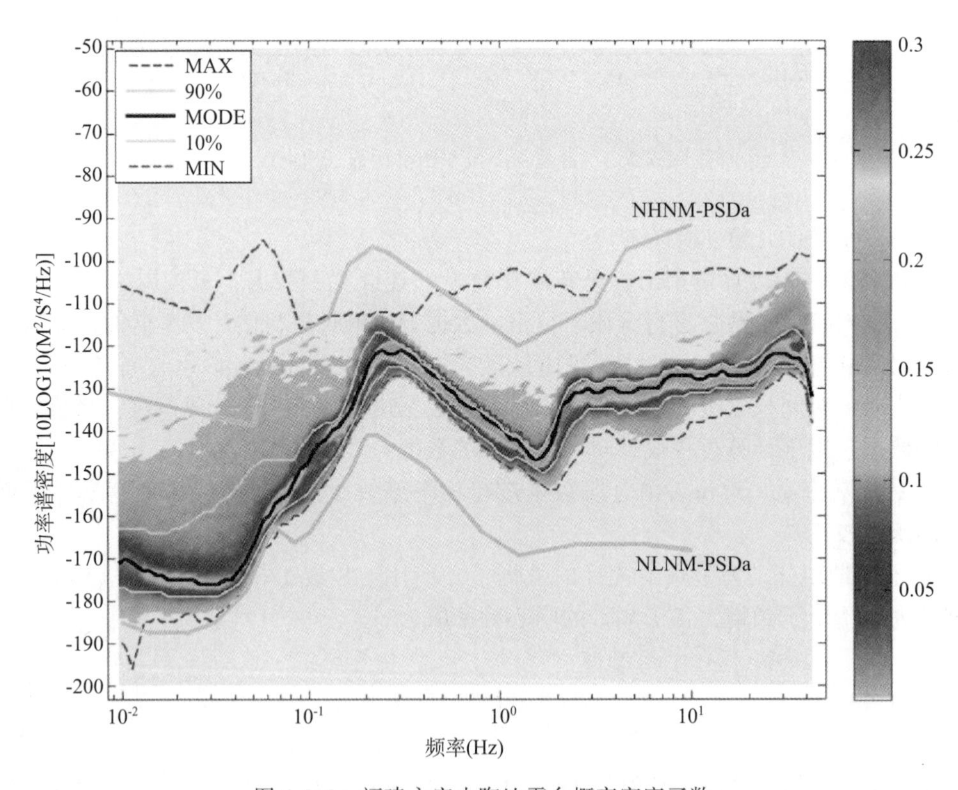

图 6.2.3　福建永安小陶地震台概率密度函数

三、观测信噪比

当地震波的振幅大于台基噪声的振幅时，才能够识别和处理地震波的观测数据。观测信噪比指地震波的振幅与台基噪声振幅之比。

根据图6.1.2，1～20Hz的短周期频段正是地震波能量分布较为集中的频段，该频段的地球噪声模型也较低，是观测地方震和震中距较小的近震的重要频段。因此，可以将短周期观测信噪比定义为1～20Hz频带地震波的有效值与台基噪声有效值之比。计算信噪比时，要求地震波有效值幅度和噪声有效值幅度的量纲相同，两者同时采用地动速度进行计算，或同时采用地动加速度进行计算。

台基噪声加速度有效值可根据台基噪声功率谱或者台基噪声平均模型在1～20Hz频带进行积分并对积分结果开平方得到。计算速度有效值值时，应首先将加速度功率谱转换为速度功率谱，再进行积分和平方根运算。

计算地震波的有效值还可在时域进行。使用频带为1～20Hz的带通滤波器对观测数据进行滤波，并将数字数转换为地动速度，截取全部或部分地震波的波形计算速度有效值。截取初动震相数据计算的初动信噪比对于评价自动事件检测和初动震相识别能力具有参考价值。如需计算加速度有效值，可使用频带为1～20Hz具有微分特性的带通滤波器将速度数据转换为加速度数据。

对于远震宽频带观测，可通过直接对比地震波功率谱和台基噪声功率谱来研究观测信噪比。应当注意的是由于地震波频谱和台基噪声频谱在宽的观测频带内具有完全不同的分布，难以使用一个比值来描述整个观测濒带内的信噪比。

近年来，台基噪声记录资料已成为研究地下介质波速的有用数据。测震台站记录的台基噪声数据包含了台基背景振动噪声（地脉动)、台站环境温度等因素的干扰、观测仪器自身噪声，其中只有地脉动有用，台基噪声数据中非台基振动成分的其它扰动均视为无用的噪声。评价地脉动观测信噪比对于台基噪声记录资料的应用非常重要。

图6.2.4为使用BBVS－120型地震计在北京西拨子地震台记录的台基噪声谱，时间是2008年3月21日22时至22日7时，其中每条噪声功率谱曲线由1个小时的观测数据估算出来，9个小时的三分向数据共估算出27条功率谱曲线。可将该图与图6.2.1进行对比，两者观测地点相同，观测时间相近，所不同的是，3月21日为BBVS－120地震计增加了保温罩，降低了环境温度对地震计的影响。可见在数十秒以上的长周期频段，增加保温罩之后，两个水平向记录的台基噪声有所降低。该试验观测表明在长周期频段环境温度变化对观测数据有明显影响。

图6.2.5作为宽频带测震台站台基噪声功率谱和观测仪器噪声功率谱图的典型示例，可见观测仪器的噪声功率谱（已转换为加速度功率谱）呈现高、低频段两端较高、中心频段较低的U形分布。将台基噪声功率谱与观测仪器噪声谱相比，可见大约在0.05～10Hz频段，台基噪声谱比仪器噪声谱高出20dB以上，观测数据主要为地脉动；而在低于0.05Hz的低频段，台基噪声谱与仪器噪声谱比较接近，来自于观测仪器的噪声相对较大。因此，对比台基噪声功率谱和仪器噪声功率谱是估算地脉动观测信噪比的可行方法。

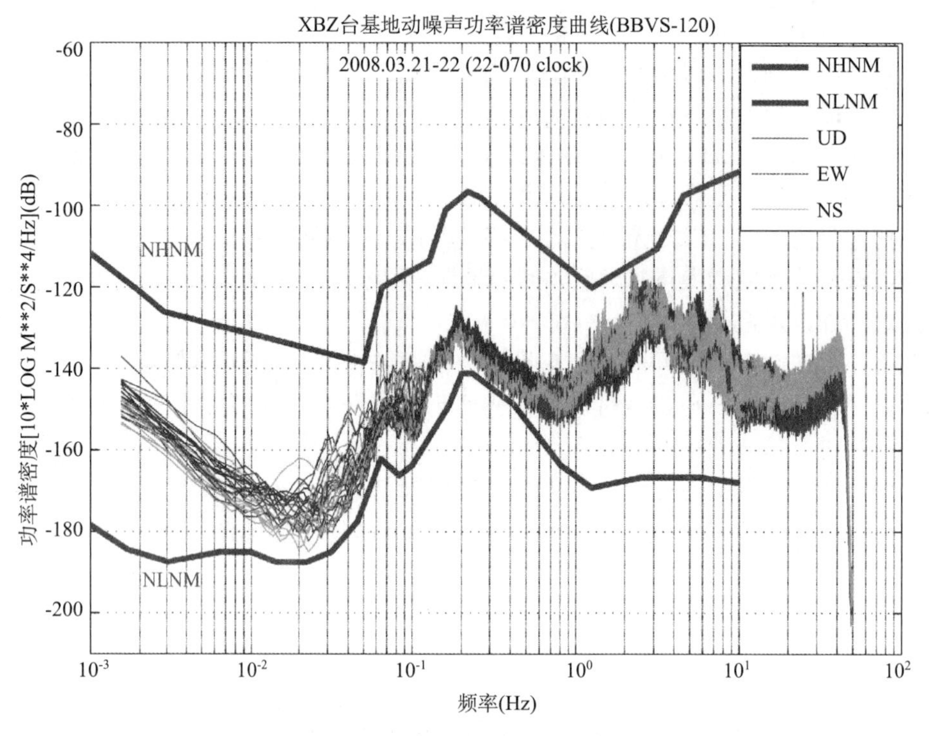

图 6.2.4　增加保温罩的台基噪声功率谱

（北京西拨子地震台，BBVS－120 地震计）

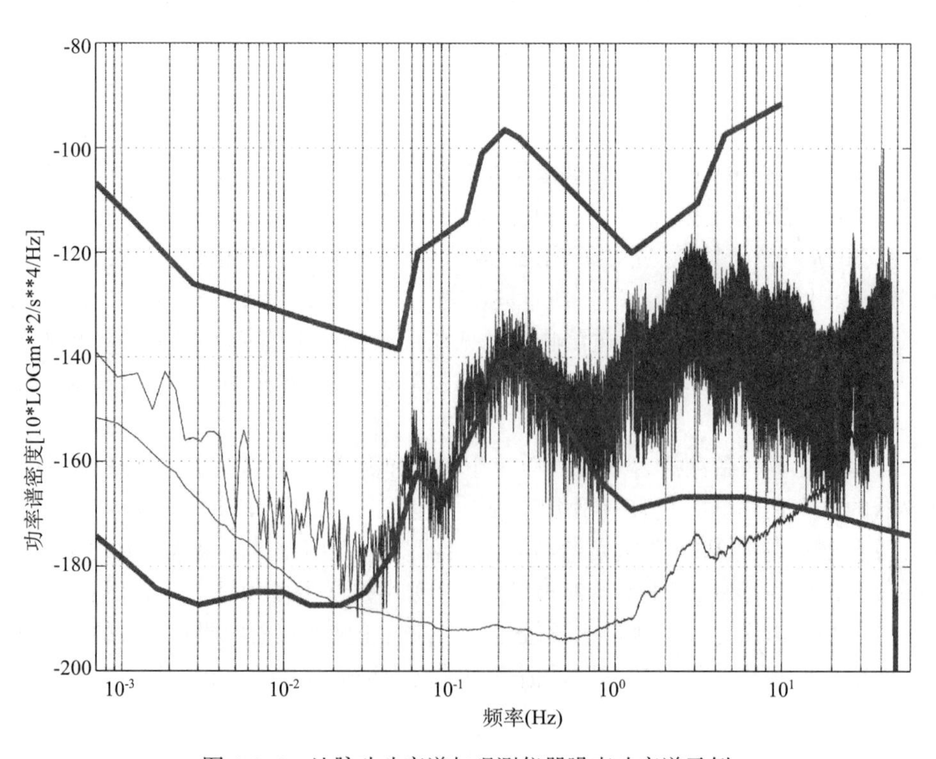

图 6.2.5　地脉动功率谱与观测仪器噪声功率谱示例

获得仪器噪声功率谱是估算地脉动观测信噪比的必要条件。大部分地震计生产厂家在其产品说明书中或产品手册中给出了地震计噪声功率谱测试结果，对于评价台基噪声观测信噪比具有重要作用。由于地震计噪声指标在不同的个体之间有较大的离散性，在长周期频段还受到台站环境因素（温度、磁场、气压等）的影响，可靠估算长周期频段的仪器噪声和非振动环境干扰，最好的办法是通过同步对比观测的方法进行实际测试，详见地震计噪声测试技术部分。

第三节　台网监测能力

台网监测能力指台网监测本地微小地震并能够进行定位的能力，取决于台站的监测能力和台站布局。台站监测能力受到台基背景噪声的限制，对于一定大小的地震，只有当震中距在一定范围之内时，地震波到达台站时的振幅才能高出台基背景噪声，并被台站的观测仪器记录下来。一个微震能够被台网监测到并被定位，一般要求至少有 4 个台站能够以一定的信噪比记录到该微震地震波的初至震相。本节依据台基噪声，讨论台站和台网监测能力的评估方法。

一、台站监测能力评估

测震台站监测微小地震的能力与其台基噪声水平有关。定量评估台站监测能力，是需要建立台基噪声水平与可监测到的最小地震震级及其震中距之间的换算关系，涉及事件检测、震级计算公式、S 波振幅与初动 P 波振幅的统计关系、速度振幅与位移振幅的换算等。

在观测地方微震时，通常使用近震震级 M_L 来表示地震的大小，参见式 11.1.2 和表 11.1.2。一般来说，具有一定信噪比的地震事件都能够被可靠地检测出来。由于现今测震台网主要依赖地震波初动震相到时进行地震定位，初动震相检测及震相到时判读的可靠性是能够成功进行定位和震级计算的保障，故地震波的初动震相信噪比相比于地震波最大振幅信噪比更为重要，是决定能否检测出地震事件的重要参数。

短、长均值比（STA/LTA）方法是一种常用的地震事件检测方法。STA/LTA 方法取较长的滑动时间窗计算采集数据的平均值（LTA）来跟踪台基噪声背景的变化，取较短的滑动时间窗计算采集数据的平均值（STA）来估算短时间内的信号幅值，当只有台基噪声时，STA 的值在 LTA 附近波动，当 STA 大于 LTA 的 k 倍以上时，可认为检测到一个可能的地震事件。为检测到一个地震事件，k 值通常取 3～4。若将 STA 与 LTA 之比视为初动震相波形有效值与台基噪声有效值之比，当 k 取 3～4 时，就意味着初动震相波形有效值是台基噪声有效值的 3～4 倍。

为了依据台基噪声水平估算最小可检测地震事件的震级，需要依据 STA/LTA 比值系数估算可检测地震事件的 S 波振幅。在估算过程中，首先需要明确观测频带的宽度。1Hz～20Hz 的短周期频段是观测地方震和震中距较小的近震的重要频段，在《地震台站观测环境技术要求第 1 部分：测震》（GB/T 19531.1－2004）中将 1～20Hz 频带确定为台基噪声有效值的估算频带，同时将 1～20Hz 频带噪声有效值作为台基噪声分级分类依据。因此，可将 1～20Hz 作为检测地方微震的标准频带使用，即台基噪声有效值计算频带和 STA/LTA 事件检测频带均取为 1～20Hz。

为了得到初动震相波形的峰值，引入波形峰值因数，定义为波形峰值与有效值之比，高斯噪声的峰值因数为3~4，正弦波的峰值因数为1.4。使用峰值因数乘以初动震相波形有效值可得到波形峰值。由实际地震波形数据统计可得到地震波初动震相波形的峰值因数，对于地方微震，初动震相波形的峰值因数大约在2.5~3.5范围内，由于地方微震的初动震相为P波震相，而S波振幅大约为P波振幅的3~5倍。综上所述，可以估算出满足检测限的地震事件的S波振幅大约为台基噪声有效值的20~40倍。

在M_L震级的计算公式中，S波峰值振幅为位移量，而测震台站记录的数据为地动速度。上述依据台基噪声有效值估算S波振幅是在比较窄的频带（1~20Hz）内进行，估算精度要求不高，可采用简单办法换算速度幅值和位移幅值。一个方法是将估算的S波速度振幅换算为位移振幅，换算时取S波的优势频率为3~5Hz，对于M_L3级左右的地震可取3Hz，对于M_L1级左右的地震可取5Hz，将速度振幅值除以2π及优势频率值即可。另一个方法是直接计算出台基位移噪声的有效值，并依据位移噪声有效值按照上述方法估算S波位移振幅的有效值。

作为估算示例，取初动震相检测信噪比为3，峰值因数为3，S波振幅取为P波振幅的3倍，S波的优势频率取为3.5Hz，记台基噪声有效值为E_n（m/s），根据近震震级公式，可得

$$M_L \approx \lg(E_n) + R(\Delta) + 6.1 \tag{6.3.1}$$

由式（6.3.1）即可依据台基噪声有效值和指定震中距估算出最小可监测震级。式（6.3.1）所确定的测震台站最小可监测震级与震中距的关系，即为测震台站的监测能力。

对于运行中的测震台网，上述经验参数的取值可根据台网记录的地方微震数据进行统计计算确定，包括S波振幅与P波振幅之比、初动震相波形峰值因数等。应用统计计算的结果，评估该区域测震台站的监测能力，或者预估新建测震台站的监测能力。在缺少前期观测资料的地区评估新建测震台站的检测能力，可在台基噪声测试的基础上，使用式（6.3.1）进行估算。

估算测震台站监测能力时，优先使用水平向的台基噪声有效值，两个水平向使用其中一个即可。

二、台网监测能力评估方法

在测震台网监测区及其邻近区域内，存在能够被监测到的微小地震的震级下限，大于该震级下限的地震，将能够被台网中至少4个台站有效地记录到，该震级下限作为测震台网在该区域的监测能力。同样地，对于测震台网监测区及其邻近区域内的某个子区域，可定义相应的子区域可监测震级下限作为该子区域的检测能力。

台网监测能力实际上是台网所属台站中任意4个台站监测能力交集的合集。可使用等值线图来表示台网监测能力，称之为台网监测能力图。

绘制台网监测能力图的步骤为：

（1）对测震监测区及其邻近区域进行网格划分，网格间距可取为平均台间距的1/3。在每个网格节点上，以该节点与台网中每个测震台站的距离为震中距，依据各个台站的台基噪

声按照式（6.3.1）分别计算各个台站在该节点处能够监测到的最小震级值，并存储在该节点相关的数组中。

（2）若台网中共有 N 个台站，则上述计算完成后，网格中的每个节点都有 N 个震级值，对应 N 个测震台站。对每个节点的 N 个震级值按照从小到大的顺序进行排序，每个节点保留第 4 个震级值代表台网对该节点的可监测地震的震级下限，删除其余 $N-1$ 个震级值。

（3）依据网格节点的震级值绘制震级等值线图。

三、最小震级及其完备性检验

地震台站每天都会记录到地震的波形，大部分地震都很小。从图 6.3.1 中我们可以看出，全球每年发生的小地震的数量要远远大于大地震。

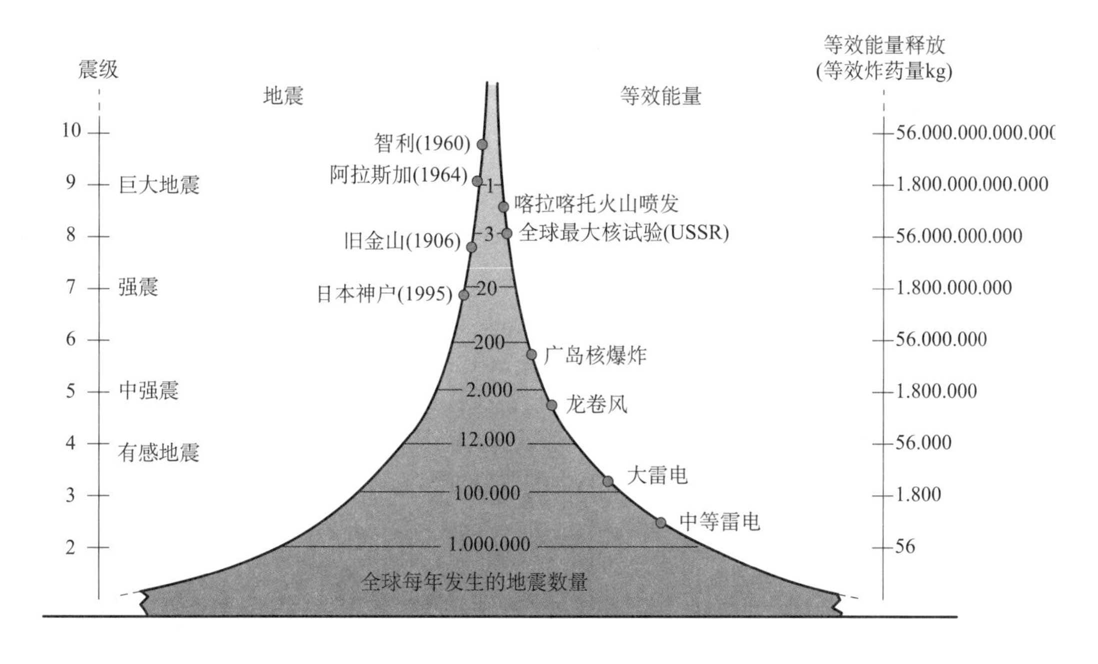

图 6.3.1　全球每年发生地震的数量

根据古登堡–里克特的震级–频度关系式：

$$\lg N = a - bM \tag{6.3.2}$$

式中，N 是大于等于震级 M 的地震个数，a、b 是常数。对区域测震台网在一定时期内产出的地震目录进行震级与频度统计，应符合该关系式。由于测震台网监测能力存在区域不均匀性，对于接近及低于台网监测能力的微小地震，只有部分能够被台网记录到，出现在地震目录中，还有一部分没有被台网记录到。在对地震目录进行震级－频度统计时，存在某个震级值，低于该震级值的地震偏离了（6.3.2）所示的线性关系，意味着有部分低于该震级值的地震没有被地震记录到，而大于该震级值的地震没有发生漏记。该震级值称之为最小完整性震级。

最小完整性震级从另一个方面描述了测震台网的监测能力，反映了测震台网在其监测区域内较长的一段时期所记录地震事件的完整性及其监测能力（震级下限），其中包括了台网运行质量和地震事件数据处理的情况。

对地震目录应用式（6.3.2）进行线性回归分析可确定最小完整性震级，在进行回归分析之前，应对地震目录进行检验，剔除震中位于区域台网监测区域外的目录项。记 M_c 为地震目录最小完整性震级。为了确定地震目录最小完整性震级 M_c，从小到大选择不同的起始震级 M_0，对地震目录中震级大于等于 M_0 的地震应用式（6.3.2）进行线性回归分析，求出 b 值。当选择的起始震级 M_0 小于最小完整性震级 M_c 时，b 值随着起始震级 M_0 的增加而不断增大。当 M_0 增加到一定程度后 b 值将基本稳定，将 b 值开始基本稳定所对应的最小震级 M_0，作为地震目录最小完整性震级 M_c。

第四节　地震观测仪器检测

地震观测仪器的测试分为实验室测试和在线测试。在实验室环境下，可进行地震计的振动台测试和电法测试，得到地震计的大部分参数的测试结果。受到实验室环境振动噪声的影响，只有地震计的噪声不能在实验室环境下进行测试。对于数据采集器，所有技术指标均可在实验室环境下完成测试。本节讨论地震仪器测试的基本方法，不涉及地震仪器的温度试验等测试内容。

对于测震台站运行中的设备，可进行在线测试，常用的在线测试方法是进行脉冲标定和正弦信号标定，可得到包含地震计和数据采集器在内的整个系统的频率特性。当需要在线检验地震计的灵敏度参数时，最好的办法是使用一台标准地震计进行同台对比观测，并分析对比两者观测数据的幅度，依据幅度之比等于灵敏度之比得到在线运行中地震计的灵敏度。

为了测试地震计的自噪声，需选择环境振动噪声小、温度变化小的测试场地，一般选择具有山洞观测室的测震台站进行测试，测试场地应足够大，以满足同时安装2套或多套被测地震计进行同步观测的需要。

一、地震计电法测试

1. 地震计标定装置

大部分地震计设计有标定装置，用于检测地震计的自振周期、阻尼，以及地震计的幅频特性，也用来在线检测地震计的运行状态。

地震计的标定装置由磁钢和线圈构成，大部分地震计使用独立的磁钢系统，包括动圈换能地震计和力平衡反馈地震计，参见图6.4.1。也有的地震计将标定线圈与换能线圈（动圈换能地震计）或反馈线圈（反馈地震计）共用磁钢系统。

当电流通过标定线圈时，将产生一个作用于摆锤上的电磁力，推动摆锤运动。通过记录和分析标定电流（流过标定线圈的电流）驱动下的地震计的输出信号，可检查地震计的工作状态、计算地震计自振周期、阻尼、以及频率特性。

大部分地震计摆锤悬挂方式采用旋转结构，如图6.4.1所示。设摆锤的转动惯量为 J，摆锤质心距旋转轴的距离为 r_1，标定线圈中心距旋转轴的距离为 r_2，标定系统磁钢磁隙的磁感应强度为 B_c，标定线圈绕线长度为 L_c，标定电流为 I_c，则在标定电流驱动下的摆锤质心

的运动加速度为

$$a_c = \dot{\omega}_c r_1 = \frac{B_c L_c I_c r_2 r_1}{J} = G_c I_c \tag{6.4.1}$$

式中 G_c 是一个常数，只与摆及其标定装置的结构有关，单位为 $m/s^2/A$，表示在单位标定电流驱动下，摆锤质心获得的加速度。

对于摆锤悬挂采用非旋转结构方式的地震计，$a_c = G_c I_c$ 同样适用。

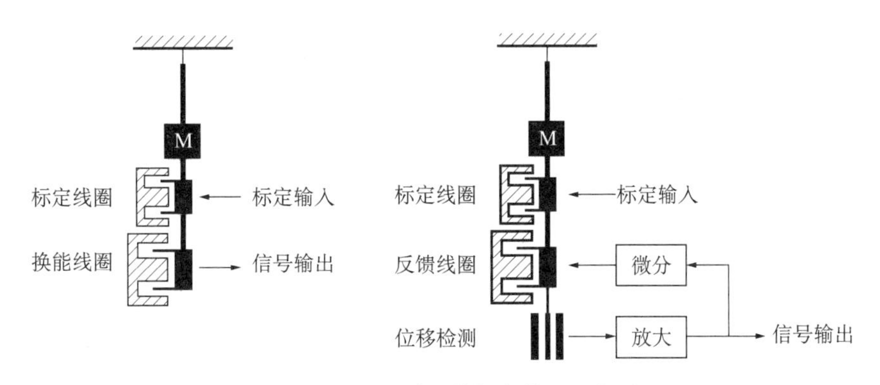

图 6.4.1　地震计及其标定装置示意图

2. 阶跃信号测试

用于地震计标定的脉冲信号是一个宽度 ΔT 达数十秒、幅度为 A 的方波脉冲，如图 6.4.2 所示。一般情况下，标定脉冲宽度不窄于地震计自振周期的 3 倍，地震计对脉冲标定信号的响应在时间上明显分为独立的两个部分，分别对应脉冲的前沿和后沿，因此，地震计对脉冲标定信号的响应实际上是对阶跃信号的响应。

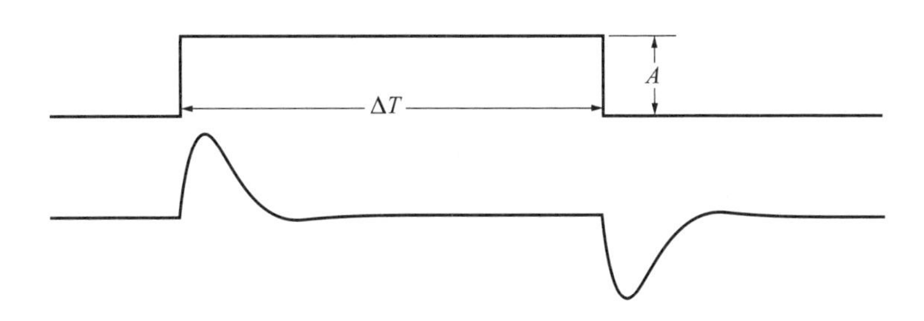

图 6.4.2　脉冲标定信号波形（上）及其地震计的响应波形（下）

根据式（6.4.1），在地震计的标定线圈中通入电流，相当于对地震计施加一个幅度与电流成比例的地动加速度。由于地震计的测量量为地动速度，需要将标定输入电流换算为地动速度，即在式（6.4.1）的基础上，再进行积分运算。

对于阶跃信号 $u(t)$（即 $t<0$ 时阶跃信号取值为 0，$t>0$ 时取值为 1），其拉普拉斯变换为 $1/s$，功率谱密度为 $1/\omega^2$，可见其能量主要分布在低频段。考虑到换算到地动速度还需要进行积分运算，而积分运算将进一步对高频衰减，对低频提升，因此，使用阶跃信号作为地震计的测试信号，低频段的测试信噪比将远大于高频段的测试信噪比。事实上，阶跃信号只用于地震计低频段频率特性的测试。

仅考虑地震计低频端的频率特性时，地震计的传递函数可写为

$$H(s) = \frac{S_0 s^2}{s^2 + 2D\omega_0 s + \omega_0^2} \tag{6.4.2}$$

式中 S_0 为地震计灵敏度，ω_0 为自振角频率，D 为阻尼系数。

若脉冲标定电流为 I_c，则标定信号的拉普拉斯变换为 $G_c I_c/s$，积分后为 $G_c I_c/s^2$，则地震计标定响应信号的拉普拉斯变换为

$$Y(s) = \frac{G_c I_c}{s^2} \frac{S_0 s^2}{s^2 + 2D\omega_0 s + \omega_0^2} = \frac{G_c I_c S_0}{s^2 + 2D\omega_0 s + \omega_0^2} \tag{6.4.3}$$

当 $D<1$ 时，对（6.4.3）式进行拉普拉斯反变换，可得地震计对阶跃输入信号的响应波形为

$$y(t) = \frac{G_c I_c S_0}{\omega_0 \sqrt{1 - D^2}} e^{-D\omega_0 t} \sin(\sqrt{1 - D^2}\,\omega_0 t) \cdot u(t) \tag{6.4.4}$$

当 $D=1$ 时，可得地震计对阶跃输入信号的响应波形为

$$y(t) = G_c I_c S_0 t e^{-\omega_0 t} \cdot u(t) \tag{6.4.5}$$

当 $D>1$ 时，可得地震计对阶跃输入信号的响应波形为

$$y(t) = \frac{G_c I_c S_0}{\omega_0 \sqrt{D^2 - 1}} e^{-D\omega_0 t} sh(\sqrt{D^2 - 1}\,\omega_0 t) \cdot u(t) \tag{6.4.6}$$

图6.4.3为阻尼系数取不同的值，根据式（6.4.4）、（6.4.5）和（6.4.6）绘出的地震计对阶跃信号响应的波形。由图6.4.3可见，D 小于1时地震计响应波形为指数衰减振荡，其它情况下地震计响应波形的衰减是无振荡的、单调的。同时，还可以看到，阻尼系数越大，地震计响应波形的峰值幅度越小。

目前地震观测系统中所用地震计阻尼系数的标称取值为0.707，根据式（6.4.4），地震计对阶跃信号响应波形的幅度与地震计的自振角频率成反比，当地震计灵敏度、标定装置常数、标定电流相同时，宽频带地震计或长周期地震计的响应波形幅度大于短周期地震计响应波形幅度。对地震计进行脉冲标定信号测试时，为了得到大致相同的脉冲标定波形幅度，对于宽频带地震计，脉冲标定电流的取值应小一些，而对于短周期地震计，则应大一些。

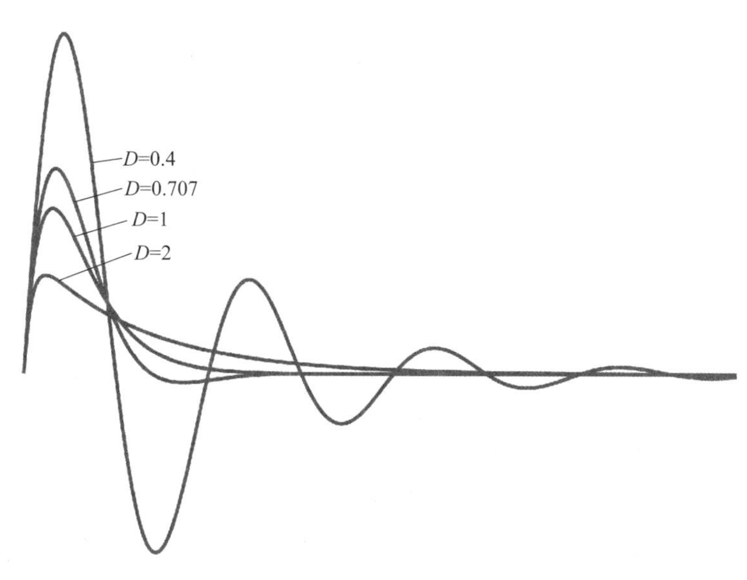

图 6.4.3 地震计在不同阻尼系数情况下对阶跃信号的响应

对地震计脉冲标定波形的分析，可对地震计标定输出信号的采样数据使用时域或频域波形拟合的方法，计算出地震计的自振角频率 ω_0 和阻尼系数 D，根据式（6.4.2）写出地震计在低频端的归一化的传递函数。当已知地震计标定装置常数 G_c 和标定电流 I_c 的情况下，可由标定波形的振幅 y_{max} 进一步计算出地震计的灵敏度 S_0

$$S_0 = \frac{\omega_0\sqrt{1 - D^2}}{G_c I_c} y_{\max} e^{\frac{\pi D}{2\sqrt{1-D^2}}} \tag{6.4.7}$$

受到地震计地震计标定装置常数的准确度、长期稳定性及可靠性的限制，以及自振角频率 ω_0 和阻尼系数 D 计算误差的影响，由（6.4.7）式得到的灵敏度仅具有参考意义，实际工作中可作为地震计运行状态的一个监测量。

3. 正弦信号测试

使用正弦信号可检测地震计对任意单个频点简谐输入信号的稳态响应，通过使用一系列不同频点正弦信号测试，可得到地震计频率响应在相应测试频点的测量值。

若输入到标定线圈的电流 $I_c = I_{\max}\sin\omega t$，则地震计的输出电压可写为

$$y(\omega) = \frac{S_0(\omega) G_c I_{\max}}{\omega}\sin(\omega t + \varphi) \tag{6.4.8}$$

式中 S_0（ω）为地震计在角频率 ω 处的灵敏度，φ 为对应该角频率输出正弦信号的相角。可见输入等幅度正弦标定信号的情况下，地震计输出信号的幅度与正弦信号频率成反比。为了提高测试信噪比，得到较大而不失真的输出电压波形，在地震计有效频带内，低频段的标定信号幅度要选择小一些，高频段的标定信号幅度应选择大一些，在可能的情况下，保持标定输入信号的幅度随频率的升高线性增加。

对应角频率为 ω 的标定输入信号，地震计输出正弦电压信号的峰值记为 $y_{\max}(\omega)$，则

$$S_0(\omega) = \frac{\omega y_{\max}(\omega)}{G_c I_{\max}} \tag{6.4.9}$$

选择一系列频点进行测试，根据式（6.4.9）可得到地震计在相应频点处的灵敏度，绘制出地震计的幅频特性曲线。

若地震计的灵敏度已经通过振动台测试得到，在地震计的中心频段内选择与振动台测试相同的频率进行正弦波标定测试，根据式（6.4.9）可测定地震计标定装置常数。

对于动圈换能地震计，其灵敏度决定于换能线圈和磁场强度，以及外接的阻尼电阻的取值。对于力平衡反馈地震计，其灵敏度取决于反馈线圈和磁场强度，以及反馈电路中微分电容的取值。地震计的标定装置一般也由线圈和磁钢构成。一般来说，不能假定地震计标定装置的长期稳定性比动圈换能器或者力平衡反馈系统更好，即不能假定地震计标定常数比地震计的灵敏度长期稳定性更好、更可靠。因此，在实际工作中，仅假定标定常数在正弦标定过程中是一个不变的常数，由（6.4.9）式得到的灵敏度具有相对意义，测得的幅频特性作为相对幅频特性。

一般在地震计中心频段选择一个频点，将测得的幅频特性除以该频点的灵敏度的测值，得到归一化的幅频特性，该频点作为归一化频点，归一化后幅值为 1。对于短周期地震计，归一化频点常取为 5Hz，对于宽频带地震计，常取为 1Hz 或 5Hz。

4. 伪随机二进制信号测试

伪随机信号具有具有良好的随机性和接近于白噪声的相关函数，并且有预先的可确定性和可重复性，这些特性使得伪随机序列得到了广泛的应用。

常用的伪随机二进制信号为最长线性反馈移存器序列，称为 m 序列。m 序列可由线性反馈的移位寄存器产生，如图 6.4.4 所示，图中 c_k 取值为 0 或 1，取值为 0 表示相应的反馈路径处于断开状态。

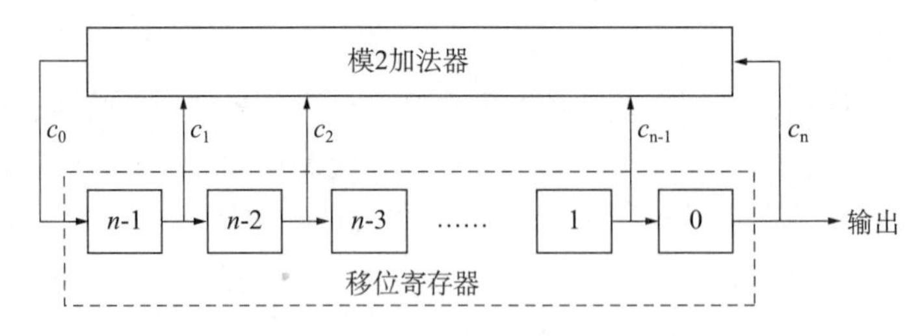

图 6.4.4　伪随机 m 序列发生器示意图

图 6.4.4 中的系数 c_k 可构成一个特征多项式：

$$f(x) = \sum_{k=0}^{n} c_k x^k \tag{6.4.10}$$

要构成 m 序列发生器，关键是确定其特征多项式，并且特征多项式为本原多项式。表 6.4.1 为几个可用于生成 m 序列的本原多项式。

表 6.4.1　本原多项式示例

寄存器位数	本原多项式	寄存器位数	本原多项式
$n=7$	x^7+x^3+1	$n=11$	$x^{11}+x^2+1$
$n=8$	$x^8+x^4+x^3+x^2+1$	$n=12$	$x^{12}+x^6+x^4+x+1$
$n=9$	x^9+x^4+1	$n=13$	$x^{13}+x^4+x^3+x+1$
$n=10$	$x^{10}+x^3+1$	$n=14$	$x^{14}+x^{10}+x^6+x+1$

对于具有 n 位移位寄存器的 m 序列发生器，可生成周期长度为 $2n-1$ 的 m 序列。作为示例，使用表 6.4.1 中 $n=7$ 的本原多项式生成的伪随机二进制码见表 6.4.2。

表 6.4.2　伪随机二进制码示例

二进制码的位数	相应位置二进制数的值
1～40：	1 0 0 0 1 1 0 0 1 0 0 0 1 0 0 0 0 0 0 1 0 0 1 0 0 1 1 0 1 0 0 1 1 1 1 0 1 1 1 0
41～80：	0 0 0 1 1 1 1 1 1 1 0 0 0 1 1 1 0 1 1 0 0 0 1 0 1 0 0 1 0 1 1 1 1 1 0 1 0 1 0 1
81～120：	0 0 0 0 1 0 1 1 0 1 1 1 1 0 0 1 1 1 0 0 1 0 1 0 1 1 0 0 1 1 0 0 0 0 0 1 1 0 1 1
121～127：	0 1 0 1 1 1 0

m 序列中 1 的个数比 0 的个数多 1 个，其自相关函数在 n 较大时，趋于单位冲击函数，其功率谱趋于白噪声的功率谱。

当伪随机二进制码（m 序列）用作地震计标定信号时，‘1’代表标定电流为 I_m，‘0’代表标定电流为 $-I_m$，参见图 6.4.5。

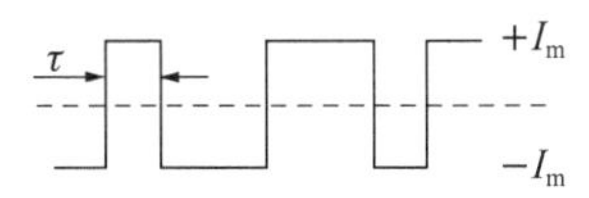

图 6.4.5　伪随机二进制标定信号的脉冲宽度和幅度表示

按照图 6.4.5 所示的标定信号波形，取脉冲宽度为 10ms，计算表 6.4.2 列出的 m 序列对应的伪随机二进制标定信号的幅度谱，分别以线性坐标和双对数坐标绘出，参见图 6.4.6。作为对比，图 6.4.6 还同时给出了 $n=12$ 时生成的长度为 4095 的伪随机二进制标定信号幅度谱。对比两种长度伪随机二进制标定信号的频谱分布，在频率不超过 10Hz 的一个较宽的频带内，频谱曲线较为平坦，随着序列长度的增加，可用频带往低频延伸。可用频带的上限受限于脉冲宽度，频谱中第一个趋于零的频率为脉冲宽度的倒数。

伪随机二进制标定信号的参数有：伪随机二进制码、码元宽度、码元幅度。用于地震计标定时，应设置合适的码元宽度，使伪随机标定信号频谱分布最为平坦的部分覆盖需测试的地震计频段，设置合适的幅度，以获得高信噪比、不失真的标定信号输出。若被测地震计是宽频带的，为了得到可靠的测试结果，可对被测地震计的高频段和低频段进行分别测试，高频段测试时，码元宽度取值一般在 1～10ms 范围内，低频段测试时，码元宽度取值一般在 50～500ms 范围内。

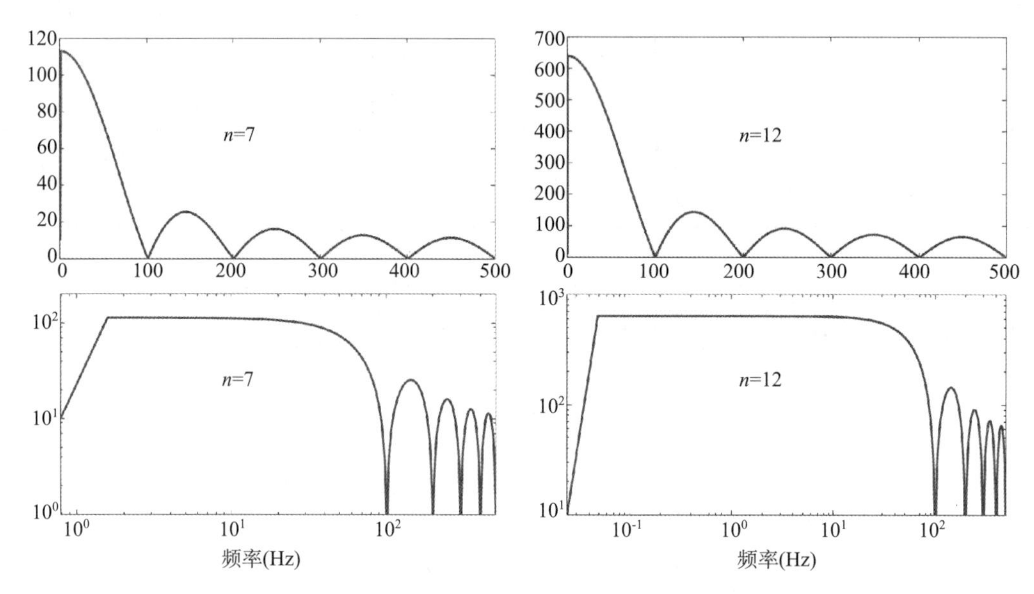

图 6.4.6　伪随机二进制标定信号的频谱

将伪随机二进制标定信号用于宽频带地震计标定，仍然需要将标定信号进行积分运算，将标定信号换算为等效地动速度。尽管在可用频带内，伪随机二进制标定信号的频谱分布是平坦的，换算为等效地动速度之后，其低频得到提升，而高频得到衰减，将导致高频段测试信噪比下降。图 6.4.7 是使用伪随机二进制标定信号测试宽频带地震计的结果，该结果是对

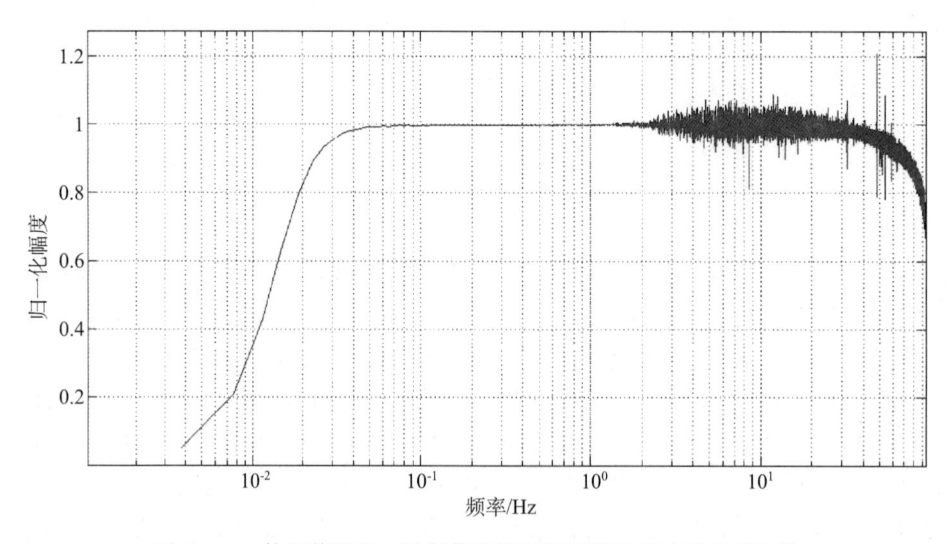

图 6.4.7　使用伪随机二进制信号标定宽频带地震计的处理结果

地震计标定输出信号进行频谱分析得到的，并换算为对地动速度的响应。由图 6.4.7 可见，频谱分布符合宽频带地震计的幅频特性，但高频段的信噪比较差。

为了在地震计的测试输出端得到信噪比均衡的宽频带测试数据，将标准的伪随机二进制信号的波形形态进行改进，将伪随机二进制编码中的“1”改为“10”，“0”改为“01”，参见图 6.4.8，可与图 6.4.5 进行对比。

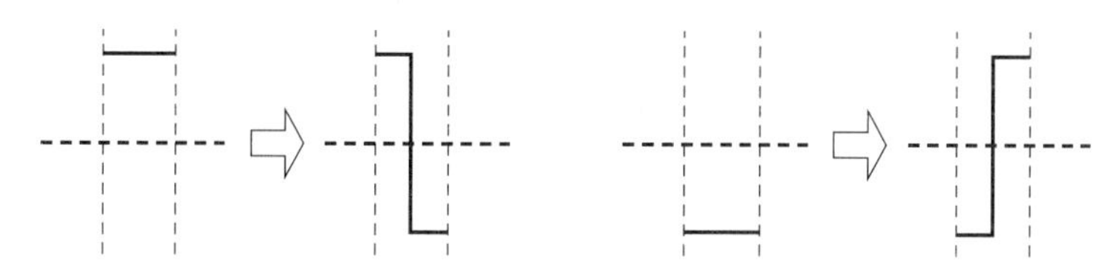

图 6.4.8　伪随机二进制码型变换示意图

使用图 6.4.8 所示的波形编码，将表 6.4.1 中 $n=12$ 对应项本原多项式生成的 m 序列编码成标定信号波形，每个码元变换前宽度为 10ms，变换后为 5ms，频谱分布参见图 6.4.9。与图 6.4.6 中 $n=12$ 时的标定波形频谱相比，在可用频带内，图 6.4.9 的频谱幅度随频率升高线性增加，通过积分换算为等效地动速度之后，可得到平坦的频谱分布，有利于在较宽的测试频带内获得均衡的测试信噪比。

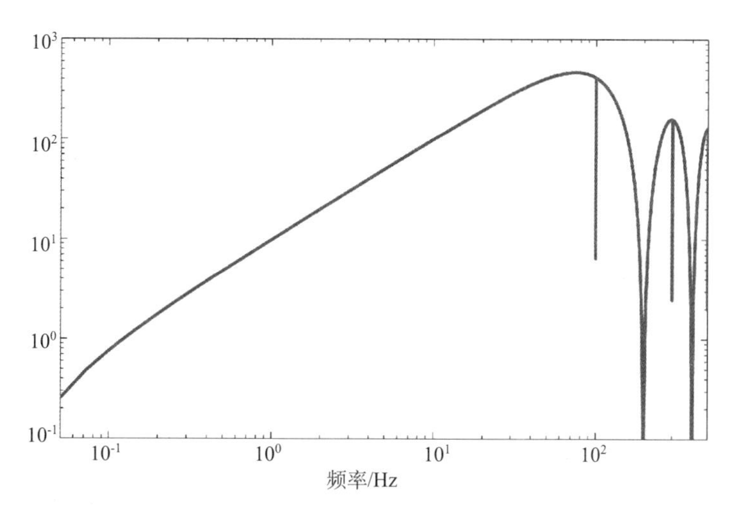

图 6.4.9　波形改进后的伪随机二进制标定信号频谱（$n=12$）

分析伪随机二进制标定数据时，依据所使用的伪随机二进制标定序列的长度，按照伪随机二进制标定序列长度的整数倍数截取测试数据，对截取数据段使用 Welch 方法计算功率谱密度，并设置进行 FFT 计算的数据长度与伪随机二进制信号长度相同，按照以下公式计算被测地震计的幅频特性：

$$S(f_i) = 2\pi f_i \sqrt{\frac{P_t(f_i)}{P_s(f_i)}} \tag{6.4.11}$$

式中 P_s 为伪随机测试信号的功率谱密度（需换算为等效地动速度），P_t 为同一时间段被测地震计输出信号的功率谱密度。

使用伪随机二进制标定信号测试地震计，得到的幅频特性为相对幅频特性，可进一步转换为归一化的幅频特性。

5. 地震计传递函数

一般来说，地震计的传递函数为最小相位系统，只需要使用幅频特性测试数据即可拟合出传递函数。拟合所需的幅频特性测试数据来自于正弦信号测试结果或伪随机二进制码测试数据。传递函数拟合分为两部分：低频段传递函数拟合、高频段传递函数拟合。低频段拟合采用以下传递函数模型：

$$H_L(s) = \frac{s^n}{s^n + a_{n-1}s^{n-1} + a_{n-2}s^{n-2} + \cdots + a_1 s + a_0} \tag{6.4.12}$$

高频段拟合采用以下传递函数模型：

$$H_H(s) = \frac{s^m + b_{m-1}s^{m-1} + b_{m-2}s^{m-2} + \cdots + b_1 s + b_0}{s^n + a_{n-1}s^{n-1} + a_{n-2}s^{n-2} + \cdots + a_1 s + a_0} \tag{6.4.13}$$

一般情况下，低频段拟合阶数 n 选择为 2。当使用阶跃信号对地震计进行测试时，可对地震计标定输出信号的采样数据使用时域或频域波形拟合的方法，计算出地震计的自振角频率 ω_0 和阻尼系数 D，从而写出地震计在低频段的归一化的传递函数。

高频段的拟合阶数可参考地震计的标称传递函数确定，阶数 n 取值为标称传递函数阶数与低频段拟合阶数之差，m 的取值直接参考标称传递函数；一般情况下，n 取值为 2 ~ 5，m 取值为 0 或 1。

按照以下公式合成被测地震计的传递函数：

$$H(s) = K_0 H_L(s) H_H(s) \tag{6.4.14}$$

式中 K_0 为归一化系数，可选择地震计的中心频带某个频点作为归一化频点计算归一化系数，对于宽频带地震计，可选 1Hz 或 5Hz 作为归一化频点。当选择 5Hz 作为归一化频点时，使用以下方程计算归一化系数 K_0

$$|K_0 H_L(j2\pi f) H_H(j2\pi f)|_{f=5} = 1 \tag{6.4.15}$$

使用伪随机二进制信号测试地震计的频率特性，具有全面覆盖测试频段的优点，在背景振动干扰较小的情况下，可以得到较好的测试信噪比，测试数据可靠。正弦波信号测试数据能够在整个测试频段获得有限数量频点的测试数据，测试信噪比高，抗干扰能力强，测试数据可靠。伪随机二进制信号测试数据和正弦波信号测试数据都可作为拟合地震传递函数的优选数据。

拟合得到的传递函数表达式可能与厂家标称传递函数表达式形式上有差别，取决于拟合模型的选择及模型阶数的差异，它们在表达频率特性方面是一致的，在进行误差评估后可作为地震观测仪器实际测试结果使用。

传递函数拟合的误差函数定义为

$$E_{err} = \sqrt{\frac{(p_0 - q_0)^2 + (p_1 - q_1)^2 + (p_2 - q_2)^2 + \Lambda + (p_{m-1} - q_{m-1})^2}{m}} \quad (6.4.16)$$

式中 p_0，p_1，p_2，…，p_{m-1} 为地震计幅度响应在 m 个频点上的实测值，q_0，q_1，q_2，…，q_{m-1} 由传递函数模型式（6.4.12）或式（6.4.13）在相对应的 m 个频点上的计算值。

二、振动台测试

地震计的灵敏度、寄生共振特性、横向振动抑制（横向灵敏度比）特性等需使用振动台进行测试。与地震计电法测试不同，振动台对整个地震计施加机械振动激励信号，这与地震计实际工作状态是一致的。

中国测试技术研究院振动实验室保存有国家低频振动垂直向（水平向）计量基准和中频振动副基准，2009 年低频振动基准成功进行了技术改造，使低频下限扩展至 0.1Hz，振幅达到 70mm，并增加了振动相位校准能力，达到国内领先水平。表 6.4.3 列出了中国计量科学研究院振动实验室保持的振动基准及其主要技术参数。

表 6.4.3　中国计量科学研究院振动实验室的振动基准（引自中国计量科学研究院网站）

指标	低频垂直向振动副基准	CS18P STF/HP 校准装置		中频振动基准
频率范围	0.1 ~ 120Hz	0.4 ~ 160Hz	5Hz ~ 20kHz	①20Hz ~ 2kHz（条纹计数）②20Hz ~ 10kHz（外差时间间隔法/正弦逼近法）
最大加速度	$30m/s^2$	$120m/s^2$（极限载荷时 $30m/s^2$）	$120m/s^2$（极限载荷时 $80m/s^{-2}$）	$100m/s^2$
最大位移	40mm（p - p）	100mm（p - p）	8mm（p - p）	20mm（p - p）
测量方法	改进的 Michelson 零差正交激光干涉仪，正弦逼近法 + 条纹计数法	Mach-Zehnder 外差激光干涉仪，正弦逼近法	Mach-Zehnder 外差激光干涉仪，正弦逼近法	①Michelson 零差激光干涉仪，条纹计数法 ②Mach-Zehnder 外差激光干涉仪，基于波峰波谷的时间间隔法改进的正弦逼近法

续表

指标		低频垂直向 振动副基准	CS18P STF/HP 校准装置		中频振动基准
振动台		油膜轴承电磁振动台，垂直向	空气轴承长周期振动台	空气轴承高频振动台	空气轴承电磁振动台
扩展不确定度 （$k=2$）	幅值	16Hz（10m/s^2）， 0.30% （0.1～50）Hz， 0.41% （50～100）Hz， 0.67%	（0.4～1）Hz，1.0% （1～63）Hz，0.5% （63～160）Hz，1.0%	（5～10）Hz，1.5% 10Hz～5kHz，0.5% （5～10）kHz，1% （10～15）kHz，2.5% （15～20）kHz，3%	①条纹计数法： 160Hz，0.24% 20Hz～2kHz，0.76% ②外差时间间隔法/正弦逼近法： 160Hz（100m/s^2）， 0.24% 0.01～2kHz， 0.58% 2～10kHz， 0.90%
	相位	16Hz（10m/s^2）， 0.24° （0.1～50）Hz， 0.39° （50～100）Hz， 0.66°	（0.4～1）Hz，1.0° （1～2）Hz，0.75° （2～63）Hz，0.5 （63～160）Hz，1.0°	10Hz～1kHz，0.5° （1～5）kHz，1.0° （5～10）kHz，2.0°	2. 外差时间间隔法/正弦逼近法： 160Hz（100m/s^2）， 0.23° 0.01～2kHz， 0.46° 2～10kHz，0.91°

为了测试宽频带、大动态地震计，2000 年以来，中国地震局地震预测研究所、地球物理研究所、工程力学研究所分别建成了新一代大行程振动测试系统，进一步将振动台的测试频带拓宽到长周期频段。

应用于地震计测试的低频振动测试系统由包括水平振动台、垂直振动台、测试控制系统等部件构成。振动台台面振动位移由激光测振仪监测，能够按照指定的振幅值精确控制振动台的运动。当指定振幅值以加速度或速度值给出时，系统能够自动转换为位移振幅用于监测和控制台面运动。为了改善振动台的失真度指标，目前的低频振动台采用了气浮导轨和位移反馈两项技术，参见图 6.4.10。振动测试系统中的激光测振仪用来定量检测台面振动幅度；激光位移计用来将振动位移信号转变为模拟电压信号，实现负反馈，改善振动台失真度；被测地震计的输出电压信号连接到测试系统的数据采集与处理单元。

一般情况下，使用正弦波作为振动台测试信号。测试时，振动台测试系统可以直接在显示屏上观察到被测地震计的输出波形，并给出被测地震计的灵敏度。

测试时，应按照地震计的安装要求，将被测地震计安放到台面上，保持被测地震计传感方向与振动方向一致，调节地震计地脚螺丝，使地震计水平泡居中；解除地震计摆锤锁止；连接地震计到振动测试系统的数据采集与处理单元。在振动台测试系统和被测地震计相关准

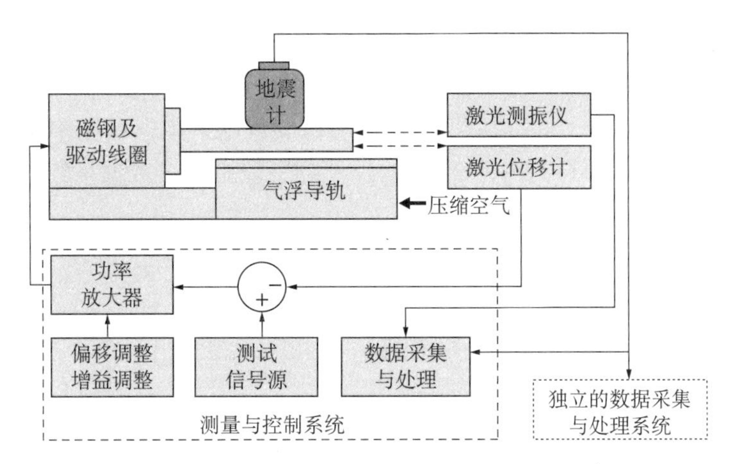

图 6.4.10 振动台测试系统示意图（水平振动台）

备工作完成后，按照预定测试方案依次输出多种频率和幅度测试信号，检测和记录地震计的输出信号，求出地震计在每个测试频点处的灵敏度。

对地震计观测频段的高频端进行振动台测试时，将测试频段延伸至 100Hz 以上，可检测地震计在高频段及其邻近频段的灵敏度有无异常的高值，该高值一般源自于结构共振，这种结构共振是有害的，称为寄生共振。若寄生共振频率距离观测频带太近，将对地震计高频端的频率特性产生较大的不利影响，带来额外的频率特性失真。

在安放被测地震计到振动台面时，若让被测地震计某分向的传感方向与台面振动方向垂直，则可测试该分向地震计的横向灵敏度。横向振动对地震计来说属于干扰信号，因此地震计的横向灵敏度越低越好。

三、地震计噪声测试技术

地震计在其观测频带内具有与 NLNM 相当或更小的噪声水平，将能够适合任何低噪声环境下安装使用，以保障地震台站对微小地震的监测能力。典型的低噪声甚宽频带地震计可在 100s ~ 10Hz 的频段内，其仪器噪声功率谱低于 NLNM。

由于地震计的噪声比任何地点的振动噪声要小，安静时段记录的观测数据主要反应台基噪声，当多台地震计安装于同一地点时，所观测的台基振动噪声或环境振动噪声是相同的但不同仪器记录数据中的仪器噪声是不相关的。因此，使用相关分析方法可以从两台地震计的同步观测数据中分离出环境振动分量，将该分量减去后的残差可用作评估地震计的自身噪声。

准确分离环境振动噪声是地震计噪声测试的关键，但其受到诸多因素的制约：传递函数的不一致、安装位置的不同、三轴正交性误差等。测试过程中充分注意上述影响因素的情况下，可以分离出 99% 的环境振动噪声，因此，对低噪声地震计的测试仍然需要寻找极为安静的测试场地。

1. 使用两台地震计测试自噪声的基本原理

霍尔科姆方法使用两台地震计进行对比观测，通过分析观测资料的相关性，估算观测资料非相关成分的功率谱作为被测地震计噪声水平的评价依据。以下推导只考虑两台地震计相同观测分向及其观测数据之间的关系，不特指 UD、EW 或 NS 分向。

当两台地震计摆放的足够近时，可以认为观测的是同一个地点的振动量，记为 $x(t)$。两台地震计的自身噪声分别记为 $n_1(t)$ 和 $n_2(t)$，参见图 6.4.11，其中 $H_1(f)$ 和 $H_2(f)$ 分别为两台地震计的频率响应，$A_1(f)$ 和 $A_2(f)$ 是相应数据采集器的频率响应，两台地震计的输出分别记为 $u_1(t)$ 和 $u_2(t)$，$y_1(t)$ 和 $y_2(t)$ 分别表示经过数据采集器传递函数处理后等效的信号输出。

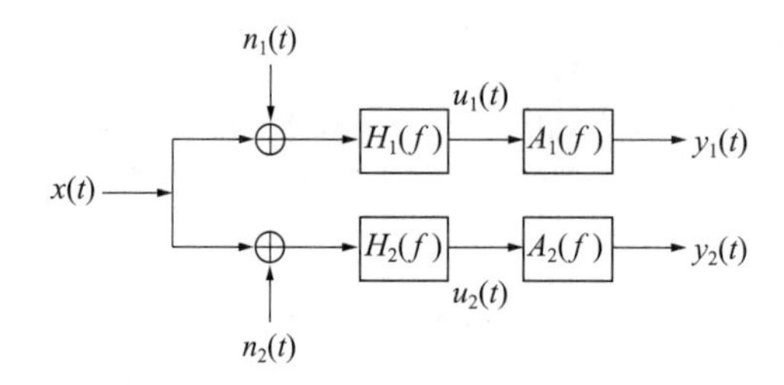

图 6.4.11　使用两台地震计测试自噪声的原理图

设 $X(f)$，$N_1(f)$，$N_2(f)$，$Y_1(f)$，$Y_2(f)$ 分别为 $x(t)$，$n_1(t)$，$n_2(t)$，$y_1(t)$，$y_2(t)$ 的功率谱密度。根据信号与系统的理论，有

$$Y_1(f) = (X(f) + N_1(f)) \cdot |H_1(f)|^2 \cdot |A_1(f)|^2 \tag{6.4.17}$$

$$Y_2(f) = (X(f) + N_2(f)) \cdot |H_2(f)|^2 \cdot |A_2(f)|^2 \tag{6.4.18}$$

假设输入信号 $x(t)$ 和噪声 $n_1(t)$、$n_2(t)$ 是不相关的，噪声 $n_1(t)$ 和 $n_2(t)$ 之间也是不相关的，因此信号 $y_1(t)$ 和 $y_2(t)$ 的互功率谱密度 $P_{12}(f)$ 可写为

$$P_{12}(f) = X(f) \cdot H_1(f) \cdot A_1(f) \cdot H_2^*(f) \cdot A_2^*(f) \tag{6.4.19}$$

两个信号 $y_1(t)$ 和 $y_2(t)$ 的幅值平方相干函数的定义为：

$$C_{12}(f) = \frac{|P_{12}(f)|^2}{Y_1(f) \cdot Y_2(f)} \tag{6.4.20}$$

把式（6.4.17）、式（6.4.18）和式（6.4.19）代入式（6.4.20）得，

$$C_{12}(f) = \frac{|X(f) \cdot H_1(f) \cdot A_1(f) \cdot H_2^*(f) \cdot A_2^*(f)|^2}{(X(f) + N_1(f)) \cdot |H_1(f)|^2 \cdot |A_1(f)|^2 \cdot (X(f) + N_2(f)) \cdot |H_2(f)|^2 \cdot |A_2(f)|^2} \tag{6.4.21}$$

实际测试中，数据采集器传递函数的影响可以忽略，即 $A_1(f) = A_2(f) = 1$，若采用两台

相同型号地震计进行测试时，有 $H_1(f)=H_2(f)=H(f)$，可得

$$C_{12}(f)=\frac{X^2(f)}{(X(f)+N_1(f))\cdot(X(f)+N_2(f))} \tag{6.4.22}$$

分式上下都除以 $X^2(f)$，得

$$C_{12}(f)=\frac{1}{1+\frac{N_1(f)+N_2(f)}{X(f)}+\frac{N_1(f)\cdot N_2(f)}{X^2(f)}} \tag{6.4.23}$$

改写式（6.4.23）为以下形式

$$\frac{X(f)}{N_1(f)}\frac{X(f)}{N_2(f)}\left(1-\frac{1}{C_{12}(f)}\right)+\frac{X(f)}{N_1(f)}+\frac{X(f)}{N_2(f)}+1=0 \tag{6.4.24}$$

该式描述了两台地震计观测信号功率信噪比与相干函数的关系，为了清楚地揭示它们之间的关系，取 $C_{12}(f)$ 为一系列常数值：0.2～0.99，绘出两台地震计观测数据信噪比之间的关系曲线（双曲线），见图6.4.12。由图中可看出对应 C_{12} 的每一个取值，均可确定一个信噪比极小值的估计，该极小值可通过求出图6.4.12中双曲线的渐近线得到：令式（6.4.24）中的 X/N_1 趋于无穷大，可得

$$\frac{X(f)}{N_2(f)}=\frac{C_{12}(f)}{1-C_{12}(f)} \tag{6.4.25}$$

同样，令 X/N_2 趋于无穷大，可得

$$\frac{X(f)}{N_1(f)}=\frac{C_{12}(f)}{1-C_{12}(f)} \tag{6.4.26}$$

式（6.4.25）和式（6.4.26）可用来估算地震计观测数据的信噪比。因此，根据观测数据功率谱 $Y_1(f)$，$Y_2(f)$，可得被测地震计的噪声功率谱：

$$\left.\begin{aligned}N_1(f)&=\frac{1-C_{12}(f)}{|H_1(f)|^2}Y_1(f)\\N_2(f)&=\frac{1-C_{12}(f)}{|H_2(f)|^2}Y_2(f)\end{aligned}\right\} \tag{6.4.27}$$

综上所述，根据两台地震计的同址、同步观测资料，通过计算它们的功率谱和幅值平方相干函数，使用式（6.4.27）可得到地震计的噪声功率谱。使用该方法测试地震计的噪声

时，要求两台地震计的频率特性基本一致，一般采用两台相同型号的地震计进行对比观测来估算地震计的噪声功率谱，或者采用一台噪声更低的具有相同频率特性的标准地震计与被测地震计进行对比观测进行地震计的噪声测试。

图6.4.13示出了应用霍尔科姆方法测试两台甚宽频带地震计样机噪声的结果。图中同时示出了两台地震计记录的台基噪声功率谱以及使用霍尔科姆方法估算出来的地震计噪声功率谱。可见在0.04～7Hz的频带内，两台地震计的噪声功率谱低于NLNM，在长周期频段，其中一台地震计样机的噪声相对更低一些。

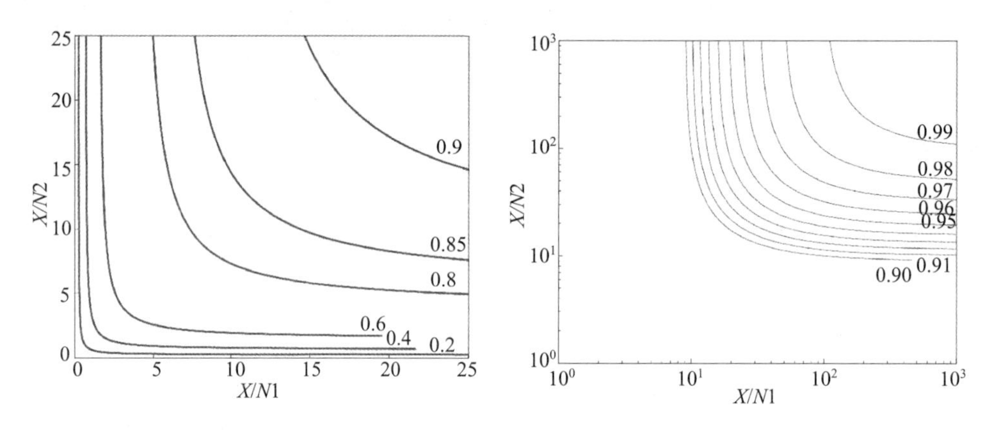

图6.4.12　相关函数取值与功率信噪比之间的关系

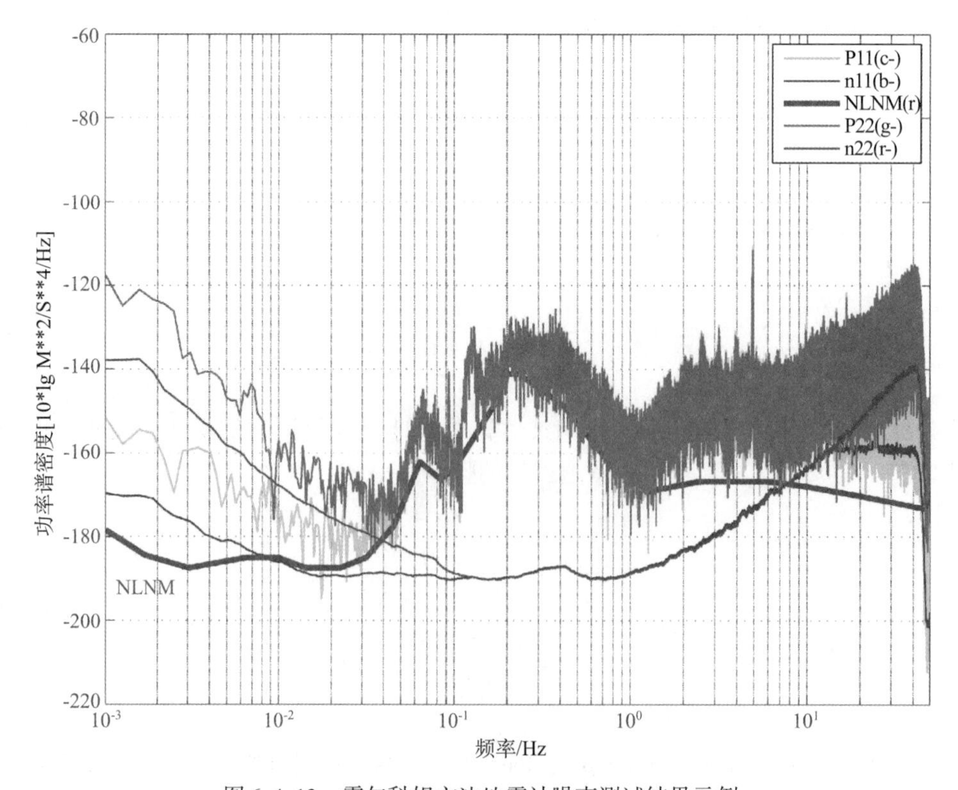

图6.4.13　霍尔科姆方法地震计噪声测试结果示例

2. 使用三台地震计测试自噪声的基本原理

斯利曼方法使用三台地震计进行对比观测，通过分析观测资料的相关性，估算观测资料非相关成分的功率谱作为被测地震计噪声水平的评价依据。斯利曼方法的优势是无需准确知道被测地震计的频率特性。以下推导只考虑三台地震计相同观测分向及其观测数据之间的关系，不特指 UD、EW 或 NS 分向。

当三台地震计摆放的足够近时，可以认为观测的是同一个地点的振动量，记为 $x(t)$。三台地震计的自身噪声分别记为 $n_1(t)$、$n_2(t)$ 和 $n_3(t)$，参见图 6.4.13，其中 $H_1(f)$、$H_2(f)$ 和 $H_3(f)$ 分别三台地震计的频率响应，三台地震计的输出分别记为 $y_1(t)$、$y_2(t)$ 和 $y_3(t)$。

在频域中表示图 6.4.14 信号通道 i 的输入/输出关系为：

$$Y_i = XH_i + N_iH_i \tag{6.4.28}$$

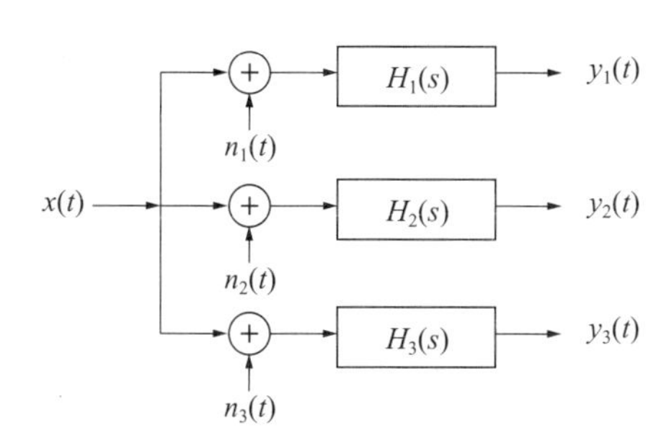

图 6.4.14 使用三台地震计测试自噪声的原理图

三个通道输出信号 $y_1(t)$、$y_2(t)$ 和 $y_3(t)$ 间的互功率谱可写为：

$$\begin{aligned} P_{ij} &= Y_i \cdot Y_j^* = (XH_i + N_iH_i)(XH_j + N_jH_j)^* \\ &= XX^* H_iH_j^* + XN_j^* H_iH_j^* + N_iX^* H_iH_j^* + N_iN_j^* H_iH_j^* \\ &= P_{xx}H_iH_j^* \end{aligned} \tag{6.4.29}$$

式（6.4.29）中假设了通道间的噪声是不相关的，噪声与输入信号也是不相关的。因此，

$$\frac{P_{ik}}{P_{jk}} = \frac{P_{xx}H_iH_k^*}{P_{xx}H_jH_k^*} = \frac{H_i}{H_j} \tag{6.4.30}$$

由于

$$\frac{P_{ii}}{P_{ji}} = \frac{XX^* H_iH_i^* + N_iN_i^* H_iH_i^*}{P_{xx}H_jH_i^*} = \frac{H_i}{H_j} + \frac{N_{ii}H_iH_i^*}{P_{xx}H_jH_i^*} = \frac{H_i}{H_j} + \frac{N_{ii}H_iH_i^*}{P_{ji}} \tag{6.4.31}$$

结合（6.4.30）和（6.4.31），可得

$$N_{ii}\,|H_i|^2 = P_{ii} - P_{ji}\frac{P_{ik}}{P_{jk}} \tag{6.4.32}$$

式中 i，j，$k=1$，2，3，且 $i\neq j\neq k$。$N_{ii}\,|H_i|^2$ 为地震计输出噪声。通过分析三个地震计输出信号的功率谱、互功率谱即可计算地震计的输出噪声功率谱密度，进一步可得到折合到地震计输入端的噪声功率谱密度 N_{ii} 为

$$N_{ii} = \frac{1}{|H_i|^2}\left(P_{ii} - P_{ji}\frac{P_{ik}}{P_{jk}}\right) \tag{6.4.33}$$

图6.4.15示出了应用斯利曼方法测试甚宽频带地震计噪声的结果，被测地震计为三台研制中的甚宽频带地震计测试样机，图中同时示出了地震计记录的台基噪声功率谱以及使用斯利曼方法估算出来的地震计噪声功率谱。在0.04～10Hz频带内，三台测试样机的噪声功率谱均低于NLNM。

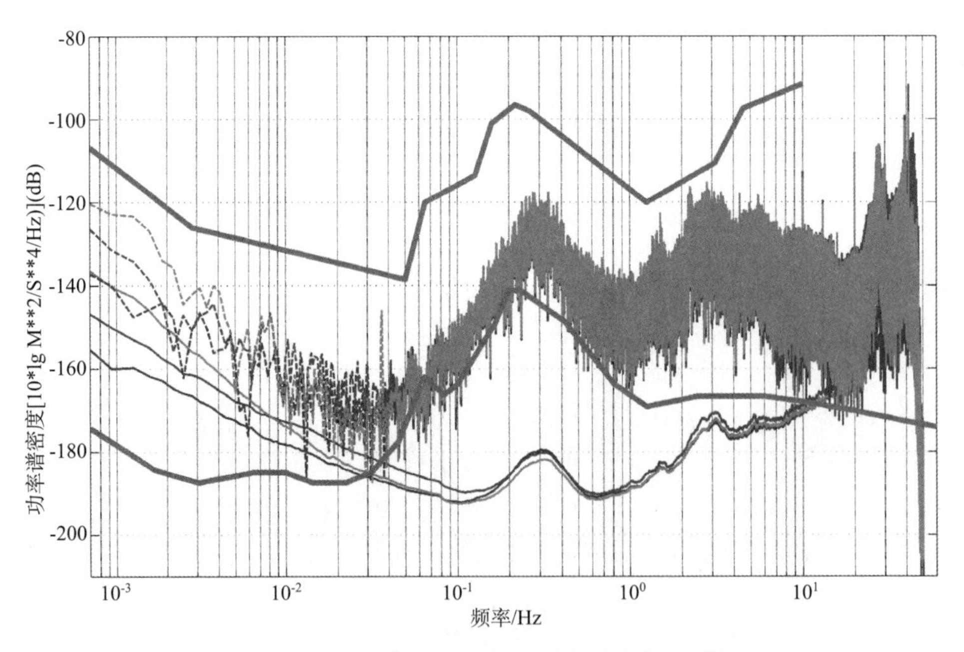

图6.4.15　斯利曼方法地震计噪声测试结果示例

四、数据采集器测试

1. 主要技术指标测试

数据采集器技术指标测试项目主要有：零输入噪声、动态范围、量程及量化因子、线性度及失真度、频率特性等。

数据采集器的动态范围取决于输入量程，以及该输入量程下的零输入噪声。测试数据采集器的零输入噪声，首先设置好数据采集器的输入量程和采样率，并将输入端对地短路，然后记录数据并进行分析，计算零输入噪声的交流有效值（RMS 值）或功率谱。将噪声功率谱作为数据采集器零输入噪声测试目标时，可将数据采集器设置为较高的采样率（如 200sps），并尽可能记录较长时间的测试数据（如 1 小时或更长时间），以获得更宽频带范围的噪声功率谱测试结果。短周期频段的噪声影响地方微震的监测能力，测试数据采集器在短周期频段的噪声有效值可用于评估数据采集器噪声对总的仪器噪声（即地震计及数据采集器）的贡献。数据采集器在短周期频段的噪声有效值也用于计算数据采集器的动态范围。噪声有效值可对噪声功率谱在短周期频段积分后再开平方得到。由测试数据直接计算时，要求采样率设为 50sps 或 100sps，数据长度取 1s ~ 10s，由以下公式计算噪声有效值：

$$N_{rms} = \sqrt{\frac{1}{M}\sum_{i=1}^{M}(y_i - \bar{y})^2} \tag{6.4.34}$$

式中 M 为采样点个数，y_i 为采样值。

数据采集器量化因子是输入电压到输出采样值之间的转换系数。可计算输入电压变化量与输出数据变化量之比得到，测试时使用精密的信号源，或者使用电压表来测试输入电压变化。在线性度测试时也可得到量化因子。

线性度和失真度都是描述数据采集器的非线性失真的指标，两者的定义和测试方法均不同。

线性度定义为校准曲线与规定直线的一致程度，线性度误差定义为校准曲线与规定直线之间的最大偏差。测试时，给定一组输入电压值，测量数据采集器对应每一个输入电压值的稳态输出值，可以确定该仪器的输入–输出关系，该关系用术语“校准曲线”来描述。理想情况下，测得的输入–输出关系应该是一条直线。将输入电压值与输出数字量进行线性拟合，拟合直线的斜率就是量化因子，拟合直线与坐标原点的距离就是数据采集器零点偏移，零点偏移可用输入电压量或输出数字量表示，测试值与拟合直线的最大距离就是线性度误差。量化因子、零点偏移、线性度误差三个量定义了数据采集器的测量精度。

谐波失真度的测试使用正弦波作为输入测试信号。输入正弦信号时，由于系统的非线性，将在输出端出现输入信号中不存在的频率分量，以输出信号中谐波与总输出信号之比来表示的幅度非线性称之为谐波失真。谐波失真测量也是一种评价系统线性度的方法。总谐波失真（THD）是一个常用的描述系统非线性的量，总谐波失真指：总谐波失真成分产生的输出信号的有效值与总输出信号有效值之比。除总谐波失真外，有时还需测试互调失真（IMD），互调失真是指当输入基波频率为 f_1，f_2……的正弦信号（至少两个）时，用频率为 $pf_1 + qf_2 + \cdots\cdots$（其中 p、q 为正、负整数）的输出信号与总输出信号之比。差频失真是互调失真的一种：以两个幅度相近或相等的正弦信号频率 f_1 和 f_2 组成的输入信号产生的互调失真，这两个信号频率之差应小于较低的那个频率。

现今的数据采集器均采用了数字滤波器，频率特性稳定、可靠，无需作精确测试。一般情况下，仅检验数据采集器的相位特性，也就是将数据采集器依次设置为线性相位和最小相位，输入方波测试信号，检验数据采集器输入方波跳变沿（阶跃信号）的响应。

2. 主要功能检验

不同厂家生产的数据采集器，功能略有差别，设置与参数表示也不同。可依据数据采集器的使用说明书和表 6.4.4 所列的检测内容对数据采集器进行功能检验。

表 6.4.4　测试项目与内容

测试项目	检测内容
实时数据传输功能	数据传输格式、协议；数据输出延时；多采样率输出能力；反馈重传能力；多路实时数据流并发服务能力。
数据记录与回放功能	数据记录格式；数据回放协议；数据记录功能；数据回放功能。
数据压缩功能	数据记录压缩功能；实时数据流数据压缩功能。
事件触发与参数计算功能	事件触发功能；预警参数计算功能；仪器烈度计算功能。
网络接入功能	网络参数配置功能；
标定信号输出功能	参数设置功能；脉冲信号输出功能；正弦波组输出功能；定时启动功能；
授时及时间同步功能	北斗授时功能；GPS 授时功能；NTP 授时功能；IRIG 时间信号同步功能；
地震计监控功能	地震计控制功能；摆锤零位监测功能（VLP 采集功能）
运行日志记录功能	日志记录及记录内容
远程管理功能	远程参数设值；远程状态查询；远程控制。

3. 时间服务

时间服务的测试包括两部分，一是测试数据采集器的授时误差，二是测试数据采集器内部时钟的守时精度。守时精度采用时钟漂移率（单位时间内增加的钟差）表示。

测试授时误差时，使用标准时钟输出整分时刻的秒号脉冲作为测试信号，连接到数据采集器的信号输入端，参见图 6.4.16。图中的电阻用于衰减输入信号，防止采集器输入端过载。在数据采集器完成校时后，记录采集数据并进行分析，找出整分时刻的秒号脉冲起始点，读出该点的时间码，该时间码与整分时刻的（秒时间）偏差即为数据采集器的授时误差。

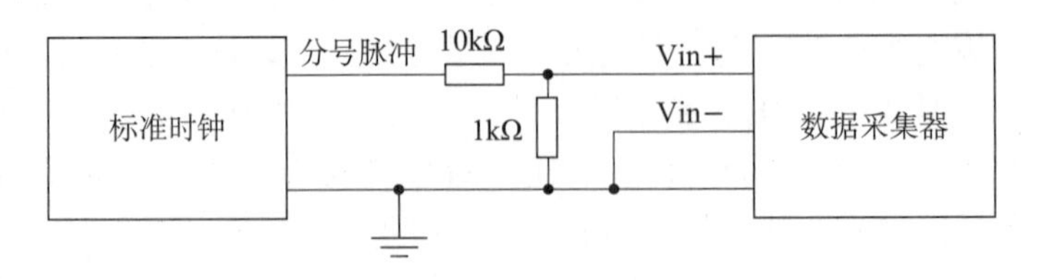

图 6.4.16　授时误差测试连接示意图

在授时误差测试完成后，断开数据采集器卫星授时接收天线，或者关闭卫星授时接收机，或者断开连接到数据采集器标准时间信号输入端的其他标准授时信号源，继续守时工作一段较长的时间，如 6 小时，记录并分析间隔一定时间（这里取 6 小时）的采集数据，分别找出各自时间段整分时刻的秒号脉冲起始点，读出该点的时间码并求出钟差，两个时间段时钟误差之差作为 6 小时期间的时钟漂移量，按照以下公式计算漂移率

$$T_d = \frac{T_e}{6 \times 3600} \tag{6.4.35}$$

式中 T_d 为时钟漂移率，T_e 为 6 小时时间漂移量，单位为秒。

五、台站观测仪器在线检测

测震台站的观测仪器处于连续不间断运行状态，除非仪器发生故障，一般不会中断其运行。为了了解仪器的参数、性能是否发生变化，发展和使用在线检测技术是必要的。台站观测仪器在线检测的主要内容有：脉冲标定和正弦波标定、台基噪声功率谱估算与统计、对比观测、台站运行状态监测与分析等。

1. 脉冲标定与正弦波标定

使用脉冲标定并对其响应进行分析处理，可获得地震计的周期、阻尼等参数，用来检验地震计在低频段的频率特性，判断台站仪器的运行状态。在已知地震计标定装置常数的情况下，可进一步计算地震计的灵敏度参数，用于监测和统计灵敏度参数的变化情况。

对正常运行的不同频带地震观测仪器的脉冲标定频次按照相关运行管理办法执行。各类台站定期进行 1 次脉冲标定，为了不影响正常的地震监测，省级台网应对辖区各台站错时标定。使用经过管理部门认可的标定处理软件按时截取、处理标定数据，结果存入本地数据库。

脉冲标定参数的选择与地震台站配置的地震计有关。对于短周期地震计，标定脉冲宽度可设置为 60s，对于宽频带地震计可设置为 300s，甚宽频带地震仪可设置为 1200s，超宽频带地震仪 1800s。脉冲标定幅度的设置与具体仪器型号有关，一般来说，地震计的自振周期越大，幅度越小。脉冲标定幅度的设置应使地震计输出波形尽可能大，保证信噪比能够大于 40 分贝，且不超出数据采集器的量程。

若更换台站观测仪器，应及时按要求进行系统标定、计算仪器参数，更新仪器参数数据库，并向管理部门报送新的仪器参数数据库。

每次当地震观测仪器经过系统标定，确认正常并投入正式记录时，应立即进行脉冲标定，并将脉冲标定的响应波形以数据文件形式存档保管，作为该台站观测仪器的基准脉冲响应，以作为其今后该套仪器工作状态检查的基准，同时存档脉冲标定设置参数。

进行脉冲标定时，应注意数据采集器必须禁用数字高通滤波器。若数据采集器中启用了数字高通滤波器，将会对脉冲标定波形产生很大影响，得到的周期、阻尼参数是不真实的。若必须在数据采集器已经启用数字高通滤波器的情况下进行脉冲标定，则应在分析标定数据前进行逆滤波校正，去除高通滤波器的影响。

对于常规脉冲标定，根据标定数据分析结果，若本次标定得到的地震计自振周期和阻尼与标称值或之前的统计值相比变化较大，变化幅度超出 10%，应对台站观测仪器进行检查维修。当本次标定得到的地震计灵敏度值与标称值或之前的统计值相比变化较大，变化幅度超出 10%，应进行复查或复测。复测方法有正弦标定法和正负脉冲两次标定法。复测后灵

敏度值仍然有较大偏差，可考虑对台站观测仪器进行检查维修。

地震计的标定回路仅在需要进行标定时才接通，处于工作状态时则是断开的，以免标定电路引入噪声或干扰。对于宽频带地震计来说，脉冲标定信号的幅度往往很小，标定电路的零点漂移影响较大。不同的数据采集器，标定回路的控制方式也不同，一般来说有两种方式，一是提前接通标定回路，标定完成后再断开；二是标定回路的接通、断开与信号输出同步，参见图6.4.17，图中虚线表示标定电路的零点漂移。对于前一种方式，当标定回路接通时，在标定电路零点漂移信号的激励下，地震计将产生一个额外的阶跃响应，断开时同样产生一个额外的阶跃响应，参见图6.4.17（a），多余的两个阶跃响应对数据分析带来干扰；对于后一种方式，标定电路的接通与标定信号输出在时间上是同时的，则能够产生标准形态的脉冲标定波型，但由于叠加了电路漂移信号，实际标定信号幅度与设定幅度不一致，地震计的响应波形幅度也发生变化，参见图6.4.17（b）。采用后一种方式进行脉冲标定，标定信号的幅度可能存在较大误差，并影响灵敏度的计算精度，有必要进行正弦标定法和正负脉冲两次标定法进行检验。

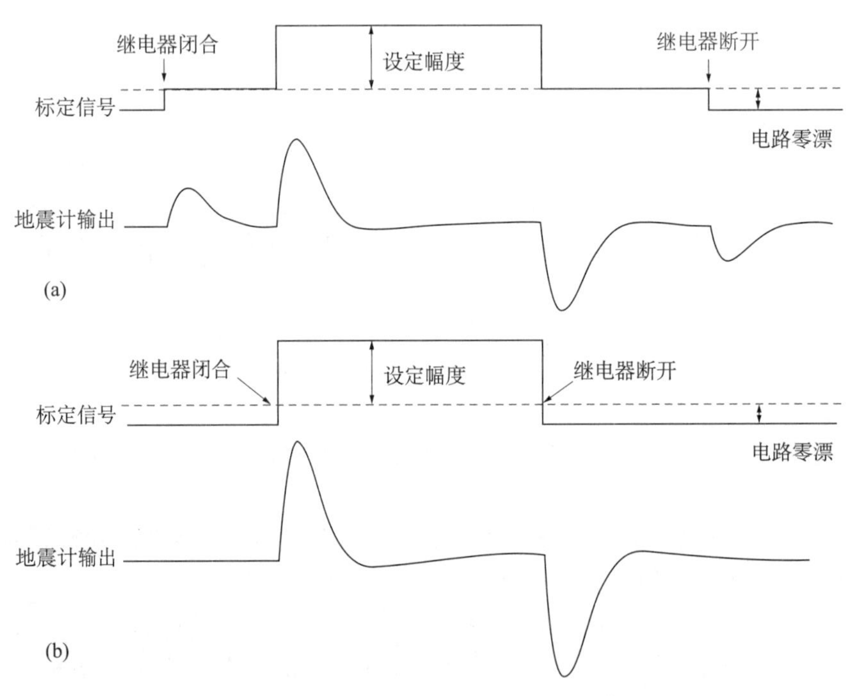

图6.4.17　标定电路零漂对脉冲标定的影响

（a）接通标定电路后再输出标定信号；（b）标定电路接通与信号输出同步

正负脉冲两次标定法：连续进行两次脉冲标定，两次标定的标定电流幅度取相同的值，但电流方向相反（即分别设置标定电流为正、负对称的两个值），对两次标定计算的灵敏度值求平均，即可抵销标定电路零漂的影响。

正弦波标定用来检测地震计在全频带上的若干个频点的相对灵敏度，获得地震计的归一化幅频特性。

设地震计标定装置的常数为 G_c（$\mathrm{ms^{-2}/A}$），记输入到地震计标定线圈的正弦波标定电

流为 I_{max} (f)，数据采集器量化因子为 k（V/count），数采记录的地震计输出正弦波的峰值为 y_{max} (f)，则该频点的灵敏度为

$$S_0(f) = \frac{2\pi fky_{max}(f)}{G_cI_{max}(f)} \tag{6.4.36}$$

使用该式处理正弦标定数据，可以得到比脉冲标定更为可靠的灵敏度在线检测值。

为了得到归一化幅频特性，记 f_n 为归一化频率，即该频率处的灵敏度 S_0 (f_n) 取为 1，则其它频点的相对灵敏度为

$$S_0(f) = \frac{f}{f_n}\frac{y_{max}(f)}{y_{max}(f_n)}\frac{I_{max}(f_n)}{I_{max}(f)} \tag{6.4.37}$$

由此可见，无需知道标定常数和数据采集器的量化因子 k，也可进行归一化幅频特性测试。

实际进行正弦标定时，应根据地震计的类型使用预先确定或规定的正弦标定信号参数执行标定控制程序，或将参数设置到数据采集器中由采集器自动完成多个频点的正弦波标定。

3. 标定数据处理示例

标定数据处理软件 EDSP-ICHECK 能够处理脉冲标定数据和正弦波标定数据，该软件已在台网中应用。图 6.4.18 为该软件启动后的主操作界面，窗口中显示的是一组正弦标定波形。

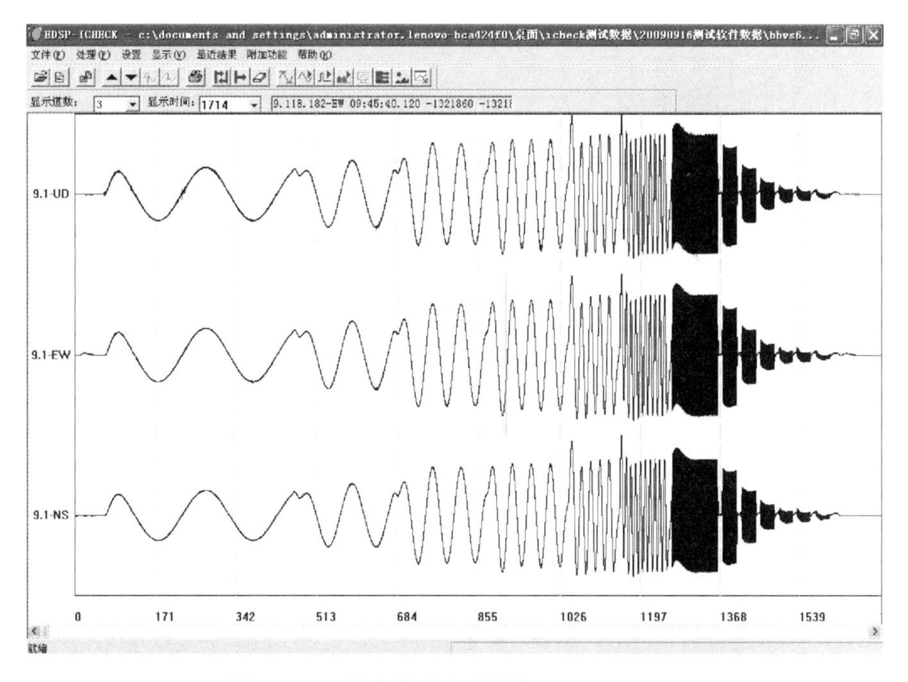

图 6.4.18　标定数据处理软件 EDSP-ICHECK

使用软件处理地震计标定数据有三个主要步骤：读入包含有标定信号的数据文件、设置相关参数、处理数据并输出结果。使用过程中需要设置或核对的参数有：数据采集器量程及量化因子、采样率、是否在标定时使用了高通滤波器以及高通滤波器参数、脉冲标定信号参数、正弦标定信号参数、地震计标定装置常数、地震计灵敏度等。

EDSP-ICHECK 软件能够处理经过数据采集器高通滤波后的标定数据，该高通滤波器必须是一阶 IIR 类型的。若标定时使用了高通滤波器，必须在软件中进行相应的设置并填写高通滤波器的参数。若高通滤波器的设置与实际情况不符，得到的结果将是不准确的，甚至是错误的。

图 6.4.19 为 EDSP-ICHECK 软件正弦波标定参数设置界面，其中频率栏中带负号的数值表示正弦波的周期，每个频点正弦波标定信号（即输入到地震计标定线圈的电流量）的幅度是以相对于最大标定电流的衰减倍数来表示的。

图 6.4.19　正弦波标定参数设置

图 6.4.20 为使用 EDSP-ICHECK 软件处理正弦标定数据产出的归一化幅频特性，归一化频点选为 5Hz。被测地震计为 BBVS－60 型宽频带地震计，自振周期为 60s，图中同时绘出了被测地震计三个分向宽频带地震计的幅频特性，并标出了每个测试频点的测试结果。可见在整个观测频带（100s～50Hz）内，三个分向的测试结果一致性很好。

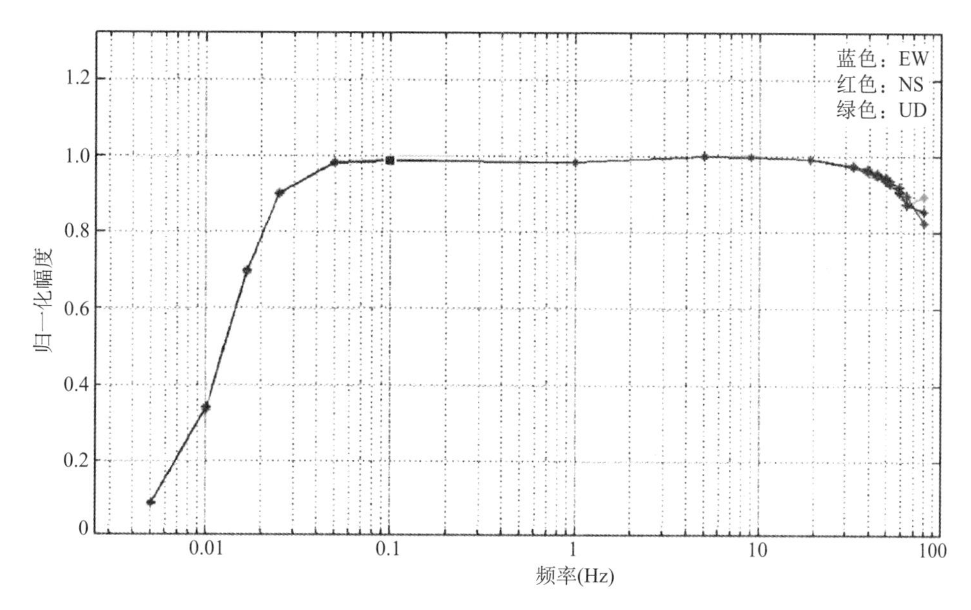

图 6.4.20　正弦波标定信号处理结果

EDSP-ICHECK 软件的脉冲标定参数设置界面参见图 6.4.21。其中数据采集器的采样率、量化因子、高通滤波器、标定电流、以及地震计的标定灵敏度（即标定装置常数）是必须设置的参数。地震计周期、阻尼、灵敏度的基准值用于计算相对偏差，评估地震计的参数变化。通过脉冲标定计算的灵敏度是地震计低频段灵敏度的估计值，可进一步换算到归一化频点处的灵敏度值（如 5Hz 处的灵敏度值），参数设置界面下部的表给出了换算关系，该换算关系可由地震计的标称传递函数计算出，也可使用正弦波标定结果。一般情况下，地震计低频段与中心频段的灵敏度差别很小，可将幅度响应值均设置为 1。

图 6.4.21　脉冲标定参数设置界面

对 BBVS－60 宽频带地震计的脉冲标定数据处理结果示例参见图 6. 4. 22，处理结果得到了地震计三个分向的周期、阻尼和灵敏度参数，同时还给出了以基准值为参考的相对偏差，以及根据计算得到的周期、阻尼参数换算出二阶传递函数的极点值。地震计的二阶传递函数主要用于描述地震计低频段的频率特性，由极点值即可写出二阶传递函数的表达式。

阶跃标定结果

标定结果

通道号	周期(s)	阻尼	地震计灵敏度 (V. s/m)	数采转换因子 (nV/count)	观测系统灵敏度 (count. s/um)
1	60. 3489	0. 711328	1988. 37	1589. 00	1251. 33
2	60. 3567	0. 710762	1986. 52	1589. 00	1250. 17
3	60. 5592	0. 710755	1986. 74	1589. 00	1250. 31

通道号	地震计主极点
1	(-0. 074059454, 0. 073177793) (-0. 074059454, -0. 073177793)
2	(-0. 073990887, 0. 073227913) (-0. 073990887, -0. 073227913)
3	(-0. 073742871, 0. 072983791) (-0. 073742871, -0. 072983791)

标定结果与基准值的比较

通道号	周期(s)	周期基准值(s)	周期变化率(%)
1	60. 3489	60. 0000	0. 5815
2	60. 3567	60. 0000	0. 5946
3	60. 5592	60. 0000	0. 9320

通道号	阻尼	阻尼基准值	阻尼变化率(%)
1	0. 711328	0. 707000	0. 6122
2	0. 710762	0. 707000	0. 5321
3	0. 710755	0. 707000	0. 5312

通道号	地震计灵敏度 (V. s/m)	地震计灵敏度基准值 (V. s/m)	地震计灵敏度变化率(%)
1	1988. 37	2000. 00	0. 58
2	1986. 52	2000. 00	0. 67
3	1986. 74	2000. 00	0. 66

导出 取消

图 6. 4. 22　脉冲标定信号处理结果

2. 台基噪声功率谱统计分析

对于特定的一个测震台站，其台基噪声的影响因素相对固定，台基噪声频谱具有相对稳定的分布和幅度，仅当地震发生时或台站所在地有大风时，台基噪声谱才会有较大的变化。通过对测震台站的观测数据进行连续的频谱分析，并进行统计，能够反映出台基噪声谱的变化规律，可用于评估测震台站的监测能力以及用于判断测震台站观测仪器的运行状态是否正常。

为了统计台基噪声谱分布及变化规律，使用概率分布密度函数方法对多条台基噪声谱曲线进行统计，并用颜色表示概率密度，参见图6.2.2。图6.2.2中的蓝线和红线表示噪声幅值分布的上边界和下边界，中间的黑色线表示各频点幅值概率最大区域的中心，可作为台基噪声谱基准用于台站的监测能力。图中同时给出了地球噪声模型 NHNM 和 NLNM 作为参考。可见，绝大部分情况下，台基噪声谱的分布集中在 NLNM 和 NHNM 中间。当台基噪声谱低于 NLNM 且形态发生明显变化时，或者当台基噪声谱高出基准值很多，且排除地震或大风等因素的影响时，应考虑观测仪器可能出现问题，需要对观测仪器进行进一步的检查。

3. 对比观测

两台地震仪安装在同一个观测台站，获得的观测数据应是相同的。其差异反映了仪器特性的不同。将标准地震仪安装到运行中的测震台站，开展对比观测，目的是：检验地震仪的灵敏度，检验地震仪的噪声。

通过地震计电法测试（标定）能够获得台站观测仪器的频率特性，但不能可靠获得观测仪器的灵敏度。在对比观测中，使用经过检测的标准地震仪，对比同一时间段、相同分向标准地震仪记录数据波形和台站观测数据波形的幅度，可以计算两台地震仪的灵敏度比，进而由标准地震仪的灵敏度求出台站运行中的地震仪的灵敏度，实现灵敏度参数的对比测试。为了保证灵敏度对比测试的精度和可靠性，应选择信噪比最高的频段计算观测数据的幅度比，并对结果进行误差分析。

假设用于对比观测的两台地震仪具有几乎相同的自噪声，即令 $N_1(f)=N_2(f)$，则根据（6.4.24）式，可得信号与噪声的幅度谱比 $SNR(f)$

$$SNR(f) = \sqrt{\frac{X(f)}{N(f)}} = \sqrt{\frac{\sqrt{C_{12}(f)}}{1-\sqrt{C_{12}(f)}}} \tag{6.4.38}$$

若用于对比观测的两台地震仪的噪声水平相差很大，根据（6.4.25）式或者（6.4.26）式，有

$$SNR(f) = \sqrt{\frac{X(f)}{N(f)}} = \sqrt{\frac{C_{12}(f)}{1-C_{12}(f)}} \tag{6.4.39}$$

在信噪比较高的频点，$C_{12}(f)$ 的值略小于且十分接近于1，由（6.4.38）式估算的信噪比比由（6.4.39）式估算的信噪比高出约3dB，差别不大。实际信噪比应在两者之间。（6.4.39）式估算的信噪比较为保守，建议优先采用。

图6.4.23为使用两台宽频带地震计垂直向同一时段对比观测数据得到的台基噪声功率谱曲线，可见它们在大部分频段是重合的。图6.4.24为同一段数据采用（6.4.39）式估算的信号与噪声的谱比，这里的噪声实际上是指仪器噪声，而台基噪声作为测试信号。根据图6.4.25，0.02Hz附近的频段具有最高的信噪比，超过40dB，应优先用于灵敏度对比测试。显然，台基噪声大，则测试信噪比高，台基噪声小，则测试信噪比低。对于台基噪声低的台站，可使用地震波形数据代替噪声数据作为测试信号，可得到更好的测试信噪比，保证了灵

敏度对比测试的精度和可靠性，唯一的缺点是需要等待到地震事件，对比测试的持续时间较长。

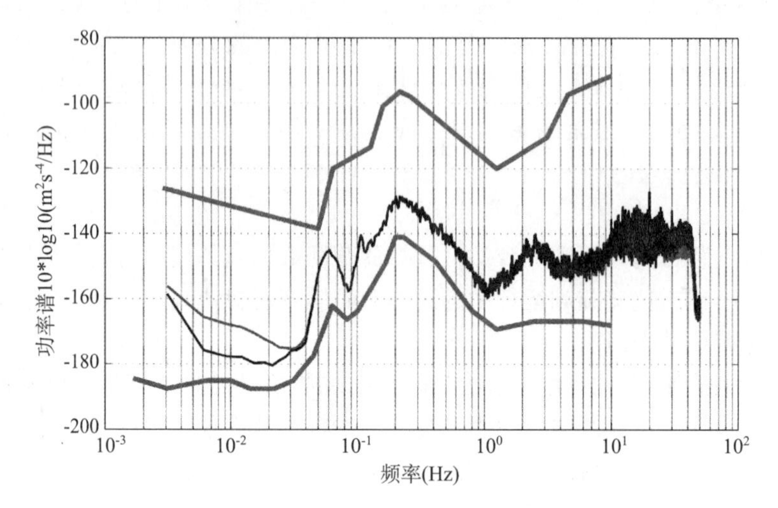

图 6.4.23　两台地震仪垂直向对比观测数据的功率谱

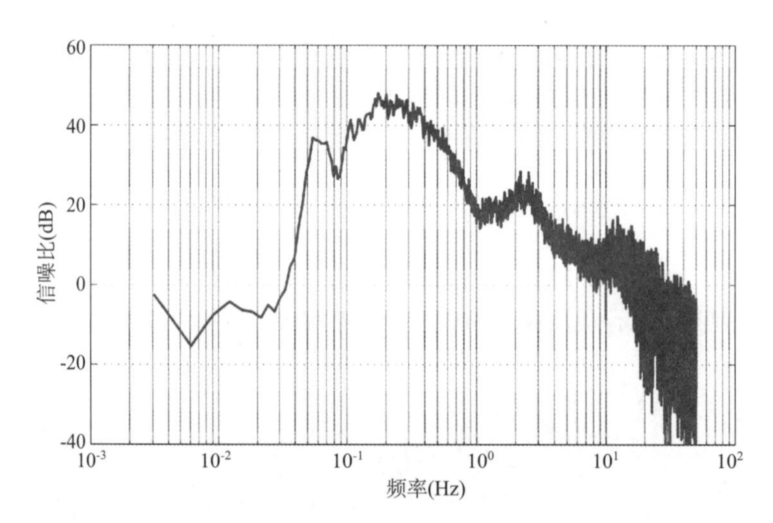

图 6.4.24　对比测试中的信号与噪声的谱比

选择信噪比较高的频段（$f_L \sim f_H$），按照以下公式由观测数据功率谱计算有效值

$$RMS = \sqrt{\frac{f_H - f_L}{1 + N_H - N_L}\sum_{i=N_L}^{N_H} PSD(i)} \qquad (6.4.40)$$

式中 N_L 为功率谱数据中对应频点 f_L 的序号，N_H 为功率谱数据中对应频点 f_H 的序号。使用 S_0 和 PSD_0 分别表示标准地震仪的灵敏度和功率谱序列，则被测地震计的灵敏度为

$$S_1 = S_0 \sqrt{\frac{\sum_{i=N_L}^{N_H} PSD_1(i)}{\sum_{i=N_L}^{N_H} PSD_0(i)}} \tag{6.4.41}$$

开展台站对比观测时，应将标准地震计安装在尽可能接近被测地震计的地方。若标准地震计为宽频带或甚宽频带，应采取必要的防风保温措施。

通过对比观测检验台站观测中的地震仪噪声，要求用作对比观测的标准地震仪本身具有很低的噪声水平。测试结果可用于评价台基噪声数据的信噪比，对于应用台基噪声观测资料研究地下速度结构等应用具有重要意义。

4. 台站运行状态监测与分析

使用位移换能器的力平衡宽频带反馈地震计，具有摆锤零位监控信号输出。这类地震计广泛应用于测震台网中。配合宽频带反馈地震计的数据采集器一般都有测量摆锤零位监控信号的功能，使得远程监控宽频带地震计的摆锤零位成为可能。

力平衡反馈宽频带地震计在运行中受到温度、气压、倾斜、内部部件老化等因素的影响，可导致摆锤偏离中心平衡位置直至失稳，使地震计失去正常观测功能。此时，地震计的摆锤零位监控信号输出处于限幅状态。因此，当发现摆锤零位监控信号电压比较大时——超过满量程的80%时，应考虑启动地震计内部的水平调整功能进行调整。

通过数据采集器不仅能够监测地震计摆锤零位偏移，还能够远程查询和设置采集参数，如输入量程、采样率、数字滤波器等，以及查询数据采集器的授时状态及钟差，每天定时从数据采集器中获取地震计和数据采集器运行状态及参数，并记录下来，作为跟踪台站运行情况的依据。

数据采集器内部时钟与标准时间信号同步方式有两种：连续同步和定时同步，无论哪种方式，在同步时都会测量钟差，以作为微调内部时钟的依据。测量的钟差将记录下来，并能够查询到。钟差数据对于评估数据采集器的时间服务质量至关重要。

不同厂家的数据采集器获取上述参数及运行状态的方式也不同，甚至参数表达方式和数据格式都不同，一般可通过参数查询命令或下载数据采集器内部的日志记录文件得到。不同数据采集器在远程监控方面的差别，会给台站运行监控带来困难，在仪器选型和台网建设时应予以重视。

第七章　地震图解释

震相是地震波在地震记录图上的反映，震相具有各自的特征，主要表现在速度、到时(走时)、振幅、周期、初动方向、质点运动方式、波数、频散等方面，这些记录特征与震源性质、传播路径、记录仪器的特征、记录场地的环境噪声等因素有关。地震图解释的主要任务是分析和解释每个地震波所对应的震相，进而为研究地球内部结构及震源模型等提供科学数据。本章重点介绍在地震图上进行地震事件判定、震相识别的方法。

第一节　地震事件判定

我们获取的地震记录图上有天然地震、爆炸地震、诱发地震、地脉动、机械振动及各类仪器频带范围内的振动信息。每类振动都有各自的记录特征。地震图解释的任务之一就是通过这些特征判定出地震事件。

一、构造地震的一般记录特征

每条地震记录在细部上都具有各自的特征，这是由于地震记录的面貌取决于震源性质、传播路径、观测仪器、记录场地等因素。但一些共性的特征能够帮助我们从众多类型的振动记录中准确地区分出地震、地震类型与干扰等。90%左右的天然地震是构造地震，此处重点介绍构造地震的记录特征。

1. 速度特性

由震源产生的地震波包括P波、SV波和SH波，这些波经过不同的路径传播，经过反射、折射、干涉等，产生出许多“新波”，这些“新波”可以分为三类，即纵波、横波和面波。对于地方震，通常只能记录到地壳中传播的纵波和横波；对于浅源和中深源地震，当震中距达到足够大时，能够记录到地幔和地核中传播的纵波、横波和面波；对于深源地震，能够记录到纵波和横波。纵波的传播速度大于横波的传播速度，横波的传播速度略大于面波的传播速度。

2. 振幅分布规律

在三分向地震记录图上，每一种波的振幅特征是不相同的，总体上具有纵波的振幅小于横波的振幅，横波的振幅小于面波的振幅的规律。由于纵波、横波的振动方式不同，所以，纵波在垂直向的振幅强于水平向的振幅，横波在水平向的振幅强于垂直向的振幅，震中距越大这一规律越明显，当震中距足够大之后，横波在垂直向几乎没有响应。

通常反射波的振幅会大于原生波的振幅，如PP波的振幅大于P波的振幅。纵波转换的横波比原生的横波振幅弱，横波转换成的纵波比原生纵波的振幅强。转换波能量分配与最终的波性有关，如PcS波最终的波性是横波，其振幅在水平向强；而ScP波最终的波性是纵波，所以振幅在垂直向强。

3. 周期（频率）规律

地震波的频率与震源性质、波性、传播距离、地震强度等因素有关。同等条件下，纵波的周期小于横波的周期，横波的周期小于面波的周期。随着震中距的增大，波的周期会增大，随着震级的增强，波的周期会减小。转换波的周期通常与原生波的周期相当，如 PS 波的周期与 P 波的周期相近，SP 波的周期与 S 波的周期相近。

4. 能量规律

地震能量在地震记录图上的反映主要有两个方面，一是振幅，另一方面是振动的时间。显然震级越大，振幅越大，当震级大到一定程度时，可能会导致记录限幅的情况出现。另一方面当震中距小于 200km 时，振动持续时间主要受震级影响，震级越大，振动持续时间越长。

瑞利波在垂直分量及靠近震中的水平分量能量较大；勒夫波只发生在水平方向。在垂直向无能量分配。纵波在垂直分向及靠近震中方位的一个水平分向能量较强；横波在水平分向能量强，且在垂直于震中方向的水平分向能量更强些，这种现象随着震中距的加大更趋明显。

5. 振动持续时间规律

振动持续时间除上面谈到的与地震能量有关外，还与震中距有很大关系，如地方震的振动持续时间仅 1 分钟左右，而远震的振动持续时间达到几十分钟，更有极远震的振动持续时间达到数小时。

二、近震的记录特征

常规定义上，将震中距在 10°之内的地震称为近震，但实际中，由于地壳厚度、震源深度等情况的不同，使得近震地震波的传播范围有所不同，例如，在青藏高原，首波的“盲区”范围在 120km 以上，而在华北地区，首波的“盲区”范围为 80km 左右。这里以平均地壳厚度、震源在地壳内的常规经验进行介绍，各地区可根据本地区的实际情况总结出相应的规律。

（1）$\Delta < 40$km。

通常记录到的地震波只有直达纵波和直达横波，对应的震相为 Pg 和 Sg；由于震中距很小，波的周期很小，通常 Pg 的周期约为 0.05～0.2s，Sg 的周期为 0.1～0.5s，如图 7.1.1。

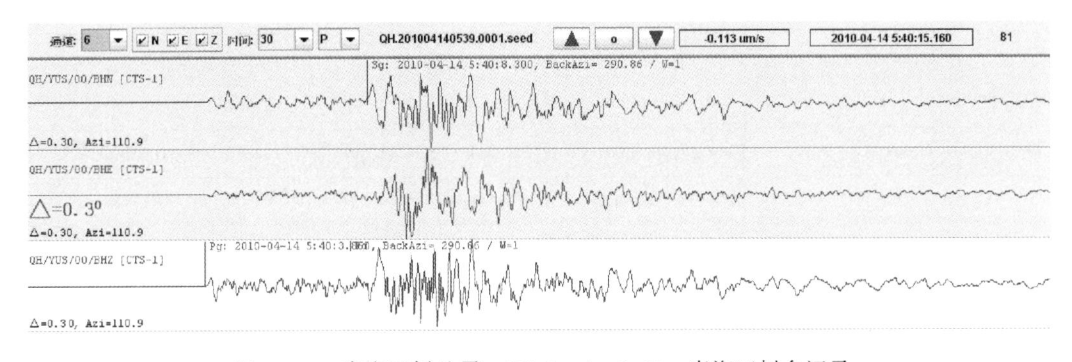

图 7.1.1　青海玉树地震　*M*4.2　Δ：0.3°　青海玉树台记录

（2）40km < Δ < 140km。

在该范围内，通常记录的主要震相为 Pn、Pb、Pg、PmP、Sn、Sb、Sg、SmS，基本没有面波出现。体波周期仍然很小，通常在 1s 之内。全反射是这一范围内记录的典型特征，即 PmP 的振幅较 Pg 的振幅大很多，SmS 的振幅较 Sg 的振幅大很多。例如：图 7.1.2 和图 7.1.3，分别是山东台网和河南测震台网记录的震中距为 0.63°和 0.69°的地震，可以看到 PmP、SmS 的振幅分别大于 Pg、Sg 的振幅。随着震中距的加大，由于 PmP 与 Pg、SmS 与 Sg 之间走时差的减小及扩散等原因，使得 PmP、SmS 逐渐变得不很明显。全反射的产生距离与地壳厚度、震源深度等因素有关，对于地壳较厚的地区，全反射距离会增大。

对于双层地壳结构，若震源在上地壳，能够产生 Pb、Sb，大约在震中距 1°附近开始记录到 Pb，见表 7.1.1，随后的一段距离内，Pb 比较明显的出现在 Pg 前面。随着震中距增大受到 Pn 和 Pg 波的双重干扰，Pb 波逐渐变弱，图 7.1.4。

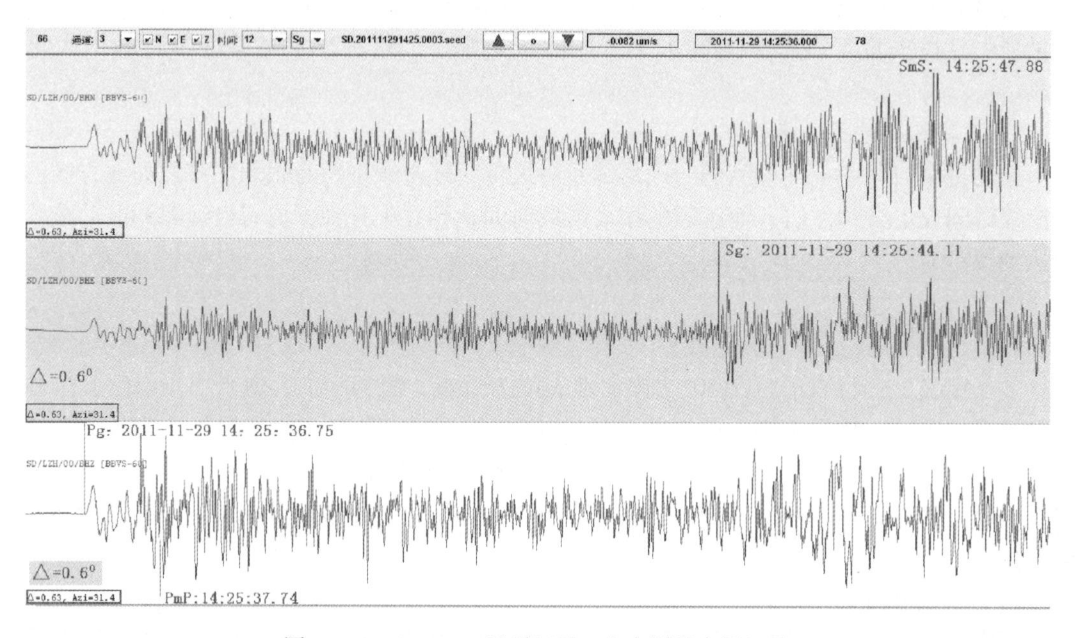

图 7.1.2　Δ：0.63°地震记录　山东测震台网记录

表 7.1.1　震中距 1°附近 Pg 与 Pb 的走时比较，2011 年 11 月 29 日山东台网记录

震相到时 / 台站震中距（°）	Pg h - m - s	Pb h - m - s	$T_{Pb} - T_{Pg}$ h - m - s
LOK　0.86	14 - 25 - 14.08	14 - 25 - 41.34	0.26
YTA　1.04	14 - 25 - 44.44	14 - 25 - 44.26	-0.18
WED　1.17	14 - 25 - 47.15	14 - 25 - 46.72	-0.43
WUL　1.46	14 - 25 - 54.25	14 - 25 - 53.62	-0.63
RZH　1.54	14 - 25 - 55.01	14 - 25 - 54.29	-0.72

当震级较大时，记录到的地震波形常常会发生畸变，原因之一是地震波的振动过大，超出了地震仪的动态范围；原因之二是相对于震中距较小的台而言，不再能把震源作为点源考虑，这时地震波辐射已经不能用射线来描述，它也不再遵守射线定律。因此，这里介绍的地方震记录特征，主要针对震级较小的地震而言。

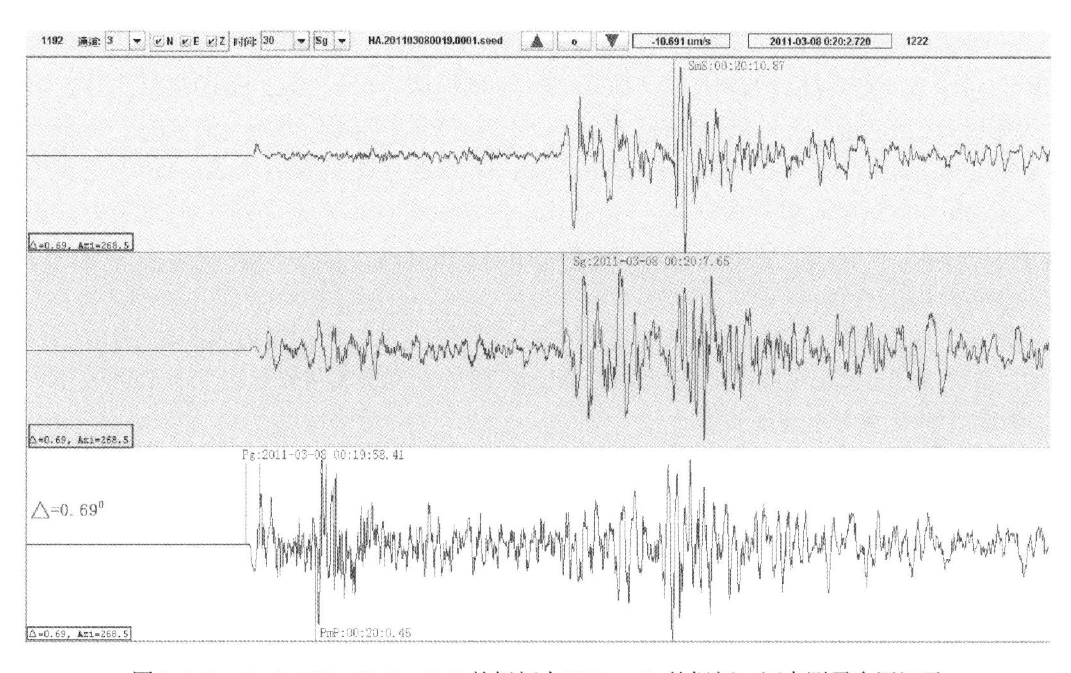

图 7.1.3　Δ：0.69°　PmP、SmS 的振幅大于 Pg、Sg 的振幅　河南测震台网记录

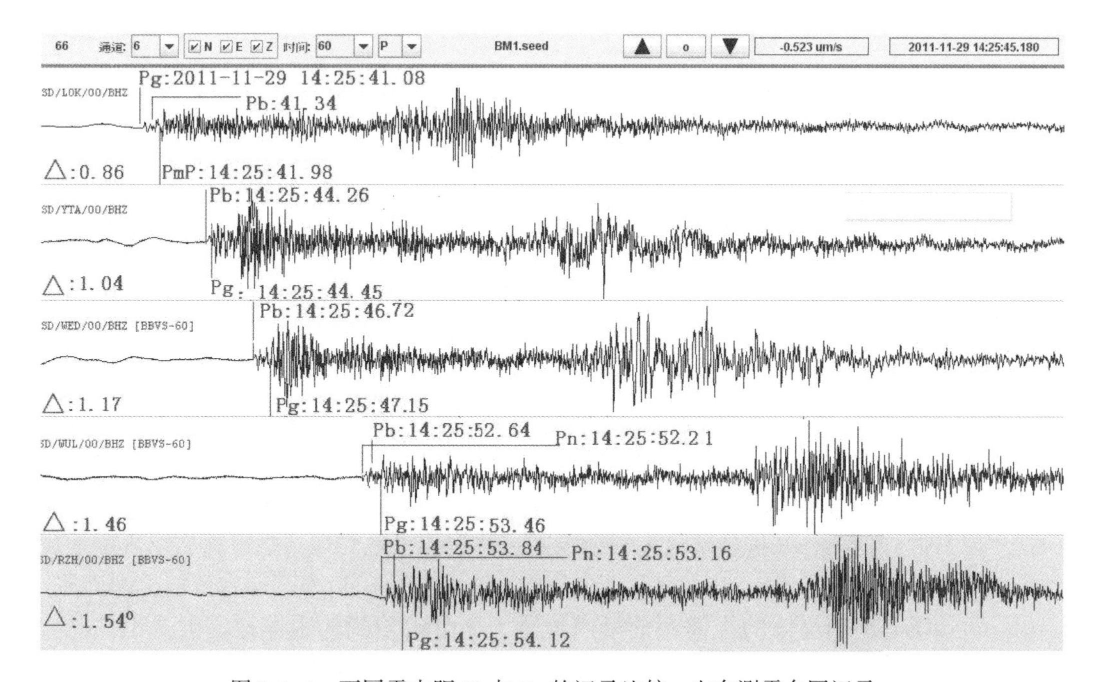

图 7.1.4　不同震中距 Pb 与 Pg 的记录比较　山东测震台网记录

（3）140km < Δ < 500km。

根据射线折射定律，震源在地壳内时，如果射线以临界角入射到莫氏面，会产生首波（Pn、Sn），在震中距 1.3°（基于 iasp91）左右 Pn 波与 Pg 波几乎同时到达接收点，此后 Pn 波在 Pg 波之前到达接收点（图 7.1.5）。Pn 波做为第一震相到达接收点的距离与地壳厚度、震源深度等因素有直接关系。

在这一震中距范围内，震相的顺序为 Pn、Pb、Pg、Sn、Sb、Sg，当震源很浅时可能会出现 Rg 波。此范围内体波的周期也有所增大，Pg 的周期为 0.1 ~ 1s，Sg 的周期为 0.5 ~ 2s，Pn 的周期为 0.5 ~ 3s，Sn 的周期为 2 ~ 5s。PmP、SmS 的周期略大于 Pg、Sg，Pn、Sn 的周期大于 Pg、Sg，这是由于 Pn、Sn 的传播路径较长高频成分被吸收的缘故。Pn 的速度约为 7.5 ~ 8.3km/s，Sn 的速度约为 4.4 ~ 4.6km/s。图 7.1.5 显示了一个震中距为 3.9°，震级 *M*5.7 的地震记录。从图中可看出 Pn 的振幅小于 Pg 的振幅，Pb、Sb 振幅更小，Sn 混于 P 波列中而难于区分。

Rg 是上地壳的短周期瑞利面波，它在上地壳中传播，通常在近地表震源中比较强烈。因此，常用该震相判定极浅源地震或爆破。Rg 波有明显的频散和较长周期且衰减较快，所以一般超过 6°就观测不到该波了。

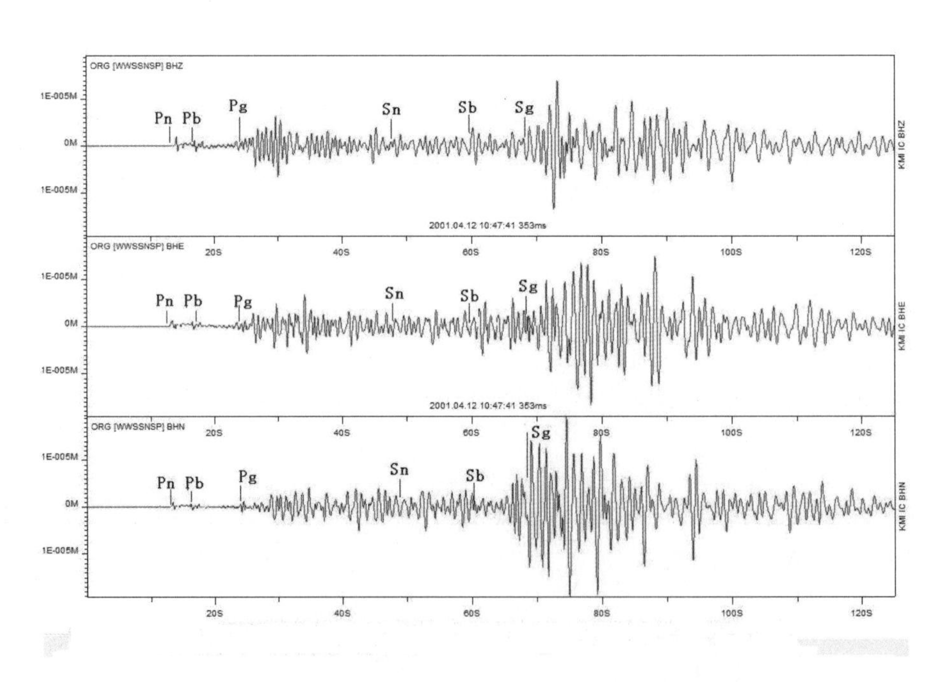

图 7.1.5　云南施甸地震　Δ：3.9°　*M*5.7　昆明台记录

（4）500km < Δ < 1000km。

这一段有两种情况，一种情况是地震射线的主体仍然在地壳内传播，那么出现的地震波仍然为 Pn、Pb、Pg、Sn、Sb、Sg，只是波的周期会有所增大。另外，还有可能出现面波。

另一种情况是地震射线的主体在地幔内传播，这时记录到的主体地震波为 P、πg、S、Lg1、Lg2，如果 P、S 射线穿过上地幔低速层，根据射线折射定律，地震波射线偏向法线，无法出射地表，使得 P、S 波进入“影区”，即在地面上几乎记录不到 P、S 波。“影区”的范围与低速层的埋深、厚度，震源深度等因素有关。我国西部地区约从 8.7°开始，P、S 波进入“影区”。“影区”地震记录的明显特征是高阶面波 Lg1 和 Lg2 成为突出震相，振幅大，占据记录图的主体位置，见图 7.1.6。

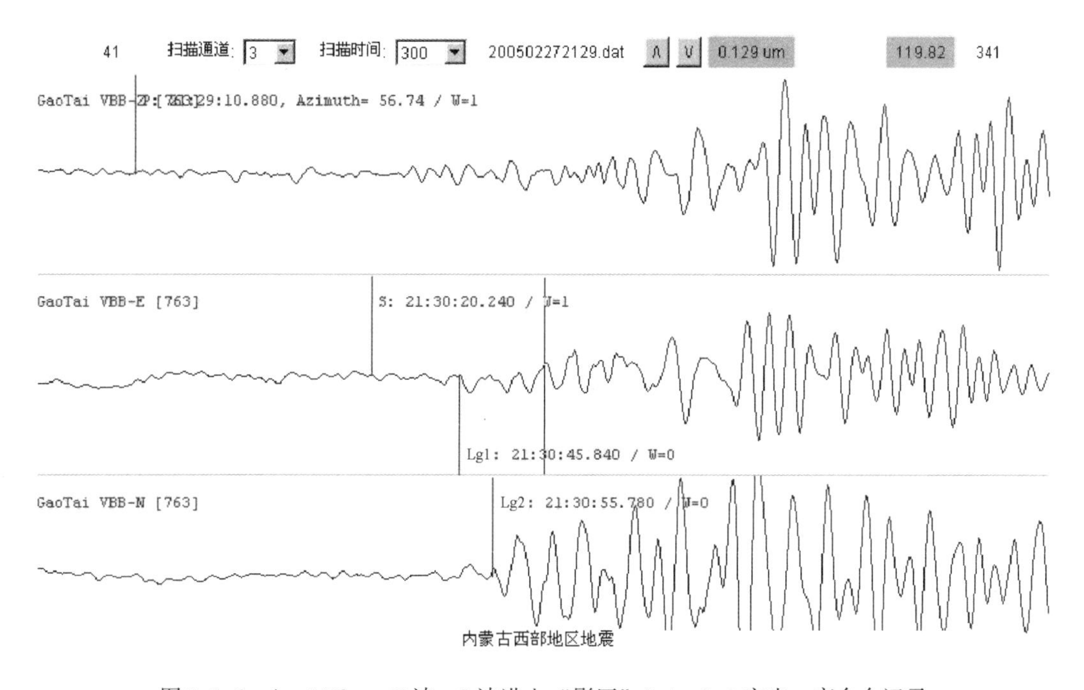

图 7.1.6　Δ：549km　P 波、S 波进入“影区”Lg1、Lg2 突出　高台台记录

三、远震和极远震的记录特征

随着震中距的增大，地震射线传播路径增长、穿透深度更深，经过各个界面的反射和折射之后，形成许多新的震相，所以远震一般具有振动持续时间长、周期大、震相种类多等特点，浅源远震的勒夫波、瑞利波突出。深源远震面波不明显。

1. 远震的记录特征

（1）10° < Δ < 16°。

震中距超过 10°后，P、S 成为主要震相。由于低速层的存在，通常情况下，在这个震中距范围内 P 波和 S 波处在“影区”中，P 波、S 波均不发育，特别是 S 波，尤其不发育，几乎分辨不出，突出的震相为 Lg1、Lg2，见图 7.1.7。在 P 与 Lg 之间没有明显的震相，对于浅源地震，导波 Lg 出现在 S 之后。Lg 波在大陆地壳地区可以有很大的传播范围，甚至可以超过 20°，它在 14°附近尤为发育，是地震图上的主体震相，浅源大陆地震在震中距 18°前都有较好的 Lg1、Lg2 记录。

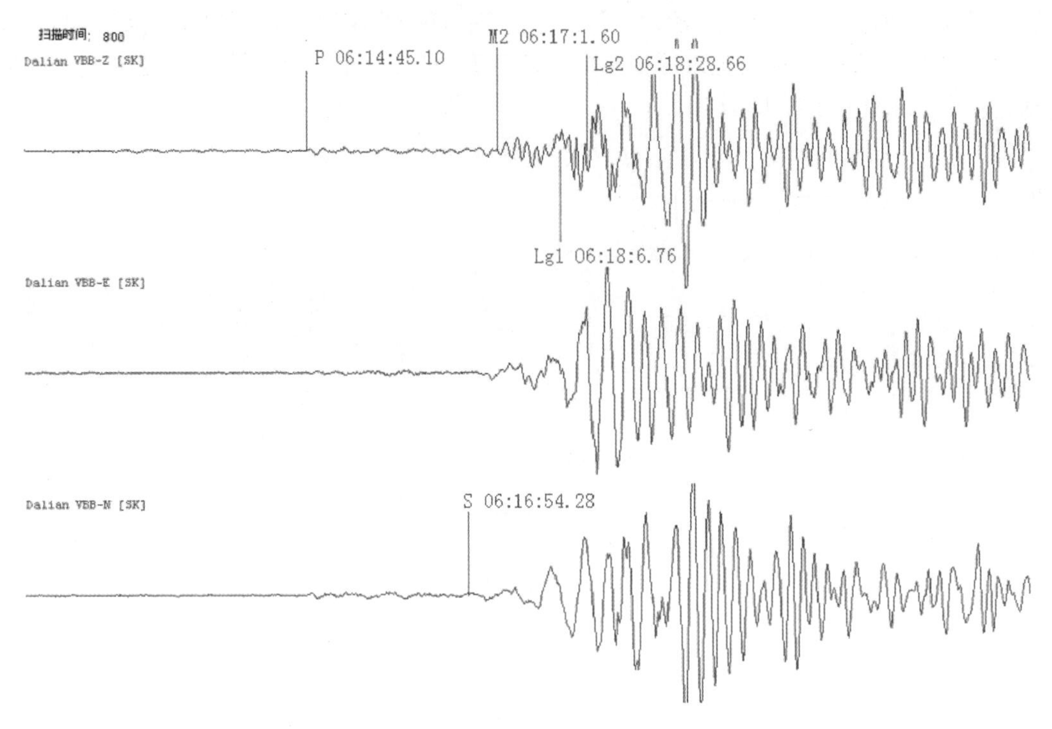

图 7.1.7　Δ：11.2°　$H=10.0$km　M_S：5.9　M2、Lg1、Lg2 震相清晰　大连台记录

如果震源在海中，经大陆架结构传播的地震其 Lg 波不是特别发育。在我国，沿海的地震常常记录到 M2 波（图 7.1.7），它是大陆架地壳结构浅源地震的典型震相，波列整齐呈纺锤形，持续 5～10 个周期，且具有正频散特征。我国许多台站记录到的台湾地震，都有

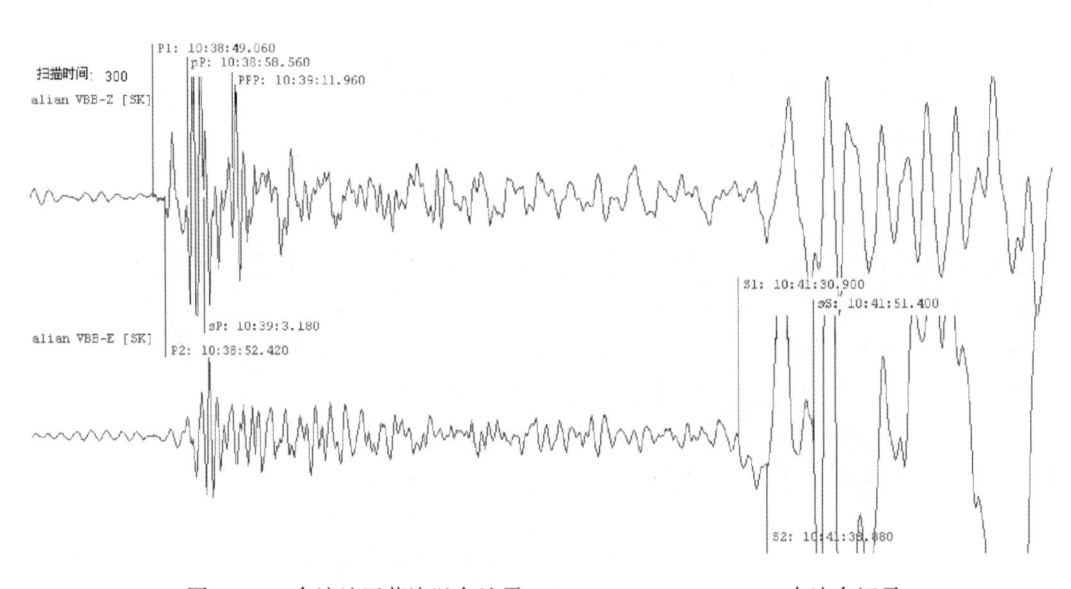

图 7.1.8　台湾地区苏澳以东地震　Δ：14.39°　M_S：4.0　大连台记录

M2 震相。

此范围内记录到的 P 波速度约为 5.8km/s，S 波的速度约为 3.7km/s，Lg 波的群速度约为 3.5km/s。

（2）16°<Δ<30°。

通常在该震中距范围内出现的地震波主要为地幔折射波、地表反射波、勒夫波、瑞利波。波的到达顺序为 P、PP、PS、S、SS、LQ、LR 等。由于 P 波、S 波在上地幔内传播时，有的射线在正常速度层内传播，而有的射线则穿过上地幔高速层，穿过高速层的地震射线曲率增加，可能导致多个分支，常可以记录到多个 P 和 S，标示为 P1、P2、S1、S2，震相出现的次序为 P1、P2、PP、SP、PPP、S1、S2、SS（见图 7.1.8），这一现象往往在震中距 14°~28°之间出现。

在震中距 18°~20°之间常会记录到大振幅的 P410P、P660P 震相，它们是由于上地幔的 410km、660km 处存在速度急剧变化而产生的。震相 P660P 前的 5~10s 会出现较弱的初至 P 震相（图 7.1.9）。

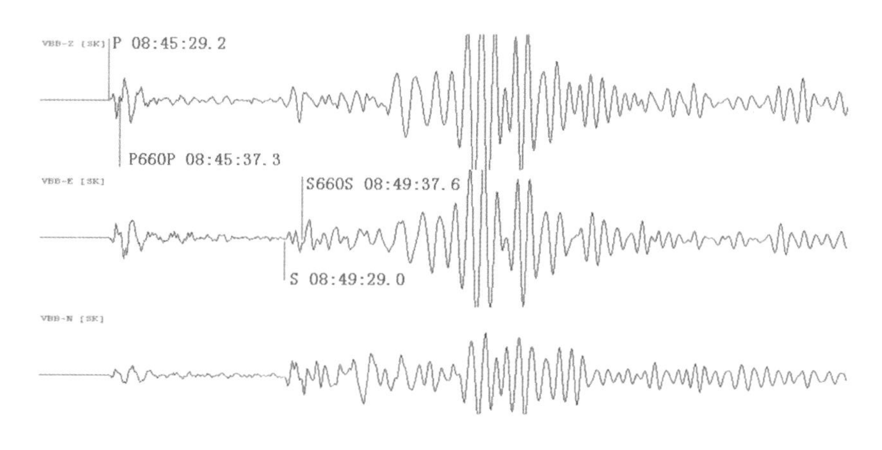

图 7.1.9 千岛群岛地震 Δ：20.63° H：33km M_S：7.0 大连台记录

（3）30°<Δ<105°。

这段范围内的震相很多，初到震相仍然为 P，主要震相有 P、S、PP、PPP、PS、SS、SSS、PcP、ScS、PcS、SKS、PcPPcP、LQ、LR 等。由于地震波速度在地幔中总体趋势随着深度加深而增加，从而会导致波到达顺序的交替，例如 PcS 与 S、SKS 与 S 等都会出现交替现象。

①震中距在 40°左右时，PcS 与 S 出现到达顺序的交替随着震中距的增大，PcS 逐渐接近并超过 S，图 7.1.10a 是震中距为 37.29°的地震记录，能够看见 PcS 在 S 之后，图 7.1.10b 是震中距为 45.96°的地震记录，可以看见 PcS 在 S 之前。虽然 ScP 与 PcS 的传播路线不同，但走时几乎相等，所以，ScP 与 S 在 40°左右也会出现交替。震源越深，交替点的震中距越小。

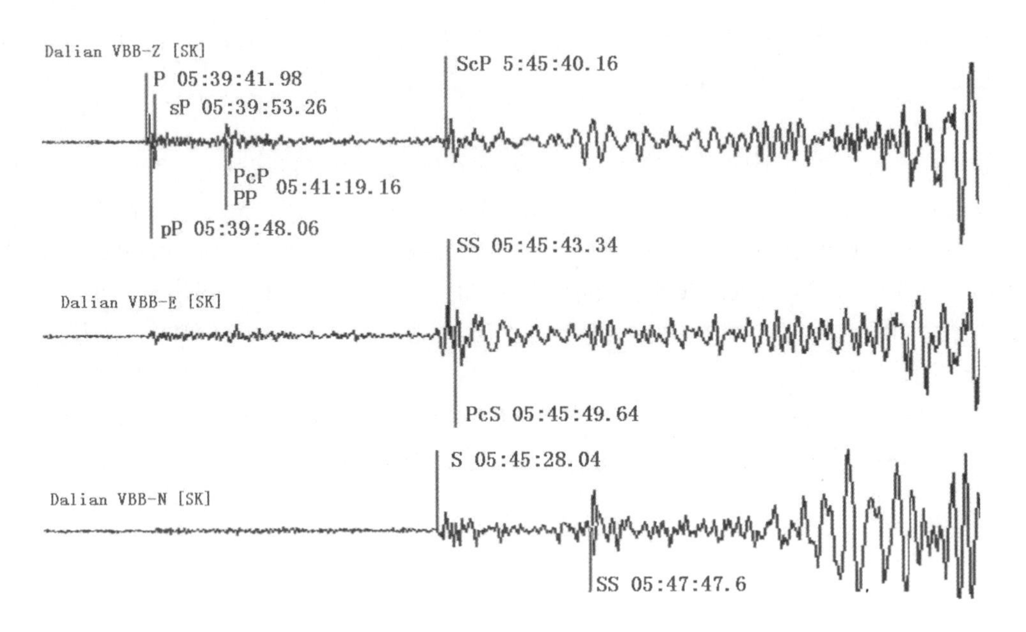

图 7.1.10a　克什米尔西北部地震　Δ：37.29°　大连台记录

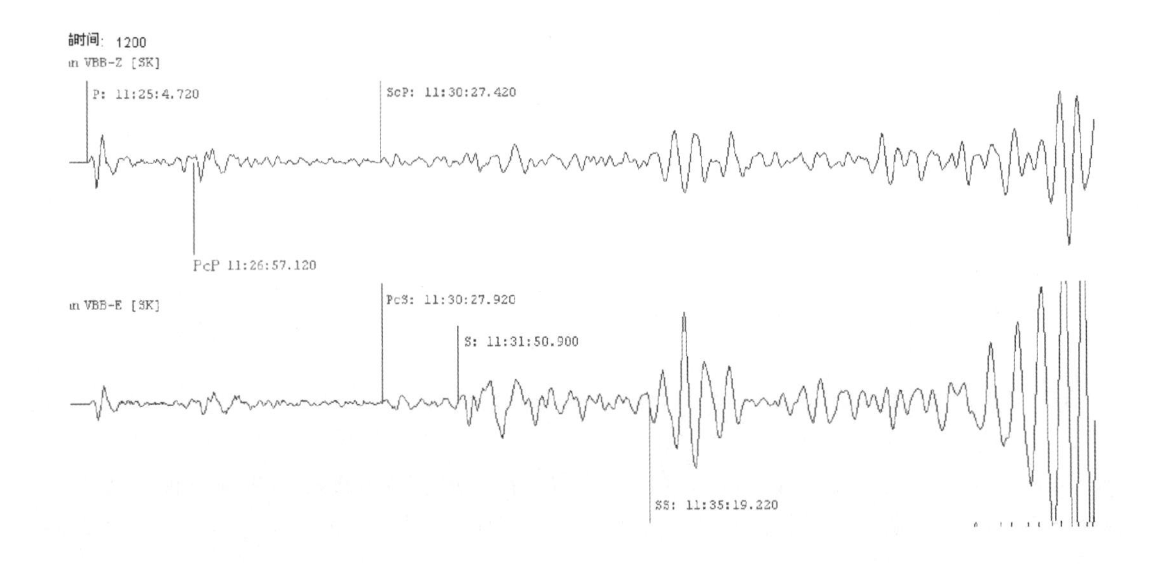

图 7.1.10b　印度古吉拉特邦地震　Δ：45.96°　大连台记录

②震中距在 45°左右，PcP 波与 PP 波交替，使震相模糊不易分辨，45°以后 PcP 波超前 PP 波，图 7.1.11 中 PcP 在 PP 之前到达。

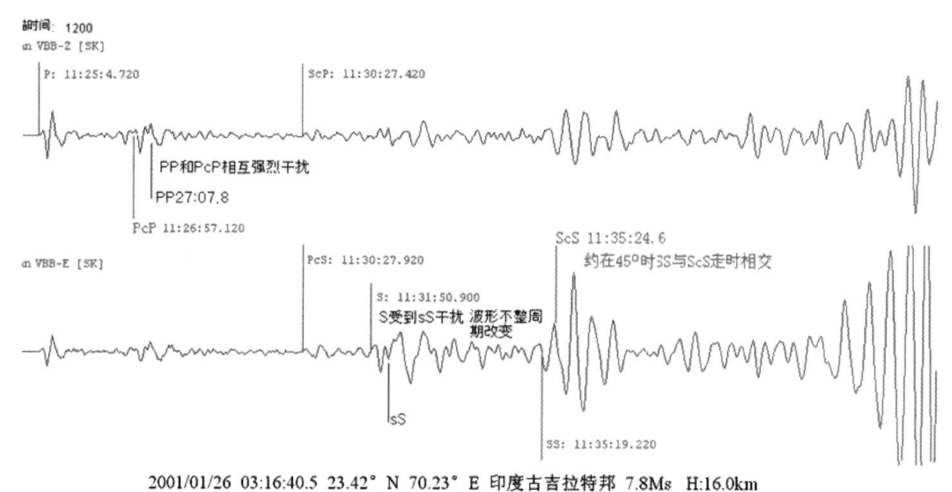

图 7.1.11　新几内亚近北海岸地震　Δ：48.36°　昆明台记录

③震中距 80°以后 SKS 记录清晰明显。83°左右 S 与 SKS 走时交替，83°以后 SKS 的走时小于 S 的走时，并且 SKS 的振幅随震中距增大而增大。图 7.1.12a 是震中距近 82.8°时的地震记录，SKS 与 S 几乎同时到达，图 7.1.12b 是震中距 92.8°时的地震记录，SKS 在 S 之前到达。随着震源深度的加深，SKS 与 S 的交替距离会减小（图 7.1.12c）。

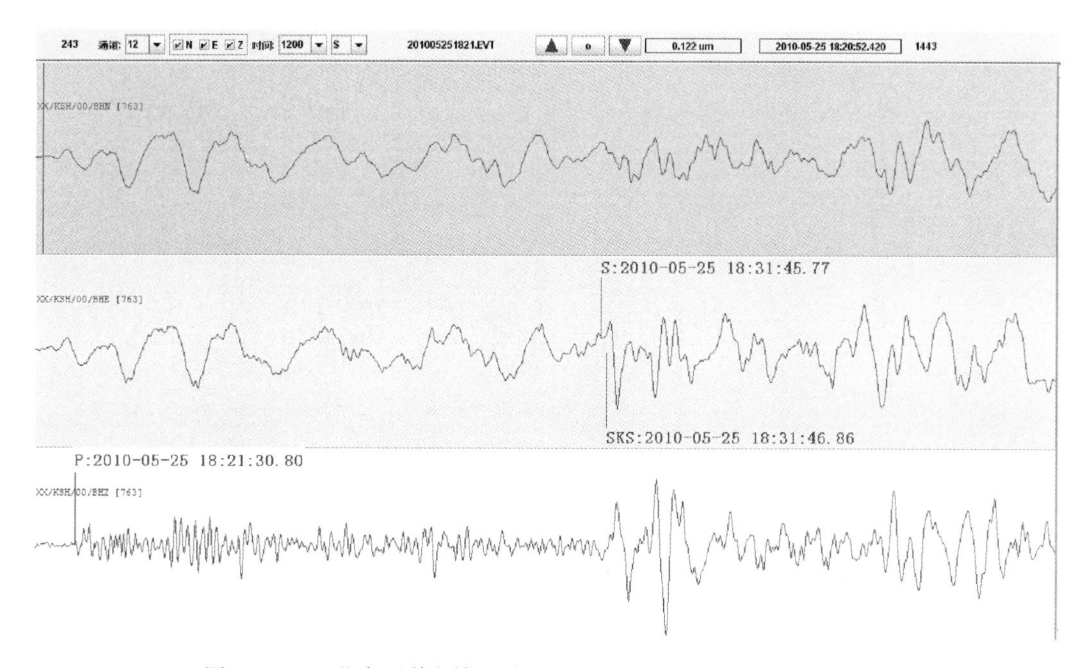

图 7.1.12a　北大西洋海岭地震　Δ：82.8°　H：10km　喀什台记录

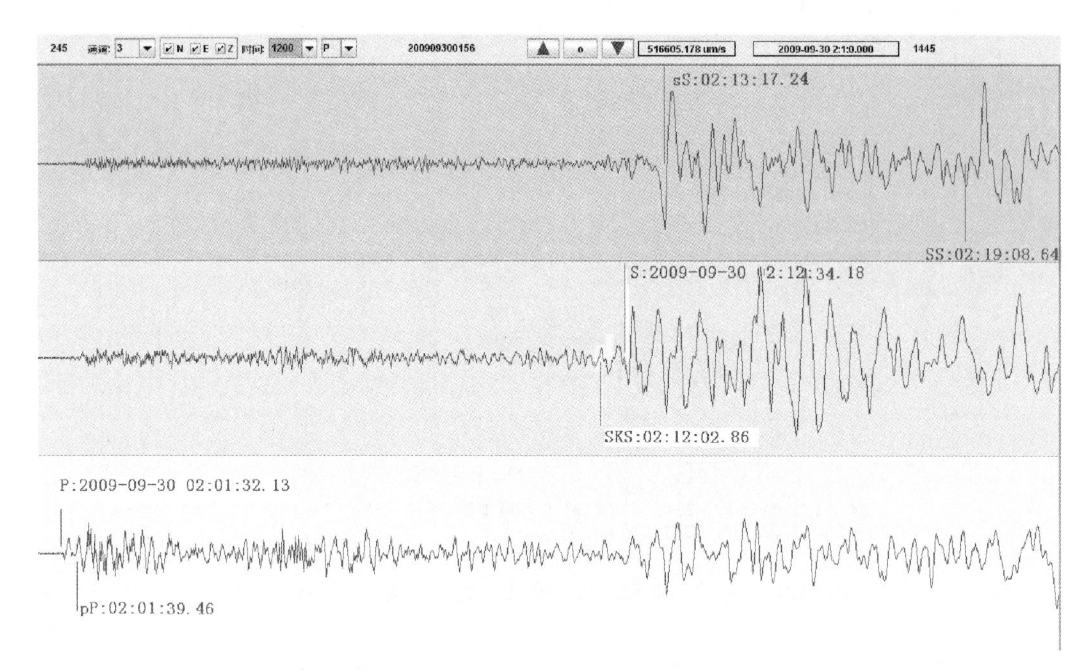

图 7.1.12b　萨摩亚地区地震　Δ：92.8°　兰州台记录

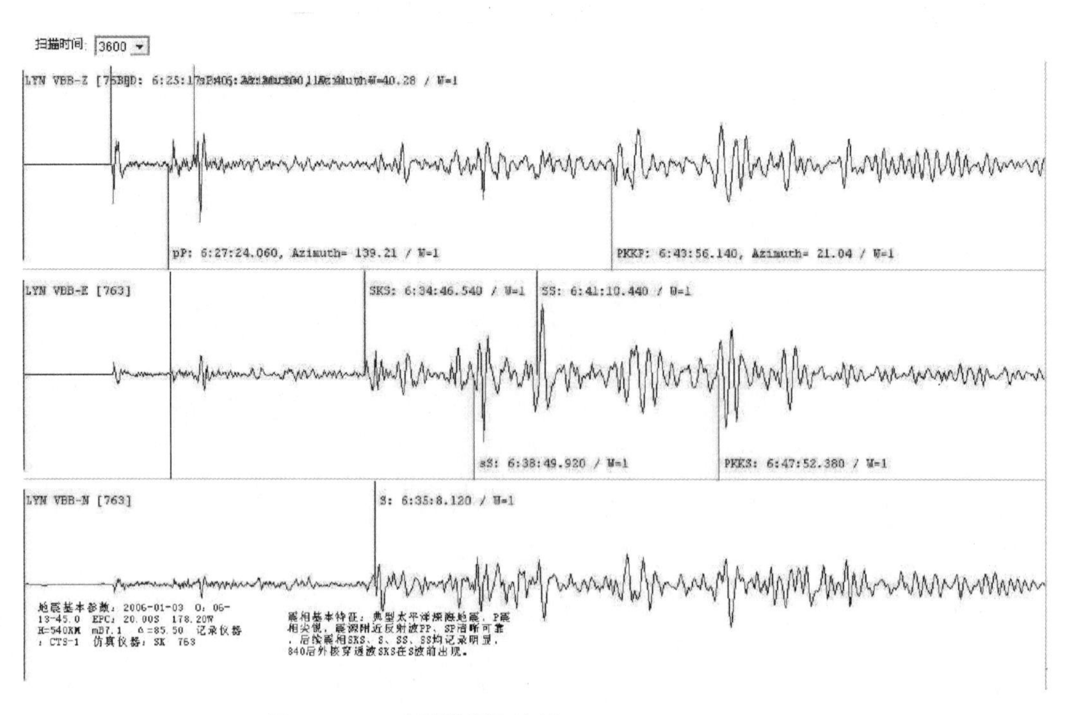

图 7.1.12c　太平洋深海地震　Δ：85.5°　H：540km

④震中距大于95°之后，由于核幔边界的影响，短周期的P振幅衰减很快，长周期的P在弯曲的核幔边界周围发生衍射，生成Pdif，图7.1.13是P在核幔边界形成衍射波的射线示意图，图7.1.14是震中距105.5°的Pdif震相记录图。

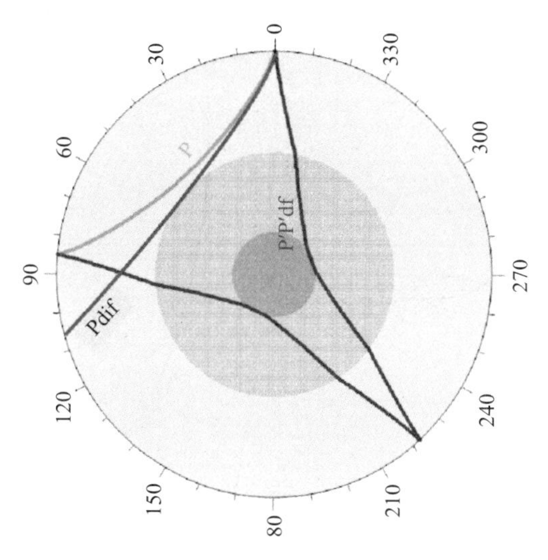

图7.1.13　P在核幔分界面生成Pdif的理论射线示意图

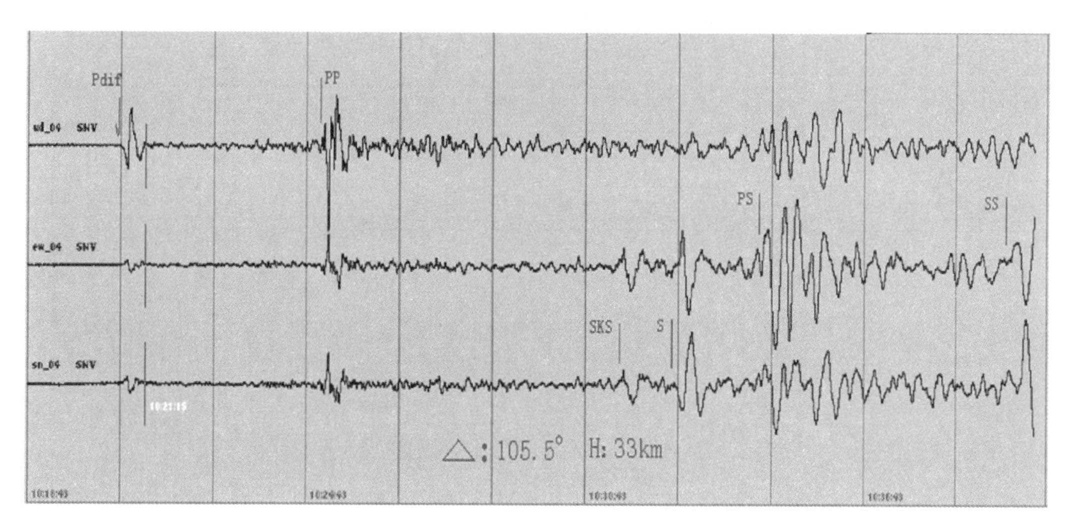

图7.1.14　墨西哥地震　Δ：105.5°　*H*：33km　国家台网SNV台记录

⑤在震中距30°～105°之间会有多次反射核震相PKPN（N可以是1个或者多个PKP），例如在70°附近常常记录到PKPPKP震相。

⑥在10°～130°之间会有多次反射核震相PNKP（N可以是1个或者多个K），例如在100°附近常常记录到PKKP（图7.1.15a和7.1.15b）。

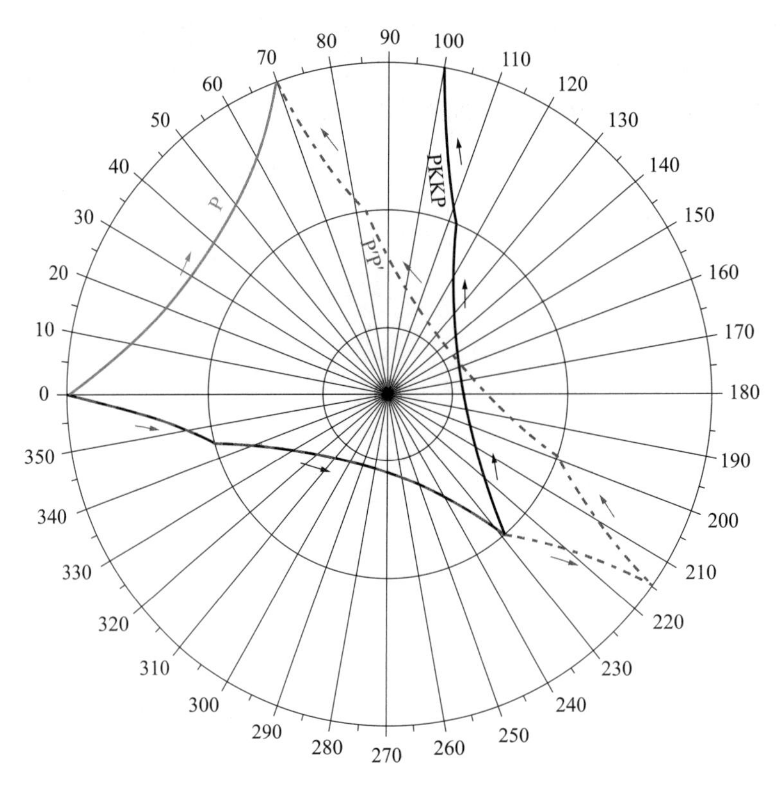

图 7.1.15a　100°附近 PKKP 射线路经示意图

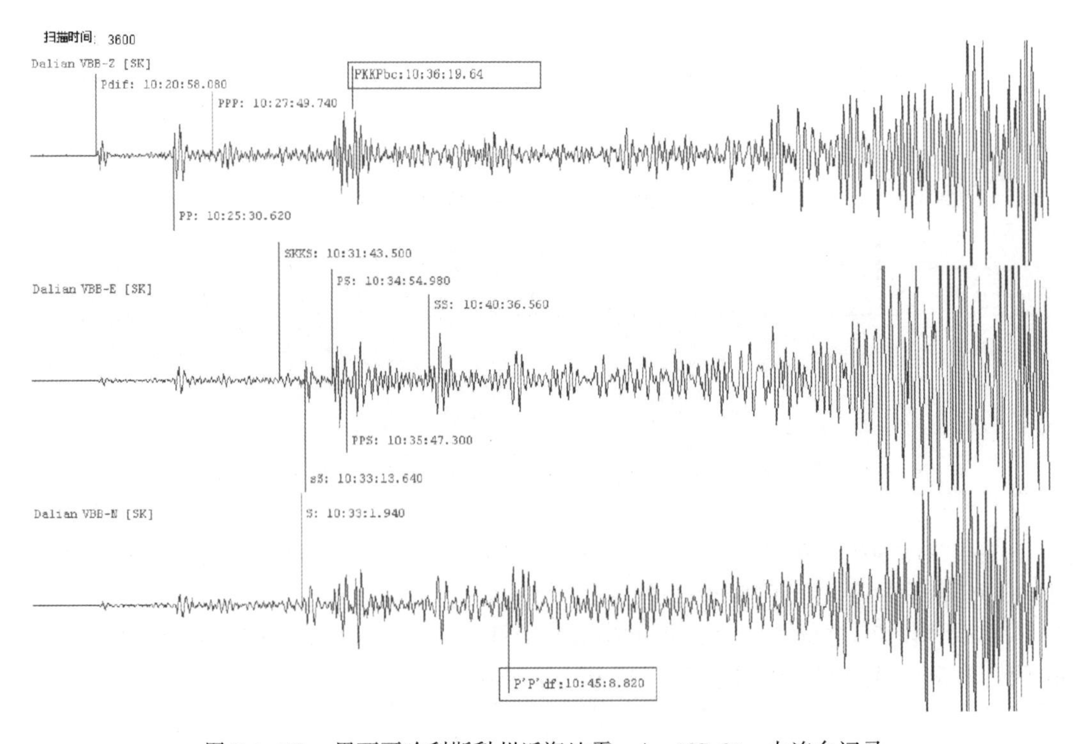

图 7.1.15b　墨西哥哈利斯科州近海地震　Δ：107.8°　大连台记录

2. 极远震的记录特征

相对我国测震台网的地理分布，极远震的震中地区主要是南美洲、中美洲和北美洲的（阿拉斯加除外）大部地区，也包括大西洋中部和南部。

在极远震范围内，地震体波的主要传播路径包括从地壳到内核。由于核幔分界面的影响，从震中距105°开始P波进入“影区”，直至震中距142°之后才以PKPbc（PKP_1）波、PKPab（PKP_2）波出射到地面。

极远震的震相较丰富，主要有P_{dif}、PKiKP、PKPdf、PKIKP、PKPbc（PKP_1）、PKPab（PKP_2）、PP、PPP、PKS、SS、SSS、SKS、SKKS、S3KS等。另外还能记录到绕地球1圈以上的体波和面波。

（1）105° < Δ < 110°。

这是一个较特殊的震中距范围，当震中距达到103°～105°时，P波射线到达核幔分界面，核幔分界面是低速间断面，纵波速度从约13.6km/s到8.0km/s的突降，使得折射P波非常靠近法线，而无法在震中距105°～142°之间出射到地表，形成了P波的第二个“影区”，也称“核影区”，“核影区”的范围约为105°～142°。由于外核内的介质是液态的，S波经过核幔分界面折射，形成了SKS、SKKS等波。长周期的P波和S波在核幔分界面上发生衍射，生成衍射震相P_{dif}和S_{dif}。

这一范围内震相较少，且不易识别，突出的震相为P_{dif}、PP、PPP、S_{dif}、SKS、LQ、LR等，P_{dif}是初至震相，该震相起始缓慢，周期约为20～30s，振幅相对较小，衰减较快，波数为1～2个，P_{dif}较PP快3～5min，见图7.1.15b，事实上直到130°甚至更大震中距（150°），P_{dif}仍然是初至震相（图7.1.16）。

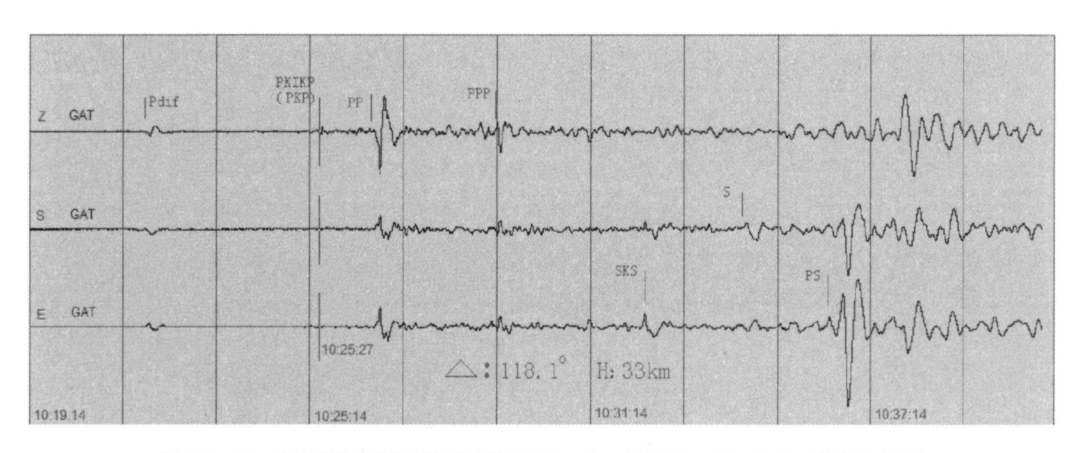

图7.1.16 墨西哥哈利斯科州近海地震 Δ：118.1° *M*：7.5 高台台记录

（2）110° < Δ < 142°。

该段的主要震相为P_{dif}、PKPpre（PKhKP）、PKiKP、PKPdf（PKIKP）、SPKIKP、PP、PPP、PKS、SKKS、S3KS、SS、SSS、LQ、LR等。当震中距达到110°时，PKiKP和PKPdf波“相伴”出现，113°前PKiKP出现在PKPdf之前，114°后则紧随PKPdf。它们在短周期记录中更加明显，，PKiKP在135°前振幅大于PKPdf，此后被PKPdf超越，见图7.1.17。PKPdf振幅随着震中距的增大逐渐增强，直至与PP波的振幅相当或者比PP波的振幅更大，PKPdf

较 PP 快 30 秒至 2 分钟。由于 P_{dif} 波能量较弱，连续性不好，所以在 PKPdf 成为清晰震相后，通常用 PKPdf 作为初至震相。在 126°至 146°范围内，PKPpre 在 PKPdf 之前 10 ~ 20s 出现，称其为“先驱波”（图 7. 1. 18）；在 132°附近 PKS 和 SKP 波聚焦，表现特征为短周期大振幅，极为突出（图 7. 1. 19），对于表面源 PKS 和 SKP 有相同的走时，震源越深，SKP 越先于 PKS 到达地表。当震中距超过 135°之后，在 SKP 和 SS 之间没有明显震相。

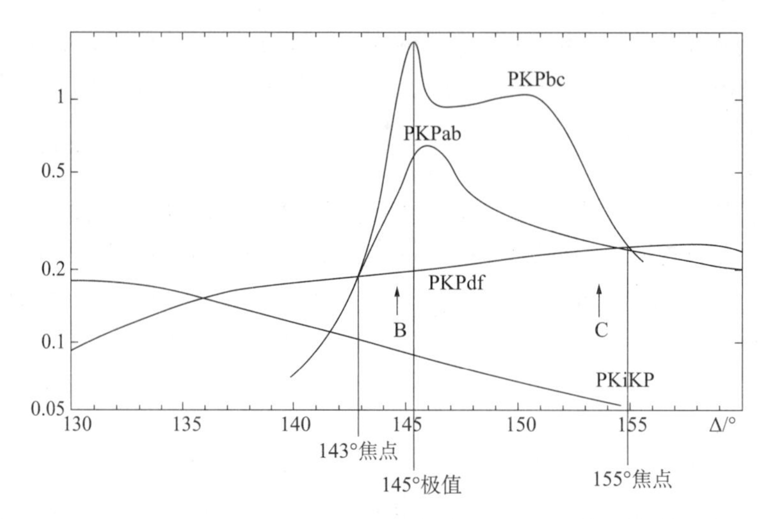

图 7. 1. 17　PKiKP、PKPdf、PKPab、PKPbc 焦点及振幅比例随震中距变化示意图

横坐标为震中距，纵坐标为振幅数值比例值

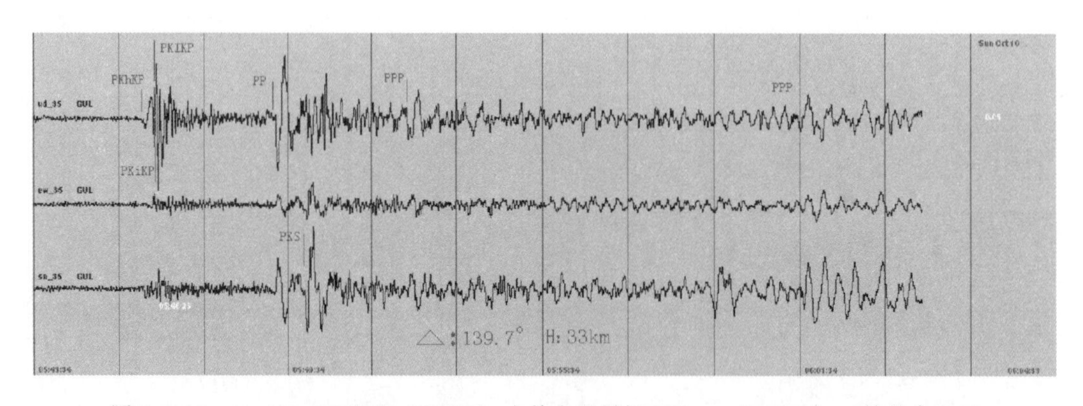

图 7. 1. 18　Δ：139. 7°PKPdf（PKIKP）之前出现震相 PKPper（PKhKP）　桂林台记录

①P_{dif} 和 S_{dif} 震相：P_{dif} 震相很弱，振幅是 PP 的 1/10 ~ 1/5，周期 10 ~ 15s，约 1 ~ 2 个振动。P_{dif} 通常在震中距 105°起可以在地震记录上看到，当震级大于 7 级时，直到震中距 178°仍能记录到，而 S_{dif} 波从 95°开始就在地震记录上出现了。

②PKiKP 与 PKPdf 震相：PKPdf 在 110°开始出现，在 114°左右 PKiKP 与 PKPdf 融汇，形成大振幅，直到震中距 135°。

③PKhKP（PKPpre）震相：该震相自 126°开始出现，在 126°处到时比 PKPdf 提前约 21s，在 130°处到时提前约 17s，周期比 PKPdf 大约 1 倍，振幅是 PKPdf 的约 1/2，在浅源记

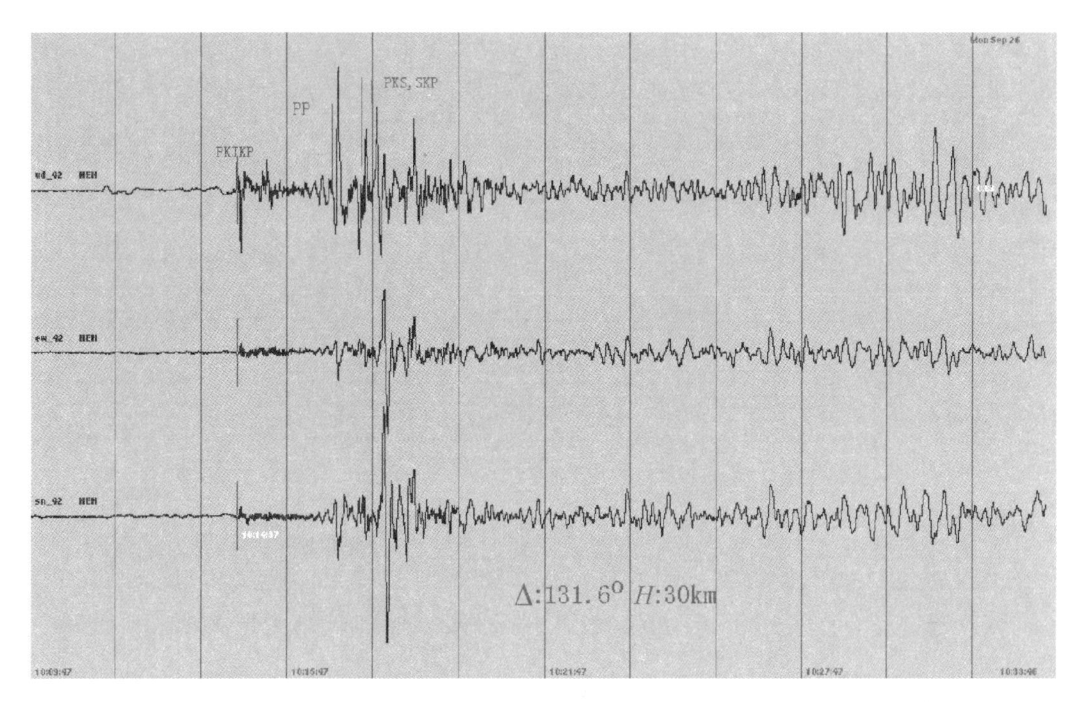

图 7.1.19 墨西哥近海地震附近 PKS 和 SKP 聚焦 *M*：7.5 Δ：131.6° 黑河台记录

录中不经常出现。随着震源深度增大，震相逐渐清晰，直到 146°始终出现在 PKPdf 之前，自 143°以后出现在 PKPbc（PKPl）之前，147°以后出现在 PKPbc（PKP1）之后。

在 145°左右 PKiKP、PKPdf（PKIKP）、PKPbc（PKP1）、PKPab（PKP2）有多个焦点，记录中出现某个震相特别突出，或几个震相同时聚焦生成大振幅的现象，图 7.1.17 给出了震相 PKiKP、PKPdf（PKIKP）和 PKPbc（PKP1）与 PKPab（PKP2）的振幅变化比例与震中距的关系。

105°～142°是 P 波遇到核幔间断面后所形成的“影区”范围，从 105°开始进入外核直到震中距 142°以后，以 PKPbc、PKPab 出现。相对我国而言，来自于古巴、美国加州等地区的地震处在这个“影区”范围内（图 7.1.20）。

（3）Δ＞142°。

主要震相主要有 PKPdf（PKIKP）、PKPbc（PKP1）、PKPab（PKP2）、SKS、PP、PPP、PP（360°－Δ）、PPP（360°－Δ）、SKKS、SKSP、LR、LQ。

在 130°至 150°之间 PP 震相不清晰，150°以后变得清晰。160°之后 SKKS、PPS 较为清晰，PcP、PKP、PcS 在此范围内始终是突出震相。142°后 PKPdf 出射角大于 85°，在垂直分向特别强，在水平向相对较弱，图 7.1.21 是震中距在 145.5°处 PKP 波强能量团的记录，记录图上呈现大振幅多周期的振动。PKPbc 从 142°之后出现，延续到 168°，PKPdf 和 PKPab 从 142°之后出现，延续到 190°。图 7.1.22a、图 7.1.22b 是 PKPdf、PKPbc、PKPab 的传播路径、走时曲线及记录面貌。145°前 PKPbc、PKPab 先于 PKPdf 出现，145.3°以后 PKPdf 早于 PKPab 而晚于 PKPbc；145.5°后 PKPdf 再次成为初至震相。

大约在 153°前，因为 PKPdf 震相非常弱，甚至振幅低于噪声，因此 PKPbc 是 PKP 波群

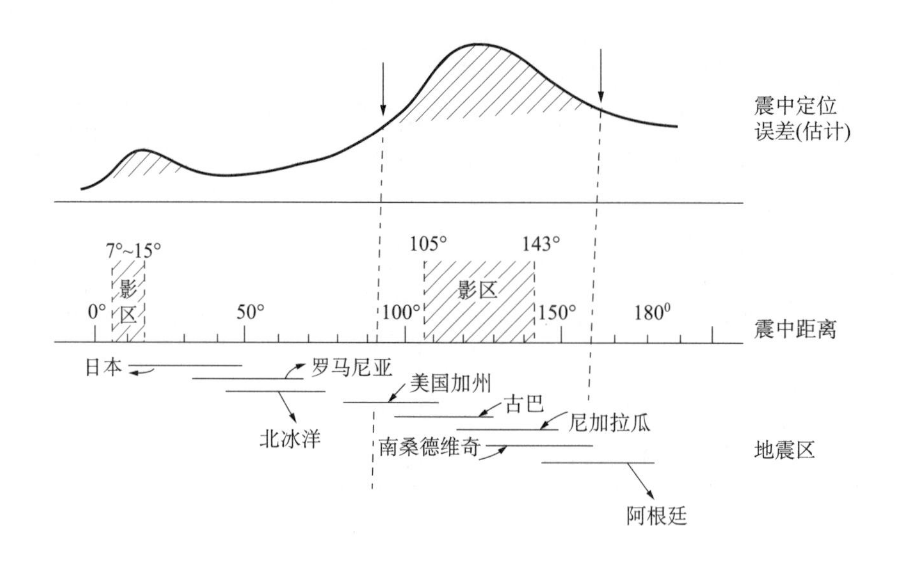

图 7.1.20　相对我国而言的“影区”地点示意图

中最突出的初至震相，见图 7.1.23。153°之后，PKPab 成为突出震相。155°以后 PKP 分支没有明确定义。此后 PKPbc 在地震图上极为微弱，可以观测到 160°略远的范围，PKPbc 在内核边界被衍射产生 PKPdif（图 7.1.24），其微弱的信号出现在 PKPdf 和 PKPab 之间。图 7.1.25 是深圳台记录的智利北部沿岸近海地震，震中距 174.5°，PKPab 强烈突出，PKP-dif 较弱，出现在 PKPdf 和 PKPab 之间。震中距 176°之后 PKPab 渐弱，PKPdf 又成为最突出（主要）的震相。

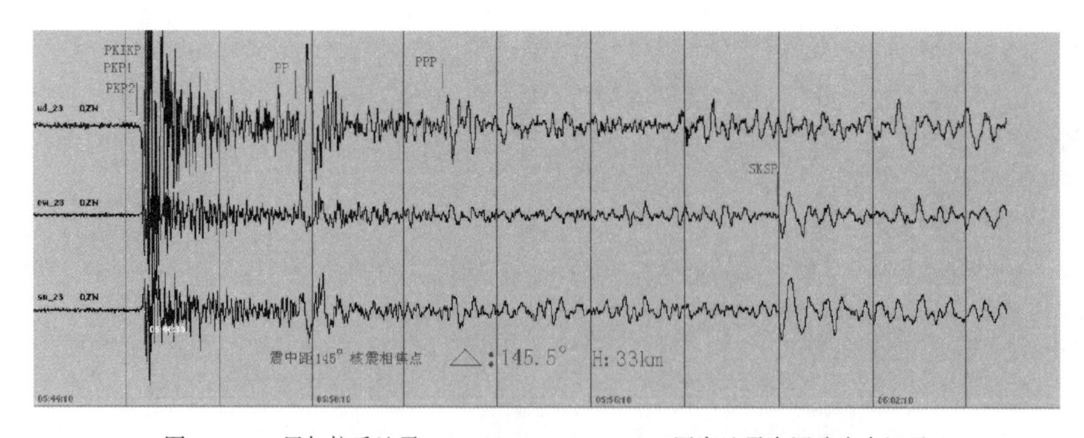

图 7.1.21　尼加拉瓜地震　Δ：145.5°　*M*：7.5　国家地震台网琼中台记录

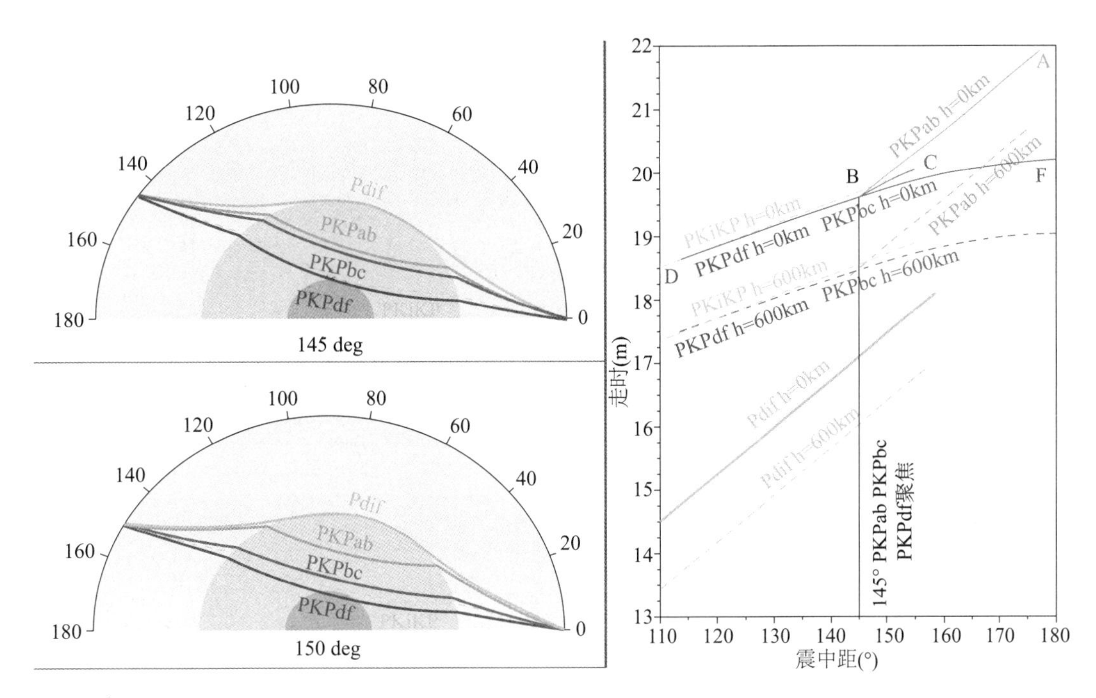

图 7. 1. 22a　PKP 分支：PKPab（PKP2），PKPbc（PKP1），PKPdf（PKIKP）
传播路经和走时曲线示意图

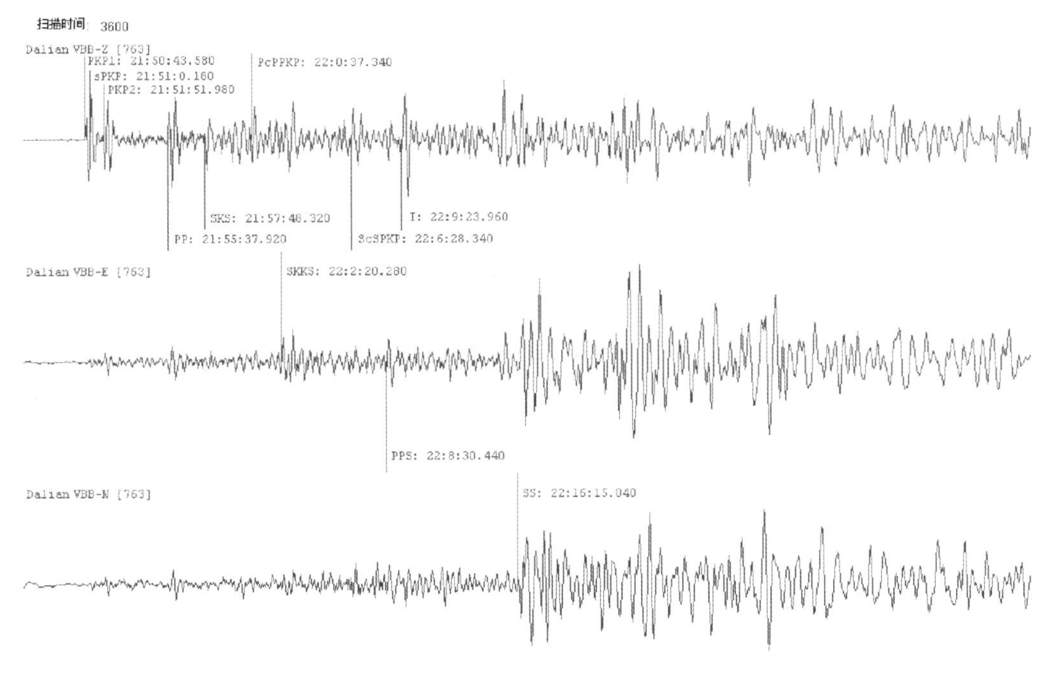

图 7. 1. 22b　智利中部海岸地震　M_S7. 0　Δ：166. 46°　大连台记录

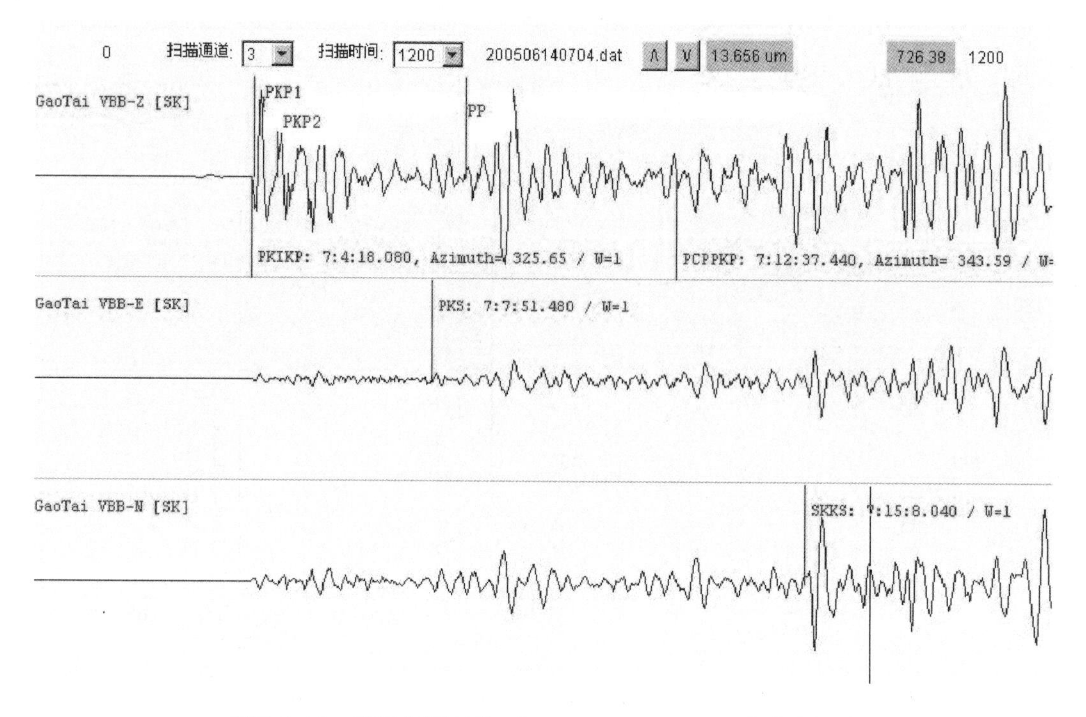

图7.1.23　智利北部地震　Δ：156.8°　*M*：8.1　高台台记录

四、中深源地震记录的特征

我国6.0级以上中深源地震集中分布在41.9°～44.0°N，129.0°～131.5°E范围内，即吉林和黑龙江交界的边境地区，另外，在新疆西部乌恰到和田也有一些中源地震，呈NW－SE向分布。其范围为35.0°～39.3°N，73.2°～78.0°E。

随着震源深度的加深，地震震相的记录特征会发生一些变化，如体波震相的周期变小，传播时间缩小等；再如短周期地震仪能够记录到深源地震的S波，而通常记录不到浅源地震的S波。图7.1.26a、图7.1.26b及图7.1.27是深源地震的记录图。深源地震具有如下记录特征：

①体波震相起始尖锐，衰减快，这一点初至震相尤其突出。常常初动振幅就达到本组波的最大值；震相初动周期小；相同震中距情况下，深源地震的出射角大（垂直向能量更强）这些现象随震源深度增加会愈加明显。

②面波不发育，当深度在300km左右时，最大面波振幅与S波振幅接近，当深度在350km左右时，最大面波振幅明显小于S波的最大振幅，当深度在500km左右时面波几乎不再出现。特别当震中距不是特别大时面波尤其难现。

③震源越深“影区”范围越小，当震源深度超过300km时，P，S没有5°～16°的“影区”。

④深源地震的震源在地幔中、地震波的主要传播路也在地幔中，所以深源近震观测到的主要震相是P和S，而不再是Pn、Sn、Pg、Sg。

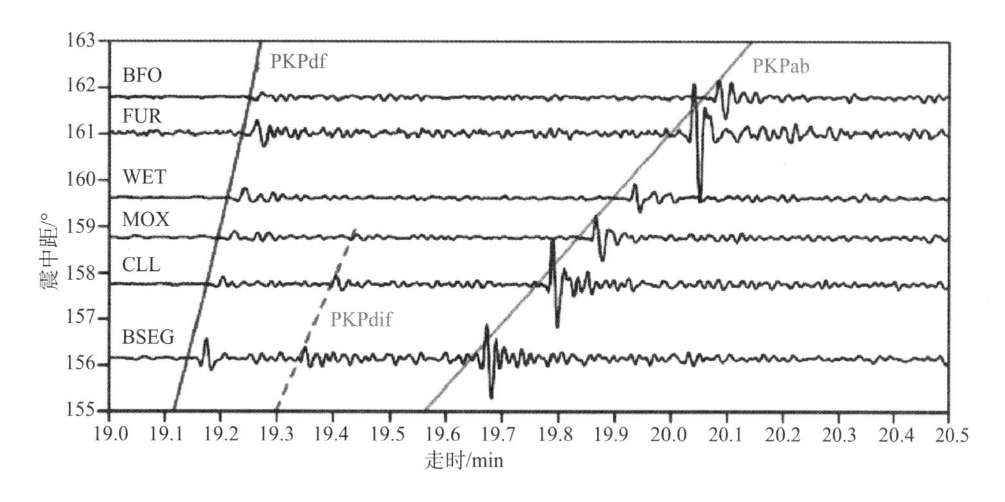

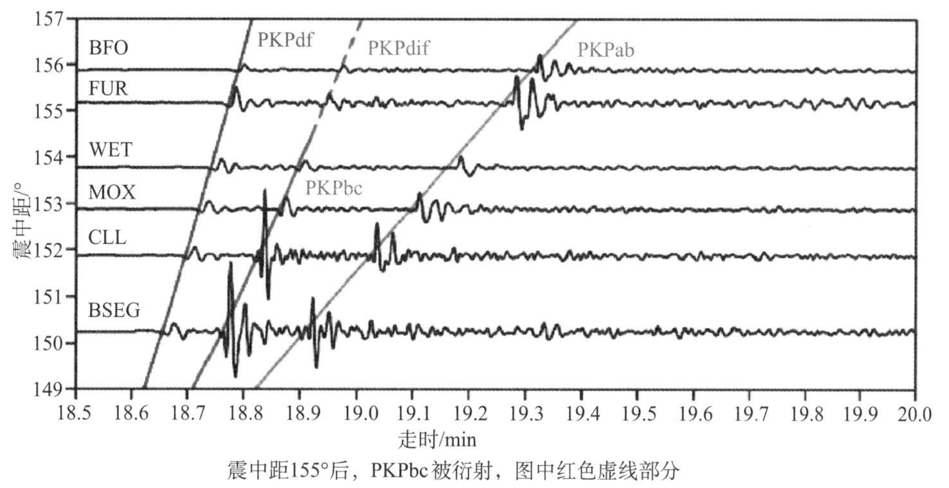

震中距155°后，PKPbc被衍射，图中红色虚线部分

图 7.1.24　PKPdf、PKPbc、PKPab 和 PKPdif 在震中距 149°～163°的走时关系图

⑤核面反射（转换）波、地核穿透波成尖锐脉冲波形，清晰突出，振幅不大，通常持续 1～2 个周期。

⑥震中附近地表反射波（深度震相）清晰。当震中距大于 20°时，pP 在垂直分向上清楚，周期比 P 略大，30°以后更加突出；sP 在垂直分量清楚，出现在 pP 之后，周期略大于 pP，12°以后即可观测到该波，随震中距的增大逐渐靠近 pP；当震中距大于 70°时，震中附近的各种反射波、反射转换波比较清晰，而且随深度、震级的增大更加明显突出，如图 7.1.26a 和图 7.1.26b。当震中距大于 150°时 sPKP、pPKP 随深度和震级增大变得清晰和明显，见图 7.1.27。

⑦当震中距相同时，深源地震的 S 与 P 的到时差随着震源深度的越大而增大，图 7.1.28a 是深度为 247km 的地震记录，图 7.1.28b 为深度 7km 的地震记录，记录的震中距仅差 0.07°，但前者的 T_S-T_P 较后者大了 22.17s。表 7.1.2 给出了相同震中距情况下，不同震源深度时 P、S 的走时及走时差。

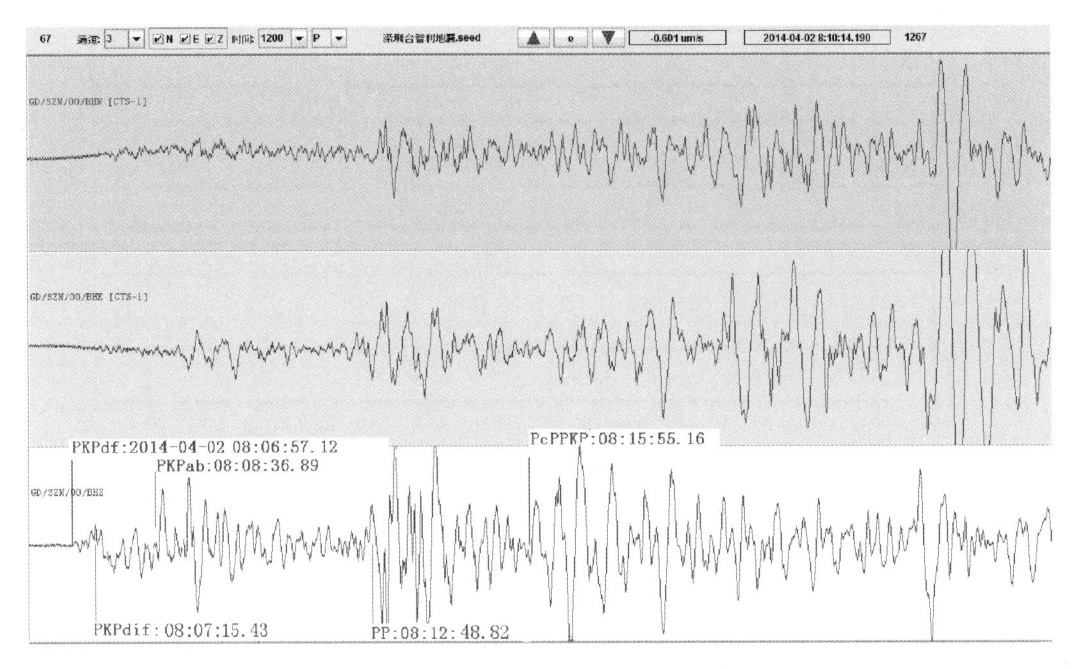

图 7.1.25　智利北部沿岸近海地震　Δ：174.5°　M：8.1　深圳台记录

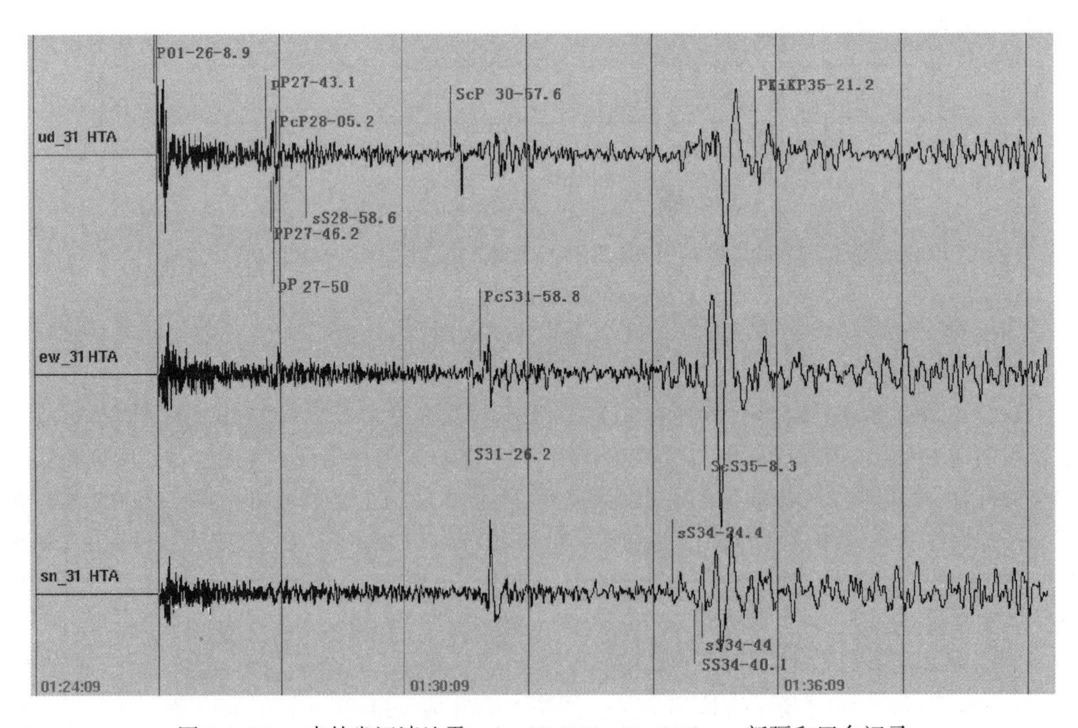

图 7.1.26a　吉林省汪清地震　Δ：38.74°　H：540km　新疆和田台记录

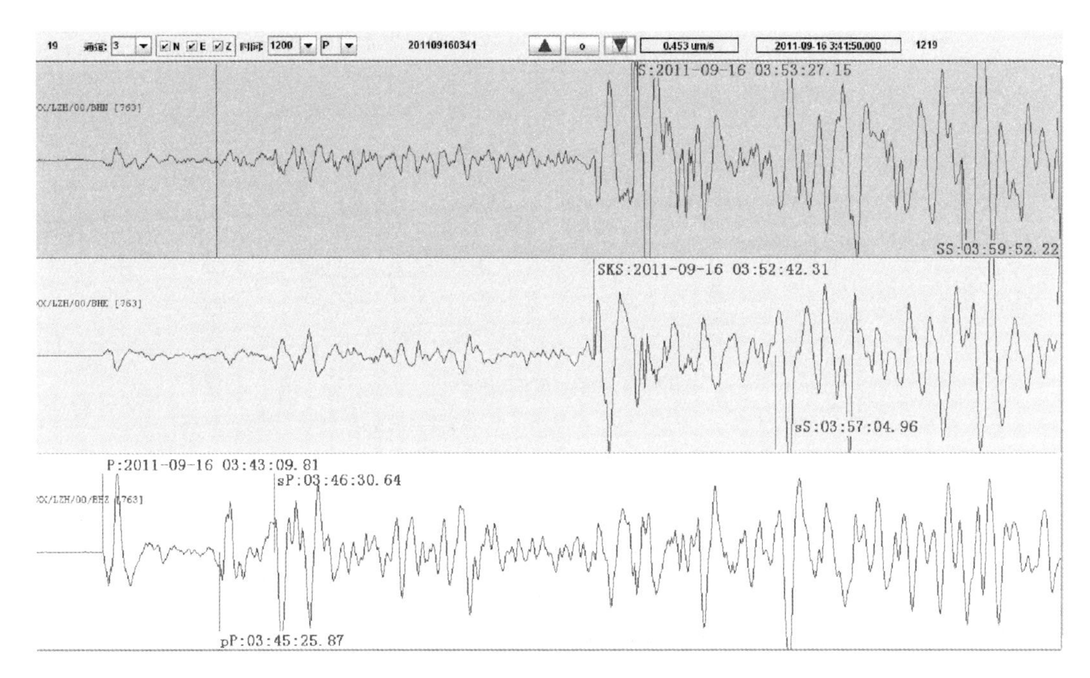

图 7.1.26b　斐济群岛地区地震　Δ：94.2°　*M*：6.9　*H*：630km　兰州台记录

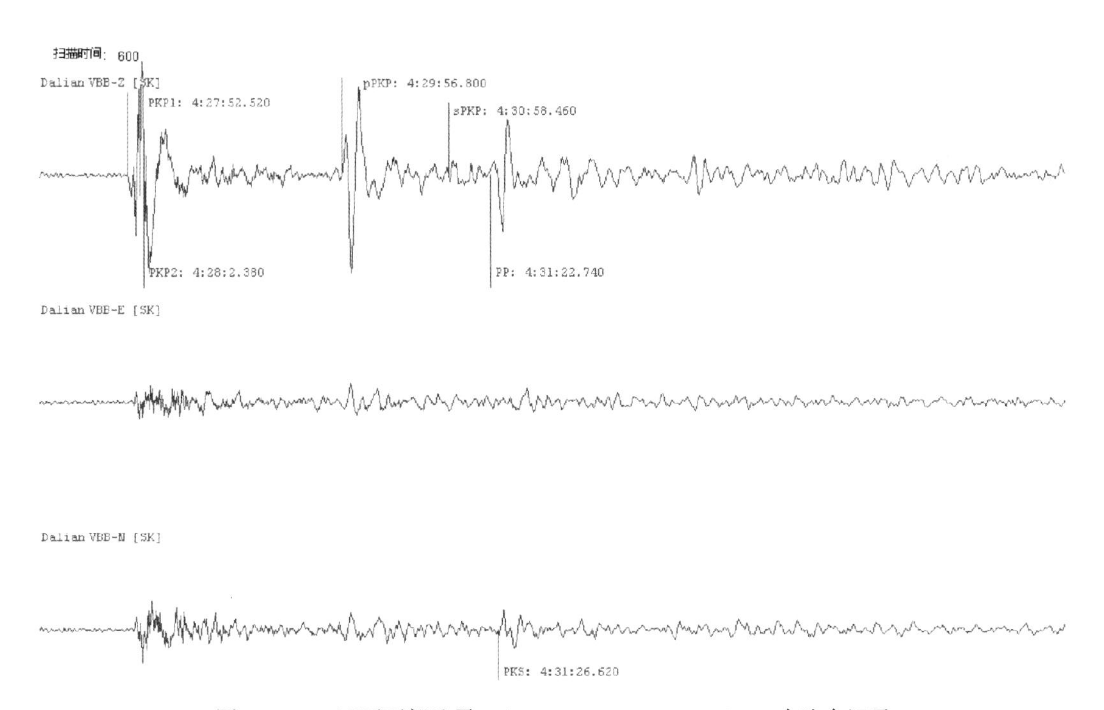

图 7.1.27　巴西西部地震　Δ：147.5°　*H*：534.0km　大连台记录

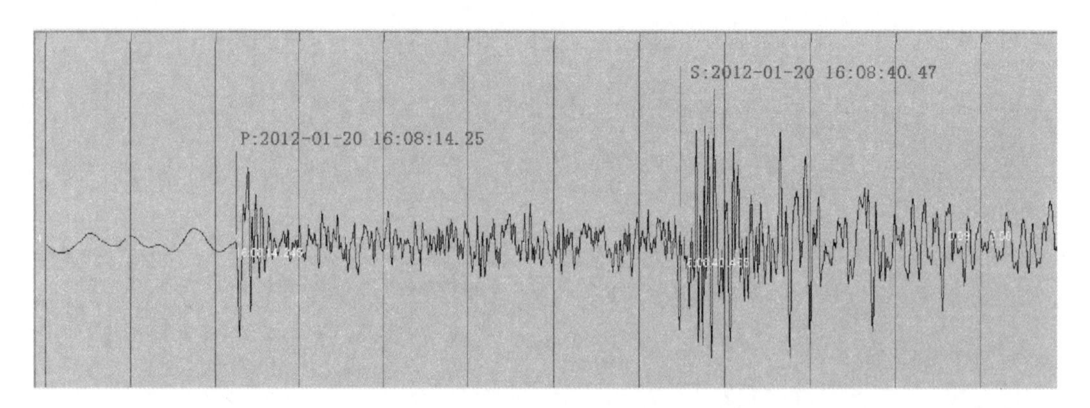

图 7.1.28a　台湾台北海域地震　Δ：0.39°　*H*：247km　*m*B：4.8　国家台网记录

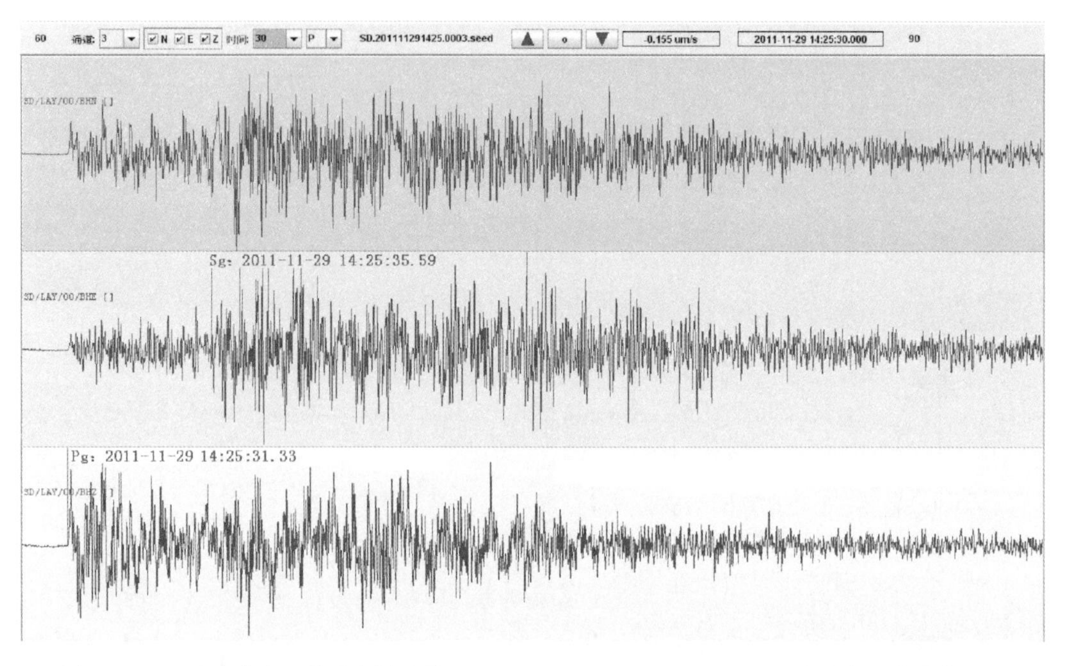

图 7.1.28b　山东莱阳、莱西交界地震　Δ：0.32°　*H*：7km　M_L：3.5　山东台网莱阳台记录

表 7.1.2　初至上行 S 波与 P 波走时差随震源深度变化表

震中距 / 震源深度（km）	1°			2°			3°		
	t_P（s）	t_S（s）	t_S-t_P（s）	t_P（s）	t_S	t_S-t_P（s）	t_P（s）	t_S	t_S-t_P（s）
60	18.02	31.81	13.79	31.43	55.88	24.45	45.08	80.39	35.31
100	20.39	36.12	15.73	32.54	57.85	25.31	45.71	81.46	35.75
200	29.72	53.1	23.38	38.47	68.8	30.33	49.59	88.81	39.22
300	40.34	72.73	32.39	46.73	84.3	37.57	55.71	100.58	44.87
400	51.05	92.57	41.52	55.91	101.43	45.52	63.15	114.63	51.48
500	61.22	111.32	50.1	65.03	118.29	53.26	70.91	129.02	58.11
600	71.13	129.47	58.34	74.21	135.11	60.9	79.07	143.99	64.92

五、地震事件记录的判断方法

根据地震记录的特征，可以判定所记录到的振动是否地震事件以及事件的性质，判断的主要方法和步骤如下。

1. 地震远近的判断

地震远近主要依据横波与初至波间的时间差、面波最大振幅与初至波之间的时间差、整个事件的振动持续时间、纵波列的波组数及频率等进行判断。

对于完整的地震记录，统观地震全貌，根据纵波、横波、面波在水平、垂直向能量分配的规律及频率特征，找出纵波列、横波列和面波列。对于实时地震记录，根据地方震、近震、远震、极远震初至波的频率特性和可能出现在纵波列中的波组数，判定初至波是 Pg、Pn、P、Pdif、PKPaf、PKP，由此确定地震的远近。

（1）地方震、近震的判定。

①利用横波与纵波的走时差进行判定：利用 Sg 与 Pg 的走时差判定地方震，Sn 与 Pn 的走时差判定近震。这些走时差与速度结构模型、震源深浅等有关，譬如，在华北地区，浅源地方震 Sg 与 Pg 之间的走时差小于 13s；浅源近震 Sn 与 Pn 的走时差小于 1 分 43 秒。

②利用波的周期进行判定：震中距越大，体波的周期越大。震中距小于 100km 时，Pg 的周期小于 0.3s，Sg 的周期小于 0.5s，随着震中距增大，Pg 的周期可以达到 1s，Sg 的周期可达到 2s；Pn 的周期从 0.5～3s，Sn 的周期从 2～5s。

（2）远震、极远震的判定。

浅源远震用面波最大振幅与初至波之间的到时差进行判定，深源远震用 S 或者 PP 与初至波之间的到时差进行判定，根据 JB 表：

①远震：面波的最大振幅（通常是瑞利波的最大振幅）与初至波之间的到时差小于 44min；T_S-T_P 小于 11 分 52 秒；振动持续时间通常小于 1.5h。

②极远震：面波的最大振幅与初至波之间的到时差大于 45min；振动持续时间通常大于 1.5h；PP 波与初至波之间的时差通常小于 5 分 54 秒。

2. 地震深浅的判断

地震深浅的判定主要依据为面波发育程度、反射波的发育程度和初至波的出射角大小。

浅源地震最主要的特点是面波发育，面波呈现出成组的大周期、大振幅、正弦型振荡，最大振幅比S的振幅大很多；体波震相初动较弱、波列衰减慢，波数多。近震的浅源地震有直达波、反射波、首波等近震震相。

深源地震最主要的记录特征是面波极弱，甚至没有面波；体波震相初动尖锐，周期较浅源地震小，波列持续时间较短（衰减快），深度震相及反射波呈尖脉冲型，通常只有2~3个周期。深源近震没有直达波、反射波、首波等。

中深源地震的记录面貌介于浅源地震与深源地震之间，其面波的振幅通常与S振幅相当或者更小。

第二节　震相识别

震相识别就是根据地震波的运动学和动力学特征分辨出在地震记录图上的地震波。原则上，相同的地震波应该具有相同的记录特性，但事实上，由于构造地震断裂性质的不同、射线经过的路径上介质性质的差异、台基的差异、仪器特性的差异等多种因素的影响，造成相同地震波的记录特性并不完全相同，这里仅就较一致的共性进行介绍。

对于常规震相的识别思路是，首先根据纵波与横波到达的顺序，确定大致的震中距范围，进而明确主要震相，例如，震中距范围在20°~30°，初至震相应该为P，主要震相有S，如果是深源地震，主要震相还应该有sP等。对于震相到时相近的震相，使用波的动力学特征进行判定，例如PS与SP的区别，前者在水平向振幅较大且周期与P相近，后者在垂直向的振幅较大且周期与S相近。

一、震相识别的运动学依据

根据运动学特性进行震相判别的重要依据就是地震波的走时规律，方便使用的工具有走时表、走时曲线、走时方程等。基本思路是利用每个地震波之间的走时差进行震相的判别。在判定出横波与纵波的性质的前提下，可以初步估计出其它震相的到达时间。除此之外，还可以利用震相的成偶性进行某些震相的判别。

震相成偶性是指某个震相与其所对应的主震相之间存在1个较固定的关系，如pP与P、pPcP与PcP之间具有成偶性，震相成偶性主要包括下面3种情况：

①主震相与深震震相的成偶性：由于深震震相经过地面一次凹面反射，能量有所增加，会出现深震震相的振幅大于与之对应的震相的振幅的现象，所以容易将深震震相误认为是主震相，从而导致震中距变小。pP与P，pPP与PP，pPcP与PcP，pPKPdf与PKPaf，sP与P，sPP与PP，sPcP与PcP，sPKP与PKP，sPKPdf与PKPdf等震相间都具有成偶性，若用t表示走时，T表示周期，A表示振幅，用X表示主震相，用pX或sX表示深震震相，则它们之间有如下关系：

$t(pX) < t(sX)$　　　$t(pX) \approx$ 常数

$T(pX) < T(sX)$

$A(pX) < A(sX)$

t（pX） = pX - X，t（sX） = sX - X，表示2个震相的到时差，他们分别接近于一个常数。利用这一性质可以准确判断深震震相。

②主震相与前驱震相的成偶性：前驱震相通常是指在PP震相前所出现的经过某一深度处界面反射的波，用PdP表示PP的前驱震相，PdP的中间字母表示反射点的深度，如d等于80、400、650则表示反射点的深度为80、400、650km，当然这也说明在80、400、650km处还有界面，与这些界面对应的前驱震相与主体震相的时差为：

$PP - P_{0}P = 13''$

$PP - P_{80}P = 30''$

$PP - P_{400}P = 54''$

$PP - P_{650}P = 150''$

利用这一性质可帮助确定PP震相。

③主震相与双重震相的成偶性：双重震相是指与主震相间的距离和等于360°的同类震相，如PP（Δ）与PP（360° - Δ），SS（Δ）与SS（360° - Δ）等。双重震相有可能叠加于面波波列上，由于相长干涉，造成面波振幅反常的增大，也可能叠加一些周期略小的波动。

除上述3种成偶性震相之外，从广义讲，P波与S波、体波与面波、LQ波与LR波，都具有这种特点。

对于难以利用运动学规律确定的震相，还可以利用动力学规律进行判定。

二、震相识别的动力学依据

震相所表现的动力学特征主要有振幅、频率（周期）、相位、出射角、振动方式等。

（1）波的能量分配特征。

纵波的能量主要分配在垂直方向，横波的能量主要分配在水平向。所以，纵波在垂直向的振幅比在水平向的振幅大，而横波在水平向的振幅比在垂直向的大，随着震中距的增大这一特征更趋明显。譬如ScP在垂直方向上发育，而PcS在水平方向上发育。

（2）波的频率特性。

横波的周期大于纵波的周期，面波的周期大于横波的周期。由纵波转换成的横波的周期与纵波的周期接近，由横波转换成的纵波其周期与横波的周期接近。PS波的周期与P波的周期接近，SP波的周期与S波的周期接近。

（3）波的出射角。

当震中距较大或很小时，纵波的质点振动方向几乎与地表面垂直，此时，P波能量主要分布在垂直向，导致垂直向能量十分强。当震中距大于143°以后，PKPbc波的出射角大于85°，在地震记录图上的表征是垂直向能量极强（振幅大、振动周期多），在两水平向能量极弱（振幅小）。

（4）波的质点振动方式。

S波包括SV和SH分量，横波的质点位移矢量在以波的传播方向为法线方向的平面内。则SH波是质点位移矢量在水平面内的分量，SV是质点位移矢量在垂直面内的分量。显然，他们的振动方式不同，能量分布规律也不同。利用这一性质在地震记录图上可以区分S波与转换S波。例如在83°附近区分SKS与S，SKS是由纵波性K转换成的横波，属于SV型波，该震相在北南、东西向的记录振幅合成方向与P震相一致，与S震相不一致。

（5）波的初动方向。

纵波每反射一次，初动符号反向一次。例如 P 波初动向上，PP 波初动就向下，PPP 波初动则向上。通常情况下，从震中距大于 30°起 pP 与 P 的初动方向反向，从震中距大于 40°起 PP 与 P 初动方向反向。

三、主要震相的识别方法

地震发生后，首先根据地震事件记录的持续时间、频谱特征、是否有面波、面波出现的时间、最大振幅比、散射和频散等进行事件性质的判断。然后，再依据各类地震的特点对震相进行具体分析。分析时可根据不同地震的频率特征，采用分析软件提供的仿真功能进行震相的判别，地方震、近震可仿真短周期地震仪记录进行分析；远震可仿真成中长周期仪记录进行分析；极远震可仿真成长周期地震仪记录进行分析。对于深震的具有脉冲性质的反射震相仿真成短周期记录更容易识别。

1. 近震震相的识别方法

近震震相的识别和判断方法较多，这里仅介绍最常见的方法。

（1）单台识别。

为识别短周期震相，可以利用地震分析处理软件将地震记录仿真成 DD－1 或其它短周期仪的记录，识别步骤如下：

第一步：由记录的振动持续时间和记录震相的密集程度，判定出该地震的大致震中距范围。并以最大振幅到时减 P 波初至到时差测定大致的震中距值，当 $\Delta < 5°$时选取横波的最大振幅，当 $\Delta > 5°$时选取面波的最大振幅，对于深震，选取横波最大振幅。

第二步：根据纵波、横波、面波（主要是短周期面波）在速度、振幅、周期上的性质，判别出纵波列、横波列及面波列。

第三步：确定出初至震相的性质（Pg、Pn），并判定出与之对应的横波主要震相（Sg、Sn）。

第四步：依据 $T_{Sg} - T_{Pg}$或 $T_{Sn} - T_{Pn}$的到时差，借助走时表（或速度结构走时），定出震中距值，进一步根据震相之间的走时关系确定出其余震相，如 PmP、SmS 等。

第五步：在直达波、首波交替范围内，注意区分 Pg 及 Pn、Sg 及 Sn。判断首波与直达波的重要标志是：首波的周期较直达波大，振幅较直达波小（在较近震中距）。通常情况，多数地区在震中距 160km 之后 Pn 波成为清晰的首波。对于双层地壳结构情况下，在 Pn 波没有成为初至波之前 Pb 是初至波，地壳较薄的地区 Pn 波在 130km 时会超过 Pb 而成为第 1 震相。Pb、Sb 波形态类似首波 Pn、Sn，常常易混淆。

第六步：当震中距大于 600km 时，有可能进入 P、S 波的“影区”，此时应注意区分短周期面波与 S 波。进入“影区”的记录，地震初至极弱，弱到几乎看不出来的程度，此时，在水平向出现的强振幅应为高阶面波 Lg1 、lg2。

（2）多台震相判别。

多台进行地震震相判别是准确确定震相的重要方法，多台震相判别方法很多，这里主要介绍多台对比法、P 波到时对比法、和达直线法、发震时刻对比法。

①多台对比：利用该方法可判定不同台站识别同一个震相的准确性。基本方法是将各台识别到的同一名称的震相减去发震时刻（或者减去准确的 Pg、Pn 到时）得到 T，在 $\Delta - T$

的直角坐标系中，将各台记录到的（Δ、T）值点图，然后做拟合直线，偏离直线的点则应该是错误的震相，在拟合误差之内的点则为准确震相。

②P波到时对比法：目前多数地震分析软件都具有“按P波到时进行排序”的功能，利用此功能将所有台站按P波到时进行排序。先对首条记录进行分析，确定其初至震相，再按走时与震中距之间的关系，确定出其它台的初至震相，进而确定出后续震相。

③和达直线法：和达直线法是一种多台鉴别震相的经典方法。和达直线方程为：

$$T_x = a(T_y - T_x) + T_0 \tag{7.2.1}$$

其中 T_x 表示Pg、PmP、Pn到时，T_y 表示Sg、SmS、Sn到时，T_0 为发震时刻，$\alpha = 1/(k-1)$，k 为波速比，$k = Vp/Vs$，它是与介质性质有关，与走时无关的量。

和达直线方程说明对于同一个地震，各台记录到的 T_x 与（$T_y - T_x$）之间是线性关系。按此原理，将各台数据（T_x，$T_y - T_x$）点在 T_x 与 $T_y - T_x$ 组成的坐标系中，应构成一条直线。按此原理，可以判断所识别的震相的准确性。这一方法已被某些地震分析软件所采用。

④发震时刻比较法：从道理上讲，各个台站资料分别确定出来的同一个地震的发震时刻值是相等的，若其中某台的发震时刻出现偏差较大，则该台用于确定发震时刻的震相判定的不准确。

事实上，由于各台的时间服务系统精度不等，震相清晰可靠程度不同，震源各方向上波速不均匀等因素，使得各台确定的发震时刻之间存在一定的差异，这一偏差对地方震通常为1s，对近震为1～3s，也就是说，只有当某台定出的发震时刻与平均发震时刻差值超过这一范围时，才认为其震相识别有误。

2. 远震震相识别方法

远震的地震波传播路径长、穿透深、遇到界面多，从而导致远震震相多且错综复杂。远震分析时首先利用走时表进行主要震相的判断，然后结合波的振幅、周期、出射角、初动方向、成偶性等对一些震相进行辨别。

（1）利用走时规律识别远震震相。

对远震和极远震进行分析时，应考虑震源深度的影响，由于浅源地震与深源地震的记录面貌不相同，所以分析时应采取不同的分析路径。

①浅源地震：浅源远震的面波十分发育，可用如下方法判断震相：

第一步：找出面波最大振幅（通常是瑞利波的最大振幅），量出其与初至波间的时间差（$T_{面} - T_{初}$）。

第二步：利用（$T_{面} - T_{初}$）查“RM－P表”，得出大致的震中距Δ、S－P或PP－PKPbc（PKP）值，便可定出该地震是远震还是极远震。

第三步：以第二步查出来的Δ为依据，确定初至震相是P、P_{dif}、PKPdf还是PKPbc，在地震记录图上找出初至震相及S、PP震相，从图上量出实际的S－P或PP－PKPbc（或者P_{dif}、PKPdf）。

第四步：用实际量出的S－P或PP－PKPbc（或者P_{dif}、PKPdf）查走时表的浅源走时表（通常33km），根据走时表提供的各震相与初至震相之间的走时差，确定出其他震相。

②深源地震：进行深源地震分析时，不仅要考虑震中距还应考虑震源深度。具体作法：

第一步：纵观记录全貌，若无面波，则说明是深源地震；若有面波但面波不十分发育，振幅甚至小于体波，则说明是中深源地震。根据这一面貌可先估计1个大致的震源深度，如500km、200km等。

第二步：中深源地震可用面波最大振幅进行S、PP的判断（如浅源的方法）。深源地震的特点是体波非常清楚，所以，可根据纵横波的能量分配规律，直接由水平向找出横波、或在垂直向找出PP波。

第三步：利用估计的震源深度与从图上量出的S－P或PP－PKPbc（或者P_{dif}、PKPdf）查走时表，得出深震震相（pP、sP、pPP等）与初至波间的走时差。

第四步：利用深震震相（pP、sP、pPP等）与初至波间的走时差到记录图上找出深震震相，并量出实际的走时差值。

第五步：利用实际的S－P或PP－PKPbc（或者P_{dif}、PKPdf）、深震震相（pP、sP、pPP等）与初至波间的走时差值查走时表，在合适深度的走时表上得出其它震相与初至波间的走时差，并在记录图上确定出这些震相。

（2）部分远震震相的识别。

有一些震相在特定的震中距范围内具备一些特殊的特征，利用这些特征可以较好的找准这些震相。

①P与PKPbc的辨别：当PKPbc出现时，震中距达到142°以上，此时PKPbc的出射角大于85°，能量主要分配在垂直向。而P波的出现范围在105°之前，它在三个分向都有位移，且三个分向的振幅差远小于PKPdf。

②PP与PKS辨别：PP没有初动振幅，是起始很弱的持续波列，振幅在1～2个波数后很快增大，并且周期也变大，波列上不叠加波动或短周期干扰，PP波在水平向上有一定的分量。

PKS在130°～135°间开始出现。PKS与PP离得很近，到时差不到2、3个周期，凡是PP波后1.5min内，在水平向出现大振幅脉冲型波动，垂直向不明显的震相，一般可认定为PKS。

③PKS与SKP辨别：这2种波的走时相同，但传播路径和在记录图上的特征不同。PKS震相在到达地面时的振动性质为S波，因此水平向明显而垂直向较弱。一般在132°聚焦。SKP在到达地面时的波性为P波，因此垂直向明显，水平向很弱。随着震源深度的增加，因接近核界面，到达地面的入射角变大，转换系数（P—S或S—P）减小，以致SKP时断时续，PKS逐渐消失。当距离超过150°，SKP和PKS则完全消失。

④SKS与S辨别：在83°附近，是SKS与S震相的交替点，在该处附近易将SKS与S搞混。SKS中的第二个S只包含SV分量，不含SH分量，所以，其地动位移的水平矢量与P地动位移的水平矢量在同一方向线上，即SKS水平向的初动方向与P相同。S的水平向的初动方向与P不一致。

⑤PP与PS的辨别：PP在垂直向的能量分布较强，且在垂直向的初动方向与P相反；PS在水平向能量分布较强。

⑥PP与SP的辨别：SP波是由S波转换的P波，其周期与S波相近，大于PP波。

⑦PKPdf与P_{dif}的辨别：P_{dif}波的传播速度快，比PKPdf波快1～3min，PKPdf是一个孤立的震相，其振幅弱，周期大，通常波数小于3个。在震中距110°～125°范围内PKPdf很弱，

在垂直向能够分辨，通常在其后的30秒到3分25秒之内出现较大振幅和较大周期的PP波列。该波随着震中距增大，波列的持续时间会增长、振幅会增大，直至与PP振幅相当。

⑧LQ与LR辨别：他们都是面波，理论上LQ波具有正频散现象，即长周期在前、短周期在后，呈现前松后紧的特点，LQ震相是由于SH波的全反射干涉形成的，因而只出现在2个水平方向上，并且比LR波传播速度快。LR震相是P波与SV波全反射干涉形成的，因而在3个分向上都能够记录到，且速度较LQ慢。

⑨在震中距180°附近，由于地震波从地球两面传播的距离相近，一些震相会成对出现在记录图上，例如出现两个PP。

震相携带有地震波本身、震源、传播路径、记录系统等各类信息，体现在地震记录图上具有复杂的表现，以上所阐述的震相识别方法仅是地震工作者在对多年震相分析工作进行总结的基础上得出的较为普遍的规律。对于宽频带观测记录，在进行震相分析时，可以根据软件提供的功能，结合震相的频率特性，采用滤波等功能结合波的频率特性进行分析。

第三节　爆破地震与诱发地震

这里的爆破主要指为探测地下结构进行的人工地震，采石、工程、公路、矿山等工程爆破。诱发地震是指由于人类活动或某些其他自然因素触发导致的地震。这类地震与构造地震的记录特征有相似之处，但也有各自的特性。

一、爆破地震记录特征

由于爆破产生的地震波其特征与地震波类似，因而，仅仅依据地震台记录的波形，难以区分，在判定时，需要考虑爆破的规律性。

通常爆破地震信号具有持续时间短、突变快的特点，频率一般在200Hz以下，是一种典型的非平稳信号。爆破记录的特征与爆炸当量、起爆方式、场地情况、传播路径、仪器特性等因素有关。

1. P波初动方向

通常爆破是点源且为膨胀源激发，所以每个台站所记录到的P波垂直向的初动方向均向上（图7.3.1a和图7.3.1b），且辐射振幅相同。而构造地震由于震源机制不同，处于不同方位的台站所记录到的P波垂直向的初动方向有可能向上、也有可能向下，且在不同方位上辐射能量和极性也不同，呈花瓣式辐射。

2. 波形特征

由于爆破是瞬间效应，所以爆破的初始波为脉冲形，通常爆破地震波的频率比同等震中距地震波的频率高。但是，随着震中距加大高频成分逐渐被地表吸收，P波的周期会逐渐变大，波的周期能达到1.5s。

爆破的频谱单调，天然地震的频谱复杂。爆破的振动持续时间短，每个波列的衰减较快。爆破记录上有清晰的面波（图7.3.2）。

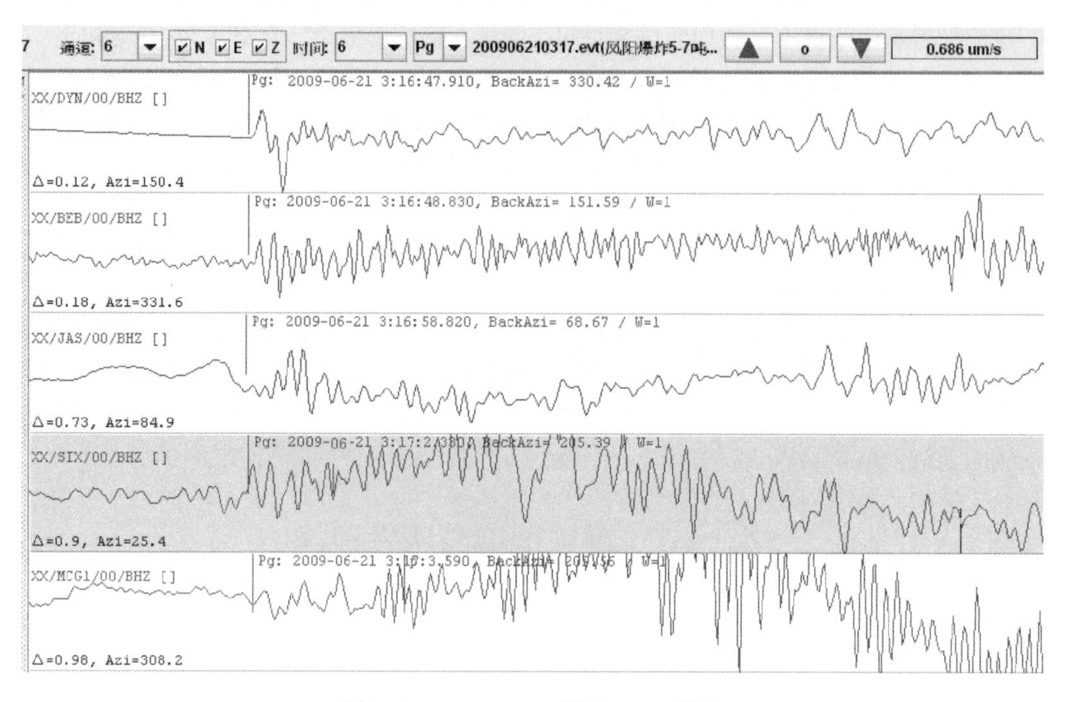

图 7.3.1a　20090621 凤阳 6－7T 爆破

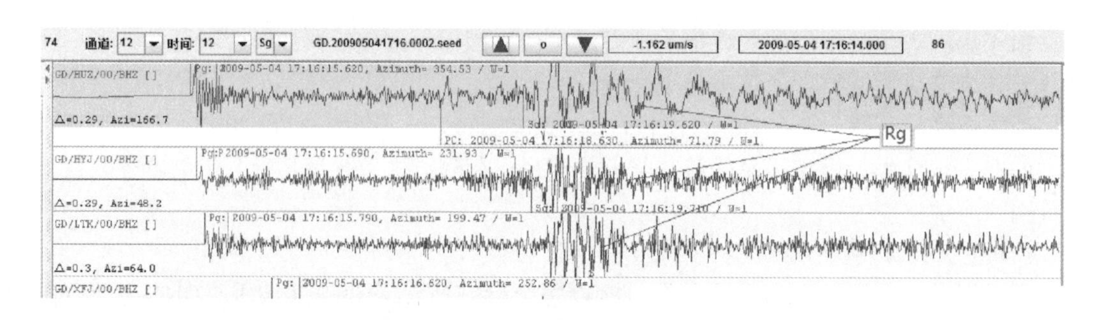

图 7.3.1b　乳化炸药当量：800kg　起爆方式：爆孔 30 余个　广东台网记录

3. 爆破的振幅比

爆破的振幅比与爆破的激发形式有很大关系，通常膨胀源激发时，P 波的振幅强烈，P 波与 S 波的最大振幅比约为 1.0，构造地震的振幅比约为 0.25 ~0.1。

4. 爆破的时间较规律

爆破的时间根据任务和客观条件决定，通常情况下，矿山爆破激发时间往往在晚上下班前后；深部探测的爆破时间往往在深夜；浅层探测往往在白天，且激发次数十分频繁。

二、诱发地震记录特征

水库蓄水、石油和天然气开发、油田注水、采矿等人类活动，气候变暖、月球、太阳的潮汐等自然因素都可能诱发地震。水库地震是最常见的诱发地震。诱发地震的特征与诱发原

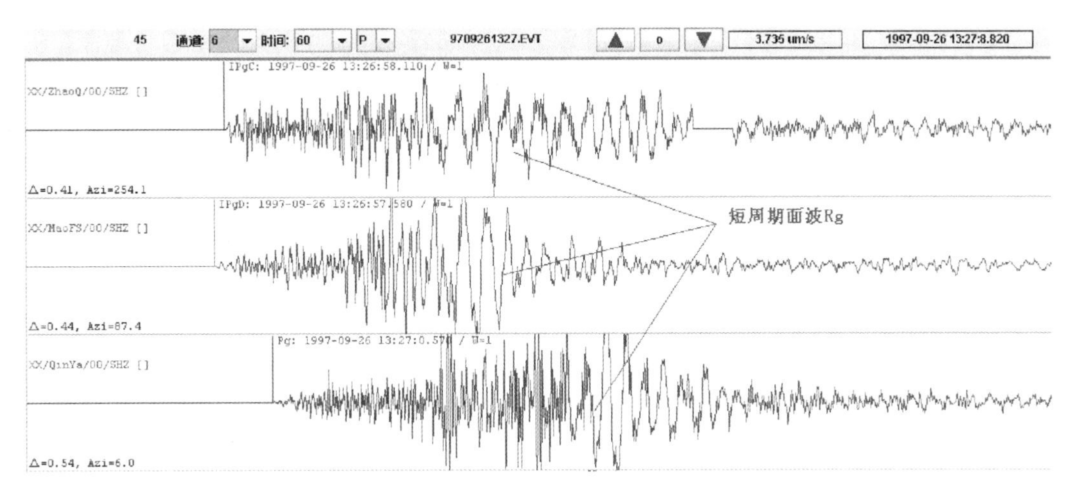

图 7.3.2　1997 年 9 月 26 日三水盐矿爆破波形图

因、射线传播路径的介质特性等很多因素有关，不易总结出固有的记录特征，具体分析时需要根据实地调查，结合地震射线理论、走时规律等进行判定，此处仅以几个例子进行介绍。

实例 1：图 7.3.3 是四川台网记录的四川遂宁气田地震。该地震的震源深度大致为 2～5km，P 波起始缓慢，周期为 1s 左右，没有散射；S 波不发育，有短周期面波 Rg，由于干涉和叠加效应，远台的振幅增大。由此估计发震过程不是一次性高速破裂过程，断层面活动表现出有润滑并发生蠕变过程，震源物理表现张力矩为主和单力偶特征。

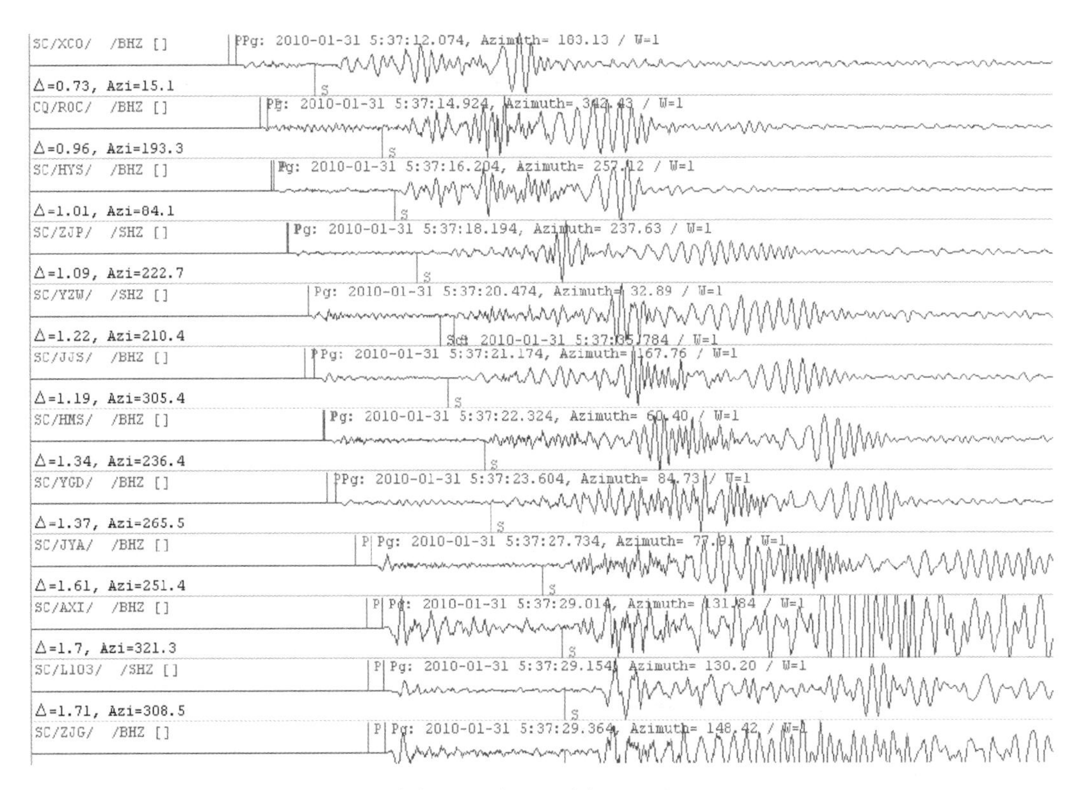

图 7.3.3　四川遂宁气田地震　四川台网记录　H：5km　M：5.0

实例2：图7.3.4是由于干旱与洪涝交替而诱发的岩溶（卡斯特地质结构）地震。记录特征表现为初动不尖锐，初动符号无规律可循，体波以高频成份为主，因散射引发明显的子波，有明显的短周期面波。这类地震是由于水渗透作用改变了应力条件，降低了岩体结构面的摩擦强度，从而导致岩溶错动、斜倾和塌陷等现象的发生。

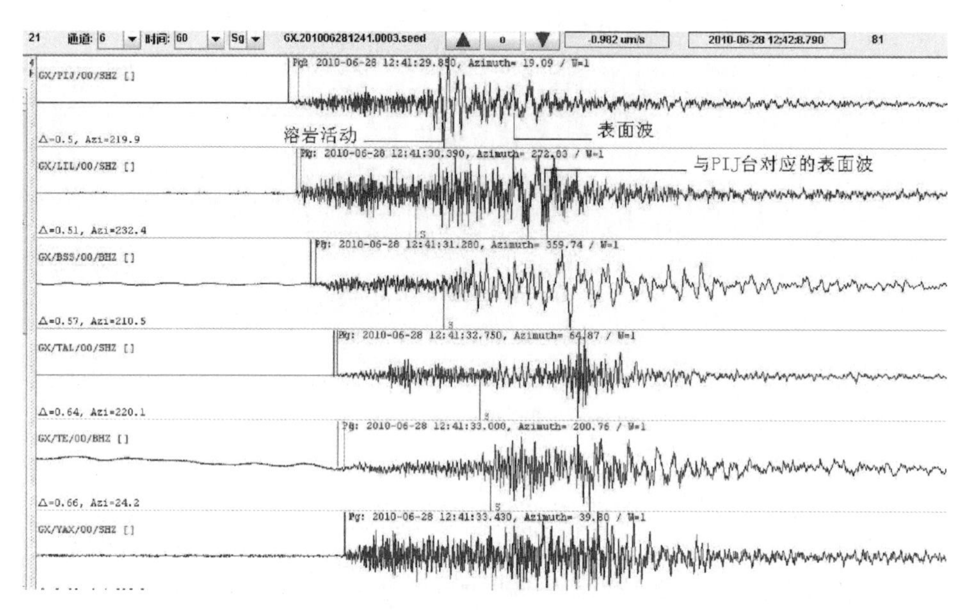

图7.3.4 广西壮族自治区凌云-凤山洪涝诱发的岩溶地震 $H<5$km M：2.5

实例3：图7.3.5是广东省梅州市兴宁市采矿所诱发的地震，记录表现为：初动不清楚，地震体波周期较大，S与P的振幅较大，短周期面波清楚。

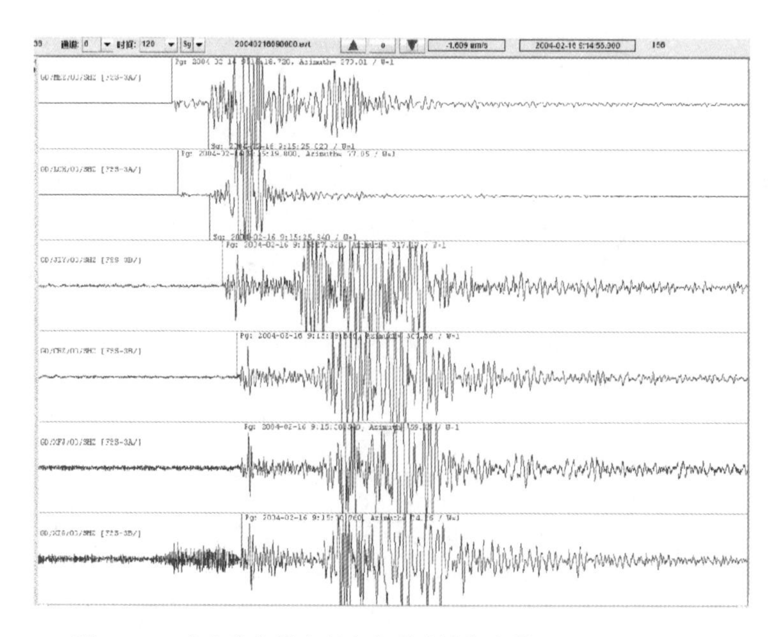

图7.3.5 广东省梅州市兴宁市采矿诱发地震 H：6 M：3.2

实例4：图7.3.6是广西地震台网记录的广西壮族自治区龙滩水库诱发的地震。该地震的初动不清晰，短周期面波发育，振动持续时间短。

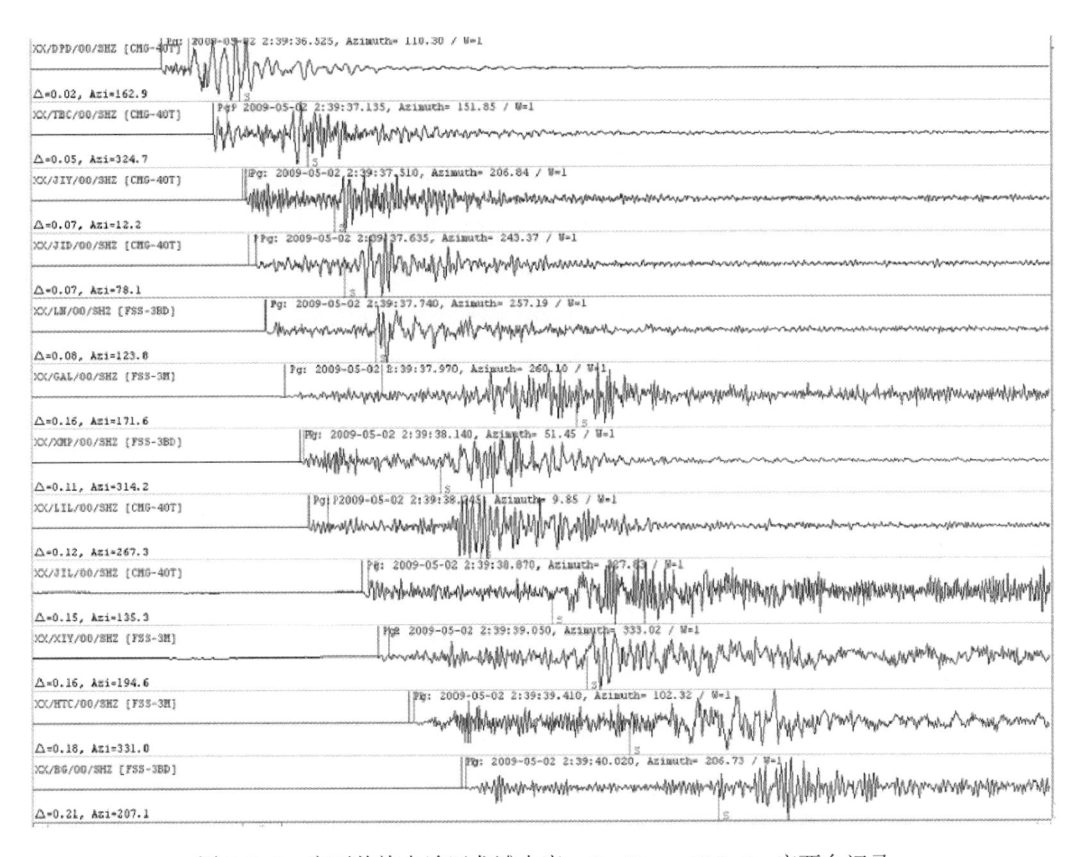

图7.3.6　广西壮族自治区龙滩水库　H：2km　M_L1.6　广西台记录

实例5：2005年6月5日14时51分在重庆武隆发生大滑坡。滑坡形成极强的脉冲，并拌有多次振动。图7.3.7a显示，此次滑坡从起始到结束持续时间约为30~40s，其中有5次大规模滑坡。图7.3.7b显示P和S耦合紧密，几乎没有明确界限，也没有明确的体波、面波的界定点，体波周期杂乱无章，由于滑落的持续，地震波没有衰减规律，P波初动方向分布无规律。

实例6：图7.3.8是首都圈台网赞皇地震台记录的河北邢台石膏矿塌陷。塌陷与滑坡的区别在于塌陷通常只有垂直运动，没有水平运动。塌陷的一个重要特征是“地鼓”现象，即在塌方点（震中中心区）垂直分向记录的初动向下，在塌方点外围垂直分向记录向上。

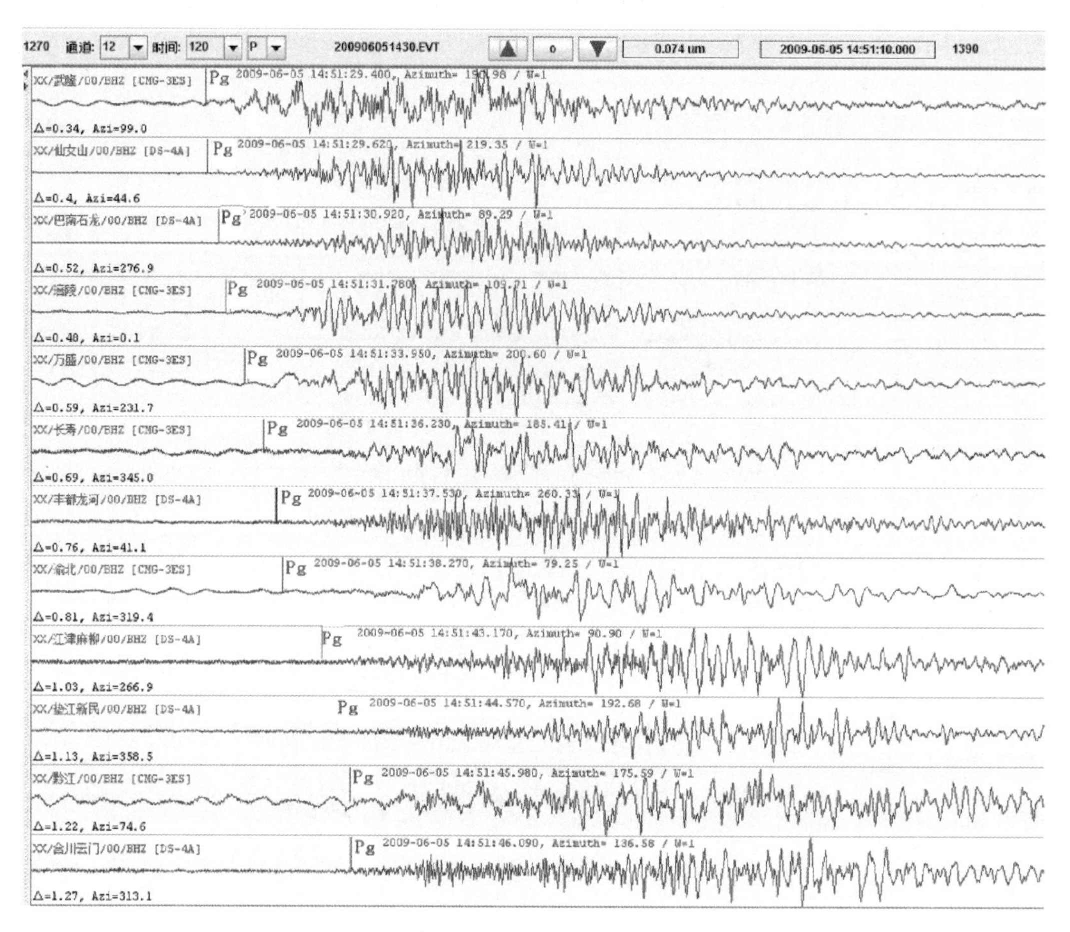

图 7.3.7a　重庆武隆滑坡　M：3.2　重庆台网记录

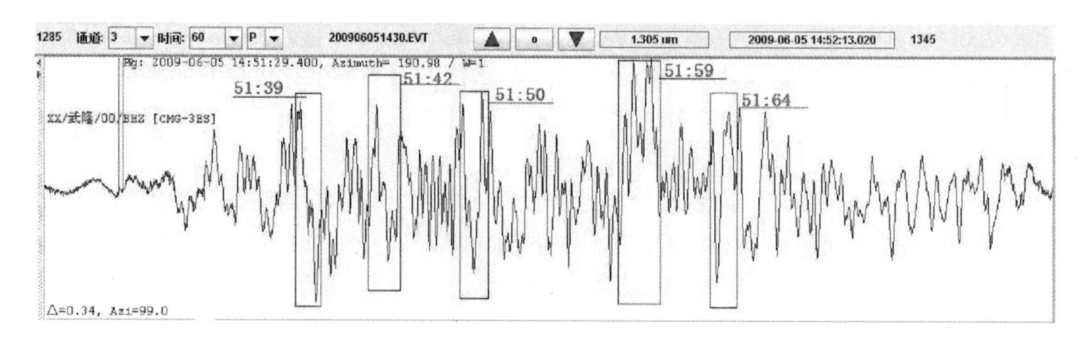

图 7.3.7b　重庆武隆滑坡的岩土滑落过程记录图

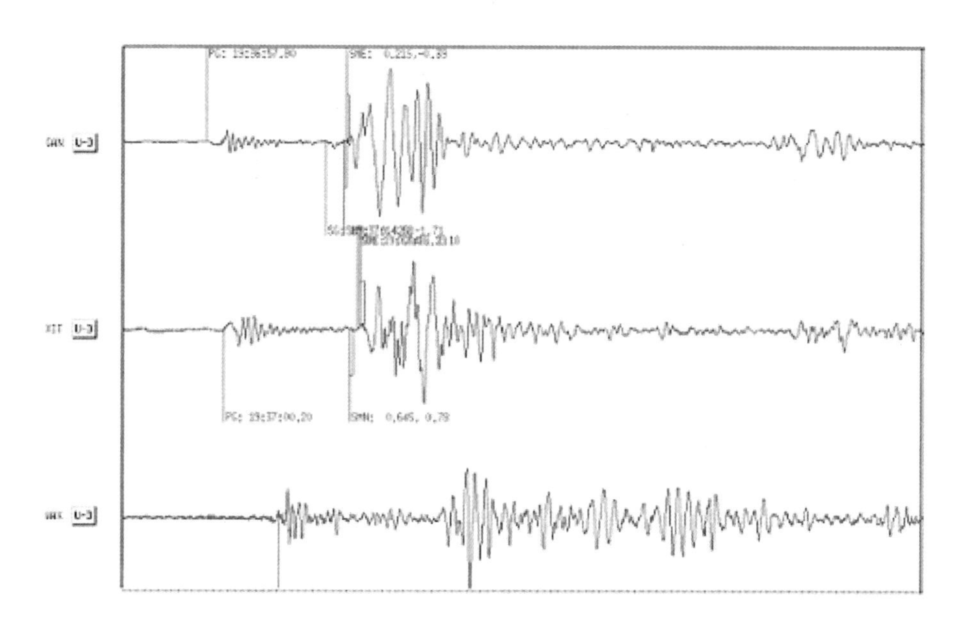

图 7.3.8　河北邢台石膏矿塌方

通过以上震例看出，诱发地震的记录形态与发震性质有很大关系，总体上讲具有多数震源尺度小，震源深度极浅，活动不剧烈，所以初动往往不清晰；体波周期杂乱无章，且体波、横波、面波无明确的界定点；流体（水、油、气）侵蚀到比较脆弱的断层，使断层面活动有蠕动及滑动过程，导致地震波周期较大而又初动不清；震源很浅，所以短周期面波发育；振动的持续时间短；P 波初动方向分布规律性不强等特性。

第四节　常见的干扰记录

在地震记录图上不仅能够看到地震引起的振动，还能看到一些其它的振动，如机械振动、海水振荡等。若以获取地震记录为目的，这些振动就被称作干扰。事实上，如果这些振动与地震波的振动重合在一起，必将影响对地震波的识别。

1. 地脉动

地震、风振、火山活动、海洋波浪、河水流动、瀑布等自然因素会引起地脉动，交通、动力机器、工程施工等人为因素也会引起地脉动，它是稳定的非重复性的随机波动。在地球的任何一点都能记录到地脉动。地脉动有时会干扰掉 P 波的初动相位。图 7.4.1、图 7.4.2 及图 7.4.3 是不同时期不同类型地震仪器记录到的因大风所导致的地脉动。

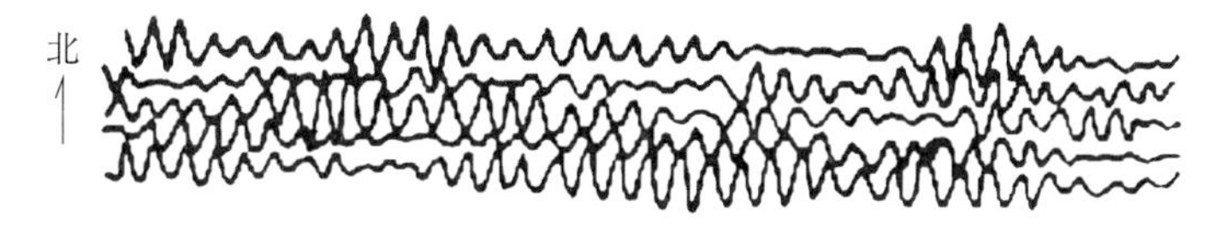

图 7.4.1　1971 年 10 月 8 日　地震仪的地脉动　兰州台记录

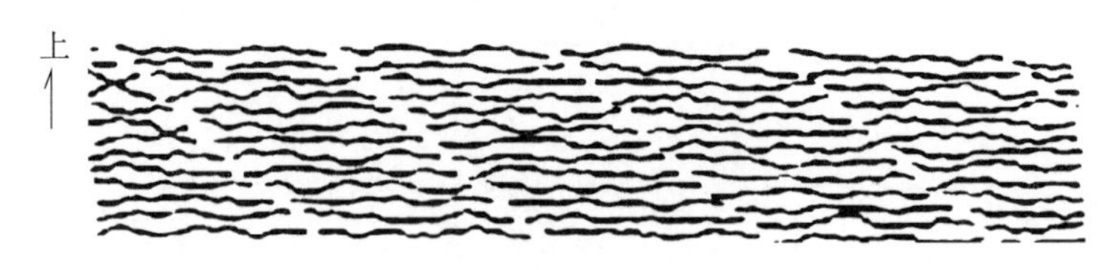

图 7. 4. 2　强风引起的脉动干扰

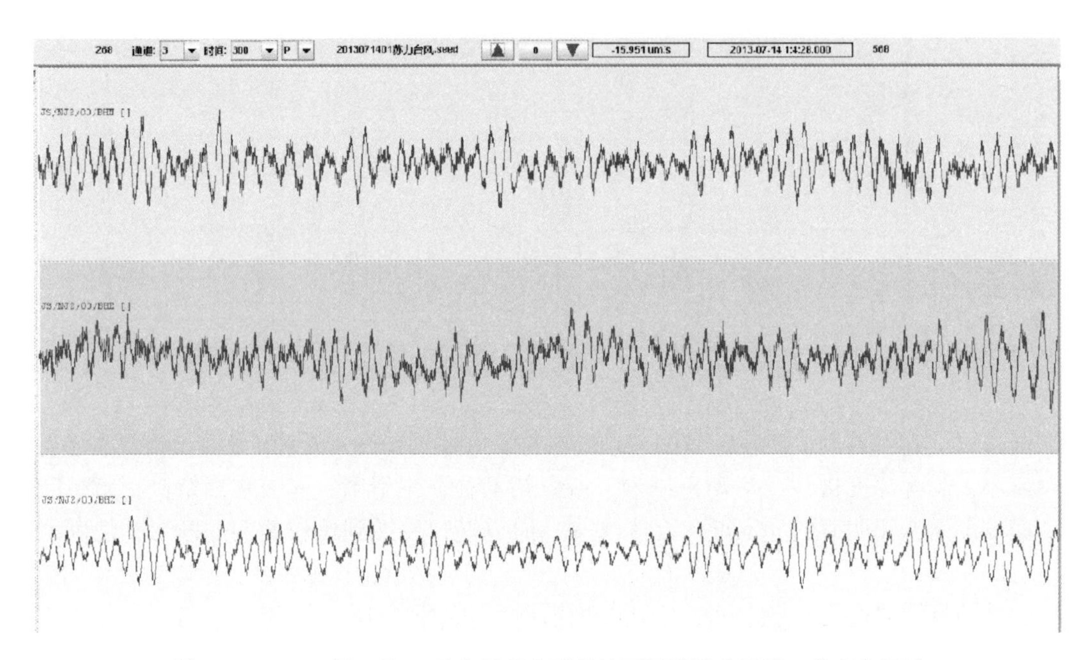

图 7. 4. 3　2013 年 7 月 14 日台风苏力引起的不规则脉动干扰　南京台记录

2. 机械振动

机械振动有很多，只要在观测点附近，就会对地震记录形成严重干扰。图 7. 4. 4a、图 7. 4. 4b、图 7. 4. 4c 和图 7. 4. 4d 是汽车的不同运动状态记录图。图 7. 4. 5 是福建台网邵武台记录的建筑施工的记录图。

3. 海浪

图 7. 4. 6a 和图 7. 4. 4b 是海水振动所引起的波动，对地震记录的干扰十分强烈。往往海水振动的幅度大于地震的幅度，致使一些震级较小的地震信息无法被记录下来，这在很大程度上影响了地震信息的接收。图 7. 4. 7 是 2013 年 9 月 20 日 19 号强热带风暴“天兔”登陆前的陆丰台的记录，图 7. 4. 8 是 2013 年 9 月 20 日 19 号强热带风暴“天兔”登陆后的记录，从图中可以看出，台风登陆前地脉动比较平稳，振幅起伏不大，周期也没有明显变化。台风登陆后，地脉动频谱非常复杂，振幅大小比例超过 10 倍。表明台风登陆对地震记录有强烈干扰。

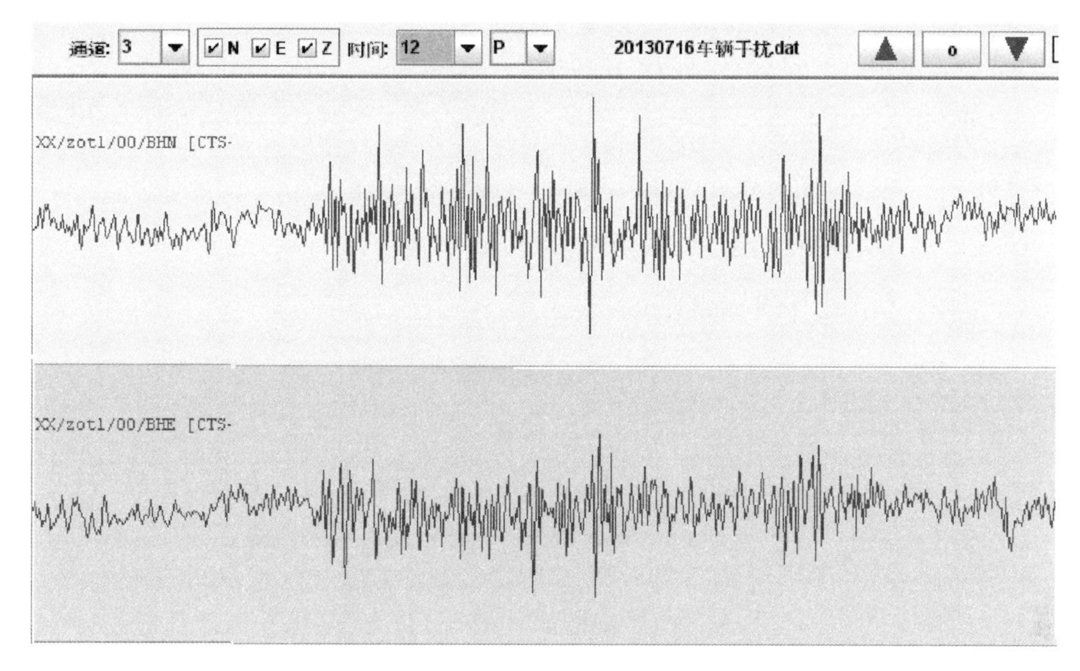

图 7.4.4a　汽车行进的振动波　昭通台记录

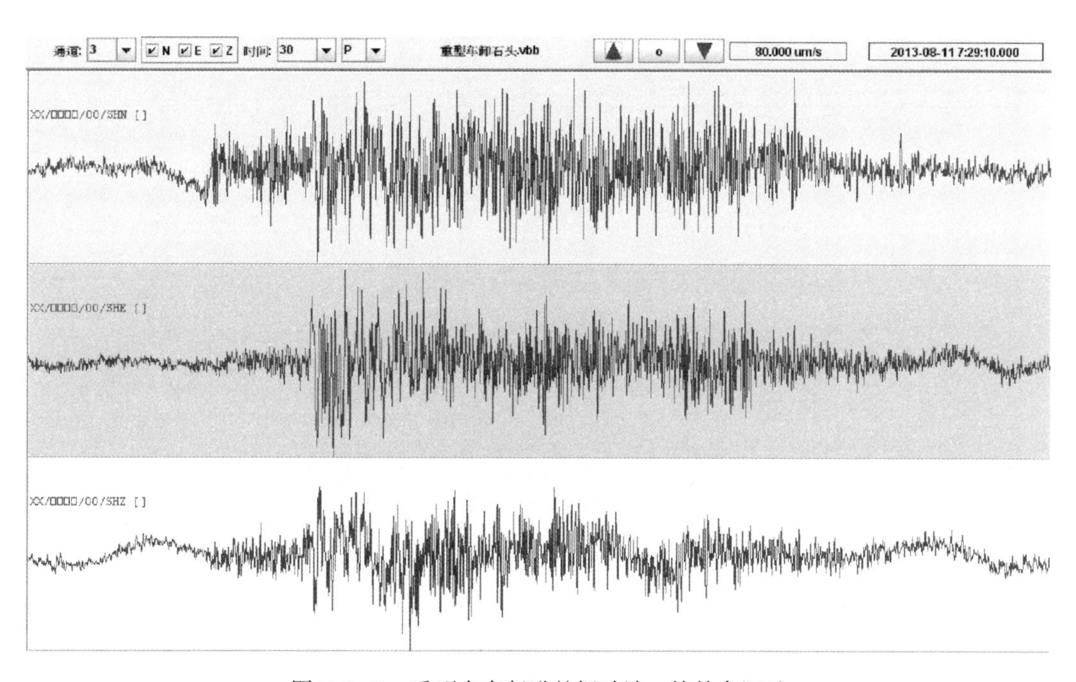

图 7.4.4b　重型卡车行进的振动波　桂林台记录

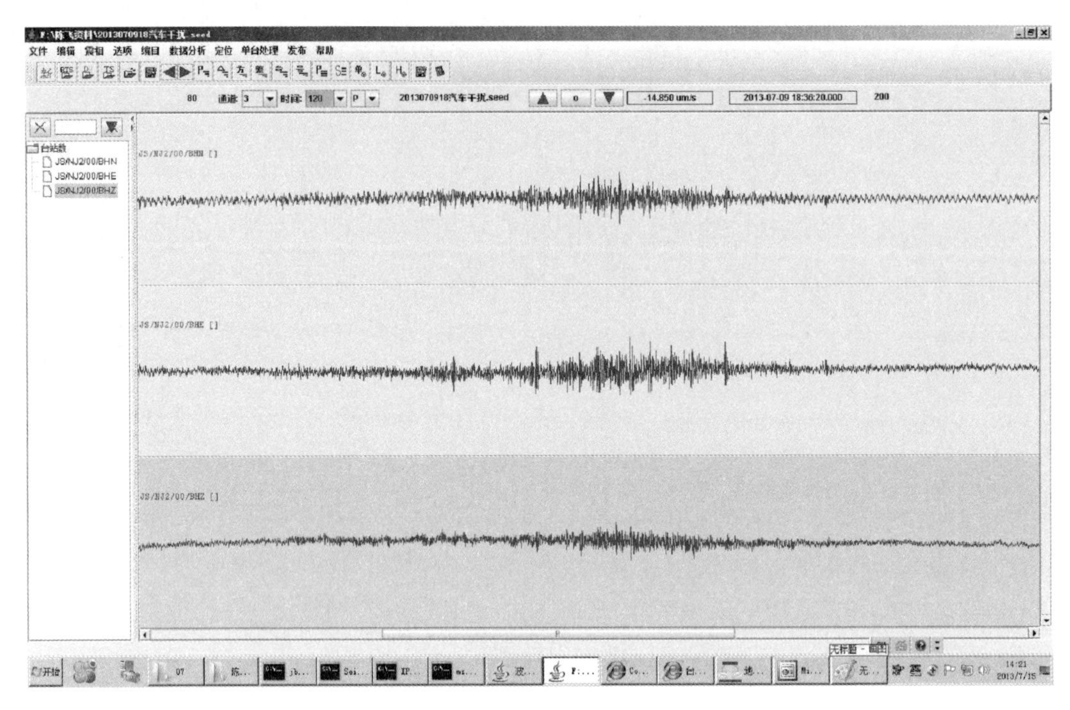

图 7.4.4c　汽车行进振动波　南京台记录

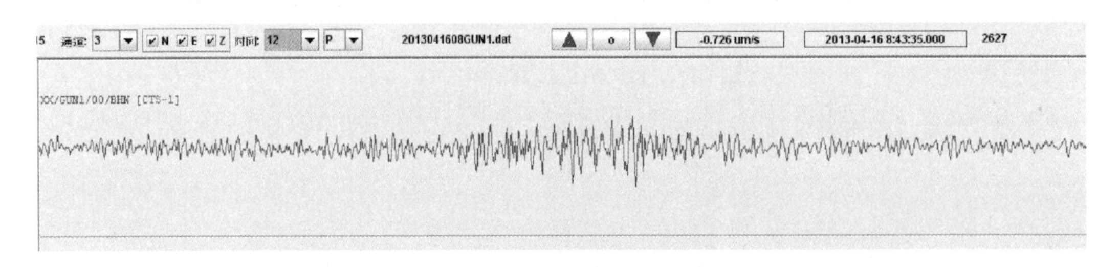

图 7.4.4d　车辆由远而近再远去的振动波　四川姑咱台记录

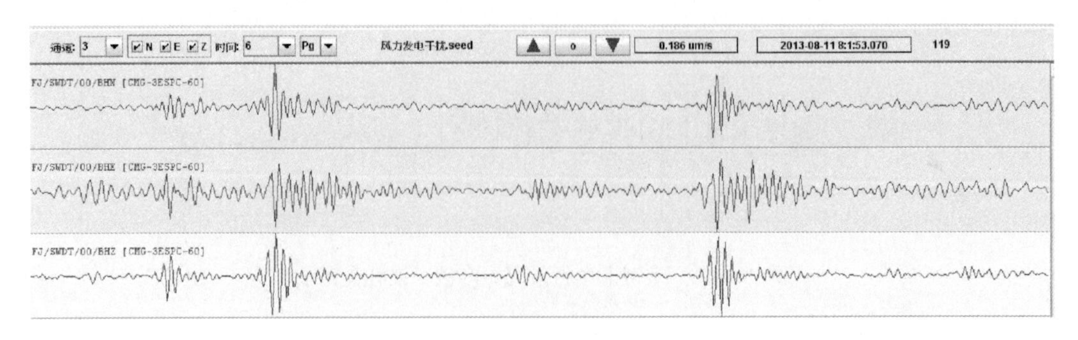

图 7.4.5　由于城市建筑施工引起的振动波　2013 年 8 月 11 日　福建台网邵武台记录

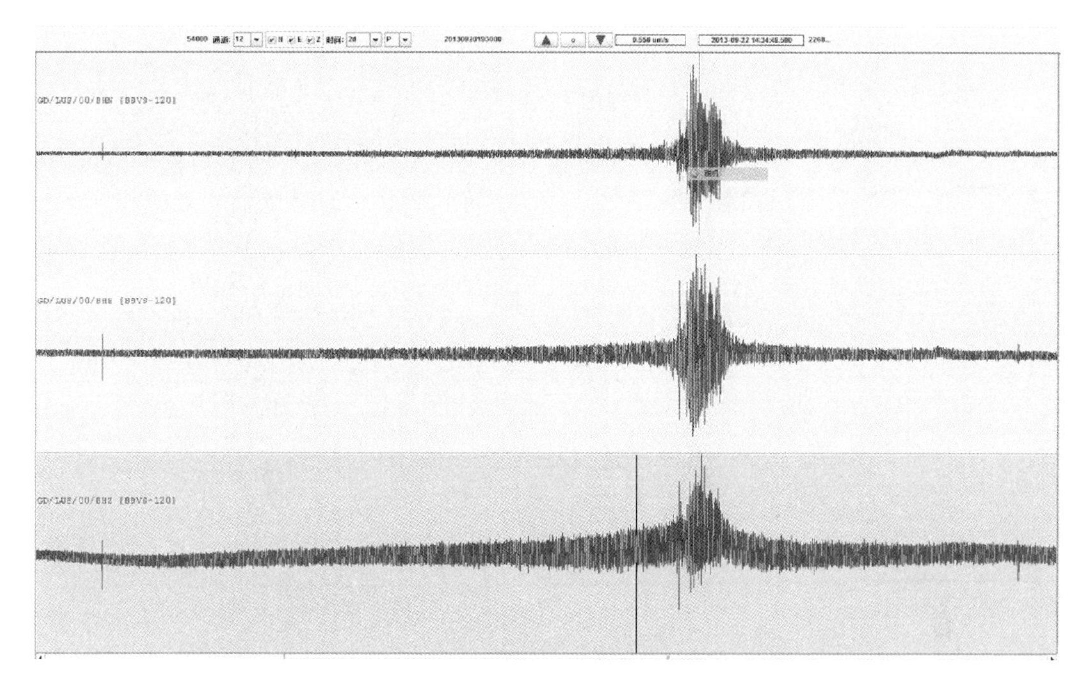

图 7.4.6a　广东台网陆丰台记录

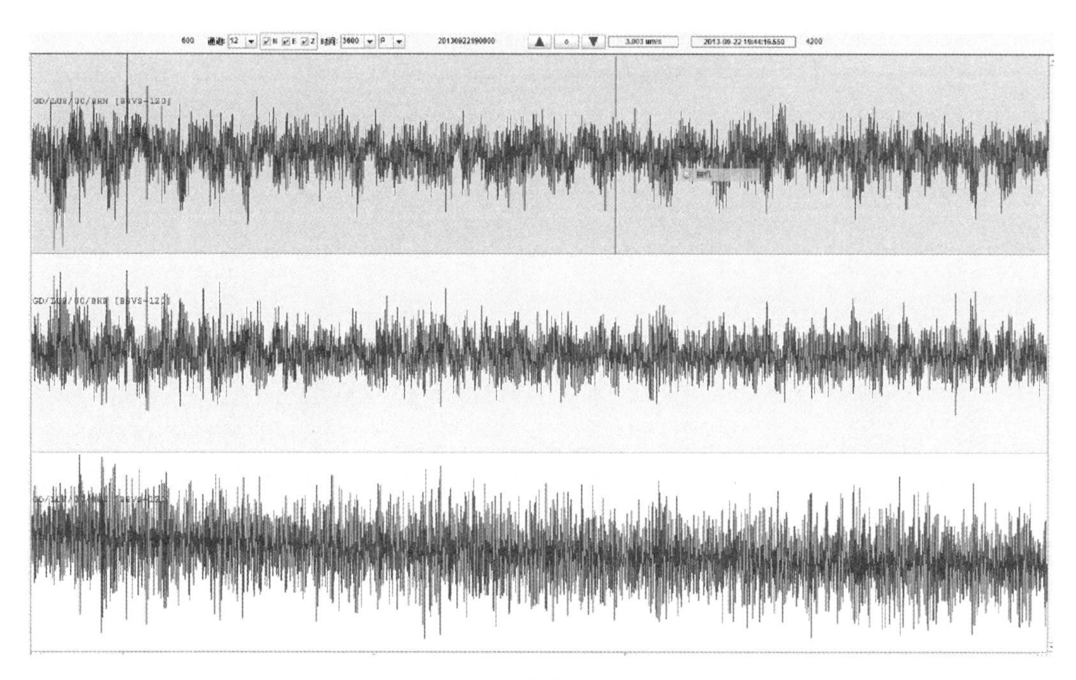

图 7.4.6b　广东台网陆丰台记录

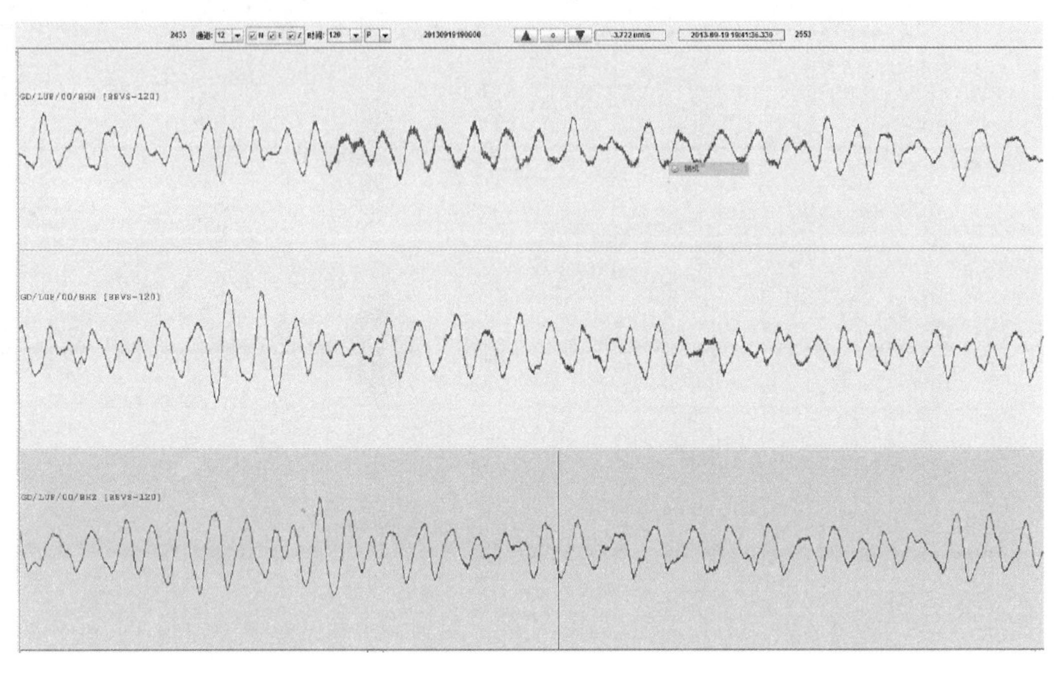

图 7. 4. 7　2013 年 9 月 20 日 19 号强热带风暴“天兔”登陆前的记录　广东台网陆丰台记录

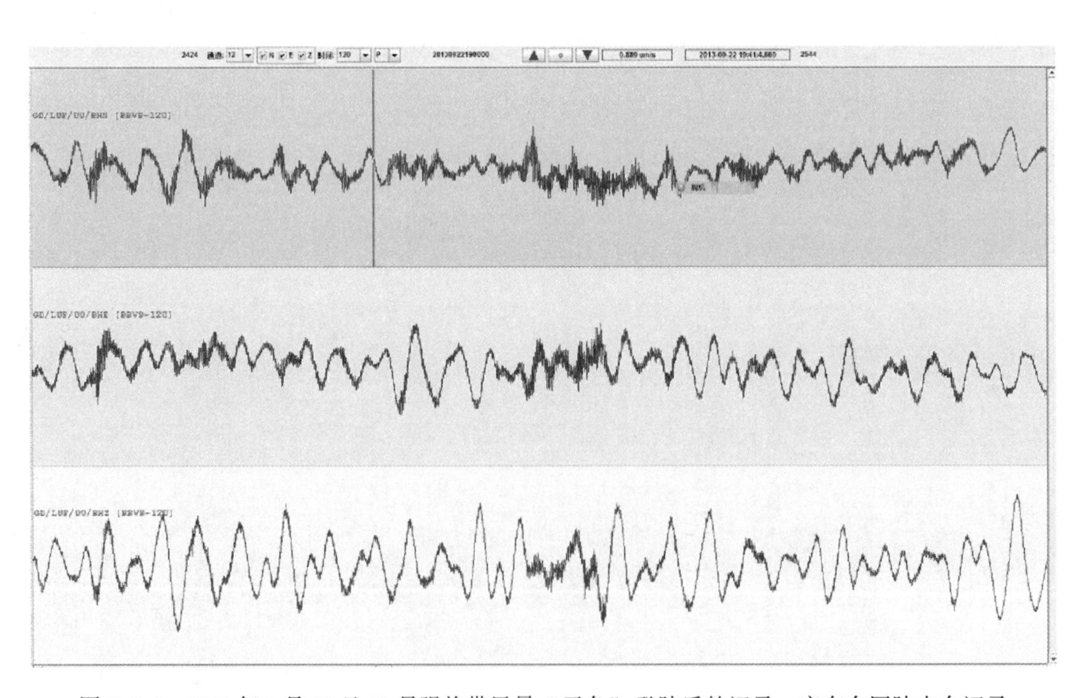

图 7. 4. 8　2013 年 9 月 20 日 19 号强热带风暴“天兔”登陆后的记录　广东台网陆丰台记录

4. 摆房内及周边的常见干扰

人进入摆房或在摆房周边施工会产生各类不同的振动，见图7.4.9（a，b，c，d，e，f）。

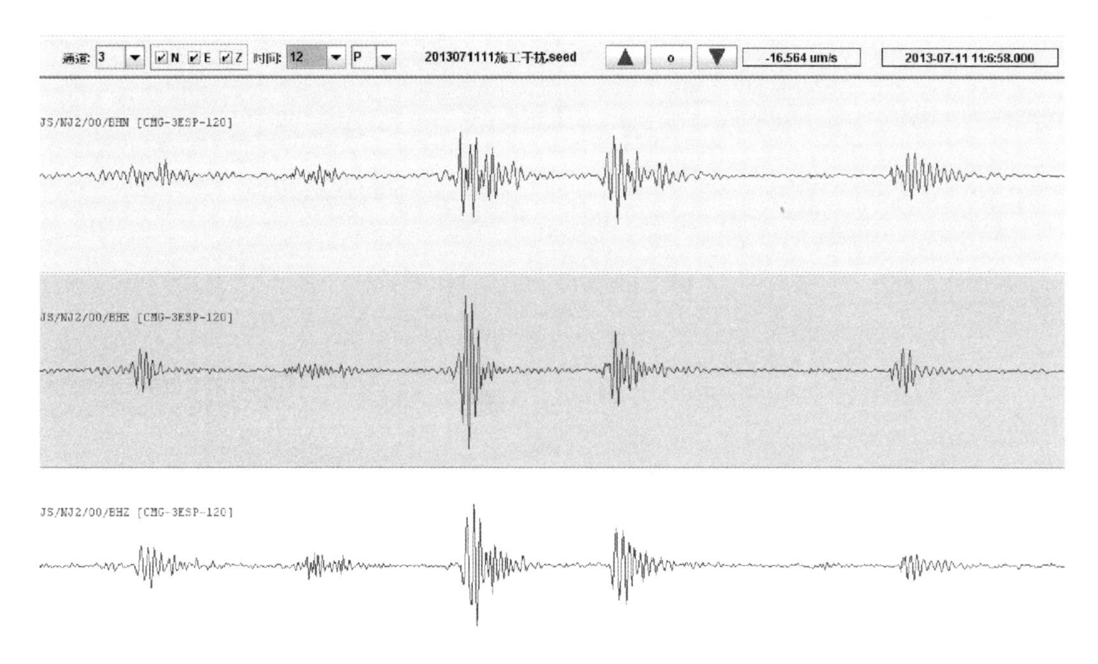

图7.4.9a　南京台摆房较近地区的施工振动波　南京台记录

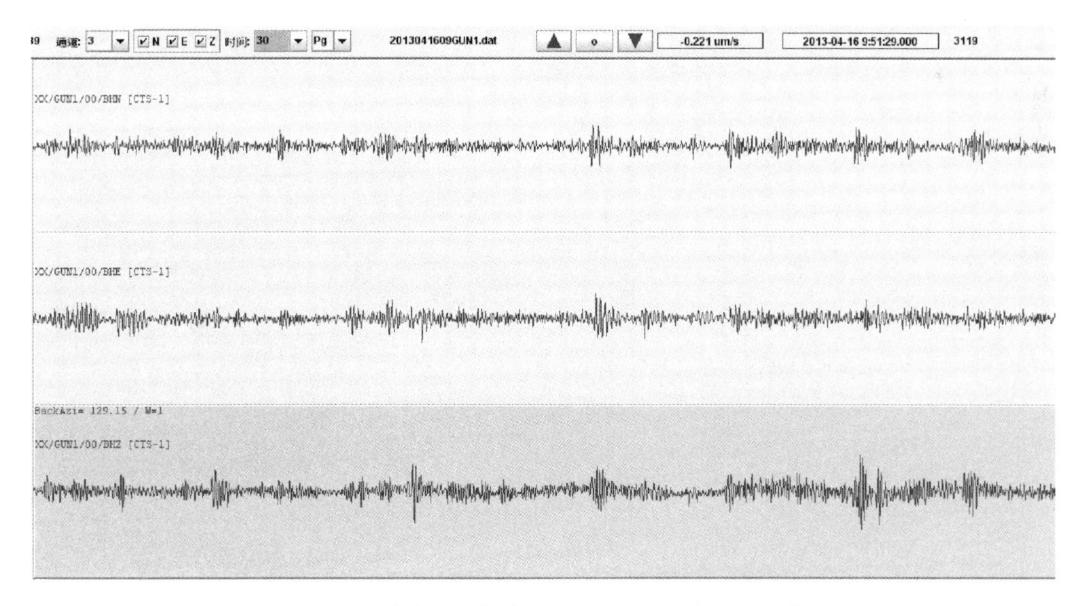

图7.4.9b　机械施工（修路）振动波　四川台网姑咱台记录

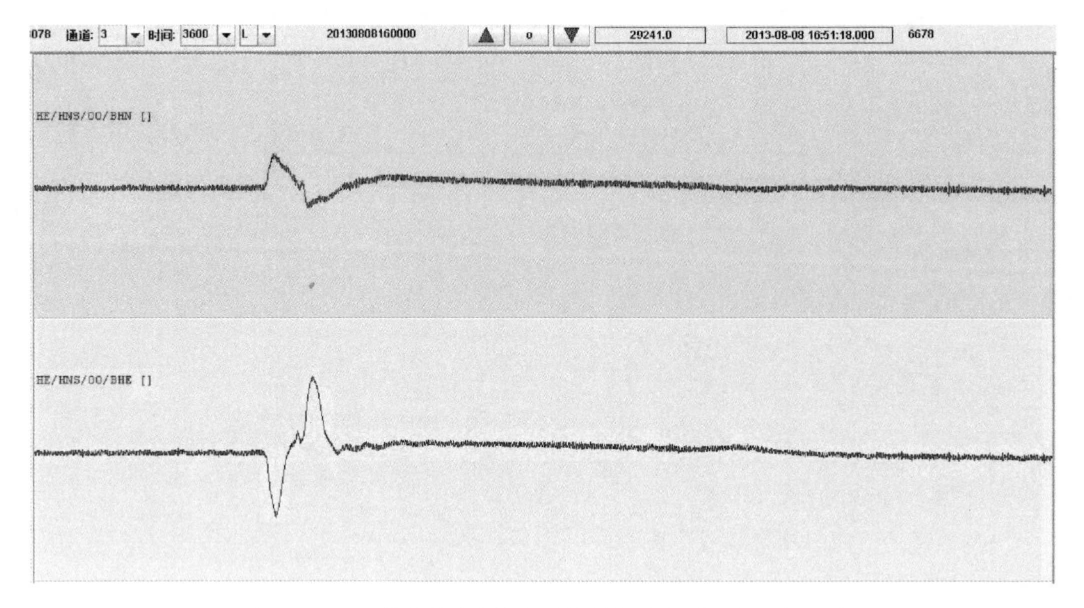

图 7.4.9c　工作人员出入摆房关门的振动记录　红山台记录

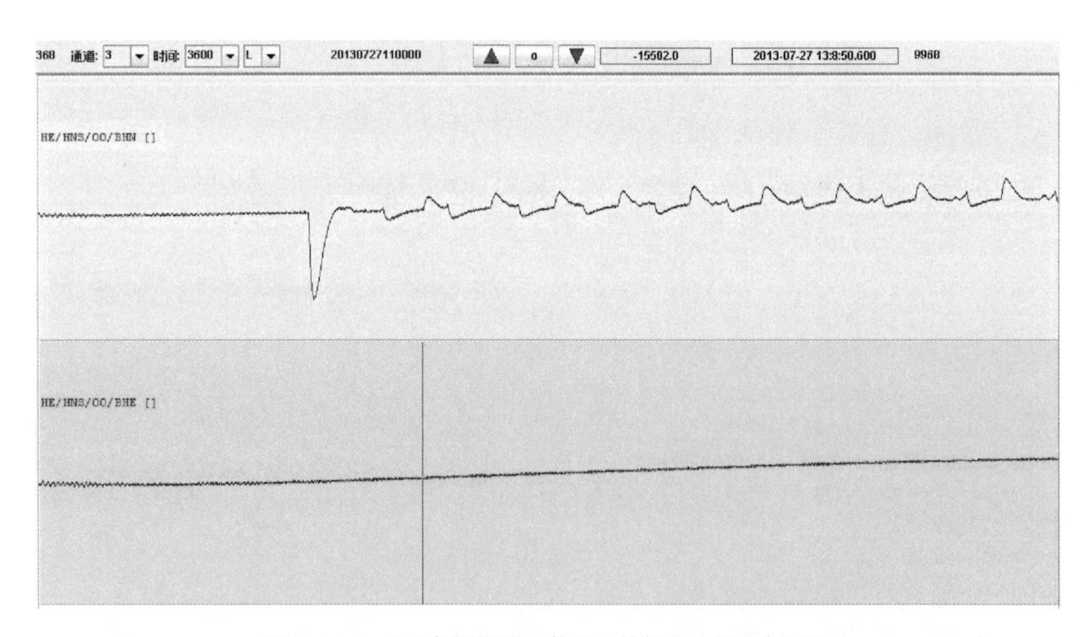

图 7.4.9d　人在仪器墩附近使用电钻打孔　红山台记录

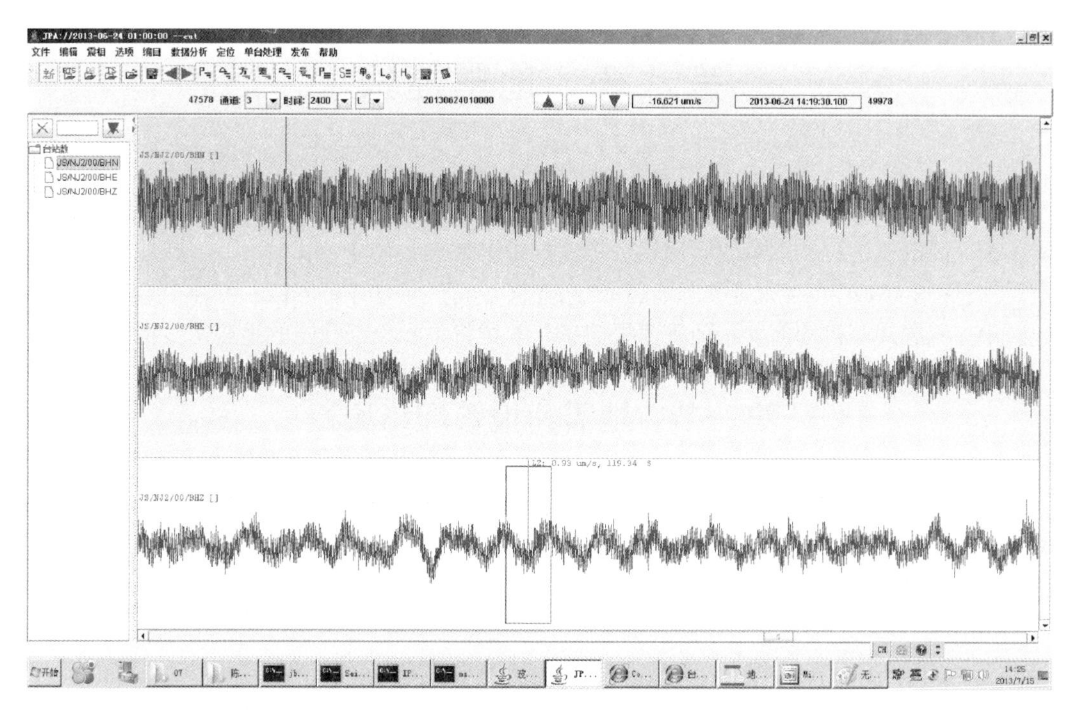

图 7.4.9e　气流对地震计的干扰　南京台记录

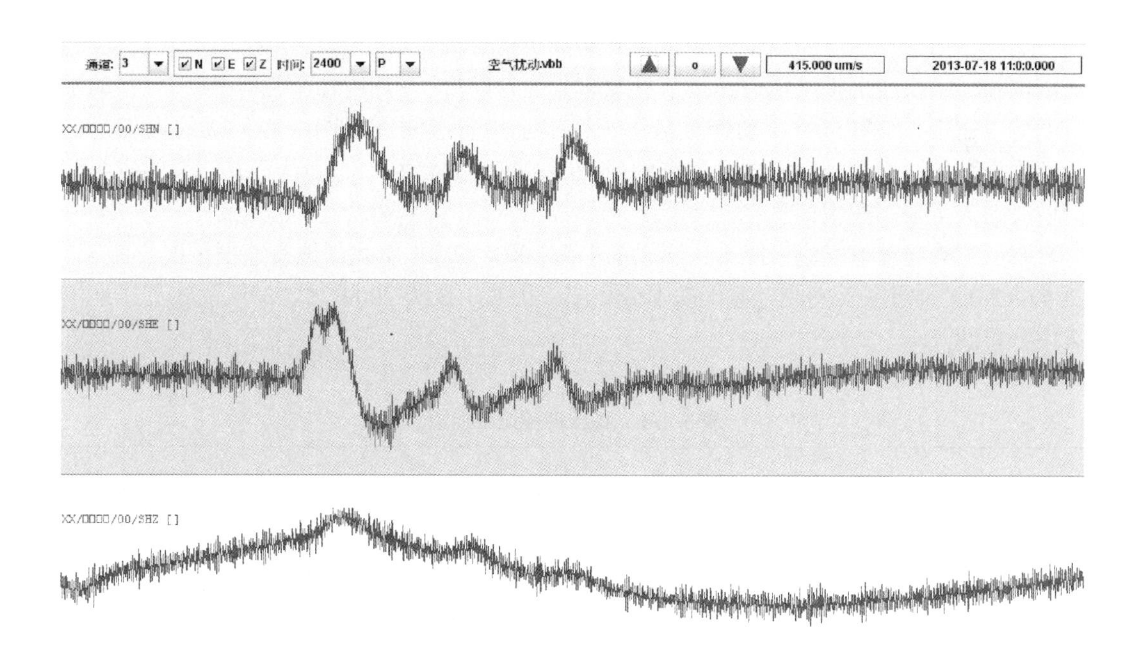

图 7.4.9f　2013 年 07 月 18 日 11：00 桂林台记录的空气扰动对长周期地震计的干扰

第八章　地震速报

地震速报是指对已发生地震的时间、地点、震级等的快速测报。目前，在世界范围内有多个国家和地区的机构对外发布地震速报信息，如中国地震台网中心 CENC、美国地质调查局国家地震信息中心 NEIC、欧洲地中海地震中心 EMSC、德国地学中心 GFZ，日本气象厅和我国台湾地区中央气象局等机构都发布地震速报信息。本章将主要介绍我国的地震速报情况。

第一节　地震速报管理与流程

为了提高地震速报质量，加强地震信息发布的管理，中国地震局制定了《地震速报技术管理规定》和《自动地震速报技术管理规定》，对我国的人工地震速报及自动地震速报的时间、内容、流程等进行了规范和要求。

一、我国地震速报简介

目前，我国地震速报任务由国家测震台网中心和省级测震台网中心共同完成，负责国内 $M \geqslant 3.0$ 级地震、台湾地区 $M \geqslant 4.0$ 级地震、国外陆地 $M \geqslant 6.0$ 级地震和国外其他地区 $M \geqslant 7.0$ 级地震速报。地震速报分为自动速报和人工速报；自动速报是指基于计算机全自动处理完成震相拾取、定位和结果上报；人工速报是指值班人员使用人机交互软件进行震相拾取、定位和结果快速上报。地震速报信息发布分为自动报、初报和正式报，其中，自动报是指自动地震速报系统发布的自动速报信息，初报是指省级测震台网中心上报的人工速报信息，正式报是指国家测震台网中心发布的或者经国家测震台网中心确认、并转发的省级测震台网中心的人工地震速报信息。

表 8.1.1 为我国地震速报能力，图 8.1.1 为 2009～2014 年我国地震速报情况，图 8.1.2 为 2009～2013 年国内正式地震速报震中分布图，图 8.1.3 为 2009～2013 年全球正式地震速报震中分布图。

表 8.1.1　我国地震速报能力

自动速报		
速报范围	震级下限（M）	速报时间（min）
东部地区	2.0	1～2
西部及台湾地区	3.0	2～3
国境线外 300km 内	4.0	2～5
全球其他地区	5.5	3～30
国内大陆地区	3	10

人工速报		
速报范围	震级下限（M）	速报时间上限（min）
台湾地区	4	20
国境线外300km内	6	40
全球其他地区	6	60

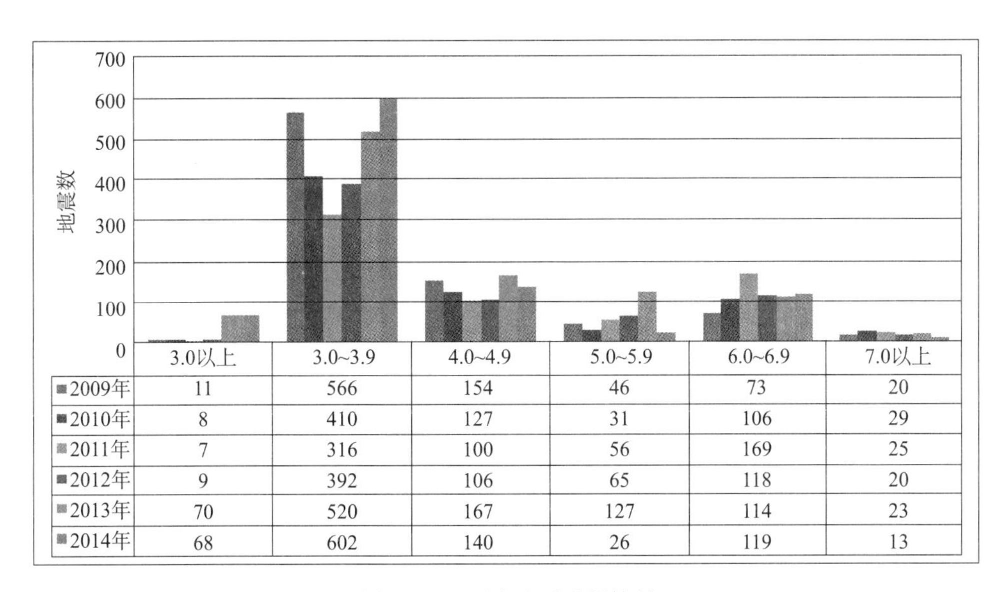

	3.0以上	3.0~3.9	4.0~4.9	5.0~5.9	6.0~6.9	7.0以上
2009年	11	566	154	46	73	20
2010年	8	410	127	31	106	29
2011年	7	316	100	56	169	25
2012年	9	392	106	65	118	20
2013年	70	520	167	127	114	23
2014年	68	602	140	26	119	13

图 8.1.1 国内地震速报情况

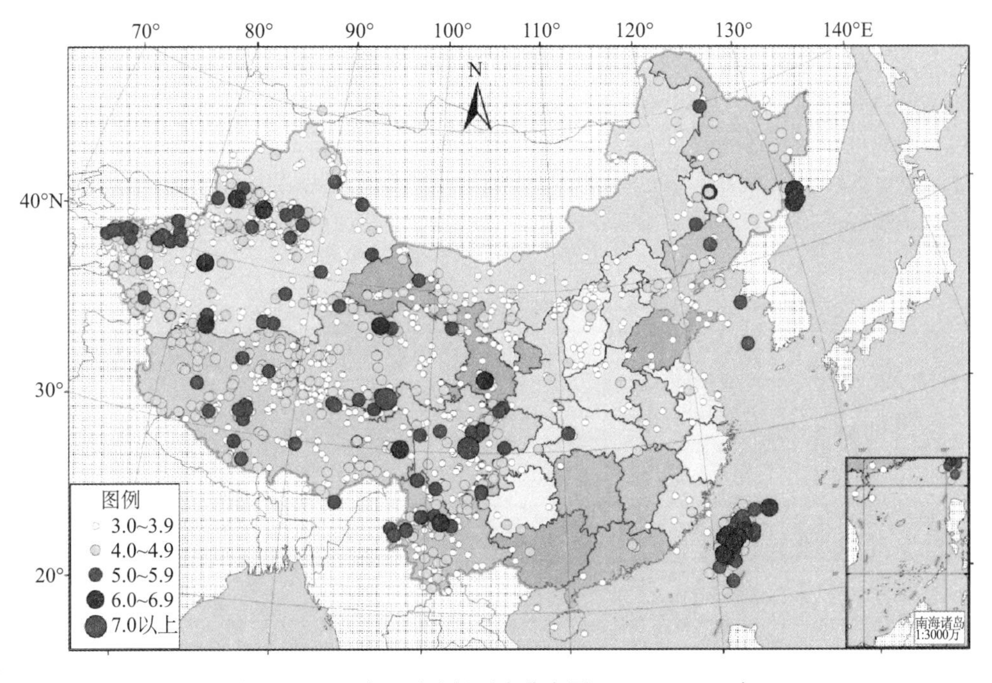

图 8.1.2 国内地震速报震中分布图（2009～2013 年）

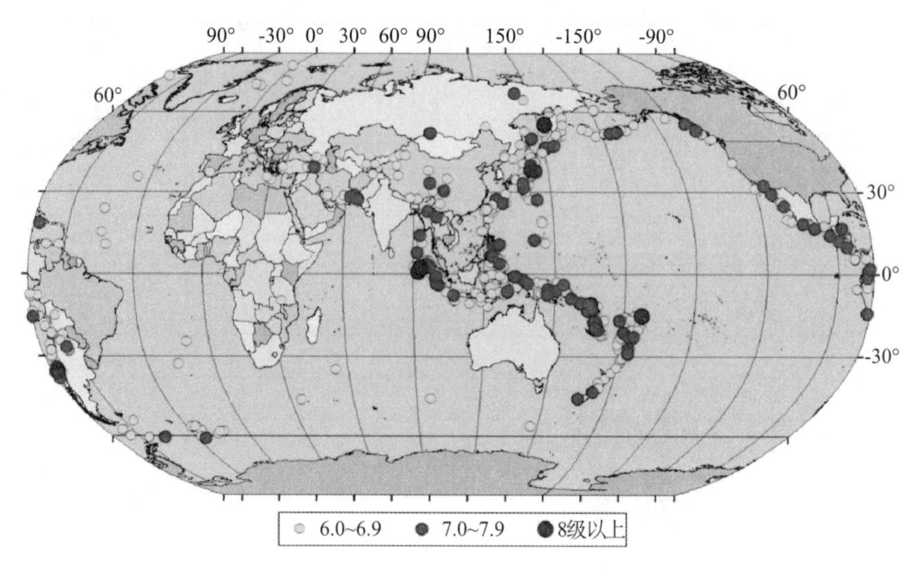

图 8.1.3　全球地震速报震中分布图（2009～2013 年）

二、地震速报技术管理规定

我国的人工地震速报遵照《地震速报技术管理规定》（以下简称《规定》）执行，第一版的正式执行时间为 2008 年 9 月 1 日，2013 年修订版于 2013 年 4 月 1 日起执行。《规定》主要分为以下几个部分：地震速报基本参数、震中参考地名、国家测震台网中心速报任务及时间要求、省级测震台网中心速报任务及时间要求、地震速报参数的确定、地震速报参数的上报和地震速报参数的发布与更新。除了对速报任务及要求的规定之外，还对地震速报信息的上报和发布做了明确规范，对外发布的速报地震，统一使用 M 震级，每个地震只使用国家测震台网反馈的结果（包括国家测震台网正式速报结果和转发终报）作为唯一的正式发布结果。

为了便于管理，规定还对各省级测震台网和国家测震台网相关代码进行了统一的规范，并作为全国地震速报信息交换系统账号使用，地震速报部门代码约定见表 8.1.2。

表 8.1.2　地震速报部门代码约定

序号	单位名称	台网名称	代码/账号	备注
1	中国地震台网中心	国家台网	CC	国家台网正式速报
			CA	国家台网转发区域初步速报
			CD	国家台网转发区域正式速报
2	北京地震局	北京台网	BJ	
3	天津地震局	天津台网	TJ	
4	河北地震局	河北台网	HE	

续表

序号	单位名称	台网名称	代码/帐号	备注
5	山西地震局	山西台网	SX	
6	内蒙古地震局	内蒙台网	NM	
7	辽宁地震局	辽宁台网	LN	
8	新疆地震局	新疆台网	XJ	
9	黑龙江地震局	黑龙江台网	HL	
10	上海地震局	上海台网	SH	
11	江苏地震局	江苏台网	JS	
12	浙江地震局	浙江台网	ZJ	
13	安徽地震局	安徽台网	AH	
14	福建地震局	福建台网	FJ	
15	江西地震局	江西台网	JX	
16	山东地震局	山东台网	SD	
17	河南地震局	河南台网	HA	
18	宁夏地震局	宁夏台网	NX	
19	陕西地震局	陕西台网	SN	
20	广东地震局	广东台网	GD	
21	广西地震局	广西台网	GX	
22	海南地震局	海南台网	HI	
23	四川地震局	四川台网	SC	
24	甘肃地震局	甘肃台网	GS	
25	云南地震局	云南台网	YN	
26	湖南地震局	湖南台网	HN	
27	重庆地震局	重庆台网	CQ	
28	湖北地震局	湖北台网	HB	
29	吉林地震局	吉林台网	JL	
30	青海地震局	青海台网	QH	
31	贵州地震局	贵州台网	GZ	
32	西藏地震局	西藏台网	XZ	

三、自动地震速报技术管理规定

随着我国地震速报技术的发展，目前已实现自动地震速报，为进一步加强我国自动地震速报的时效性和准确性，中国地震局对2009年发布的《自动地震速报技术管理规定》进行了修订，修订版于2013年4月1日起正式执行，主要分为以下几方面内容：系统构成、任务职责、自动速报参数产出、信息发布与更新、运行维护和条件保障。除了对自动速报任务及要求规定外，还对自动地震速报信息的发布与更新做了明确的规定。自动地震速报结果中仅综合判定结果可对系统外发布，其它结果只供系统内部参考，不得对系统外发布。国家测震台网中心和省级测震台网中心须对其速报范围内的综合触发结果进行核实，如综合触发结果为误触发，须对其进行更正，如综合触发结果为地震事件，须采用人工地震速报结果对其进行更新。

全国自动地震速报信息交换使用与人工地震速报信息交换相同的代码，国家地震速报备份中心和区域自动速报中心使用其所在省的代码，国家测震台网使用CB作为代码，综合触发结果使用AU作为代码，国家测震台网中心、备份中心和区域中心相关代码约定见表8.1.3。

表8.1.3　自动地震速报代码约定

序号	单位名称	台网名称	代码	备注
1	中国地震台网中心	国家测震台网中心	CB	国家测震台网自动结果
			AU	综合判定结果
2	广东地震局	国家地震速报备份中心	GD	
3	辽宁地震局	东北区域自动地震速报中心	LN	
4	河北地震局	华北区域自动地震速报中心	HE	
5	陕西地震局	西北区域自动地震速报中心	SN	
6	福建地震局	东南区域自动地震速报中心	FJ	
7	云南地震局	西南区域自动地震速报中心	YN	

四、地震速报流程

《地震速报技术管理规定》规定了人工地震速报的流程，当某一地震达到速报震级时，经震中所在的省级测震台网中心人机交换分析处理得到的地震速报信息，将通过省级测震台网中心的EQIM服务器，向位于国家测震台网中心的EQIM根服务器进行发送；国家测震台网中心在接收到省级台网中心发送的地震速报信息后，进行确认，并将确认结果反馈给省级测震台网中心。具体为：以CA的用户名转发初报结果、以CD的用户名转发终报结果；另外，如果该地震的震级达到国家测震台网的速报要求时，经国家测震台网中心人工分析处理后的正式速报结果也会以CC的用户名发送到EQIM根服务器上进行交换。正式发布的地震速报信息只能采用经国家测震台网中心确认后的地震速报信息（CC、CA、CD）。

根据《自动地震速报技术管理规定》，对于国内大多数地区$M \geqslant 2.0$地震，自动地震速报系统将在地震后约1～3分钟内给出综合判定的定位结果（AU），并发送至自动EQIM根服务器，为保证结果的准确性，震中所在省级测震台网中心需将自动定位结果与人机交互结果进行对比，确认结果正确后，上报至国家测震台网中心 EQIM 根服务器。对于国外 $M \geqslant 5.5$ 级地震，自动速报系统将在震后约 3～30 分钟内给出综合判定的定位结果（AU）。

完成地震正式速报后，信息发布也是一项重要工作。目前，地震速报信息的发布方式主要有手机短信、网站、微博和手机应用程序等。针对少数特定的用户，各省级测震台网中心普遍采用手机短信方式进行信息发布，主要使用短信猫（池）和短信网关等手段；另外，12322 公益平台也是中国地震局对外发布地震速报信息的短信平台。面对社会公众，则主要采用网站、微博和手机应用程序客户端等手段进行信息发布。

中国测震台网中心地震速报信息发布网站：http：//www. ceic. ac. cn

中国测震台网中心地震速报微博：http：//weibo. com/ceic

第二节　地震速报信息交换系统

为了实现国家测震台网中心与省级测震台网中心之间地震速报信息的交换、汇集与共享服务，并对所汇集的数据信息进行进一步的分析处理，以确保最终结果更为精确和合理，我国设计了全国地震速报信息交换系统，其英文名为 Earthquake Instant Messenger，简称为 EQIM，是一个地震速报信息交换共享平台。

一、系统结构

EQIM 平台采用树型结构，由根服务器和节点服务器群构成，根服务器和节点服务器是通过网络进行互联互通的。节点服务器既可以向上与根服务器互联，也可以向下构成二级的互联结构（见图 8. 2. 1）。

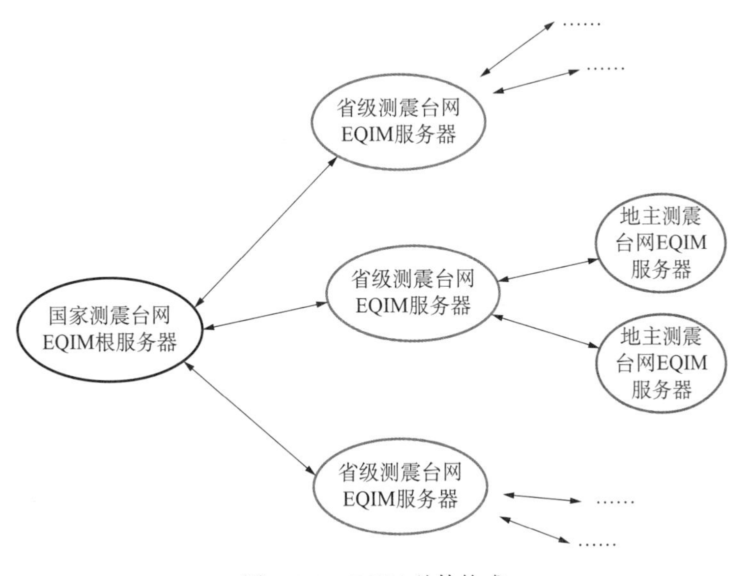

图 8. 2. 1　EQIM 总体构成

二、软件构成

整个 EQIM 平台分为后台服务和客户端软件两部分组成。其中后台服务部分包括数据库、数据传输服务程序和 WEB 网站；客户端软件部分由接收处理软件 EQIMProcess、速报信息发送软件 EQIMSender、短信发送软件 EQIMSMS 组成（见图 8.2.2）。

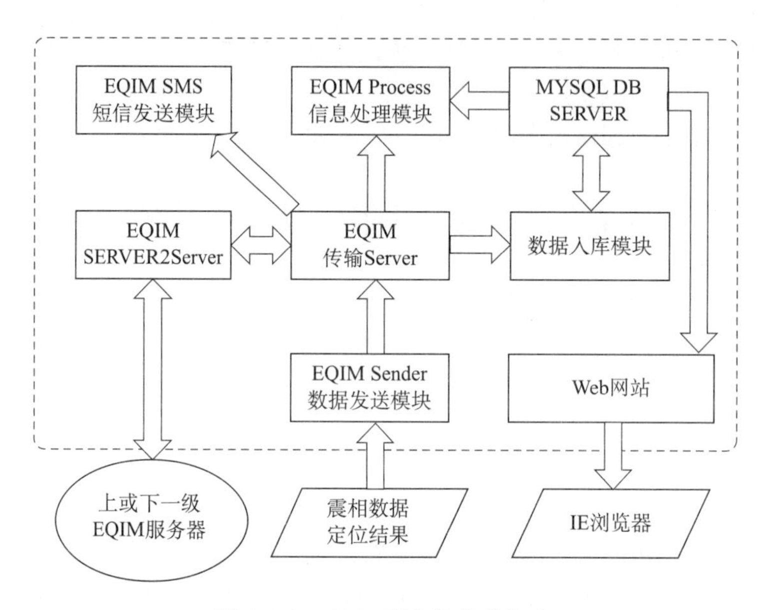

图 8.2.2　EQIM 平台的技术构成

三、技术原理

EQIM 平台的数据处理流程分为上报和分发。上报是指省级测震台网中心产出地震速报信息后，经本地的 EQIM 服务器上传到上一级 EQIM 服务器的过程；分发是指上一级 EQIM 服务器向其下一级连接分发地震速报信息的过程。具体流程见图 8.2.3。

EQIMSerevr 是整个平台的核心部分，其主要功能是地震速报信息的实时接收与分发，并能按条件进行信息过滤、链路监控报警、用户认证管理、在线用户状态查询、发布公告等。EQIMSender 则是通过 NetSeis/IP 协议和 EQIM 服务器进行通讯，当 EQIM 服务器实时接收到地震速报信息结果时，EQIMProcess 将对结果进行解析，解析完成后将地震参数、发送台网、速报类型以及接收时间等信息进行显示，如图 8.2.4 所示。EQIM SMS 是短信客户端，其主要功能是从 EQIM 服务器实时接收地震速报信息并根据预设条件向用户发送速报信息。

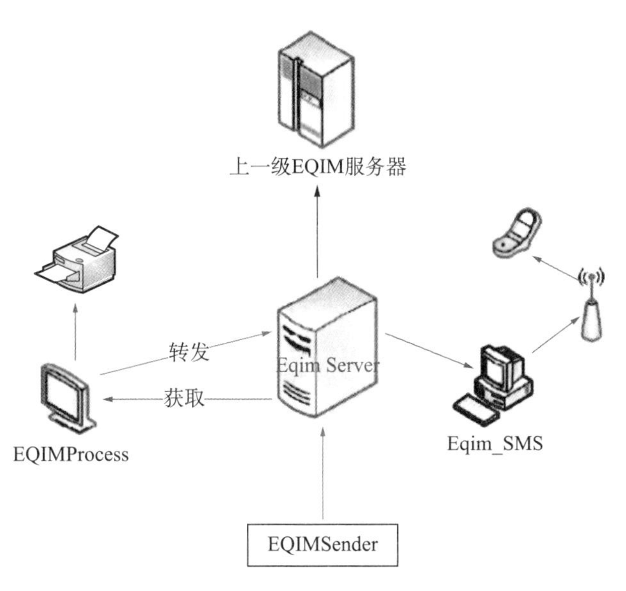

图 8.2.3　EQIM 数据流程

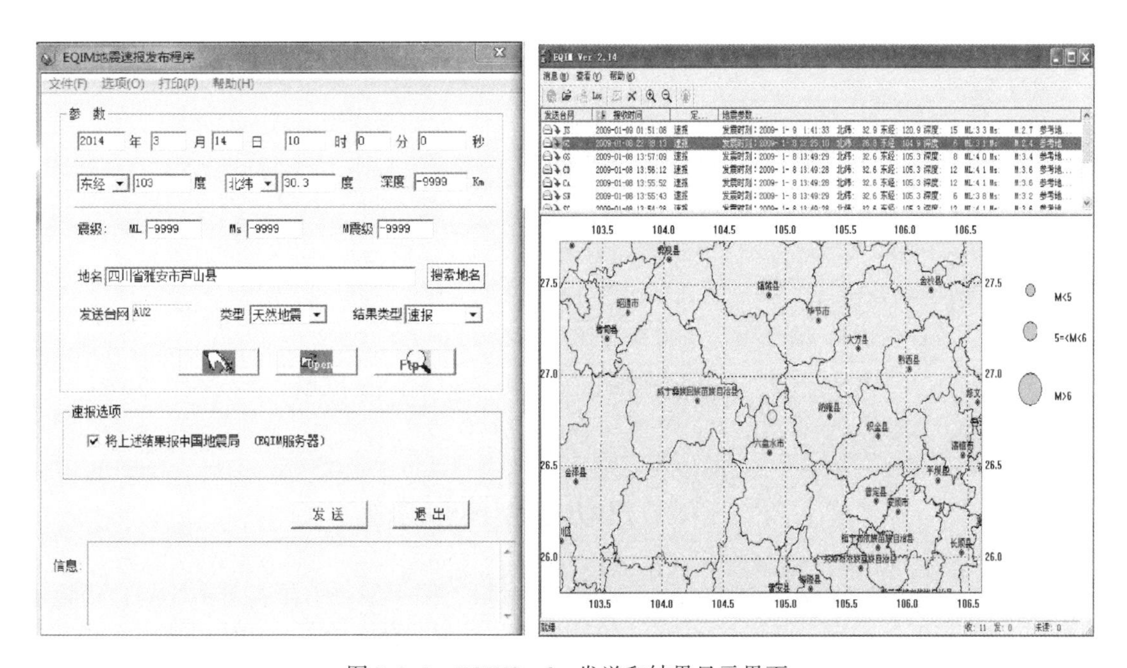

图 8.2.4　EQIMSender 发送和结果显示界面

EQIM 平台是通过 SOCKET 通信方式以 XML 格式进行数据交换的，为了保证信息的安全和准确性，在发送信息时必须进行用户认证、数据文件校验、日志记录等过程。用户可以使用客户端程序实现和本地 EQIM 服务器之间进行连接，从而实现与国家测震台网中心 EQIM 服务器之间的信息交换，国家测震台网中心的 EQIM 服务器接收到地震速报信息后，按照事先定制的条件，决定向哪些用户节点进行信息转发，从而实现数据信息的交换和发布。EQIM 平台还提供网页浏览查询地震目录、震相数据、台站信息等功能，如图 8.2.5 所示。

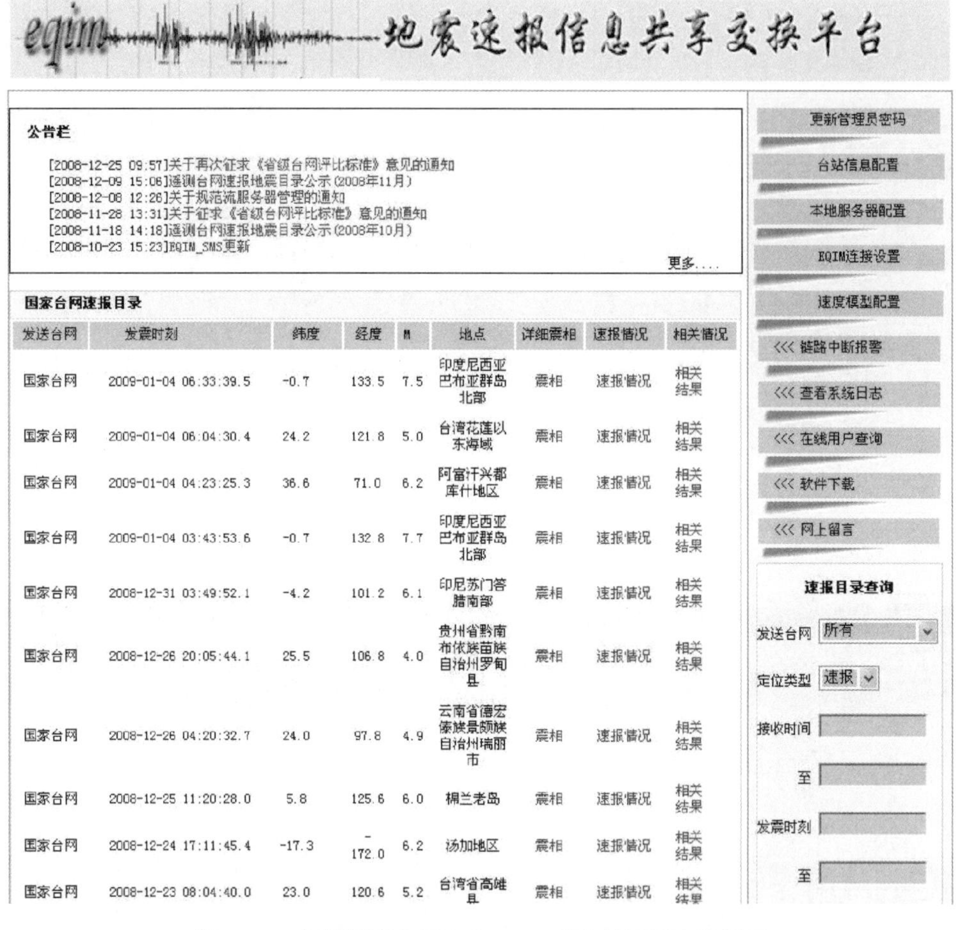

图 8.2.5　国家测震台网中心 EQIM 平台的网页查询界面

第三节　自动地震速报系统

我国的自动速报系统起步于 2005 的区域自动速报，国家地震速报备份中心的自动地震速报于 2008 年开始运行，再到 2009 年开始运行的国家测震台网中心自动地震速报系统，自动速报技术不断改进，尤其是 2012 年，在对目前运行的三套自动地震速报系统进行整体评估的基础上，确定了“多路综合触发”的对外发布策略后，使得地震自动速报系统更加稳定，结果更加准确。

一、总体结构

我国自动地震速报由国家测震台网自动速报系统、国家地震速报备份自动处理系统（简称 AGELS 系统）及区域自动地震速报系统构成。国家测震台网自动速报系统部署在国家测震台网中心，国家地震速报备份自动处理系统部署在广东省地震局，东北、华北、西北、东南和西南区域中心分别设在辽宁、河北、陕西、福建和云南省地震局，部署区域自动地震速报系统。

上述三套自动速报系统产出的自动定位结果，经“多路综合触发”策略判定后产出综合触发结果（代码 AU），该结果通过 EQIM 服务器发送至国家台网中心自动 EQIM 根服务器。省级测震台网中心通过本地自动 EQIM 服务器接收全部自动地震速报结果。综合触发结果同时通过自动 EQIM 发布服务器提供给中国地震局值班室、应急、预报等部门使用，并通过 12322 平台向系统内部人员发送短信。

1. 国家测震台网自动速报系统

部署在国家测震台网中心的自动速报系统对实时汇集的波形数据进行事件检测、自动拾取震相到时、定位、计算震级、查询参考地名，并将结果发送至自动 EQIM 根服务器。对于中国大陆及周边的地震，使用中国测震台网的 993 个台站和周边国家的 35 个台站的波形记录；对于全球 6 级及以上地震，使用 298 个全球台网台站和 47 个中国境内台站的波形记录（见图 8.3.1 至图 8.3.2）。

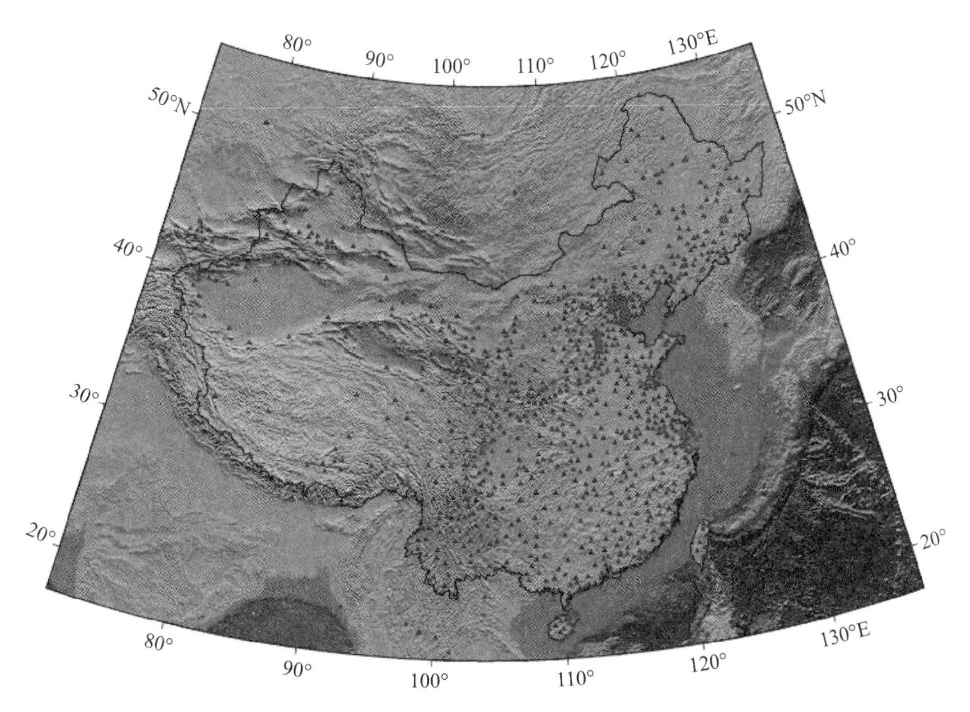

图 8.3.1　中国大陆及邻区地震自动处理所用台站分布

部署在国家测震台网中心的自动速报系统具有实时波形数据读取、预处理、震相到时检测、定位、震级计算、结果存储与发布、事件波形截取等主要功能，见图 8.3.3；实时波形数据服务、MySQL 数据库管理、Tomcat Web 应用服务、地震信息共享与发布等系统为自动速报系统的运行提供辅助服务。

自动速报系统首先采用全局网格搜索算法粗略地确定震源位置，再采用 LocSAT 定位方

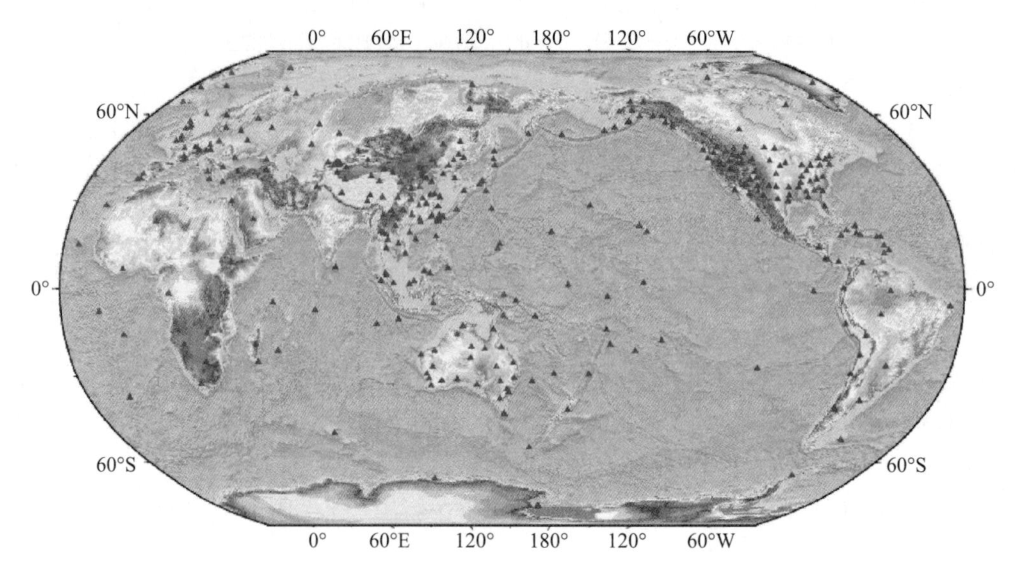

图 8.3.2　全球地震自动处理所用地震台站分布

法进行定位；震级是根据不同时间窗内波形的最大振幅和周期等参数，计算 m_B、M_{wp} 和 M_S，同时将速度型记录仿真成 DD－1 位移型记录，量取最大位移，计算 M_L，最终选择合理的震级结果。

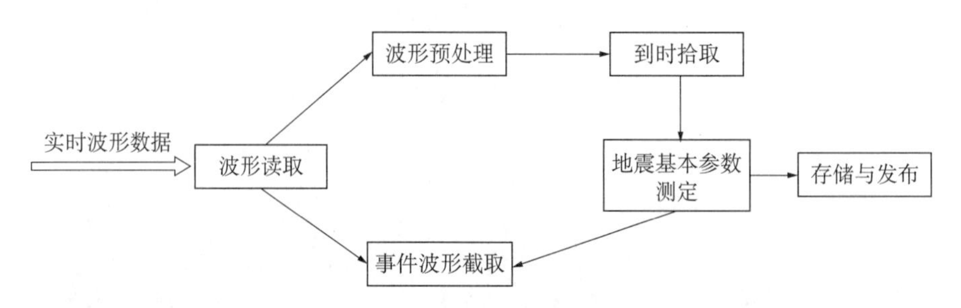

图 8.3.3　国家测震台网中心自动速报系统数据处理流程

国家测震台网中心自动速报系统软件的运行环境为 Red Hat Linux 系统，运行前需要配置台站和接口参数。台站参数主要包括台站数目、台网与台站代码、台站经纬度与高程、仪器灵敏度。接口参数主要包括目标区域坐标范围、实时波形来源等。

2. 国家地震速报备份自动处理系统

国家地震速报备份中心汇集了国内测震台站 849 个，通过 IRIS 接入全球台网（GSN）台站 200 个，通过印尼地球物理局接入印尼台网台站 112 个，所接入台站的分布如图 8.3.4 所示。国家地震速报备份自动速报系统实时检测上述台站的波形数据，负责国内 $M \geqslant 2.5$、国外 $M \geqslant 5.5$ 地震的自动速报，并将结果参数上报国家测震台网中心。

国家地震速报备份中心实时接收国家测震台网中心发送的连续波形数据，同时它也向国家台网中心上传连续波形数据。自动速报结果通过 EQIM 上传至国家测震台网中心，国家测震台网中心也向国家地震速报备份中心发送自动定位结果，并存入 EQIM 数据库。图 8.3.5

是国家地震速报备份系统架构示意图。

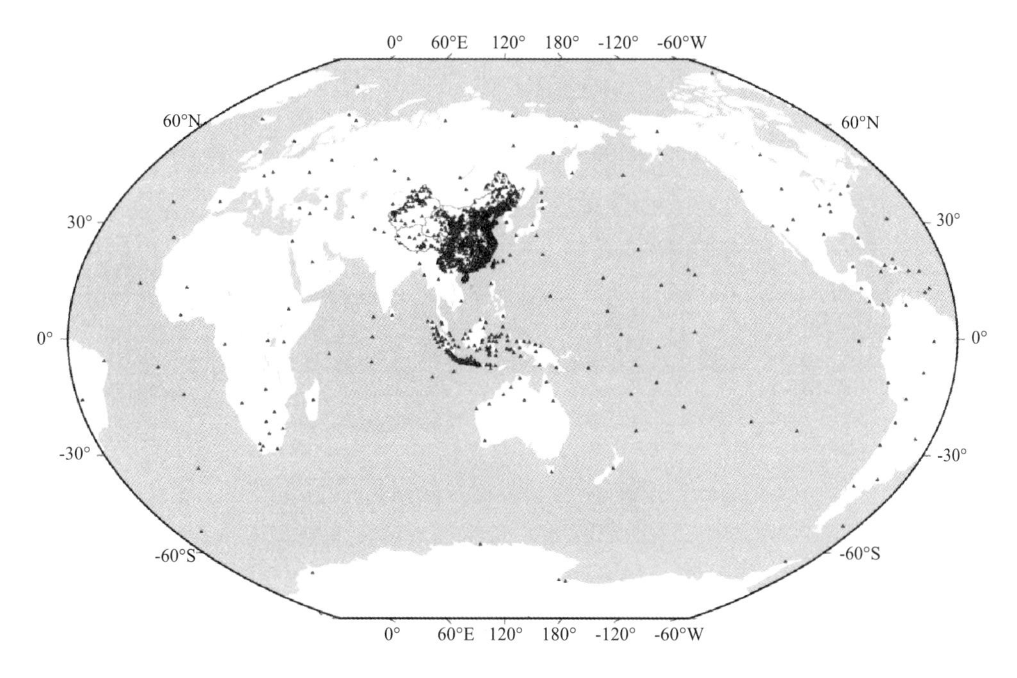

图 8.3.4　国家备份系统接入台站分布图

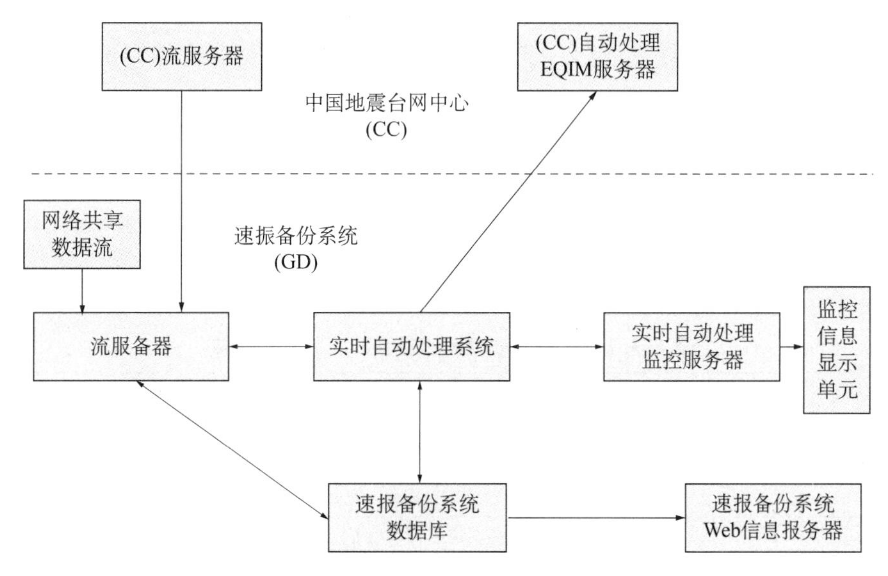

图 8.3.5　国家地震速报备份系统架构示意图

国家地震速报备份自动速报系统采用 beams 算法对震相进行组合与筛选，用 LocSAT 定位方法进行地震定位。在进行自动定位时可以根据台站数、残差、空隙角、震相数等质量参数对定位结果进行过滤，确认定位结果可靠才向国家测震台网中心发送结果。系统能够在定位完成后将发震时刻和震级等参数作为事件的ID，自动截取地震波形和震相数据，并存入数据库。图8.3.6为数据流程示意图。

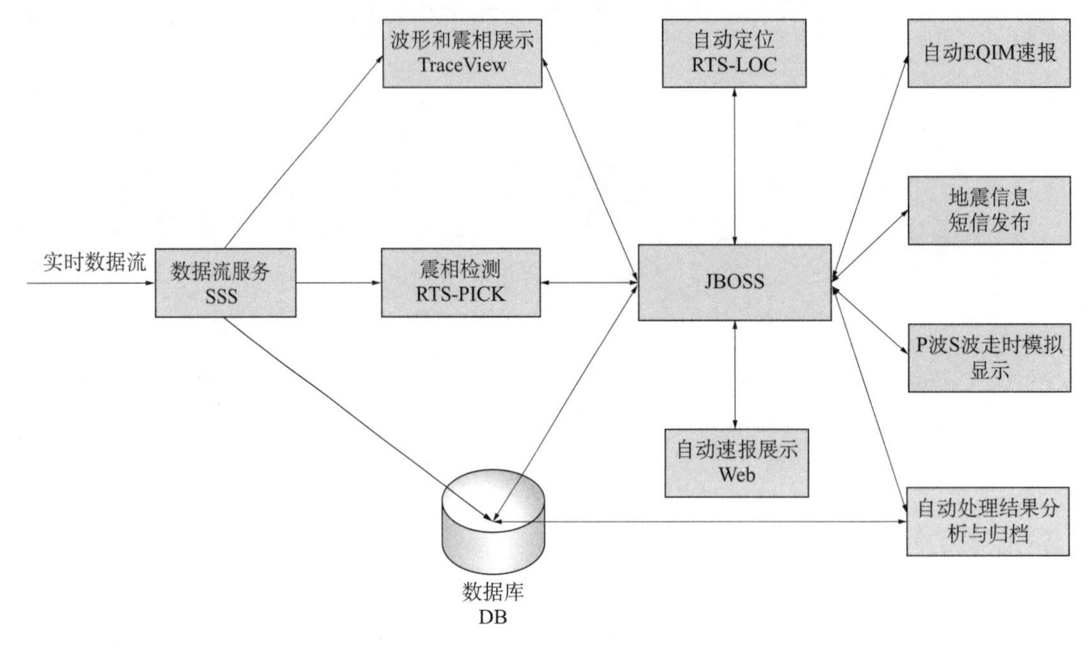

图8.3.6　数据流程示意图

国家地震速报备份自动速报系统是部署在FreeBSD系统下，实际运行时需要的仪器参数和台站参数是在JBOSS网页的控制台上进行配置，系统参数采用文本编辑器在相关.XML文件中进行配置。

3. 区域自动地震速报系统

区域自动速报中心通过区域自动地震速报系统从JOPENS流服务器中接收来自国家测震台网中心提供的实时波形数据，并进行事件检测及自动定位后，向国家测震台网中心上报自动定位结果，自动速报区域和震级下限见表8.3.1。

表8.3.1　区域自动地震速报责任区和震级下限

台网名称	中心所在单位	负责区域	速报震级下限
东北区域中心	辽宁省地震局	辽宁、吉林、黑龙江、内蒙古东部、渤海北部地区	$M \geqslant 2.0$
华北区域中心	河北省地震局	北京、天津、河北、山东、山西、河南、内蒙古中部、渤海南部地区	$M \geqslant 2.0$
西北区域中心	陕西省地震局	陕西、宁夏、甘肃、内蒙古西部、青海东部地区	$M \geqslant 2.0$

续表

台网名称	中心所在单位	负责区域	速报震级下限
东南区域中心	福建省地震局	福建、广东、浙江、江西、上海、湖南、湖北、安徽、江苏和台湾地区	台湾地区 $M\geqslant3.5$，其余地区 $M\geqslant2.0$
西南区域中心	云南省地震局	四川、云南、重庆、贵州、广西、海南、北部湾地区	$M\geqslant2.0$

区域自动地震速报系统数据处理流程见图 8.3.7，系统运用网格搜索法将 P 震相到时数据与初定震源位置进行关联，进而剔除错误震相或误差大的震相，再选用 Hypo2000 定位程序进行震源位置的精细测定。在计算平均震级的过程中根据台站分布、单台震级偏差来设置单台 M_L 震级的权重，再加权平均得到最终的 M_L 震级。地震参数可靠性分析则是根据触发台与未触发台、关联成功震相与不成功的空间分布，计算出地震参数可靠性指标，可靠性指标低的地震参数不予输出，减少系统误报。

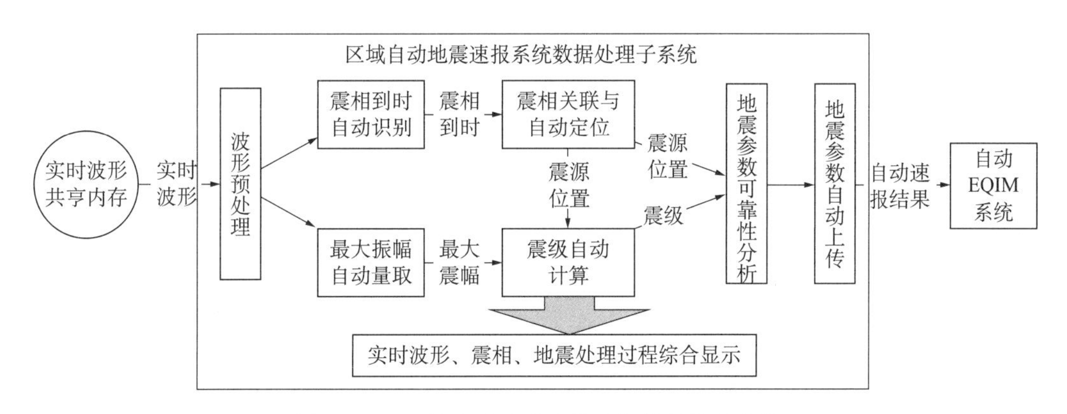

图 8.3.7 区域自动地震速报系统数据处理流程

区域自动地震速报系统运行环境为 Microsoft Windows 系统。运行所需参数配置全部采用文本文件形式，使用普通的文本编辑器即可以实现对参数的设置。

表 8.3.2 区域自动地震速报系统目录结构及文件说明

目录	文件	说明
可执行文件(bin)	reis_ rcv. exe	数据接收子系统可执行程序
	reis_ rtp. exe	数据处理子系统可执行程序
	hyp2000. exe	HyPo2000 定位方法可执行程序

续表

目录	文件	说明
参数配置文件（cfg）	reis_ rcv. cfg	数据接收子系统配置文件，配置内容包括：JOPENS 流服务器访问参数、接收台站参数、miniSEED 文件存储参数等
	reis_ rtp. cfg	数据处理子系统配置文件，配置内容包括：震相自动识别参数、网格搜索参数、地图与波形显示参数、报警震级与发布震级配置等
	reis_ rtp_ eqim. cfg	EQIM 服务器访问参数、EQIM 发布过滤条件等
	map. txt	地图显示的边界线经纬度
	city. txt	全国地级以上城市经纬度坐标
	huanan. near	网格搜索所需走时表
	Hyp2000. crh	HyPo2000 定位程序所需地壳速度模型
	RValue. data	计算 M_L 震级所需量规函数
处理结果文件（output）	yyyyMMddhhmmss. bul	文本格式地震处理结果文件
	yyyyMMddhhmmss. bin	二进制格式地震处理结果文件
	yyyyMMddhhmmss. xml	xml 格式地震处理结果文件
运行日志文件（log）	yyyyMMdd. rcv. log	数据接收子系统运行日志
	yyyyMMdd. trg. log	震相自动识别日志
	yyyyMMdd. rtp. log	数据处理子系统运行日志
实时波形文件 MSeed	yyyyMMddhh0000. mseed	实时接收的 miniSEED 数据流，自动删除较老的数据，保留时长配置“reis_ rcv. cfg”中的 MSeedSaveHours 参数

二、综合触发

对我国的 3 套自动地震速报系统仔细评估后，认为自动速报系统总体上是较为稳定的，自动速报相比于传统的人工速报，具有明显的速度优势，国内大多数 $M2.0$ 及以上地震可在 2 分钟之内完成自动速报，参数精度也较为可靠，不过也存在少量漏报或误报情况，有少量地震的震中位置、震级等参数存在较大偏差。这些问题在世界各国的自动速报应用中也普遍存在，主要是受台站密度、台网布局、速度模型等多种客观因素影响，难以单纯地从计算方法上予以“完美”解决。因此，直接发布单一系统的自动结果必然存在风险。

自动地震速报信息面向社会发布时，误报的社会影响比漏报要严重得多，因此在发布策略上采取“宁漏不误”的原则。3 套自动速报系统由于所采用的算法不同，因此各有优、缺点，可以相互印证，于是我国的自动地震速报结果发布采取“多路综合触发”的机制，即多套自动速报系统同时并行，独立产出结果参数，并通过自动 EQIM 系统汇总到后端的综合分析审核平台，对同一个事件，当 3 套自动速报系统中有 2 套以上给出结果时，审核平台即将其判断为真实地震事件并进行对外发布。

“多路综合触发”遵循以下具体规则：

①某个地震只有一套系统上报则不予采信，多于一套系统的结果则进行综合判断；

②在结果合并前，某一套系统对同一地震多次上报的，采用最新结果；

③在结果合并后，后续自动定位结果则舍弃；

④合并结果的参数采用加权平均原则。

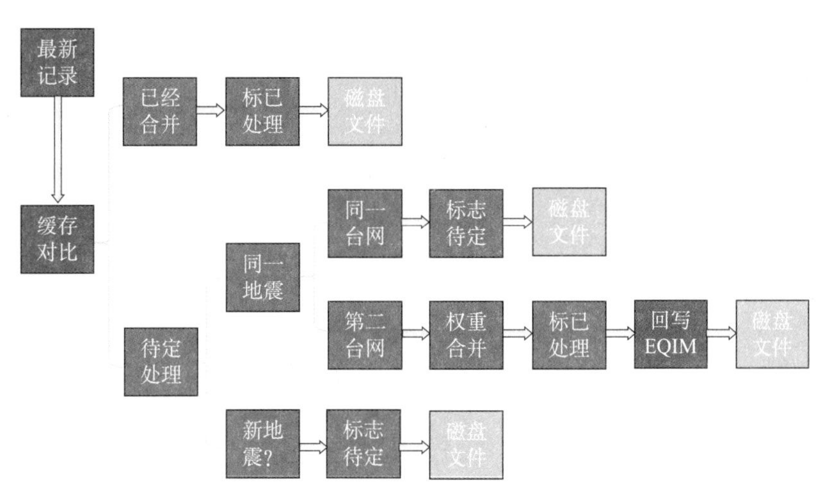

图 8.3.8　综合触发系统数据流程图

图 8.3.8 为综合触发系统数据流程图，遵循以下规则：

①地震回溯时间：10min

②地震等待时间：10min

③地震求同准则：发震时刻 60s、震级 1 级、震中经度 1°、纬度 1°

④合并台网：CB、GD、(LN、SN、HE、YN、FJ)

⑤参数权重：各占 50%（目前）

⑥合并结果：命名为 AU（Auto Location）

⑦AU 的参数：综合结果

⑧AU 的地名：重新查询（国内 EQIM 地图、国外 F-E 编码）

⑨AU 的产出时间：收到第二个台网的时刻

⑩AU 的更新：不更新

三、震相自动检测方法

在传统地震观测中，震相一般在地震图上人工捡拾。随着计算机技术和数字信号处理技术的发展，震相的自动识别和精确捡拾技术在自动地震定位中越来越受到重视。

1. 震相自动识别技术概述

震相自动捡拾方法主要是提取信号和噪声的不同特征来作为震相识别的判据，通常依据幅值变化、频率组成变化、波形的相似性和动力学特征变化等来判断震相。常用的方法有：能量变化分析、偏振分析和自回归方法（AR）等。

这些方法利用了短长时间平均（STA/LTA）反应幅值的瞬时变化、地震波质点运动的偏振方向与记录振幅的相关性、P 波的初动方向与震中方位的相关性等特征进行震相识别。但是目前没有哪一种震相自动捡拾方法可以捡拾出所有的震相到时，各种方法都受限于记录信号的信噪比。为了满足实用性、适用性和可靠性的原则，一般采用多步法对 P 波和 S 波进行自动捡拾。捡拾过程如下：

对 P 波捡拾主要分为 2 步，第一步应用 STA/LTA 方法对 P 波进行粗略捡拾；第二步应用 AIC 准则对 P 到时进行精确捡拾。在进行 P 波粗略捡拾时，对自动捡拾到的可能震相到时应用德洛内三角剖分进行干扰信号排除。

由于 S 波叠加在 P 波尾波中，受其干扰，使得自动捡拾的 S 波震相可靠性较低，为了提高捡拾的可靠性，首先对 S 波进行粗略捡拾，在捡拾到 P 波后，应用 STA/LTA 方法粗略捡拾，找出超过 S 波触发阈值的粗略位置；再应用移动窗持续对三分量 S 波进行偏振特征分析，找出 S 波可能触发的粗略位置；如果在小时间窗内第一步和第二步同时得到触发特征，则得到 S 波粗略触发位置；最后应用 AIC 准则对 S 波到时精确捡拾。

2. 震相捡拾特征函数及 STA/LTA 方法

对于地震记录来说，P 波和 S 波具有不同的特征，P 波一般在垂直向特征明显，S 波一般水平向幅值较大。针对 P 波及 S 波的捡拾一般应用 1978 年艾伦提出的以下特征函数来放大波相特征：

P 波捡拾特征函数：

$$CF_p = x_{ud}(k)^2 + [x_{ud}(k) - x_{ud}(k-1)]^2 \tag{8.3.1}$$

S 波捡拾特征函数：

$$CF_s = x_{ew}(k)^2 + x_{ns}(k)^2 + [x_{ew}(k) - x_{ew}(k-1)]^2 + [x_{ns}(k) - x_{ns}(k-1)]^2 \tag{8.3.2}$$

式中，$x_{ud}(k)$，$x_{ew}(k)$ 和 $x_{ns}(k)$ 分别为 k 时刻垂直向、东西向和南北向的短周期速度记录。在以上特征函数中，考虑到了实际速度记录及向前差分（与加速度项有关）的影响，突出了近震及地方震记录中的高频信息。通过应用以上特征函数，有利于突出近震 P 波及 S 波信号。图 8.3.9 展示了 P 波及 S 波捡拾的特征函数。

STA/LTA 方法是一种能量方法，广泛应用于信号检测中，特别是对于地震弱信号，其突出优点为适应性强、捡拾效率高、稳定可靠，目前已经发展了很多应用不同时间窗的捡拾方法，主要应用公式如下：

$$STA(i)/LTA(i) = \frac{\sum_{k_1}^{i} CF(i)/(i-k_1+1)}{\sum_{k_2}^{i} CF(i)/(i-k_2+1)} \tag{8.3.3}$$

式中，CF 为特征函数 CF_p 或者 CF_s，i 为当前时刻点，k_1 和 k_2 为当前时刻 i 之前的某时刻点，且 $k_2 < k_1 < i$。

对于地震记录图来说，在 P 波或 S 波到来后，记录的幅值会有较大变化，在短窗内，其平均值变化快，在长窗内其平均值变化稍缓，即 STA/LTA 刻画了记录幅值的瞬时变化。

图 8.3.9 为实际地震的三分向记录、相应的 P 波和 S 波捡拾特征函数及特征函数的短长时间平均。从图中可以看出，在取特征函数后，P 波及 S 波特征被放大，在求 STA/LTA 后，特征变得更为明显和平滑。

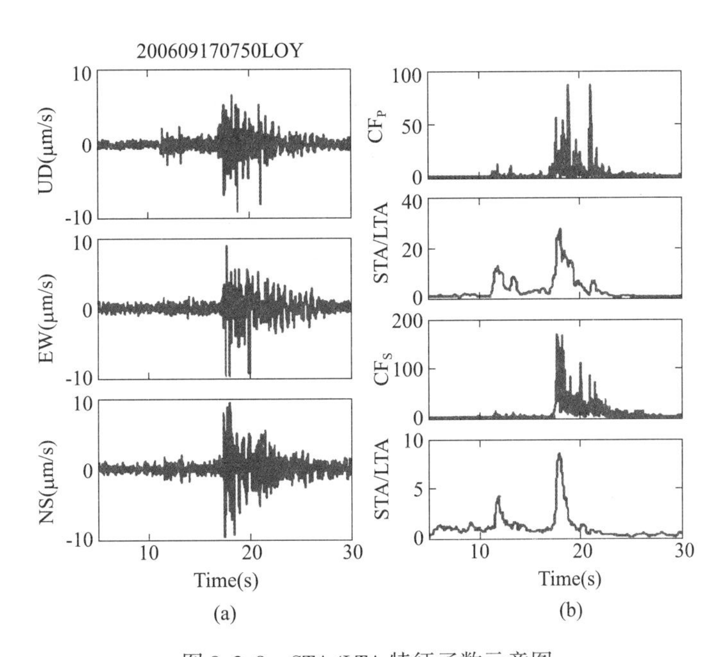

图 8.3.9 STA/LTA 特征函数示意图

（a）三分量地震记录；（b）从上至下分别为 P 波特征函数，P 波特征函数长短时间平均，S 波特征函数，S 波特征函数长短时间平均

对 P 波和 S 波粗略捡拾中所用窗长及阈值参数如表 8.3.3 所示。对 P 波段，如 STA/LTA 超过阈值，则认为 P 波触发。短时平均窗 STA 主要刻画信号幅值的瞬时变化，一般取长于待测特征信号的几个周期左右，太短则对短周期的干扰敏感，容易产生误触发，太长则显示不出待检信号的瞬时特征，容易产生漏触发；长时平均窗 LTA 主要刻画相对于待检信号的平均背景噪声，其取值应该能反应背景噪声水平。对于阈值的选取，如果阈值过大，则有可能会出现漏触发，如果太小，则对很多干扰会误触发。

考虑到台址背景噪声条件、仪器频带范围、地震的大小（大震包含相对较多低频成分，小震包含相对较多高频成分）、地震的远近（近震包含较多高频成分，远震包含较多的低频成分），应对不同台站和不同地震分别考虑。对于地方震，需要对宽频带记录进行短周期仿真，并分别提取 P 波和 S 波的特征函数，时间窗取值如表 8.3.3 所示。

表 8.3.3 STA/LTA 窗长及阈值参数

	长窗长（s）	短窗长（s）	阈值
P 波	30	0.5	10
S 波	5	0.5	4

3. 固定窗 AIC 准则—震相精确捡拾

在应用 STA/LTA 并设置阈值对 P 震相捡拾的过程中，只能粗略识别 P 震相的到时，且识别到的到时往往滞后于实际的到时，也就是说在达到阈值时，得到的只是 P 波到达的大致位置。20 世纪 70 年代，日本学者赤池弘次提出一个基本信息量的定阶准则，即 AIC 准则。震相到时检测的自回归（AR）技术是假设震相到时前后的地震记录是两个不同的稳态过程。区别于 AR - AIC 方法，可由地震波形数据直接计算 AIC 函数，而不需要求出 AR 系数，对地震记录 $x(i)$（$i=1, 2, \cdots, L$）来说，AIC 检测器定义为：

$$AIC(k) = k \cdot \lg\{\mathrm{var}(x[1,k])\} + (L-k-1) \cdot \lg\{\mathrm{var}(x[k+1,L])\} \quad (8.3.4)$$

其中，k 的范围为地震图某窗口内所有的采样点，var 表示方差。震相到时对应于 AIC 函数的最小值。不同于在地震图上直接应用 AIC 准则，在用 STA/LTA 粗略捡拾到 P 波后，使用固定窗内用记录的垂直向的特征函数来进行精确检测，即在粗略捡拾点前推和后推一定时间窗，在窗内应用 AIC 准则。窗内 AIC 最小值认为是到时点。对 P 波进行 STA/LTA 并设置阈值粗略捡拾时，其得到的触发点一般滞后于真实触发点，如果对 P 波捡拾的前推点数为 200 个数据点，后推点数为 20 个数据点，即对采样频率为 100Hz 的地震记录，前推时间为 2s，后推时间为 0.2s。图 8.3.10 为应用固定窗 AIC 准则对 P 波的精确捡拾示意。

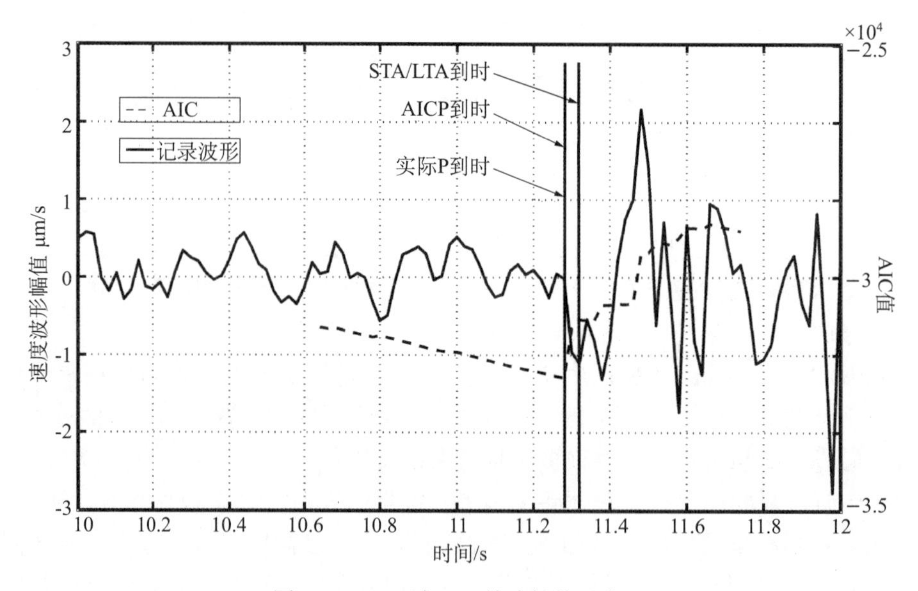

图 8.3.10　P 波 AIC 精确捡拾示意图

第九章　测震数据产出

为地震监视、预报和基础研究工作提供连续、完整、可靠的地震观测数据服务，是测震台网（或台站）运行的基本任务，例如：观测基础数据，依据记录的原始波形数据，仔细分析后按规定编报的观测报告等。本章将简要介绍测震数据的分类和格式，测震台站、省级测震台网、国家地震台网的数据分析和产出情况，以及目前在我国较为广泛地用于数据产出的几种人机交互软件。

第一节　测震数据概述

在我国，“地震数据”是一个相当宽泛的概念，包括地震观测数据、探测数据、调查（考察）数据、实验（试验）数据、专题数据等。而地震观测数据又包括测震数据、强震动观测数据、地磁观测数据、地下流体观测数据、地电观测数据、形变观测数据等。测震数据只是地震观测数据的一个子类。

一、测震数据定义

根据《地震数据分类与代码第一部分：基本类别》（GB/T11.1－2007）中的定义，测震数据包括由测震台网（站）或测震台阵获取的原始记录、处理后的次生数据（其中包括反演地球内部结构的结果数据）以及相关基础数据和辅助数据，在其他星球表面获得的测震数据，如月震数据，也归于此类。

地震台站和不同层次的地震台网都应该完整地收集、整理、存档全部测震数据，并按国家地震主管部门的规定范围提供数据共享服务，并遵守数据保密规则。

二、测震数据分类

1. 观测基础数据

基础数据包括台网中心参数、台站参数、仪器参数以及地震数据分析处理所使用的地球速度模型、走时表、震级标度相关的数据等。其中台网中心参数包括台网中心代码、位置、类型（固定/流动）、运行起始/终止时间以及联系方式等信息；台站参数包括台站代码、坐标、台基状况、仪器数量、运行起始/终止时间等；仪器参数包括数据采集器和传感器型号、坐标以及所属通道的方位角、倾角、采样率、传递函数等。

2. 辅助观测数据

辅助观测数据包括仪器健康状态信息、仪器标定数据及其处理结果、观测日志等可以用于识别地震观测质量和影响的数据信息。

3. 原始波形数据

原始波形数据是指由地震观测仪器获得的原始记录。对于模拟记录台站，这是模拟记录图纸、磁带、胶片等；对于数字记录台站，这是记录在计算机可读介质上的连续数字记录波形数据，及经过数/模转换后生成的模拟记录。

作为不可再生的数据，将台站（网）记录的连续地震波形数据全部保留下来，存储在计算机可读介质中，供日后提供数据服务是完全必要的。

首先，除了天然地震事件和为特定监测目的而收集的非天然地震事件外，在连续波形记录中还可能包括当时未能识别出的或者当时不感兴趣的事件波形，如常规台网记录的地方岩石开采、施工等过程中的大量人工爆破事件，突发性地震动事件（如由于各种事故造成的地面或地下强烈震动）等，这些记录对于特定的服务目的是有用的，所以也应该将这些波形记录作为事件波形予以保留。

第二，为了寻找大地震的可能前兆，人们越来越重视大地震之前一段时间内地脉动中可能包含的信息以及在其中可能存在的反映大地震之前孕震过程的特殊事件记录，如所谓静寂滑移。为了能找出大地震之前地脉动的可能异常变化，就应该从日常的地脉动数据中提取地脉动的背景信息。因此，积累连续地震波形数据，对于把地脉动异常变化作为可能的地震前兆来加以探索和实践，是有意义的。

第三，在一些情况下，不仅需要证明某些事件的存在，还需要证明某些事件的不存在。例如，在核试验的地震核查中，被核查一方需要提供地震记录以证明在被怀疑的时间段并无地震事件或并非核爆炸事件。在涉及到矿山、水库蓄水等人为活动对周围环境、当地居民生产和生活的影响的调查、研究甚至法律诉讼中，地震记录也能提供有力的证明。

第四，在地震台站（网）保留的除地震事件波形外的连续记录中还可能包含许多我们以前没有意识到的信息，我们不能因为尚未认识而把记录资料抛掉。最突出的实例是近年来开展的利用连续地脉动记录反演地球内部结构，特别是利用地脉动数据探寻地球内部特性随时间的变化。现今，人们已经把连续的地脉动记录作为有用的信息而不再作为有害的干扰抛弃掉了。

4. 地震事件波形数据

从原始波形数据中截取的地震事件的波形数据，包括构造地震、诱发地震（矿山冒顶、水库蓄水诱发等）和人工地震（化学、爆破、核爆炸、物体坠落等）；也包括为特定目的而截取的地脉动或其他干扰源（如交通等）引起的地面振动记录波形段。对截取事件波形数据的基本要求是：

在截取事件波形数据时，要保证事件波形的完整和留有事件前适当长度的波形数据。在分析地震事件波形的振幅谱或功率谱时，需要去掉事件波形数据中混有的地动噪声。为此，使用地震事件波形到达前的一段时间（例如256个采样点）的地动噪声计算其功率谱，以此作为地震事件波形中混入的地动噪声谱的估计值。

关于波形的截取长度，应保证对后续震相及其尾波分析的要求。在对地方震和近震确定尾波震级 M_D 时，取地震波衰减到背景噪声两倍的时刻作为尾波截止时刻。但对地方震和近震进行尾波分析时，所需波形数据应更长些。因此，保留波形段至少应达到其幅度下降到地震波到达之前的噪声水平为止。

《地震及前兆数字观测技术规范（试行，2001）》的地震观测分册中对地震台站地震事件保留长度 t_{DU} 规定如下：

对于 $M_S=3.0\sim5.4$ 地震，按 $\lg(t_{DU})=(M_S-0.9)/1.5$ 估计；

对于 $M_S=5.4\sim8.0$ 地震，按 $\lg(t_{DU})=(M_S+0.6)/2$ 估计；

例如，对于3、4、5、6、7级地震，保留长度分别为25s、120s、540s、2000s和6300s。

这里需要补充说明的是，特大地震可能激起地球自由振荡，而地球自由振荡记录对于研究地球内部构造是很宝贵的资料。因此，对于特大地震的波形数据，如果激发了地球自由振荡，应不受上述估计公式的限制，留取足够长的地震事件波形数据，特别是超长周期记录数据。

就地震波形数据服务而言，应提供由使用者自行截取波形数据的功能，使得使用者可以根据特定研究任务的需求，从连续波形数据中截取所需要的波形。

5. 地震震相数据

震相数据是地震定位和测定震级所需要的基本数据，包括从原始波形数据或地震事件波形数据中识别出的地震波的震相、震相到时、初动符号、初动半周期、最大振幅和相应周期、信号持续时间等数据。

震相数据在大地震速报、地震编目和编辑地震台站以及台网地震报告中起重要作用。震相到时数据又是反演地球结构、特别是反演三维地球结构的基本数据。另外，P波初动符号仍是确定震源机制的重要数据。因此，在地震数据常规处理中应该正确地识别震相、准确读取震相到时、尽可能地读出P波初动符号，最终形成内容丰富的地震观测报告。

6. 地震基本参数

由震相数据测定的震中经纬度、震源深度、发震时刻和震级总称地震基本参数。用于地震速报和编辑地震目录和地震报告等。

当前我国地震定位结果的质量评价标准仍沿用人工定位时期的规定，即以震中位置的估计误差作为判定标准，震中位置误差小于或等于5km为一类，大于5km但小于或等于15km为二类，大于15km但小于或等于30km为三类，而大于30km者为类外。在我国尚没有关于如何估计震源定位误差的统一规范，一些定位程序中虽具有估计定位误差的算法，但因为没有统一的判别标准和表达形式，不同程序给出的结果还不好直接进行比较。

7. 地震震源力学参数

利用地震观测台（网）原始记录数据或地震事件波形数据以及由此产生的震相数据测定的描述地震震源的特征量，如震源机制、矩张量、震源尺度、应力降等。

8. 地震目录

传统的地震目录是指针对不同区域和不同时间范围编辑的地震基本参数表。根据不同的应用目的，同一区域和时间范围可存在若干个地震目录，如强震目录、破坏性地震目录、小震目录、地震序列目录等。另外，不同的产出机构由于使用的地震台站组合不同，或采用的地球模型、定位方法以及震级标度不同，也会产生不同的地震目录。传统地震目录包括发震时刻、震中位置、震源深度、震级、参考地名、定位台站数、震中位置位号、数据来源、定位精度、定位方法及程序等。“新参数地震目录”在传统的地震目录基础上进行了扩展，内容扩展之一是加入震源力学参数，如震源机制、地震矩张量、地震辐射能量等；内容扩展之二是与地球介质有关的参数，如尾波Q值、地壳介质各向异性等。但在我国的“新参数地震目录”的内容、算法、格式等尚未形成统一标准或约定。

我国出版的主要地震目录包括：

- 《中国地震台网地震目录》（1978—，东M_S3.5、西M_S4.5）
- 《中国区域地震台网地震目录》（1970—　）

•各省（市、自治区）地震目录

•大地震速报目录

•大地震的地震序列目录

•《中国地震目录》（公元前1831年至公元1969年，公元1970—1979年），顾功叙主编，1983

•《中国历史强震目录》（公元前23世纪至公元1911年），闵子群主编，1995

•《中国近代地震目录》（公元1912年至1990年$M_S≥4.7$），汪素云等主编，1999

全球主要地震目录包括：

•国际地震中心（ISC）地震目录，1964年1月起，全球地震目录，可通过ISC网站（http：//www. isc. ac. uk）查询和下载。地震目录遵循IASPEI地震数据格式（ISF）。

•美国地震信息中心（NEIC）地震目录，1997年1月起，可通过NEIC网站（http：//earthquake. usgs. gov/regional/neic/）查询和下载。

•美国NEIC快速地震目录，可通过NEIC网站（http：//earthquake. usgs. gov/regional/neic/）查询和下载。

•全球显著地震目录库，由美国商业部国家海洋与大气管理局（NOAA）下属的国家地球物理数据中心（NGDC）编辑。可通过NOAA网页http：//www. ngdc. noaa. gov/nndc/struts/form？t=101650&s=1&d=1查询和下载。该目录包括自公元前2150年以来发生在全球各地的显著地震，含发震时间、震中经度、震中纬度、震级、震中烈度、死亡情况描述、死亡人数、损失描述、损失额、是否产生海啸、地点以及数据来源。其入选标准是满足下列条件之一：中等损失（约100万美元或更多）以上，死亡10人或更多，震级7.5或更大，修正默卡利烈度表X度或更高，或产生海啸的地震。

9. 地震观测报告

地震观测报告，除传统地震目录所包含的内容外，还包括台站信息、震相数据等。

（1）我国的主要地震报告。

•中国地震台网观测报告（参加国际数据交换的24个台的震相数据，1978—　）

•各省级地震部门编辑的本地区地震观测报告

•各区域的或地方的地震台网的地震观测报告

（2）国际地震观测报告举例。

《国际地震中心（ISC）地震报告》，1964年以来，包括全世界2000余个台站，可通过ISC网站（http：//www. isc. ac. uk）查询和下载。地震报告遵循IASPEI地震数据格式（ISF）。

三、元数据

1. 基本概念

元数据是“关于数据的数据”，又称“描述数据”，即用来描述一个数据集的数据；台湾学者又称其为“诠释数据”。元数据并不是一个新概念。传统的图书馆卡片、出版图书的版权说明、磁盘的标签等都是元数据。在地震观测中，纸质地震图上的图章中的内容就是这张地震图的元数据。

2. 元数据的作用

（1）对于数据生产单位的作用。

帮助数据生产单位有效地管理和维护数据，建立数据文档，并保证即使主要工作人员退休或调离时，也不会失去对数据情况的了解；维护数据的版权，使数据生产者的权益得到说明和保护。

（2）对于数据用户的作用。

通过元数据提供有关数据生产单位数据存储、数据分类、数据内容、数据质量、数据交换方式、数据销售等方面的信息，便于用户查询检索所需要的数据；帮助用户了解数据，以便就数据能否满足其需求做出正确的判断；提供有关信息，以便用户能正确地处理和转换有用的数据。

3. 地震数据的基本元数据

地震行业标准 DB/T 41－2011《地震数据元数据》，规定了地震数据元数据描述方法、描述地震数据集时所涉及的主要数据项字典。适用于对地震数据集的描述、地震数据集的编目、地震数据集信息的发布和网络交换，以及元数据的建库和管理。这是用于地震数据集的管理和服务的最基本的元数据。

对于具体的地震数据集，例如地震波形数据，还应该提供台站参数，仪器参数，地震参数，波形描述（采样率、起始时间、采样点数、数据格式说明）等为使用地震波形数据所需要的数据。根据元数据的定义，这些数据都属于地震波形数据的元数据。SEED 格式的头段信息就是地震波形数据的元数据。

所以，对于不同的测震数据集，除了应提供地震行业标准 DB/T 41－2011《地震数据元数据》要求的元数据信息外，还应提供为理解和使用数据集所需要的数据。

第二节　测震数据格式

为了有效地存储、管理和共享测震数据，需要根据不同的需求设计和应用适当的数据格式。目前我国使用较为广泛的测震数据格式有 SEED、SAC、EVT、CSF 等，适用于不同的应用目的。

一、测震数据格式基本类别

测震数据格式主要包括仪器中使用的格式、标准分析软件中使用的格式、为数据交换和存档而设计的格式及为数据库系统设计的格式等 4 类。

仪器中使用的格式是和台站观测仪器种类紧密关联的，是仪器生产厂家设计用于仪器内部存储和对外输出的数据格式，这类格式可能符合广泛采用的标准，但也可能只是遵循生产厂家的企业标准，因此当台站或者台网使用不同厂家生产的仪器时，可能所产出的数据格式也不相同。

标准分析软件中使用的格式与数据处理软件紧密关联，这类格式的使用广泛程度取决于所依附软件的推广程度。

为数据交换与存档而设计的格式和为数据库系统设计的格式通常是设计者精心设计的，对格式结构的细微之处做过许多考虑，以期达到有效性、灵活性和可扩展性。当然，这种设计的代价是，这类格式往往比较复杂，需要专门设计的软件对这类格式的数据进行解释，以实现数据的读、写。

这 4 类格式显示出体系性结构。其中，第 4 类格式构成其他类格式的“超集”，意思是可由它导出第 1 – 3 类。第 3 类相对于第 1 和 2 类也有同样的关系。在地震数据中心进行的几乎所有格式转换都是在这一体系结构中从第 1 类向第 4 类运动，以进行数据存档和与其他数据中心进行数据交换，而软件工具则广泛用于格式从 4→3→2 的转换。

在我国，随着数字化地震台网的发展，地震数据格式也逐渐趋于规范化。我国“九五”计划期间（1996 ~ 2000）建设的区域的和地方的数字地震台网，尽管硬件可能来自不同的制造商，台网数据接收和处理软件也可能不同，但生成的原始连续波形数据和地震事件波形数据基本上遵循了由北京港震机电技术有限公司最先推出的 EDAS 格式（evt 文件格式），从而在我国数字地震台网发展的初期阶段，为地震波形数据的存储和交换提供了一种实用格式。但由于这种格式在演变过程中其细节时有修改，也为使用这种格式的用户和软件开发者带来了一些麻烦。至今，evt 格式已趋于稳定，并被继续使用。

上述第 3 类格式的典型代表当属国际上广泛使用的地震数据交换格式 SEED（Standard for the Exchange of Earthquake Data），原标准由数字地震台网联盟（FDSN）、地震学研究联合会（IRIS）和美国地质调查局（USGS）共同发布，自 1987 年被 FDSN 正式采用。最新版本是其 2. 4 版的 2012 年 8 月小修版（SEED Reference Manaul，SEED Format Version 2. 4，August 2012，http：//www. fdsn. org/seed_ manual/SEEDManual_ V2. 4. pdf）。中国地震局有关专家在 SEED 格式参考手册 2. 3 版的 2002 年 2 月 22 日增补版基础上，按照我国行业标准的表述要求，制定了我国的地震波形数据交换格式标准，即 DB/T2 – 2003《地震波形数据交换格式》。在该标准中明确采用“SEED”作为标准的简称，以与国际上通用名称保持一致。现在，我国区域的和地方的数字地震台网汇集的地震波形数据都能够在各自的台网中心生成符合 DB/T2 – 2003 的 SEED 格式地震波形数据文件。在中国地震台网中心，也能将所汇集的国家地震台网台站的数字地震波形数据转换成 SEED 格式，供用户使用。需要说明的是，SEED 2. 4 版与 2. 3 版有细微差别，因此，应对 DB/T2 – 2003《地震波形数据交换格式》进行相应的修正，好在升级版是向下兼容的，不影响以往版本数据的应用。

上述第 2 类格式中，SAC 格式是因特定软件的需要而为人们广泛使用的地震波形数据格式的代表。这是地震分析软件 SAC 功能强大和被全世界广泛使用的结果。由于 SAC 格式比 SEED 格式简单得多，许多地震分析软件也以 SAC 格式作为其可接受的外部格式，而对于 SEED 格式文件，则需要利用 SEED 格式读写工具先将数据文件转换成 SAC 格式。

为了便于管理和存储更广泛的地震数据内容，在我国“十五”规划（2001 – 2005）期间制定了《中国数字测震台网数据规范（VER1. 0）》，为建立地震数据库和数据共享交换提供了数据格式标准。在全国各省、直辖市、自治区地震台网中心推广的数字地震台网数据汇集与处理系统 JOPENS 遵循这一规范建立了台网基本数据、地震波形数据以及地震目录等产出数据的数据库，在 JOPENS 下的人机交互处理软件 MSDP 可按 SEED 格式生成地震事件波形文件，并可读入 SEED 格式地震事件波形文件。

CSS 格式是另一种以数据库存储地震波形数据所采用的数据格式，由一系列数据库表构成，是国际上为核试验地震核查而设计的数据格式，在此基础上开发出了相应的数据管理和数据服务软件。

为了进行数据采集、传输和接收，需要传输效率高的数据格式。miniSEED 和 CD1.0/1.1 是其有代表性的格式。

对于地震报告数据，为了进行国际交换，国际上有 IASPEI 标准格式（IASPEI Standard Format，ISF），ISF 格式已被国际地震中心（ISC）采用，作为 ISC 地震报告的标准格式。

二、SEED 格式

SEED 格式已成为我国各层次地震台网中心的地震波形数据存档和提供服务的一种基本格式。因此，从事地震观测和分析处理的地震工作者有必要对 SEED 格式有一个概况的了解。特别是台网中心的系统管理人员应了解如何生成正确的 SEED 格式数据文件，地震数据分析人员应了解如何从 SEED 格式数据文件中获取关于地震波形数据的有关信息，以及如何将 SEED 格式波形数据转换成其他格式，以利用适当的软件进行地震波形分析。

1. SEED 格式简介

SEED 格式的地震波形数据文件包括两个部分。第一部分是文件的头段，以 ASCII 码写成，其中包含了生成该段波形数据的台网信息、地震信息和波形数据本身的信息，可以总称为波形数据的元数据，即关于波形数据的数据。SEED 地震波形数据文件有四种控制头段（类型 V、A、S、T）：卷索引段（类型 V），包括波形段的时间、长度、格式版本、索引等；缩略语字典段（类型 A）；台站信息段（类型 S），包括台站位置、仪器类型、通道传递函数；时间片信息段（类型 T），包括时间序列的时间段标识、时间段中包含的地震事件的信息等。每个控制头段由多个子块组成，每个子块包含子块标识符、子块长度 n 和具体的数据字段 $1\sim n$。

SEED 格式地震波形数据文件的第二部分是波形数据本身，以二进制编码写成，通常是按一定算法生成的压缩数据。时间序列分成若干数据记录；数据记录中也可有子块，但不是 ASCII 码，而是二进制格式。数据记录包括标识块、固定头段区、可变头段区（多个子块）和数据区（实际的时间序列数据）。在生成 SEED 格式地震波形数据时采用了所谓“数据描述语言（DDL）”，允许数据生产者使用原始波形数据格式并利用 DDL 给出对数据格式的描述。这样，对于不同生产厂家提供的地震台站数据采集、传输和接收系统，只要按 SEED 标准的要求，遵照数据描述语言（DDL）给出的语法规则提供对台网中心接收数据格式的描述，便可以在保持原始接收数据格式的情况下，包装成统一的 SEED 格式数据文件。其后在读取波形数据时，专用软件可以利用 DDL 语法规则解析 SEED 文件中的波形数据，再根据用户要求生成所希望格式的数据，例如简单的 ASCII 码数据、SAC 格式的二进制数据或 SAC 格式的 ASCII 码波形数据。

SEED 格式的设计是在利用磁带顺序记录数字地震数据的时代发展起来的，因此保留了许多基于磁带记录的结构特征，我国在实际使用时对其进行了精简。

2. 正确生成 SEED 格式数据文件

尽管在地震台网中心的数据处理软件会生成符合要求的 SEED 格式数据文件，但其中的基础数据需要技术人员去正确设置。下面给出一些要注意的实例。

对传统地震计的 3 个分量上（Z）、北（N）、东（E）的描述（见 SEED 标准的通道标识子块［52］）应遵循如下约定：向上分量（Z）的倾角为 $-90°$，方位角为 0°（向下为倾角 90°，方位角 0°）；向北分量（N）的倾角为 0°，方位角为 0°（向南为倾角 0°，方位角

180°)；向东分量（E）的倾角为0°，方位角为90°（向西为倾角0°，方位角270°）。

用类型A和用类型B给出的模拟级（地震计）零极点的值是不同的，因为单位不同，类型A是拉普拉斯变换表达式，以弧度/秒（rad/sec）为单位，类型B是以赫兹（Hz）为单位，二者相差2π。因此，应注意相应类型标注与零极点值的对应。

给定的归一化因子参考频率要与实际计算归一化因子时使用的频率一致。否则，数据使用者不能正确地使用SEED文件给出的频率响应数据。

作为零级给出的系统灵敏度应等于各级的灵敏度（或转换因子）（SEED文件中都称为增益（gain））的乘积，否则在读取该数据时会得到错误信息。

通道标识子块［52］中的经纬度和高程是指地震计安装位置地理经度、地理纬度和海拔高程。对于井下地震台，其高程应为地面测量得到的海拔高程减去本地深度，本地深度（local depth）是指地震计安装位置距本地地面深度（单位：m）。

刘胜国等研发了一个检验SEED格式数据文件正确性的软件CheckSeed，可以查出SEED数据文件中经常出现的一些错误。

3. SEED格式数据文件的使用

（1）基本要求。

对于波形数据的使用者而言，需要做的事情是：

①掌握一种（或几种）SEED格式数据的读出工具软件，从而能用它读出关于该段波形数据的元数据信息和把SEED格式波形数据转换成可由自己的程序读入的格式（例如SAC二进制或ASCII格式）。

例如，可以从IRIS DMC下载最新版本的SEED读出工具rdseed（rdseed 5. 3. 1，http：//www. iris. edu/forms/rdseed_ request. htm）。

需要说明的是，在以Intel处理器为CPU的微机中，不论是Windows操作系统还是Linux操作系统，其中的每个二进制数据的字节排序是先小后大，即低地址存放最低有效字节，这称为“小尾”（little endian）字节顺序，而VAX和Motorola68000为CPU的机器中的字节排序为先大后小，即低地址存放最高有效字节，这称为“大尾”（big endian）字节顺序。SUN工作站属于后一类。

因此，如果生成的SAC波形数据是适用于SUN工作站的，在用于Intel微机时应先对数据字节换序，反之亦然。在使用SEED读出工具生成SAC文件时，应注意生成的波形文件是“大尾”字节顺序还是“小尾”字节顺序。

②使用例如JOPENS/MSDP软件，将SEED格式的波形文件转换成ASCII码的波形数据文件。对于要在JOPENS/MSDP之外处理地震波形数据的人，ASCII码的波形数据易于被自行开发的程序读取。当然，ASCII码文件占用磁盘和内存空间大，但对于处理的数据量不大的情况，这是最简单易行的做法。

（2）rdseed5. 3. 1。

rdseed v5. 3. 1用于读标准的SEED格式数据文件，可从SEED格式转换成SAC（二进制或ASCII），AH，SEGY，CSS，miniSEED或完全的SEED格式。在rdseed的下载包rdseedv5. 3. 1. tar. gz中包含分别适用于Mac OS X，Sun Solaris，Linux以及其他UNIX平台的可执行程序。自5.1版，如果在Windows上安装了CYGWIN（可从网站http：//www. cygwin. com/下载并安装CYGWIN），则可在Windows上运行，这时，用户在Windows

上如同在 Linux 环境中。

rdseed 的输出文件有 9 种格式，常用的有（其中的数字是选项代码）：

1 = SAC –（缺省值）SAC 二进制，

4 = miniSEED – 只有数据的 SEED 记录，

5 = SEED – 带有元数据的完全 SEED，

6 = SAC ALPHA – SAC 字母数字（ASCII）格式，

8 = 简单 ASCII（SLIST） – ASCII 码给出的单列采样值，

9 = 简单 ASCII（TSPAIR） – ASCII 码给出的时间和采样值列对。

关于 rdseed 的使用方法，可参见其使用手册 rdseed_ manual. pdf，可在 rdseed 的下载包 rdseedv5. 3. 1. tar. gz 中找到，或可直接从 IRIS 网站下载（rdseed manual，http：//www. iris. edu/manuals/rdseed. htm）。

三、SAC 格式

SAC（Seismic Analysis Code）软件是为顺序数据（特别是时间序列数据）的研究而设计的通用交互式程序。重点放在为地震研究人员详细研究地震事件提供分析工具。所提供的分析能力包括一般数学运算、傅里叶变换、谱分析技术、IIR 和 FIR 滤波、信号叠加、抽取、内插、相关以及震相拾取等，SAC 还包含强有力的绘图功能。

SAC 格式是 SAC 软件的专用波形数据输入格式，但有许多其他软件也采用 SAC 格式作为波形数据输入格式。在 SAC 用户指南（SAC Users Guide，v101. 5c – February 2012），http：//www. iris. edu/software/sac/manual. html）中具体描述了 SAC 波形数据输入格式。

四、数据传输格式

在我国的数字化地震台网中，通过 IP 协议从台站向台网中心传送的是 miniSEED 数据包。miniSEED 是 SEED 格式的一种简化格式，在数据包中只包含波形数据段，不包含各种控制头段，采用 Steim2 压缩算法对原始波形数据进行了压缩，从而提高了传输效率。

在国际上流行的另一种地震波形数据传输格式是 CD1. 0 及其升级版本 1. 1 协议规定的连续地震波形数据传输格式。CD 数据格式和协议是一个充分考虑现代 Internet 网络传输条件的最新数据格式，由于采用了 LIFO 模式及数字签名技术，具有数据传输可靠、及时、安全等特点，目前此格式被所有国际核查系统的数据中心及台站采用，是很有发展潜力的数据格式。我国的兰州和海拉尔台阵采用这种格式。

CD1. 1 格式和 SEED 格式是应用目的不同的两种格式。CD1. 1 格式是用于连续波形数据从台站到国际数据中心（IDC）再到各国地震核查国家数据中心的数据传输，是一种针对特定地震监测系统的连续波形数据传输格式。而 SEED 是用于不同的地震台网记录的数据在不同机构之间的交换和数据存档，所以，它强调的是通用性。在这个意义上，这两种格式是处在地震波形数据获取和管理的不同层次；与 CD1. 1 相比。SEED 是在更高层次上实现数据共享，而 CD1. 1 格式在实现数据从台站到台网中心的传输方面，特别是在利用网络传输时的数据安全措施方面，有其独到之处。

五、地震参数格式

IASPEI 地震格式（ISF）是已被国际地震中心（ISC）采用的一种地震参数格式，用于地震目录和地震报告。可从 ISC 网站下载 ISF 技术报告（http：//www. isc. ac. uk/standards/isf/download/isf. pdf)。ISF 格式的地震报告中采用 IASPEI 标准震相名。格式中规定了以注释(comment）的形式在地震报告中加入矩心位置、矩心发震时刻、地震矩张量解、断层面解、宏观地震烈度等的标准数据格式，从而丰富了地震报告的内容。

尽管在 ISF 格式的报告中对震相的标识仅有震相名，没有初动符号和震相清晰度的标识，但是，对于区域地震台网而言，所编辑的地震报告中还是应该包含这两个数据。初动符号是测定震源机制解的重要数据，震相清晰度是地震定位程序中对震相到时加权的依据之一。

在模拟观测时代，我国曾形成了 Q01 格式、C01 格式、EQT 格式、WKF 格式等几种地震目录数据服务格式，在地震预测、科学研究等领域发挥了重要作用，且延续至今。但这几种格式相对简单，只包含经纬度、震级等主要数据项，且个别数据项的表示精度也与我国数字地震台网的发展不相适应。为此，根据“十五”计划以后我国数字测震观测系统情况，依据《中国数字测震台网数据规范 ver1. 0》，参考 ISF 等国际流行的地震参数标准格式，提出了一种 CSF（China Seismic Format）格式，该格式包含观测报告打印格式和计算机可读文件格式。该格式可实现与测震台网数据库的导出和恢复。目前该格式已经成为我国测震台网地震编目的标准产出格式。

1. 观测报告打印格式

观测报告的地震目录部分包括编报周期内的所有地震条目的震源信息数据，按时间排序，格式见表。震相数据部分包括编报周期内的所有地震条目的震源信息数据和相应的震相到时数据和振幅数据，按地震时间排序。每个地震条目由 1 行震源信息行和若干行震相数据行组成。

表 9. 2. 1　目录行

记录行	格式	描述
1	A2	产出机构代码（Net_ code）
	A10	发震时刻（O_ Time）的年月日部分，YYYY/MM/DD
	A11	发震时刻（O_ Time）的时分秒部分，HH：MM：SS. SS
	F7. 3	纬度（Epi_ lat），南纬为负
	F8. 3	经度（Epi_ lon），西经为负
	D3	深度（Epi_ depth），单位：km
	F3. 1	M_L 震级
	F3. 1	M_S 震级
	A1	定位质量（Qloc）
	D3	定位台站数量（Loc_ stn）

续表

记录行	格式	描述
	A14	地震类型（Eq_ type）代码
	A2	地震位号（Epic_ id）
	A16	震中参考地名（Location_ cname），单台地震为台站代码 + S - P 值

数据类型：D（整型）、F（浮点）、A（字符）

地震类型代码：
ep = explosion 爆破
eq = earthquake 天然地震
sp = Suspected explosion 疑爆
se = Suspected event 可疑事件
ss = subsidence 塌陷
ve = Volcano-tectonic earthquake 火山构造地震
le = long-period even 长周期事件
vh = Volcano Hybrid Event 火山混合事件
vp = Volcano explosion 火山爆炸
vt = Volcano Tremor 火山颤动
ot = other type 其他

表 9.2.2 震相行

记录行	格式	描述
1 - n	A2	台网代码（Net_ code）
	A5	台站代码（Sta_ code）
	A3	通道代码（Chn_ code）
	A1	初动清晰度（Clarity），I 尖锐，E 平缓，N 介于 I 和 E 之间
	A1	初动方向（Wsign），C（U）初动向上（压缩波），D（R）初动向下（膨胀波）
	A7	震相名（Phase_ name）
	F3. 1	权重（Weight）
	A2	记录类型（Rec_ type），D 位移，V 速度，A 加速度，SD 仿真位移
	A11	震相到时（Phase_ time）的时分秒部分，HH：MM：SS. SS
	F5. 2	走时残差（Resi），单位：s
	F6. 1	震中距（Distance），大于 0，单位为 km；小于 0，单位:°
	F5. 1	方位角（Azi），单位:°，从正北开始
	F9. 1	振幅（Amp），单位：nm

续表

记录行	格式	描述
1－n	F6.2	周期（Period），单位：s
	A3	震级名（Mag_ name）
	F3.1	震级值（Mag_ val）

2. CSF 文件格式

CSF文件采用文本格式，由索引信息、台站信息、震源信息和震相信息等部分组成。其中索引信息包含卷类型、格式版本号、数据产出机构和数据时间段等；台站信息包含台站代码、位置、仪器型号和系统灵敏度等；震源信息包含定位结果信息和震级信息等，也可用来扩展震源机制等信息；震相信息包含震相到时、初动清晰度和振幅数据等。CSF 文件分为地震目录基本卷（Catalogbasicvolume）、地震目录完全卷（Catalogfullvolume）、观测报告卷（Bulletinvolume），其中完全卷比基本卷信息更为完整和丰富。一般情况下，基本卷用于对观测台网之外的科学家和相关管理人员提供数据服务，完全卷用于观测台网的数据归档和专题研究。

（1）CSF 卷的构成：

卷由数据块组成。卷（volume）与各类数据块（data block）的包含关系见表9.2.3：

表9.2.3　卷（volume）与各类子块（block）的包含关系表

	Catalog basic volume	Catalog full volume	Bulletin volume
Volume index block0	√	√	√
Volume index block1	√	√	√
Basic origin head block	√	√	√
Basic origin data block	√	√	√
Extened origin head block		√	√
Extened origin data block		√	√
Magnitude head block		√	√
Magnitude data block		√	√
Station head block			√
Station data block			√
phasehead block			√
phasedata block			√

表 9.2.4　子块（block）标识符

子块名称	子块标识符	子块类型
Volume index block0	VI0	Volume index
Volume index block1	VI1	Volume index
Basic origin head block	HBO	head
Basic origin data block	DBO	data
Extened origin head block	HEO	head
Extened origin data block	DEO	data
Magnitude head block	HMB	head
Magnitude data block	DMB	data
Station head block	HSB	head
Station data block	DSB	data
phasehead block	HPB	head
phasedata block	DPB	data

Block 分 volume index block 、head block 和 data block 三类，head block 一般只有 1 行，由固定标识串组成，用来对 data block 进行解释说明。head block 和 data block 的字段个数一般是一一对应的。

块（block）由 1 – n 个记录行组成，行以换行（LF）和回车（CR）结尾，数据块之间以空行分割，空行只包含换行（LF）和回车（CR）符。记录行内的数据项之间以空格分割。

数据类型：D（整型）、F（浮点）、A（字符），DATE 和 TIME 以字符串形式表达，例如：YYYY/MM/DD HH：MM：SS. SS

（2）写 CSF 卷的伪代码：

写 Catalog basic volume 伪代码

```
begin
WriteVolume index block0;
WriteVolume index block1;
Write Basic origin head block
Foreach_ catalogdo
Write Basic origin data block
end
end
```

写 Catalog full volume 伪代码

```
begin
WriteVolume index block0;
WriteVolume index block1;
```

```
Write Basic origin head block
WriteExtened origin head block
Write Magnitude head block
Foreach_ catalogdo
Write Basic origin data block
WriteExtened origin data block
Foreach_ Magnitude do
Write Magnitude data block
end
end
end
```

写 Bulletin volume 伪代码

```
WriteVolume index block0;
WriteVolume index block1;
Write station head block
Foreach_ stationdo
Write station data block
end
Write Basic origin head block
WriteExtened origin head block
Write Magnitude head block
Write phaseheadblock
Foreach_ catalogdo
Write Basic origin data block
WriteExtened origin data block
Foreach_ Magnitude do
Write Magnitude data block
end
foreach_ phasedo
Write phasedatablock
end
end
end
```

（3）索引数据块：

表 9.2.5　Volume index block0

记录行	位置	格式	描述
1	1 - 3	A3	子块标识符，VI0
	5 - 16	A12	固定标识符，Volume_ type
	18 - 31	A14	卷类型 Catalogbasic：地震目录基本卷 Catalogfull：地震目录完全卷 Bulletinbasic：观测报告基本卷
	33 - 39	A7	固定标识符，CSF_ Ver
	41 - 43	F3. 1	版本号

示例：

VIO Volume_ type Catalog_ basic CDC_ Ver 1. 0

表 9.2.6　Volume title block1

记录行	位置	格式	描述
1	1 - 3	A3	子块标识符，VI1
	5 - 12	A8	固定标识符，Net_ code
	14 - 221	A2	产出机构代码（一般为台网代码）
		A8	固定标识符，Net_ cname
		A30	产出机构名称
		A20	起始时间。YYYY/MM/DD HH：MM：SS. SS
		A20	结束时间。YYYY/MM/DD HH：MM：SS. SS
		A128	remark

示例：

VI1 Net_ code HE Net_ cname 河北省数字测震台网 2008/08/01 00：00：00. 00 2008/08/07 24：00：00. 00

（4）头信息块：

HBO Net date O_ time Epi_ lat Epi_ lon Epi_ depth Mag_ name Mag_ value Rms Qloc Sum_ stn Loc_ stn Epic_ id Source_ id Location_ cname Eq_ type

HEO Auto_ flag Event_ id Sequen_ name Depfix_ flag M M_ source SPmin Dmin Gap_ azi Erh Erz Qnet Qcom Sum_ pha Loc_ pha FE_ num FE_ sname

HMB Mag_ name Mag_ val Mag_ gap Mag_ stn Mag_ error

HPB Net_ code Sta_ code Chn_ code Clarity Wsign Phase_ name Weight Rec_ type Phase_ time Phase_ time Resi Distance Azi Amp Period Mag_ name Mag _ val

（5）目录数据块：

表 9.2.7 Basic origin data block

记录行	位置	格式	描述
1－n（数据）	1－3	A3	子块标识符，DBO
		A2	台网代码（Net_ code）
		A10	发震时刻（O_ Time）的年月日部分，YYYY/MM/DD
		A11	发震时刻（O_ Time）的时分秒部分，HH：MM：SS. SS
		F7. 3	纬度（Epi_ lat），南纬为负
		F8. 3	经度（Epi_ lon），西经为负
		D3	深度（Epi_ depth），单位：km
		A5	震级名（Mag_ name）
		F4. 1	震级值（Mag_ value），如果该地震有多种震级，优选1个震级
		F6. 2	走时残差，单位：s
		A1	Qloc，定位质量
		D3	编报震相的台站数量（Sum_ stn）
		D3	Loc_ stn，参加定位台站数量
		A2	Epic_ id，震中位号
		A2	Source_ id，数据来源
		A2	Eq_ type，地震类型代码： eq = earthquake 天然地震 ep = explosion 爆破 sp = Suspected explosion 疑爆 ss = subsidence 塌陷 se = Suspected event 可疑事件 ve = Volcano-tectonic earthquake 火山构造地震 le = long-period even 长周期事件 vh = Volcano Hybrid Event 火山混合事件 vp = Volcano explosion 火山爆炸 vt = Volcano Tremor 火山颤动 ot = other type 其他
		A16	Location_ cname，震中参考地名

表 9.2.8 Extened origin data block

记录行	位置	格式	描述
1	1－3	A3	子块标识符，DEO
		A1	自动/人机交互处理结果类型标志（Auto_ flag）
		A20	事件 ID（Event_ id），用来唯一标识该地震事件的字符串
		A20	地震序列名称（Sequen_ name），该地震事件所属地震序列的名称
		D1	地震定位是否固定深度标志（Depfix_ flag），1 固定深度，0 求解深度
		F3.1	发布震级（*M*）
		A5	发布震级（*M*）所来源的实测震级
		F5.1	SPmin，最小 S－P，单位：s
		F6.1	Dmin，近台距，正值单位：KM，负值单位:°
		F5.1	Gap_ azi，空隙角，单位:°
		F5.1	Erh，水平误差估计，单位：km
		F5.1	Erz，深度误差估计，单位：km
		A1	定位台网质量（Qnet）
		A1	定位综合质量（Qcom）
		D3	震相总数（Sum_ pha）
		D3	参与定位震相数（Loc_ pha）
		A4	FE 分区代码（FE_ num）
		A64	FE 分区地名（FE_ sname）

表 9.2.9 Magnitude data block

记录行	位置	格式	描述
1	1－3	A3	子块标识符，DPB
		A5	震级名称（Mag_ name）
		F3.1	震级值（Mag_ val）
		F5.1	参加平均计算震级台站对震中的空隙角（Mag_ gap），单位:°
		D3	参加平均计算震级的台站数量（Mag_ stn）
		F4.2	标准偏差（Mag_ error）

（6）震相数据块：

表 9.2.10　phase data block

记录行	位置	格式	描述
1 - n		A3	子块标识符，DSB
		A2	台网代码（Net_ code）
		A5	台站代码（Sta_ code）
		A3	通道代码（Chn_ code）
		A1	初动清晰度（Clarity），I 尖锐，E 平缓，N 介于 I 和 E 之间
		A1	初动方向（Wsign），C 初动向上（压缩波），D 初动向下（膨胀波）
		A7	震相名（Phase_ name）
		F3.1	权重（Weight）
		A2	记录类型（Rec_ type），D 位移，V 速度，A 加速度，SD 仿真位移
		A10	震相到时（Phase_ time）的年月日部分，YYYY/MM/DD
		A11	震相到时（Phase_ time）的时分秒部分，HH：MM：SS.SS
		F7.2	走时残差（Resi），单位：s
		F6.1	震中距（Distance），大于 0，单位为 km；小于 0，单位:°
		F5.1	台站对震中的方位角（Azi），单位:°，从正北开始
		F9.1	振幅（Amp），单位：nm
		F6.2	周期（Period），单位：s
		A5	震级名（Mag_ name）
		F3.1	震级值（Mag_ val）

（7）台站数据块：

表 9.2.11　station data block

记录行	位置	格式	描述
1 - n		A3	子块标识符，DSB
		A2	台网代码
		A5	台站代码
		A10	中文台名
		A1	台站类型代码，P = 固定，T = 流动
		D1	通道数量
		F8.4	从赤道量起以“°”为单位的地球纬度，北纬为正，南纬为负

续表

记录行	位置	格式	描述
1 - n		F9.4	从格林威治量起的地球经度，东经为正，西经为负
		D4	高程（m）
		D4	地震计安装位置距本地地面深度（Local_ depth），单位：m
		A12	地震计型号
		A12	数据采集器型号
		A14	台基岩性
		A10	N - S 分向系统灵敏度，单位：counts/m/s，#. ####E + ##
		A10	E - W 分向系统灵敏度，单位：counts/m/s，#. ####E + ##
		A10	U - D 分向系统灵敏度，单位：counts/m/s，#. ####E + ##

第三节　测震台站产出

我国的国家测震台站除波形数据外，还主要承担台站记录到的国内、全球地震的地震震相分析，并产出相应的地震观测报告。本节主要介绍目前我国的国家测震台站的数据产出情况。

一、观测数据的产出

1. 地震震相分析

（1）地方震。

地方震通常判读产出 Pg、Sg、PmP、SmS 等到时类震相和 SMN、SME 等振幅类震相数据。

（2）近震。

近震通常判读产出 Pn、Sn、Pg、Sg，PmP、SmS、Lg、P、S 等到时类震相和 SMN、SME，LN、LE、LZ 等振幅类震相。

（3）远震。

远震通常判读产出 P、S、PP、SS、SKS 等到时类震相和 PMZ、PMBZ、LN、LE、LZ 等振幅类震相数据。

（4）极远震。

极远震通常判读产出 Pdif、PKPdf（PKIKP）、PKPbc、PKPab、PP、SKS、SKKS、SS 等到时类震相和 PPMZ、LN、LE、LZ 等振幅类震相数据。

（5）中深源地震。

中深源地震通常判读产出 pP、sP、pPdif、SPdif、pPKiKP、sPKiKP、pPKPdf、sPKPdf 等到时类震相和 PMZ、PMBZ 等振幅震相。

（6）初动方向。

要在未经仿真和滤波的原始波形记录上判读初动方向及初至震相到时；初动清晰且尖锐的用“I”标注清晰度，初动缓慢用“E”标注清晰度；短周期地震仪记录的初动上下分别表示为C、D；长周期地震仪记录的初动上下分别表示为U、R。

（7）后续震相和未知震相。

后续震相可在速度波形记录和仿真（或滤波）记录上判读。后续震相中，震相清晰但不能判明其性质者，应以i标出。

2. 地震参数测定

单台应测定清晰可靠的到时类震相及振幅类震相，并由振幅类震相测定相关震级。

地方性震级应使用仿真DD－1短周期位移记录的S波或Lg波两水平向位移最大振幅来测定；面波震级M_S应使用仿真SK中长周期位移记录水平向面波质点运动位移的最大值及其周期来测定；宽频带面波震级M_S（BB）应使用宽频带速度记录面波垂直向速度最大振幅来测定；短周期体波震级m_b应使用仿真DD－1短周期位移记录P波波列垂直向位移振幅最大值来测定；宽频带体波震级m_B（BB）应使用宽频带速度记录P波序列垂直向速度振幅最大值来测定。

3. 单台地震观测报告

单台观测报告的主要内容包括仪器类型、震相及到时、震中距、震源深度、周期、地动位移和震级等。

报告中的震相名称应采用《地震编目规范》附录E中的震相代码符号。

二、数据管理

台站需使用DVD光盘等介质保存单台地震报告、连续波形数据、甚长周期连续波形数据、事件波形数据、观测报告等，具体要求如下：

在光盘上建立以下子目录，数据要严格存放在下列相应的子目录中：

Report子目录：存放单台地震报告；

Wave-C子目录：存放宽频带记录连续波形数据（该目录下不允许再建子目录）；

Wave-V子目录：存放甚长周期（VLP）连续波形数据（该目录下不允许再建子目录）；

Wave-T子目录：存放事件波形数据；

Other子目录：存放其它数据，如：pha子目录、断记统计结果、日志文件、传递函数等。

其中对于事件波形截取的要求如下：

①对于检测到的国内4.0级以上和全球其他地区记录清晰的地震事件，要以人机结合的方式进行编辑，将整个地震事件及P波到时前至少1min的波形保存下来。有条件的省、市、自治区截取地震波形的下限还可以降低。

②地震事件截取的长度要根据震中距的大小和震级的大小而定，截取的原则是能够保存完整的地震事件波形记录，但最多不超过2h。

第四节　省级测震台网产出

省级测震台网除负责产出本台网所属台站的连续波形数据、标定波形数据及编报范围内所有地震的事件波形数据外，还将对本省及邻区的地震事件进行分析，并产出地震目录及观测报告等数据；本节对我国省级测震台网中心的常规产出情况作基本介绍。

一、观测数据的产出

省级台网中心承担本省及周边地区（省行政边界线外30km内）所有天然地震事件和M_L≥2.5非天然地震事件的编报；沿海省级台网负责能够定位的相应海域地震事件的编报；边境省级台网负责能够定位的国界外50km范围内地震事件的编报；福建台网承担台湾及其周边海域能够定位的地震事件的编报；广东台网承担香港、澳门地区地震事件的编报。对于本台网所属台站没有记录到的本省行政区边界线外30km范围内的邻省地震事件，可以不编报；我国大陆发生M≥5.0（以正式速报结果为准）地震，除编报范围所在省台网按照要求编报外，其它省级台网应编报本台网所属台站记录清晰的初至震相到时和初动方向。

1. 地震编目分析要求

（1）省级台网在编报规定范围内的地震事件时，除使用本台网所属固定台站数据外，还应使用本省行政区边界线至少50km范围内的邻省台站及已架设的加密观测流动台站的数据。鼓励使用企业台和地方台的数据进行编目。

（2）省级台网震相编报范围包括Pg、Sg、PmP、SmS、Pn、Sn、P、S等到时类震相及SM、LM等振幅类震相；可以使用滤波、仿真、转置水平分量、偏振分析等工具辅助震相的识别。

（3）在保证参加定位台站分布合理和定位结果质量可靠的前提下，省级台网至少应编报S－P小于等于25s台站的震相及初动方向清晰的其余台站的初至震相，对加入后可减少定位台网最大空隙角15°以上的S－P大于25s台站的震相也应编报；对于参加日常编目的企业台和地方台可以只分析S－P≤10.0s的震相。

（4）省级台网应使用本地区的速度模型进行地震定位，定位台站的布局要尽可能包围震中，对于同一区域的地震应选用相对固定的定位方法；可将造成台网布局不合理或定位残差较大的到时震相权重置0。

（5）天然地震的深度不能为空或为0，非天然地震的深度应为空或为固定深度0。

（6）近震震级M_L或体波震级m_b应在仿真WA或DD－1短周期地震仪记录上测定，体波震级m_B和面波震级M_S应在仿真中长周期地震仪SK或长周期地震仪763记录上测定；原始记录限幅时不能测定震级；可将震级异常的振幅震相权重置0。

注：新国家标准《地震震级的规定》（GB 17740）正式颁布后，震级测定工作会根据新标准做相应修订。

（7）参考地名使用震中所在地的“省（自治区、直辖市）名缩略语＋县（区、旗、市）名缩略语”，如“河北昌黎”“辽宁沈阳”“新疆阿图什”“北京丰台”等）；对于距陆地50km内的海域地震，地名使用“省（自治区、直辖市）名缩略语＋县（区、市）名缩略语”＋“海域”，如“福建厦门海域”；距陆地大于50km的海域地震，使用“渤海”“黄海”“东海”“台湾海峡”“北部湾”和“南海”等命名。对有习惯命名方式的地区可沿用历史上惯用的地名，如广东担杆岛；在不便使用行政地名命名时，可以采用地理地名命名，如“唐古拉山”“兴都库什”等；对于市县同名的情况（比如邯郸市、邯郸县)，使用市县名全称以示区分（如河北邯郸市或河北邯郸县）；参考地名中不使用“交界”字样。

（8）对于编报区域范围内的不能定位的地震事件（例如：只有单台或双台记录，布局不合理等)，地震目录中的经纬度、精度、位号、深度、定位台数等应为空，发震时刻和震级取单台测定结果或 2 个台的平均值；固定台站的参考地名命名规则为“省名缩略语 + 最近台台站名 + （S－P 值)”，如“河北红山台（S－P3. 5s)”，流动台的参考地名命名规则为“省名缩略语 + 流动台所在县（区、旗、市）名缩略语 + 流动台名 + （S－P 值)”，如“广东阳东 L4401 台（S－P3. 5s)”。

（9）要在未经仿真和滤波的原始波形记录上进行初动清晰度和初动方向的识别与标注，信噪比要大于 2 倍，而且要在 6 秒的放大窗口读取；初动清晰且尖锐的用“I”标注清晰度，并标注初动方向；初动清晰但不尖锐的，不标注清晰度，只标注初动方向；初动平缓的，用“E”表注清晰度，不标注初动方向；对于短周期记录，初动向上为“C”，向下为“D”；对于宽频带记录，初动向上为“U”，向下为“R”；例如 IPgC、P、PgC、EPn 等。

2. 地震观测报告格式

省级测震台网中心地震观测报告上报格式分目录部分和震相部分，地震目录部分包括编报单元内的所有地震条目的震源信息数据，数据项之间用空格分隔，按时间排序。格式见表 9. 4. 1。震相数据部分包括编报单元内的所有地震条目的震源信息数据和相应的震相到时数据和振幅数据，数据项之间用空格分隔，按震中距排序。每个地震条目由 1 行震源信息行和若干行震相数据行组成。震相格式见表 9. 4. 2，示例如下。

GD 2013/01/01 00：07：32. 8　23. 731　114. 630　8　0. 0　1　5 eq 44 广东河源
GD 2013/01/01 00：21：35. 1　23. 731　114. 628　8　0. 7　1　4 eq 44 广东河源
GD 2013/01/01 00：29：57. 0　23. 733　114. 626　8　0. 0　1　4 eq 44 广东河源
GD 2013/01/01 00：30：35. 3　23. 729　114. 628　8　0. 0　1　5 eq 44 广东河源
GD 2013/01/01 00：32：12. 7　23. 733　114. 627　8　0. 5　1　4 eq 44 广东河源
GD 2013/01/01 00：53：53. 6　23. 733　114. 628　8　0. 4　1　5 eq 44 广东河源
GD 2013/01/01 08：38：51. 9　　0. 1　eq　广东南澎岛台
(S－P1. 8s)
……

GD 2013/01/01 00：07：32. 8　23. 731　114. 630　8　0. 0　1　5 eq 44 广东河源

GD XFJ	BHZ	Pg	1. 0 V	00：07：34. 29	0. 02	2. 8　73. 3			
	BHE	Sg	1. 0 V	00：07：35. 31	0. 02				
	BHN	SMN	1. 0 D	00：07：35. 38	0. 09		23. 6　0. 08		
	BHE	SME	1. 0 D	00：07：35. 42	0. 09		18. 1　0. 05	M_L	0. 1
GD HYJ	BHZ	Pg	1. 0 V	00：07：34. 28	－0. 10	4. 3 260. 1			
	BHE	Sg	1. 0 V	00：07：35. 45	－0. 02				
	BHE	SME	1. 0 D	00：07：35. 61	－0. 47		6. 3　0. 07		
	BHN	SMN	1. 0 D	00：07：35. 66	－0. 47		5. 0　0. 05	M_L	－0. 4
GD XIG	BHZ	Pg	1. 0 V	00：07：34. 45	－0. 05	5. 8　5. 3			
	BHE	Sg	1. 0 V	00：07：35. 69	0. 00				
	BHN	SMN	1. 0 D	00：07：35. 76	0. 20		26. 7　0. 09		
	BHE	SME	1. 0 D	00：07：35. 78	0. 20		25. 1　0. 09	M_L	0. 2

```
GD LTK  BHZ      Pg    1.0 V  00:07:35.05   0.33   7.9   167.3
        BHE      Sg    1.0 V  00:07:36.11   0.05
        BHN      SMN   1.0 D  00:07:36.19   0.18                24.3   0.10
        BHE      SME   1.0 D  00:07:36.25   0.18                20.8   0.08   ML  0.2
GD ZIJ  BHE      Sg    1.0 V  00:07:48.67  -0.01  54.8   93.0
GD 2013/01/01 00:21:35.1  23.731  114.628  8   0.7   1   4 eq 44 广东河源
GD XFJ  BHZ  R   Pg    1.0 V  00:21:36.47  -0.03   3.0   74.2
        BHE      Sg    1.0 V  00:21:37.50  -0.03
        BHE      SME   1.0 D  00:21:37.56   0.08                99.3   0.09
        BHN      SMN   1.0 D  00:21:37.62   0.08                91.5   0.08   ML  0.8
GD HYJ  BHZ I R  Pg    1.0 V  00:21:36.57  -0.02   4.1  259.7
        BHE      Sg    1.0 V  00:21:37.66  -0.01
        BHE      SME   1.0 D  00:21:37.80  -0.51                31.8   0.05
        BHN      SMN   1.0 D  00:21:37.93  -0.51                17.2   0.08   ML  0.2
GD XIG  BHZ      Pg    1.0 V  00:21:36.71  -0.02   5.9    7.1
        BHN      Sg    1.0 V  00:21:37.95   0.04
        BHN      SMN   1.0 D  00:21:38.00   0.23               111.2   0.08
        BHE      SME   1.0 D  00:21:38.02   0.23               148.1   0.08   ML  0.9
GD LTK  BHZ      Pg    1.0 V  00:21:37.00   0.05   7.9  166.0
        BHE      Sg    1.0 V  00:21:38.30   0.01
        BHN      SMN   1.0 D  00:21:38.44   0.21               150.1   0.09
        BHE      SME   1.0 D  00:21:38.46   0.21                77.0   0.08   ML  0.9
```

表 9.4.1　地震目录行格式

记录行	列位置	格式	描述
1	1-2	A2	台网代码
	4-13	A10	发震时刻的年月日部分，YYYY/MM/DD
	15-24	A10	发震时刻的时分秒部分，HH：MM：SS.S
	26-32	F7.3	震中纬度，单位:°，南纬为负
	34-41	F8.3	震中经度，单位:°，西经为负
	43-45	D3	震源深度，单位：km
	47-50	F4.1	M_L 震级
	52-54	F3.1	M_S 震级
	56	A1	定位质量（注 1）
	58-60	D3	定位台站数量

续表

记录行	列位置	格式	描述
1	62－63	A2	地震类型代码（注 2）
	65－66	A2	地震位号（注 3）
	68－87	A20	震中参考地名，单台地震为台站名（S－P 值）

注 1. 定位质量分类：

1 类震中误差≤5km　2 类　5km < 震中误差≤15km

3 类 15km < 震中误差≤30km　4 类　震中误差 > 30km

注 2. 地震类型代码：

ep = explosion 爆破

eq = earthquake 天然地震

sp = Suspected explosion 疑爆

se = Suspected event 可疑事件

ss = subsidence 塌陷

ve = Volcano-tectonic earthquake 火山构造地震

le = long-period even 长周期事件

vh = Volcano Hybrid Event 火山混合事件

vp = Volcano explosion 火山爆炸

vt = Volcano Tremor 火山颤动

ot = other type 其他

注 3. 地震位号：

11 北京　12 天津　13 河北　14 山西　15 内蒙古　21 辽宁

22 吉林　23 黑龙江　31 上海　32 江苏　33 浙江　34 安徽

35 福建　36 江西　37 山东　41 河南　42 湖北　43 湖南

44 广东　45 广西　46 海南　50 重庆　51 四川　52 贵州

53 云南　54 西藏　61 陕西　62 甘肃　63 青海　64 宁夏

65 新疆　71 台湾地区　81 香港　82 澳门　90 国外　91 渤海

92 黄海　93 东海　94 台湾海峡　95 南海　96 北部湾

表 9.4.2　震相行地震目录行格式

记录行	位置	格式	描述
1－n	1－2	A2	台网代码
	4－8	A5	台站代码
	10－12	A3	通道代码
	14	A1	初动清晰度，I 尖锐，E 平缓
	16	A1	初动方向，C（U）初动向上（压缩波），D（R）初动向下（膨胀波）
	18－24	A7	震相名
	26－28	F3.1	权重

续表

记录行	位置	格式	描述
1 - n	30 - 31	A2	记录类型，D 位移，V 速度，A 加速度，SD 仿真位移
	33 - 43	A11	震相到时的时分秒部分，HH：MM：SS. SS
	45 - 50	F6. 2	走时残差，单位：s
	52 - 57	F6. 1	震中距，大于 0，单位为 km；小于 0，单位:°
	59 - 63	F5. 1	方位角，单位:°，从正北开始
	65 - 73	F9. 1	振幅，单位：nm/s
	75 - 80	F6. 2	周期，单位：s
	82 - 84	A3	震级名
	86 - 89	F4. 1	震级值

打印出版的地震观测报告应由封面、编报说明、台站分布图及参数表、震中分布图及地震目录与震相数据等 5 部分装订组成。

二、数据管理

省级测震台网中心负责定时归档本台网所属台站的连续波形数据、标定波形数据及编报范围内所有地震的事件波形数据，各种目录与震相数据及其它产出数据。根据需要可选择 CD 盘、DVD 盘或磁带等方式进行数据归档。

1. 连续波形：按台站每 24 小时归档为台站卷 SEED 文件，文件命名为：YYYYMMDD. NET. STA. SEED，其中 YYYYMMDD 为年月日，NET 为台网代码，STA 为台站代码，SEED 为固定扩展名。

2. 标定波形数据：按标定台站归档为台站卷 SEED 文件，其中脉冲标定波形文件命名为：YYYYMMDDHHMMSS. NET. STA. P_ CALI. SEED，其中 YYYYMMDDHHMMSS 为年月日时分秒，表示标定波形开始时间，P_ CALI 表示脉冲标定；正弦波标定波形文件命名为：YYYYMMDDHHMMSS. NET. STA. S_ CALI. SEED，S_ CALI 表示正弦波标定。

3. 省级测震台网中心负责截取地震编目编报范围内所有地震的事件波形数据，事件波形数据必须包含完整的地震事件及初至前 1 分钟的背景噪声数据，并且包含所有参与编目台站的数据。事件波形数据按事件归档为多台的事件台网卷 SEED 文件，文件命名为：NET. YYYYMMDDHHMM. 0001. SEED，其中 NET 为台网代码，YYYYMMDDHHMM 为年月日时分，0001 为序号，如果同一分钟有多个地震事件，序号按顺序增加，SEED 为固定扩展名。

4. 省级测震台网中心定期对各种目录与震相数据及其它产出数据进行归档。

第五节　国家测震台网产出

国家测震台网是依据国家测震台站报送的震相数据，应用精细分析软件进行分析处理后，产出地震目录和地震观测报告；产出的部分地震报告还用于与 NEIC、ISC 等国际地震机构进行资料交换。国家地震台网中心还是国家地震科学数据共享中心，负责全国测震台站波形数据的存储、管理和处理工作。

一、观测数据的产出

1. 国家测震台站数据预处理

国家测震台网中心对各个台站报送的观测数据进行严格的查错、核实，在此基础上改正错误数据。单台数据准确无误后，进行全部台站数据的整合。

对北京台、昆明台、兰州台、佘山台的数据按照国际资料交换要求进行整理，报送美国国家地震信息中心 NEIC。

2. 国家测震台站数据精细分析

将国家测震台站的地震震相数据与国外及国内初定地震震中进行匹配组合，根据组合得到的文件进行多次反演计算，修订震中位置，计算此次地震的震级值，最后确定出地震三要素。

3. 确定发震地区代码

根据反演得到的震中位置，核对地震发生的国际地区代码和名称，对于国内地震按照我国地理分区给出精确的发震地点名称；同时给出发震地区代码及中英文地名。

4. 产出中国数字地震台网观测目录

利用前面的定位结果，形成全球范围内的地震目录，包括全球地震目录、全球大于等于 6.0 的地震目录、中国境内及邻区地震目录。

每条地震目录包括以下信息：地震的发震时刻（世界时与北京时同时给出）、地震的震中位置、震源深度、国家测震台站测定的各种震级值（M_S、M_{S7}、M_L、m_B、m_b）以及美国 NEIC 测定的 Msz 及 m_b，参与地震定位的台站个数。

5. 产出中国数字地震台网观测报告

在中国数字地震台网观测报告中除了给出地震发生的时间、地点、深度及震级值外，详细给出了每个台站记录到的各种震相的到时、残差，计算不同震级的振幅值、周期值，计算平均震级所用的地震台数。

6. 产出国际交换报告

中国数字地震台网担负着与 NEIC、ISC 等国际资料交换工作。利用对外共享的 24 个国家数字地震台站资料进行地震定位、震级计算，产出用于国际交换的地震报告。

二、数据管理

国家地震台网中心又是国家地震科学数据共享中心，负责全国测震台站波形数据的存储、管理和处理工作。

经过“中国数字地震观测网络”项目的实施，全国有近 1000 个台站的波形数据流实时传输到国家地震台网中心，通过流服务器接收，以 miniSEED 格式存储。数据主要分为以下 5 类：国家测震台网连续波形数据、省级测震台网连续波形数据、流动台网连续波形数据、强震台网连续波形数据和援建台网连续波形数据。

国家地震台网中心通过波形数据管理系统对波形数据进行质量控制、存储、转储、归档和备份。波形数据管理系统在硬件方面由多台服务器和 NAS 集成系统组成，软件方面由波形数据文件存储系统、波形数据文件检测与转换系统和波形数据迁移系统等 3 个子系统组成。文件存储系统将波形数据按通道每 24h 存储；文件检测与转换系统主要用于台站参数的数据入库和管理、连续波形数据文件的检测与转换以及事件波形数据文件的截取等；数据迁移系统使用 CommVault 软件实现了波形数据在 NAS 磁盘阵列和磁带库之间的迁移和备份。

通常，单台每日的连续波形数据量约 75MB，全台网每日数据量约 72GB，全台网每年数据量约 25TB，以 miniSEED 格式存储约 10TB。国家测震台网和省级测震台网的事件波形数据主要用于大地震（国内 5.0 级、国外 7.0 级以上）的应急工作。同时，有 20 个国家地震台站的全球 5.0 级以上地震事件波形数据（miniSEED 格式）与美国 IRIS 数据管理中心进行资料交换和数据共享，每年约 20GB。以波形数据为主，国家地震台网中心各类数据备份工作每月消耗磁带约 8 ~ 10 盘，全年消耗磁带近 100 盘。

第六节　我国几种常用的人机交互软件

本节将主要介绍几种在我国较为广泛地用于地震分析处理、地震编目、数据归档等常规数据产出的人机交互软件。

一、JOPENS—MSDP 软件

1. 软件介绍

JOPENS 软件是为“中国数字地震观测网络项目”开发的测震软件，其中 JOPENS-MSDP 是地震台网数据处理模块，它利用数据库技术对台网日常处理的地震波形、定位结果、震相数据进行统一管理，具有完成测震台网所承担的地震速报、地震编目和数据服务的功能，数据格式、产出统一规范。适用于不同规模的固定地震台网和流动地震台网，目前 JOPENS-MSDP 已应用于 32 个省级台网、多个地方台网、水库台网及援外台网。

2. 系统构成

图 9.6.1 给出 MSDP 模块与 JOPENS 系统各个模块之间的关系，通过 MSDP 可以调用数据库中的连续或事件波形，经分析处理后，再将结果提交到数据库中进行存储；在本地的 JBOSS 中生成台网观测目录、报告；通过本地 JBOSS 的 AMQ 服务向国家台网中心 JBOSS 发送地震编目信息，实现统一编目。RTS 事件检测触发后，通过 JBOSS 获取台站参数用于实时定位，并将触发结果写入数据库，形成触发事件，供 MSDP 调用。地震速报信息通过移动短信平台或串口发布。通过本地 JBOSS 的 AMQ 服务或者 EQIM 向国家台网中心发送速报信息。

JOPENS 系统使用 Mysql 数据库来存储和接收各种数据，其数据库表结构按照《中国数字测震台网数据规范》的要求设计。数据库存储信息类型见图 9.6.2。

3. 运行环境及参数配置

在实际使用 MSDP 时，用户需要配置本区速度模型、地图及系统配置文件（见表 9.6.1），台站参数和仪器参数需要在 JBOSS 控制台进行配置。JOPENS 提供 SUSE Linux、FreeBSD 系统下安装包（软件下载地址：sw. gddsn. org. cn/jopens/release/0. 5. 2/），其中 MSDP 模块也可以单独安装在 Windows 下。

国家
JBOSS
JOPENS数据库
连续波形
事件波形
本地
JBOSS
本地
EQIM
MSDP
TraceView
国家
EQIM
移动
短信平台
串口发布
地震信息
SSS

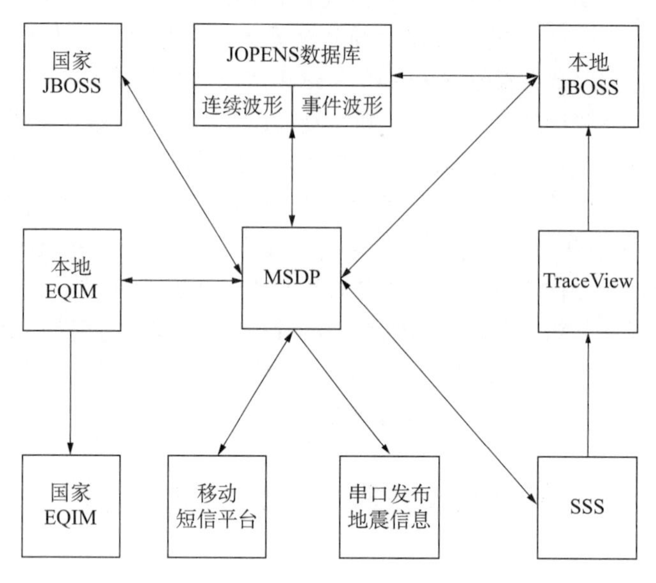

图 9.6.1　系统构成示意图

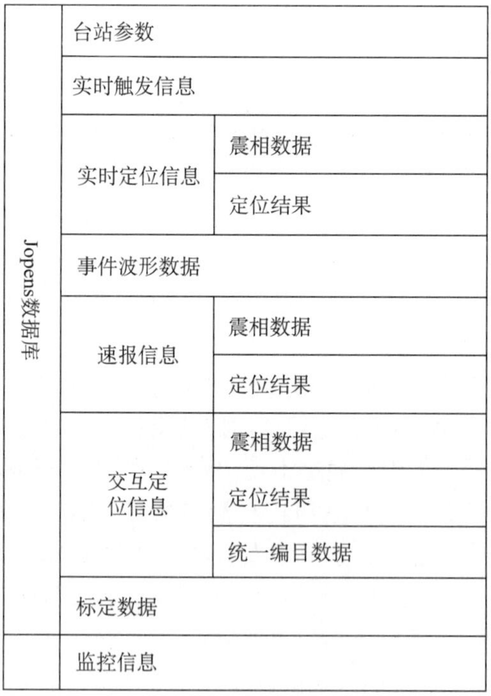

Jopens数据库
台站参数
实时触发信息
实时定位信息
震相数据
定位结果
事件波形数据
速报信息
震相数据
定位结果
交互定位信息
震相数据
定位结果
统一编目数据
标定数据
监控信息

图 9.6.2　数据库存储信息类型

软件目录如下结构：

├—conf　全局配置

├—lib　主程序、第三方依赖库和外部定位程序

└—msdp　运行脚本和配置文件。同时还包括以下目录

├—audio　存放报警声音文件
├—cfg　参数文件目录，包含量规函数文件，走时表，震相列表
├—filter　滤波器参数目录
├—font　字体库目录
├—log　系统运行日志
├—map　地图文件目录
├—pha　存放震相目录
├—report　存放地震目录和观测报告文档目录
├—res　存放定位结果目录
├—resdb　EQIM 可调用的定位结果目录
├—resxml xml　形式的定位结果文件目录
├—sample　典型例子目录
├—tmp　临时文件目录
└—work　存放定位程序的配置文件

配置文件可以用文本编辑器编辑。走时表需要按每个定位程序所要求的格式进行配置。单纯型、自适应、单台定位采用 tab 形式的走时表，格式如下：

7　depth_ count（深度个数）
1027　max_ row_ in_ one_ depth（所有层中最大的行数）
11　max_ colume（所有层中最大的列数）
1027　row_ in_ one_ depth（第一层深度的行数）
11　colume（第一层深度的列数）
0　Depth（第一层深度的深度）
DELTA　Pn　Sn　Pg　Sg　Pb　PmP　SmS　PC　SC　Sb（震中距单位为°，各震相名）
0. 00000000　0. 0　0. 0　0. 0　0. 0　0. 0　0. 0　0. 0　0. 0　0. 0　0. 0
0. 00809389　0. 0　0. 0　0. 2　0. 0　0. 0　0. 0　0. 0　0. 0　0. 0　0. 0
0. 01618779　0. 0　0. 0　0. 3　0. 3　0. 0　0. 0　0. 0　0. 0　0. 0　0. 0
0. 02428168　0. 0　0. 0　0. 5　0. 8　0. 0　0. 0　0. 0　0. 0　0. 0　0. 0
0. 03237558　0. 0　0. 0　0. 6　1. 0　0. 0　0. 0　0. 0　0. 0　0. 0　0. 0
0. 04046947　0. 0　0. 0　0. 8　1. 3　0. 0　0. 0　0. 0　0. 0　0. 0　0. 0
…………………………
1021　row_ in_ one_ depth（第二层深度的行数）
11　colum（第二层深度的列数）
5　Depth（第二层深度的深度）
DELTA　Pn　Sn　Pg　Sg　Pb　PmP　SmS　PC　SC　Sb
0. 00000000　0. 0　0. 0　0. 8　1. 4　0. 0　0. 0　0. 0　0. 0　0. 0　0. 0
0. 01528847　0. 0　0. 0　1. 0　1. 7　0. 0　0. 0　0. 0　0. 0　0. 0　0. 0
0. 02967761　0. 0　0. 0　1. 2　2. 0　0. 0　0. 0　0. 0　0. 0　0. 0　0. 0
0. 04496608　0. 0　0. 0　1. 4　2. 3　0. 0　0. 0　0. 0　0. 0　0. 0　0. 0
………………………………

871　row_ in_ one_ depth（第七层深度的行数）

3 colum（第七层深度的列数）

30. 0 Depth（第七层深度的深度）

DeLTA　Pn　Sn

0. 71945728　13. 4　23. 0

0. 72755118　13. 5　23. 2

0. 73564507　13. 6　23. 4

0. 74373897　13. 7　23. 6

按以上格式建立走时表后，将文件放在 MSDP/cfg/下，并在 msdp. xml 文件中将 LocalTable = cfg/southchina. tab 更名即可。

MSDP5. 2 版需要将 tab 格式的走时表转换为 nc 格式的走时表。nc 格式数据文件的生成和管理需要使用 NETCDF 软件包来转换。

HYPOSAT 采用模型为 hyposat-crh 格式，用户可以根据自己区域的地壳速度结构进行配置。

hyposat-crh 说明：

第一行：代表区域走时适用的最大距离，单位为度。

第二行：每一行为速度结构模型一层的深度（km）、P 波速度（km/s）、S 波速度（km/s）。

10.

0. 000　5. 400　3. 100

10. 000　5. 800　3. 200

20. 000　5. 800　3. 200CONR（CONR 表示康拉德界面）

20. 000　6. 500　3. 600

30. 000　6. 800　3. 900MOHO（MOHO 为莫霍界面）

30. 000　8. 100　4. 500

77. 500　8. 050　4. 400

120. 000　8. 100　4. 500

hyp2000 采用模型为 hyp2000-crh 格式。速度模型结构为：分层均匀速度结构模型，速度只在垂直方向变化。具体结构如下：

第一行：模型的名称（30 个字符以内），其中前三个字符在打印输出时作为模型代号输出。

从第二行开始，每行为速度结构模型一层的 P 波速度（km/s）和深度（km），其中第一层的深度必须为 0，例子如下：

PARKFIELD MODEL

1. 42　0. 00

3. 24　0. 25

4. 82　1. 50

5. 36　2. 50

5. 60　3. 50

5. 87　6. 00

6. 15　9. 00

6. 60　15. 00

8. 00　25. 00

HYPO2000 容许用户设置多个区域的速度结果模型，用户可以根据 hyp2000-crh 的格式建立多个文件，注意用不同的模型名。并在命令控制文件 hypinst 中引用。

LocSAT 采用模型为“走时表名 . 震相名”格式。如 JB1. PG

n # Pg　travel-time（and amplitude） tables

3　# number of depth samples（深度的个数）

0. 00　1. 00　2. 00

151　# number of distance samples（距离的个数）

0. 00　0. 20　0. 40　0. 60　0. 80　1. 00　1. 20　1. 40　1. 60　1. 80

2. 00　2. 20　2. 40　2. 60　2. 80　3. 00　3. 20　3. 40　3. 60　3. 80

4. 00　4. 20　4. 40　4. 60　4. 80　5. 00　5. 20　5. 40　5. 60　5. 80

6. 00　6. 20　6. 40　6. 60　6. 80　7. 00　7. 20　7. 40　7. 60　7. 80

8. 00　8. 20　8. 40　8. 60　8. 80　9. 00　9. 20　9. 40　9. 60　9. 80

10. 00　10. 20　10. 40　10. 60　10. 80　11. 00　11. 20　11. 40　11. 60　11. 80

12. 00　12. 20　12. 40　12. 60　12. 80　13. 00　13. 20　13. 40　13. 60　13. 80

14. 00　14. 20　14. 40　14. 60　14. 80　15. 00　15. 20　15. 40　15. 60　15. 80

16. 00　16. 20　16. 40　16. 60　16. 80　17. 00　17. 20　17. 40　17. 60　17. 80

18. 00　18. 20　18. 40　18. 60　18. 80　19. 00　19. 20　19. 40　19. 60　19. 80

20. 00　20. 20　20. 40　20. 60　20. 80　21. 00　21. 20　21. 40　21. 60　21. 80

22. 00　22. 20　22. 40　22. 60　22. 80　23. 00　23. 20　23. 40　23. 60　23. 80

24. 00　24. 20　24. 40　24. 60　24. 80　25. 00　25. 20　25. 40　25. 60　25. 80

26. 00　26. 20　26. 40　26. 60　26. 80　27. 00　27. 20　27. 40　27. 60　27. 80

28. 00　28. 20　28. 40　28. 60　28. 80　29. 00　29. 20　29. 40　29. 60　29. 80

30. 00

Travel-time/amplitude for z =　0. 00（0km 以上距离对应的走时）

0. 000

4. 000

8. 000

12. 000

16. 000

20. 000

23. 900

27. 900

31. 900

35. 900

39. 900

地图文件的配置，用户可以配置 par 格式的区域地图。

gd. par 广东地图经纬度网格坐标文件结构说明；

7　6（分别指经度线和纬度线的个数）

111.　20.（分别指最小的经度和纬度）

1.　1.（分别指经度和纬度的间隔）

经度纬度象点数

111　25　409　177

111　24　406　483

111　23　402　791

111　22　399　1098

111　21　394　1408

111　20　392　1717

112　25　691　179

112　24　688　485

112　23　687　794

112　22　687　1103

表 9. 6. 1　MSDP 主要配置文件

文件	配置说明
jopens-config. properties 在 \ jopens \ conf \ 下	JBOSS、连续波形服务器、流服务服务器、数据库、台站信息缓存的地址信息，配置台网信息，选择安装 MSDP 的系统
MSDP. xml 在 \ jopens \ msdp \ 下	是否开启“统一编目”、“波形缓存”等
Main. cfg 在 \ jopens \ msdp \ 下	MSDP 所用的震相、模型、走时表、地图
Regions. xml 在 \ jopens \ msdp \ cfg \ 下	目录数据来源
rtsBuffer. xml 在 \ jopens \ msdp \ 下	缓存区大小
sms. xml 在 \ jopens \ msdp \ cfg \ 下	预设发布信息、信息发布人员名单
EQIM. XML 文件在 \ jopens \ msdp \ 下	RTS 报警的条件

4. 软件功能及使用介绍

软件主要有以下几项功能，选择键的主要功能菜单见表 9. 6. 2。

（1）集成了多种定位方法；

（2）标注震相和量取震级方式有自动、半自动、人工三种；

（3）提供理论震相，波形的仿真、滤波、极化分析等多种工具；

（4）提供按台间距、到时、震中距、方位等多种排序功能；

（5）提供自动识别震相及定位功能；提供自动仿真并计算震级、自动标注初动方向功能；

（6）提供打开缓冲区实时数据并接收 RTS 自动处理结果功能；

（7）速报结果可直接发送EQIM上报国家台网或通过消息中间件发送国家台网；连接短信发送平台，快速发布地震初报和终报信息；

（8）提供目录管理和统一编目功能；可直接生成地震台网观测报告；

（9）提供多种归档格式，实现SEED文件和震相文件的同时导出；

（10）提供台站频率相位响应图和连续波形断记统计；

（11）可外挂震源参数计算模块和预留其他定位算法接口；

（12）提供综合定位功能，根据残差、震级灵活选择使用台站。

表9.6.2　主要选择键的功能

选择键名称	功能
从缓冲池打开	本机缓冲区中打开最新的波形数据
打开实时触发事件	实时数据库中触发的事件
打开时间段	一段连续波形，可按台网、台站、通道选择
从打开事件库	事件数据库中触发的事件
打开事件文件	EVT或SEED格式的事件
仿真	SROLP：地震研究观测台长周期地震仪 SK：中长周期地震仪 763：长周期地震仪 WWSSNSP：世界标准地震台网短周期地震仪 WA.：Wood-Anderson地震仪
滤波	提供“高通”“低通”“带通”等滤波器
转置水平分量	旋转给出水平径向（R）和切向分量（T）
导出	导出EVT、SEED、ASCII压缩格式的单个事件波形
批量导出	按制定的条件批量导出SEED格式的波形和相关震相文件
连续波形归档	以天为单位导出SEED格式波形，可选择台站卷或台网卷
理论震相	给予已知的定位参数，根据理论模型反推震相
存储震相	保存震相到MSDP/PHA下
目录管理	显示同一event_ id下的各种目录
单位count	开关键，样点值的单位为count数或um/s
显示到时差	开关键，开启时显示当前点与P点的时差
归一化放大	开关键，波形归一显示
全局设置	选择配置好的地图和走时表，配置定位初始深度
编目管理	查看事件库中各事件的编目状态，触发事件报警
生成编目报告	台网地震观测报告（CSF格式目录与报告）

续表

选择键名称	功能
频率相位响应图	台站的幅频与相频曲线
计算中小地震震源参数	计算地震的地震矩、应力降、震源半径等参数
通过归档波形服务器生成断记统计	保存台站运行状态到 msdp/gapstat 下
生成月报	国家台地震观测报告
生成五日报	国家台五日报
短信发送	测试信息、台网初报速报信息和 CC 反馈速报信息
本地 EQIM 发送	通过本地的 EQIM 发送速报信息到国家台网 EQIM
地震速报	通过本地 JBOSS 发送速报信息到国家台网 JBOSS

5. 数据处理流程

MSDP 分析流程见图 9.6.3。

MSDP 自带单纯型法、自适应演化算法和单台定位算法，并集成了其他常用的定位算法，定位程序说明见表 9.6.3。

表 9.6.3　定位程序说明

选择键名称	适用范围				备注
	地方震	近震	远震	深震	
单纯型法定位	√	√	√		定位需要选择相应走时表，配置区域走时表和初始深度
自适应演化算法	√	√	√		定位需要选择相应走时表，配置区域走时表
ISCloc	√	√	√	√	需要初始位置
ISCloc2	√	√	√	√	需要初始位置
Hyposat	√	√	√		需要配置区域走时表和初始深度
LocSAT	√	√	√	√	需要配置区域走时表和初始深度
HYP2000	√	√			需要配置区域走时表
Hyposat 3D	√	√			需要配置 3D 走时表
Loc3dSB（川滇 3D）	√	√			需要配置 3D 走时表
单台定位	√	√	√		定位需要选择相应走时表，需要配置区域走时表，需要先做偏振分析得出方位角

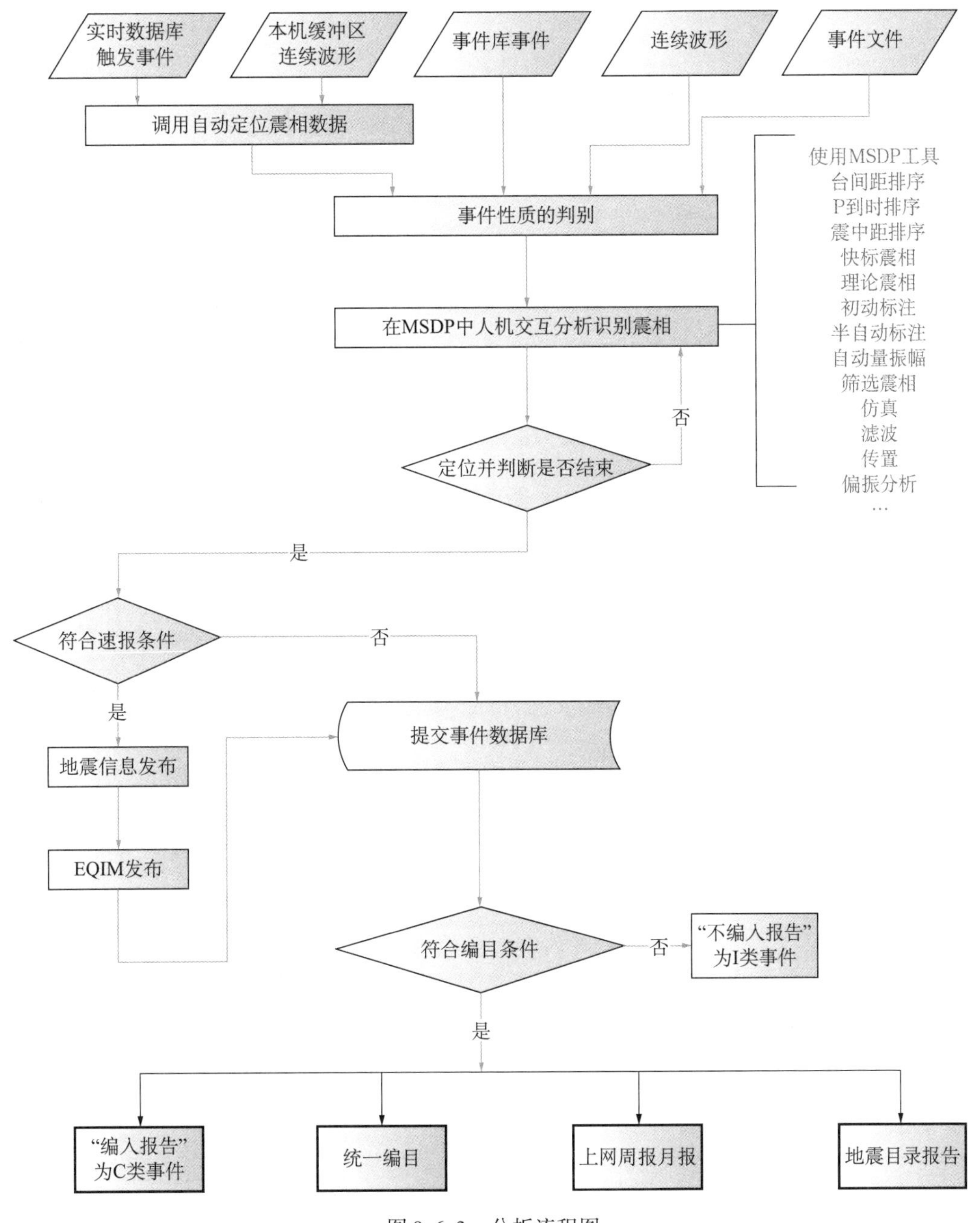

图 9.6.3　分析流程图

6. 软件特色

JOPENS-MSDP 是针对地震台网日常繁杂的任务需求，研制的一个高度集成的人机交互地震分析软件。软件可完成地震台网所承担地震速报、地震编目、数据服务等任务。具有良好的跨操作平台特性；使用界面友好，人机互动便捷、快速；采用数据库存储方式，方便数据的交换和获取，查询地震事件快捷，台网地震观测报告产出方便并实现“统一编目”；自动算法应用到日常分析，实现自动、半自动“快标”震相及量取震级，通过 MSDP 还可以实现速报信息的快速上报和发布。

7. 文件兼容性说明

JOPENS-MSDP 可以打开 EVT、SEED 格式文件，事件波形可以归档为 SEED，miniSEED，SAC，EVT，ASCII 等格式；连续波形以天为单位导出 SEED 格式，可选择导出台站卷或台网卷。

二、EDSP-IAS 软件

1. 软件介绍

地震数据交互分析软件 EDSP-IAS 是数字地震台网数据处理系统软件 EDSP 的一个组成部分。软件具有地震波形数据分析、地震定位、震相与定位结果统一管理、地震编目等功能，可应用于测震台网常规的数据处理工作，也可作为数字地震数据分析的工具软件。目前，该软件应用于十余个水库地震监测台网、古巴国家台网，在科研人员中也被广泛使用。

2. 系统构成

EDSP-IAS 基于模块化设计，图 9.6.4 为系统主要模块结构图，图 9.6.5 为 EDSP-IAS 与其他 EDSP 模块的关系。

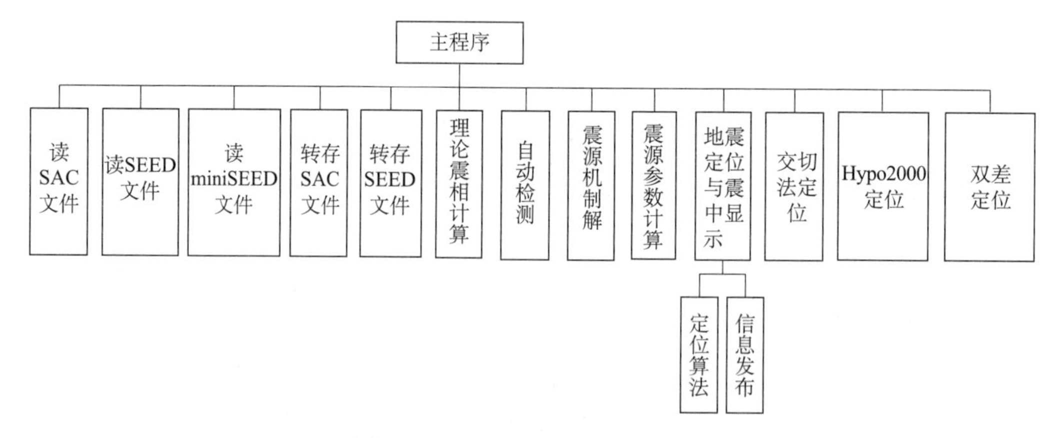

图 9.6.4　EDSP-IAS 软件主要模块

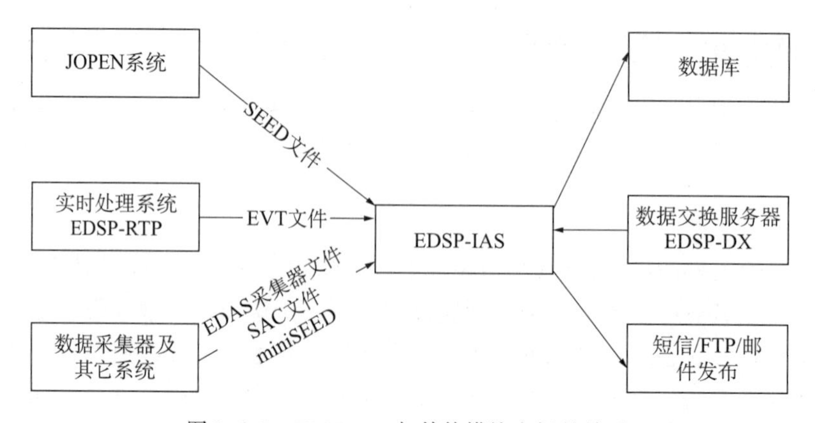

图 9.6.5　EDSP-IAS 与其他模块之间的关系

3. 运行环境及参数配置

EDSP-IAS 可运行于 Windows（7/XP/VISTA）系统。软件文件目录结构见表 9.6.4，主要配置文件见表 9.6.5。

表 9.6.4　文件目录结构

文件夹	说明
Cfg	配置文件
Bph	内部震相数据文件
Map	地图文件
Pha	定位用震相文件
Res	二进制定位结果文件
Bul	文本格式定位结果文件
Focmec	震源机制解结果，每个数据文件一个子目录
Grnd_ spec	地动位移/加速度/速度谱结果数据
Hypo2k	Hypo2000 输出文件
Tmp	临时文件目录

表 9.6.5　主要配置文件

文件名	说明
Cfg \ Tratab. cfg	走时表配置文件
Cfg \ Map. cfg	地图配置文件
Cfg \ Imap. cfg	交切地图配置文件

上述文件均为文本文件，可用写字板修改。

Tratab. cfg 格式说明：

文件中可定义多个走时表，如例 1 所示，其中以字符“#”开始的行都是注释行，在该文件中，一个走时表为一行，一行中又由 5 列来定义。它们分别为走时表名称、最小震中距、最大震中距、震中距单位标志（-1：表示°，1：表示 km）、对应的走时表参数文件名。

例 1：Tratab. cfg

specifing travel time table used in interactive location program

each travel time table is descripted by a name and the name of a file

in which its data is kept. All the lines

starting with a “#” is comment lines.

Unit：1 Km，-1 Degree

Name　From to　unit filename.

TAB_ 3400 0 10.8 -1 tab_ 3400.cfg

J-B_ Near 0 20. -1 j-b.near

IASPEI 0 180 -1 isapi_ tab.cfg

!

Map.cfg 格式说明：

每行为一条地图参数，内容依次为：

最小纬度、最大纬度、最小经度、最大经度地图配置文件

例如：18.1609 53.5621 73.4470 135.1015 chinal.cfg

EDSP-IAS 支持数字化的地图文件、位图文件和矢量地图。在安装时已经预装了数字化的世界地图和中国地图的数据文件、矢量数据和位图文件。

Imap.cfg 格式说明：

行 1：0

行 2：交切图 1 经纬度范围（格式：最大纬度　最小纬度　最小经度　最大经度）

……

行 n：交切图 n 经纬度范围

4. 软件功能及使用介绍

软件实现主要功能如下：

（1）支持多种通用数据格式：可直接读取 EVT、SAC、SEED、miniSEED 格式数据文件进行分析处理；支持将数据转换为 EVT、SAC、SEED、ASCII 文件。

（2）丰富的数据处理功能：提供理论震相、波形仿真、扣除仪器响应、滤波、波形旋转、振幅谱、功率谱、地动位移/速度/加速度谱计算、速度转换位移与加速度、自相关、互相关、震源机制解、震源参数计算等多种数据处理工具。

（3）支持对连续波形进行检测，并自动识别震相。

（4）震相标识与地震定位，集成遗传法、Power 法、Hypo81、Hypo2000、交切法、远震定位、Front、单台定位等多种定位方法。

（5）集成双差定位方法。

（6）基于数据库管理地震定位结果。

（7）基于矢量地图、电子地图、GoodleEarth 等方式显示震中位置，支持以短信、电子邮件、FTP 等方式发布定位结果。

表 9.6.6　软件主要菜单项

菜单项	功能
文件	数据文件操作：打开、转存、合并、打印
编辑	重复、取消操作、截取数据、速度记录转换位移、加速度记录
震相	震相操作：标注震相名、删除震相、设置震源代码
定位	地震定位、选择走时表
时域处理	时域内数据处理：滤波、去均值、波形旋转

续表

菜单项	功能
频域处理	频域内数据处理：仪器仿真、扣除仪器响应、振幅谱、位移谱、互相关、自相关
计算	震源参数计算、震源机制解
显示	设置屏幕显示数据长度、显示通道数、选择显示台站和排序方式等、颜色设置

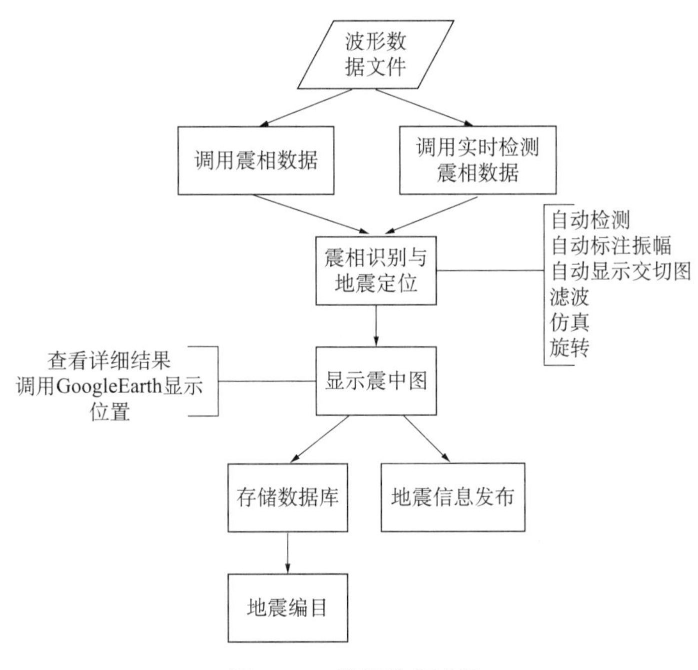

图 9.6.6　数据处理流程

EDSP-IAS 自带和集成的流行定位算法如下：

表 9.6.7　定位方法和适用范围

定位方法	采用数据	适用范围
Hypo81	多台近震 S、P 震相	网内、近震及地方震
遗传法	多台近震 S、P 震相	网内外、近震及地方震
GELOC-P（Power 方法）	多台近震 S、P 震相	网内外、近震及地方震
交切法	多台近震 S、P 震相	网内、外近震及地方震
Hypo2000	多台近震 S、P 震相	网内、近震及地方震
远震定位	多台 P 波震相到时	远震、极远震
Front	多台初至、续至震相到时数据	网外、远震、极远震，可用深度震相计算深度

续表

<table>
<tr><th>定位方法</th><th>采用数据</th><th>适用范围</th></tr>
<tr><td>单台定位</td><td>用S、P震相定震中距，初动振幅定方位角</td><td rowspan="2">用于单台定位</td></tr>
<tr><td>偏振面法</td><td>用S、P震相定震中距，用偏振面法定方位角</td></tr>
</table>

5. 软件特色

EDSP-IAS 支持对通用格式数据的分析处理和数据格式之间的转换。集成了震源机制解、震源参数计算、双差定位方法及多种数据信号处理方法，可用作为地震波形数据处理工具。采用数据库来保存地震定位结果与震相数据。支持通过电子邮件、短信、ftp 等方式发布定位结果。

6. 文件兼容性说明

EDSP-IAS 可以打开 EVT、SAC、SEED、miniSEED 格式的波形数据，并可将数据文件转存为 EVT、SAC、SEED、ASCII 格式。

三、ADAPT 软件

1. ADAPT 软件简介

ADAPT 软件是一套可应用于区域、地方、专业、流动等数字测震台网进行地震数据汇集、分析处理的软件，具备地震数据接收、地震事件触发检测、自动定位、台站状态监控、地震目录及观测报告产出等功能。目前已在国内外数十个数字地震台网和部分台阵应用。

2. 软件构成

ADAPT 软件由自动化实时处理、数据分析处理、数据库管理三部分组成。自动化实时处理由数据接收、Liss 流服务、台站监控、实时处理、自动处理等部分组成；数据分析处理主要由人机交互分析、标定处理、运行率计算等部分组成；数据库管理主要由 Web 程序、桌面参数管理程序等组成。

3. 软件运行环境及参数配置

（1）运行环境。

ADAPT 软件的硬件配置要求不高，可在单机上运行，也可部署在多台服务器上，实现多机并行冗余备份运行。在 Windows 2000/2003/2008/2012 Server、Windows XP/Windows 7/Window 8 及更新版本的操作系统下均可，对第三方插件的依赖程度低。

根据需要可安装数据库版本和无数据库版本。

（2）配置文件及格式。

ADAPT 软件的关键配置参数，如文件存储目录、运行方式（有/无数据库）等参数以文本形式存储在 Windows 目录下的 ADAPT. ini 下。

近震速度结构模型：在主目录的/Cfg 文件夹下，包括伊顿初值定位算法中所使用的单层速度模型 Eaton. dat 和盖格多层模型文件 Geiger. dat。

走时表：在主目录的/tab 文件夹下，包括近震走时表和远震走时表。其中 Pg. dat、

Sg. dat、Pn. dat、Sn. dat 等为近震走时表数据，可采用 Caltab. exe 程序计算分层模型下的走时表数据。远震走时表中包括 P、S、Lg、PKP、PCP、SCP 等远震震相，以及 pP、sP、PP 等深震震相的数据。

量规函数：在主目录的/tab 文件下，包括 M_L、M_S、mb 等震级的量规函数。

台网中心、台站仪器参数、传输及通道参数：在 Cfg/station 文件夹下。

幅频特性或传递函数等参数：在 Cfg/Response 文件夹下。

滤波器、仿真地震计的传递函数等参数：在 Cfg/SimuTransfer. Par 文件中；

地图数据：在主目录的 Bmp 文件夹下，包括各地区、省级、全国、世界的点阵和矢量地图以及地图网格数据。

对于无数据库版本，可以通过运行程序 SetPar. exe 来配置参数（图 9. 6. 8）；而对于有数据库版本，可以通过程序 SetPar. exe 和 Web 页面（图 9. 6. 9）两种方式来配置参数。

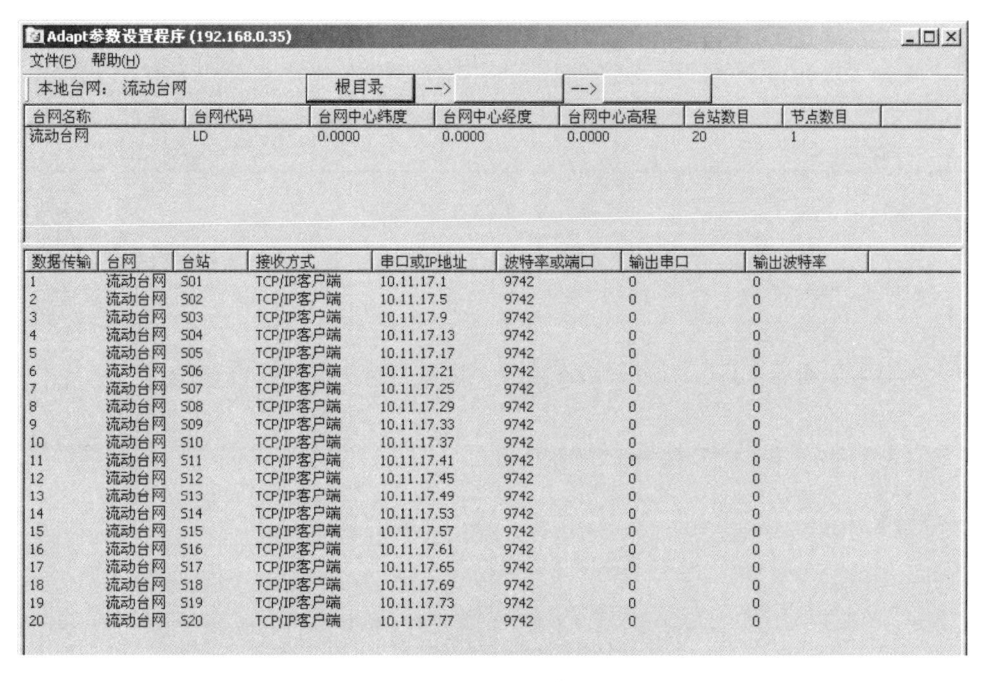

台网名称	台网代码	台网中心纬度	台网中心经度	台网中心高程	台站数目	节点数目
流动台网	LD	0.0000	0.0000	0.0000	20	1

数据传输	台网	台站	接收方式	串口或IP地址	波特率或端口	输出串口	输出波特率
1	流动台网	S01	TCP/IP客户端	10.11.17.1	9742	0	0
2	流动台网	S02	TCP/IP客户端	10.11.17.5	9742	0	0
3	流动台网	S03	TCP/IP客户端	10.11.17.9	9742	0	0
4	流动台网	S04	TCP/IP客户端	10.11.17.13	9742	0	0
5	流动台网	S05	TCP/IP客户端	10.11.17.17	9742	0	0
6	流动台网	S06	TCP/IP客户端	10.11.17.21	9742	0	0
7	流动台网	S07	TCP/IP客户端	10.11.17.25	9742	0	0
8	流动台网	S08	TCP/IP客户端	10.11.17.29	9742	0	0
9	流动台网	S09	TCP/IP客户端	10.11.17.33	9742	0	0
10	流动台网	S10	TCP/IP客户端	10.11.17.37	9742	0	0
11	流动台网	S11	TCP/IP客户端	10.11.17.41	9742	0	0
12	流动台网	S12	TCP/IP客户端	10.11.17.45	9742	0	0
13	流动台网	S13	TCP/IP客户端	10.11.17.49	9742	0	0
14	流动台网	S14	TCP/IP客户端	10.11.17.53	9742	0	0
15	流动台网	S15	TCP/IP客户端	10.11.17.57	9742	0	0
16	流动台网	S16	TCP/IP客户端	10.11.17.61	9742	0	0
17	流动台网	S17	TCP/IP客户端	10.11.17.65	9742	0	0
18	流动台网	S18	TCP/IP客户端	10.11.17.69	9742	0	0
19	流动台网	S19	TCP/IP客户端	10.11.17.73	9742	0	0
20	流动台网	S20	TCP/IP客户端	10.11.17.77	9742	0	0

图 9. 6. 8　通过桌面程序配置参数

4. 软件功能及其使用简介

ADAPT 软件具备如下功能：

（1）地震数据实时汇集。

ADAPT 软件的数据流协议符合中国地震局自主开发的基于 TCP/IP 网络协议的实时数据流交换协议 NetSeisIP，支持数据断点续传、多网址转发，多种形式的串口和网络传输。

（2）自动实时处理。

具备自动检测和标注 P 波、S 波震相，事件触发及报警，自动定位及发布等功能。

（3）台站状态监控。

具备台站状态实时监控及报警功能，具体包括：台站供电电压、电流、温湿度、地震计

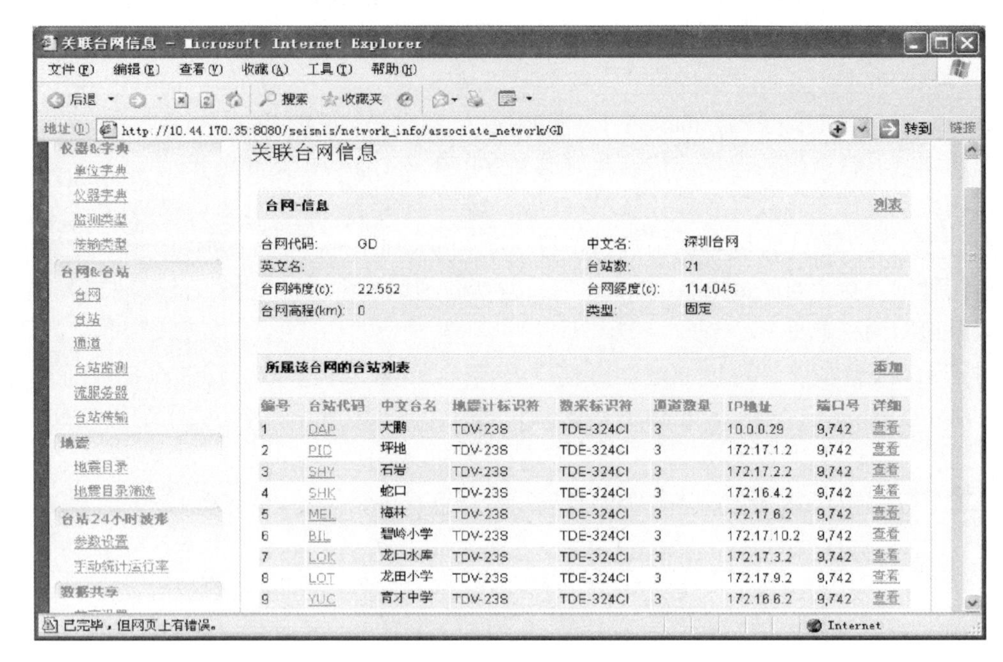

图 9.6.9　网页配置参数

零位、GPS 状态等参数。

（4）人机交互分析。

经人机交互分析处理后，可进行地震定位、地震目录和观测报告产出。

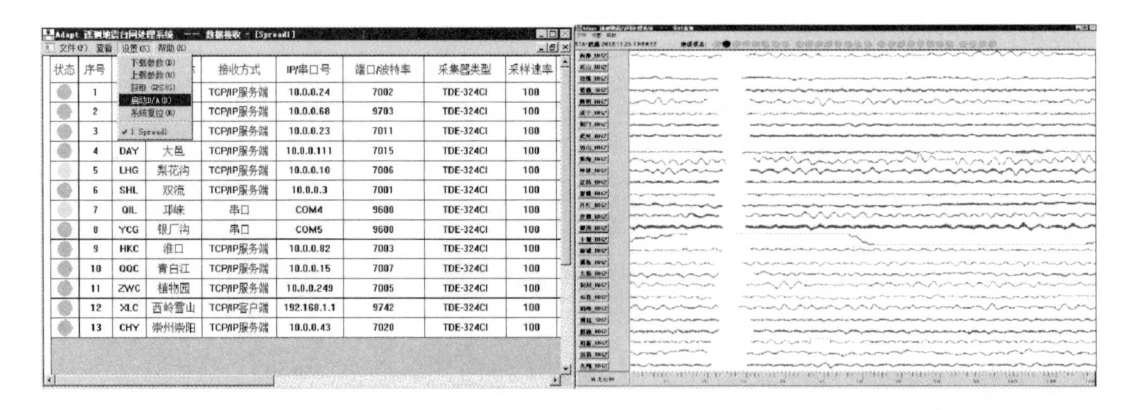

图 9.6.10　ADAPT 软件实时接收

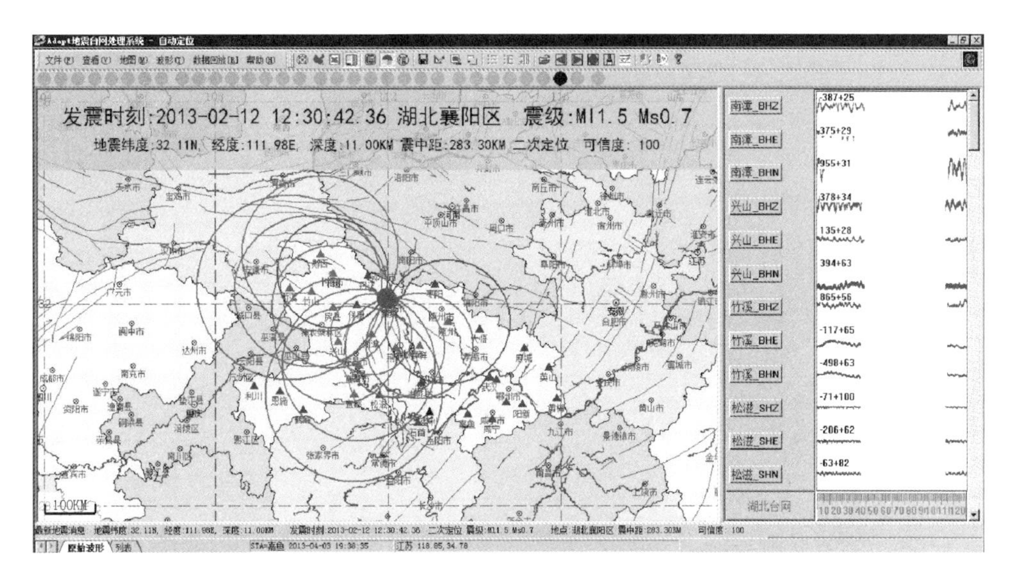

图 9.6.11　ADAPT 软件自动处理界面

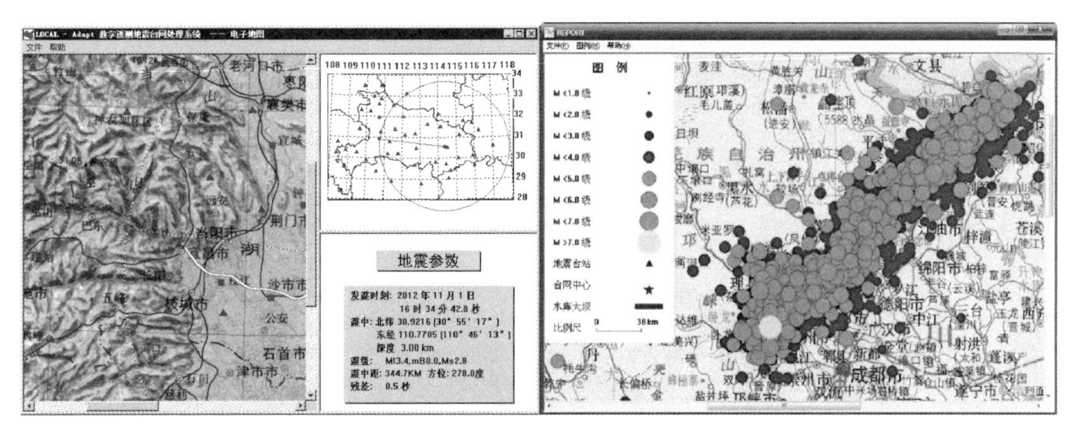

图 9.6.12　ADAPT 软件定位结果显示

支持对数据进行，具体包括：数据转换、基线处理、滤波、仿真、相关、信号谱、信噪谱、反应谱基线处理、有效值计算、信号抽样等处理。

可对 SEED、港震 EVT、GSE、ASCII 等标准格式的数据文件进行格式转换，支持将不同时段的连续波形文件及相同时段不同台站数据进行合并。

滤波分析功能中允许设置高通、低通、带通来实现滤波以及采用常规模拟滤波器等，支持用户自定义滤波器的通带、阻带、纹波和阻带衰减等参数。

仿真分析功能，支持用户采用系统默认的仿真地震计/滤波器或根据零极点和传递函数自行设计仿真地震计，可以进行地震波形记录转换或仿真，具体包括：宽频带仿真成短周期、速度仿真成位移、速度仿真成加速度；

相关分析功能，可以进行台站记录信号的相关、时延（用于台阵分析）以及不同频谱信号的相关性计算（用于仪器比测）；

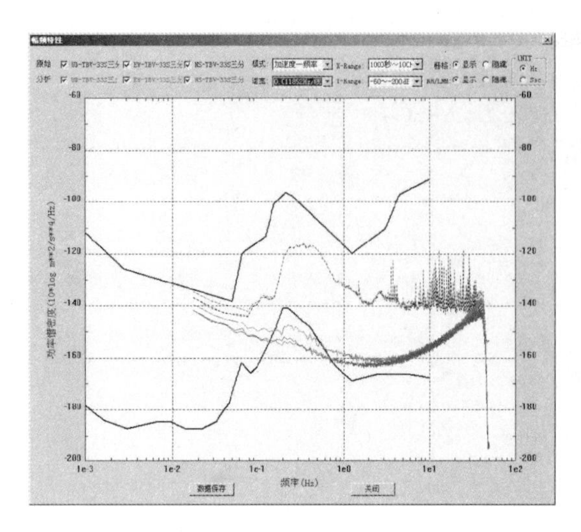

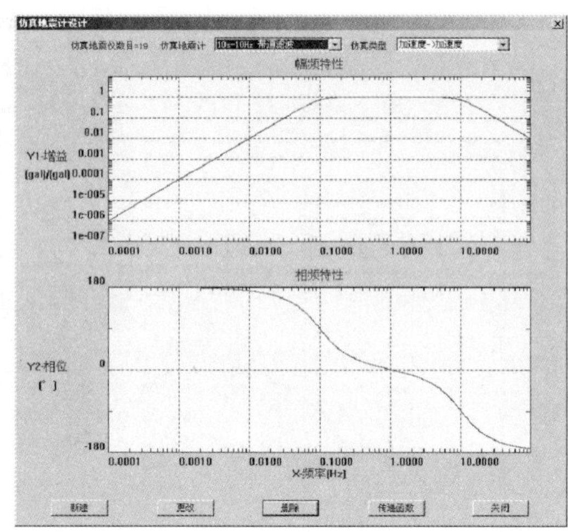

图 9.6.13　珠海地震台三分向噪声分析及仿真滤波器的幅频相频特性

信号谱分析中包括了功率谱、振幅谱及倍频程谱分析等；信噪谱分析中包括了霍尔科姆双台噪声谱分析及斯利曼三台噪声谱分析；反应谱分析中包括了反应曲线绘制、绝对反应谱、三联反应谱、多台反应谱比值等。

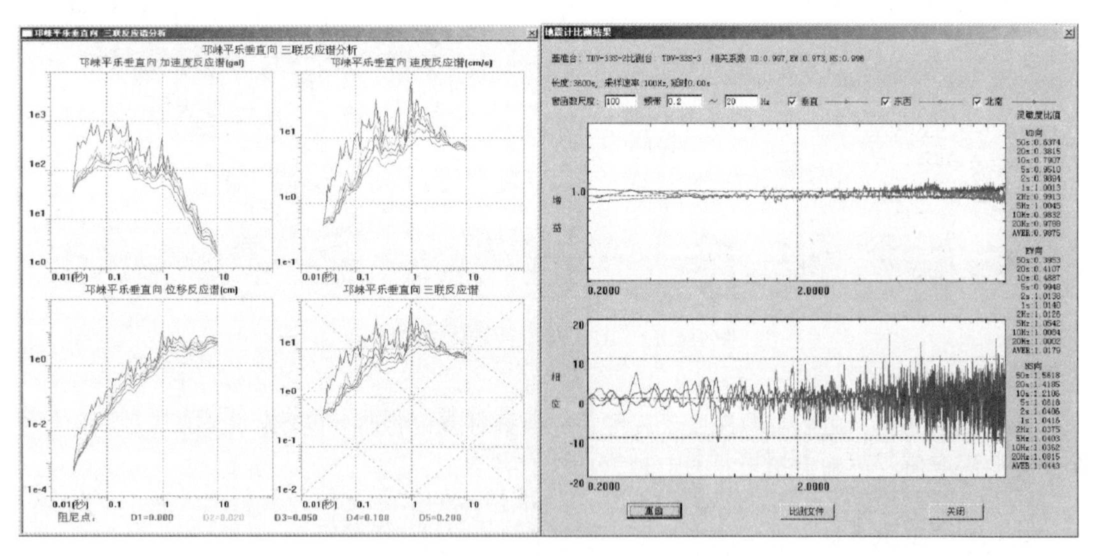

图 9.6.14　三联反应谱曲线双台相关分析

（5）地震数据存储及管理。

ADAPT 软件支持 MySQL、SQL-Server、Oracle 等数据库，可对地震数据进行存储、管理及交换，并且与 SeisMIS 地震数据库无缝连接。

第十章　地震时空参数测定

地震的时空参数包括发震时刻和震源位置，与震级并称为地震基本参数。在地震参数测定中，以“点源模型”假设为依据，即将地震发生的初始瞬间定义为发震时刻，将断层的初始破裂点称为震源位置。追溯测震学历史，地震学者提出许多时空参数的测定方法，这些方法多是基于地震波走时规律和射线规律的，本章介绍一些经典的和常用的方法。

第一节　发震时刻测定

发震时刻通常用 T_0 表示，为消除观测误差，常用多台的资料进行发震时刻的测定，主要的方法有走时表法、和达直线法和萨瓦林斯基法等。

一、走时表法

利用走时表确定发震时刻的基本做法是，利用每个台所记录到的震相到时差，查走时表得到对应的初至波走时，用下式计算发震时刻，将计算得到的各个发震时刻进行对比，去掉不合理数据，将剩余的合理数据取算术平均值，该平均值就是这个地震的发震时刻。

$$\text{发震时刻} = \text{初至波到时} - \text{初至波走时}$$

此种方法适用于任何地震。为提高发震时刻的准确性，通常利用初动清晰可靠的初至波进行测定。经验上是地方震使用直达波到时差 $T_{Sg}-T_{Pg}$查走时表得 t_{Pg}；近震使用首波走时差 $T_{sn}-T_{pn}$查走时表得 t_{pn}；远震用地幔折射波的到时差 T_S-T_P 查走时表得 t_p；极远震用地表反射波 PP 与地核波 PKP 的到时差查走时表得 t_{PKP}。特别指出的是，对于5°～16°影区内的地震，由于无法准确定出 S 震相，因此，常用短周期面波 Lg_2 与初至 P 波的到时差查走时表得 t_P 值。

需要说明的是，由于震源深度、震中距等因素对震相的到时有影响，所以应先定出震中距及震源深度值，再确定初至波的走时。

二、和达直线法

和达直线法是经典的发震时刻确定法，它适用于利用区域台网资料测定地方震及近震的发震时刻。和达直线方程为：

$$T_P = \Delta t/(k-1) + T_0 \tag{10.1.1}$$

式中，$\Delta t = T_S - T_P$，T_P、T_S 分别为纵波和横波的到时，可以是直达波、反射波、首波；T_0 为发震时刻，k 为波速比（$k = v_P/v_S$）。上式说明 T_P 和 Δt 成直线关系，将各个观测点的

(T_P，Δt) 点在 $T_P - \Delta t$ 平面坐标系中，根据最小二乘法思想做数据点的拟合直线，称此直线为和达直线。该直线在 T_P 轴上的截距即为 T_0（如图 10.1.1）。

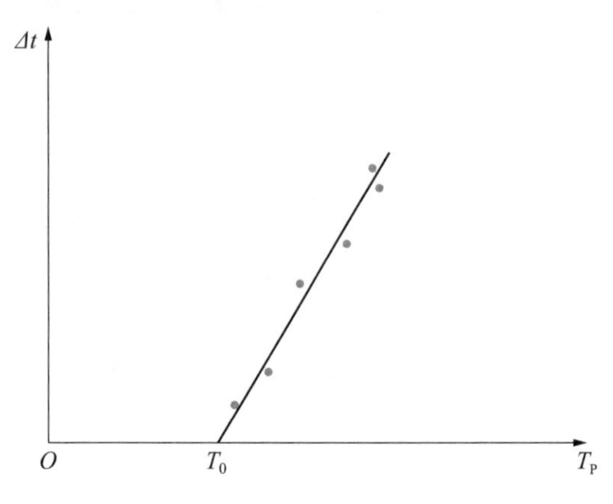

图 10.1.1　和达直线法求发震时刻

三、萨瓦林斯基法

如果令 $T_0 = x$，$y = 1/(k-1)$ 可把式（10.1.1）改写成：

$$y = \frac{T_p}{\Delta t} - \frac{1}{\Delta t}x \tag{10.1.2}$$

这一直线在 x，y 轴截距分别为 $x_0 = T_P$，$y_0 = T_p/\Delta t$，由一个台站的观测值（T_p，$T_p/\Delta t$）可以在 $x-y$ 平面作出一条直线，由另外一台站的观测值再作出一条直线，两直线的交点在 x 轴上的坐标即为发震时刻 T_0（如图 10.1.2），这个求发震时刻的方法叫萨瓦林斯基法。

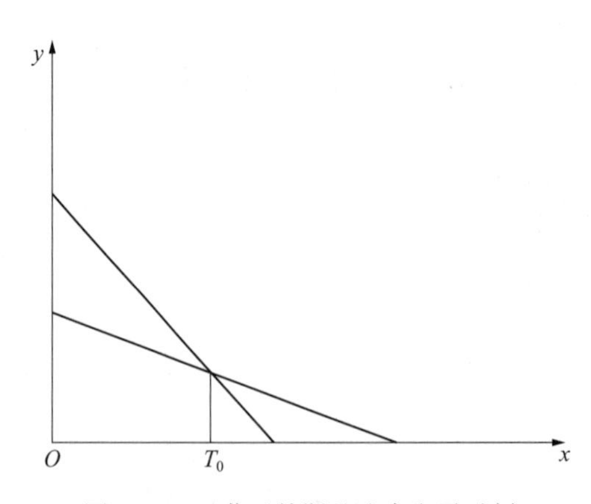

图 10.1.2　萨瓦林斯基法求发震时刻

第二节　几何法定位

利用现代地震仪器所记录到的信息进行震源定位的研究始于日本和欧洲，最初使用方位角法，随后是几何作图法和地球投影法。常用的几何作图法有和达法、石川法、交切法、双曲线法等，但随着计算机技术的发展，利用计算法求解方程确定地震时空参数已经成为主流，几何定位法已经不被实际工作中所应用。但是经典的几何定位法的思想有助于人们理解时空参数测定时的准确性和误差等问题。

一、近震定位

近震定位的特点是在定位时可以忽略地球曲率的影响，这样台站到震中（源）之间的距离是直线距离，定位可以在平面地图上进行。近震定位主要使用Pg波和Sg波，对于震中距较大的近震，使用Pn波、Sn波等。

1. 单台方位角法

单台方位角法的核心思想是利用单台测定的震中方位角和震中距确定震中位置。震中方位角 α 是指地震台站正北方向线与震中轨迹线之间的夹角，以顺时针方向为正。震中轨迹线即震中点与台站点的连线。由于P波的质点振动方向与波的传播方向一致，因此利用P初动位移矢量确定震中方位，利用P波位移矢量在水平向的投影计算震中方位角。

（1）利用P波三分向初动方向确定震中方位角。

P波在地震记录水平向的合矢量是质点位移在水平面上的投影位置，P波在地震记录垂直向的初动方向反映质点位移与震中的关系，当P波在垂直向的初动向上时，质点初始振动的方向指向远离震中的方向，称为“离源”方向；当P波垂直向的初动向下时，质点初始振动的方向指向震中方向，称为“向源”方向。

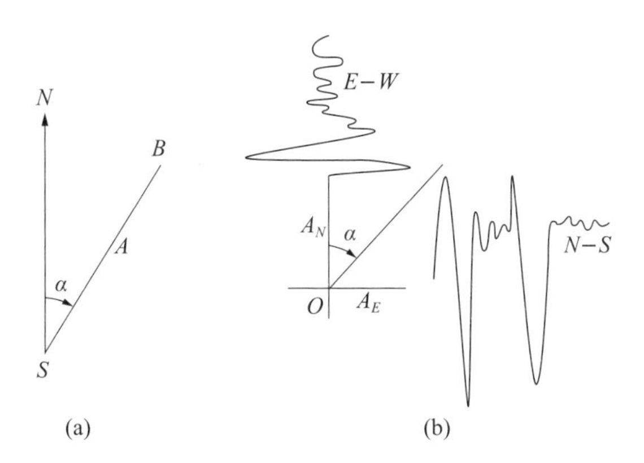

图 10. 2. 1　P波位移与震中方位关系示意图

图 10. 2. 1 是某地震记录上P波在北南、东西向的初动方向，可以看出其水平向振动的合矢量落在第一象限（即东北）。若设垂直向的初动向下，则质点初始振动方向是“向着”震源的，则震中点在台站的东北方向；若垂直向的初动向上，即质点初始振动方向是“背向”震源的，则震中点在台站的西南方向。

P 波三分向的初动方向与震中方位的关系见表 10.2.1。

表 10.2.1　P 波三分向初动方向与震中方位关系表

记录方向	东北向	东南向	西南向	西北向
初动方向	 −	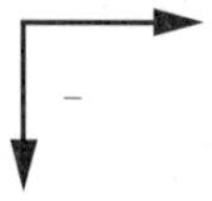 −	 −	 −
	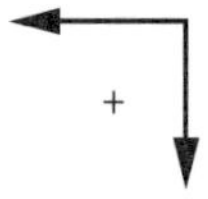 +	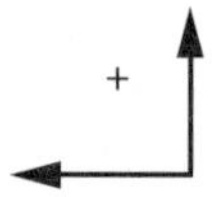 +	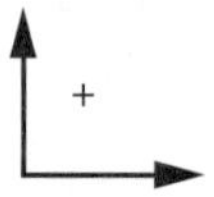 +	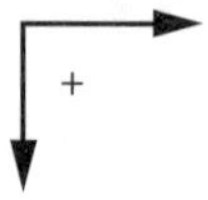 +
方向角	0 ~ 90°	90° ~ 180°	180° ~ 270°	270° ~ 360°

由于地震记录图上 P 波两水平向初动的合矢量正好是地动位移在地面的投影，因此在利用三分向初动方向定出震源方位之后，则可结合 P 波两水平向的初动振幅定出震中方位角。这里

$$\tan\alpha' = \frac{A_{EW}}{A_{NS}} \tag{10.2.1}$$

其中 A_{EW}、A_{NS}分别为东西向、北南向的地动位移。当用模拟位移记录地震图时，A_{EW}、A_{NS}计算公式如下：

$$A_{EW} = \frac{Y_{EW} \cdot 1000}{V_{EW}}(\mu m) \tag{10.2.2}$$

$$A_{NS} = \frac{Y_{NS} \cdot 1000}{V_{NS}}(\mu m) \tag{10.2.3}$$

Y_{EW}是 P 波东西向初动单振幅，Y_{NS}是 P 波北南向初动单振幅，单位 mm；V_{EW}，V_{NS}是东西和北南向的放大倍数。根据震中方位及锐角 α'计算震中方位角方法见表 10.2.2。

表 10.2.2　震中方位角确定表

震中相对台站的方位	东北	东南	西南	西北
震中方位角 α	α'	$180 - \alpha'$	$180 + \alpha'$	$360 - \alpha'$

（2）确定震中距。

从记录图上读取 Sg 波与 Pg 波或者 Sn 波与 Pn 波的到时差，查适宜的走时表（本地区走时表或 J - B 表）确定震中距。

（3）震中位置的确定。

在地图上确定台站的位置，以台站正北方向线为起点，顺时针旋转方位角的度数，得到震中轨迹线，以台站为起点，沿震中轨迹线取震中距长度，得到震中点，读出震中的经度 λe、纬度 φe。

2. 出射角法

出射角 e 是指地震射线与水平面的夹角。出射角法需要已知震中方位角和本地区的虚波速度 V_φ，震中方位角的求取方法与单台方位角法相同。出射角法确定震源位置的主要步骤：

①利用 P 波三分向的初动方向确定震中方位角；

②量取 P 波垂直向的初动单振幅，并计算相应的地动位移 A_Z；

③计算视出射角（$\bar{e}$）：$A_H = \sqrt{A_{NS}^2 + A_{EW}^2}$

$$\tan\bar{e} = \frac{A_Z}{A_H}$$

④计算出射角（e）：

$$\cos(e) = \left(\frac{V_{Pg}}{V_{Sg}}\right)\cos\left[\frac{(90^\circ + \bar{e})}{2}\right]$$

⑤求震源距（D）：$D = V_\varphi\,(T_{Sg} - T_{Pg})$

其中：

$$V_\varphi = \frac{V_{Sg} \cdot V_{Pg}}{V_{Pg} - V_{Sg}} \qquad (10.2.4)$$

⑥做图确定震中位置及震源深度。

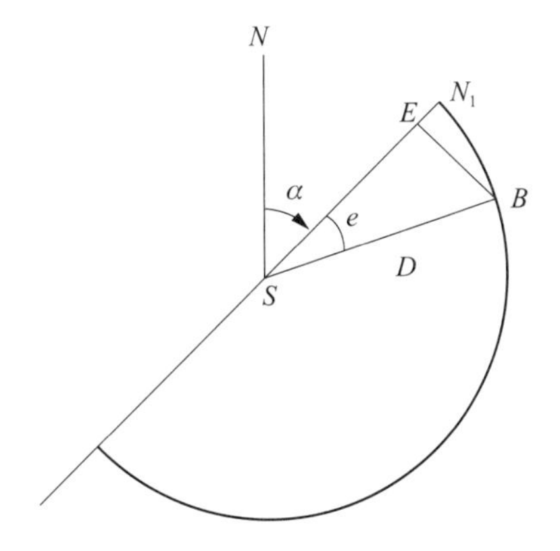

图 10.2.2　单台确定震中位置和震源深度示意图

第一步：在地图上确定台站的位置，以台站 S 的正北方向线为起点，顺时针旋转方位角 α 度得到震中轨迹线$\overline{SN_1}$；

第二步：作与$\overline{SN_1}$ 线夹角为 e 的直线$\overline{SB}$；

第三步：以台站 S 为圆心，震源距 D 为半径作弧交于 B 点；

第四步：过 B 点作$\overline{SN_1}$ 的垂线，垂足为 E，E 点即所求震中位置，$\overline{SE}$的长度为震中距，$\overline{BE}$的长度为震源深度 h。

使用单台方位角法和出射角法，一定要选取震相清晰、初动可靠的三分向地震记录，同时虚波速度一定是本地区的，否则测定的震源深度误差很大。

3. 交切法

交切法要求有 3 个以上台的 P 波、S 波（这里指 Pg、Sg 或者 Pn、Sn）的到时数据，其基本原理是：在直角坐标系中，若设震中点坐标为（x，y），台站点坐标为（x_i，y_i），则有

$$\Delta_i = \sqrt{(x - x_i)^2 + (y - y_i)^2} \tag{10.2.5}$$

两边平方：

$$\Delta_i^2 = (x - x_i)^2 + (y - y_i)^2 \tag{10.2.6}$$

这是一个圆的方程，震中点满足这个方程，即震中点就在这个方程描述的圆圈上。因此，若以台站为圆心，以震中距为半径作圆，就可得到 1 个满足上述方程的圆周线（也即震中轨迹线），如果有 3 个以上台站的 P、S 波到时数据，则可得到 3 个圆周线（3 条震中轨迹线），圆周线与圆周线的交汇区域即为震中所在区域。

该方法的误差主要来自 P、S 波的准确性及走时表的适宜性。在查走时表时假定已知震源深度。如果有各种不同深度的走时表，则可以利用 S－P 到时差查出不同深度下对应的 Δ 值，用同一深度的各台 Δ 值画弧交切，找出各弧交切范围最小的取为震中，相应的深度值就取作震源深度。该方法的优点是可直接在台网布局图上进行定位，速度高，较准确。

4. 石川法

石川法是确定地方震震源位置的经典方法之一。将直达波走时方程改写成直角坐标系下的走时方程形式：

$$\begin{gathered}(x - x_i)^2 + (y - y_i)^2 + h^2 = [V_\varphi(T_{Sg_i} - T_{Pg_i})]^2 \\ i = 1,2,3,\cdots,n(n \geqslant 3)\end{gathered} \tag{10.2.7}$$

式中，（x、y、h）是震源的空间位置，V_φ 是虚波速度，（x_i、y_i）是台站的直角坐标；T_{Pg_i}、T_{Sg_i}是第 i 个台直达波 Pg、Sg 的记录到时。该方程组包括 n 个以台站（x_i、y_i）为球心，以震源距 V_φ（$T_{Sg_i}-T_{Pg_i}$）为半径的球面方程，震源（x、y、h）是该方程组的解，由于地震发生在地下，所以震源点（x、y、h）在每个半球的下半球面上，这些半球面的交点就是震源。显然，只要有多于 3 个台的 T_{Pg}、T_{Sg}波的到时就能确定出震源位置。

对于两个台站而言，震源轨迹应该是分别以这两个台站（x_i、y_i）为球心，以震源距［V_φ（$T_{Sg_i}-T_{Pg_i}$）］为半径的两个半球面的交线，即图 10.2.3 中的半空间圆 ACB，震源点应该在该半圆上。若该半圆与地面垂直且不考虑台站的高程，将这两个半球面及半空间圆 ACB 向地面投影，得到两个相交的圆及一条弦，显然，这条弦为震中轨迹线，即图 10.2.3 中$\overline{\text{AB}}$直线。如果加入第三个台，就能做出 2 条弦，弦与弦的交点就是震中点。图 10.2.4 是确定震源深度的原理图。具体作图步骤：①在台站分布图上，以台站为圆心，以震源距为半径作圆，过两个圆的交点作弦，n 个台站可得到 n－1 条弦，众弦的交点即为震中（图中 E 点）。②取震源距最小的台所对应的圆，过震中作该圆的半径，再过震中作垂直于该半径的弦，弦长的一半为震源深度 h。

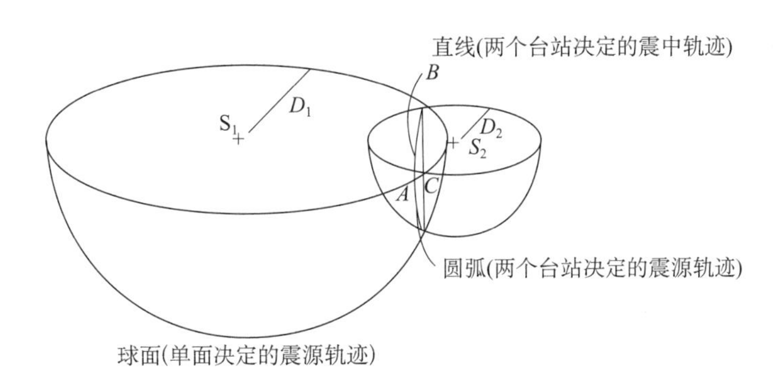

图 10.2.3　石川法定位原理示意图

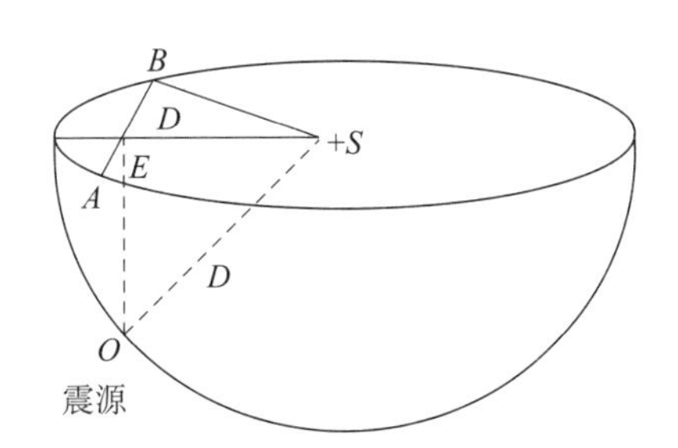

图 10.2.4　石川法确定震源深度原理示意图

5. 和达法

和达法是利用 4 个以上台所记录到的直达波到时差（$T_{sg}-T_{pg}$）测定地方震震源位置的方法。设台站 1、2 的震源距分别为 D_1、D_2，台站 1 的到时差为：

$$T_{Sg1} - T_{Pg1} = D_1/V_{Sg1} - D_1/V_{Pg1}$$

式中，V_{Pg1}、V_{Sg1}分别为 Pg 波、Sg 波的速度，则

$$D_1 = (T_{Sg1} - T_{Pg1}) \frac{V_{Pg1} V_{Sg1}}{V_{Pg1} - V_{Sg1}} \tag{10.2.8}$$

同理，对于台站 2 也有

$$D_2 = (T_{Sg2} - T_{Pg2}) \frac{V_{Pg2} V_{Sg2}}{V_{Pg2} - V_{Sg2}} \tag{10.2.9}$$

若区域内介质均匀，则有 $V_{Pg1} = V_{Pg2}$，$V_{Sg1} = V_{Sg2}$

$$\frac{D_1}{D_2} = \frac{T_{Sg1} - T_{Pg1}}{T_{Sg2} - T_{Pg2}} \tag{10.2.10}$$

令式（10.2.10）为 m_{12}，在直角坐标系中，台站 1 的坐标为（x_1、y_1），台站 2 的坐标为（x_2、y_2），震源 O 的坐标为（x、y、z），见图 10.2.5。

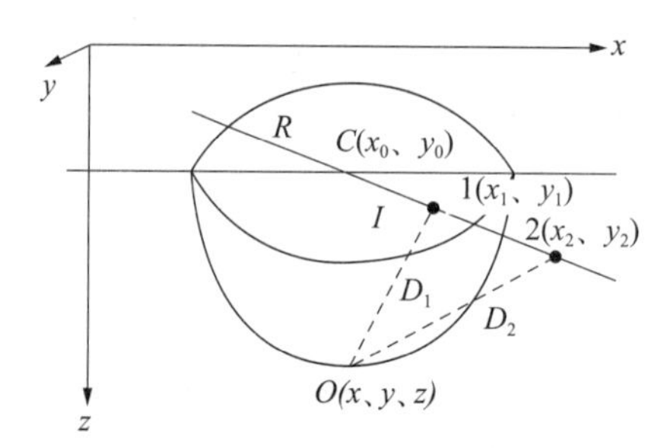

图 10.2.5　和达法定位原理示意图

于是根据式 10.2.10 有

$$(x - x_1)^2 + (y - y_1)^2 + z^2 = m_{12}^2[(x - x_2)^2 + (y - y_2)^2 + z^2]$$

将此式展开，归项整理即得到震源轨迹方程：

$$\left(x - \frac{x_1 - m_{12}^2 x_2}{1 - m_{12}^2}\right) + \left(y - \frac{y_1 - m_{12}^2 y_2}{1 - m_{12}^2}\right) + z^2 = \left(\frac{m_{12} d_{12}}{1 - m_{12}^2}\right) \tag{10.2.11}$$

令：$\frac{x_1 - m_{12}^2 x_2}{1 - m_{12}^2} = x_{012}$，$\frac{y_1 - m_{12}^2 y_2}{1 - m_{12}^2} = y_{012}$，$\frac{m_{12} d_{12}}{1 - m_{12}^2} = R_{12}$

则由方程 10.2.11 变成：

$$(x - x_{012})^2 + (y - y_{012})^2 + z^2 = R_{12}^2 \tag{10.2.12}$$

式（10.2.12）描述的是一个以（x_{012}、y_{012}、0）为球心，以 R_{12} 为半径的球面方程，震源点（x、y、z）满足该方程，是该球面上的一个点。显然，如果有 n 个台站的 Pg、Sg 到时，就

可以构成 $n-1$ 个描述震源轨迹的球面方程，通式为

$$(x-x_{0ij})^2+(y-y_{0ij})^2+z^2=R_{ij}^2 \tag{10.2.13}$$

式中，$i=1, 2, \cdots, n-1 \quad j=2, \cdots, n$

和达法的基本原理是：根据方程（10.2.13）利用两个台记录到的 Pg、Sg 到时可以得到一个震源轨迹球面，利用 3 个台记录到的 Pg、Sg 到时可以得到一个震源轨迹弧线，利用 4 个台记录到的 Pg、Sg 到时可以确定震源点。具体定位时，可以选用求解方程法和作图法。作图法与石川法相似，需要注意的是，在作和达圆（即 10.2.13 描述的球面在地面的投影圆）时，若设两台中震中距小的台为坐标原点，则圆心（球心）在两台连线的反向延长线上，距离坐标原点的长度为 $\frac{m_{12}^2}{1-m_{12}^2}\cdot y_2$。

6. 双曲线法

双曲线法适用于确定震中点在区域台网内或区域台网边缘地震的震中位置。该方法使用前提是有 3 个以上台所记录到的 P 波到时以及本地区的纵波波速 v_p。

设 T_1、T_2 分别为某种地震波到达台 1、台 2 的时刻，v_p 为该波的波速，$\triangle_1$、$\triangle_2$ 表示 2 个台的待定震中距。可建立方程式

$$\triangle_1-\triangle_2=(T_1-T_2)\cdot v_p \tag{10.2.14}$$

式（10.2.14）是到台 1 和台 2 的距离之差为常数的双曲线方程，式子右端为已知数，双曲线的焦点是台 1 和台 2。取双曲线中靠近到时最早的地震台的一支为实用曲线，也即震中轨迹。

再用台 3 与台 1 或台 2 组合，按式（10.2.14）又可形成一条双曲线（震中轨迹线），2 条震中轨迹线的交点为震中点。

7. 引中线法

引中线法常用来测定震中在区域台网之外的浅源近震的震中位置。该方法定位的基本前提条件是区域地壳结构均匀，且有 4 个以上台所记录到的 Pg 或者 Pn 波到时。方法的核心思想是：依据地震射线与波阵面垂直的原理，利用各台记录到的 Pg 或者 Pn 波到时，找到波阵面，进而作出地震射线，地震射线的交点即为震中。

①三台引中线法：设有台站 S_1、S_2、S_3，相应的 P 波到时为 T_{P1}、T_{P2}、T_{P3}，且 $T_{P1}<T_{P3}<T_{P2}$，作 S_1、S_2 的连线，并在连线上找到与 S3 台到时（T_{P3}）相等的 S_3'点，S_3 与 S_3'(连线的中垂线即为震中轨迹线（图 10.2.6）。S_3'点与 S_1 台间的距离 x_{31} 满足下式（10.2.15）

$$\frac{L_{21}}{T_{P21}}=\frac{X_{31}}{T_{P31}} \tag{10.2.15}$$

$$X_{31}=\frac{T_{P31}}{T_{P21}}L_{21} \tag{10.2.16}$$

式中 L_{21}是 S_1 台与 S_2 台间之间的距离，$T_{P21}=T_{P2}-T_{P1}$，$T_{P31}=T_{P3}-T_{P1}$。特别说明，若 $T_{P21}=0$ 或 $T_{P31}=0$，则其中垂线就是震中轨迹线。

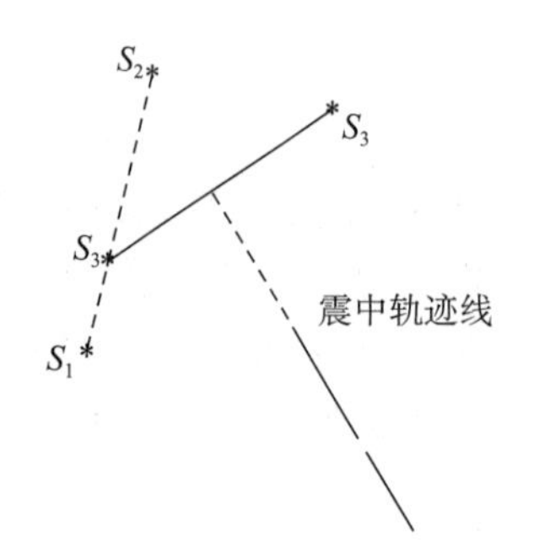

图 10.2.6　三台引中线法示意图

通常的做法是根据式（10.2.17）选出到时差较大、视速度（这里指两台间的距离除以到时差）较小的两个台作为 S_1、S_2 台，然后将其他台依次与此两台组合，使用公式（10.2.16）算出对应点的位置，并作此点与该台连接的中垂线，所有中垂线的交点即为震中。

$$V_{ij} \approx \frac{L_{ij}}{T_{Pij}} \quad i,j = 1,2,\cdots,n \quad i \neq j \tag{10.2.17}$$

②两台引中线法：设有台站 S_1、S_2，相应的 P 波到时为 T_{P1}、T_{P2}，且 $T_{P1}<T_{P2}$，以 S_2 为中心，以 δ 为半径作圆。

$$\delta = (T_{P2} - T_{P1})V_P \tag{10.2.18}$$

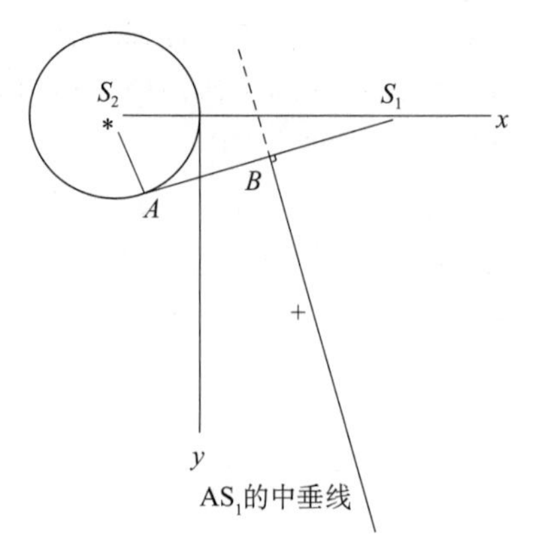

图 10.2.7　两台引中线法示意图

由 S_1 向该圆的靠近震中一侧引切线，切点为 A，$\overline{S_1A}$的中垂线即为震中轨迹线（图 10.2.7）。再加入一个新台，与其中的一个台组合，可得到第二条震中轨迹线，如此，可得到若干条震中轨迹线，轨迹线的交点为震中。两台引中线法需要事先已知该地区的 Vp 值，在两个台的到时差相近且台间距足够大时，应用效果更好。

二、远震定位

远震射线传播路径长，所以不能忽略地球曲率的影响，因此，在进行几何定位时需要先将地球按照一定的投影方法投影到平面上再进行定位。定位时要利用每个震相与初至波之间的到时差查全球震相走时表（例如 J－B 表）得到远震的震源深度和震中距。

1. 单台定位法（乌尔夫网子午面投影法）

单台确定远震的震中位置，首先需要测定震中方位角 α 和震中距。震中方位角的测量与单台方法角法一样，震中距则利用每个震相与 P 波之间的到时差，借助 J－B 表确定，需要注意的是震中距与震源深度要同时确定。

然后借助乌尔夫网投影网完成震中经纬度的求取。图 10.2.8 的乌尔夫网是地球子午面投影网，投影方式是过地心将地球沿任意经线方向切成 2 个半球，以其中一个半球的极点为投影点，将另一个半球投影到剖面上所形成的网面。网上的大圆弧为经线的投影，从左至右为 180°，小圆弧为纬线的投影，N 为北极，S 为南极，AB 为赤道投影，由赤道投影线向上为北纬，向下为南纬。

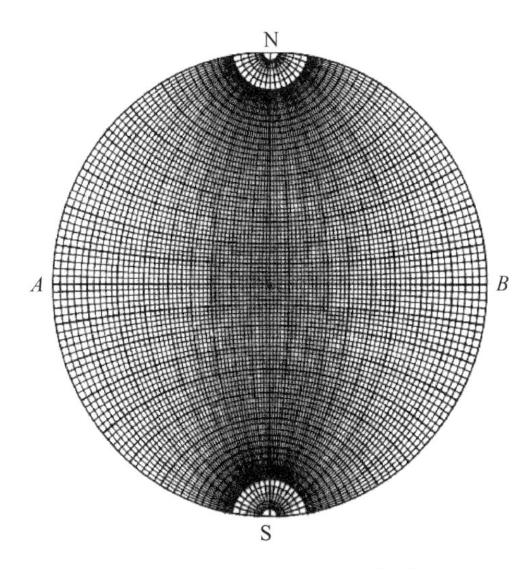

图 10.2.8　乌尔夫网示意图

利用乌尔夫网求取震中经纬度时，首先需要在网面上固定一个能够转动的透明板。在透明板上画一条短线，作为标记。

（1）当 $\alpha \leqslant 180°$时。

第一步：转动透明板，使板上短线与乌尔夫网的北极 N 重合。令网最左边的经线（NAS 弧）为台站所在的经线，经度为台站经度 λ_S，根据台站的纬度在该弧线上标出台站的位置，记为 F（λ_S、φ_S）（图 10.2.9）。

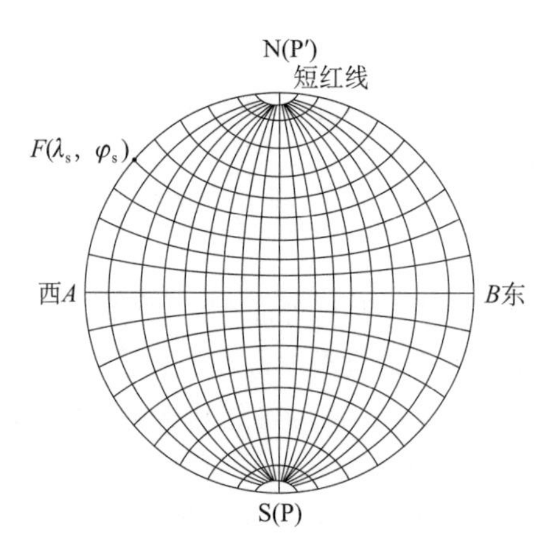

图 10. 2. 9　乌尔夫网上的台站位置示意图

第二步：转动透明板，使台站 F 与乌尔夫网北极相重，然后由短线所在的大圆弧沿着赤道投影线向左数经线，使其度数等于震中方位角 α，再沿此经线，自台站 F 开始向下数纬线，使其读数等于 Δ，得到点 E，见图 10. 2. 10。

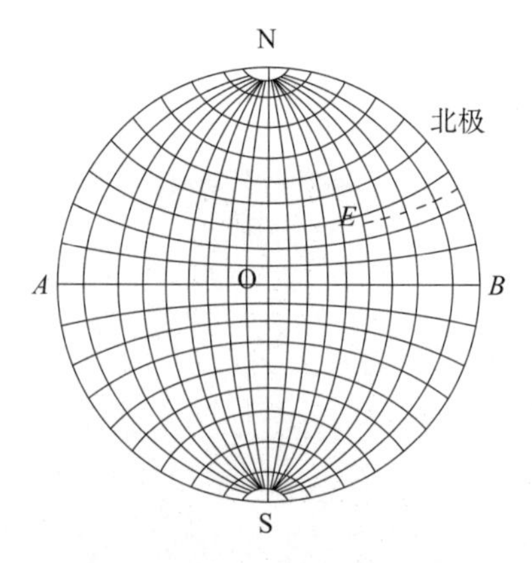

图 10. 2. 10　E 点确定过程示意图

第三步：转动透明板，使短线与乌尔夫网北极重合，即台站 F（λ_S、φ_S），恢复到原来的位置。此时 E 就是所求的震中点的投影位置。从乌尔夫网上直接读出震中纬度 φ_e，并读出震中 E 所在的经线与台站 F 所在的经线之间的经度差 $\Delta\lambda$，见图 10. 2. 11。震中经度 $\lambda e = \lambda_S + \Delta\lambda$，若 λe 大于 180°，则震中经度 $\lambda' e = 360° - \lambda e$，此时台站经度若为东经，震中经度 $\lambda' e$ 就为西经。

（2）当 $\alpha > 180°$时。

把台站 F（λ_S、φ_S）设在乌尔夫网右边，令 $\widehat{NBS}$ 为台站 F 的经线 λ_S，其他步骤与 $\alpha \leqslant 180°$的情况大致相同，但需注意以下两点：

第一，在这种情况下，数方位角时是由左向右取 $360° - \alpha$ 的数值。

第二，最后读取震中经度 λe 时，$\lambda e = \lambda_S - \Delta\lambda$，设台站为东经，若 λe 为负值，则震中

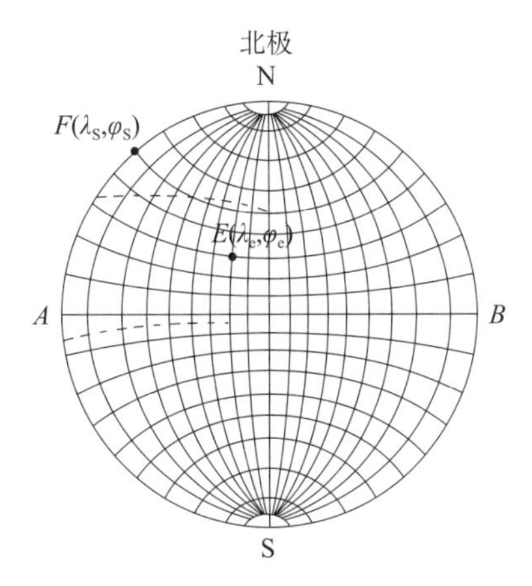

图 10.2.11　E 点经度读取示意图

经度为西经 λe。

乌尔夫网方法的优点在于用作图法代替了复杂的运算。但测定远震震中的精度不高，方位角 α 和震中距 Δ 都会引起误差。因此，用单台法定震中位置要求震相必须准确，以保证震中距的精度；初动必须可靠，以保证震中方位角的精度。

2. 球极平面法

球极平面法就是在球极平面图上完成的交切法。与交切法的基本原理相同，即已知 3 个以上地震台的震中距 Δ，以台站为中心、Δ 为半径画圆弧，其交点或所交小区域的中心即为震中。由于地球曲率的影响，通常将交切的过程放在球极平面投影图上完成，所以称球极平面法。

球极平面投影是以地球的南极或北极为投影点 P，以赤道面为投影平面，将地球的经纬线投射到这个平面上。北极（或南极）称为投影平面的中心，纬线投影为间隔不等的同心圆，经线投影后为从中心向外辐射的直线，见图 10.2.12（a），这种投影的主要特点是，球面上的圆投影在平面上仍然为圆，角度投影后不发生畸变。图 10.2.13 所示的是实际实用的球极平面法用图，为方便起见，将半径 R 做成了 100 个等间隔的同心圆，经线仍然为 360°。

图 10.2.12（b）展示了球极平面法的基本原理，圆 $NGPK$ 是沿台站所在经线过地心的剖面，N、P 分别为南极和北极，S 为观测点，以 S 为中心，以 Δ 为半径作交切圆交 NK 弧于 A、B 两点，A、B 两点向 P 点作投影交 $\overline{OK}$ 线于 A'、B' 点，M 为 $A'B'$ 的中点，令 $d=\overline{OM}$，$r=\overline{A'M}=\overline{B'M}$，$d$ 为观测点在球极平面上的投影，r 为震中位置圆在球极平面的投影圆半径。

$$d=\frac{R_o\cos\varphi_s}{\sin\varphi_s+\cos\Delta} \tag{10.2.19}$$

$$r=\frac{R_0\sin\Delta}{\sin\varphi_s+\cos\Delta} \tag{10.2.20}$$

式中 R_0 是半径 R 被划分的份数，如本例中 $R_0=100$。

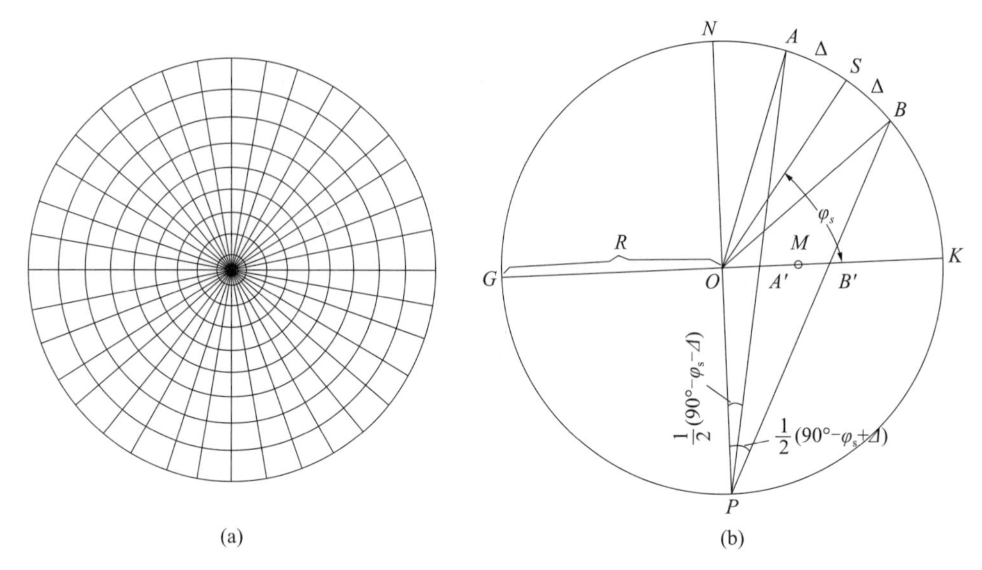

图 10.2.12　交切法示意图

（a）球极平面投影示意图；（b）球极平面法原理图

球极平面法求取震中经纬度的主要步骤为：

第一步：将参与定位台站的震中距 Δ_i 和台站纬度 φ_{si} 代入式（10.2.19）和式（10.2.20），计算出 d_i、r_i 值；

第二步：从图心点沿观测点所在的经线数出 d_i 份得到 M_i 点，以 M_i 点为心以 r_i 为半径画圆，众圆交点为震中点的投影；

第三步：众圆交点所在的经线为震中经度，数出网心到众圆交点处的份数，过众圆交点作连接线 NE'，计算震中纬度 φ_e（式 10.2.21）；当网面中心为北极时，若 $\varphi_e>0$ 为北纬，$\varphi_e<0$ 为南纬，见图 10.2.14。

$$\overline{NE'} = R_o \tan \frac{1}{2}(90° - \varphi_e) \tag{10.2.21}$$

3. 波阵面法

波阵面法又称视速度–方位角法。它是用区域台网资料确定远震震中位置的一种方法。该方法要求有尽量多的台的 P 波到时，同时，要求台网跨度 L 要远远小于震中距 Δ（台网的平均震中距大于 5～10 倍本台网的平均台间距），这样在区域台网内可将远震的波阵面看作为平面，波阵面与地面的交线为直线。

S_1、S_2、S_3、S_4、S_5 等是某区域台网的台站，地震波首先到达 S_1 台，而后继续向前传播，在某一时刻，波前面到达 S_1 与其他台之间，并在地表交 S_1 与各台连线于 A、B、C、D 点，$ABCD$ 连线为同一时刻的波阵面，由于 $L\ll\Delta$，所以过 S_1 点作该波阵面的垂线即为震中轨迹线，此轨迹线与 S_1 台的正北方向顺时针的夹角为 S_1 台的震中方位角 α，见图 10.2.15，获得 S_1 台的震中方位角后，便可用单台方位角法确定震中位置。具体作法如下：

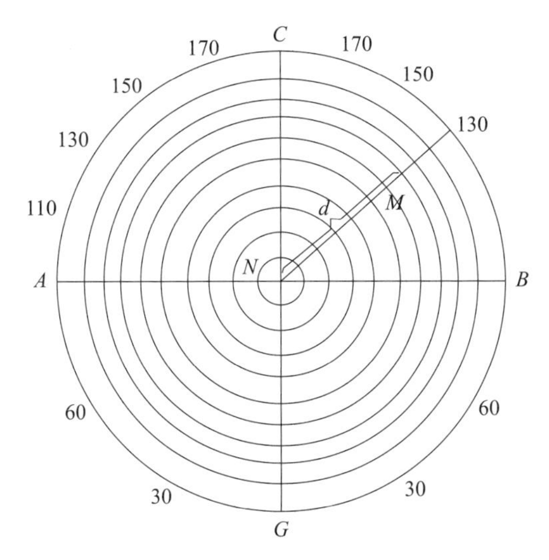

图 10.2.13　球极平面法定位示意图

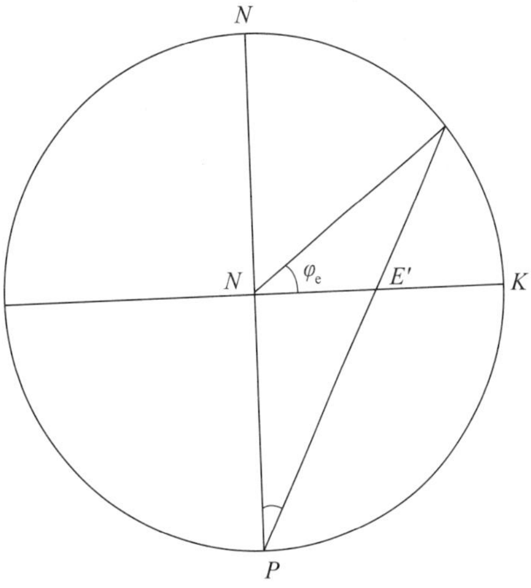

图 10.2.14　震中纬度计算示意图

（1）选取最近台为 S_1 台，量取 S_1 台与其他台之间的距离 d_{1i}，计算 P 波在 S_1 台与其他台之间传播的视速度 V_{Li}，式中 T_{Pi}分别为第 2 台至第 n 台的 P 波到时，T_{P1}为第 1 台的 P 波到时。

$$V_{Li} = \frac{d_{1i}}{T_{Pi} - T_{P1}} \quad i = 2,3,\cdots,n$$

（2）求出同一时刻的波阵面到达 S_1 与各台连线上的位置点 A、B、C、D 点；作 A、B、C、D 的拟合直线，得到波阵面。用 $V_{Li} \times 1\text{s}$ 得到图 10.2.15 中的 A、B、C、D 点，这些点的拟合直线为波阵面，该波阵面与 S_1 的到时差为 1s。

（3）由 S_1 向波阵面作垂线 S_1K，S_1K 与 S_1 的正北方向线间的夹角 α（钝角）就是震中方位角。

（4）求取震中距 Δ。

震中距的求取通常有两种方法，方法一是用走时表法定震中距。方法二是查视速度与震中距对应关系表确定震中距，这种方法只能在浅源情况下应用。

（5）用单台方位角法确定震中。

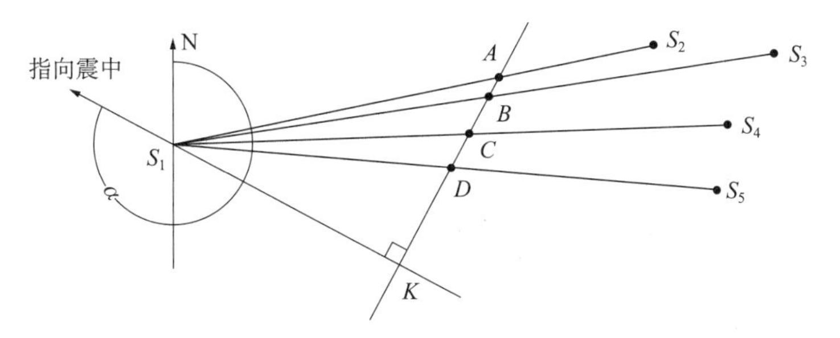

图 10.2.15　波阵面法定震中原理示意图

三、震源深度确定

震源深度是较难准确确定的量，除可用解方程法、搜索法确定震源深度外，利用震相的到时差和走时表确定震源深度是较普遍的方法。

1. 近震震源深度

（1）$T_S - T_P$ 作图法：

已知三个以上台的 S，P 波的到时及震中距，且震中距与震源深度约为同一数量级。由走时方程：

$$\Delta^2 + h^2 = v_\varphi^2 \cdot (T_S - T_P)^2 \tag{10.2.22}$$

令：$x = (T_S - T_P)^2$，$y = \Delta^2$ 则上式变为：

$$y = v_\varphi^2 \cdot x - h^2 \tag{10.2.23}$$

式中 h 为震源深度，v_φ 为虚波速度。在 x，y 直角坐标系中，它是一条关于 x，y 的直线，h^2 为该直线在 y 轴上的负截距，由此可见，我们可以用已知条件作图来求得 h 值。具体做法为①在直角坐标系中，以 $[\Delta^2, (T_S - T_P)^2]_i$ 作图，得一条直线（i 为台站序号）；②取直线在纵轴上的截距得 h^2，开方得 h 值。

（2）$T_{PmP} - T_{Pg}$ 作图法：

若已知 Pg 和 P_{PmP} 波的到时、震中距及该地区地壳厚度 H 和波速 V，设介质为均匀单层地壳模型，直达波和反射波的走时方程为：

$$T_{Pg} - T_0 = \frac{\sqrt{\Delta^2 + h^2}}{v_P} \tag{10.2.24}$$

$$T_{PmP} - T_0 = \frac{\sqrt{\Delta^2 + (2H - h)^2}}{v_P} \tag{10.2.25}$$

联立得：

$$T_{P_{PmP}} - T_{Pg} = \frac{\sqrt{\Delta^2 + (2H - h)^2} - \sqrt{\Delta^2 + h^2}}{v_P} \tag{10.2.26}$$

若 H，V_P 为已知量，在某一深度下，给出一系列的 Δ 值，便可得到一系列与之对应的 $T_{PmP} - T_{Pg}$，将这些对应的值点入以 Δ 为横轴，$T_{PmP} - T_{Pg}$ 为纵轴的直角坐标系中，即可得一条该深度情况下的 Δ –（$T_{PmP} - T_{Pg}$）曲线，再改变深度值，可得另一条曲线，用这样的方法制出 Δ –（$T_{PmP} - T_{Pg}$）定深度的列线图，见图 10.2.16。用该图求深度的方法是：用某台记录到的 $T_{PmP} - T_{Pg}$ 值及该台的 Δ 值，查图 10.2.16 即得深度值，若有多个台记录，则分别

查出 h 值后，取平均震源深度。

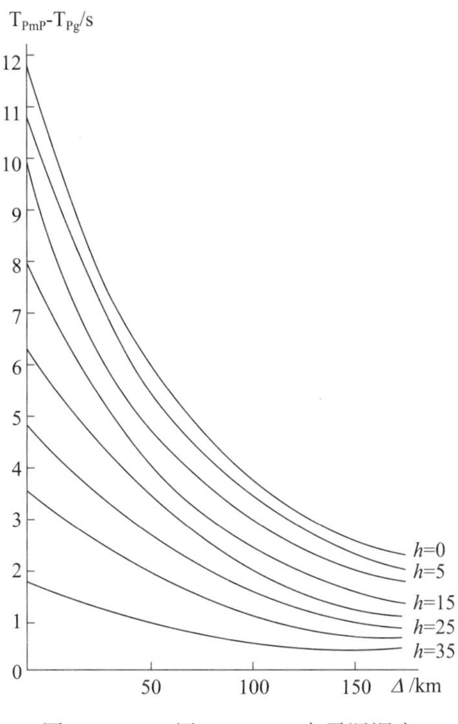

图 10.2.16　用 $T_{PmP}-T_{Pg}$ 定震源深度

（3）（$T_{Pg}-T_{Pn}$） - （$T_{Sg}-T_{Pg}$）列线图法：

若已知 Pn，Pg，Sg 波的到时，且震中距大于 600km，由单层地壳结构的直达波和首波走时方程

$$T_{Pg}-T_0=\frac{\sqrt{\Delta^2+h^2}}{v_{Pg}} \tag{10.2.27}$$

$$T_{Pn}-T_0=\frac{\Delta}{v_{Pn}}+\frac{2H-h}{v_1} \tag{10.2.28}$$

式（10.2.27）与式（10.2.28）相减得：

$$T_{Pg}-T_{Pn}=\frac{\sqrt{\Delta^2-h^2}}{v_{Pg}}-\frac{\Delta}{v_{Pn}}-\frac{2H-h}{v_1} \tag{10.2.29}$$

对于浅源地震，$h\ll\Delta$，则上式写成

$$T_{Pg}-T_{Pn}=\frac{\Delta}{v_2}-\frac{2H-h}{v_1} \tag{10.2.30}$$

式中：

$$v_1 = \frac{v_{Pg} \cdot v_{Pn}}{\sqrt{v_{Pn}^2 - v_{Pg}^2}} \tag{10.2.31}$$

$$v_2 = \frac{v_{Pg} \cdot v_{Pn}}{v_{Pn} - v_g} \tag{10.2.32}$$

对于一个地区 H、v_{rg}、v_{Pn}均为常数，因此，不同的 h 和 Δ 对应不同的 $T_{Pg}-T_{Pn}$，也即，已知 Δ 及 $T_{Pg}-T_{Pn}$的情况下，可计算 h 值，在实际操作中，将这种对应关系制成类似图 10.2.16 的列线图。

列线图有两种形式，一种是按上式关系制成的，以 Δ 为横轴，以 $T_{Pg}-T_{Pn}$为纵轴，以 h 为参变量的列线图；另一种是当 $h \ll \Delta$ 时，将 $\Delta \approx D$，利用下式

$$T_{Pg} - T_{Pn} = \frac{v_{\varphi}}{v_{Pn}}(T_{Sg} - T_{Pg}) - \frac{2H - h}{v_1}$$

制成的以 $T_{Sg}-T_{Pg}$为横轴，以 $T_{Pg}-T_{Pn}$为纵轴，以 h 为参变量的列线图，这两种图的作用一致，区别是，前一种必须已知震中距值，后一种方法只须已知各震相到时值即可。具体定 h 时，从记录图上得出所需的到时值或震中距值，查列线图即可。

2. 远震震源深度

（1）用深度震相查走时表。

此方法定深度与震相识别过程大体相一致，由于震中附近的反射波（深度震相）与初至波之差随 h 的改变变化显著，而随震中距的改变不大，所以当震相大致确定后，利用深度震相如 pP，pPKP，sS，sPKP 等，在估计的震中距离附近，用它们与初至波的差值，查走时表，定出 h 值，若某台有多个深度震相，可分别求每个波的 h，最后取平均 h，作为本台测定的震源深度。对于一次地震事件的震源深度，则求出各台测定的震源深度的平均值作为震源深度值。

（2）时差交点法。

这种方法是基于各震相与 P 波到时差是震源深度和震中距的函数这一特点，用同一到时差值，查走时表读出其对应的不同的 h，Δ 值，然后以 Δ 为横坐标，h 为纵坐标绘制出不同的差值曲线，对同一台而言，同一个地震的震源深度及震中距是一定的，因此，各种震相与 P 的差值应交于一点，这一交点对应的坐标为 h 及该台的震中距。图 10.2.17 是单台确震源深度的示意图，图 10.2.18 是 $T_{ScS}-T_P$ 与 T_S-T_P 定震源深度的量板，图 10.2.19 是 $T_{ScP}-T_P$ 与 T_S-T_P 定震源深度的量板。量板中的 x 是折合震源深度，x 等于剥壳的震源深度除以剥壳的地球半径，J－B 表采用平均地壳厚度 33km，例如 $x=0.10$ 时，震源深度 $h=(6371-33)\times 0.10+33=666.8\text{km}$。

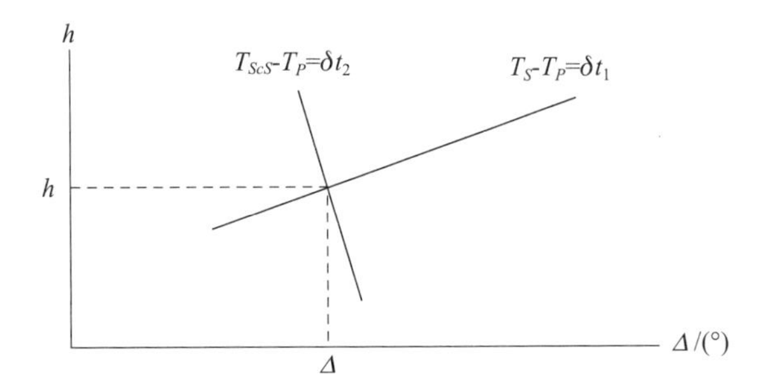

图 10.2.17　用 $T_{ScS}-T_P$ 与 T_S-T_P 确定 Δ、h 方法示意图

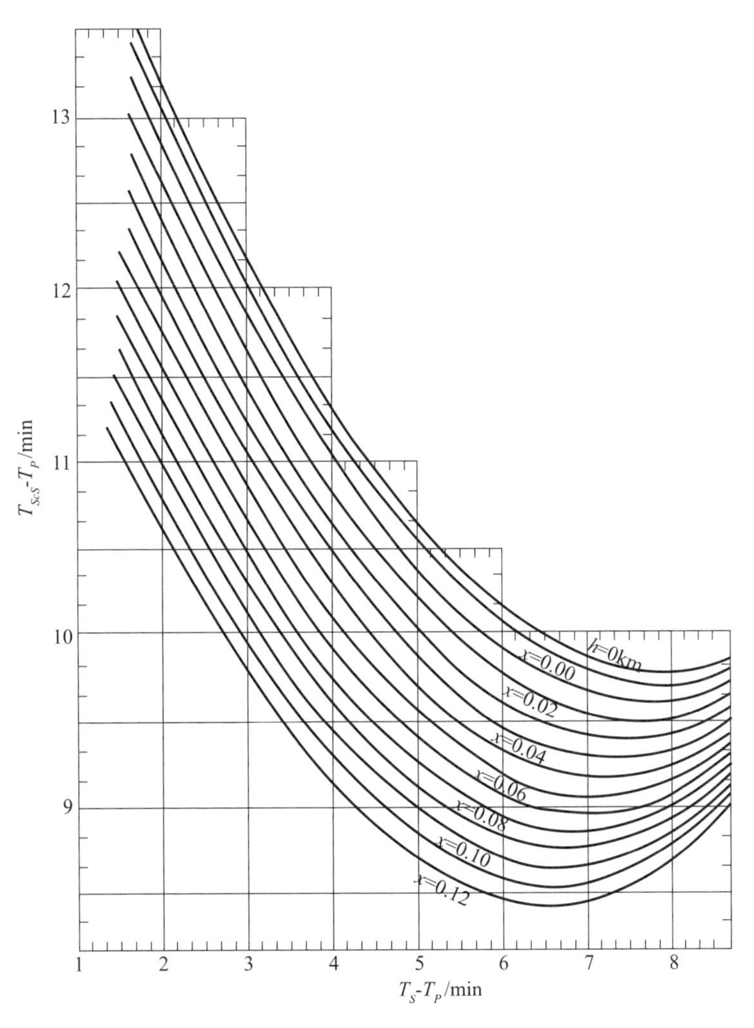

图 10.2.18　$T_{ScS}-T_P$ 与 T_S-T_P 定 Δ、h 量板

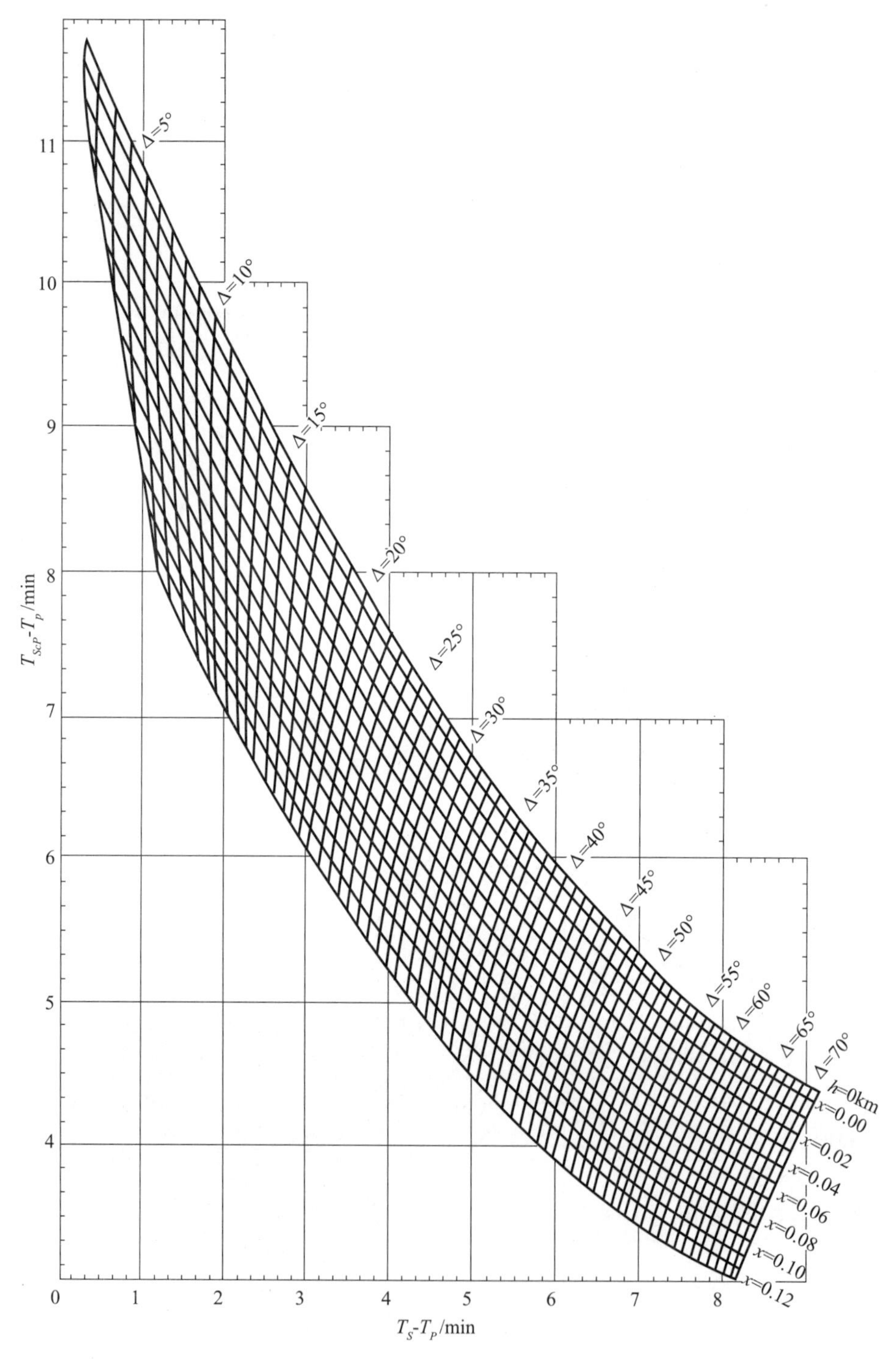

图 10.2.19　$T_{ScP}-T_P$ 与 T_S-T_P 定 Δ、h 量板

第三节　计算法定位

计算机技术的发展，促进了计算机定位方法的发展，基于反演理论的智能化定位算法得到了迅速发展，基于解方程、盖革修定、搜索、遗传等各种算法在地震定位中被广泛应用。计算机的高速计算能力使得定位速度达到分钟级，区域台网或者国家台网能够在50秒到3分钟内定出国内任何地方发生的强震的位置。

一、盖革法

现行的线性定位算法大多源于1910年盖革提出的经典方法，该法的核心是利用迭代求解方法对初定位参数进行修正。

1. 初定位

使用均匀速度模型。设震源的坐标为 x_0、y_0、z_0，发震时刻为 T_0，则可建立如下观测方程：

$$(x_i - x_0)^2 + (y_i - y_0)^2 + (z_i - z_0)^2 = v^2(t_i - T_0)^2 \tag{10.3.1}$$

式中，t_i（$i=1$，2，…，m，m 为到时总数）为震相观测到时，x_i、y_i、z_i 为台站坐标，v 为波速。

由式（10.3.1）组成的是一个四元二次方程组，不能直接求解，为此将该方程组两两相减，消去二次项，得到一个由 $m-1$ 个方程组成的四元一次方程组：

$$\begin{aligned}(x_i - x_{i-1})x_0 + (y_i - y_{i-1})y_0 + (z_i - z_{i-1})z_0 - v^2(t_i - t_{i-1})T_0 \\ = \frac{1}{2}[x_i^2 - x_{i-1}^2 + y_i^2 - y_{i-1}^2 + z_i^2 - z_{i-1}^2 - v^2(t_i^2 - t_{i-1}^2)] \\ i = 2,3,\cdots,m\end{aligned} \tag{10.3.2}$$

式中，x_0，y_0，z_0，T_0 为未知数，若 $m=5$ 则直接求解，$m>5$ 用最小二乘法求解。这只是求初值的一种方法，还有其它方法，例如后面将要提到的单纯形法、遗传算法都可以用来为盖革法提供初值。

2. 盖革法修定

根据震源坐标的初值，可求得各个震相的计算到时 T_i

$$令 f_i(X) = t_i - T_i = t_i - T_{Ri} - T_0 = r_i \tag{10.3.3}$$

式中，T_{Ri}为第 i 个震相的计算走时，t_i 为观测到时，r_i 为残差，X_0 为震源位置和发震时刻的初定位的值：

$$X_0^T = (x_0, y_0, z_0, T_0)$$

定义目标函数：$F(X) = \sum_{i=1}^{m} r_i^2 = r^T r$，其中 $r^T = (r_1, r_2, \cdots, r_m)$

修定的目的就是调整震源向量求出一个 X 使得目标函数 F（X）为极小。为此在初值 X_0 附近作泰勒展开并略去高阶项，根据函数极值理论，要使 F（X）为极小，即要求$\frac{\partial F}{\partial x}=0$，$\frac{\partial F}{\partial y}=0$，$\frac{\partial F}{\partial z}=0$，$\frac{\partial F}{\partial t}=0$，于是得到：

$$A^T A \Delta X = A^T r \tag{10.3.4}$$

式中 A 为 $m \times 4$ 阶矩阵，

$$A = -\begin{pmatrix} \frac{\partial f_1}{\partial x}, \frac{\partial f_1}{\partial y}, \frac{\partial f_1}{\partial z}, \frac{\partial f_1}{\partial t} \\ \frac{\partial f_2}{\partial x}, \frac{\partial f_2}{\partial y}, \frac{\partial f_2}{\partial z}, \frac{\partial f_2}{\partial t} \\ \vdots \\ \frac{\partial f_m}{\partial x}, \frac{\partial f_m}{\partial y}, \frac{\partial f_m}{\partial z}, \frac{\partial f_m}{\partial t} \end{pmatrix} = \begin{pmatrix} \frac{\partial T_{R1}}{\partial x}, \frac{\partial T_{R1}}{\partial y}, \frac{\partial T_{R1}}{\partial z}, 1 \\ \frac{\partial T_{R2}}{\partial x}, \frac{\partial T_{R2}}{\partial y}, \frac{\partial T_{R2}}{\partial z}, 1 \\ \vdots \\ \frac{\partial T_{Rm}}{\partial x}, \frac{\partial T_{Rm}}{\partial y}, \frac{\partial T_{Rm}}{\partial z}, 1 \end{pmatrix} \tag{10.3.5}$$

求解式（10.3.4）可得到一组 ΔX，令 $X = X_0 + \Delta X$ 作为下一次迭代的初值，直到满足一定的截止判据为止。

3. 计算过程

盖格法的计算过程为：设已知一组观测到时 τ_k（$k=1, 2, 3, \cdots, m$），其台站坐标为（x_k，y_k，z_k），（$k=1, 2, 3, \cdots, m$），要测定地震的发震时刻和震源位置。使用盖格法修定的计算步骤是：

①假定一尝试发震时刻和一个尝试震源位置，通常的做法是用初定位的值做为尝试值。

②计算从尝试震源到第 k 个台站（$k=1, 2, 3, \cdots, m$）的理论走时 T_k 及其在尝试值处的空间偏导数$\frac{\partial T}{\partial x}$、$\frac{\partial T}{\partial y}$、$\frac{\partial T}{\partial z}$。

③计算式（10.3.4）中的矩阵 A 和矢量 r。

④求解含有四个方程的方程组（10.3.4），求出校正量 ΔX。

⑤用 $X = X_0 + \Delta X$ 作为新的尝试发震时刻和震源位置。

⑥重复第②至⑤，直至满足了某些截止判据为止。这时的 X 为发震时刻和震源位置。

盖格法的实质是将非线性方程线性化并利用最小二乘法原理来进行求解。MSDP 系统中的定位程序 HYP2000、LocSAT、HypoSAT 都采用了盖格法的基本原理，但使用的求解方法是奇异值分解最小二乘法。

二、搜索法

搜索法是通过非线性最优化理论中的各种搜索算法来实现地震定位，用这些算法来求目标函数的极小值，能避免解陷入局部极小点，搜索法可分为直接搜索法和网格搜索法两类。

1. 直接搜索法

（1）Powell 方法。

Powell 方法是一种直接搜索目标函数极小值的方法。该方法是一种改进的共轭梯度法，若第 i 个地震台记录到某次地震的 P 波到时的观测值为 T_i，由给定的（初值或迭代值）震源参数 X（φ、λ、h、t）求出的理论到时为$\tau_i(x)$，由此定义的目标函数为二次型函数

$$\varnothing(X) = \sum_{i=1}^{n}[T_i - \tau_i(x)]^2 \tag{10.3.6}$$

结束迭代的准则，是采用迭代前后两次目标函数的差值达到预定的限差，或迭代前后 2 点的欧氏距离满足限值。Powell 方法对迭代的初值要求较低，一般选取走时最小的台站位置作为初始值，它能用计算机自动检测的各台站初动到时来确定地震参数，并且在计算过程中不需要计算其导数，只需知道准则函数的值，计算精度会随着走时表精度的提高而提高，因此在地震台网的自动快速测报中具有一定的优势。

在 Powell 方法的迭代过程中，有几点要说明：

①初始直线搜索方向可以是任意选取的独立方向，通常用 $p=(p_1, \cdots, p_d)$ 表示搜索方向，其中 p_1，…，p_d 为 1，…，d 方向分量。一般情况下，初始方向选取坐标轴方向，此时只有 p_1 不为零，其余方向均为零。

②直线搜索步长的选取与具体问题中自变量的量度单位有关，常规上可取 $r = \frac{E}{\sqrt{(p_1^2 + \cdots + p_d^2)}}$作为步长。在实际计算中，自变量的单位是弧度，因此取 $E=10^{-3}$，这样的步长相当于地面距离 5km 左右，对于较远的地震，可以取 $E=10^{-2}$甚至更大一些。

③结束判别采用欧氏距离 $\|X^* - X^0\| = \sqrt{\sum_{i=1}^{d}(X_i^* - X_i^0)^2} < \varepsilon_x$，在实际计算中，由于 $f(X)$ 的单位是 s^2，于是取 $\varepsilon_x = 10^{-2} - 10^{-3}$；$X$ 的单位是弧度，因此取 $\varepsilon_x = 10^{-3} - 10^{-4}$。

（2）单纯形法。

单纯形法也是一种直接搜索法，属于非线性最优化理论中的全局搜索算法。单纯形是一个几何形体，其顶点个数比要确定的参数个数多一个。例如，二维空间中的单纯形是一个三角形，在三维空间中的单纯形则是一个四面体。地震定位问题要测定 4 个参数，故相应的单纯形有 5 个顶点。单纯形法是通过在模型空间中构造单纯形来逼近目标函数的极小点，它不需要求偏导数或逆矩阵。每构造一个单纯形，就计算其各顶点的目标函数值，并确定其目标函数的最大和最小点，然后通过扩展、压缩、反射等算法来构造新的单纯形，以使目标函数的极小点能包含在单纯形内，见图 10.3.1。停止迭代的准则，是通过单纯形各顶点的目标函数与去掉最坏点后的位置平均点的目标函数之差来控制，当它们的均方根小于预设的精度值时则停止迭代。

该方法有几个突出的优点：①不要求走时偏导数，避免了矩阵求逆，也就避免了病态矩阵反演问题，只要误差空间中存在最小值即能求解，所以该方法总是收敛的。②在空间中寻找最小值时，寻找的路径是在任意空间，而不是在某一限定的领域中进行比较确定。③没有

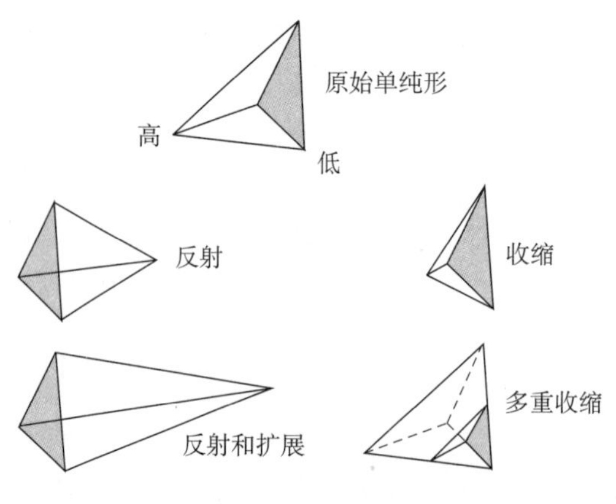

图 10.3.1　单纯形法反演示意

作任何近似处理，是直接进行走时残差的比较。④它可以使用任何形式的残差统计，因此适用范围较广。数字地震台网定位系统（JOPENS/MSDP）中的单纯形定位法就是基于这一原理。

2. 网格搜索法

网格搜索法是将全球进行网格化，通过搜索网格点的目标函数值（通常是到时残差的均方根值）的最小点来实现地震定位。由于在已知地球模型中计算各震相的地震波走时相对容易，于是该方法是根据地震震相的走时数据，建立网格化的地震波理论走时数据库，然后由计算机快速搜索与实际地震波走时最为接近的一组理论走时，它所对应的空间网格位置即为震源位置。

具体方法，将全球经度从 -180° ~ +180°，纬度从 -90° ~ +90°，分成2°为间隔的网格，沿着网格逐点搜索目标函数的最小值网格点。然后再以0.5°、1°的网格，搜索目标函数值的最小值点。目标函数求解用的原理方程，有双曲线相交法、圆相交法等（见表10.3.1）。

表 10.3.1　全局搜索法（扫描法）目标函数

使用震相	定位方法	
	搜索法目标函数	几何法
P	$\sum_{i=1}^{n}\sum_{j=i+1}^{n}(\Delta T_{Pij}-\Delta t_{Pij})^2$	双曲线相交
S-P	$\sum_{i=1}^{n}(\Delta T_{SPi}-\Delta t_{SPi})^2$	圆相交
S-P，P	$\sum_{i=1}^{n}(\sum_{j=i+1}^{n}(\Delta T_{Pij}-\Delta t_{Pij})^2+W_{SPi}(\Delta T_{SPi}-\Delta t_{SPi})^2)$	双曲线、圆相交
单台方位角 A	$\sum_{i=1}^{n}(A_i-a_i)^2$	直线相交

续表

使用震相	定位方法	
	搜索法目标函数	几何法
S－P，单台方位角 A	$\sum_{i=1}^{n}((\Delta T_{SPi}-\Delta t_{SPi})^2+W_{ai}(A_i-a_i)^2)$	圆和直线相交
S－P，P，单台方位角 A	$\sum_{i=1}^{n}(\sum_{j=i+1}^{n}(\Delta T_{Pij}-\Delta t_{Pij})^2+W_{SPi}(\Delta T_{SPi}-\Delta t_{SPi})^2+W_{ai}(A_i-a_i)^2)$	双曲线、圆和直线相交

表中：ΔT_{pij}是 i 台和 j 台观测的 P 到时差，Δt_{pij}是 i 台和 j 台计算的 P 到时差；ΔT_{spi}是 i 台的观测 S 与 P 到时差，Δt_{spi}是 i 台的计算 S 与 P 到时差；A_i 是 i 台利用 3 分向记录测定的震中方位角，a_i 是 i 台的计算震中方位角。W_{spi}是将 $S-P$ 与其它数据组合时加的权重，W_{ai}是将方位角与其他数据组合时加的权重。

3. 遗传算法

遗传算法是一类模拟生物进化的智能优化算法。与其他优化方法相比，遗传算法的优点是：群体搜索、不需要求目标函数的导数。

遗传算法也是一种非线性全局优化方法，利用遗传算法求解地震定位问题，正好可以同时避免求解数值微分的不稳定性和定位结果对初值的依赖性。1993 年马尔科姆首次提出了基于遗传算法的地震定位方法，马尔科姆提出的算法需要对解空间网格化，这样每个网格都代表一个可能解，可以按一定规则编码为一个定长的位串。马尔科姆的地震定位过程分为以下几步：

第一步，随机地在解空间生成由若干个解组成的解的集合（每一个解为一个个体，解集称为种群）；

第二步，按某种方式从种群中选择适当的一定数量个体作为下一代的父系；

第三步，利用得到的父系通过适当的基因重组方法得到下一代种群；

第四步，对新的种群采取适合形式的基因变异。

再反复第二至第四步，这样就可得到一组地震定位结果。具体应用到地震定位的思路是：首先划分整个参数空间为四维网格，参数（x，y，z，t）可由相应的网格坐标（i_x，i_y，i_z，i_t）通过下述简单的形式来确定：$X=X_{min}+i_X\Delta X$，这里 X_{min} 为 X 参数搜索的下限，ΔX 为 X 参数的网格单位，其余参数类推。因此，一组整数（i_x，i_y，i_z，i_t）就可以表示一个震源位置。首先在搜索范围内随机产生一组个体（种群）（x_i，y_i，z_i，t_i），$i=1$，2…，Q，Q 是个体总数，逐个计算每个模型对应各台观测资料的拟合差：

$$F_{(j)} = \sum_{i=1}^{sta}[Obi_{(j)} - Cal_{(j)}]^2 \quad j = 1,2,\cdots,Q \qquad (10.3.7)$$

$F_{(j)}$是种群中第 j 个个体的拟合差，sta 是观测值总个数，$Obi_{(i)}$是观测到时，$Cal_{(i)}$是计算到时，运用拟合差确定各模型的生存概率，个体生存概率将随拟合差的增大而减小，优胜劣汰。根据个体的生存概率可采用轮盘赌方法，再选择 Q 个个体组成新的种群，交配从种群中随机地选择两两一对的双亲，分别以交配概率随机交换部分基因进行交配，由此产生2个新的后代代替原来的双亲。以一定的变异概率使个体变异为新的个体，这样可以增加种群的多样性，从而避免局部极值。不断重复上述步骤，最终得到满意的震源位置。

数字地震台网定位系统（JOPENS/MSDP）中的自适应演化算法就是一种改进型的遗传算法，它适用于地方震、近震和远震的定位。

三、相对定位法

1. 主事件定位法

主事件定位法是一种相对定位方法，它是以预先选定的一个震源位置较为精确的事件为主事件，计算其周围的一群事件相对于它的位置。主事件定位法要求待定事件与主事件之间的距离远小于事件到台站间的距离以及在波传播的路径上速度不均匀体的线性尺度，从而两个事件至同一台站的走时差，只由两个事件的相对位置以及它们之间小范围内的波速所决定。这样就能够获得比绝对定位方法精度更高的两个事件的相对位置。但是，上述要求也成为对主事件定位法应用于空间跨度大的地震事件群体的一种限制。

主地震定位法的精度主要取决于主地震的精度、台网分布及到时资料的质量。主事件位置的误差将影响震群的绝对位置及相应的走时残差，但不会影响震群中地震间的相对位置。在使用该方法时，有两点需要注意：

①在主事件定位方法中，可以避开直接求解发震时刻的问题，这时发震时刻是在确定震源位置后，根据波的传播速度和传播距离再进行计算的。

②在该方法中，震源深度所对应的本征值通常情况下很小，这意味着由它得到的深度解，其可靠性也很差。这主要是因为直达波走时对地震深度变化的敏感度不高。为解决这个问题，可采用首波到时资料专门确定深度，见后面的PTD方法。

2. 双重残差定位法

2000年，瓦尔德豪瑟和埃尔斯沃斯提出了双重残差定位法（DDA），它是一种相对定位法。

对台站k，引入“事件对”i，j及双重残差

$$\begin{aligned} dr_{ij}^k &= r_i^k - r_j^k = (t_i^k - t_{0i} - T_i^k) - (t_j^k - t_{0j} - T_j^k) \\ &= (t_i^k - t_j^k) - (t_{0i} + T_i^k - t_{0j} - T_j^k) \end{aligned} \tag{10.3.8}$$

dr_{ij}^k的计算可以用绝对到时，也可以用两个事件的到时差。对单个事件定位时，

$$r_i = t_i - t_0^* - T_i(h^*) = \delta t_0 + \frac{\partial T_i}{\partial x_0}\delta x_0 + \frac{\partial T_i}{\partial y_0}\delta y_0 + \frac{\partial T_i}{\partial z_0}\delta z_0 \tag{10.3.9}$$

将式（10.3.9）分别用于事件i，j，并相减，得到

$$\delta t_{0i} + \frac{\partial T_i^k}{\partial x_0}\delta x_{0i} + \frac{\partial T_i^k}{\partial y_0}\delta y_{0i} + \frac{\partial T_i^k}{\partial z_0}\delta z_{0i}$$

$$-\delta t_{0j} - \frac{\partial T_j^k}{\partial x_0}\delta x_{0j} - \frac{\partial T_j^k}{\partial y_0}\delta y_{0j} - \frac{\partial T_j^k}{\partial z_0}\delta z_{0j} = dr_{ij}^k \tag{10.3.10}$$

将式（10.3.10）用于所有台站和事件对，事件对之间的到时差是通过相同台站记录的震相以及波形互相关来求取，并利用加权最小二乘法求取改正量 δt_{0i}、δx_{0i}、δy_{0i}、δz_{0i}，从而修正新事件相对于相关参考事件的位置，继而得到震源新的相对位置，此即为双重残差定位法。

双重残差定位法反演的是一组丛集的地震中的每个地震相对于该丛集的矩心的相对位置，因而不需要主事件，并且即使丛集地震的空间跨度较大也适用。换句话说，双重残差定位法不仅像其他相对定位方法一样能有效地减小由于地壳结构所引起的误差，还能应用在空间跨度比主事件定位法大的地震事件群体，但需要满足丛集中相邻事件对之间的距离远小于事件到台站间的距离以及波传播的路径上速度不均匀体的线性尺度这一条件。

该方法最突出的优点在于利用互相关分析法来读取事件之间的到时差，这在很大程度上提高了到时数据的精确度。若使用多种震相的到时差，定位效果更为显著，此外，算法的抗干扰性、健壮性也较强。不过，双重残差定位法毕竟是一种相对定位方法，应该和绝对定位法结合，以得到更可靠的震源位置。

四、联合定位法

1. 震源位置–速度结构的联合反演（SSH）

震源位置–速度结构的联合反演法是将速度结构作为未知参数与震源同时反演的方法，是目前被广泛使用的一种定位方法。利用该方法在得到震源位置的同时还能得到速度结构。设实际观测走时与理论走时差为

$$t_{ij} = t_{0i} + T_{ij} \tag{10.3.11}$$

其中 $T_{ij} = T(h_i, v)$ 是事件 i 到台站 j 的计算走时，v 是一维速度模型矢量。给定初值 θ^* 与 v^*，将式（10.3.11）在该点作一阶泰勒展开可得到：

$$r_{ij} = t_{ij} - t_{0i}^* - T_{ij}^* = \delta t_{0i} + \frac{\partial T_{ij}}{\partial x_0}\delta x_0 + \frac{\partial T_{ij}}{\partial y_0}\delta y_0 + \frac{\partial T_{ij}}{\partial z_0}\delta z_0 + \sum_{k=1}^{l}\frac{\partial T_{ij}}{\partial v_k}\delta v_k \tag{10.3.12}$$

将式（10.3.12）用于所有事件和台站，即可联合反演出 m 个震源位置和速度模型 v。

在一维速度结构与震源联合反演的理论基础上，安艺敬一等人将地球内部横向非均匀速度结构网格化，于 1977 年提出了三维速度结构与震源联合反演的理论，其后这种方法广泛应用于地震定位之中。

2. 联合震源定位法（JHD）

设有 m 个事件，n 个台站。对每个台站 j，引入台站校正 s_j，以弥补由速度模型简化所引起的误差，则对于事件 i 和台站 j（$i=1, 2, \cdots, m$；$j=1, 2, \cdots, n$），有方程

$$t_{ij} = t_{0i} + T_j(h_i) + s_j \tag{10.3.13}$$

其中 t_{ij}为观测到时，T_j（h_i）为事件 i 到台站 j 的计算走时，h_i =（x_{0i}，y_{0i}，z_{0i}）^{T}。选定初始点 θ^* 和 s_j^*（j=1，…，n），类似地对式（10.3.13）做一阶泰勒展开，可得到时残差

$$r_{ij} = t_{ij} - t_{0i}^* - T_j(h_i^*) - s_j^* = \delta t_{0i} + \frac{\partial T_j}{\partial x_0}\delta x_{0i} + \frac{\partial T_j}{\partial y_0}\delta y_{0i} + \frac{\partial T_j}{\partial z_0}\delta z_{0i} + \delta s_j \tag{10.3.14}$$

设 σ_{ij}^2是到时残差 r_{ij}的方差，则可对上式加权：$w_{ij} = \frac{1}{\sigma_{ij}^2}$。这样，将式（10.3.14）用于所有事件和台站，即可联合反演出 m 个事件的震源位置及 n 个台站校正。

如果将震源深度设置为固定值，则该方法即为联合震中定位法（JED）。

五、其他方法

1．“着未着”法

“着未着”方法的核心思想是根据各台站的实际到时与理论到时的残差加权平方和最小来实现快速地震定位，该方法适用于地震预警。基本原理为，定义 T^{now}为前两台触发后的任意时刻，在 T^{now}时刻未触发的台站满足下式：

$$T^{now} - T_i^{delay} - T_{hi}(\varphi, \lambda, h, t) < 0 \tag{10.3.15}$$

式中 T_{hi}（φ，λ，h，t）表示基于波速结构均匀的假定，由震源信息（φ，λ，h，t）得到的台站理论到时，T_i^{delay} 表示数据传输延迟。如图 10.3.2 所示，在均匀波速情况下，虚线圆为 T^{now}时刻地震波的传播范围，黑色双曲线是根据已触发的前两台 A、B 确定的震中位置所在的双曲线，灰色闭合椭圆是根据未触发台站信息缩小的震中区域。利用 T^{now}时刻实际到时与理论到时的残差平方和最小来进一步确定震源位置。

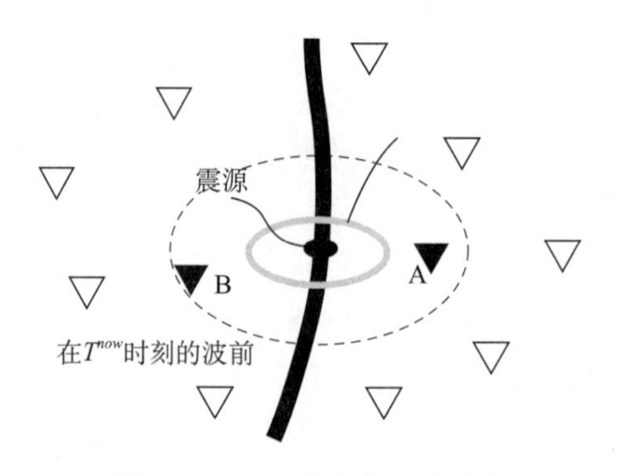

图 10.3.2　“着未着”法示意

在 T^{now}时刻，对已触发台站和未触发台站，分别根据已触发台站：

$$R_{Pj} = T_j^P - T_{hj}(\varphi,\lambda,h,t) \tag{10.3.16}$$

和未触发台站：

$$R_{ni} = \begin{cases} T^{now} - T_i^{deiay} - T_{hi}(\varphi,\lambda,h,t);T_{hi} + T_i^{deiay} - T^{now} < \varepsilon_0 \\ -\varepsilon(\Delta,h);T_{hi} + T_i^{deiay} - T^{now} \geqslant \varepsilon_0 \end{cases} \tag{10.3.17}$$

$$\varepsilon(\Delta,h) = \begin{cases} a|h - h_0| + b\Delta + \varepsilon_0;N_p = 2,3 \\ \varepsilon_0;N_p \geqslant 4 \end{cases} \tag{10.3.18}$$

计算到时残差。ε_0 表示未触发台站在 T^{now} 触发等待时间。N_p 是已触发台站数。当 $N_p \geqslant 4$，(φ，λ，h，t）四个参数为已知，ε（Δ，h）为常数 ε_0。

当首台触发时，则以首台正下方50km为中心点，建立初始间隔为50km的 3×3×3 三维网格，由式

$$\rho^2 = \sum_j W_{pj}R_{pj}^2 + \sum_i W_{ni}R_{ni}^2 \tag{10.3.19}$$

求得残差平方和ρ^2，其中 $W_{pj} = 20W_{ni}$。ρ^2 最小的网格点为此时的最优震源位置解。如果中心点的残差平方和最小，则将间隔缩小为原间隔的1/3，围绕原中心点建立三维网格。如果中心点的残差平方和并非最小，则以此时的最小点为中心，以原间隔建立三维网格重新计算各网格点的残差平方和。根据上述方法迭代筛选最小值直至网格间隔小于1km。在定位过程中，如果出现因触发异常引起残差平方和过大的情况，则通过逐个移除台站来确定误触发台站。

2. 台偶时差法

地震定位的时间域最优化方法都是基于对到时残差的处理，4个震源参数彼此不完全独立，定位结果依赖于速度结构和台网分布。为了克服上述缺点，1957年罗来提出了空间域内的定位方法，即台偶时差近震定位法，该方法用距离残差值代替到时残差，因此方程中只涉及震中位置，震源深度和发震时刻是单独求解的，避免了参数的相互折衷。利用到时相近、位置相邻的两个台站（即台偶）的到时差和表面平均视速度来建立距离残差方程，该方法所得方程的条件数低，易于求解，并且定位结果对速度结构的依赖很少；但对震源深度和发震时刻的确定并没有很好解决。

3. 联合台阵的定位方法

1988年，布拉特等提出了联合震相到时、方位角和慢度来进行线性化反演的地震定位方法。其原理为，设有 t_p、t_s、d_{zai}、和 S_p 等 N 组观测数据，其中 t_p、t_s 分别为 P、S 波的到时，d_{zai}为计算出的单个台站或地震台阵对每一次地震的方位角，S_p 为 P 波的慢度。将震源参数即发震时刻、震中经纬度、震源深度记为 $y =$（y_1，y_2，y_3，y_4）^{T}。假定其初解为 y_0，则有 $r = A\Delta y$。其中 r 表示模型参数的残差，A 表示 $N \times 4$ 矩阵，即正演函数 y 对模型参数的偏导数。对于远震或台站分布稀疏的地区而言，该方法有助于定位精度的提高。数字地震台

网定位系统（JOPENS/MSDP）中的 Locsat、hyposat 定位程序利用了这个方法的原理。

4. 偏振面法

地震信号的偏振性主要是用来描述地震波质点运动轨迹的形状（即线性或平面性程度）。质点运动轨迹的两个主要特征是形状和方向。地震波中的 P 波和 S 波是线性偏振的，面波在垂直于波传播方向的水平面上是线性偏振的（横向偏振，T 方向，例如勒夫波），或在波传播方向（R）的垂直平面上是椭圆偏振。P 波质点运动主要是平行于地震射线的往返运动，而 S 波质点则是垂直于射线方向的振动。相应地，一个 P 波的运动可以分解成两个主要成分，一个垂直分量（*Z*），一个水平分量（*R*）。这同样适用于瑞利波，但在 Z 和 R 分量之间的运动具有 90°的相移。另一方面，S 波在水平面上内（SH，即纯 T 分量，像勒夫波一样）会表现出纯粹的横向运动，在垂直于传播面上（SV）的运动则可能会与射线方向垂直，或者是在任意其他 SH 与 SV 组合面上的运动。在后一种情况中，S 波的质点运动具有 Z、R 和 T 分量，而一个 SV 波可以再次分解为 *Z* 和 *R* 分量。

地震计的水平分向一般被定向为地理东（E）和地理北（N）方向。于是，当获得三分向的记录波形时，根据地震波的极化特征就可以再现地震波在空间的质点运动，并由此判定地震波的来源方向，从而判断出地震的方位。这在如今的地震分析软件中很容易实现，见图 10. 3. 3。甚至还可以进一步将 R 分量旋转到地震射线入射方向（纵波 L 方向）。Z 分量被旋转到 SV 分量的 Q 方向，T 分量保持不变。这样，以射线为取向的坐标系统就建立起来了，可分别在 3 个不同分量 L、T 和 Q 中画出 P、SH 和 SV 波。

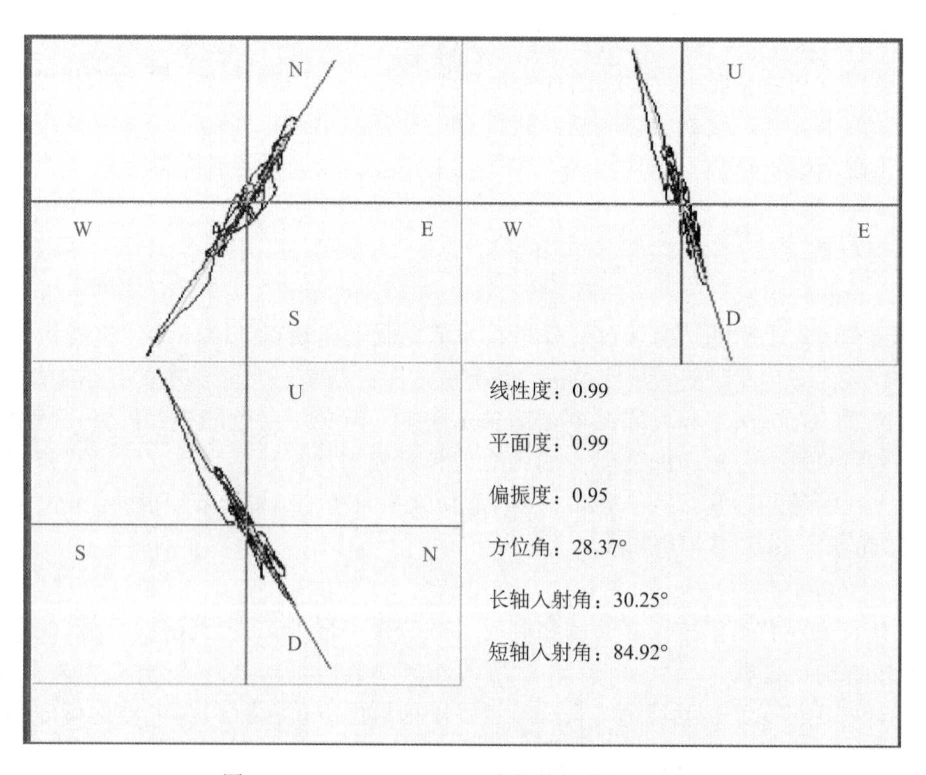

图 10. 3. 3　JOPENS-MSDP 中的偏振分析示意图

5. 地震波到时与视出射角联合定位方法

利用地震波到时和 P 波初动视出射角来联合定位的方法，在联合定位计算过程中，根据对离群点的加权方式不同及量纲不同，以走时残差的 L2 范数与真出射角残差的 L1 范数相乘来建立目标函数，其表达式为：

$$E = \| t_i^0 - t_i^T \|_2 \cdot \| e_i^0 - e_i^T \| \tag{10.3.22}$$

上式可写成

$$E = \sqrt{\sum_i^N (t_i^0 - t_i^T)^2} \cdot \sum_j^M | e_j^0 - e_j^T | \tag{10.3.23}$$

式中，i 是台站序号，N 是台站总数，t_i^0 是第 i 个台站的走时，t_i^T 是理论走时，j 是具有视出射角的台站序号，M 是具有视出射角参数的台站总数，e_j^0 是第 j 台站的观测视出射角，e_j^T 是第 j 个台站的理论视出射角。在地震定位的迭代计算过程中，使其目标函数值最小或达到预期的值时，即可终止迭代。

6. sPn-Pn 时差法

利用深度震相可以有效地提高震源深度的测定精度。对于地壳结构相对简单的区域，近震深度震相 sPg、sPmP 和 sPn，以及它们的参考震相 Pg、PmP 和 Pn 在近震记录上通常可以清楚地观测到，利用它们之间的到时差，可以相对精确地确定震源深度，sPn－Pn 方法就是其中的一种。

sPn 是指由震源发出的 S 波，经地表反射转换成的 P 波，传播路径如图 10.3.4 所示。由于 S－P 转换系数大，以及地震波的辐射因子对 S 波较为敏感，在震中距约为 3.0°时，sPn 震相特征明显、振幅较大。

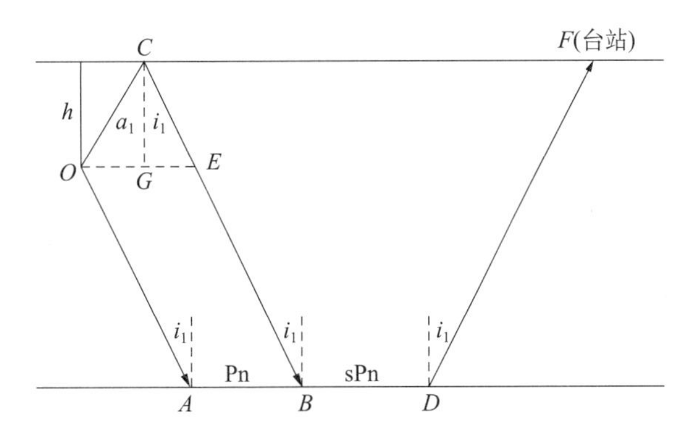

图 10.3.4 单层地壳模型下 sPn 传播路径

在一维地壳模型情况下，sPn 和 Pn 之间的到时差与震源深度 h 的关系可简化为下式：

$$\Delta t = K \cdot h \tag{10.3.24}$$

式中，$K=\frac{\sqrt{V_{P2}^2-V_{S1}^2}}{V_{P2}V_{S1}}+\frac{\sqrt{V_{P2}^2-V_{P1}^2}}{V_{P2}V_{P1}}$

V_{P1}为地壳 P 波速度，V_{P2}为上地幔在莫霍面附近的 P 波速度，V_{S1}为地壳 S 波速度。可以看出 sPn 和 Pn 之间的到时差与地壳厚度和震中距无关，与震源深度成正比，因此可以用来确定震源深度。

但近源地表反射波（sPn、sP、pP 等震相）容易受到尾波和背景噪声影响，准确识别的难度较高。在实际计算过程中，可以将采用所有台的记录波形按 P 波初至到时对齐后，从波形的起始时间开始两两组对，并且以一定长度的时间窗滑动求取它们的互相关系数，然后将所有互相关系数进行叠加来识别 sPn 震相。

该方法利用了同一台站深度震相 sPn 和初至震相 Pn 之间到时差为常数以及地震台网台站多的优点。

7. PTD 法

PTD 法是在震中位置已知的情况下，利用不同震中距上的初至震相，即将初至 Pn 波到时减去直达 Pg 波到时来确定地震震源深度的方法。其特点是利用了地震台网台站较多、初至震相读数精度高、直达波和首波射线路径差异大、莫霍界面速度较稳定和易求等优点。假定一个均匀的两层模型，见图 10. 3. 5。

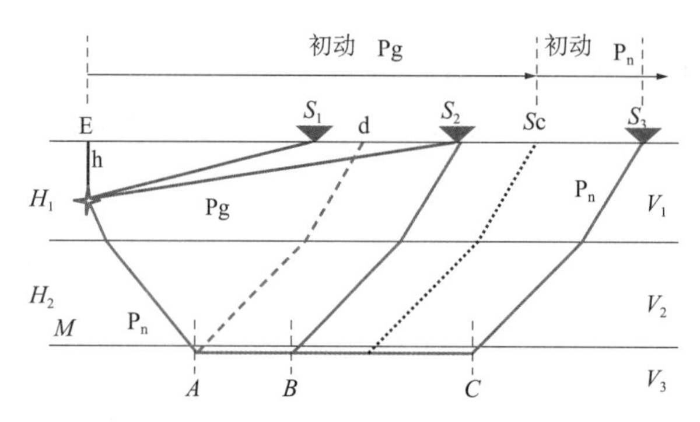

图 10. 3. 5　PTD 方法的地震波传播示意图

图中 E 为震中位置，h 为震源深度，S_1、S_2、S_3 表示台站，V_1、V_2、V_3 表示各层的速度，d 点为理论上 Pn 波的临界出射点。若某地震的记录图存在 Pg 和 Pn，分别为 S_2 和 S_3 台站的初至，将 S_3 台站记录到的初至 Pn 到时减去 Pn 波在莫霍界面滑行 BC 所需的走时，这样就得到了由 S_3 台转换到 S_2 台的 Pn 到时。但是如果将 S_1 台与 S_3 台配对，由于 S_1 台在 Pn 波的盲区内，要将 S_3 台的 Pn 到时减去 AC 段的滑行时间，得到在 d 点的 Pn 波转换到时，与 S_1 台的 Pg 波构成到时对。根据这些到时对通过查转换到时差表可求得震源深度。

第四节　地震定位误差

无论是几何法定位还是计算法定位，误差是不可避免的，因此，在给出定位结果的同时，应该对这一定位给出误差评价。由于各种定位方法基于的算法不同，因此，对误差的描述方式也不尽相同。一些定位方法给出的误差包括水平误差、垂直误差、走时残差等，而另外一些则只给出走时残差。但不管怎样，在进行定位时，都应注意削除系统误差，给出随机误差，这样，定位结果才有实际的意义。

一、定位误差的影响因素

引起地震定位误差的因素有很多，主要因素有震源参数之间的互不独立、速度模型误差、台站分布和震相读取误差等。

1. 震源参数互不独立

地震定位时，震源深度和发震时刻存在折衷。当震中距远大于地震的震源深度时，由于走时数据对深度的变化不敏感，使得震源深度得不到有效的约束。不同震源深度引起的地震波到时变化可以在一定范围内通过改变发震时刻进行弥补，因此难以同时给出准确的震源深度和发震时刻。尤其对浅源地震而言，当地方或区域地震台站记录很少时，震源深度的误差往往越大。如果在定位之前先确定发震时刻，使地震定位中的 4 个未知参数缩减为 3 个，可以避免数值求解中发震时刻和震源深度之间的折衷。

2. 速度模型误差

速度模型误差是由于定位时使用的模型与观测区的实际速度结构不一致造成的。速度模型误差会引起地震波射线的理论路径与实际路径存在差异。在远震和区域性地震定位中，速度模型的不准确可能导致地震波走时计算误差大于 1s，从而使定位精度大大降低。

采用尽可能接近于真实地球构造的模型可以降低地震定位误差。对于一个较大的地区，或者观测区速度结构横向变化较大时（如龙门山断裂带、太行山断裂带），采用分区更加精细的速度模型或者三维速度模型可以提高地震定位的精度。

3. 到时类误差

到时类误差主要包括震相拾取误差、震相读取错误和时间服务故障。震相读取错误是指震相误读，如将 Pg 震相误认为 Pn 震相，将 Sn 震相误认为 Sg 等。在临界震中距时，尤其是横向速度结构变化较大时，Pg 和 Pn，Sg 和 Sn 有可能交替出现，很容易引起震相误读。时间服务故障主要是由于时间服务不精确、不统一和 GPS 故障引起的误差。

随着数字化地震监测技术的发展，此类误差正在逐渐改善。例如，在震相到时读取方面，可以对所使用的震相数据进行检验，如采用和达曲线、走时曲线来对 Pg、Pn、Sg、Sn、远震震相等进行检验；使用波形互相关方法，将到时的拾取精度提高到亚采样间隔，即毫秒级。

4. 台网布局引起的误差

合理的地震台网布局是保证地震定位精度的基础。在实际地震观测中，地震台网不可能按照理论计算分析所预期的那样进行布设。考虑到交通、通讯、安全等因素，现在的地震台站分布还很不均匀。比如，我国东部地震台站分布较为密集，但在青藏高原周边地区分布很稀疏。且地震台站基本都分布在地球表面，地球深部台站很少，这样的台网布局必然会对定位结果产生影响，尤其是对震源深度的约束较差。

另外，可根据实际情况对固定台网进行加密，或在一些区域，将现有固定地震台网与企业台站和流动地震台阵观测资料联合应用，这对提高地震定位精度会有很大帮助。

二、定位误差评估

地震定位除了给出震源位置外，还应给出定位结果的误差估计。定位误差对于正确判断地震的时空分布特征、分析地震活动与断层关系等都有重要意义。对定位误差的分析，有助于发现测量中存在的问题，从而改进测量方法和改进观测条件。

对于以盖革法为基础的线性迭代定位算法，如 Hypo2000、HypoSAT 和 Locsat 都能产生基于协方差矩阵的定位结果误差估计。然而，在采用遗传算法、单纯形法、网格搜索法等搜索类地震定位程序中，只给出走时残差的均方根值。此时只能以走时残差和对地震台网的简单描述（如台站个数、最小震中距和台站空隙角）来综合评价定位结果的误差等级，而不能明确给出震源位置的水平和垂直误差。

除了线性化的误差估计方法，还可使用统计学上的自助和刀切等方法。基于统计学的误差估计方法需要在计算机上作大量的计算，随着计算机计算速度的发展，它已成为一种流行的方法。自 20 世纪 90 年代起，该方法已用于地震定位的误差估计。

第五节　构建走时表

走时表选取的地壳结构模型是否与本地区相一致，直接影响基本参数的测定结果。走时表是在地球结构模型的基础上建立的。目前，利用地震波研究地球内部结构仍然是最有效的手段。本节将主要介绍走时表编制的思路和利用地震观测数据进行地壳结构反演的基本方法。

一、地震走时表

走时表是测震分析的常用工具之一。走时表的实质是地震波传播路程与传播时间的对应关系。走时表一般可分为区域（近震）走时表和全球走时表。区域走时表是在某种地壳及上地幔结构模型基础上建立的，它仅适用于其地质结构与建表模型一致性好的地区。全球走时表是建立在全球性地球结构模型上的，适用于分析全球性地震波（即远震）。最经典的要属 J－B 表（各种震相减 P 表），它是建立在杰佛瑞斯—布伦模型上的。随着地震监测科技水平的发展，获取的地震数据更加有效和丰富，随后出现了 IASP91、AK135 等地球结构模型。利用这些模型也可建立全球走时表。通常的走时表是在某一震源深度情况下，由震中距、主要地震波走时、各种波与 P 波的走时差等项目构成，表 10. 5. 1 是震源深度 223km 时 J－B 表的部分内容。

表 10. 5. 1　J－B 表部分内容

DELTA	$TPKP_1$		$PP-PKP_1$		$PP-PKP_2$		PKP_2-PKP_1		$pPKP-PKP_1$		$sPKP-PKP_1$	
deg	m	s	m	s	m	s	m	s	m	s	m	s
142. 0	19	5. 1	3	11. 7	3	14. 9		－3. 2		56. 8	1	20. 9
142. 2	19	5. 4	3	12. 5	3	15. 4		－2. 9		56. 8	1	20. 9
142. 4	19	5. 8	3	13. 4	3	15. 9		－2. 6		56. 8	1	20. 9
142. 6	19	6. 1	3	14. 2	3	16. 5		－2. 2		56. 8	1	20. 9
142. 8	19	6. 5	3	15. 1	3	17. 0		－1. 9		56. 8	1	20. 9

续表

DELTA	TPKP$_1$		PP－PKP$_1$		PP－PKP$_2$		PKP$_2$－PKP$_1$		pPKP－PKP$_1$		sPKP－PKP$_1$	
143.0	19	6.8	3	15.9	3	17.5		－1.6		56.9	1	20.9
143.2	19	7.2	3	16.7	3	18.0		－1.3		56.9	1	20.9
143.4	19	7.5	3	17.5	3	18.5		－0.9		56.9	1	20.9
143.6	19	7.9	3	18.4	3	18.9		－0.6		56.9	1	20.8
143.8	19	8.2	3	19.2	3	19.4		－0.2		56.9	1	20.8
144.0	19	8.6	3	20.0	3	19.9		0.1		56.9	1	20.8
144.2	19	8.9	3	20.8	3	20.3		0.5		57.0	1	20.8
144.4	19	9.3	3	21.7	3	20.8		0.9		57.0	1	20.8
144.6	19	9.6	3	22.5	3	21.2		1.3		57.0	1	20.9
144.8	19	10.0	3	23.4	3	21.7		1.7		57.0	1	20.9
145.0	19	10.3	3	24.2	3	22.1		2.1		57.0	1	20.9
145.2	19	10.6	3	25.0	3	22.5		2.5		57.0	1	20.9
145.4	19	11.0	3	25.9	3	22.9		2.9		57.1	1	20.9
145.6	19	11.3	3	26.7	3	23.4		3.4		57.1	1	20.9
145.8	19	11.7	3	27.6	3	23.8		3.8		57.1	1	20.9

区域走时表主要给出震中距与各种近震波的走时、各种近震波与初至波（Pg、Pn、Pb）之间的走时差等相对应的数据。近震波的传播路径主要在地壳及上地幔顶层，由于地壳的横向不均匀性，造成了地震波在不同地区走时规律的变化，例如在河北地区平均地壳厚度约为36km，Pn 波的速度约为 8.0km/s，Pg 波的速度约为 6.0km/s，而青藏高原的地壳厚度约为70km，Pn 波的速度约为 8.4km/s，Pg 波的速度约为 6.8km/s。分别在两种地壳结构中传播的 Pg 波，在震中距为 150km 的台站记录，其走时就有几秒钟的差值；同样，相同的 $T_{Sg}-T_{Pg}$，对应的震中距也可能差到数千米，甚至数十千米。显然，定出来的震中位置或者震源位置就会有相当的误差。为解决由于地壳不均匀性带来的定位误差，必须编制本地区的近震走时表。下面以单层地壳结构 Pn 波为例，介绍 Pn 波走时表的编制方法。

单层地壳结构 Pn 波走时方程：

$$t_{pn} = \frac{\Delta}{v_{p2}} + (2H - h) \cdot \frac{\cos i_0}{v_{p1}} \tag{10.5.1}$$

其中：

$$i_o = \arcsin \frac{v_{p1}}{v_{p2}} \tag{10.5.2}$$

式中 v_{p2} 是上地幔顶层的 P 波速度，v_{p1} 是地壳中 P 波的平均速度，H 是地壳厚度，h 是震源深度，Δ 是震中距，t_{pn} 是 Pn 波的走时。编制 Pn 波走时表就是计算出每个震中距（Δ）值所对应的 t_{pn} 值。在已知地壳速度结构的情况下（即已知地壳厚度及波速），每给定一个 h 值，利用公式（10.5.1），就能计算一个 t_{pn} 的走时表。由此看来，计算走时表的关键是地壳速度结构的确定。对于地震多发地区（地震资料丰富）确定地壳速度结构最好的方法是利用已知地震资料进行反演，求取地壳厚度、地壳平均波速及上地幔顶层的波速等。需要特别说明的是，Pn 波的走时表计算时，起始震中距点应该考虑到“盲区”的范围。

依此类推，可以计算出各种近震地震波的走时，包括单层地壳结构、双层地壳结构以及多层地壳结构的走时方程。当然，利用连续介质走时方程，也可以计算走时，事实上编制全球走时表就需要用连续介质的走时方程，三维走时表也要考虑介质的连续性。

值得一提的是，一维走时表的编制前提是假设层内介质是均匀的，当编制一维近震走时表时，对于速度模型的选取是同一的，即不论是直达波、反射波还是首波，只要射线在同一层内传播就用该层的平均速度。例如，计算单层地壳结构的 Pg 波和 PmP 波的走时，所用的就是地壳内的平均纵波速度。显然，这中间是有误差的，简单地讲，利用直达波资料、反射波资料和首波资料反演地壳结构时，得出来的地壳速度值可能不相等，这除去地壳本身的不均匀性外，还与波的传播路径有很大关系，因此，如果反演地壳结构时能够考虑地壳的不均匀性，得出地壳的三维速度模型，并用此模型进行走时表的编制，预期能够提高走时的准确性，从而提高定位的精度。

二、走时表的建立

通过对地震波走时方程的讨论可知，各种地震波遵循各自的传播规律，若将各种波的走时与震中距的对应关系制成数表，便是走时表。

区域走时表是在区域地球结构模型的基础上建立的。在建立某地区的走时表时，首先要求解出该地区的地球结构模型，主要是地壳、上地幔结构，并将结构模型数据（各层的层厚及相应的波速）代入各个波的走时方程。

对于一维的走时表，可以通过设定一个固定震源深度，由走时方程即可求出震中距对应的各个波的走时值。用此种方法可得到各个深度上的走时表。表 10.5.2 是走时表的基本内容。

表 10.5.2　走时表的基本格式

$T_{\bar{s}}-T_{\bar{P}}$/s	Δ/km	$T_{\bar{P}}$/s	$T_{\bar{S}}$/s	$T_{S_n}-T_{P_n}$/s	T_{P_n}/s	T_{S_n}/s

在建立走时表的实际过程中，需要有足够多的本地区地震数据，在求取结构模型时，按震源深度将数据分成组，可以减少由于震源深度不同带来的误差；或者通过层析成像反演方法，来构建更加符合本地区实际情况的的水平分层结构模型。随着地壳结构反演精度的不断提高，获得更为精细的地壳分层模型越来越现实，例如 crust1.0 全球地壳模型的分区精细度达到了 1°×1°，对于每个 1°×1°的单元都给出了每层的 V_P、V_S、ρ（介质密度），同时还给出了莫霍面之下地幔的参数，模型共分为 8 层。

目前还能通过构建三维结构模型来建立区域地震波走时表，三维结构模型的特点是可以反映出不同地区莫霍面深度、沉积层厚度以及横向的速度变化。基本方法是收集台站附近区域有关速度模型的研究成果，结合区域震相 Pn、Pg、Sn、Sg 等地震波在区域内不同方向不同深度的速度信息，或通过反演的方法来获得 Pn、Sn、Pg、Sg 等波在传播空间中的速度信息，来构建三维区域结构模型。将所构造的三维区域模型划分为若干个节点，在每个节点上用径向速度剖面表示地壳和上地幔的速度结构，如图 10.5.1 所示。通过插值周围节点的模型参数：层厚度、速度、地幔梯度，产生一个三维地壳和反映上地幔横向不均匀性的连续模型。然后结合相应的走时方程计算出一个记录台站到台站周边预定义格点的走时，进而得出每个台站—震相走时的二维表。

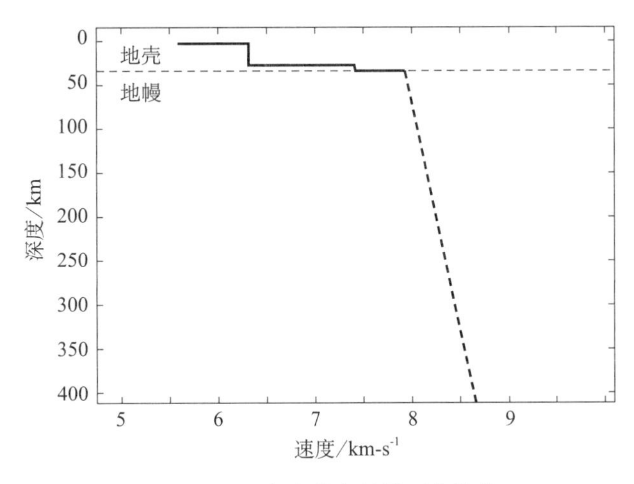

图 10.5.1　每个节点的模型参数化

对于远震而言，例如当震中距大于 20°时，地壳、上地幔的复杂变化对走时的影响已较小，这时一般使用全球性的平均远震走时表。目前根据各个地球结构模型已经建立多个全球走时表，如 J－B、IASP91 以及 AK135 等全球平均走时表。其中 20 世纪 30 年代末由两位杰出的地震学家杰弗里斯（Jef freys）和布伦（Bullen）编制的 J－B 走时一直沿用至今，在此仅以浅源远震 P 波为例，简述一下编制 J－B 表的一般原则和方法。

选择分布均匀、记录可靠的浅源地震，精确测量 P、S 波到时，并初定各次地震的震中位置和震源深度，根据地球的扁率，将地理纬度换算成地心纬度。各台站的 P 波走时由其到时减初定发震时刻得到。然后做震源深度校正，得出表面源的各台站观测值编成初定走时表，或称起算走时表。

随后采用迭代法修订每个地震的参数和起算走时表，再以修订过的地震参数和走时表为起点，重复上述过程，得出第二次校正值，反复进行下去，直到满意为止。如此可同时得到精确的走时表（$h=0$）和地震参数。最后根据所得走时表求出射线参数 p，反演得到地球内部的波速分布函数，再以“脱壳”方法用射线的走时参数方程算出各类震源深度的 P 波走时表。

三、速度结构反演

由上面的讨论可知，编制走时表的关键是要有地壳（球）结构模型，如何利用地震资料进行地球结构的反演，是地震学一直探索的问题之一，近年来也发表许多方法，下面将简要介绍几种常用的反演方法。

1. 一维地球速度结构

所谓反演就是根据观测到的地震数据，依据地震波的走时方程和射线方程，求解地球结构，即求出地球的分层及各层的速度，或者深度（厚度）与速度的函数关系。

（1）古登堡方法：

该方法的核心是利用已有的地震资料反演震源深度处的速度值，显然这需要被反演的地区有足够多的地震发生，并且有足够多的台站记录。

具体作法：

第一步：选取某一个地震，利用台网所记录到的地震信息，绘制出 $t-\Delta$ 曲线（走时与震中距的曲线），t 是 P 波或者 S 波的走时，也可以直接用到时，Δ 是震中距。

第二步：求 $t-\Delta$ 曲线的极值 $\left(\frac{\mathrm{d}\Delta}{\mathrm{d}t}\right)_{\min}$

第三步：将极值代入下式中，计算出该震源深度处的波速。式中 R 是地球的半径，h 是震源深度，v 是波速。

$$v=(R-h)\left(\frac{\mathrm{d}\Delta}{\mathrm{d}t}\right)_{\min} \tag{10.5.3}$$

该方法简单，但是每条地震的走时曲线只能求取该地震震源深度处的速度。

（2）赫格洛兹-维歇特方法：

在球对称形地球结构模型下，由震源发出的地震波射线族传播到地表的各个观测点，根据射线定律，每条射线最低点处的射线参数为：

$$p_i=\frac{r_i}{v_{ri}} \tag{10.5.4}$$

以式（1.4.23）结合球对称地球结构模型的走时方程（见第一章式（1.4.17）和式（1.4.18）），可以得到：

$$\int_{\Delta(\xi_1)}^{\Delta(\xi_0)} ch^{-1}\left(\frac{p}{\xi_1}\right)\mathrm{d}\Delta=-\pi ln\left(\frac{R}{r_1}\right) \tag{10.5.5}$$

式中 $\xi=r/v(r)$，R 是地球的半径，r_1 地球的向径。当震源在地表时有 $\Delta(\xi)=0$，令 $\Delta(\xi)=\Delta_1$，即有：

$$\ln\left(\frac{R}{r_1}\right)=\frac{1}{\pi}\int_0^{\Delta_1} ch^{-1}\left(\frac{p}{\xi}\right)\mathrm{d}\Delta \tag{10.5.6}$$

该式称为赫格洛兹-维歇特公式，以该公式为依据进行的反演称为赫格洛兹—维歇特反演。

以震中距不同的台站记录，建立同一震源的走时曲线，根据本多夫定律，对走时曲线求导可得到 $dt/d\Delta$—Δ 曲线，任意在曲线对应震中距范围内取一个震中距值 Δ_1，可计算：

$$\xi_1 = \frac{r_1}{v(r_1)} = p = \frac{\mathrm{d}t}{\mathrm{d}\Delta}\bigg|_{\Delta=\Delta_1} \tag{10.5.7}$$

从而有：

$$v(r_1) = r_1 / \frac{\mathrm{d}t}{\mathrm{d}\Delta}\bigg|_{\Delta=\Delta_1} \tag{10.5.8}$$

这就是由震源传播到震中距为 Δ_1 的台站的射线最低点 $r1$ 处的速度值。由此可以类推，可以求出由震源发出到达任意观测点（震中距 Δ_i）的射线的最低点处的速度为：

$$p(\Delta_i) = \frac{\mathrm{d}t_i}{\mathrm{d}\Delta_i} \tag{10.5.9}$$

$$v(r_i) = r_i / \frac{\mathrm{d}t}{\mathrm{d}\Delta}\bigg|_{\Delta=\Delta_i} \tag{10.5.10}$$

v（r_i）是地震射线在地球内部的最低点处的速度，该点的向径为 r_i。利用 P、S 波的走时曲线可分别求出 P、S 波的速度。这样通过同源地震可构建速度随深度的变化模型。值得提示的是，由于这一方法是对走时曲线求导数，因此，曲线不能有间断，所以对于穿过低速层的射线，该方法不适用。

（3）$\tau(p)$ 法反演速度结构：

根据球对称介质的走时方程（式 1.4.17、1.4.18），当震源是表面源时，走时差 $\tau(p)$ 为：

$$\tau(p) = t(p) - p\Delta(p) = 2\int_0^{r(p)} \sqrt{\gamma^2 - p^2}\,\mathrm{d}r \tag{10.5.11}$$

式中 γ 是地震波的慢度。以简单地层速度模型为例，讨论 N 个均匀层模型，每层的波慢度为 γ_i，$i=1$，2，…，n，穿透各个速度层的地震射线的参数为 p_j，$j=1$，2，…，m，此时，式（1.4.19）可写成：

$$\tau_i(p) = 2\sum_{i=1}^{N} h_i(\gamma_i^2 - p_i^2)^{1/2} \quad \lambda_i > p_i \tag{10.5.12}$$

式中的 hi 为第 i 层的厚度，由线性方程知识：

$$I = Gh \tag{10.5.13}$$

其中 I、G、h 分别对应由 $\tau_i(p)$、$2\ (\gamma_i^2 - p_i^2)^{1/2}$、$hi$ 构成的矩阵。设地层速度随着深度增加逐渐增加，求取一维速度结构的基本方法为：

①由地震观测资料求出取时曲线 $t-\Delta$；

②在 $t-\Delta$ 曲线上求出 $p-\Delta$ 曲线（$p=\frac{dt}{d\Delta}$）；

③根据需求在 Δ 轴上选 N 个不同震中距的点 Δ_i 且 $\Delta_i<\Delta_{i+1}$，则由 $p-\Delta$ 曲线可以测量出：

$$p_i = p(\Delta), \tau(p_i) = t(\Delta_i) - p_i\Delta_i \tag{10.5.14}$$

④根据走时曲线求取慢度：

$$\gamma_{i+1} = p_i \quad (i = 1, 2, \cdots, n-1) \tag{10.5.15}$$

⑤将式（10.5.14）和式（10.5.15）代入到式（10.5.13）中，可求出各层的厚度及埋深。从而完成本地区的速度随深度变化曲线。

2. 三维地球速度结构反演

近年来随着数字地震观测技术的发展，在三维地球结构模型反演方面取得了相当的进展。目前，常用的主要方法有体波层析成像、面波层析成像、接收函数方法以及噪声层析成像方法。在此对这几种反演方法进行简要的介绍，详细内容建议读者阅读专门著作。

（1）体波层析成像。

体波走时地震层析成像是当前最常用的地震层析成像方法之一。其基本思路是根据穿过模型中每个位置的地震射线的路径和走时，反演出模型的波速（图 10.5.2）。从某一震源传播到一台站的地震震相，其走时 T 及相应地震射线的路径 s 存在下列关系：

$$T = \int_s \frac{ds}{c(s)} = \int_s u(s)\,ds \tag{10.5.16}$$

式中 c（s）为传播路径上介质的速度，u（s）为相应的慢度。

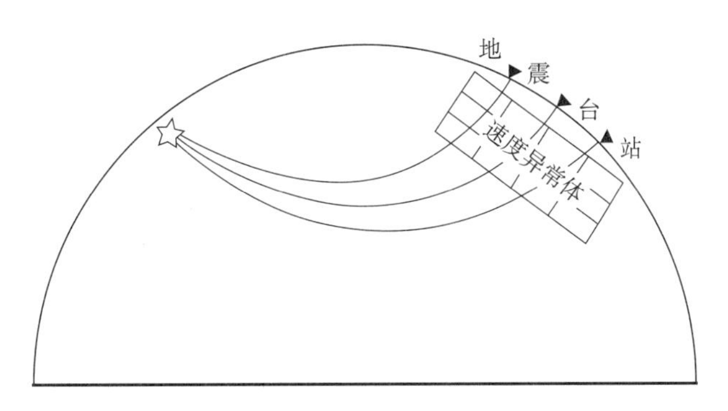

图 10.5.2　体波走时层析成像原理示意图

如图 10.5.3 所示，将传播介质速度模型参数化，各单元的波速就是待求的模型参数，则（10.5.16）可写成如下离散求和的形式。

$$T_n = T_{ij} = \int_s u(s)\,\mathrm{d}s = \sum_{k=1}^{k} u_k \cdot \Delta s_{nk} \tag{10.5.17}$$

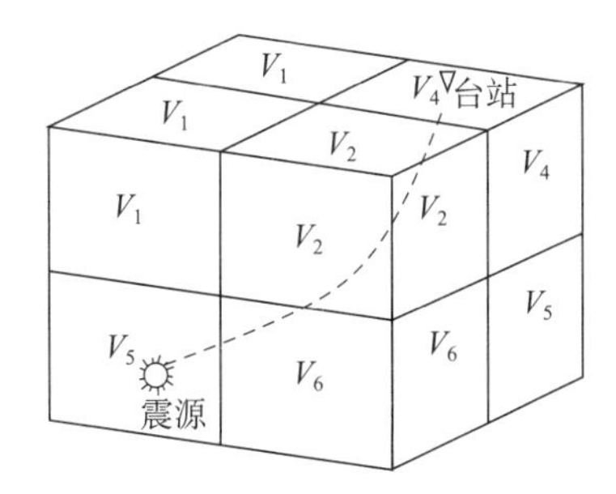

图 10.5.3　传播介质速度模型的离散化

式中下标 i 是地震源编号，j 是地震台编号，k 是研究区介质单元编号（研究区介质共离散为 K 个单元），n 是射线编号，T_{ij}是由震源 i 到地震台 j 的射线走时（射线编号为 n）；u_k 为介质单元 k 的地震波慢度；Δs_{nk}为射线 n 在介质单元 k 中的长度。

纵波走时反演的主要步骤：

①估计所要反演的介质各单元的慢度初始值 m^{ref}，每条射线对应一个初始值；

$$m^{ref} = \begin{bmatrix} u_1 \\ M \\ u_k \end{bmatrix}$$

②将初始值代入式（10.5.17）中，计算出每条射线传播到观测点的理论走时值。

③求各个观测点实际观测到的震相走时值（实测走时值）与该射线的理论走时值时之间的差值，如果差值小到满足收敛要求，则将此时的理论慢度值作为所求的值。

④如果不满足收敛要求，则对理论慢度值进行修正，利用修正后的慢度值代入式10.5.17中，重复上述过程，直到满足收敛要求为止。

（2）面波层析成像。

地震面波是沿两种介质的分界面（或层）传播的波。面波资料携带着丰富的、关于其路径所经过的介质信息。面波的一个重要特性是传播速度随周期变化，即存在频散。不同周期的面波，其穿透地下的深度不同。周期越大，穿透深度也越大。因此，可利用面波的频散特征，反演地球内部速度随深度的变化。

面波层析成像是研究大范围三维S波速度结构的常用方法。面波层析成像通常采用两步法：首先将反演区域按网格划分，反演得到各周期群速度的二维分布，从而得到每个网格节点的纯路径频散曲线。然后利用线性或非线性方法反演每个网格的纯路径频散，得到每个网格下方的S波速度的垂向分布。

传统的面波层析成像方法，一般假定面波绕地球沿大圆路径传播。根据费马原理，在几何光学近似和一阶扰动理论下，该假定对于弱横向不均匀介质是正确的。在大圆弧层析成像技术中，把研究区域的每个区块当作是横向均匀的，每个区块具有区域“纯路径”速度。沿着一条路径观测到的慢度，作为沿该大圆路径区块慢度的总和，而这些区块的慢度已由相应“纯路径”的相对长度加权了。这是一个用区域相速度的“相位积分近似”的大圆路径有限长度的表达式。

在弱横向不均匀的情况下，大量可测的扰动相对于横向均匀介质的情况可用线性关系式的适当精度来表示，该关系式是由速度扰动幂级数中的一阶项给出。沿着射线L的两点A_1、A_2之间的相位变化为：

$$\delta\varphi = \bar{\omega}\int_{L(A_1,A_2)} \frac{\mathrm{d}s}{C(s)} \tag{10.5.18}$$

其中$C(s)$是相速度。利用费马原理，忽略掉由于远离大圆的路径畸变的变化，相位扰动与沿大圆积分的速度扰动有关：

$$\delta\varphi = -\bar{\omega}\int_{L(A_1,A_2)} \frac{\delta C\mathrm{d}s}{C^2(s)} \approx -\bar{\omega}C_0^{-2}\int_{L(A_1,A_2)} \delta C\mathrm{d}s \tag{10.5.19}$$

式中C_0是平均的大圆相速度，该式就是传统面波层析成像的基础。

（3）接收函数法。

接收函数方法主要包括接收函数的提取、接收函数的波形反演和接收函数的偏移成像三大部分。接收函数的提取实质是一个反褶积的过程，得到记录台底下介质的接收函数；接收函数的波形反演采用理论图与观测图均方误差最小原则，用依据理论介质模型得到的理论接收函数拟合观测得到的接收函数，反演得到台站下方的地震波速度结构；接收函数的偏移成像是依据参考模型，通过偏移的方法将地表接收到的时域转换波波长还原至空间域，从而得到地下间断面的深度及几何形状。接收函数分P波接收函数和S波接收函数两种，在此只介绍P波接收函数。

①接收函数的提取：在时间域里，三分量远震 P 波波形数据 $u\ (t)$ 可表示为仪器脉冲响应 $i\ (t)$、有效震源时间函数 $s\ (t)$ 及介质结构脉冲响应 $e\ (t)$ 的褶积，即

$$\begin{aligned} u_Z(t) &= i(t) * s(t) * e_z(t) \\ u_R(t) &= i(t) * s(t) * e_R(t) \end{aligned} \tag{10.5.20}$$

下标 Z 和 R 分别表示垂直和径向分量。在频率域，上式的相应表达式是：

$$\begin{aligned} U_Z(\omega) &= I(\omega)S(\omega)E_Z(\omega) \\ U_R(\omega) &= I(\omega)S(\omega)E_R(\omega) \end{aligned} \tag{10.5.21}$$

式中 ω 是角频率。于是，将地震波径向分量与垂直分量在频率域的比 $E_R\ (\omega)$，反变换到时间域后的 $e_R\ (t)$ 就是 P 波的接收函数。

②接收函数法反演地球结构的原理：接收函数法反演地球结构的原理，就是根据 P 波入射到速度间断面时部分能量将转换成 S 波，利用转换震相波的出现判断存在速度间断面，利用转换震相与没发生转换的波的到时差估计间断面的可能深度。用提取的接收函数与理论接收函数的拟合方法可以进一步反演台站底下地球结构的细节。以图 10.5.4 所示的简单地球模型反演地壳为例。在截取的包括 P 波到达的短时间窗中的地震波信息中，不但包含直达 P 波，还包含有紧跟 P 波到达的莫霍面转换的 PmS 波信息，由于式（10.5.22）定义的接收函数消除了震源的信息，接收函数只包含了地壳对 P 波传播响应和对 S 波的传播响应，从图 10.5.4 右图显示的根据模型计算的理论接收函数可以清楚的看到：接收函数曲线上的两个波分别代表的是 P 波和 PmS 波的到达，它们间的到时差由地壳厚度及平均速度决定。两个波包的振幅包含地幔及地壳介质物性（如泊松比、速度、密度）的信息。

$$E_R(\omega) = \frac{U_R(\omega)}{U_z(\omega)} \tag{10.5.22}$$

③接收函数的偏移成像：实际地震波记录由于噪声的影响，会使得部分转换波震相不清晰，单靠地震台的一个远震记录是难以提取有效的台站接收函数的。如波射线路径相同，相应的接收函数也是一致的。因此，有选择的进行接收函数的叠加可减弱随机干扰的影响，增强 P－S 转换波信号。另外，不同震中距的地震，直达 P 波与 P—S 转换波之间走时差不同，需要做偏移处理。对某一台站，选取一个参考速度模型进行偏移处理之后，以相同的深度为参照，对接收函数进行叠加，可得到该台站下方的平均接收函数。如果对台网中每个台每条接收函数都按上述方法进行偏移处理，并对所有接收函数射线路径重合或交叉的部分进行叠加，则可以反演出台网底下三维结构。

（4）噪声层析成像。

地震记录中经常包含各种频段的噪声，以前通常认为这些噪声是无用的，经常给数据处理带来许多麻烦。实际上，地震噪声中包含大量的可用信息，这些信息对于研究全球噪声模型以及深部速度结构都非常有益。最近的跨学科研究表明，通过对长时间段内的噪声进行互

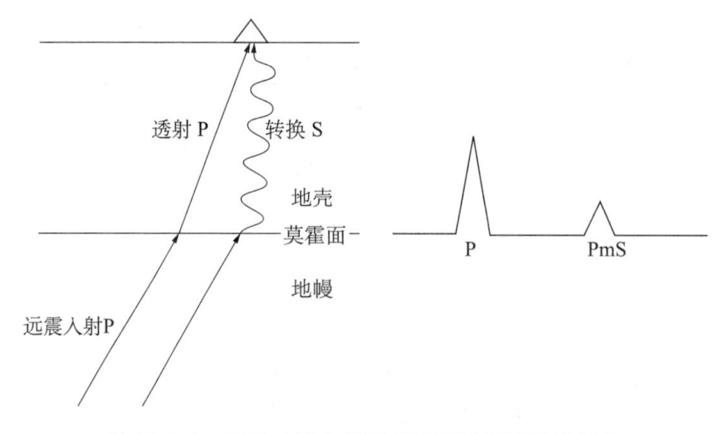

图 10.5.4 远震 P 波入射到莫霍面及相应接收函数

相关运算，可以提取接收点间的格林函数。其实验证明已经在太阳地震学和声学领域给出，并在海洋声学以及地震学中开始逐步得到应用。

噪声层析成像通过对两个台站长时间的地震噪声记录进行互相关计算提取台站间的格林函数，利用传统的面波分析方法，获取面波频散特征，并进一步通过层析成像获得地球内部的速度结构。利用背景地震噪声提取台站间格林函数的工作由夏皮罗等人于 2004 年取得了成功。他们对美国加州 USArray 台阵的 62 个地震台站记录到的一个月的地震背景噪声进行互相关计算，得到的波形与台站间的格林函数仅有幅度的差异，并由此得到了短周期（7～18s）的面波频散曲线。根据这些结果，他们进一步获取了该地区 7.5s 和 15s 周期的群速度分布图，其水平分辨率为 60～100km。

受地震分布和台站位置的影响，传统的面波层析成像研究多采用 1°×1°以上的网格划分，只能揭示较大尺度的构造框架和主要构造单元的基本性质，分辨率较低；由于射线平均路径长，导致短周期面波信号不足，对浅部地壳结构的约束较差。与传统的面波层析成像方法相比，噪声层析成像有许多优点。它不依赖于震源位置，可以获得较多的短周期频散数据，因此对地壳浅层的分辨能力大有提高；且可以获得较均匀的射线分布，分辨率更高。其横向分辨能力主要取决于台站间距，区域尺度一般可达几十千米左右，明显高于传统的面波层析成像方法。近年来，这一方法在全球多地都得到了广泛的应用，已发展成为一种常规的层析成像方法。

噪声层析成像的主要数据处理步骤可分为六步：①单台数据预处理，包括重采样、去仪器响应、去均值、去倾斜分量、带通滤波、时间域归一化和频谱白化处理；②长时间波形记录的互相关计算和叠加；③频散曲线的测量；④质量控制和误差分析；⑤面波层析成像；⑥深部 S 波速度结构反演。

第十一章　地震震级及仪器地震烈度

第一节　地震震级

震级是表示地震本身大小的一个量，是地震的基本参数之一。1935 年，里克特在研究美国南加州的地震时引入了地方性震级标度 M_L，尽管测定方法简单，但却很方便，更重要的是它为其后的发展提供了一个基础。1945 年，古登堡在考虑了几何扩散、介质吸收和频散影响的情况下，以震中距 15°～30°浅源地震 20s 周期面波的振幅与震中距的对应关系，提出了面波震级标度，这个震级标度是用理论与经验相结合研究法得到的。同年，古登堡根据浅源地震的 P、PP、S 波又引进了体波震级 m_b。各国和国际地震机构，根据自己的研究成果和观测数据，建立了适合不同区域的经验公式。多年来计算方法不断改进，在演变过程中，各国情况差别很大。对于一个 6.0 级以上的地震，几乎全球所有的地震台站都可以记录到并能测定其震级，所以震级标度统一的问题已经引起了各国地震学家的高度重视。20 世纪 60 年代后期，地震学家在研究全球地震年频度与面波震级 M_S 的关系时发现，缺失了一些 M_S 超过 8.6 的地震，从而发现了利用震中距和最大振幅计算震级引发震级饱和的现象。1977 年美国加州理工学院的地震学家金森博雄教授提出了矩震级标度，矩震级实质上就是用地震矩来描述地震的大小，从理论上讲，矩震级不会出现震级饱和。

一、地方性震级

1. 里克特震级公式

第一个震级标度是里克特根据古登堡与和达清夫的建议在 1935 年提出的。推动里克特提出震级标度的缘由是当时他正在考虑公布美国加州的第一份地震目录。该目录包括数百个地震，地震的大小变化范围很大，从几乎是无感地震直至大地震。里克特意识到，要表示地震的大小一定得用某种客观的测定方法。在研究南加州浅源地方性地震时，里克特注意到这样一个事实：若将一个地震在不同距离的台站上所记录到的最大振幅的对数 $\lg A$ 与对应的震中距 Δ 作图，则不同大小的地震所给出的 $\lg A-\Delta$ 关系曲线都相似，并且近似平行。如图 11.1.1 所示，对于 A_0 与 A_1 两个地震，若设 A_0（Δ）与 A_1（Δ）分别是各台站所记录到的两个地震的最大振幅，则有 $\lg A_1(\Delta)-\lg A_0(\Delta)=$ 常数，且与震中距 Δ 无关。

若取 A_0 为参考地震事件的最大振幅，则任一地震的地方性震级 M_L 可以定义为：

$$M_L=\lg A(\Delta)-\lg A_0(\Delta)\quad 30\text{km}\leqslant\Delta\leqslant 600\text{km}\tag{11.1.1}$$

式中，A（Δ）是任一地震的最大振幅，A（Δ）与 A_0（Δ）必须在同一距离用同样的地震仪测得。

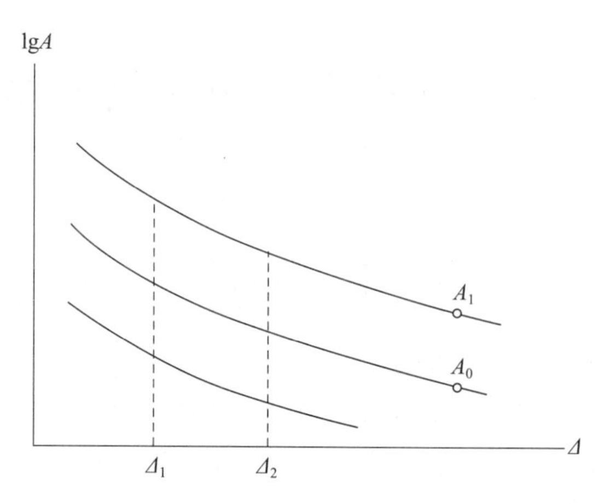

图 11.1.1　不同地震 lg$A$ – Δ 关系曲线示意图

所使用的地震仪是当时在南加州普遍使用、但现在早已不再使用的著名的伍德—安德森扭力地震仪，其常数为：摆的固有周期 $T_0=0.8\text{s}$，放大率 $V=2800$，阻尼常数 $h=0.8$。定义伍德—安德森标准地震仪在震中距等于 100km 处，如果记录的两水平分向最大振幅的算术平均值是 1μm，那么此次地震的震级为零级。若以 μm 为测量单位，则在 $\Delta=100\text{km}$ 时，因 $\lg A_0$（Δ）$=0$，所以 $M_L=\lg A$（Δ），于是，M_L 也可以定义为：用伍德—安德森标准仪器在 $\Delta=100\text{km}$ 处所测得的最大记录振幅（以 μm 计）的常用对数。若不是在 $\Delta=100\text{km}$ 处测定，那么须根据量规曲线来测定。量规曲线也称作量规函数，即式（11.1.1）右边的 $-\lg A_0$（Δ），它是根据实测数据整理出来的。

图 11.1.2 是 1935 年里克特用以提出地方性震级 M_L 的实测数据图，左边的纵坐标表示 lg$A$（Δ），右边的纵坐标表示图中的虚线 $\lg A_0$（Δ），用实心圆圈、空心圆圈、实心三角形、空心三角形、叉号、空心方块分别表示发生于 1932 年 1 月的南加州地震的实测 A（Δ）值。从图中看出，地震波水平分量的最大值 A（Δ）随震中距 Δ 的增加而系统地减小。据此，里

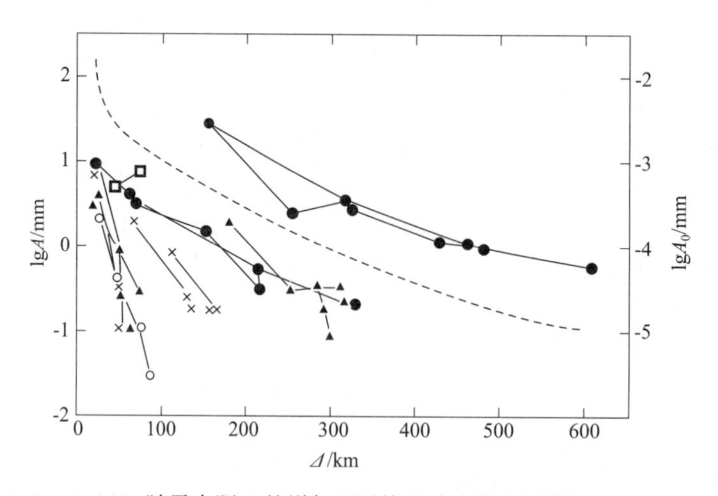

图 11.1.2　A（Δ）随震中距 Δ 的增加而系统地减小的实测数据及 M_L 的量规函数

克特定义了地方性震级 M_L，以及量规函数 $-\lg A_0$（Δ），表 11.1.1 是他计算的地方性震级量规函数。

在应用式（11.1.1）和表 11.1.1 的量规函数测定 M_L 时，A（Δ）与 A_0（Δ）均以 mm 为单位，所用的波的优势周期是 0.1 ~ 3s。

表 11.1.1 里克特地方性震级 M_L 的量规函数

Δ/km	$-\lg A_0$(Δ)/mm	Δ/km	$-\lg A_0$(Δ)/mm	Δ/km	$-\lg A_0$(Δ)/mm	Δ/km	$-\lg A_0$(Δ)/mm
0	1.4	90	3.0	260	3.8	440	4.6
5	1.4	95	3.0	270	3.9	450	4.6
10	1.5	100	3.0	280	3.9	460	4.6
15	1.6	110	3.1	290	4.0	470	4.7
20	1.7	120	3.1	300	4.0	480	4.7
25	1.9	130	3.2	310	4.1	490	4.7
30	2.1	140	3.2	320	4.1	500	4.7
35	2.3	150	3.3	330	4.2	510	4.8
40	2.4	160	3.3	340	4.2	520	4.8
45	2.5	170	3.4	350	4.3	530	4.8
50	2.6	180	3.4	360	4.3	540	4.8
55	2.7	190	3.5	370	4.3	550	4.8
60	2.8	200	3.5	380	4.4	560	4.9
65	2.8	210	3.6	390	4.4	570	4.9
70	2.8	220	3.65	400	4.5	580	4.9
75	2.85	230	3.7	410	4.5	590	4.9
80	2.9	240	3.7	420	4.5	600	4.9
85	2.9	250	3.8	430	4.6		

里克特于 1935 年最先提出的地方性震级即原始形式的地方性震级 M_L，也称作里氏震级或里氏震级标度。实际上，无论是在其发源地美国加州，还是在世界各地，早已不再使用原始形式的地方性震级—里氏震级，因为大多数地震并不发生于加州，并且伍德—安德森地震仪也早已几乎绝迹。尽管如此，地方性震级 M_L 仍然被用于报告地方性地震的大小，因为许多建筑物、结构物的共振频率在 1Hz 左右，十分接近于伍德—安德森地震仪的自由振动的频率（1/0.8s = 1.25Hz），因此 M_L 常常能较好地反映地震引起的建筑物、结构物破坏的程度。

2. 我国使用的公式

最初的地方性震级计算公式只适用美国加利福尼亚地区，并且使用的仪器是伍德—安德森短周期地震仪器，显然存在一定的局限性。我国地震学家李善邦将式（11.1.1）写成一般形式，并结合我国地震台网短周期地震仪和中长周期地震仪，建立了适合我国的起算函数，我国的 M_L 测定的震中距范围可以到 1000km，因此在我国 M_L 称为近震震级，计算公式如下：

$$M_L = \lg(A_\mu) + R(\Delta) \quad (11.1.2)$$

式中，A_μ 是以 μm 为单位的地动位移，是两水平向最大地动位移的算术平均值；R（Δ）是量归函数，它的物理意义是补偿地震波随距离的衰减，相当于式 11.1.1 中的 $-\lg A_0$（Δ），也是震中距的函数，使用的仪器不同，R（Δ）也不同。表 11.1.2 是李善邦先生给出的 64、62 型短周期地震仪的量规函数为 R_1（Δ）和基式（SK）中长周期地震仪的量规函数为R_2（Δ）。

按《地震及前兆数字观测技术规范》的要求，我国地震台网（站）测定近震震级时要将宽频带数字地震记录仿真成 DD－1 短周期记录，利用 S 波（或 Lg）的最大振幅来和量规函数 R_1（Δ）测定。其计算公式为 11.1.2，其中：

$$A_\mu = \frac{A_N + A_E}{2} \quad (11.1.3)$$

式中，A_μ 以 μm 为单位；A_N、A_E 分别为南北向和东西向 S（Lg）波最大振幅（峰–峰值振幅/2），两水平向最大振幅不一定同时到达，振幅大于干扰水平 2 倍以上才予以测定。

表 11.1.2　量规函数 R_1（Δ），R_2（Δ）表

Δ（km）	R_1	R_2
0－5	1.8	1.8
10	1.9	1.9
15	2.0	2.0
20	2.1	2.1
25	2.3	2.3
30	2.5	2.5
35	2.7	2.7
40	2.8	2.8
45	2.9	2.9
50	3.0	3.0
55	3.1	3.1
60～70	3.2	3.2
75～85	3.3	3.3
90～100	3.4	3.4

续表

Δ（km）	R_1	R_2
110	3. 5	3. 5
120	3. 5	3. 5
130 ~ 140	3. 6	3. 5
150 ~ 160	3. 7	3. 6
170 ~ 180	3. 8	3. 7
190	3. 9	3. 7
200	3. 9	3. 7
210	4. 0	3. 8
220	4. 0	3. 8
230 ~ 240	4. 1	3. 9
250	4. 1	3. 9
260	4. 1	3. 9
270	4. 2	4. 0
280	4. 2	4. 0
290 ~ 300	4. 3	4. 1
310 ~ 320	4. 4	4. 1
330	4. 5	4. 2
340	4. 5	4. 2
350	4. 5	4. 3
360	4. 5	4. 3
370	4. 5	4. 3
380	4. 6	4. 3
390	4. 6	4. 3
400 ~ 420	4. 7	4. 3
430	4. 75	4. 4
440	4. 75	4. 4
450	4. 75	4. 4
460	4. 75	4. 4
470 ~ 500	4. 8	4. 5
510 ~ 530	4. 9	4. 5
530	4. 9	4. 5

续表

Δ（km）	R_1	R_2
540 ~ 550	4.9	4.5
560 ~ 570	4.9	4.5
580 ~ 600	4.9	4.5
610 ~ 620	5.0	4.6
650	5.1	4.6
700	5.2	4.7
750	5.2	4.7
800	5.2	4.7
850	5.2	4.8
900	5.3	4.8
1000	5.3	4.8

二、面波震级

1. 古登堡公式

1945 年，古登堡将测定地方性震级 M_L 的方法推广到远震。在远震的地震记录图上，最大的振幅是面波。对于 $\Delta > 2000$km 的浅源地震，面波水平振幅最大值的周期一般都在 20s 左右，这个周期 20s 左右的面波相应于面波波列的频散曲线上的艾里震相。因此，古登堡采用下列公式测定面波震级 M_S：

$$M_S = \lg A + B(\Delta) \tag{11.1.4}$$

式中，A 是面波最大地动位移，$A = \sqrt{A_N^2 + A_E^2}$，A_N 与 A_E 分别是北南向，东西向地动位移，均以 μm 计；B（Δ）是量规函数。上式虽不显含波的周期 T，但实际意味着周期 T 必须在 20s 左右。古登堡当初用的是（20 ±2） s，量规函数可以由实测数据求得，结果是：

$$M_S = \lg A_{20} + 1.656\lg\Delta + 1.818 \qquad 20° < \Delta < 130° \tag{11.1.5}$$

式中，A_{20}表示周期为 20s 的面波（一般是瑞利波的水平向）的最大地动位移，以 μm 计；Δ 是震中距，以度为单位。

为了便于应用其他周期的波，卡尔尼克等人研究了 14 个不同作者的量规函数，对它们加权平均，提出了一个测定 M_S 的公式：

$$M_S = \lg\left(\frac{A}{T}\right)_{max} + 1.66\lg\Delta + 3.3 \qquad 2° < \Delta < 160° \tag{11.1.6}$$

这就是莫斯科—布拉格公式。这个公式在1967年苏黎世召开的IASPEI大会上被推荐给世界各国使用。

式（11.1.6）已经为许多国家采用，国际地震中心ISC和美国地质调查局国家地震信息中心USGS/NEIC利用该式测定浅源地震的面波震级。ISC认为在5°～160°震中距范围内，垂直向和水平向面波的周期在10～60s之间，但他们只计算震中距在20°～160°范围内的面波震级。而NEIC只使用垂直向计算震中距在20°～160°范围内、周期在18～22s之间的面波震级M_{SZ}。

2. 我国使用的公式

1956年以前，中国的地震报告都不测定震级，1957～1965年底的地震报告采用苏联索罗维耶夫和谢巴林提出的计算公式。1966年1月以后，中国的地震报告采用了郭履灿等人提出的以北京白家疃地震台为基准的面波震级公式。

按《地震及前兆数字观测技术规范》的要求，浅源地震面波震级M_S，使用仿真的基式中长周期地震记录面被质点运动的最大速度来测定，计算公式为：

$$M_S = \lg\left(\frac{A}{T}\right)_{max} + \sigma_{PEK}(\Delta) + C(\Delta) + D \qquad (11.1.7)$$

$$\sigma_{PEK}(\Delta) = 1.66\lg\Delta + 3.5 \qquad 1° < \Delta < 130°$$

其中，C（Δ）是台站台基校正值，D是震源校正值，这个公式一直沿用到现在。而实际工作中均令C（Δ）和D为0。

由于使用的计算公式和仪器记录分向的不同，我国测定的M_S值总体上要比NEIC测定的值平均偏高0.2级，而在1°～20°的范围内却又偏小。

1985年以后，我国763长周期地震台网建成并投入使用，该仪器的仪器参数与美国世界标准地震台网（WWSSN）长周期（LP）完全一样。测定M_{S7}要仿真长周期763地震记录，以垂直向瑞利波质点运动最大速度测定震级M_{S7}，使用公式为：

$$M_{S7} = \lg\left(\frac{A}{T}\right)_{max} + \sigma_{763}(\Delta) \quad 3° < \Delta < 177° \quad T > 6s \qquad (11.1.8)$$

表11.1.3是仿真长周期763地震仪面波震级的量规函数σ_{763}（Δ）。

表11.1.3　仿真中长周期地震仪面波震级的量规函数σ_{763}（Δ）表

Δ°	σ（Δ）	Δ°	σ（Δ）	Δ°	σ（Δ）	Δ°	σ（Δ）
3	4.48	45	6.04	90	6.54	135	6.86
5	4.81	50	6.11	95	6.59	140	6.89
10	5.13	55	6.18	100	6.63	145	6.93
15	5.34	60	6.24	105	6.65	150	6.96
20	5.51	65	6.30	110	6.69	155	6.98

续表

Δ°	σ（Δ）	Δ°	σ（Δ）	Δ°	σ（Δ）	Δ°	σ（Δ）
25	5. 65	70	6. 35	115	6. 72	160	6. 99
30	5. 77	75	6. 40	120	6. 76	165	6. 98
35	5. 87	80	6. 45	125	6. 79	170	6. 94
40	5. 96	85	6. 50	130	6. 82	175	6. 83
						177	6. 62

由于使用垂直向记录测定 M_{S7} 和 NEIC 使用的方法以及计算公式一致，即选用垂直向瑞利面波的最大振幅和周期测定 M_{S7}，所以我国测定的 M_{S7} 与 NEIC 测定的 M_{SZ} 一致，没有系统差。为便于比较，在地震观测报告中除了给出 M_S 以外，也给出 M_{S7}。

三、体波震级

虽然地方性震级 M_L 很有用，但受到所采用的地震仪的类型及所适用的震中距范围的限制，无法用它来测定全球范围的远震的震级。在远震距离上，P 波是清晰的震相；同时，对于深源地震，面波不发育。所以古登堡和里克特采用体波（P，PP，S）测定震级（通常用 P 波），称作体波震级 m_b，体波震级的定义是：

$$m_b = \lg\left(\frac{A}{T}\right)_{\max} + Q(\Delta,h) \tag{11.1.9}$$

式中，A 是 P 波的前几个周期中的最大地动位移，以 μm 计；T 是相应的周期，以 s 为单位；Q（Δ，h）是量规函数，是震中距 Δ 和震源深度 h 的校正因子，它是按体波振幅随深度的变化作理论计算并结合根据实测数据得到的。图 11. 1. 3 是确定体波震级 m_b 的量规函数 Q（Δ，h）。由图可见，震中距 Δ≥30°时，校正值随 Δ 和 h 的变化相当均匀。但是，在 13°≤Δ≤30°时，校正值随 Δ 和 h 的变化相当复杂。特别是在震中距减小到 20°时，校正值大幅度下降。这是因为地震波走时曲线在 Δ = 20°的地方出现了所谓的上地幔三分支现象，导致波的振幅急剧增大。

测定体波震级 m_b 时，由于震源辐射地震波具有方位依赖性（辐射图型和破裂扩展的方向性），震源有一定的深度，加之深度震相的出现等因素使得波形变得很复杂，因此通常要测量开头 5 秒钟的 P 波记录，包括周期小于 3s（一般是 1s）的体波记录。即使如此，因为全球地震台网和许多区域性地震台网的地震仪的峰值响应大多数在 1s 左右，许多大地震的最大振幅在初至波到达 5s 之后才出现，所以对一个地震而言，各个地震台对 m_b 的测定结果差别可达 ±0. 3。因此，必须对方位覆盖均匀的大量台站的测定结果进行平均才能得到该地震的震级。

1967 年，式（11. 1. 9）被 IASPEI 推荐给各国使用，NEIC 和 ISC 一律采用 WWSSN 台网短周期地震仪垂直向 P 波测定 m_b。ISC 和 NEIC 只利用周期 T≤3s 的垂直向 P 波测定 m_b，而不利用 PP 和 S 波测定体波震级。

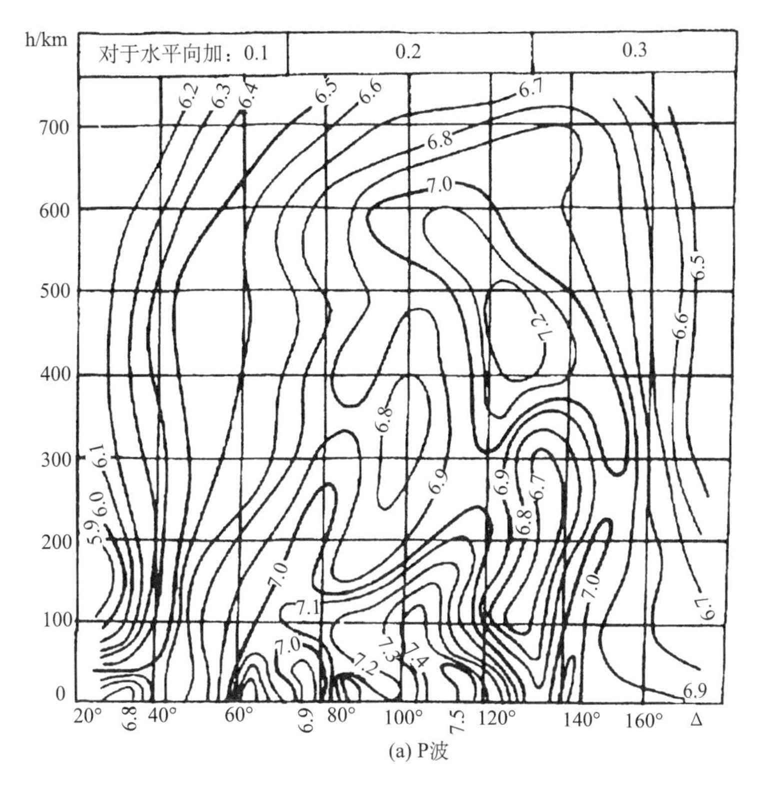

(a) P波

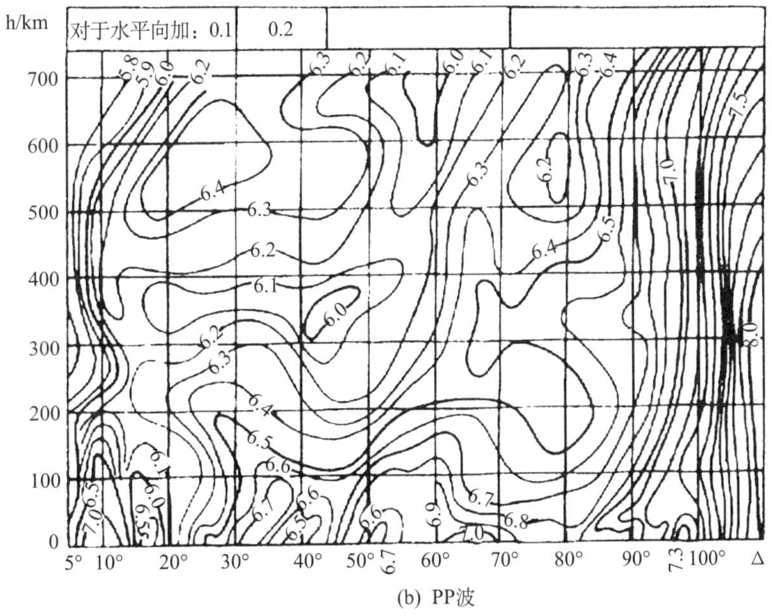

(b) PP波

图 11. 1. 3　地震 P 和 PP 波垂直向 Q（Δ－h）分布图

对于我国地震台网（站），按《地震及前兆数字观测技术规范》的要求，体波震级采用 P 或 PP 波垂直向质点位移最大速度来测定，计算公式为：

$$m_B \text{或} m_b = \lg\left(\frac{A}{T}\right)_{max} + Q(\Delta, h)$$

式中，A 为体波质点运动最大速度的对应的地动位移振幅；T 为相应的周期；Q 为量规函数（见表 11.1.4）；m_B 为仿真中长周期（DK－1、SK）记录测定的体波震级；m_b 为仿真短周期仪（DD－1）记录测定的体波震级。

表 11.1.4　浅源地震的 10 倍 Q 值表

Δ	PZ	PPZ	Δ	PZ	PPZ	Δ	PZ	PPZ	Δ	PZ	PPZ
16	59		50	67	67	84	70	73	126		72
17	59		51	67	67	85	70	73	128		71
18	59		52	67	67	86	69	73	130		70
19	60		53	67	67	87	70	72	132		70
20	60		54	68	68	88	71	72	134		69
21	61		55	68	69	89	70	72	136		69
22	62		56	68	69	90	70	72	138		70
23	63		57	68	69	91	71	72	140		71
24	63		58	68	70	92	71	72	142		71
25	65		59	68	70	93	72	72	144		70
26	64		60	68	71	94	71	72	146		69
27	65		61	69	72	95	72	72	148		69
28	66		62	70	73	96	73	72	150		69
29	66		63	69	73	97	74	72	152		69
30	66	67	64	70	73	98	75	72	154		69
31	67	67	65	70	73	99	75	72	156		69
32	67	68	66	70	73	100	74	72	158		69
33	67	68	67	70	72	101	73	72	160		69
34	67	68	68	70	71	102	74	72	170		69
35	67	68	69	70	70	103	75	72			
36	66	67	70	69	70	104	76	73			
37	65	67	71	69	71	105	77	73			
38	65	67	72	69	71	106	78	74			
39	64	66	73	69	71	107	79	74			
40	64	66	74	68	70	108	79	74			

续表

Δ	PZ	PPZ	Δ	PZ	PPZ	Δ	PZ	PPZ	Δ	PZ	PPZ
41	65	65	75	68	69	109	80	74			
42	65	65	76	69	69	110	81	74			
43	65	66	77	69	69	112	82	74			
44	65	67	78	69	69	114	86	75			
45	67	67	79	68	69	116	88	75			
46	68	67	80	67	69	118	90	75			
47	69	67	81	68	70	120		75			
48	69	67	82	69	71	122		74			
49	68	67	83	70	72	124		73			

量取P波最大振幅的范围：对仿真短周期地震记录，取P波初至到时之后5s之内；对仿真中、长周期记录一般取P波初至到时之后20s之内；大地震允许延长至60s。

四、矩震级

矩震级实质上就是用地震矩来描述地震的大小，地震矩是震源的等效双力偶中的一个力偶的力偶矩，是继地震能量后的第二个关于震源定量的特征量，一个描述地震大小的绝对力学量，单位为N·m（牛顿·米）。其表达式为

$$M_0 = \mu\bar{D}A \tag{11.1.10}$$

其中，μ 是介质的剪切模量；$\bar{D}$ 是破裂的平均位错量；A 是破裂面的面积。地震矩是反映震源区不可恢复的非弹性形变的量度。

由此可见，地震矩是对断层滑动引起的地震强度的直接测量。所以 M_0 由地震波振幅的低频成分的大小决定，它反映了震源处破裂的大小，断层面积越大，激发的长周期地震波的能量也越大，周期越长。

可以定义一个完全是由地震矩决定的、新的震级标度 M_W：

$$M_W = \frac{2}{3}(\lg M_0 - 9.1) \tag{11.1.11}$$

式中，M_W 称作矩震级，M_0 以N·m（牛顿·米）为单位。因为地震矩不会饱和，所以矩震级也不会饱和，理论上讲，震级值没有上限或下限。但是，作为发生于有限的、非均匀的岩石层板块内部的脆性破裂，构造地震的最大尺度自然应当小于岩石层板块的尺度。实际上，的确还没有超过9.5级的地震；迄今仪器记录到的最大地震当推1960年5月22日智利 $M_W = 9.5$ 地震。

从式 11.1.11 可以看出，如果能够得到地震矩 M_0，就可以计算矩震级 M_W。现在越来越多的地震台网中心利用数字地震观测资料测定地震矩和矩震级，利用数字地震记录不但可以测定强震和远震的矩震级，也可以测定小震和区域地方震的矩震级。

矩震级是一个描述地震绝对大小的力学量，它是目前量度地震大小最理想的物理量。与传统上使用的震级标度相比，矩震级具有明显的优点：它是一个绝对的力学标度，不存在饱和问题。无论是对大震还是对小震、微震甚至极微震，无论是对浅震还是对深震，均可测量地震矩；并能与已熟悉的震级标度如面波震级 M_S 衔接起来；它是一个均匀的震级标度，适于震级范围很宽的统计。由于矩震级具有以上优点，所以国际地震学界推荐它为优先使用的震级标度。

五、震级与能量的关系

1. 不同震级之间关系

1945 年，古登堡将上面提到的 M_L，M_S 和 m_b 简单地用 M 表示，因为他当时认为这三种震级标度是等价的。但是，随后他便发现事实并非如此，各种震级标度之间存在下列经验关系：

$$m_B = 1.7 + 0.8M_L - 0.01M_L^2 \tag{11.1.12}$$

$$m_B = 0.63M_S + 2.5 \tag{11.1.13}$$

或者等价地

$$\begin{aligned} M_S &= 1.59m_B - 3.97 \\ M_S &= 1.27(M_L - 1) - 0.016M_L^2 \end{aligned} \tag{11.1.14}$$

由式（11.1.13）可以看出，m_B 与 M_S 只有在 $M \approx 6.5$ 时才是一致的。当 $M < 6.5$ 时，$m_B > M_S$，用 m_B 可以较好地测定地震的震级；当 $M > 6.5$ 时，$m_B < M_S$，用 M_S 可以较好地测定地震的震级。M_S 标度在 $M < 6.5$ 时低估了较小的地震的震级，但在 $6.5 < M < 8.0$ 的震级范围内可以较好地测定出较大地震的震级。不过，当 $M > 8.0$ 时，M_S 便不能正确地反映大地震的大小。

为了得出我国地震台网测定的 M_L、M_S、M_{S7}、m_B 和 m_b 之间的经验关系，刘瑞丰等利用 1983～2004 年我国地震台网测定的近震震级 M_L、面波震级 M_S 和 M_{S7}、体波震级 m_B 和 m_b 的观测资料，采用正交回归方法计算了不同震级之间的关系。

（1）由于不同的震级标度反映了地震波在不同周期范围内辐射地震波能量的大小，因此对于不同大小的地震，使用不同的震级标度更能客观地描述地震的大小。

（2）当震中距小于 1000km 时，用近震震级 M_L 可以较好地测定近震的震级；

（3）当地震的震级 $M < 4.5$ 时，各种震级标度之间相差不大；

（4）当 $4.5 < M < 6.0$ 时，$m_B > M_S$，M_S 标度低估了较小地震的震级，因此用 m_B 可以较好地测定较小地震的震级；

（5）当 $M>6.0$ 时，$M_S>m_B>m_b$，m_B 与 m_b 标度低估了较大地震的震级，用 M_S 可以较好地测定出较大地震（$6.0<M<8.5$）的震级；

（6）当 $M>8.5$ 时，M_S 出现饱和现象，不能正确地反映大地震的大小；

（7）对于我国境内 5.0 级以下地震，当震中距 <1000km 时，M_L 和区域面波震级 M_S 基本一致，在实际应用中无须对它们进行震级的换算。

2. 震级与能量之间的关系

地震能量是关于震源定量的特征量，由于地震能量很难测定，在地震学研究中通常是根据一定的理论或经验模式，通过地震的震级来估计地震能量。古登堡和里克特得到了震级和能量之间的关系为 $\lg E_S=a+bM$，其中 a 和 b 是常数，对于面波震级 M_S 来说，古登堡和里克特的计算公式如下：

$$\lg E_S = 4.8 + 1.5M_S \tag{11.1.15}$$

式中 E_S 的单位是焦耳（J），人们利用 11.1.15 可以快速估计地震能量的大小：面波震级相差 0.1 级，地震辐射的能量相差约 $\sqrt{2}$ 倍，面波震级相差 1.0 级，能量差约 32 倍，面波震级相差 2.0 级，能量相差约 1000 倍。

六、震级测定的新进展

世纪之交，全球的地震观测基本上完成了由模拟向数字的转变，人类的地震观测进入了数字时代。数字化地震台网投入观测以后，又出现一些新的问题需要解决。由于数字地震仪器具有频带宽、动态范围大等特点，在推动地学研究方面发挥了重要的作用。但在震相识别、震级计算等方面也出现了一些问题，这些问题引起了国际地震学与地球内部物理学协会（IASPEI）的高度重视，2001 年 IASPEI 地震观测与解释委员会成立一个由 13 人组成的震级测定工作组，目前已经完成了 IASPEI 新震级标度的制订，并已向全球各个地震台网推荐。

IASPEI 新震级标度（http://www.iaspei.org/commissions/CSOI.html）包括地方性震级 M_L、20s 面波震级 $M_{S(20)}$、宽频带面波震级 $M_{S(BB)}$、短周期体波震级 m_b、宽频带体波震级 $m_{B(BB)}$ 和矩震级 M_W。

中国地震局监测预报司于 2012 年成立项目组，开展基于数字地震记录的震级测定方法研究，并对震级国家标准《地震震级的规定》（GB17740－1999）进行修订，项目组结合 IASPEI 震级工作组的工作，进行了大量的基础研究工作。新修订的国家标准充分体现了宽频带数字地震记录的特点，引进了国内外震级测定的最新研究成果，实现与 IASPEI 新震级标度和国际主要地震机构测定的震级接轨。2013 年 11 月 15 日我国新的震级国家标准技术框架通过国家标准化管理委员会组织专家的论证；2015 年 9 月 18 日新修订的震级国家标准通过了中国地震局科技委的评审，新震级国家标准在 2016 年发布。

七、地震预警有关的震级

地震大小的测定或估计是地震预警技术的最基本问题也是难点之一。地震震级的测定涉及到震源过程、传播介质、场地条件、仪器记录等各方面因素的影响，由于地震预警的时效性要求，仅能用到有限台站、有限时间段记录来实时地测定震级，且这些信息大部分来自较早到来的P波段，属于实时地震学范畴，传统的地震学震级测定方法难以应用。目前常用的预警震级确定方法主要是基于一定时间段P波列信息的周期方法、幅值方法、综合方法及其他方法等。

1. 与P波周期相关的预警震级算法

与周期相关的预警震级估算方法基于地震越大，地震记录中长周期地震动的成分相对丰富的原理。方法主要包括：

（1）τ_p^{max}方法。

中村丰于1988年提出了利用实时速度记录计算地震动卓越周期的算法，多位学者基于此进行了一些列研究。方法的计算公式如下：

$$\tau_i^p = 2\pi\sqrt{\frac{X_i}{D_i}} \tag{11.1.16}$$

其中

$$X_i = \alpha X_{i-1} + x_i^2 \tag{11.1.17}$$

$$D_i = \alpha D_{i-1} + (\mathrm{d}X/\mathrm{d}t)_i^2 \tag{11.1.18}$$

τ_i^p是时间为i处测定的卓越周期，x_i是地面运动速度值，X_i是平滑后地面运动速度导数的平方，α为平滑系数，一般取0.999。方法一般用3秒长度的P波段信息。多个学者的研究结果表明，此方法测定的震级与实际震级有一定的相关性，但离散性很大。

艾伦等人（2003）用美国南加州宽频带记录，对震级范围为3.0~5.0地震，采用10Hz低通滤波后，用P波前2秒数据得到的统计公式为：

$$m_l = 6.3\lg(T_{\max}^p) + 7.1$$

其平均绝对偏差为0.3个震级单位。对大于4.5级的地震，采用3Hz低通滤波后，用P波前4秒数据得到的统计公式为：

$$m_h = 7.0\lg(T_{\max}^p) + 5.9$$

其平均绝对偏差为0.67个震级单位。

（2）τ_c方法。

金森博雄于2005年提出了一种改进后的特征周期计算方法，即τ_c方法。计算公式如下：

$$\tau_c = \frac{2\pi}{\sqrt{r}} \tag{11.1.19}$$

$$r = \frac{\int_0^{\tau_0} \dot{u}^2(t)\,\mathrm{d}t}{\int_0^{\tau_0} u^2(t)\,\mathrm{d}t} \tag{11.1.20}$$

上式中，积分区间［0，τ_0］即从台站触发后开始计，τ_0一般取3s。金森博雄进一步运用巴什瓦定律，对上式进一步进行分析可以得到：

$$r = \frac{4\pi^2\int_0^{\infty} f^2 \,|\hat{u}(f)|^2 \mathrm{d}f}{\int_0^{\infty} |\hat{u}(f)|^2 \mathrm{d}f} = 4\pi^2 (f^2) \tag{11.1.21}$$

其中，(f^2) 为位移谱关于f^2的平均频率。因此，计算得到的τ_c值实际上对应了位移谱重心位置处的周期，本质上也就是P波的拐角周期。吴逸民利用以上方法和台湾地区、南加州以及日本等三个地区的54个地震记录统计得到如下关系：

$$M_w = 3.373 \times \log \tau_c + 5.787 \pm 0.412 \tag{11.1.22}$$

2. 与P波幅值参数有关的方法

多位学者研究了地震记录P波段加速度、速度和位移最大值与震级的关系，表明P波段幅值与震级有较好的对应关系，可以用来估计震级，位移幅值最大值的对应关系更好一些，即P_d（以下都为P_d）方法。

吴逸民等利用美国南加州地区的地震记录，选用捡拾到P波后3s时间窗内低通滤波后的位移幅值P_d的衰减关系来预测地震震级并应用到地震预警系统中。

$$\lg(P_d) = -3.463 + 0.729M - 1.347\lg(R) \pm 0.305 \tag{11.1.23}$$

后来南希里和佐罗利用震中距50km内的强震记录对吴逸民的方法进行了进一步研究，并认为除了采用3s时间窗内的P_d外，也可以用捡拾到P波后2s、4s时间窗内的P波初始位移的最大值P_d或是捡拾到S波后1s、2s时间窗内的S波初始位移的最大值Sd来估计震级。公式的形式和系数如下：

$$\log(P_d) = A + B \times M + C \times \lg(R) \tag{11.1.24}$$

其中不同波的系数A、B、C的取值见表11.1.5，表中SE为均方差。

表 11.1.5　P_d 方法系数表

震相	窗长（s）	A	B	C	SE
P	2	-6.93	0.75	-1.13	0.32
P	4	-6.46	0.70	-1.05	0.40
S	1	-6.03	0.71	-1.40	0.38
S	2	-6.34	0.81	-1.33	0.37

3. B－Δ 方法

小高俊一2003年提出11.1.25式的函数形式对加速度记录前几秒的波形求取其包络，并应用于震中距和震级估计。

$$f(t) = Bt \cdot \exp(-At) \tag{11.1.25}$$

其中A和B为拟合参数。

塚田津等利用日本台网观测数据对该方法进行测试研究，结果表明对于4.0级以上的地震，在200km以内，$\log B$与震中距成反比，而与震级无关。根据这一关系，在P波刚到达时便可通过参数B大致估计出震中距，然后可根据包含震中距参数的完全经验公式（11.1.26）在P波到达后一个很短的时间段内通过最大振幅估计震级大小。

$$M_{est} = a\lg P_{\max} + b\lg B + c \tag{11.1.26}$$

4. 烈度震级

日本气象厅（JMA）在上世纪80年代启用仪器测定地震烈度，称为计测烈度（I）（日本称为震度），为了减少常用周期和幅值方法带来的震级饱和等影响，山本等人2008年结合日本气象厅（JMA）计测烈度算法提出了一个新的预警震级计算参数即烈度震级M_I，M_I采用以下公式进行计算：

$$M_I = \frac{I}{2} + \lg(r) + \frac{\pi f T}{2.3Q} + b - \lg C_j \tag{11.1.27}$$

式中，r为震中距，f为卓越频率，T为S波走时，Q为品质因子，b为系统校正值，C_j为台站校正值，I为由台站记录计算得到的（JMA）计测烈度值。对于较大震级的地震而言，烈度震级M_I参数在计算震级时收敛的更快，从而能够有效地减少震级确定所需的时间。堀内茂木的一系列研究结果也表明，烈度震级算法具有稳定性好、收敛快、精度高等特点；同时，由于直接套用了（JMA）计测烈度的算法，因此烈度估计结果也较常规采用的由衰减关系推测烈度的方法更准确和可靠。

5. 其他方法

耶尔沃利诺等、库阿、西顿分别单独提出了一种基于贝叶斯条件概率分布理论的预警震级估算方法，即：

$$f_{M|d}(m|d)=\frac{f_{M|d}(m|d)f_M(m)}{\int_{M_{\min}}^{M_{\max}}f_{d|M}(d|m)f_M(m)dm} \tag{11.1.28}$$

式中，$f_{M|d}$（$m|d$）为震级 M 在与震级相关的特征参数向量 d（如τ_c、$\tau_p^{\max}$、Pd 参数等）条件下的条件概率密度函数，$f_{d|M}$（$d|m$）为震级为 M 时特征参数向量 d 的条件概率密度函数，f_M（m）为震级 M 的先验概率分布函数。耶尔沃利诺等将震级-频度关系（G－R 关系）设置为f_M（m），而库阿和西顿则在先验概率分布函数f_M（m）中考虑了多个与震级相关的参数（如地震危险性区划图、已知的断层分布情况、G－R 关系等）。假定特征参数向量 d 中各参数均服从对数正态分布且相互独立，因此两者在研究中都将$f_{M|d}$（$m|d$）定义为向量 d 的最大似然函数。

马强在对预警震级确定方法进行总结后，提出了一种应用人工神经元网络的多频带、多参数地震预警震级持续确定方法实时仿真多频带多类型（加速度、速度和位移）记录，综合应用 P 波到达后不同时间段（1～10s）的多种震级指示参数（幅值参数：加速度峰值、速度峰值、位移峰值，周期参数：卓越周期、Vmax/Amax、有效累积脉冲宽度），采用人工神经元网络方法持续对震级进行预测，综合考虑了 P 波所携带信息的多种特征。应用日本 KiK-net 台网的记录测试表明震级标准偏差得到了降低。

第二节　仪器地震烈度

地震烈度是指地震引起的地面震动及其影响的强弱程度，受震源破裂方式、震级、震中距、震源深度、地质构造、场地条件等多种因素影响。

地震烈度的评定一般以地震烈度表为依据，通过实地宏观调查综合得出，各国使用的地震烈度表有所不同。日本的地震烈度表是将地震的烈度分为 0～7 度 8 个等级，称为“震度”，1996 年开始，进一步将 5 度分为 5 度弱和 5 度强，将 6 度分为 6 度弱和 6 度强，实际上变为了 10 个等级。欧洲地震烈度表分为 1～12 度。《中国地震烈度表》（GB/T 17742－2008）以人的感觉、器物反应、房屋震害程度和地表破坏现象等作为主要评定指标，将地震烈度分为 1～12 个等级，以 I～XII 度表示。

随着地震监测仪器及计算机技术的发展，从 20 世纪中叶开始，人们开始追求用仪器记录到的信息来计算地震烈度。根据仪器观测记录得到的地面震动的强弱程度计算得到的地震烈度称为仪器地震烈度。仪器地震烈度具有快速、自动、定量等优点。

一、仪器地震烈度计算方法的建立

仪器地震烈度通过地震动参数和地震烈度的回归关系来计算。常用的地震动参数包括地震动幅值、频谱（频率特性）和持时。地震动幅值是指地震动的最大值，通常以峰值表示，包括地面运动加速度峰值（PGA）、速度峰值（PGV）、位移峰值（PGD）；地震动峰值的大小反映了地震过程中某一时刻地震动的最大强度，在工程中该值是指导抗震设计或者评价建筑因震受损的依据。

地震动频谱是指不同频率地震波的谱系列集合，傅立叶谱、反应谱和功率谱分析是揭示地震动频谱特征的主要方法。在工程应用中，不同单自由度系统在地震动作用下的最大反应和系统自振周期（或频率）间的函数关系称为反应谱，在地震工程领域应用较广。

持时是指强地震动的持续时间，地震的震害不仅取决于地震动的峰值，还取决于地震的持续时间。

地震动加速度能够反映建筑物所承载的惯性力的大小，具有工程意义，一度成为测定仪器地震烈度的首选参数。19 世纪末，众多科学家就尝试建立地震动加速度与地震烈度之间的关系，多种研究结果表明，地震动加速度与宏观地震烈度间因统计离散性较大，并不存在简单的统计关系。1952 年豪斯纳提出以速度反应谱在周期为0.1 ~2.5s 间的面积为度量指标（谱强度），实质是计算强地震输入到各类建筑物的主要能量，以此反映地震烈度。除此之外，还有根据不同建筑物结构类型采用不同的物理量计算地震烈度、利用多个物理量联合度量地震烈度、分频段定义地震烈度等方法。目前，用地震动参数评定地震烈度的方法主要有两类，一类是利用单因子直接回归，另一类是利用多因素综合评定。研究结果表明：地震烈度与地震动参数间不存在确定性的物理关系，各地震烈度所对应的地震动参数十分离散，相差数十倍，且将多个地震动参数进行回归分析仍然不能改变这种状态。因此，将仪器地震烈度直接与地震动参数建立关系，成为快速推测地震破坏程度的发展方向。

仪器地震烈度测定的是观测仪器所在位置处的烈度值，对于没有观测仪器的地区，通常采用插值等方法来得到烈度值，这样得到的仪器地震烈度值称为推测烈度。随着地震观测台站密度特别是强震动观测台站密度的提高，可以根据所得到的仪器地震烈度及推测烈度快速绘制地震影响强度和范围分布，为人员伤亡估计、经济损失评估、应急救援决策和工程抢险修复决策提供依据。如美国震后快速产出的地震动图及日本的推测烈度场分布。

随着地震监测仪器的发展，仪器地震烈度判定在一些国家发展为用地震仪器记录的原始波形通过一定方法计算得到仪器烈度，如美国、日本、印度、伊朗、土耳其等国在破坏性地震发生后均不再进行全面的宏观烈度评定。我国也已经开始建设地震烈度速报网，从而提高对强地震致灾情况的快速反应能力。

二、常用仪器地震烈度计算方法

目前仪器地震烈度计算方法有很多，包括采用不同地震动参数定量计算和模糊判别等。

1. 两种国外的计算方法

（1）美国震动图系统中采用的仪器烈度计算方法。

1994 年北岭地震后美国地质调查局（USGS）着手震动图系统的研发，系统于 1996 年开始在南加州地区测试运行，并于 1999 年正式投入运行。震动图可在全球破坏性地震后很短时间内它都能快速地产出一系列结果，包括峰值地面运动加速度 PGA 等值图、峰值地面运动速度 PGV 等值图、仪器烈度分布图、以及周期分别为 0.3s、1.0s 和 3.0s 的反应谱等值图等。

震动图系统中仪器烈度的计算方法主要采用了瓦尔德等（1999）的研究结果。方法应用 1971 ~1994 年发生于美国加州地区的 8 次比较大的地震分别统计得到了修正默卡尼烈度（MMI）的与地震动峰值 PGA、PGV 的关系，并推荐了如下的仪器烈度计算公式：

$$I_{mm} = \begin{cases} 2.20 \times \lg_{10}(PGA) + 1.00 & I_{mm} \leqslant \text{IV} \\ \left.\begin{array}{l} 3.66 \times \lg_{10}(PGA) - 1.66 \\ 3.47 \times \lg_{10}(PGV) + 2.35 \end{array}\right\} & \text{V} \leqslant I_{mm} \leqslant \text{VII} \\ 2.10 \times \lg_{10}(PGV) + 3.40 & I_{mm} \geqslant \text{VIII} \end{cases} \tag{11.2.1}$$

（2）日本气象厅（JMA）计测烈度。

日本气象厅综合考虑峰值、持时以及频谱等多个地震动参数的影响，经过长期的探讨和实践制定出一套完整的仪器烈度计算方法。为区别于烈度表定义的地震烈度，他们将此烈度称为“气象厅计测烈度”。目前正在使用的气象厅测定烈度计算方法及计算步骤如下：

第一步，在频率域内采用图 11.2.1 所示的纯幅值滤波器 F 对三分向地震动加速度时程分别进行滤波。

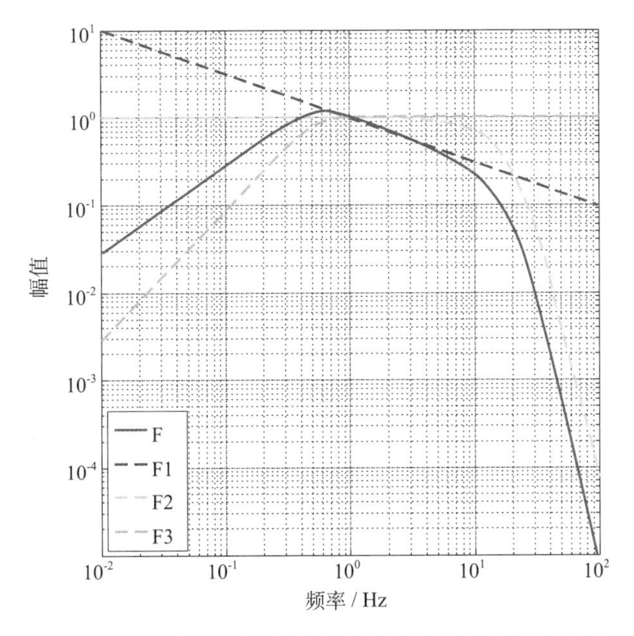

图 11.2.1　日本气象厅仪器烈度计算所采用的幅值滤波器

从上图可以看到该滤波器实际上是由一个调幅滤波器（F1）、一个低通滤波器（F2）和一个高通滤波器（F3）共同组成的，各滤波器的表达式分别为：

$$F_1(f) = \sqrt{\frac{1}{f}} \tag{11.2.2}$$

$$F_2(f) = \sqrt{1 + \sum_{n=1}^{6} a_n y^{2n}} \tag{11.2.3}$$

其中，$y=\frac{f}{f_c}$，$f_c=10\text{Hz}$，$a_1=0.694$，$a_2=0.241$，$a_3=0.0557$，$a_4=0.009664$，$a_5=0.00134$，$a_6=0.000155$；

$$F_3(f) = \sqrt{1 - e^{-(\frac{f}{0.5})^3}} \tag{11.2.4}$$

$$F = F_1 \times F_2 \times F_3 \tag{11.2.5}$$

上述高通滤波器的低频截止频率为 0.5Hz，低通滤波器的高频截止频率为 10.0Hz，这两个滤波器组合即成为一个带通滤波器，带通滤波器的有效频带即为 0.5～10.0Hz，这样的带通滤波器的设计主要是考虑地震动频率对日本主要结构的影响。为了更加充分的考虑地震动相对低频成分对于地震烈度的影响，他们又添加了一个调幅滤波器，即滤波器 F_1。滤波器 F_1 的引入放大了地震动记录中的低频成分（主要为速度特征），而对部分高频成分（加速度特征）进行压制。

第二步，将滤波后的记录反变换到时间域，从而可以得到滤波后的地震动加速度时程，再由滤波后的三分向加速度时程按式计算合成加速度时程，此时合成加速度的幅值全部为正值。

$$A_{all} = \sqrt{a_{ew}^2 + a_{ns}^2 + a_{ud}^2} \tag{11.2.6}$$

第三步，选取合成加速度时程中持时大于等于 0.3 秒时的幅值作为有效峰值加速度 A_m。持时的定义有很多种，日本气象厅在此处采用了一种比较简单的定义方式，即将合成加速度时程中超过某一阈值的所有幅值的振动时间相加作为持时。

第四步，将有效峰值加速度 A_m 带入公式（11.2.7）计算，对计算结果保留一位小数即为台站位置处的气象厅测定烈度值（发布时则取整数值）。即当有效峰值加速度的值 A_m 为 1000gal 时，气象厅测定烈度为 7 度。

$$I = 2 \times \lg_{10}(A_m) + 0.94 \tag{11.2.7}$$

2. 我国现行的几种计算方法

（1）《仪器地震烈度计算暂行规程》的计算方法。

为了配合仪器地震烈度速报台网建设，中国地震局监测预报司组织人员制定了《仪器地震烈度计算暂行规程》，并于 2015 年 3 月开始执行。该规程采用地震动加速度峰值 PGA 和速度峰值 PGV 联合计算的方法，仪器地震烈度分为 12 等级，分别用阿拉伯数字 1～12 表示。计算流程如图 11.2.2 所示。

①地震波形记录的选取和处理。仪器地震烈度可用加速度、速度等地震波形记录进行计算，优先选取三分向（E－W、N－S、U－D）记录波形，条件不具备时也可选取两水平方向（E－W、N－S）或单水平方向记录，所用记录的频带应大于 0.1Hz～10Hz。

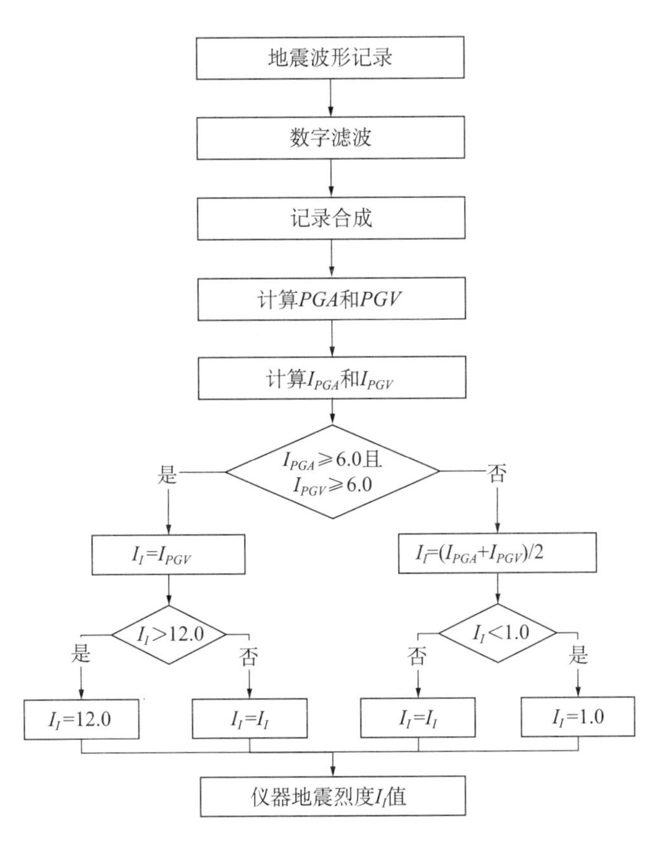

图 11.2.2　仪器地震烈度计算流程图

当获取的地震波形记录为速度记录时，可通过对时间的微商得到加速度记录。PGV 由速度记录计算得到，当获取的地震波形记录为加速度记录时，可通过对时间的积分得到速度记录。

采用数字滤波器对地震波形加速度和速度记录的每个分向进行 0.1Hz～10Hz 带通滤波。

采用公式（11.2.8）计算合成三方向加速度记录。

$$a(t_i) = \sqrt{a(t_i)_{E-W}^2 + a(t_i)_{N-S}^2 + a(t_i)_{U-D}^2} \tag{11.2.8}$$

采用公式（11.2.9）计算合成三方向速度记录。

$$v(t_i) = \sqrt{v(t_i)_{E-W}^2 + v(t_i)_{N-S}^2 + v(t_i)_{U-D}^2} \tag{11.2.9}$$

$a(t_i)$ ——t_i 时刻点合成加速度记录；单位为米每平方秒（m/s^2）

$a(t_i)_{E-W}$——t_i 时刻点滤波后东西向加速度记录；单位为米每平方秒（m/s^2）

$a(t_i)_{N-S}$——t_i 时刻点滤波后北南向加速度记录；单位为米每平方秒（m/s^2）

$a(t_i)_{U-D}$——t_i 时刻点滤波后垂直向加速度记录；单位为米每平方秒（m/s^2）

$v(t_i)$ ——t_i 时刻点合成速度记录；单位为米每秒（m/s）

$v(t_i)_{E-W}$——t_i 时刻点滤波后东西向速度记录；单位为米每秒（m/s）

$v(t_i)_{N-S}$——t_i 时刻点滤波后北南向速度记录；单位为米每秒（m/s）

$v(t_i)_{U-D}$——t_i 时刻点滤波后垂直向速度记录；单位为米每秒（m/s）

如记录仅为两水平方向记录，式 11.2.8 及 11.2.9 中 $a(t_i)_{U-D}$和 $v(t_i)_{U-D}$设置为零。如记录仅为单水平方向记录，取记录的绝对值。

取 $a(t_i)$ 和 $v(t_i)$ 的最大值作为地震动加速度峰值 PGA（单位 m/s^2）和速度峰值 PGV（单位 m/s）。

②仪器地震烈度计算方法。将计算得到的 PGA 代入式 11.2.10 中计算：

$$I_{PGA}=\begin{cases}3.17\lg(PGA)+6.59 & \text{三方向合成 } PGA\\ 3.20\lg(PGA)+6.59 & \text{两水平方向合成 } PGA\\ 3.23\lg(PGA)+6.82 & \text{单水平方向 } PGA\end{cases} \tag{11.2.10}$$

将计算得到的 PGV 代入式（11.2.11）中计算：

$$I_{PGV}=\begin{cases}3.00\lg(PGV)+9.77 & \text{三方向合成 } PGV\\ 2.96\lg(PGV)+9.78 & \text{两水平方向合成 } PGV\\ 3.11\lg(PGV)+10.21 & \text{单水平方向 } PGV\end{cases} \tag{11.2.11}$$

如 I_{PGA}和 I_{PGV}均大于等于 6.0，则仪器地震烈度 I 取 I_{PGV}，其余取 I_{PGA}和 I_{PGV}的算术平均，如 11.2.12 式所示：

$$I=\begin{cases}I_{PGV} & I_{PGA}\geqslant 6.0 \text{ 且 } I_{PGV}\geqslant 6.0\\ (I_{PGA}+I_{PGV})/2 & I_{PGA}<6.0 \text{ 或 } I_{PGAV}<6.0\end{cases} \tag{11.2.12}$$

如 I_I 值小于 1.0 时取 1.0，如 I_I 值大于 12.0 时取 12.0。

（2）福建省地方标准采用的计算方法。

2012 年，金星等根据福建省地震烈度速报实践，参考日本仪器烈度，制定了福建省地方标准：仪器地震烈度表（DB35/T 1308—2012）。

其计算方法与日本气象厅仪器烈度类似，不同的是考虑我国主要建筑结构的自振周期应用了滤波频带为 0.3～3.0Hz 带通滤波器，采用了持时为 0.5s 的地震动峰值 $A_{0.5}$ 作为有效峰值。

仪器地震烈度计算公式为：

$$I=2.71\times\lg(A_{0.5})+2.39 \tag{11.2.13}$$

（3）模糊判别算法。

鉴于地震动参数（地震动幅值、频谱和持时）与地震烈度间具有较大的离散性，且地震烈度本身的定义和评定方法具有模糊性，袁一凡教授1998年在对比分析了多种地震动参数统计回归关系后，研究提出了一种由多种地震动参数，采用模糊数学的隶属度函数来综合判定仪器地震烈度。

该方法选择两水平向峰值加速度最大值、垂直向峰值加速度、卓越频率、20%相对持时以及8Hz、5Hz、2Hz、1Hz四个频率点的反应谱值等共8个地震动参数共同参与评定仪器地震烈度，将前四个地震动参数归为第一组，后面四个反应谱参数归为另一组，对两组参数分别进行单独判定，随后再进行加权综合判定，最终给出仪器地震烈度计算结果。该方法的仪器地震烈度评定范围分为8档，对应于地震烈度表中的小于Ⅳ、Ⅳ、Ⅴ、Ⅵ、Ⅶ、Ⅷ、Ⅸ、大于Ⅸ。

第十二章　地震观测数据应用

在获得地震事件波形记录、震相数据、地震基本参数的基础上，可以进一步求出震源机制和震源参数。震源机制主要给出地震断层的错动方式和作用力方向等；震源参数包括地震矩、应力降、震源断层长度（震源特征尺度）等。为满足地震应急、地震科学研究和预测等需要，目前国内外的一些测震台网中心已经把震源参数与地震基本参数一起编入了地震目录。

第一节　震源力学模型

为了描述断层错动过程，地震学者建立了各种震源力学模型。震源力学模型必须满足两个条件，一个是这种力学模型所产生地震波的空间分布，必须符合实际观测的地震波空间分布；另一个是这种力学模型在地下深部的物理状态下有可能存在。

一、无矩双力偶

构造地震发生在地球内部，是由地球内力导致的，为了描述这种内力的作用引入震源力学模型，这种震源力学模型应满足净力和净力矩都等于零的约束条件。图 12.1.1 中的力矩为 M

$$\boldsymbol{M} = \frac{1}{2}\boldsymbol{d} \times \boldsymbol{f} \qquad (12.1.1)$$

式（12.1.1）中力矩 $\boldsymbol{M}$、力 $\boldsymbol{f}$ 和力臂 $\frac{\boldsymbol{d}}{2}$ 为矢量，× 表示矢量之间的矢量积，所得到的矢量方向遵守右手（顺时针）定则。图 12.1.1（a）中单力偶的两个力矩都指向纸面内，虽合力为零，但合力矩不为零。（b）中所示双力偶的合力和合力矩都为零。各向同性介质中有限尺度平面断层的错动在力学上与分布于断层面上的双力偶是等效的。因此，将震源近似看成点源时，双力偶点源模型就成为描述剪切错动源的常用模型。利用双力偶点源模型可以求出断层面的解，即震源机制解。

二、地震矩张量

尽管双力偶模型产生的力与断层的错动力等效，但实际的天然地震的发震过程不尽是断层的错动；还有，因地下核爆炸或化学爆炸引起的体积突然膨胀以及地球内部的相变引起的快速扩展或体积突然收缩等也都可激发地震。从最一般的观点出发，各种地震震源可以统一地用地震矩张量表示。在震源物理研究中，迄今主要涉及的是在点源近似的条件下作为时间函数的二阶地震矩张量。二阶地震矩张量在一级近似上客观地、完整地表示了最一般类型的

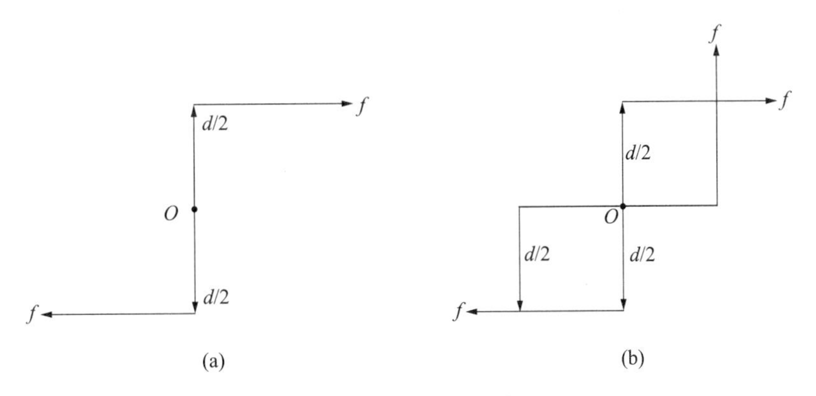

图 12.1.1　震源力学模型

地震震源的内力。

1. 关于张量

当一个物理量需用 n^N 个分量来表示时，就称其为 n 维 N 阶张量。n 为空间维数，N 为张量的阶。例如，当 $N=0$ 时，为零阶张量，$n^0=1$，即为标量；当 $N=1$ 时，为一阶张量，$n^1=n$，即有 n 个分量，这就是通常所说的 n 维矢量，如果 $n=3$，即为三维矢量。

当 $N=2$ 时，为二阶张量，有 n^2 个分量。如果 $n=3$，则 $n^2=9$，此时，对于三维空间中的二阶张量，共有 9 个分量。二阶地震矩张量即为三维二阶张量。以 M_{jk} 表示其分量，$j=1$，2，3，$k=1$，2，3。于是，三维二阶张量 M 的矩阵表示是：

$$M=\begin{bmatrix} M_{11} & M_{12} & M_{13} \\ M_{21} & M_{22} & M_{23} \\ M_{31} & M_{32} & M_{33} \end{bmatrix} \tag{12.1.2}$$

2. 作为时间函数的二阶地震矩张量

如前所述地震矩张量是时间的函数，只有矩张量的快速变化才能辐射出强烈的地震波。除非特大地震，大多数地震是矩张量在几秒钟之内急速增长的过程，即大多数地震是上升时间仅有几秒钟的快速变化过程。所以，如果所涉及的地震波周期远大于矩张量的上升时间，则可用 $M(t)$ 和 $\dot{M}(t)$ 近似地表示矩张量及其变化率。

$$M(t)=MH(t) \tag{12.1.3}$$

$$\dot{M}(t)=M\delta(t) \tag{12.1.4}$$

式中 $H(t)$ 为阶跃函数，$\delta(t)$ 为单位冲击函数，

$$H(t)=\begin{cases}1 & 当\ t>0 \\ 0 & 当\ t<0\end{cases} \tag{12.1.5}$$

$$\delta(t) = \begin{cases} 0 & \text{当 } t \neq 0 \\ \infty & \text{当 } t = 0 \end{cases} \tag{12.1.6}$$

且

$$\int_{-\Delta t}^{\Delta t} \delta(t)\,\mathrm{d}t = 1 \tag{12.1.7}$$

Δt 为一小量。这就是说，除了特别大的地震外，对于周期很长的地震波而言，大多数地震像是持续时间很短暂的脉冲源。而特别大的地震可简化地看作多个脉冲源的时空组合。我们利用数字化地震资料求出的正是（12.1.3）或（12.1.4）式中的地震矩张量 M。

3. 地震矩张量解析

地震矩张量 M 有 9 个分量，用 M_{jk} 表示，如图 12.1.2 所示，其中 $j=k$ 的分量是沿 j 方向作用和展布的一对无矩偶极（一对大小相等方向相反的力作用在同一点上）；当 $j \neq k$ 时是沿 j 方向作用、沿 k 方向展布的一个单力偶（一对大小相等沿 j 轴方向相反作用的力，其作用点分布在 k 轴上，作用点距离趋于零，其力矩大小为 M_{jk}）。净力矩等于零这一条件使得地震矩张量为对称张量，即 $M_{jk}=M_{kj}$。因此，地震矩张量最多只有 6 个独立分量。

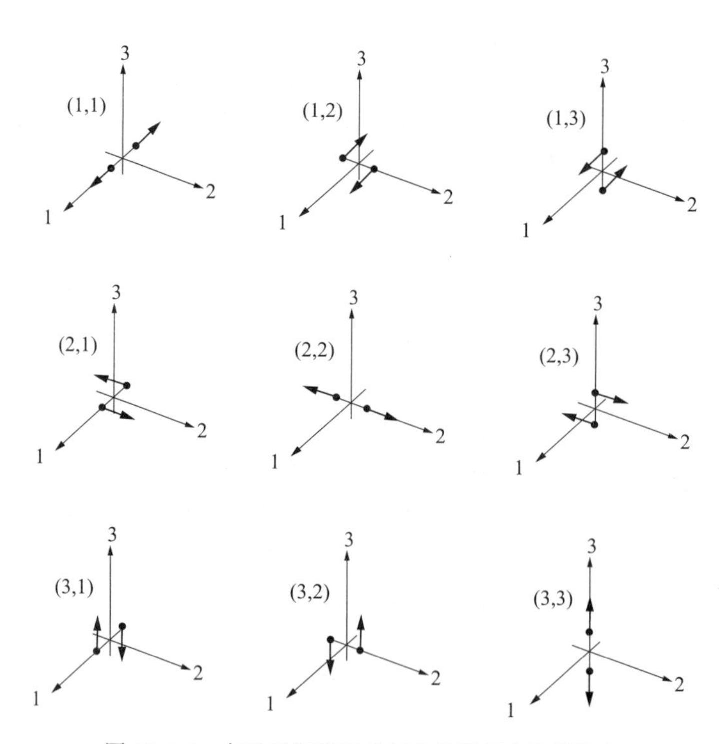

图 12.1.2　与地震矩张量的每个分量相应的等效力

4. 双力偶点源辐射的远场地震波及震源机制解

采用图 12.1.3 中所示坐标系，这是以点源震源为原点，依照断层面及滑动方向确定的坐标系，在此坐标系中，位于原点的断层面在 $x-z$ 平面内或 $y-z$ 平面内。这里设定在 $x-z$ 平面内（此时 $y-z$ 平面称作辅助面，在辐射地震波的意义上，断层面和辅助面可以互换），

于是 x 轴方向就是断层错动矢量的方向。这一坐标系称作震源坐标系，每个震源有自己的特定震源坐标系。

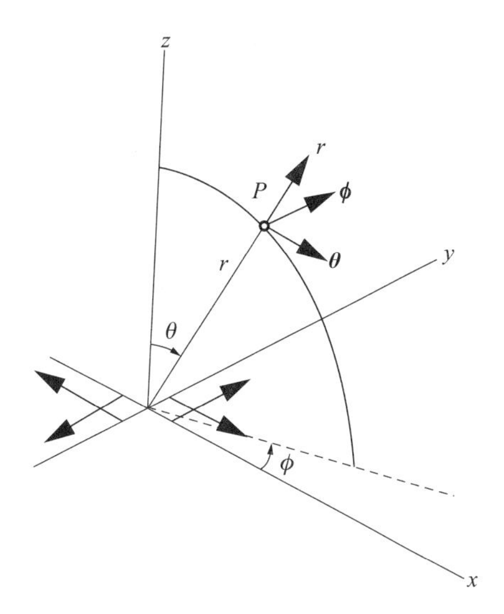

图 12.1.3　震源坐标系 $x-y-z$ 和观测坐标系 $r-\theta-\phi$

在这个震源坐标系中，用球坐标表示观测点的位置，观测点 P 可表示为（r，θ，ϕ），其中 r 是观测点到震源坐标系原点的距离，θ 是 r 矢量与 z 轴之间的夹角（$0\leqslant\theta\leqslant180°$），$\phi$ 是 $z-r$ 平面与 $x-z$ 平面之间的夹角（$0\leqslant\phi<360°$）。在均匀各向同性介质中，由图中所示双力偶震源辐射的远场（震源距≫震源尺度；对于点源假设，要求震源距≫所研究的地震波长）地震波位移在观测点 P（r，θ，ϕ）处的分量表达式为：

$$u_r = \frac{1}{4\pi\rho V_P^3 r}\dot{M}\left(t-\frac{r}{V_P}\right)\sin^2\theta\cdot\sin2\phi \tag{12.1.8}$$

$$u_\theta = \frac{1}{4\pi\rho V_S^3 r}\dot{M}\left(t-\frac{r}{V_S}\right)\sin\theta\cdot\cos\theta\cdot\sin2\phi \tag{12.1.9}$$

$$u_\phi = \frac{1}{4\pi\rho V_S^3 r}\dot{M}\left(t-\frac{r}{V_S}\right)\sin\theta\cdot\cos2\phi \tag{12.1.10}$$

三个位移分量的正方向分别如图 12.1.3 中三个单位矢量 $\boldsymbol{r}$，$\boldsymbol{\theta}$，$\boldsymbol{\phi}$ 所示。式中 ρ 是介质密度，V_P 和 V_S 分别是 P 波和 S 波传播速度，r 是表达位移的点（观测点）到震源的距离，t 是时间，$t=0$ 是力矩开始作用的时间，即断层开始错动的时间，$\dot{M}(t)$ 是双力偶中一个力偶强度对时间的导数。如果以原点为中心，r 为半径作一球面，则 $\boldsymbol{r}$ 是垂直于球表面的 r 增大方向，$\boldsymbol{\theta}$ 为在 $r-z$ 平面内的与球面相切并指向 θ 增加方向的矢量，而 $\boldsymbol{\phi}$ 为与球面相切、垂直于 $r-z$ 平面并指向 $\boldsymbol{\phi}$ 增加方向的矢量。由 $\boldsymbol{r}$，$\boldsymbol{\theta}$，$\boldsymbol{\phi}$ 矢量构成的直角坐标系称作观测坐标系，它随着观测点相对于震源坐标系的坐标（r，θ，ϕ）而改变。由上式可知，u_r 是 P 波表达式，u_θ 和 u_ϕ 分别是SV波和SH波的表达式。各表达式中的三角函数部分称作震源的辐射图形，或称辐射花样，它描述在任一给定半径 r 的球面上，辐射波位移的方向和振幅大小随空间方位的分布。按此辐射花样，P波和S波位移的方向和振幅大小显示出四象限的特征。图12.1.4给出在 $\theta=90°$ 的平面（图12.1.3中的 $x-y$ 平面）内P波和S波（此时的S波只包含SH波）位移随方位的分布图及辐射花样玫瑰图。在辐射花样玫瑰图中，从原点向外的任一方向上，原点至玫瑰线的线段长度表示该方向上振幅的相对大小（按表示辐射花样的三角函数因子，最大振幅值为1）。

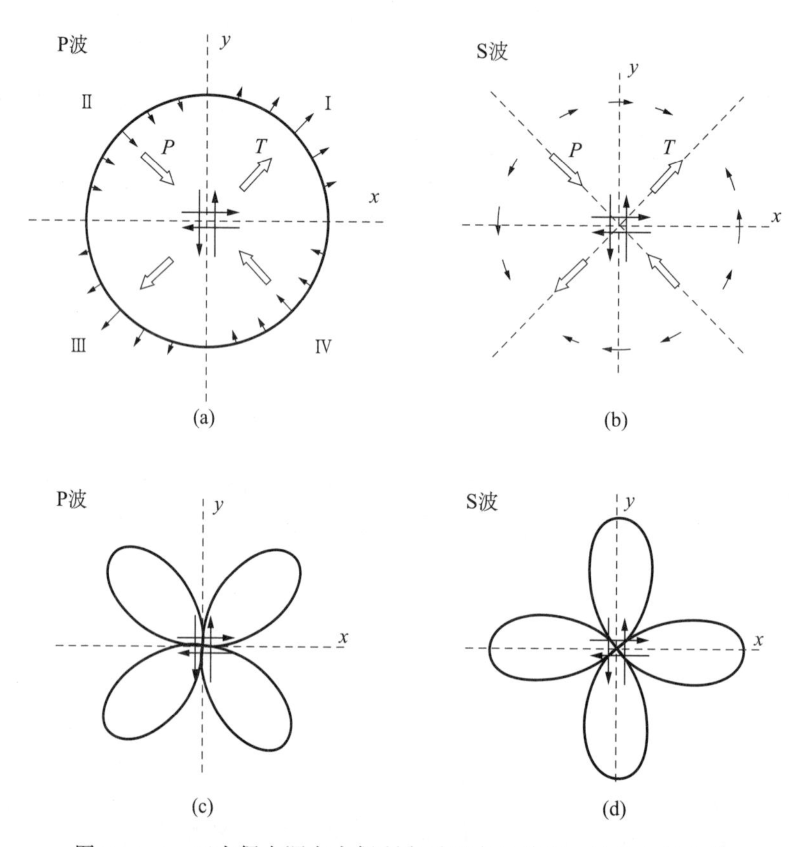

图12.1.4　双力偶点源在力偶所在平面内P波和S波的辐射花样

对于P波（图12.1.4a和c），断层面的延伸平面（$x-z$ 平面）和垂直于断层面的平面（$y-z$ 平面，即辅助面）是位移等于零的平面，称为P波的两个节面。Ⅰ、Ⅲ两个象限辐射出去的P波传到台站后使垂直向地震仪记录到初动向上的地动位移，即初动方向为正，台站所在区域称作压缩区。Ⅱ、Ⅳ两个象限辐射出去的P波传到台站后使垂直向地震仪记录到初动向下的地动位移，即初动方向为负，台站所在区域称作膨胀区。在Ⅰ、Ⅲ象限内，与 x 和 y 轴夹角为45°的方向是双力偶点源的 T 轴方向。在Ⅱ、Ⅳ象限内，相应的象限平分线方向是双力偶点源的 P 轴方向。要说明的是，只有在均匀各向同性介质中且地震发生处没有震前已存在的断裂时，力轴才处在象限平分线上。

双力偶点源辐射的S波也呈四象限分布（图12.1.4b和d），但S波辐射的强、弱分布正好与P波相差45°，P波的两个节平面正好是S波辐射最强的方向，而P、T轴方向是S波辐射为零的方向。

z 轴方向是断层面和辅助面的交线方向，相应于（12.1.8)—(12.1.10）式中 $\theta=0$ 的情况，在此方向上 P 波和 S 波辐射位移的振幅都为零，所以 z 轴又称零轴，通常记为 N 轴或 B 轴。

综上所述，利用双力偶点源模型，根据地震观测求震源模型参数的结果，通常称为震源机制解，也有人称作地震的断层面解。

前已说明，两个节面（节面 I 和节面 II）中有一个是断层面，一个是辅助面。对于震源机制解，可以给出 12 个参数，它们是：

节面 I 走向 ϕs，倾角 δ 和滑动角 λ；

节面 II 走向 ϕs，倾角 δ 和滑动角 λ；

P 轴的方位角 Az 和倾角 Pl；

T 轴的方位角 Az 和倾角 Pl；

N 轴的方位角 Az 和倾角 Pl。

这 12 个参数中只有 3 个是独立的，由此可求出其余的参数，例如节面 I 或节面 II 的 3 个参数，或 P 轴的两个参数加上 T 轴的一个参数。

5. 地震矩张量的分解

地震矩张量 M 可分解为各向同性部分和偏量部分，即

$$M = PI + M' \tag{12.1.11}$$

其中 P 为标量，I 为单位矩阵，

$$I = \begin{bmatrix} 1 & 0 & 0 \\ 0 & 1 & 0 \\ 0 & 0 & 1 \end{bmatrix} \tag{12.1.12}$$

M' 为地震矩张量中的偏量部分，

$$M' = \begin{bmatrix} M'_{11} & M'_{12} & M'_{13} \\ M'_{21} & M'_{22} & M'_{23} \\ M'_{31} & M'_{32} & M'_{33} \end{bmatrix} \tag{12.1.13}$$

其中 M' 的秩

$$Tr(M') = M'_{11} + M'_{22} + M'_{33} = 0 \tag{12.1.14}$$

对于在均匀介质中的爆炸源或内向爆炸源，矩张量不存在偏量部分，而纯剪切错动源的矩张量不存在各向同性部分，只含有偏量部分。需要注意的是，只含有偏量部分的矩张量不一定就是纯剪切错动源。

地震矩张量是对称张量。由一个对称张量可得到3个本征矢量，其方向对应于3个互相垂直的主轴方向，记3个本征矢量的模为 M_1、M_2、M_3，约定 $M_1 > M_2 > M_3$。参考式(12.1.11)，相应的偏量分量为 M'_1、M'_2、M'_3。在此约定下，可对地震矩张量进行不同形式的分解，并赋予不同的物理含义。于是，式（12.1.11）可表示为：

$$M = PI + \begin{bmatrix} M'_1 & 0 & 0 \\ 0 & M'_2 & 0 \\ 0 & 0 & M'_3 \end{bmatrix} \tag{12.1.15}$$

对于偏量部分，由前面的限定，$M'_{11} + M'_{22} + M'_{33} = 0$，如果除了设 $M'_1 > M'_2 > M'_3$ 外，还设 M'_1 也是绝对值最大的值，则 M'_2 和 M'_3 必定与 M'_1 反号，因此，M'_2 一定是绝对值最小的值。

令 $F = -M'_2/M'_1$，$0 \leqslant F \leqslant \frac{1}{2}$

于是 $M'_2 = -FM'_1$

$M'_3 = (F-1)\ M'_1$（因为 $M'_1 + M'_2 + M'_3 = 0$）

利用这些关系，地震矩张量可以分解成：

$$M = \frac{1}{3}(M_1 + M_2 + M_3)\begin{bmatrix} 1 & 0 & 0 \\ 0 & 1 & 0 \\ 0 & 0 & 1 \end{bmatrix} + (1-2F)\begin{bmatrix} M'_1 & 0 & 0 \\ 0 & 0 & 0 \\ 0 & 0 & -M'_1 \end{bmatrix} + F\begin{bmatrix} 2M'_1 & 0 & 0 \\ 0 & -M'_1 & 0 \\ 0 & 0 & -M'_1 \end{bmatrix} \tag{12.1.16}$$

式中右侧第一项为各向同性部分。第二、三两项为偏量部分，第二项对应于纯双力偶源，记为 DC，第三项称作补偿线性矢量偶极，记为 $CLVD$。

因子 F 表示了补偿线性矢量偶极与纯双力偶源的比例关系，当 $F=0$ 时，偏量部分仅包含双力偶；当 $F=½$时，偏量部分仅包含补偿线性矢量偶极。

由于$0 \leqslant F \leqslant ½$，所以习惯上常用 $2F$ 的百分数来表示补偿线性矢量偶极的相对强度，用（$1-2F$）的百分数来表示纯双力偶的相对强度，两者之和为100%。发现一些张性破裂源含有明显的补偿线性矢量偶极成分。

在主轴坐标系中地震矩张量还可分解成另一种形式：

$$M = \frac{1}{3}(M_1 + M_2 + M_3)\begin{bmatrix} 1 & 0 & 0 \\ 0 & 1 & 0 \\ 0 & 0 & 1 \end{bmatrix} + \frac{1}{6}(2M_2 - M_3 - M_1)\begin{bmatrix} -1 & 0 & 0 \\ 0 & 2 & 0 \\ 0 & 0 & -1 \end{bmatrix} + \frac{1}{2}(M_1 - M_3)\begin{bmatrix} 1 & 0 & 0 \\ 0 & 0 & 0 \\ 0 & 0 & -1 \end{bmatrix} \tag{12.1.17}$$

上式表示，地震矩张量可以分解为一个强度为 $(M_1+M_2+M_3)/3$ 的膨胀中心，一个标量地震矩为 $(M_1-M_3)/2$ 的无矩双力偶，一个强度为 $(2M_2-M_3-M_1)/6$ 的补偿线性矢量偶极。其中的无矩双力偶是最接近于矩张量偏量部分的双力偶，称为最佳双力偶，注意这里的 M_3 为负值。

三、剪切错动源

多数浅源地震为断层的剪切错动，可用剪切错动源模型进行断层面参数求解。

1. 剪切错动源的描述

地震断层通常用断层的走向 Φ_S、倾角 δ 和滑动角 λ 三个参数来描述。按国际上常用的描述方法，这些参数的定义是：

倾角 δ：断层面与水平面的夹角，$0°\leqslant\delta\leqslant90°$。

走向 Φ_S：当倾角 δ 不为 0 时，存在断层面与水平面的交线，该断层面与水平面交线的方向即为走向，但此交线有两个方向。当 δ 既不为 0 也不为 90°时，按以下原则确定其中之一为断层的走向方向：观察者沿走向看去，断层上盘在右。走向用从正北顺时针量至走向方向的角度 Φ_S 表示，$0°\leqslant\Phi_S<360°$。

滑动角 λ：滑动方向指断层上盘相对于下盘的运动方向，滑动角是断层面上滑动方向与走向方向之间的夹角，在断层面上度量，从走向方向逆时针量至滑动方向的角度为正，顺时针量至滑动方向的角度为负。$-180°\leqslant\lambda\leqslant180°$。

对倾角 $\delta=90°$的断层，必须约定断层的哪一侧为上盘、哪一侧为下盘。当断层错动含有上下滑动（倾滑）分量时，约定下降的一盘为下盘，上升的一盘为上盘，走向的选取仍是使上盘在观察者的右边。所以，当倾角 $\delta=90°$时的“纯”倾滑断层总是约定为“逆”断层。当 $\delta=90°$且为纯走滑断层时，先任意选择两个可能走向中的一个作为断层走向，然后根据这一走向确定将断层的那一盘定义为上盘：观察者沿走向看去，右边的一盘为上盘，并以此上盘相对于下盘的滑动方向确定滑动角。于是，$\lambda=0$ 是左旋走滑，$\lambda=\pm180°$是右旋走滑，与图 12.1.5 中的约定一致。

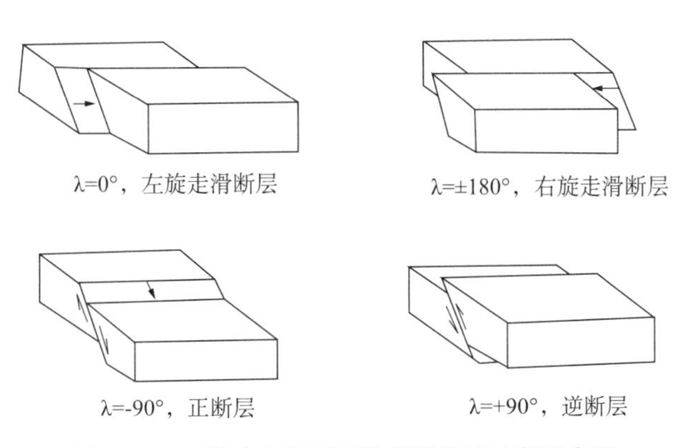

图 12.1.5　滑动角取不同数值所描述的断层类型

走向 Φ_S 和倾角 δ 是断层的几何参数，二者规定了断层的产状；滑动角 λ 是断层的运动参数，由这一参数的具体数值，可描述断层的各种运动类型，图 12.1.5 显示的是倾角 δ 不为 0 也不为 90°的情况。此时，$\lambda \approx 0°$表示左旋走滑断层（断层水平错动，观察者在断层一侧并面对断层，另一侧向左运动），$\lambda \approx \pm 180°$表示右旋走滑断层（断层水平错动，观察者在断层一侧并面对断层，看到另一侧向右运动），$\lambda \approx +90°$表示逆断层（断层上盘相对于下盘向上方运动），$\lambda \approx -90°$表示正断层（断层上盘相对于下盘向下方运动）。

2. 剪切错动源的地震矩张量和标量地震矩

对于剪切错动源，如果取直角坐标系，以震中为坐标原点，使 x、y、z 轴的指向对应北、东、下方向（见图 12.1.6），设震源深度为 h，则震源坐标为（0，0，h），于是地震矩张量与描述断层错动的走向 Φ_S、倾角 δ 和滑动角 λ 有如下关系：

$$
\begin{aligned}
M_{XX} &= -M_0(\sin\delta \cdot \cos\lambda \cdot \sin2\Phi_s + \sin2\delta \cdot \sin\lambda \cdot \sin^2\Phi_s) \\
M_{YY} &= M_0(\sin\delta \cdot \cos\lambda \cdot \sin2\Phi_s - \sin2\delta \cdot \sin\lambda \cdot \cos^2\Phi_s) \\
M_{ZZ} &= M_0\sin2\delta \cdot \sin\lambda \\
M_{XY} &= M_{YX} = M_0(\sin\delta \cdot \cos\lambda \cdot \cos2\Phi_s + \frac{1}{2}\sin2\delta \cdot \sin\lambda \cdot \sin2\Phi_s) \\
M_{XZ} &= M_{ZX} = -M_0(\cos\delta \cdot \cos\lambda \cdot \cos\Phi_s + \cos2\delta \cdot \sin\lambda \cdot \sin\Phi_s) \\
M_{YZ} &= M_{ZY} = -M_0(\cos\delta \cdot \cos\lambda \cdot \sin\Phi_s - \cos2\delta \cdot \sin\lambda \cdot \cos\Phi_s)
\end{aligned}
\tag{12.1.18}
$$

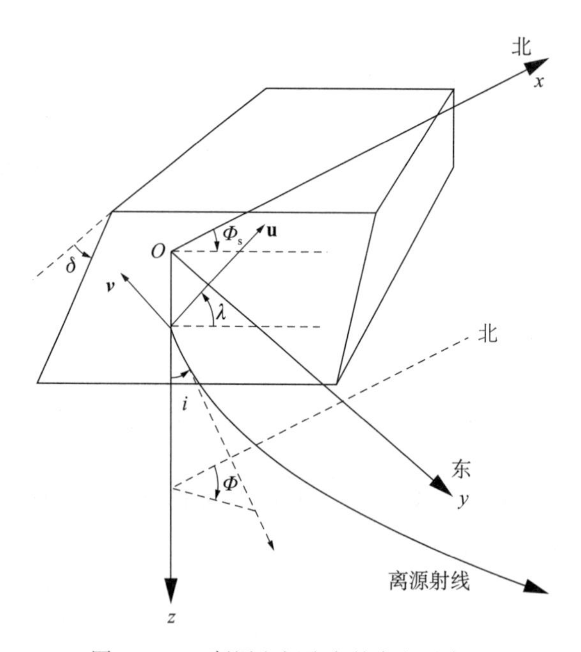

图 12.1.6　断层空间取向的定义示意图

从上列关系可知

$$M_{XX} + M_{YY} + M_{ZZ} = 0 \tag{12.1.19}$$

以及矩阵的行列式

$$\begin{vmatrix} M_{XX} & M_{XY} & M_{XZ} \\ M_{YX} & M_{YY} & M_{YZ} \\ M_{ZX} & M_{ZY} & M_{ZZ} \end{vmatrix} = 0 \qquad (12.1.20)$$

因此，对于剪切错动源，地震矩张量的6个独立分量中只有4个是真正独立的。这等价于用Φ_S、δ、λ三个断层参数加上M_0来表示剪切错动源。图12.1.6给出了断层空间取向的定义，其中Φ_S、δ、λ为断层面的方位角、倾角和滑动角，i为地震射线的离源角，Φ为射线方位角，$\boldsymbol{u}$是滑动矢量，$\boldsymbol{v}$为断层面的法向矢量。

式（12.1.18）中的标量M_0称作标量地震矩，简称地震矩。地震矩M_0与断层面面积A和断层面上的平均位错$\bar{D}$成正比：

$$M_0 = \mu \bar{D} A \qquad (12.1.21)$$

式中μ为震源区介质的剪切模量。M_0的单位是力矩单位N·m（国际单位制）。以前的文献中使用厘米·克·秒（$cm \cdot g \cdot s$）制，M_0单位是达因·厘米（dyn·cm）。

$$1\mathrm{N \cdot m} = 10^7 \mathrm{dyn \cdot cm}$$

在一些关系式中，因不同时期使用的单位不同，于是给出不同的常数项。例如，在使用dyn·cm表示M_0时，矩震级

$$M_W = \frac{2}{3}(\lg M_0 - 16.1) \qquad (12.1.22)$$

而当使用N·m表示M_0时，矩震级

$$M_W = \frac{2}{3}(\lg M_0 - 9.1) \qquad (12.1.23)$$

第二节　用初动符号测定震源机制解的手工方法

一、乌尔夫网和斯密特网简介

为求震源机制解，要以震源（点源）为中心构成一个假想的球面，这就是震源球。设震源球的半径为R，R要足够小，使得可以认为地震射线是直线穿过震源球表面。为了将三维的震源球投影到平面上，可利用不同的投影技术。最常用的是乌尔夫投影（球极平面投

影）和斯密特投影（等面积投影）。在手工分析测定震源机制解的年代，人们通常使用乌尔夫投影，它是一种等角投影，球面上曲线的交角投影到平面上后保持不变，球面上的圆投影到平面上后仍是一个圆，但在表示球面上的图形时，网心部分常过于集中，边缘部分则较稀疏。斯密特投影是一种等面积投影，球面上面积相等的区域投影到平面上后仍保持面积相等，用该投影，投影网上的图形分布相对比较均匀。在利用计算机程序进行震源机制解分析中，多采用斯密特投影，例如，在 HYPO71 地震定位程序中的一个选项是在打印纸上以斯密特投影图标出各台站的初动符号分布。图 12.2.1(a) 和 (b) 给出乌尔夫网和斯密特网。

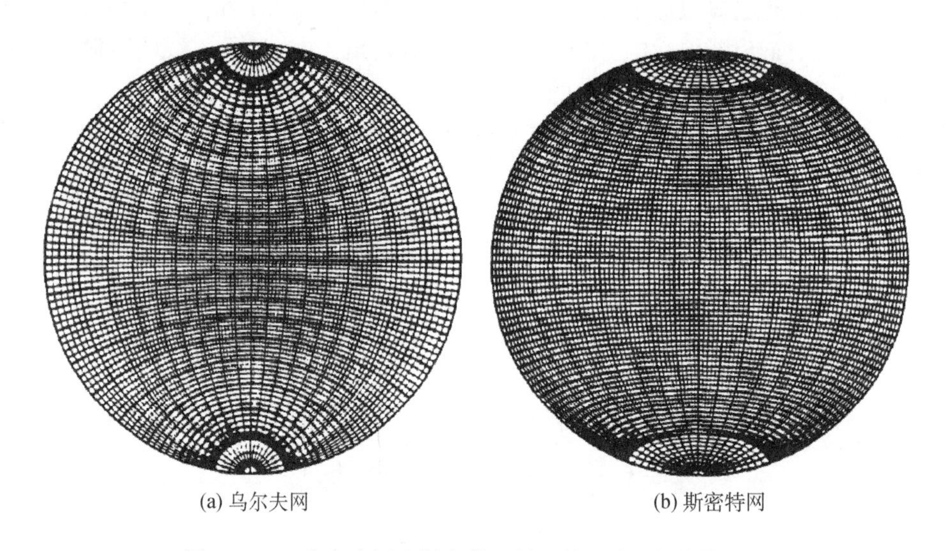

(a) 乌尔夫网　　(b) 斯密特网

图 12.2.1　乌尔夫网和斯密特网的比较。手工操作使用的实际工作底图有更密的网格，以提高手工作图的分辨力

用 (R, α, β) 表示震源球面上的一点，其中 R 是震源球的半径，α 是方位角，β 是离源角。r，θ 为平面上投影点的极坐标，即 r 为投影点到投影面坐标原点（这是震源球心在投影面上的投影点）的距离，θ 是在投影面上的方位角，与震源球上点的方位角约定相同，自北方向顺时针量起，取值范围为 $0° \leqslant \theta < 360°$。对于斯密特网，其投影关系由如下公式给出：

$$\begin{aligned} r &= \sqrt{2} \cdot R \cdot \sin(\beta/2) \\ \theta &= \alpha \end{aligned} \tag{12.2.1}$$

而对于乌尔夫网，其投影关系是

$$\begin{aligned} r &= R \cdot \tan(\beta/2) \\ \theta &= \alpha \end{aligned} \tag{12.2.2}$$

在用乌尔夫网或斯密特网作图时，通常设大圆的半径 R 等于 1。

将震源球投影到平面上时，有上半球投影和下半球投影之分。如果取下半球投影，对于下行地震射线，其离源角$\beta < 90°$（如图12.1.6中的情况）；对于上行射线，离源角$\beta > 90°$，在投影时需要用α_c =（$180° + \alpha$）代替方位角α，用β_c =（$180° - \beta$）代替离源角β。实践中，下半球投影优于上半球投影，因为在下半球投影中观察断层面会更加自然。现今发表的震源机制解图中，除非特别说明，都采用下半球投影的约定。但要注意，对于过去发表的震源机制解，还是要注意弄清楚采用的是哪个半球投影。在没有统一约定之前，对于远震一般采用下半球投影，而对于近震一般取上半球投影。

二、数据准备

利用初动符号求震源机制解的原始数据是分析人员从台站记录地震波形图上读出的P波垂直向初动符号和从震源到台站的地震射线方位角和离源角。地震射线的方位角和离源角依赖地球模型、震源位置和台站位置。

如上小节那样，记α为台站相对于震中的方位角，自北向东量取，$0° \leqslant \alpha < 360°$；记$\beta$为离源角，是在地震点源处地震射线与自震源向下的垂线之间的夹角，对于上行波（如Pg），其离源角$\beta > 90°$；对于下行波（如Pn），$\beta < 90°$（参见图12.1.6）。

1. 近震

计算近震的方位角和离源角一般采用直角坐标系，x轴正向指北，y轴正向指东，z轴正向指下，要将台站经纬度换算成相对于直角坐标系原点的x、y坐标，对于求解震源机制，可采用如下简单换算公式：

$$x = (\phi - \phi_0) \cdot \mathrm{d} \qquad (12.2.3)$$

$$y = (\lambda - \lambda_0) \cdot \mathrm{d} \cdot \cos((\phi + \phi_0) \cdot \pi/360)$$

式中ϕ和λ是台站的纬度和经度（度），ϕ_0和λ_0是直角坐标原点的纬度和经度（度），在我们的问题中这是震中的纬度和经度。式中的常数$\mathrm{d} = 111.19\mathrm{km}/$度。

假定已知水平分层地壳模型，地震在第k层中，层内P波速度为v_k，莫霍面下P波速度为$v_n(v_n > v_k)$，根据斯奈尔定律，首波的离源角β由如下简单关系给出：

$$\sin\beta = v_k/v_n \qquad (12.2.4)$$

例如，如果按我国平均双层地壳模型，当震源在上层（震源深度<16km），$v_k = 5.7\mathrm{km/s}$，$v_n = 8.01\mathrm{km/s}$，则$\beta = 45°$；若震源在地壳内的下层，$v_k = 6.51\mathrm{km/s}$，则$\beta = 54°$，可见震源深度对首波离源角的影响，但与震中距无关。

对于直达波Pg，如同计算走时那样，不能简单地计算离源角，除非震源在地壳内的最上层或简单地采用单层地壳模型，这时简单地有

$$\sin\beta_0 = \Delta/\sqrt{\Delta^2 + h^2} \qquad (12.2.5)$$

$\beta = 180° - \beta_0$，由于直达波是上行波，这里的β_0实际上是下半球投影时校正后的离源角

β_c。对于多层水平分层地壳模型，如果震源不在最上层，则要进行迭代求解，得到直达波走时和离源角。

计算方位角时，直达波 Pg 和首波 Pn 采用同一公式：

$$\tan\alpha_0 = \frac{|y|}{|x|} \tag{12.2.6}$$

如果 $x \geqslant 0$，$y \geqslant 0$，则 $\alpha = \alpha_0$；如果 $x \geqslant 0$，$y < 0$，则 $\alpha = 360° - \alpha_0$；$x < 0$，$y \geqslant 0$，则 $\alpha = 180° - \alpha_0$；$x < 0$，$y < 0$，则 $\alpha = 180° + \alpha_0$。

2. 远震

对于远震，计算台站相对于震中的方位角和射线离源角要采用以地球中心为球心的球坐标。在不做地球扁度校正的情况下，计算方位角 α 采用如下公式：

$$\cos\Delta = \cos\phi'_e \cdot \cos\phi'_s + \sin\phi'_e \cdot \sin\phi'_s \cdot \cos(\lambda_e - \lambda_s) \tag{12.2.7}$$

$$\cos\alpha_0 = \frac{\cos\phi'_s - \cos\phi'_e \cdot \cos\Delta}{\sin\Delta \cdot \sin\phi'_e}$$

式中 $0 \leqslant \alpha_0 \leqslant 180°$，$\phi'_e$ 和 ϕ'_s 分别为震中和台站的地心余纬度：

$$\phi'_e = 90° - \phi_e \tag{12.2.8}$$

$$\phi'_s = 90° - \phi_s$$

ϕ_s 和 ϕ_e 分别为震中和台站的地心纬度（度），在求震源机制解的问题中可近似地取震中和台站的地理纬度，如果是北纬取值为正，如果是南纬则取值为负，代入式（12.2.8）换算相应的余纬度。λ_s 和 λ_e 分别为震中和台站的经度（度）。如果 $\lambda_e \geqslant \lambda_s$，则震中方位角 $\alpha = \alpha_0$；如果 $\lambda_e < \lambda_s$，则震中方位角 $\alpha = 180° + \alpha_0$；为使式（12.2.7）有效，限定震中不在两极。如果恰在北极，则方位角为 0；如果恰在南极，则方位角为 180°

计算离源角采用如下公式：

$$\sin\beta = (180/\pi) \times (v_h/r_h) \times p(\Delta, h) \tag{12.2.9}$$

式中 h 是震源深度，v_h 是在深度 h 处的 P 波速度（km/s）；$r_0 = 6371\text{km}$，是地球平均半径；$r_h = r_0 - h$。p（Δ，h）是射线参数，它是震中距为 Δ 度的地面台站处走时曲线的导数，从震相走时表中可以查到，利用式（12.2.9）时 $p(\Delta,\ h)$ 的单位是秒/度。以 $J-B$ 走时表为例（参见《震相走时便查表》，国家地震局地球物理研究所编，1980），设震源深度 $h = 20\text{km}$，震中距为 20°，查到 P 波走时为 4 分 34.3 秒，走时曲线导数 $p(\Delta,\ h) = 2.1$ 秒/0.2 度 $=$ 10.5 秒/度。按 $J-B$ 地壳模型，$h = 20\text{km}$ 的 P 波速度为 6.50km/s，利用式（12.2.9）得到 $\sin\beta = 0.62$，$\beta = 38°$。采用其他地球模型也可进行类似的计算。如果震源深度大于 33km，利用 $J-B$ 走时表，可以用确定地球内部地震波传播速度的古登堡方法，用以下公式算出震源

深度 h 处的 P 波速度 vh(km/s)：

$$v_h = \frac{r_0 - h}{r_0} \cdot \left(\frac{\mathrm{d}\Delta}{\mathrm{d}t}\right)_{\min} \cdot 111.19 \tag{12.2.10}$$

式中 $\left(\frac{\mathrm{d}\Delta}{\mathrm{d}t}\right)_{\min} = \left(\max\left(\frac{\mathrm{d}t}{\mathrm{d}\Delta}\right)\right)^{-1}$，是走时曲线拐点斜率的倒数。在《震相走时便查表》中找出与震源深度 h 最接近的一个深度的走时表，例如 $h=140$km，找出 P 波走时栏给出的最大表尾差 $\mathrm{d}t=2.7$s（《震相走时便查表》第 248 页），相应的 $\mathrm{d}\Delta$ 是 0.2°，由式（12.2.10）得到 $v_h=8.05$km/s，再利用式（12.2.9），在震中距为 20°时的 $\sin\beta=0.78$，得到 $\beta=51°$。

3. 离源角和方位角校正

这里采用下半球投影，因此，对于上行射线（例如 Pg），要用其相反方向的下行射线替换，其校正后的离源角 $\beta_c=180°-\beta$，相应的方位角要校正为 $\alpha_c=\alpha\pm180°$（如果 $\alpha<180°$则取正号，否则取负号，以保证校正后的方位角介于 0°和 360°之间）。校正方位角和离源角，其初动符号不变。为便于叙述，对于下行波，也将其方位角 α 和离源角 β 记为 α_c 和 β_c。

三、在乌尔夫网或斯密特网上手工作图求解震源机制的具体步骤

准备好一张乌尔夫网或斯密特网（以下统称投影网）底图，如图 12.2.1a 和 b 所示，在其上蒙上一张描图纸，在纸上标出投影网中心位置 C，并用图钉在 C 点将描图纸固定在网心，使其标出的中心与网心重合，描图纸可绕中心转动。然后用短划标出网边的北、东、南、西的位置。

1. 在描图纸上标出有初动符号数据的台站的位置并标记初动符号

对于方位角为 α_c、离源角为 β_c 的台站，先从描图纸的北标记处顺时针量出方位角 α_c，用一个短划在网边标出这一方位；然后转动描图纸，使这一方位标记短划与网图上的北（或东、南、西位置中的任何一个均可，这里用北来说明）重合，沿网心到网边北点的直线，按投影网上给出的分格，从网心向外量出离源角度数，得到对应的位置，在该点标上初动符号。初动向上则标 + 号，初动向下则标 - 号（当然可用其他符号）。如此将每个台站的初动符号标在描图纸上。注意每次标记台站方位角时都要首先将描图纸上的北标记与投影网底图上的北标记重合。

2. 在描图纸上画出第一条节线

在投影网上用两条节线表示震源机制解。这两条节线是地震断层面或辅助面与震源球交线（这是一个大圆弧）在投影网上的投影。在投影网上，从网边的北端到网边南端的各条弧线都是震源球上从北极到南极的大圆弧，因其大圆面的倾角不同所以投影弧线有不同的位置。由于双力偶点源辐射地震波的辐射花样有四象限分布，断层面和辅助面将初动正号区和负号区分开。为了在投影网上找出可以将正、负号区域分开的节线，将描图纸绕中心转动，找出一个可以将初动符号划分成象限的大圆弧，这是两条节线之一，记为 FP1。在描图纸上描下这一大圆弧。

3. 在描图纸上画出第二条节线

断层面和辅助面是互相垂直的，因此要找出与第一条节线垂直的大圆弧。与第一条大圆

弧 FP1 垂直的大圆弧必定通过第一条节线的极点（即把节线看成赤道，该点是北极或南极）。为此，转动描图纸，使大圆弧 FP1 的两端点落在投影网边缘的北、南两点，找出 FP1 弧上的中点 A。在过 AC 的直线上，从 A 点向网中心方向数出角距离 90°，得到大圆弧 FP1 的极点位置 P1。第二条节线 FP2 应该是过 P1 点的一个大圆弧，该大圆弧与节线 FP1 共同将初动符号分成象限。为此，要在投影网底图上多次转动描图纸，以找到最合适的大圆弧 FP2。在描图纸上描下这一大圆弧。用找出 P1 点的同样方法画出 FP2 的极点 P2 的位置。

4. 找出赤道面 EP

这里所说赤道面是以 FP1 和 FP2 两个大圆弧的交点 P3 为其极点的大圆弧，它与 FP1 和 FP2 垂直，因此必通过 FP1 的极点 P1 和 FP2 的极点 P2。为此，转动描图纸，使 P1 和 P2 同处一个大圆弧，描下这一大圆弧，便是赤道 EP。

5. 找出压力轴和张力轴在震源球上的出头点 P 和 T

在寻找 P 和 T 点时，隐含的假设是地震发生在均匀各向同性介质中，地震不是发生在预先存在的断层上，而是因地震才出现新断裂。这时，P 点和 T 点位于赤道 EP 上 P1 和 P2 点中间。为找出 P 点和 T 点，转动描图纸，使赤道 EP 两端处在投影网北、南端点，在 EP 所在大圆弧上找出 P1 和 P2 之间大圆弧段的中点。如果该点位于初动向下象限，则该点为 P 轴在震源球上的出头点，否则为 T 轴出头点。在描图纸上标出这一位置。在 EP 大圆弧上从找出的 P 点（或 T 点）沿 EP 大圆弧数出角距离 90°的位置，这便是相应的 T 点（或 P 点）。如果数到大圆弧端点仍未达到 90°，可跳到另一端点沿 EP 弧线继续数到 90°，或者从找出的 P 点（或 T 点）沿相反的方向在 EP 大圆弧上数 90°。

6. 寻找滑动矢量

滑动矢量位于断层面上，还应位于赤道面 EP 上，因此滑动矢量应穿过震源球心以及断层面与赤道的交点。由于现在我们还不知道 FP1 和 FP2 哪一个是断层面，因此，这里有两个可能的滑动矢量，一个穿过 P1 和中心 C，对应于 FP2 为断层面的情况；另一个穿过 P2 和中心 C，对应于 FP1 为断层面的情况。如果网心位于负号区，即 P 轴所在象限，则滑动矢量从网心指向外；如果网心位于正号区，即 T 轴所在象限，则滑动矢量指向网心。

7. 测量节面走向 ϕ

将描图纸上的北点与投影网底图网边北点重合，量出从网边北点到节线端点的夹角度数，即为该节面的方位角。节线有两个端点，以前没有统一约定，造成混淆，现在普遍遵循的约定是：观察者沿从网心向此“选定端点”的方向看去，该节线大圆弧在右侧。

8. 测量节面倾角 δ

转动描图纸，使节线 FP1 的选定端点（见第 7 步）与投影网北端点重回，从节线中点 A 向东端点数出与网边大圆之间的夹角，便是 FP1 节面的倾角。当然，对于测量倾角，将节线的选定端点与底图网边南端重合，再从节线中点 A 向西端点测量，也是节面倾角。类似地，可量出节面 FP2 的倾角。

9. 测量滑动角 λ

对于 FP1，使其选定端点与底图网北端重合，从北端顺时针量出到达滑动矢量延长线与网边交点之间的夹角，记该角为 λ^*。当投影网中心位于初动符号的正号区时（对应于地震有逆断层分量，如图 12.2.2 所示），$\lambda = 180° - \lambda^*$；当投影网中心位于初动符号的负号区时（对应于地震有正断层分量），$\lambda = -\lambda^*$。

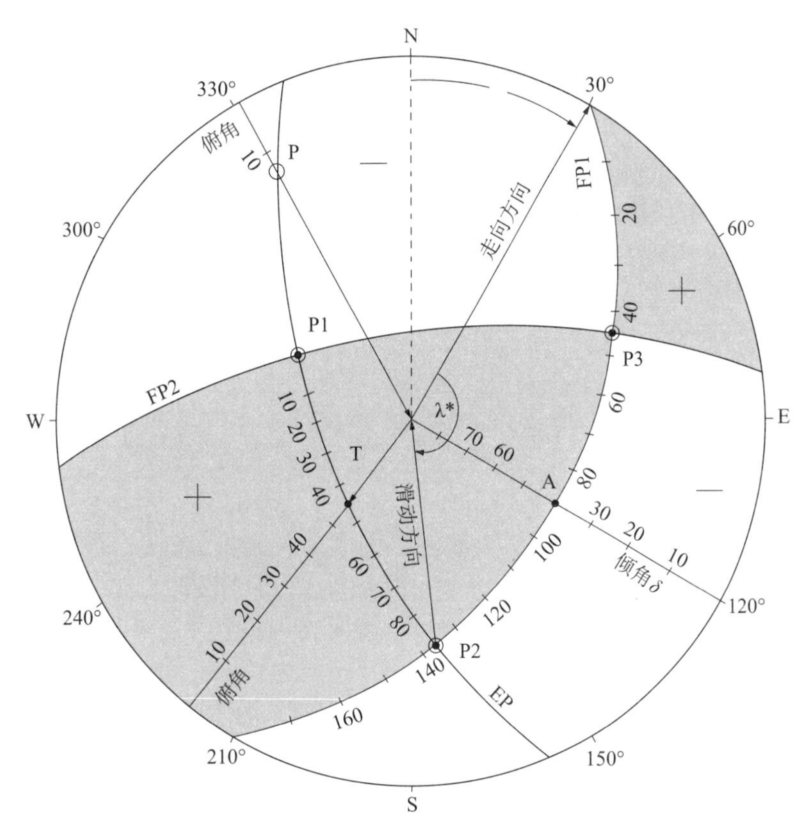

图 12.2.2　在投影网中确定断层面参数 ϕ、δ、λ。初动符号的正号区被填色。关于滑动角 λ，当投影网中心位于初动符号的正号区时（地震带有逆断层分量），$\lambda=180°-\lambda^*$，其中 λ^* 是图中指出的角度；当投影网中心位于初动符号的负号区时（地震带有正断层分量），$\lambda=-\lambda^*$。（彼得·鲍曼主编，2006，图 3.31）

10. 测量 P 轴和 T 轴的方位角和倾角

将描图纸的北端与网底图的北端对齐，从北端顺时针量出网中心到 P 点直线延长线的方位角，这是 P 轴的方位角。转动描图纸，使网中心到 P 点的直线沿网底图上的向北、向东、向南或向西的任何直线重合，沿该直线从网边缘到 P 点量出 P 轴的倾角（即图 12.2.2 中所示俯角）。类似地可测量 T 轴的方位角和倾角。

由于台站的数量和分布的限制，可能在一个范围内画出同样满足条件的多组节线；再有，由于初动符号的读取可能有错，因此在画出两条节线时，可能在划定的象限中存在“矛盾”符号。这些都是在使用初动符号求震源机制节时不可避免的情况。我们只能取其尽可能好的结果。

仅利用初动符号求解，不能确定两个节面中哪一个是断层面，哪一个是辅助面。需要附加信息帮助做出判断，例如当地已知的断层活动和区域应力特征、余震分布区的形状、较大地震的极震区等震线形状等。

四、在震源机制解图上认识震源特性

现今的震源机制解图形一般遵从如下约定：选震源球的下半球投影；节面的走向遵从对断层走向的约定；对T轴所在象限染色，P轴所在象限保持白色。在这些约定下，可以简便地从震源机制解图上认识震源特征：

①如果初动符号的四象限分布较好，为走滑型地震。

②如果不存在四象限分布，为正断层或逆断层地震。具体地说，如果圆心为有颜色区（张应力轴——T轴所在区），为逆断层型地震；如果圆心在无颜色区（压应力轴——P轴所在区），为正断层型地震。

③存在四象限分布，圆心在有颜色区（张应力轴——T轴所在区），为走滑兼逆断层型地震。

④存在四象限分布，圆心在无颜色区（压应力轴——P轴所在区），为走滑兼正断层型地震。

第三节　计算机求解震源机制

在我国，利用计算机程序产出的震源机制解已经成为大地震发生之后的一项重要的应急产品，在各区域地震台网中心也在推广利用地震波形反演求中小地震震源机制解的计算机程序CAP和TDMT。本节简要介绍几个常用的计算机求解震源机制的方法及计算机程序。

一、利用初动符号求震源机制解

如前所述，地震发生时的断层错动会造成在包围震中的各台站垂直向记录的初动符号呈四象限分布。如果我们能找到一个可能的震源机制解，其在各台站预期初动符号的四象限分布与观测到的初动符号分布一致，则认为这个可能的震源机制解便是所求的机制解。实际上，由于观测到的初动符号可能存在误读，因此，通常以理论预期的符号与观测符号一致的比例最高的可能震源机制作为所求机制解。

1. 几何问题

本节讨论利用初动符号求震源机制解的计算机程序算法的几何问题。通过本节，可加深对计算机算法的理解。如图12.3.1所示，固定的直角坐标系XYZ中原点为O，X正向指南，Y正向指东，Z正向指上。震源机制坐标系用ABC三轴表示，其中B轴为两个节面的交线，A、B两轴分别为两个节面的法线方向。A、B、C三轴也构成一个直角坐标系。A、B、C轴与X、Y、Z轴的相对位置由角Ay、H、R确定，即由Ay和H确定B轴，而AOC平面绕B轴转动，转动角度由R确定。利用三角关系，可以导出B、A、C轴分别对于X、Y、Z轴的方向余弦：

$$\begin{aligned} B_X &= \cos H \cdot \cos Ay \\ B_Y &= \cos H \cdot \sin Ay \\ B_Z &= \sin H \end{aligned} \tag{12.3.1}$$

$$
\begin{aligned}
A_X &= \sin Ay \cdot \sin R - \sin H \cdot \cos Ay \cdot \cos R \\
A_Y &= -\cos Ay \cdot \sin R - \sin H \cdot \sin Ay \cdot \cos R \\
A_Z &= \cos H \cdot \cos R
\end{aligned}
\tag{12.3.2}
$$

$$
\begin{aligned}
C_X &= -\cos R \cdot \sin Ay - \sin R \cdot \sin H \cdot \cos Ay \\
C_Y &= \cos R \cdot \cos Ay - \sin R \cdot \sin H \cdot \sin Ay \\
C_Z &= \cos H \cdot \sin R
\end{aligned}
\tag{12.3.3}
$$

设到达第 i 个台站的 P 波射线穿过震源球上的位置为 Mi，由位置矢量 $\boldsymbol{p}_i$ 对 X、Y、Z 轴的方向余弦 p_{Xi}、p_{Yi}、p_{Zi}确定：

$$
\begin{aligned}
p_{Xi} &= -\sin I_i \cdot \cos Z_i \\
p_{Yi} &= \sin I_i \cdot \sin Z_i \\
p_{Zi} &= -\cos I_i
\end{aligned}
\tag{12.3.4}
$$

其中，Z_i 为震源到观测点的方位角（这是射线方位角），从北（$-X$ 方向）向东量，I_i 为离源角，从 O 点的向下垂线量至 $\boldsymbol{p}_i$ 矢量（参见图 12.1.6，图中离源角用 i 表示）。

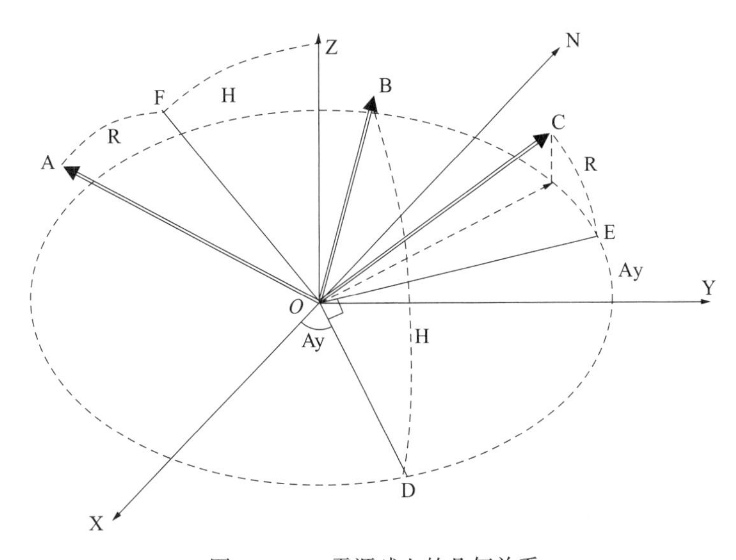

图 12.3.1 震源球上的几何关系

对于图 12.3.1 中的 A、B、C 轴给定的震源机制，震源 P 波辐射到震源球上 M_i 点的 P 波初动振幅是

$$
\psi_{pi} = (\boldsymbol{p}_i \cdot \boldsymbol{A})(\boldsymbol{p}_i \cdot \boldsymbol{C}) \tag{12.3.5}
$$

其符号 sgn（ψ_{pi}）是该震源机制对应的震源球上 M_i 点的理论初动符号。如果该震源机制恰是真正的震源机制，那么该理论初动符号应与第 i 台站观测到的初动符号一致，否则，

理论符号与观测符号相反。对于多个观测台站，可以认为，观测符号与理论符号一致的台站个数越多，矛盾的符号越少，则该震源机制越接近于真实的震源机制。因此，可定义如下评分

$$\mathrm{score}(Ay,R,H) = \left|\left(\sum_{i=1}^{n} W_{pi} \cdot \mathrm{sgn}(\psi_{pi}) \cdot \mathrm{sgn}(R_{pi})\right) / \sum_{i=1}^{n} W_{pi}\right| \tag{12.3.6}$$

式中，sgn（ψ_{pi}）是第 i 台的理论 P 波初动符号，初动向上为 +1，初动向下为 -1；sgn（R_{pi}）是第 i 台的观测 P 波初动符号，也是初动向上为 +1，初动向下为 -1；W_{pi}是第 i 个台站的符号加权，例如，ψ_{pi}可以作为该符号的权重，在节面上，$\psi_{pi}=0$，在两节面中间则 $\psi_{pi}=0.5$，表明对靠近节面的台站的符号给予较小的权重。

2. 求震源机制解的网格搜索法

上节给出，可用 Ay、R、H 角描述震源机制解的可能位置，因此，对 Ay、R、H 角以给定的步长进行网格搜索，来改变可能的震源机制，对每个格点，可用式（12.3.6）计算一个评分，然后在一组评分最高的格点中选出一个或多个可能的最佳解。

首先以步长 ΔAy，ΔH，ΔR 转动试验节面位置。例如取 $\Delta Ay=10$（Ay 取值 0～360），$\Delta H=10$（H 取值 0～90），$\Delta R=6$（R 取值 0～90），合计 4860 个格点，对每个位置用式（12.3.6）计算评分。于是，对每个 Ay、R、H 角格点得到一个评分。

可以设计不同的策略来选取可能最佳解。例如，只选取 1 个评分最高的格点，然后在其附近的给定范围以缩小的步长进行细搜索，从中选出评分最高者。可循环进行细搜索，直到不能找到更高评分解或达到限定细搜索次数为止。另一种做法是从多个评分中选出一组评分最高解（例如包含 16 个解），一种稳妥的方法是在斯密特网投影（见本章第二节）上显示这组解，然后根据这些解的分布，由分析人员选出最可能解。或者通过对这组解的聚类分析或取这组解的 Ay 中位值对应的解作为结果。由此避免个别的评分高值点。

在找出震源机制节面解的 3 个角度 Ay、R、H 之后，便能利用上述公式求出震源机制解的 3 个轴 A、B、C 在 XYZ 坐标系中的方向余弦，其中 B 轴为震源机制解两节面的交线，A 轴和 C 轴分别为两个节面的法线，当已知 A、B、C 轴在 XYZ 坐标系中的方向余弦后，可进一步计算出 A 轴的走向和倾角以及 C 轴的走向和倾角。

一个完整的求震源机制解程序不仅要能够找出可能机制解在固定坐标系中的位置，还要有配套的绘图程序将震源机制解的节线、P 轴和 T 轴在震源球上的出露点以及观测台站的初动符号显示在下半震源球的乌尔夫网或斯密特网上，从而让分析人员直观地判定机定结果的合理性和可靠性，或可由分析人员从多个解中选出最佳解。由斯诺克开发的求震源机制解程序 FOCMEC 具备这些功能。

二、利用 P 波和 S 波的最大振幅比求震源机制解

在斯诺克的 FOCMEC 中能同时利用初动符号和 P 波与 S 波振幅比求解震源机制。但在我国过去 30 年中应用最广、用于发表文章最多的 P、S 振幅比求震源机制解的程序是梁尚鸿等 1984 年发表的算法，所开发的程序被广泛使用。下面介绍梁尚鸿等提出的算法及其应用举例。

1. 算法原理

梁尚鸿等考虑层状介质中一点源位错震源模型，采用广义透射系数的快速算法，计算直达P波和S波的垂直向（这是直达P波和SV波的垂直分量）地动位移合成地震图，得到各自最大振幅$|WS_m|$和$|WP_m|$，进而得到理论的直达P波和S波的垂直向位移最大振幅比的自然对数

$$Q = \ln\left(\frac{|WS_m|}{|WP_m|}\right) \tag{12.3.7}$$

它是震源位错面的滑动角、倾角、方位角λ、δ、θ_s以及给定的震源模型和震源深度的函数。

设震源参数真值为$\bar{\lambda}$，$\bar{\delta}$，$\bar{\theta}_s$，记录台站数为N，各台记录中相应的振幅比观测资料记为

$$\bar{Q}_l = \bar{Q}_l(\bar{\lambda},\bar{\delta},\bar{\theta}_s), \quad l = 1,2,\cdots,N$$

若位错震源的模型参数已知时，可计算得到理论振幅比值

$$Q_l = \ln\left(\frac{|WS_m|}{|WP_m|}\right)_l, \quad l = 1,2,\cdots,N$$

然而，Q_l与λ，δ，θ_s之间的关系是非线性的，因此，用理论振幅比值与相应观测资料拟合的方式求解震源参数。为此，选用目标函数为

$$f = \sum_{l=1}^{N}(Q_l - \bar{Q}_l)^2 \tag{12.3.8}$$

可通过非线性最优化方法得到使目标函数为极小的震源机制解参数$\bar{\lambda}$，$\bar{\delta}$，$\bar{\theta}_s$。

实现该算法的关键是计算给定震源机制参数的直达P波和S波理论振幅比。除了可利用梁尚鸿等当年提供的程序外，利用其他适于计算分层均匀介质中位错源合成地震图的计算机程序，例如在下文中介绍的CAP程序或TDMT程序中提供的合成地震图程序，也是一种可用的方法。

2. 应用

自梁尚鸿等1984年开发了利用直达P波和S波振幅比的算法和计算机程序以来，该程序在我国得到广泛的应用。特别是在我国数字化地震观测尚未普及之前，从纸介质地震图上量取P波和S波垂直向最大振幅进而得到震源机制解是研究区域小地震震源机制及区域应力场特性的一个有力工具，使那些不能获得足够多初动符号来测定震源机制解的小地震也能得到震源机制解。

三、求震源机制解的CAP方法

随着数字化地震观测在我国的普及，利用地震波形反演求震源机制解已经成为通用的做

法。在我国区域地震台网广泛推广的一个利用地震记录波形反演震源机制解的算法是 CAP 算法，即所谓“剪切和粘贴”。该算法将近震记录波形分成 Pnl 波段和面波段，在反演过程中分别对两段赋予不同的权重并允许在拟合过程中引入不同的时移，从而弥补了均匀地壳模型计算 P 波和面波走时时引入的偏差。下面介绍 CAP 算法的原理和特点，并给出应用实例。

CAP 的原型是赵和赫尔姆伯格 1994 年提出的，后经朱和赫尔姆伯格 1996 年进一步发展并命名为 CAP 方法。该方法的提出主要是考虑当使用震中距在约 14°以内的区域台网台站时，对于中等甚至更小的地震（例如 $M_L > 3.5$），单独使用体波 Pnl 段（Pnl 波是指 P 波初至到 S 波到达这一段波形）或面波都难以得到好的反演结果，而若把体波和面波一起使用，因难于得到同时适用于体波和面波的区域地壳速度模型，因此提出将体波 Pnl 段与后续的面波段“切开”，分别进行波形拟合，在拟合过程中通过波形互相关方法使两个波形段各自引入适当的延时来弥补地壳模型的缺陷，从而使拟合更加稳定。由于将体波 Pnl 段和后续面波分别进行拟合，可以根据台站的记录波形特点，对两段波形加以不同的权重。考虑到台站附近地壳结构的复杂性，在使用这一段波形时要进行带通滤波，一般取 0.01 - 0.2Hz 频带。

1. 基本公式

用 $f(t)$ 和 $g(t)$ 作为观测和合成地震图，其中 f 和 g 可以是任何分量。对垂直分量可由下式计算合成地震图

$$g(t) = S(t) * \sum_{i=1}^{3} W_i(t) A_i(\theta, \lambda, \delta) \tag{12.3.9}$$

对径向分量有

$$g(t) = S(t) * \sum_{i=1}^{3} Q_i(t) A_i(\theta, \lambda, \delta) \tag{12.3.10}$$

对横向分量有

$$g(t) = S(t) * \sum_{i=1}^{2} V_i(t) A_{i+3}(\theta, \lambda, \delta) \tag{12.3.11}$$

其中 $W_i(t)$，$Q_i(t)$ 和 $V_i(t)$ 分别为 3 个基本断层（即走滑、倾滑和 45°倾滑）在适当距离和震源深度的垂直向、径向和横向格林函数。$S(t)$ 是震源时间函数。假定 $S(t)$ 是一个梯形。A_i 包含震源的辐射花样信息，即

$$\begin{aligned}
A_1(\theta,\lambda,\delta) &= \sin 2\theta \cos\lambda \sin\delta + 0.5\cos 2\theta \sin\lambda \sin 2\delta, \\
A_2(\theta,\lambda,\delta) &= \cos\theta \cos\lambda \cos\delta - \sin\theta \sin\lambda \cos 2\delta, \\
A_3(\theta,\lambda,\delta) &= 0.5\sin 2\lambda \sin 2\delta, \\
A_4(\theta,\lambda,\delta) &= \cos 2\theta \cos\lambda \sin\delta + 0.5\sin 2\theta \sin\lambda \sin 2\delta, \\
A_5(\theta,\lambda,\delta) &= -\sin\theta \cos\lambda \cos\delta - \cos\theta \sin\lambda \cos 2\delta
\end{aligned} \tag{12.3.12}$$

其中 θ 是台站的震源方位角减去断层走向的角度，δ 是断层倾角，λ 是断层滑动角。

地震矩是共同时间段的数据峰值振幅与合成峰值振幅之比

$$M_0 = \text{Max}(|f(t)|)/\text{Max}(|g(t)|) \tag{12.3.13}$$

其中 $g(t)$ 是以单位地震矩计算出来的。

2. 拟合误差

朱和赫尔姆伯格 1996 年把赵和赫尔姆伯格 1994 年提出的方法进行了修正。其核心是将和赫尔姆伯格 1994 年的拟合误差定义

$$e = \frac{\| u - s \|}{\| u \| \cdot \| s \|} \tag{12.3.14}$$

修改为

$$e = \| u - s \| \tag{12.3.15}$$

即采用波形的真振幅而不是归一化振幅进行拟合。朱和赫尔姆伯格 1996 年指出采用归一化振幅的好处是：因为 Pnl 的振幅通常小于面波振幅，归一化帮助给予 Pnl 和面波相等的权重。如果使用由不同震中距的多台，它还防止反演完全受最强台站（通常是最近台）的控制；但不足之处是，在归一化过程中失掉了振幅信息。有些这类信息，如 Pnl 与面波的振幅比和 SV 与 SH 的振幅比，提供了对震源取向和震源深度的重要约束。这一归一化的更严重问题是它在震源参数空间中一些点会引入奇异值，这是在合成波形时，由这些震源参数给定的震源取向会形成特殊的节面，在那里，式（12.3.14）的分母会趋于零。在数据中包含节面附近台站记录的情况中，网格搜索将丢失真正极小值。

然而，在使用真振幅波形进行震源反演时，当台站分布在不同距离时可能会出现最近台控制反演的问题，因此，朱和赫尔姆伯格 1996 年引入了一个“距离标度”，即针对 Pnl 波段和面波段引入不同的距离加权，使震中距较大的台站有较大的权重。朱和赫尔姆伯格 1996 年定义

$$e = p\left\| \left(\frac{r}{r_0}\right) \right\| \cdot \| u - s \| \tag{12.3.16}$$

这里 p 是一个乘数标度因子，使 $r = r_0/p$ 时的记录与参考距离 r_0 处有相同的权重。如果假定体波有球形几何扩散和面波有柱状几何扩散，则 p 的适当选择是体波 $p = 1$，面波 $p = 0.5$。对于南加利福尼亚，由 335 个地震得到的统计结果是，Pnl 的 $p = 1.13$，勒夫波为 0.55，瑞利波为 0.74。但参与统计的数据点相当离散。

3. 反演方法

如果以地震断层错动的走向 θ、倾角 δ 和滑动角 λ 作为反演的参数，以式（12.3.15）

构成的方程组是非线性的。在 CAP 方法中采用网格搜索法，其优点是避免了计算偏导数。

CAP 方法是针对区域性宽带记录的求解方法，台站震中距以 300 ~ 1000km 最佳。为了估计更小地震的震源机制，应用更近台，但要引入台站的振幅校正；CAP 方法提出的初衷是为了能利用极少数（甚至只一个）台的区域宽频带记录反演震源参数，而且一开始就假定了双力偶震源，因此不适用于反演一般点源的矩张量。朱露培等开发的 gCAP 程序可以不限于双力偶震源反演。

4. 应用

在中国地震局监测预报司推动下，CAP 程序已在各区域地震台网逐步推广，成为我国区域地震台网利用记录波形反演震源机制的主流程序之一。

四、求震源机制解的 TMDT 方法

在 CAP 方法提出之前就已经在国际上得到推广的一个区域台网反演震源机制解的程序是德瑞格等开发的 TDMT，在程序中引用了赛依卡的计算格林函数程序，提高了格林函数在高频端的计算效率。TDMT 首先反演矩张量，再根据矩张量计算最佳双力偶震源机制解。程序中使用体波和面波全波形，没有分段，但也允许对单台波形进行时移。一些国家的自动测定矩张量系统中采用了 TDMT。

1. 基本公式

在描述点源矩张量与地震台站地震记录波形的关系时，可以采用 3 个基本的断层震源机制和一个爆炸源机制计算格林函数，这为地震矩张量的反演提供了很大方便。这 3 个简单的断层震源机制是垂直走滑（记为 SS）、45°倾滑（记为 DD）和垂直倾滑（记为 DS）断层。这 3 个断层面解构成一个完全系，即在倾斜任意角度的平面上的一个位错所产生的地震辐射能表示为这 3 个断层辐射的线性组合。

对于一个完全的矩张量，即含有 6 个独立元素的矩张量，在空间和时间上都为点源的假定下，地面位移的解析解可表示为

$$\begin{aligned} u_z = {} & M_{xx}\left[\frac{ZSS}{2}\cos(2az) - \frac{ZDD}{6} + \frac{ZEP}{3}\right] \\ & + M_{yy}\left[-\frac{ZSS}{2}\cos(2az) - \frac{ZDD}{6} + \frac{ZEP}{3}\right] \\ & + M_{zz}\left[\frac{ZDD}{3} + \frac{ZEP}{3}\right] \\ & + M_{xy}\left[ZSS\sin(2az)\right] \\ & + M_{xz}\left[ZDS\cos(az)\right] \\ & + M_{yz}\left[ZDS\sin(az)\right] \end{aligned} \tag{12.3.17}$$

$$\begin{aligned} u_r = {} & M_{xx}\left[\frac{RSS}{2}\cos(2az) - \frac{RDD}{6} + \frac{REP}{3}\right] \\ & + M_{yy}\left[-\frac{RSS}{2}\cos(2az) - \frac{RDD}{6} + \frac{REP}{3}\right] \end{aligned}$$

$$
\begin{aligned}
&+ M_{zz}\left[\frac{RDD}{3} + \frac{REP}{3}\right] \\
&+ M_{xy}[RSS\sin(2az)] \\
&+ M_{xz}[RDS\cos(az)] \\
&+ M_{yz}[RDS\sin(az)]
\end{aligned} \tag{12.3.18}
$$

$$
\begin{aligned}
u_T = &M_{xx}\left[\frac{TSS}{2}\sin(2az)\right] \\
&+ M_{yy}\left[-\frac{TSS}{2}\sin(2az)\right] \\
&+ M_{xy}[-TSS\cos(2az)] \\
&+ M_{xz}[TDS\sin(az)] \\
&+ M_{yz}[-TDS\cos(az)]
\end{aligned} \tag{12.3.19}
$$

其中，az 是从断层面走向到台站的方位角，u 是地面位移，Z、R、T 分别为位移的垂直分量（向下为正）、水平径向分量（离开震源方向为正）和水平切向分量（从北顺时针方向为正）；函数 ZSS、ZDS、ZDD、RSS、RDS、RDD、TSS、TDS 与 ZEP、REP 是计算任意点位错源或点爆炸在已知地球介质（例如分层均匀介质）产生的波场所需要的 10 个格林函数，其中 ZSS 是一个走滑型震源产生的 Z 分量位移，ZDS 是一个倾滑型震源产生的 Z 分量位移，ZDD 是一个 45°倾滑型震源产生的 Z 分量位移，这 3 个分量是为表示任何剪切位错源的 P－SV 运动所必需的分量；类似地，R 字头的 3 个分量对应于径向分量，T 字头的 2 个分量对应于切向分量。ZEP、REP 分别为爆炸源的垂直分量和径向分量。爆炸源不产生切向分量位移。

式（12.3.17），式（12.3.18）和式（12.3.19）每个都建立一个矩张量反演算法。式（12.3.17）、（12.3.18）用于一般情况，那里反演所预期的矩张量是一个各向同性部分和一个偏量部分的组合。基于切向数据的反演，即式（12.3.19），不能解出 M_{zz}。在这种情况下，假定矩张量是纯偏量，并约束 $M_{zz} = -(M_{xx} + M_{yy})$。在寻找纯偏量矩张量的反演中也能对式（12.3.17）和式（12.3.18）应用同样的约束，即在式（12.3.17）和式（12.3.18）中形式上令 ZEP = REP = 0。

式（12.3.17）、式（12.3.18）和式（12.3.19）可合起来用矩阵形式表示为：

$$
d = Gm \tag{12.3.20}
$$

式中 d 为列矢量，每个元素为一个数据点，共有数据点数 k = 使用台站总数 × 每个台站的分量数 × 每道记录数据点数。m 为待求矩张量元素组成的列矢量，完全矩张量反演时元素个数 $n=6$，只反演矩张量偏量部分时，$n=5$。G 为 k 行 n 列的格林函数矩阵。

上述简化的表达式假定对于所有矩张量元素其震源时间历史是同步的，而且可用 δ 函数近似。对于 $M_W < 7.5$ 的地震，这些假设一般是合理的，因为使用的是长周期波（> 10 － 20s）。

2. 时间域地震矩张量反演程序包 TDMT_INVC

时间域矩张量反演软件包 TDMT_INVC 自 1993 年起在美国加州大学伯克利地震实验室（BSL）用于自动分析北加州 $M_L > 3.5$ 的事件（例如 www.seismo.berkeley.edu/~dreger/mtindex.html）。该软件包还成功地用于日本国家地震科学与防灾研究所（NIED）（www.fnet.bosai.go.jp）以及美国、欧洲和亚洲的一些个人研究者。软件包包括用于计算格林函数库和反演宽频带数据以得到地震矩张量的一组程序，各种数据处理工具软件和 shell 脚本，以及用于展示如何使处理过程自动化的代码和脚本。软件包中还包括由赛依卡编写的计算格林函数程序 FKRPROG。

TDMT_INVC 软件包中只解出偏量矩张量，反演产生 M_{ij}，它被分解为标量地震矩、一个双力偶矩张量和一个补偿线性矢量偶极（CLVD）矩张量。该分解表示为双力偶所占百分比（Pdc）和 CLVD 所占百分比（PCLVD）。使用该软件包时，各向同性部分所占百分比（PISO）总是 0。该双力偶进一步表示为两个节面的走向、倾角和滑动角。

TDMTiso_INVC 可以反演完全矩张量，包含各向同性部分和偏量部分。

3. TDMT 反演方法

在 TDMT 程序中，求解式（12.3.20）时采用的是经典的最小二乘法，即由式（12.3.20）得到正规方程组：

$$G^T d = G^T G m \tag{12.3.21}$$

式中 $G^T G$ 是 $n \times n$ 的方阵，n 是待求独立矩张量元素的个数，在偏量矩张量的限定下（TDMT_INVC），$n=5$。这是该最小二乘反演问题的自由度。采用高斯-乔丹消去法解出 m 的各元素。在求解时，对每个数据点和相应的合成波形点进行加权。该程序中采用台站震中距加权，设第 i 台的震中距为 $dist_i$，全部台站的震中距平均值为 $dist_m$ 则第 i 台的权重为

$$w_i = dist_i / dist_m \tag{12.3.22}$$

这一距离加权使得较远台站有较大权重，避免了反演主要受较强的近台波形控制。这与地震定位时对到时数据的震中距加权正好相反，在地震定位时，通常对近台数据给予较大权重。

4. 应用

与 CAP 程序类似，在中国地震局监测预报司推动下，TDMT_INVC 程序已在各区域地震台网逐步推广，成为我国区域地震台网利用记录波形反演震源机制的另一主流程序。

五、多种数据的联合应用

在实际工作中，可以利用所能得到的各种有用数据来提高求解震源机制的可靠性和分辨力。例如，在用波形反演方法得到震源机制解之后，可利用可靠的初动符号对其进行检验和约束。特别是在使用 P 波和 S 波振幅比时，更应该使用初动符号来约束解。

当我们有了多种方法求解震源机制时，我们应该对不同方法使用不同数据得到的结果进行比较，相互印证，力求结果可靠。

第四节　地震震源谱分析

在台站 j 的地震仪记录的第 i 个地震的地震图在时间域里可用下式表达：

$$U_{ij}^{obs}(t) = (S_{ij}(t) * P_{ij}(t) * L_j(t) * I_j(t)) \cdot K_j \cdot \mathfrak{R}_{ij} \tag{12.4.1}$$

这里 $U_{ij}^{obs}(t)$ 为地震图上记录的位移；$S_{ij}(t)$ 为第 i 个地震的震源项，有时也叫震源效应，它与地震的大小相联系，按说一个地震应该只有一个震源项，与台站无关，但对于不同台站的观测，由台站得到的是与观测台站有关的震源项，最终得到的与台站无关的震源项是对台站观测震源项的最佳拟合结果；$\mathfrak{R}_{ij}$是地震波的辐射花样，取决于震源机制和台站相对于震源的位置；$P_{ij}(t)$ 为第 i 个震源至第 j 个台站之间的传播路径效应，描述地震波在传播过程中的衰减；$L_j(t)$ 为第 i 个台站的局部场地效应；K_j 是自由表面放大因子；$I_j(t)$ 为第 j 个台站的仪器响应。式中的 * 表示褶积运算。通过傅里叶变换，可把（12.4.1）式在频率域里表达为：

$$U_{ij}^{obs}(f) = S_{ij}(f) \cdot P_{ij}(f) \cdot L_j(f) \cdot I_j(f) \cdot K_j \cdot |\mathfrak{R}_{ij}| \tag{12.4.2}$$

上式中的仪器响应 $I_j(f)$ 可通过地震仪标定得到，在做了仪器响应 $I_j(f)$ 校正和自由表面放大因子 K_j 校正后，地震的地面运动位移谱为：

$$U_{ij}(f) = S_{ij}(f) \cdot P_{ij}(f) \cdot L_j(f) \cdot |\mathfrak{R}_{ij}| \tag{12.4.3}$$

式（12.4.2）和（12.4.3）中的辐射花样取为绝对值 $|\mathfrak{R}_{ij}|$，因为这里给出的是谱的振幅，不包含相位信息（记录波形的初动符号正负取决于辐射花样）。

如果记录谱是速度谱，则可除以 $2\pi f$ 换算成位移谱，如果是加速度谱，则要除以 $(2\pi f)^2$ 换算成位移谱。式中的 f 是频率，实际计算过程中是取离散值 f_k，$k=1, 2, \cdots, n_k$，n_k 为频率点数。

通常是选取信噪比足够高的波形段（例如信噪比大于 3），从而忽略噪声的影响。

一、观测震源谱

在进行了仪器响应校正、台站场地效应校正、自由表面放大因子校正和路径效应校正后，得到了第 j 个台站的观测震源谱，它是震源项 $S_{ij}(f)$ 和地震波辐射花样绝对值 $|\mathfrak{R}_{ij}|$ 的乘积：

$$S_{ij}^{obs}(f) = S_{ij}(f) \cdot |\mathfrak{R}_{ij}| \tag{12.4.4}$$

许多研究（例如布龙的圆盘位错震源模型）给出震源谱模型：

$$S_i^{Brune}(f) = \frac{\Omega_{oi}}{1 + (f/f_{ci})^2} \tag{12.4.5}$$

式中 Ω_{oi} 为第 i 个地震的震源位移谱低频渐近线值，或称震源位移谱的低频水平。f_{ci} 为低频渐近线与高频渐近线交点处的频率，称为拐角频率。

通常把（12.4.5）式称为 ω^{-2} 模型（$\omega = 2\pi f$），但也有一些研究认为 $S_i(f)$ 应为 ω^{-3} 模型或更复杂的模型。

我们的目标是寻找合适的 Ω_{0i} 和 f_{ci}，使得式（12.4.5）给出的 $S_i^{Brune}(f)$ 能最佳拟合由式（12.4.4）定义的多个台站给出的观测震源谱 $S_{ij}^{obs}(f)$。

最初的布龙震源模型是针对 S 波导出的，至今在求地动位移谱时仍多使用水平向的 S 波段，且多使用北南和东西两水平分量的矢量和的振幅谱。也有使用 SH 波的，这时将两水平分量的合成矢量分解为径向分量和横向分量，该径向分量是 SV 波的水平分量，横向分量为 SH 波。明确使用 SH 波在计算上有许多好处，但要先进行波形分解。汉克斯等将布龙模型推广到 P 波，所以 P 波段也可用于震源波谱分析，通常使用 P 波的垂直分量。

二、传播路径效应 $P_{ij}(f)$

传播路径效应 $P_{ij}(f)$ 包括几何扩散 G_{ij} 和非弹性衰减 $q_{ij}(f)$，即：

$$P_{ij}(f) = G_{ij} \cdot q_{ij}(f) \tag{12.4.6}$$

1. 几何扩散 G_{ij}

几何扩散与频率无关，表示的是地震波在传播过程中，因波阵面逐渐扩大，通过波阵面单位面积的能量逐渐减少，相应地，质点运动位移减小。由于体波在全空间里传播，而面波在地表附近传播，因此，其几何扩散有别，对面波：

$$G_{ij} = R_{ij}^{-0.5} \tag{12.4.7}$$

这里 R_{ij} 为震源距。

对体波，一种做法是在近震距离上把几何扩散与震源距的关系分成 3 段：在 $R_{ij} \leqslant R_1$ 时为直达波，$R_1 < R_{ij} < R_2$ 时，直达波列中混杂有反射波等震相，$R_{ij} \geqslant R_2$ 时为非直达波：

$$G_{ij} = \begin{cases} R_{ij}^{-b_1} & R_0 \leqslant R_{ij} \leqslant R_1 \\ R_1^{-b_1} R_1^{b_2} R_{ij}^{-b_2} & R_1 < R_{ij} < R_2 \\ R_1^{-b_1} R_1^{b_2} R_2^{-b_2} R_2^{b_3} R_{ij}^{-b_3} & R_{ij} \geqslant R_2 \end{cases} \tag{12.4.8}$$

式中 R_1，R_2，b_1，b_2，b_3 为待定常数，R_0 是给定的震源谱归一化距离，选为小于最小震源距的一个距离，如果没有显式给出 R_0，则意味着取归一化距离 R_0 为 1km。

2. 非完全弹性衰减 q_{ij}

$q_{ij}(f)$ 描述了由于介质的非完全弹性，地震波在传播过程中能量的耗损。

$$q_{ij}(f) = e^{-\pi R_{ij} f / v Q(f)} \tag{12.4.9}$$

式中 v 为波速，Q 值描述由介质的非完全弹性造成的能量损耗。

依此可把（12.4.3）式写成：

$$U_{ij}(f) = S_{ij}(f) \cdot |\mathfrak{R}_{ij}| \cdot G_{ij} \cdot L_j(f) \cdot e^{-\pi R_{ij} f / v Q(f)} \tag{12.4.10}$$

3. 关于 Q 值

介质的品质因子 Q 是地球介质的重要物理参数，描述由于介质的非完全弹性和不均匀性造成的地震波在介质里传播过程中的衰减，其定义为：

$$\frac{1}{Q} = \frac{1}{2\pi} \frac{\Delta E}{E} \tag{12.4.11}$$

式中 E 为一定体积的地球介质在地震波一个周期 T 的运动中所积累的能量，ΔE 为同一体积的介质在地震波一个周期的运动中所耗损的能量。因此说 Q 值反映了地球介质中有地震波通过时的能量耗损特征。由式（12.4.11）可见，地震波在 Q 值较大的介质里传播时耗损的能量较小，波衰减较慢。Q 值为频率的函数，通常的简化关系为

$$Q(f) = Q_0 f^{\eta} \tag{12.4.12}$$

式中 Q_0 是频率为 1Hz 时的 Q 值，η 为介质的吸收系数。

地震波在介质里传播，其能量的耗损主要是由内摩擦和波的散射造成的。内摩擦是指地震波在传播过程中，介质在短暂应力作用下，其微粒的运动须克服微粒间的摩擦阻力，从而使地震波的能量耗损。相应的 Q 值称为固有 Q 值，记为 Q_i。散射耗损是指由于地球介质不均匀，地震波在传播过程中遇到许多散射体，波发生散射，导致波场中的能量重新分配，在台站接收到的只是原来波的能量的一部分，相应的 Q 值为散射 Q 值，记为 Q_s。总能量耗损为这两部分能量耗损之和。根据 Q 值的定义，得到 Q 值与 Q_i 和 Q_s 的关系：

$$\frac{1}{Q} = \frac{1}{Q_i} + \frac{1}{Q_s} \tag{12.4.13}$$

Q 值的物理含义表明，Q 值的大小首先与介质的均匀程度相关联。介质的均匀程度低，则在地震波经过时能量耗损大，衰减较快，Q 值较低。一般说来，构造活动较稳定的地区，介质的均匀程度相对较高，因而 Q_0 值较高，而 Q 值对频率的依赖关系较弱，η 值可能较小些。另外，Q 值与波的类型有关。

三、场地效应和自由表面放大效应

下面对式（12.4.1）中的第 i 个台站的局部场地效应 $L_j(\mathrm{t})$ 和自由表面放大因子 K_j 做

进一步说明。

1. 场地效应

场地效应是台站场地对地震地面运动的放大效应，也称台站的场地响应。场地效应是频率的函数，但一般认为基岩场地的放大效应为1。不过，有研究表明，不仅沉积层场地有明显的放大效应，风化的基岩场地也有这种放大效应。因此，对一个地区，应根据地震观测资料，测定每个台站的场地效应。陈章立等已经在我国各区域地震台网推广了一套测定方法和计算机程序，在此不再进一步讨论。

2. 自由表面放大效应

式（12.4.1）中的 K_j 是自由表面放大因子，是入射到地表面的P波或S波在自由表面的反射波位移与入射波位移叠加的结果。入射P波会产生反射P波和转换的反射SV波，入射SV波会产生反射SV波和转换的反射P波，而入射的SH波只产生反射的SH波。对于SH波，反射SH和入射SH位移的叠加，造成自由表面的放大因子等于2，不受入射角的影响，因此校正起来很简单。对于入射SV波和入射P波，其自由表面放大因子是入射角的函数，因此，对于SV波和P波，要根据入射角确定自由表面放大因子。如图12.4.1和表12.4.1所示，对于SV波和P波，自由表面放大因子与地震波的入射角有紧密关系。对于SV波的水平分量，在接近垂直入射时（入射角较小时），自由表面放大因子接近2，因此，对于S波水平分量，取自由表面放大因子为2是一个合理的近似。

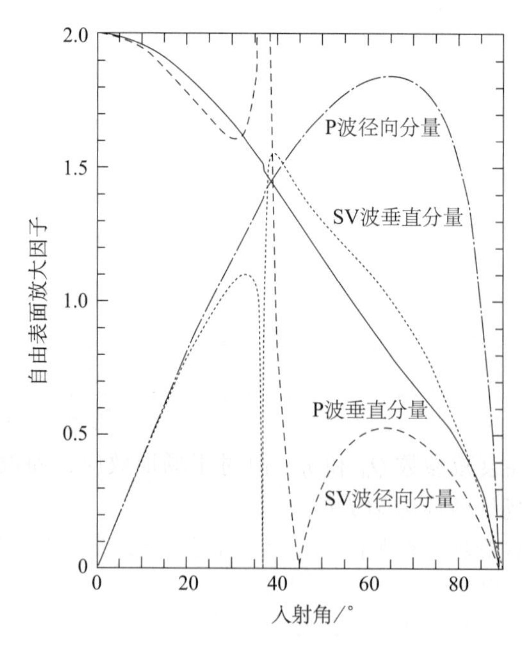

图12.4.1　P波和S波在自由表面的振幅随入射角的变化

S波与P波的波速比=0.6（见斯诺克的测定震源机制程序FOCMEC使用手册，http：//www.iris.edu/software/downloads/processing/，2009）。注意到在入射角40°附近SV波的垂直分量和水平分量振幅都有急剧的变化，在选择数据时应避开这一入射角范围

表 12.4.1　P 波垂直分量的自由表面位移振幅放大因子 S_a，i 是入射角（°）（取 P 波速度 $vp=6$km/s，波速比 $vp/vs=1.73$，介质密度 $\rho=2.7\mathrm{g/cm^3}$）（彼得．鲍曼，2006，第二卷，练习 3.4，表 1）

i	S_a	i	S_a	i	S_a
0	2.00	30	1.70	60	1.02
5	1.99	35	1.60	65	0.90
10	1.96	40	1.49	70	0.79
15	1.92	45	1.38	75	0.67
20	1.86	50	1.26	80	0.54
25	1.79	55	1.14	85	0.35

四、辐射花样

本章第一节中讨论了断层错动源的 P 波和 S 波辐射花样。在利用地震波谱估计震源参数时，往往因不知道震源机制而不能给出一个地震的地震波在各台站的辐射花样。因此，在由台站记录谱估计震源谱时，无法对每个台站的记录分别进行辐射花样校正。代替的做法是对多台的平均震源谱进行平均辐射花样校正。

在估计平均辐射花样校正时，根据要进行平均的量的不同，可采用均方根平均或对数平均。P、S、SH 波在全震源球表面的辐射花样均方根（rms）值分别为 $rms(\Re_{all})=0.52$、0.63 和 0.48，P、S 波在全震源球表面的辐射花样对数平均值分别为 $mean(\lg|\Re_{all}|)=\lg(0.33)$ 和 $\lg(0.55)$，式中的 lg 是以 10 为底的对数。下节讨论的联合反演算法中使用的辐射花样平均校正就是对数平均。

五、联合反演场地效应、震源谱参数和介质衰减参数

这里仅一般性说明联合反演的基本原理，在具体实现时，可有不同的具体方法，对一些细节的处理会有所不同。在反演时，可以不对震源谱形状、传播效应（几何扩散和非弹性衰减）预设模型，进行非参数化的反演；也可以采用参数化反演方法，即预先设定模型，通过反演得到模型参数，如上节给出的布龙模型的震源谱参数 Ω_0 和 f_c，几何扩散参数 R_1、R_2、b_1、b_2 和 b_3，非弹性衰减参数 Q_0 和 η。但对于场地效应，尚没有一般模型，只能求解给定频段内各频点 f_k 的场地效应频谱 $L_j(f_k)$。

非参数化反演方法不需要对震源谱和传播效应预先做出假定，从而可以研究两者的更复杂特征；但为了使反演结果稳定，仍需要对二者进行一些约束，实现起来较为复杂，且结果存在不唯一性。参数化方法因其要反演的参数显著减少，反演结果稳定，易于实现，是较为通用的方法。下面只介绍参数化联合反演的一种方法，该方法中通过对式（12.4.10）的两边取对数（以 10 为底），构建线性方程组：

$$
\begin{cases}
\lg S_i(f) = \lg U_{ij}(f) + b_1 \lg R_{ij} + C_{ij}(f) R_{ij} - \lg L_j(f) - \lg |\Re_{ij}| & R_{ij} \leqslant R_1 \\
\lg S_i(f) = \lg U_{ij}(f) + b_1 \lg R_1 + b_2 \lg \dfrac{R_{ij}}{R_1} + C_{ij}(f) R_{ij} - \lg L_j(f) - \lg |\Re_{ij}| & R_1 < R_{ij} < R_2 \\
\lg S_i(f) = lg U_{ij}(f) + b_1 \lg R_1 + b_2 \lg \dfrac{R_2}{R_1} + b_3 \lg \dfrac{R_{ij}}{R_2} + C_{ij}(f) R_{ij} - \lg L_j(f) - \lg |\Re_{ij}| & R_{ij} \geqslant R_2
\end{cases}
\tag{12.4.14}
$$

式中：

$$
C_{ij}(f) = \frac{\pi \lg e}{v Q_0 f^{\eta}} f \tag{12.4.15}
$$

式中 $U_{ij}(f)$，R_{ij}和平均波速 v 是已知的，要求解的参数为 R_1、R_2、b_1、b_2、b_3、$L_j(f)$、Q 和 η，其中 f 取值为频率点 f_k，$k=1$，2，…，n_k。

定义残差 ε：

$$
\varepsilon = \sum_{i=1}^{n_o} \sum_{k=1}^{n_k} |D_i(f_k)| \tag{12.4.16}
$$

$$
D_i(f_k) = \lg S_i(f_k) - \left(\sum_{j=1}^{n_i} \lg S_{ij}(f_k) \right) / n_i \tag{12.4.17}
$$

这里 $S_i(f_k)$ 是由式（12.4.5）给出的理论震源谱，式中的频率 f 取离散频点 $f=f_k$，$S_{ij}(f_k)$ 是由式（12.4.4）给出的第 j 个台站得到的第 i 个地震的震源谱，为与给定模型的谱区别，称其为观测震源谱；n_i 为记录到第 i 个地震的台站数目，n_0 为所分析的地震数目。可通过联合反演的方法，通过使 ε 为最小，求解上述参数 R_1，R_2，b_1，b_2，b_3，$L_j(f)$ 和 $Q(f)$，例如采用遗传算法求解。

由于式（12.4.17）中采用了式（12.4.14）给出的 $S_{ij}(f_k)$ 的对数平均，所以要使用辐射花样的对数平均。

在地震位移谱中震源谱和场地效应之间存在折中作用，如果要用地震记录波谱联合反演震源参数和场地效应，要对场地效应进行约束。为此，可在使用的各台站中选出一个无风化的基岩场地台站作为参考台站，令其场地效应在各频率均为 1，或者，选取若干个基岩台站，令其场地效应的多台平均值为 1。

通过联合反演的方法，可以得到一个地区的介质传播效应和台站的场地效应，这些数据可用于常规的单个地震的震源谱参数估计。联合反演中还得到参与联合反演的 n_0 个地震的 Ω_0 和 f_c。不论是联合反演，还是单个地震求解，在得到了震源谱参数 Ω_0 和 f_c 之后，都可用下文给出的计算公式（12.4.32）至公式（12.4.36）计算地震矩、应力降和震源特征尺度等震源参数。

六、由震源谱测定震源参数

如前述，对地震记录的地动位移振幅谱（见式 12.4.10）经过仪器校正、场地效应校正、自由表面放大效应校正、路径衰减校正后，得到单个记录台站给出的观测震源谱（见式 12.4.4），它是震源项 $S_i(f)$ 和辐射花样绝对值 $|\mathfrak{R}_{ij}|$ 的乘积。在数值分析中是对离散频点计算的，故有：

$$S_{ij}^{obs}(f_k) = S_i(f_k) \cdot |\mathfrak{R}_{ij}| \tag{12.4.18}$$

式中频率 f_k 的下标 k 代表频点序号。由于台站相对震源断层面的几何位置的影响，一个地震在不同台站得到的震源谱是有差别的，因此，利用震源谱测定其低频水平 Ω_0 和拐角频率时，要进行多台平均。在上小节的联合反演中介绍了一种对观测震源谱取对数得到线性方程组的方法，而这里的方法采用的是均方根平均，因此采用的辐射花样均值也是均方根平均。对每个频点，式（12.4.18）左侧的多台均方根值为

$$S_i^{obs}(f_k) = \frac{1}{n_i}\sqrt{\sum_{j=1}^{n_i}(S_{ij}^{obs}(f_k))^2} \tag{12.4.19}$$

式（12.4.17）右侧的多台均方根值为

$$\frac{1}{n_i}\sqrt{\sum_{j=1}^{n_i}(S_i(f_k) \cdot |\mathfrak{R}_{ij}|)^2} = S_i(f_k) \cdot \frac{1}{n_i}\sqrt{\sum_{j=1}^{n_i}(|\mathfrak{R}_{ij}|)^2} \approx S_i(f_k) \cdot \mathfrak{R} \tag{12.4.20}$$

式中的 $\mathfrak{R}$ 为辐射花样在整个震源球上的均方根值，用于近似辐射花样在多个记录台站的均方根值，台站越多，分布越好（较均匀地分布在地震周围），则用 $\mathfrak{R}$ 的近似性越好。下面介绍测定观测震源谱参数 Ω_0 和 f_c 的方法。

1. 单台人工测定 Ω_0 和 f_c

在人工测定震源参数时，早期的做法是先对单台的位移谱进行校正后画在双对数坐标纸上（纵坐标为位移谱，单位 m/Hz，横坐标为频率，单位 Hz）的低频部分，目测画出水平拟合线，其纵坐标值为 Ω_0；在高频部分，目测画出 f^{-2} 衰减拟合直线，其与 Ω_0 水平直线的交点对应的频率为拐角频率 f_c。

然后，对每个台站，利用公式（12.4.32）至公式（12.4.36）计算相应的震源参数，取多台平均作为最终结果。或者，先对各台求得的 Ω_0 和拐角频率 f_c 分别进行多台平均，得到一个地震的平均 Ω_0 和平均拐角频率 f_c，再利用公式（12.4.32）至公式（12.4.36）计算相应的震源参数。

2. 多台震源谱叠加测定 Ω_0 和 f_c

在叠加曲线上人工画出水平拟合线，其纵坐标值为 Ω_0；在高频部分，目测画出 f^{-2} 衰减拟合直线，其与 Ω_0 水平直线的交点对应的频率为拐角频率 f_c。

然后，利用公式（12.4.32）至公式（12.4.36）计算相应的震源参数。

3. 多台震源位移谱的计算机拟合

在求解单个地震的震源参数时，用多台观测震源位移谱拟合的参数只有 Ω_0 和 f_c。

由式（12.4.19）得到 $S^{obs}(f_k)$（这里是单个地震，略去了式（12.4.19）中的下标 i），而理论震源谱（参见式（12.4.5），

$$S^{theo}(f_k) = \frac{\Omega_0}{1+(f_k/f_c)^2} \tag{12.4.21}$$

定义理论与观测震源谱的残差 ε：

$$\varepsilon = \sum_{k=1}^{n_k} \frac{[S^{theo}(f_k) - S^{obs}(f_k)]^2}{S^{theo}(f_k) \cdot S^{obs}(f_k)} \tag{12.4.22}$$

这里 f_k 为第 k 个频率点，n_k 为频率点的数目。

由观测谱的形态估计 Ω_0 和 f_c 的可能取值范围，选取不同的 Ω_0，f_c，用最优化算法，直至使 ε 不再减小，即得到 Ω_0 和 f_c 的值。例如可采用遗传算法求解，图 12.1.12 是用 ISDP 软件画出的震源谱拟合结果。图中细实线是各台站的观测震源谱，粗虚线是多台平均震源谱。由参数拟合得到 Ω_0 和 f_c 后，按布龙模型画出的理论震源谱曲线为图中的粗实线。

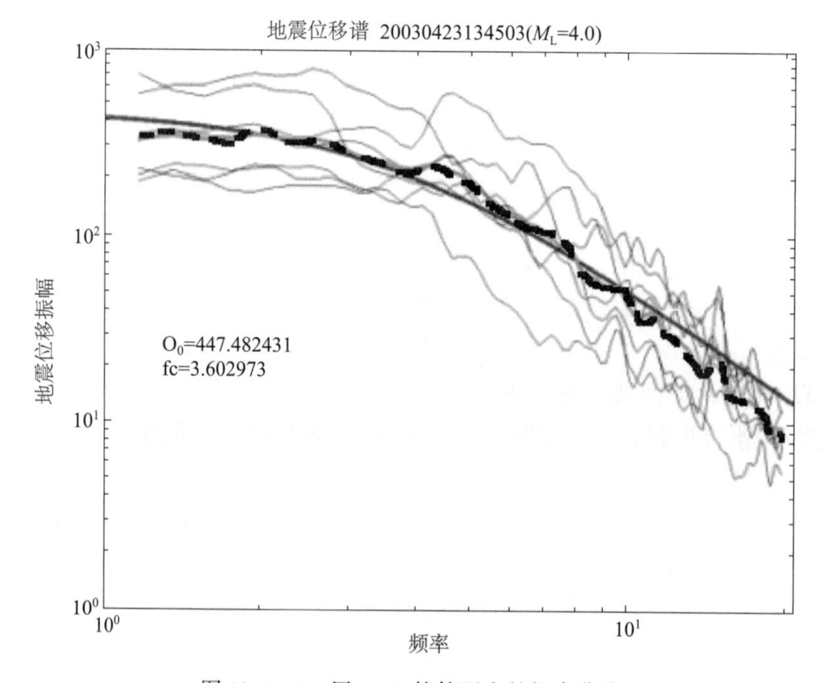

图 12.1.12 用 ISDP 软件画出的拟合曲线

图中细实线是各台站的观测震源谱，粗虚线是多台平均震源谱，粗实线是拟合的理论震源谱

（中国地震局分析预报中心，河北省地震局，ISDP 使用手册，图 3.5.3）

4. 计算 Ω_0 和 f_c 的频率域积分方法

对已经考虑了场地效应、路径衰减和自由表面放大效应并归一化到给定震源距后的速度功率谱 $V^2(f)$ 和位移功率谱 $D^2(f)$ 进行积分，得到

$$S_{D2} = 2\int_0^{\infty} D^2(f)\,\mathrm{d}f \tag{12.4.23}$$

$$S_{V2} = 2\int_0^{\infty} V^2(f)\,\mathrm{d}f \tag{12.4.24}$$

实际计算时，积分下限受信号窗长度的限制，最低频率为窗长度的倒数；在高频处受限于奈奎斯特频率（采样率的一半），不过对地震信号而言，影响不显著。

利用布龙模型给出的震源位移谱模型（式（12.4.21）），可得到用 Ω_0 和 f_c 给出的位移功率谱积分和速度功率谱积分：

$$S_{D2} = \frac{1}{2}\Omega_0^2(2\pi f_c) \tag{12.4.25}$$

$$S_{V2} = \frac{1}{4}\Omega_0^2(2\pi f_c)^3 \tag{12.4.26}$$

于是

$$f_c = \frac{1}{2\pi}\sqrt{S_{V2}/S_{D2}} \tag{12.4.27}$$

$$\Omega_0^2 = 4S_{D2}^{3/2}S_{V2}^{-1/2} \tag{12.4.28}$$

式（12.4.27）和式（12.4.28）给出由位移功率谱积分和速度功率谱积分定义的拐角频率 f_c 和低频水平 Ω_0。

5. 计算 Ω_0 和 f_c 的时间域积分方法

若函数 $f(x)$ 平方可积，其傅里叶变换为 $F(\omega)$，根据巴士瓦定理：

$$\int_{-\infty}^{+\infty} |f(x)|^2\mathrm{d}x = \frac{1}{2\pi}\int_{-\infty}^{+\infty} |F(\omega)|^2\mathrm{d}\omega \tag{12.4.29}$$

应用式（12.4.29），式（12.4.23）和式（12.4.24）定义的积分可转换成时间域的积分：

$$S_{D2} = \int_0^{\infty} D^2(t)\,\mathrm{d}t \tag{12.4.30}$$

$$S_{V2} = \int_0^{\infty} V^2(t)\,\mathrm{d}t \tag{12.4.31}$$

于是可在时间域计算出地震位移谱的拐角频率 f_c 和低频水平 Ω_0，进而计算震源参数。

6. 根据布龙模型计算较小地震的地震矩、应力降和震源特征尺度

在求出震源位移谱低频水平 Ω_0 和拐角频率 f_c 后，可根据选定的震源模型，计算地震矩 M_0、应力降 $\Delta\sigma$ 和震源半径 r。其中，应力降 $\Delta\sigma$ 是指震前和震后震源区应力之差，这是所谓静态应力降。震源特征尺度是震源区大小的一种度量，对于大地震，往往用地震断层长度来描述震源特征尺度。而对于小地震，可用薄的圆盘来描述地震的震源区，用圆盘半径 r 描述震源尺度。但这里的“大”和“小”是相对的，不同地区会不同。

当使用 S 波时，根据布龙模型，地震矩 M_0、应力降 $\Delta\sigma$ 和震源半径 r 由以下各式给出：

$$M_0 = \frac{4\pi\rho\beta^3\Omega_0}{\Re} \tag{12.4.32}$$

$$r = \frac{K\beta}{2\pi f_c} \tag{12.4.33}$$

式中 β 是 S 波速度（km/s），ρ 是震源区介质密度，约为（2700～2800）$\mathrm{kg/m^3}$，$\Re$是地震波辐射因子全震源球均方根值，$\Re_S = 0.63$。

1959 年，凯里斯-鲍洛克给出：

$$\Delta\sigma = \frac{7}{16}\frac{M_0}{r^3} \tag{12.4.34}$$

根据布龙模型，对于 S 波，$K = K_S = \sqrt{\frac{7\pi}{4}} = 2.34$，式（12.4.34）又可改写成

$$\Delta\sigma = \frac{\rho(2\pi f_c)^3\Omega_0}{K\,\Re} \tag{12.4.35}$$

由式（12.1.21）给出地震矩 $M_0 = \mu\bar{D}A$，其圆盘震源面积 $A = \pi r^2$，在估计出震源半径 r 之后，可由地震矩 M_0 和震源半径 r 得到平均震源位错

$$\bar{D} = M_0/(\mu A) = M_0/(\mu\pi r^2) \tag{12.4.36}$$

也可使用 P 波段求震源位移谱，得到 Ω_0 和拐角频率 f_c，这时通常采用垂直向记录波形。对于布龙模型，计算 M_0、$\Delta\sigma$ 和 r 的公式（12.4.32）至公式（12.4.35）中的 $K = K_P = 3.36$（见表 12.4.2）。

由式（12.4.33）得知，在理论上，由于用 S 波和 P 波谱得到的震源半径 r 应该是相同

的值，因此拐角频率 fcs 和 fcp 的比值应该是

$$\frac{fcp}{fcs}=\frac{K_P}{K_S}=\frac{3.36}{2.34}=1.44 \tag{12.4.37}$$

可见，对一个地震，同时使用S波段和P波段估计拐角频率，并求其比值，可以相互检验结果的正确性。对于马达里阿伽模型Ⅰ和Ⅱ，这一比值是1.5（见表12.4.2）。

7. 震源模型对估计震源参数的影响

表12.4.2给出常用的运动学破裂模型及参数，从表中可以看到，采用不同的震源模型和假定不同的破裂速度，会有不同的 K 值，将其代入式（12.4.33）便得到不同的震源半径。由于应力降 $\Delta\sigma$ 与震源半径的三次方成反比，导致应力降的估计会有更大差异。而应力降的差异又会使平均位错的估计值有较大差异（见式（12.4.36））。

表12.4.2　常用震源破裂模型及参数

震源模型	破裂速度 v_c	P波 K 值	S波 K 值
布龙模型	0.9β	3.36	2.34
马达里阿伽模型 I	0.6β	1.88	1.32
马达里阿伽模型 II	0.9β	2.07	1.38

注：具体见彼得．鲍曼（2006）的练习3.4中表2；表中的 β 是S波速度，K 值的含义见式（12.4.33）和式（12.4.35）

参考文献

Peter M. Shearer [美] 著，陈章立译．地震学引论．北京：地震出版社，2008.

彼得·鲍曼 [德] 主编．中国地震局监测预报司译．新地震观测实践手册．北京：地震出版社，2006.

国家地震局地球物理研究所．近震分析．北京：地震出版社，1978.

国家地震局科技监测司．地震观测技术，北京：地震出版社，1995.

国家技术质量监督局．中华人民共和国国家标准（GB/T 18207－2008）防震减灾术语．北京：中国标准出版社，2000.

孟晓春等．地震观测与分析技术．北京：地震出版社，1998.

徐世芳，李博．地震学辞典．北京：地震出版社，2000.

杨晓源．中国水库地震监测的发展历程．华南地震，2012 年，32 卷，增刊.

中国地震局监测预报司．地震学与地震观测（试用本）．北京：地震出版社，2007.

中国地震局监测预报司．数字地震观测技术，北京：地震出版社，2003.

中国地震局令 9 号．水库地震监测管理办法，2010 年 12 月 20 日.

周仕勇，许忠淮．现代地震学教程．北京：北京大学出版社，2010.

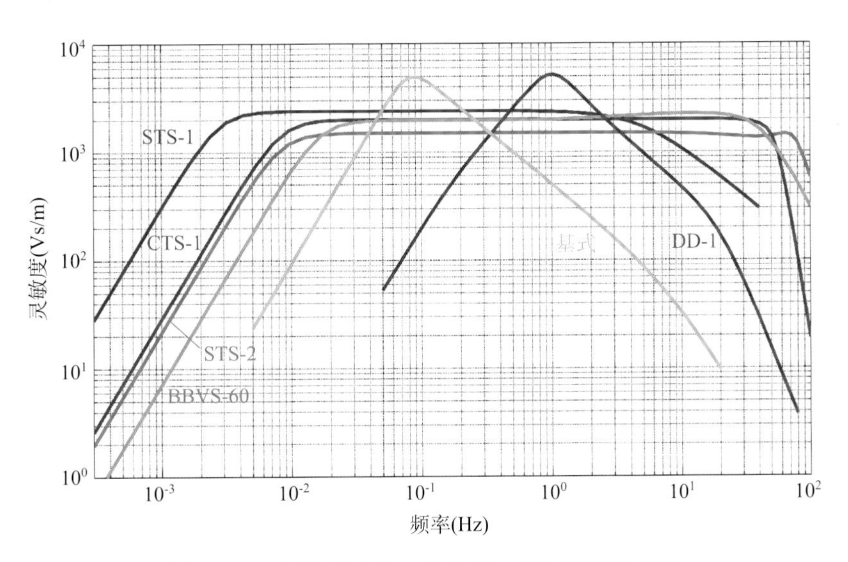

图 2. 5. 1　部分地震计（地震仪）的幅频特性曲线

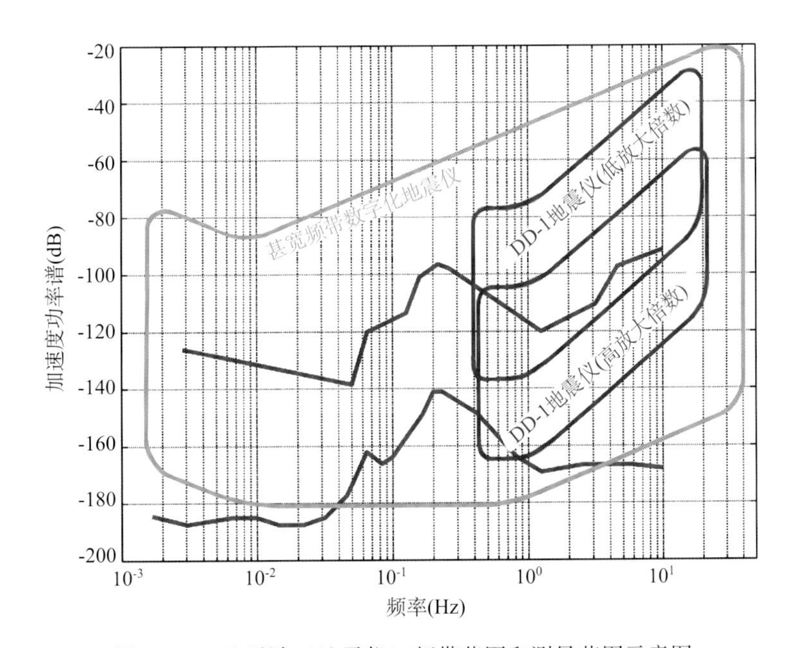

图 2. 5. 2　地震计（地震仪）频带范围和测量范围示意图

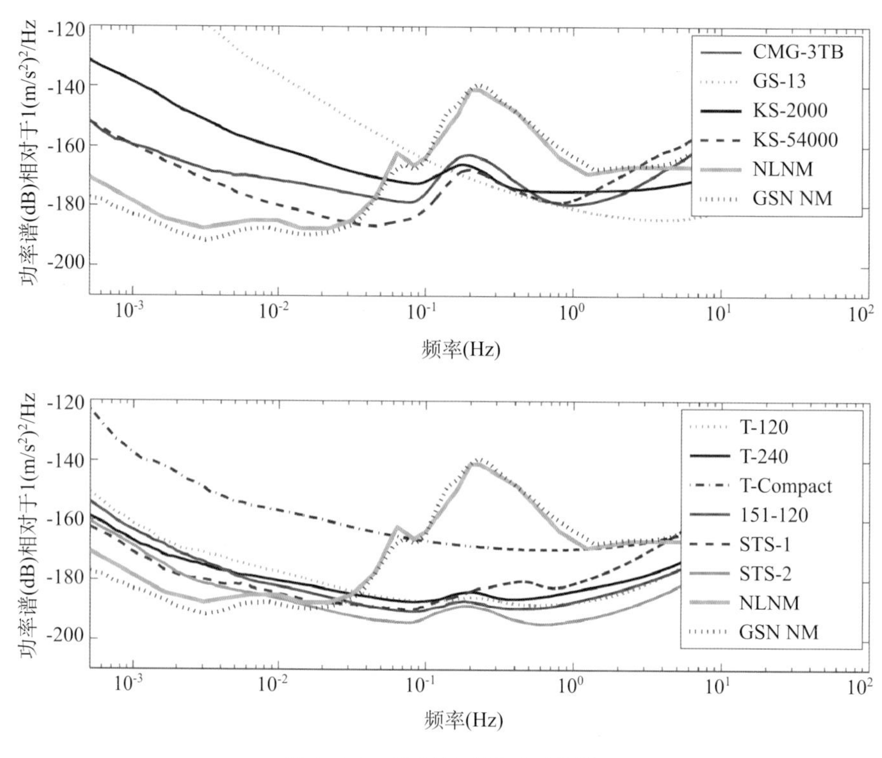

图 2.5.3　地震计自噪声功率谱

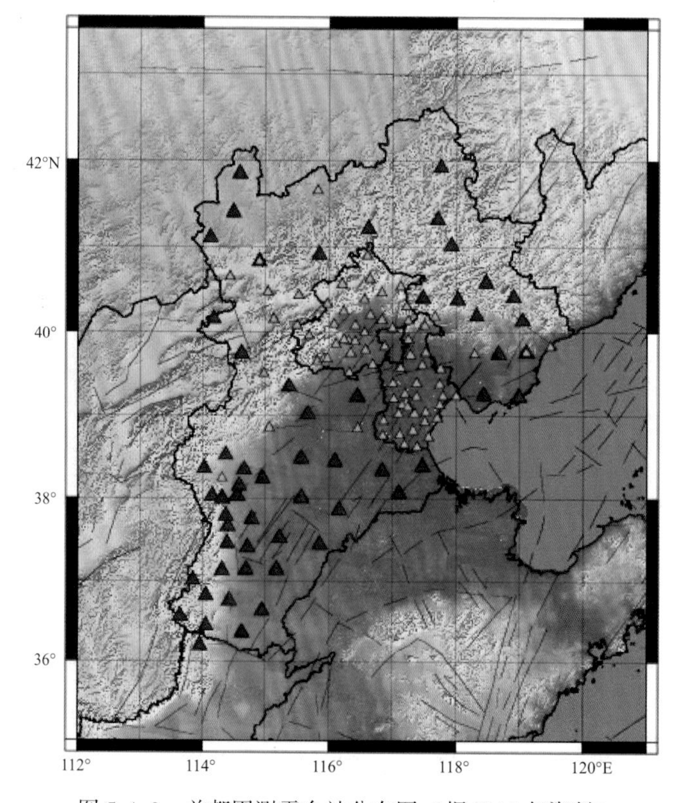

图 5.1.2　首都圈测震台站分布图（据 2015 年资料）

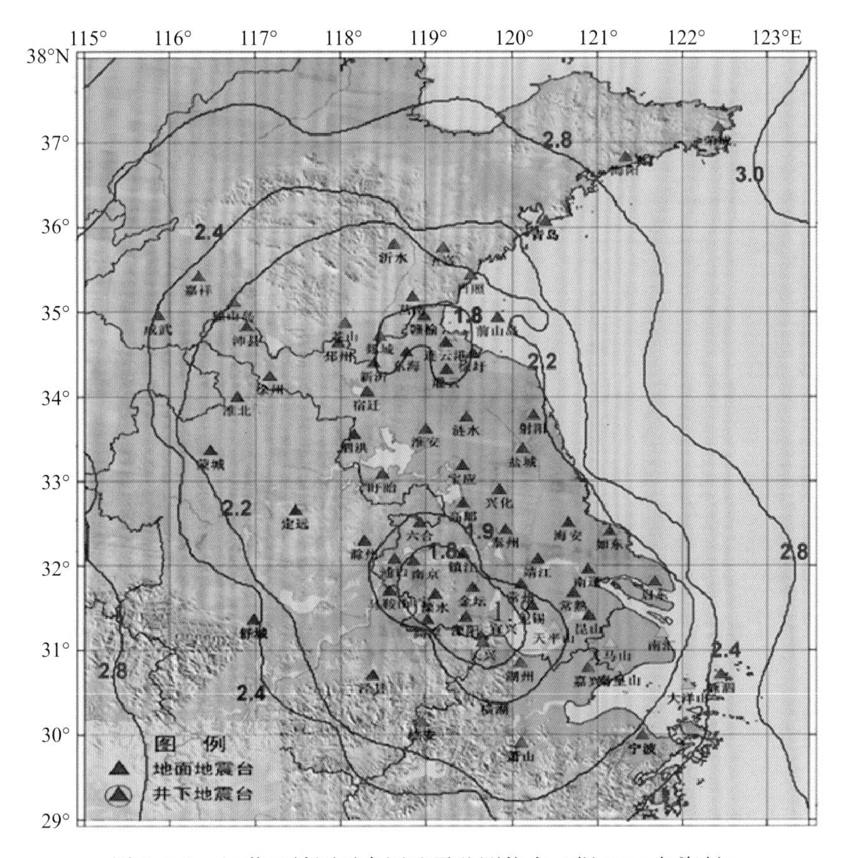

图 5.1.3　江苏区域测震台网地震监测能力（据 2014 年资料）

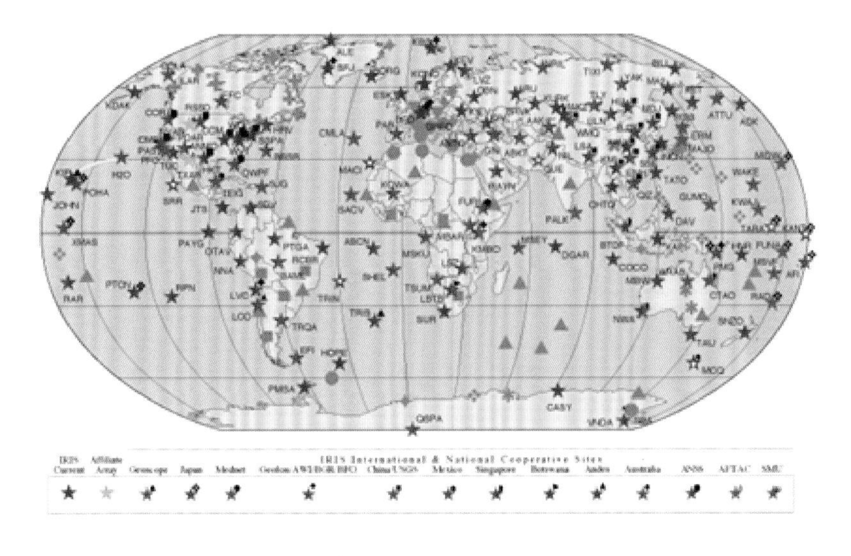

图 5.5.10　美国全球测震台网（GSN）台站分布图

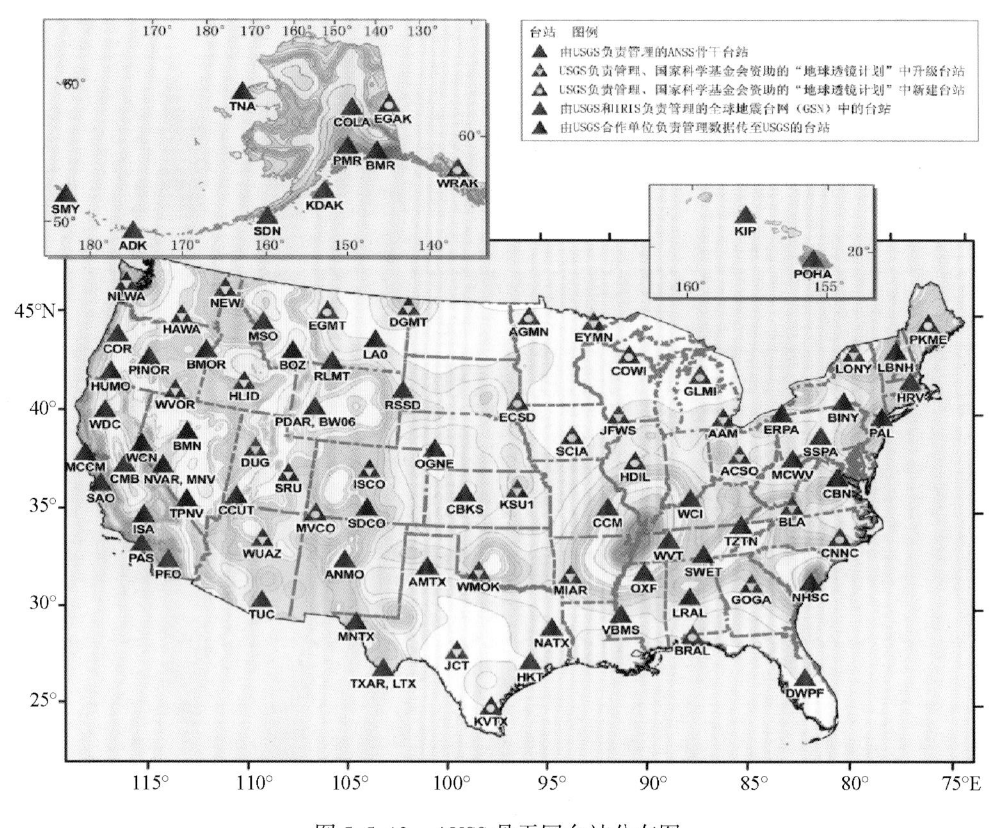

图 5.5.12　ANSS 骨干网台站分布图

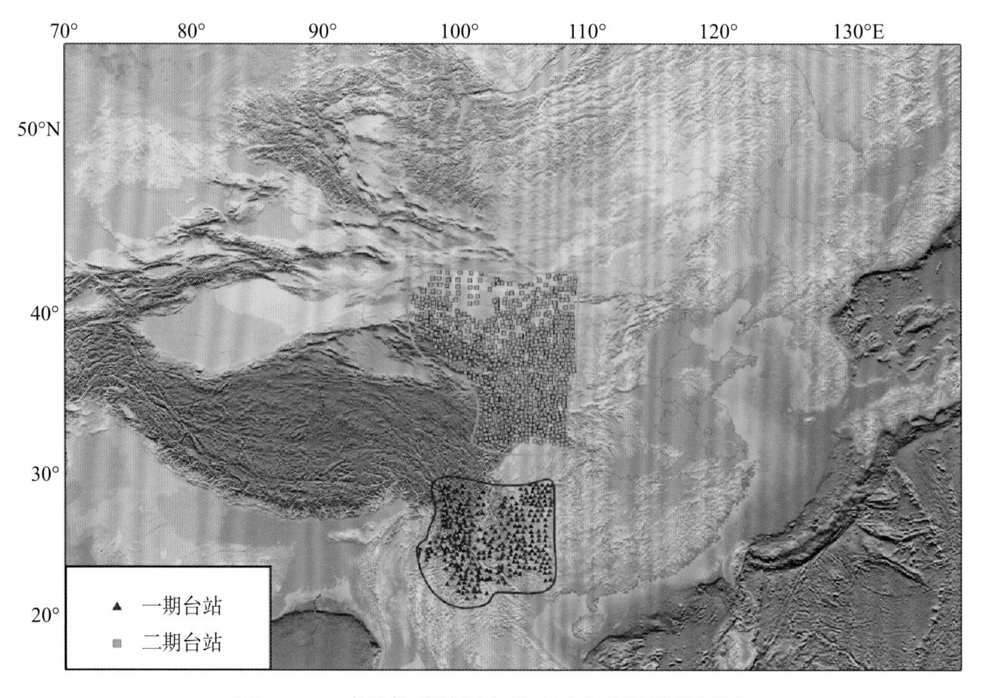

图 5.6.3　喜马拉雅计划中的地震台阵探测规划图

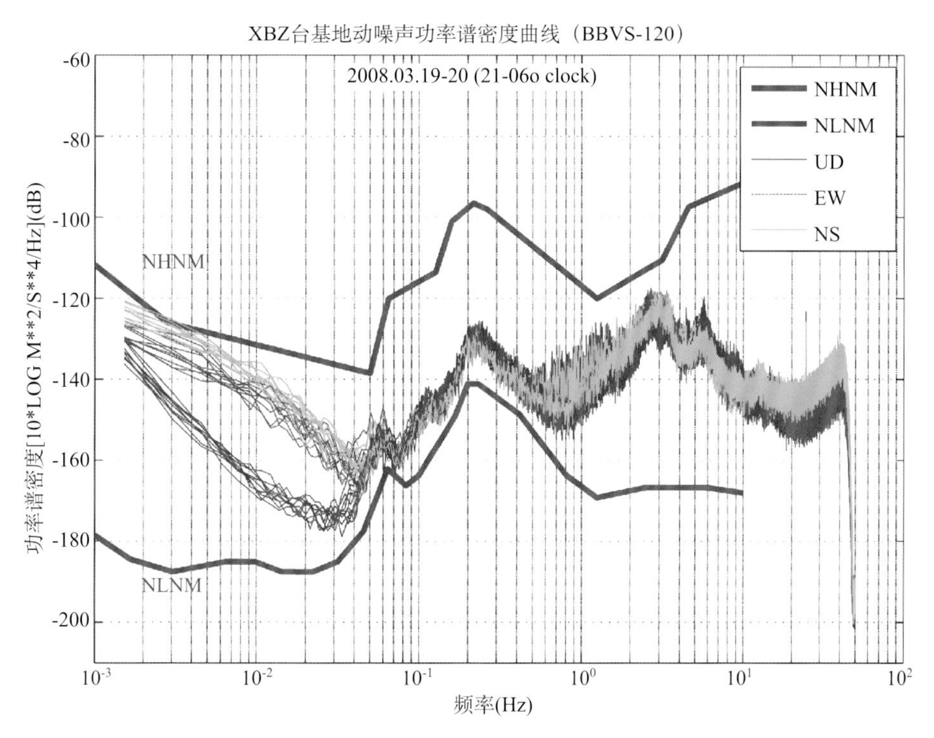

图 6.2.1　北京西拨子地震台台基噪声功率谱

（使用 BBVS－120 甚宽频带地震计记录）

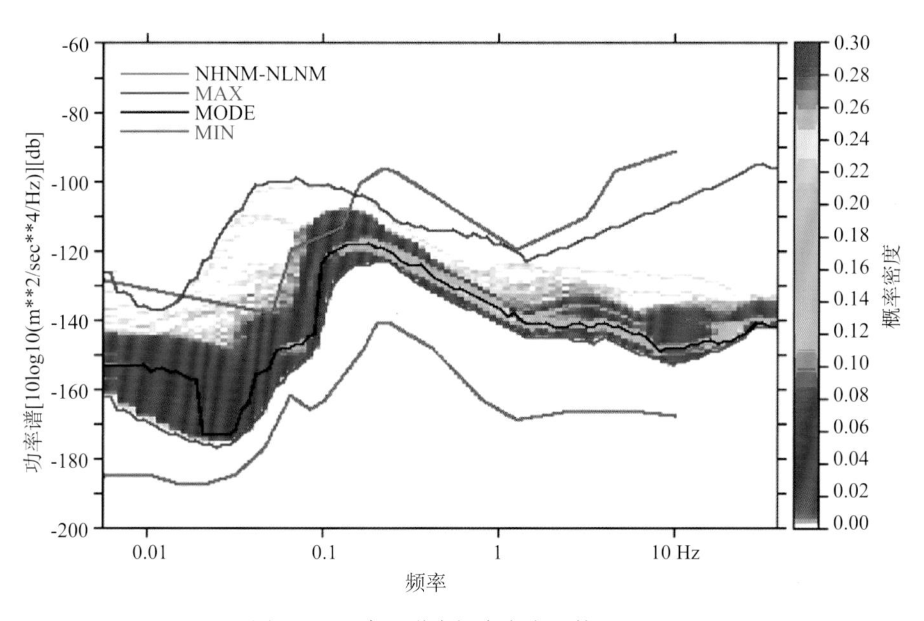

图 6.2.2　台基噪声概率密度函数（PDF）

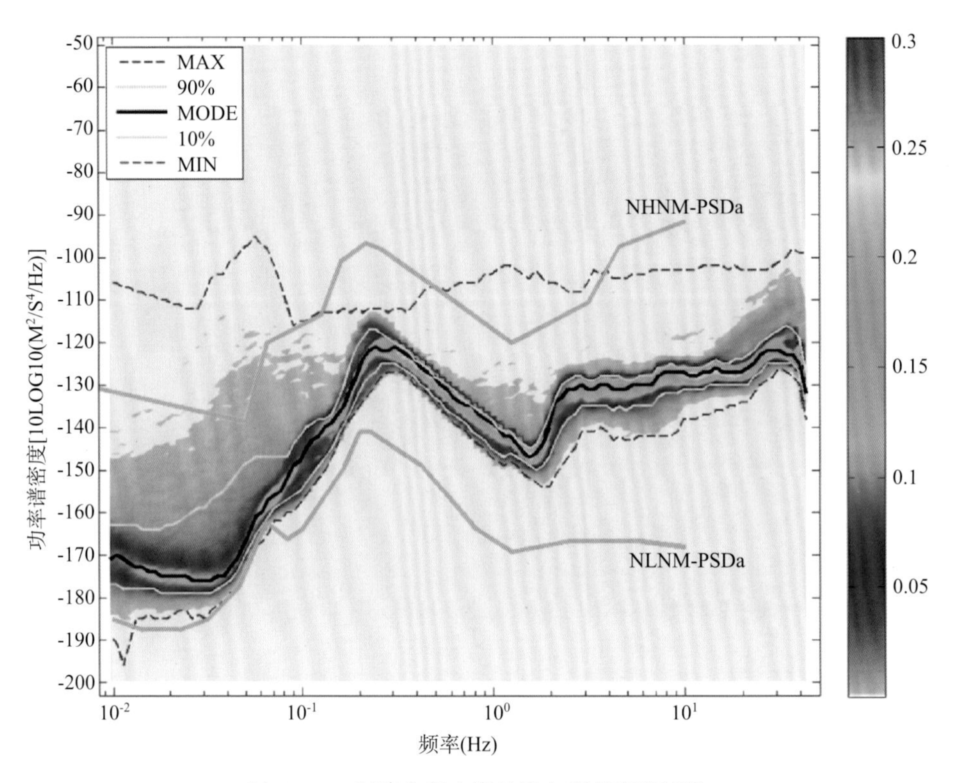

图 6.2.3　福建永安小陶地震台概率密度函数

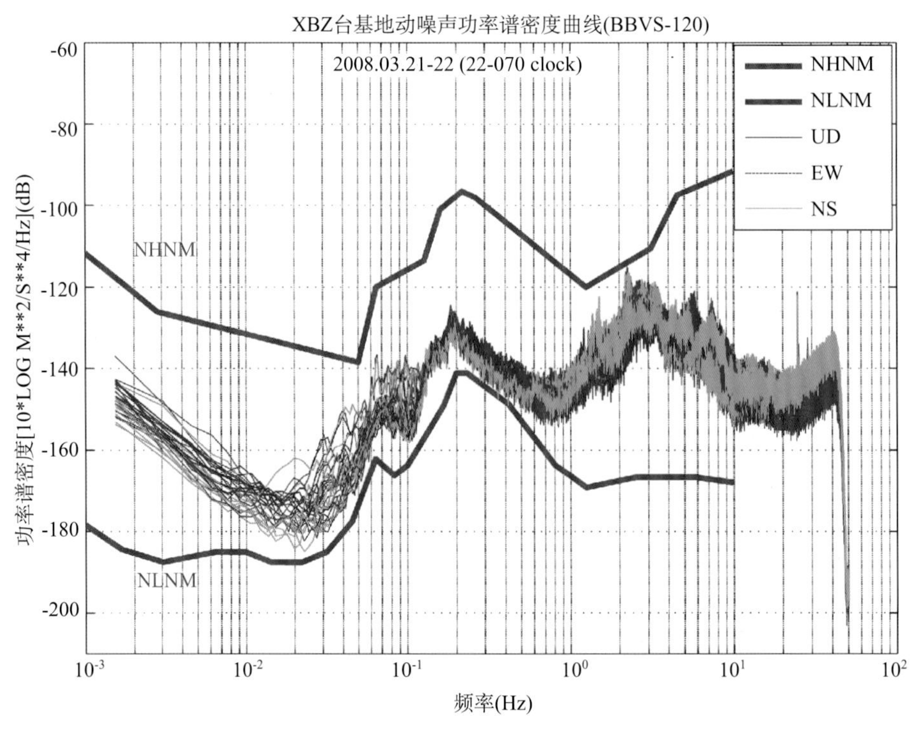

图 6.2.4　增加保温罩的台基噪声功率谱
（北京西拨子地震台，BBVS－120 地震计）

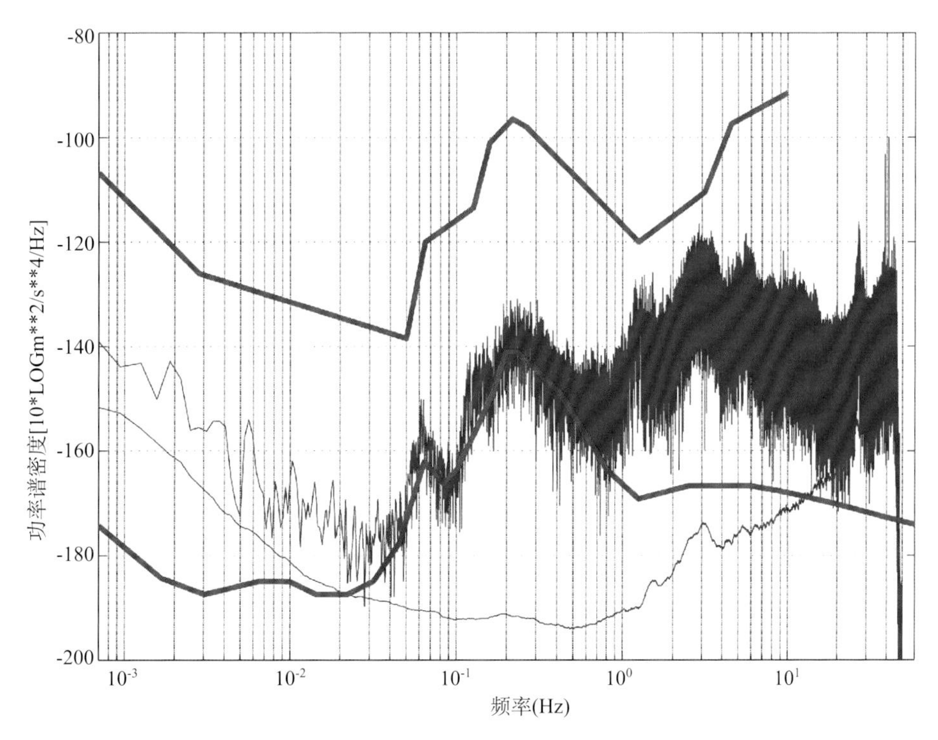

图 6. 2. 5　地脉动功率谱与观测仪器噪声功率谱示例

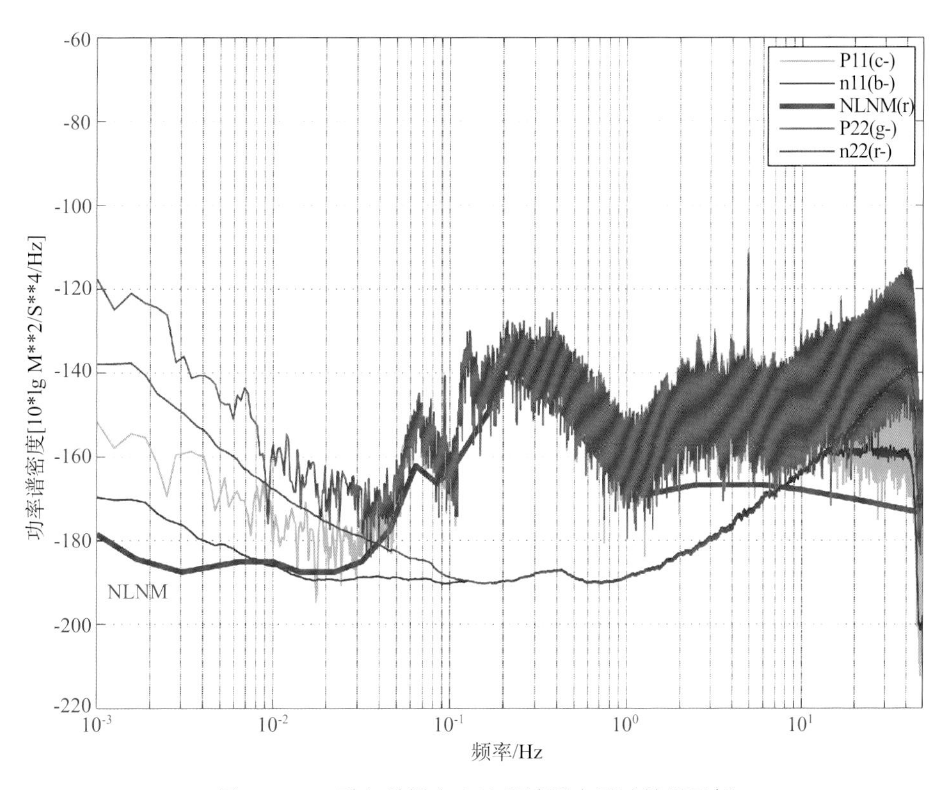

图 6. 4. 13　霍尔科姆方法地震计噪声测试结果示例

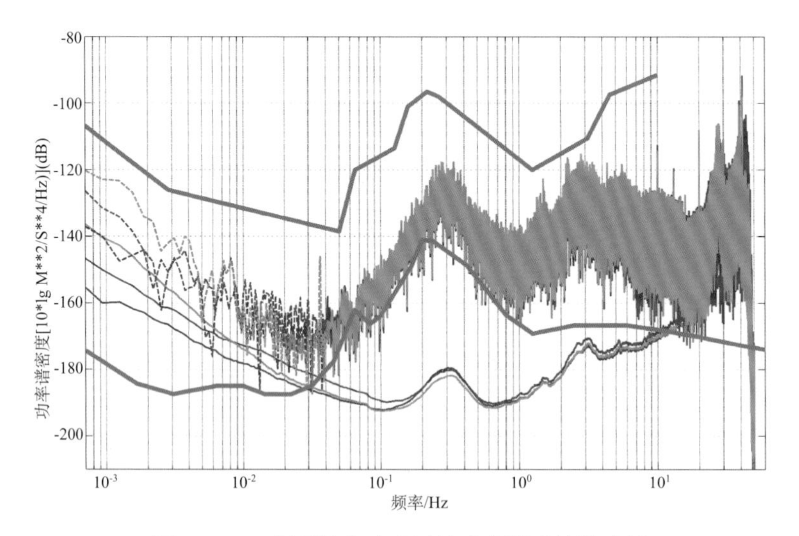

图 6. 4. 15　斯利曼方法地震计噪声测试结果示例

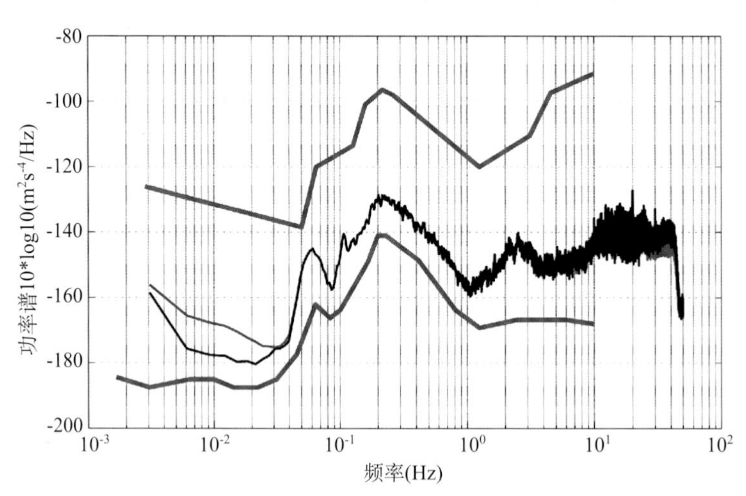

图 6. 4. 23　两台地震仪垂直向对比观测数据的功率谱

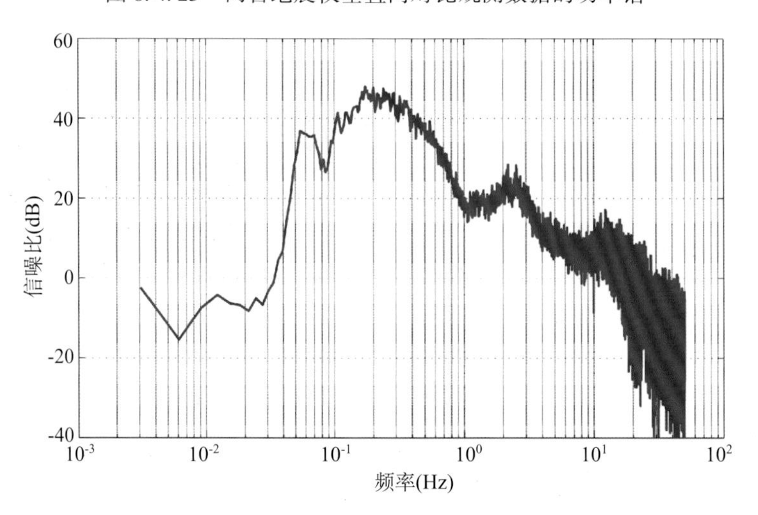

图 6. 4. 24　对比测试中的信号与噪声的谱比

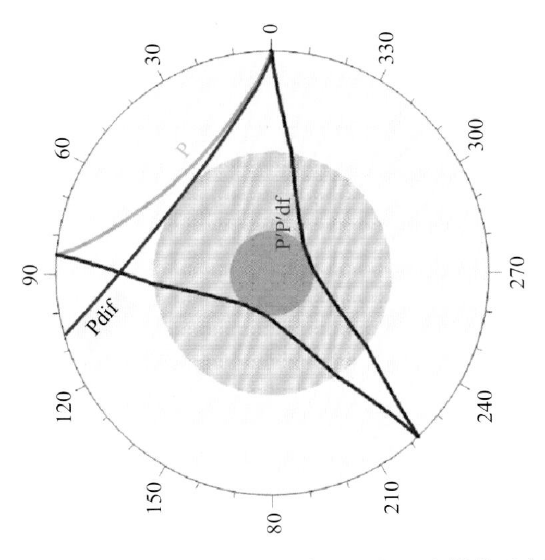

图 7.1.13　P 在核幔分界面生成 Pdif 的理论射线示意图

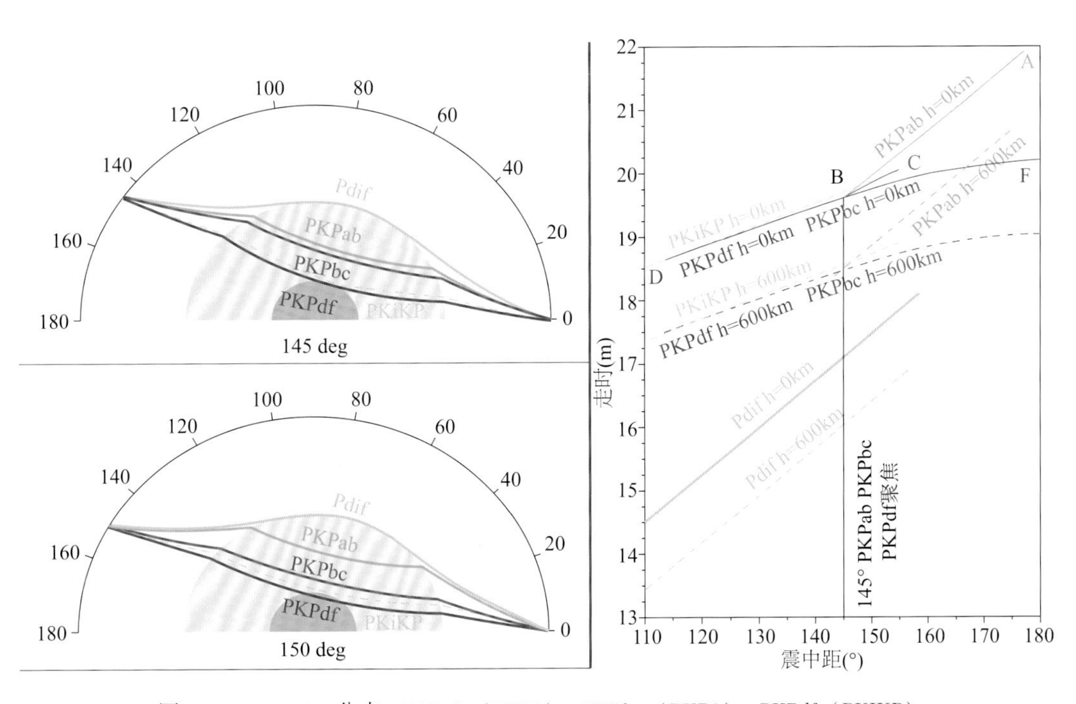

图 7.1.22a　PKP 分支：PKPab（PKP2），PKPbc（PKP1），PKPdf（PKIKP）
传播路经和走时曲线示意图

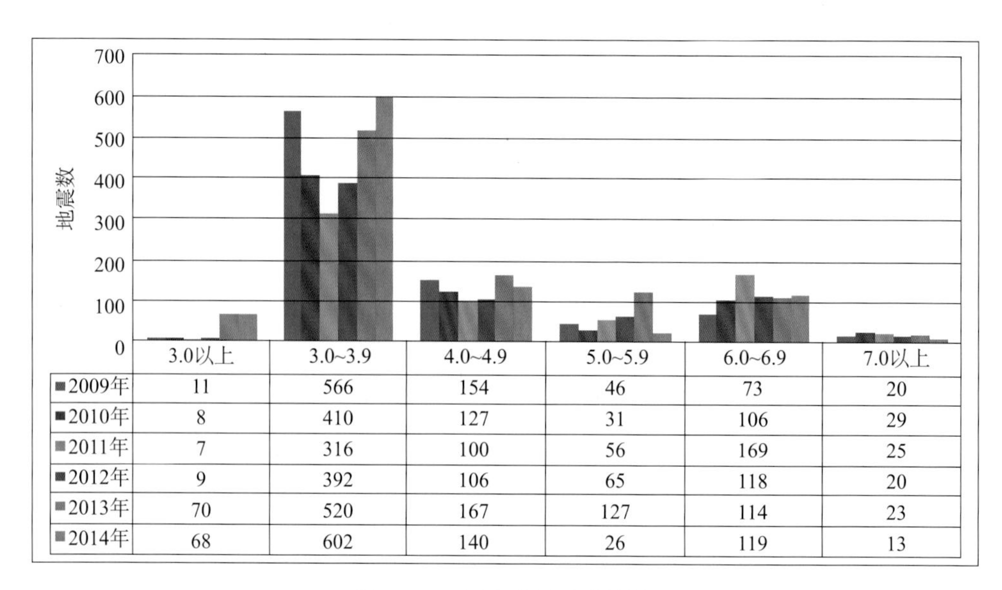

	3.0以上	3.0~3.9	4.0~4.9	5.0~5.9	6.0~6.9	7.0以上
2009年	11	566	154	46	73	20
2010年	8	410	127	31	106	29
2011年	7	316	100	56	169	25
2012年	9	392	106	65	118	20
2013年	70	520	167	127	114	23
2014年	68	602	140	26	119	13

图 8. 1. 1　国内地震速报情况

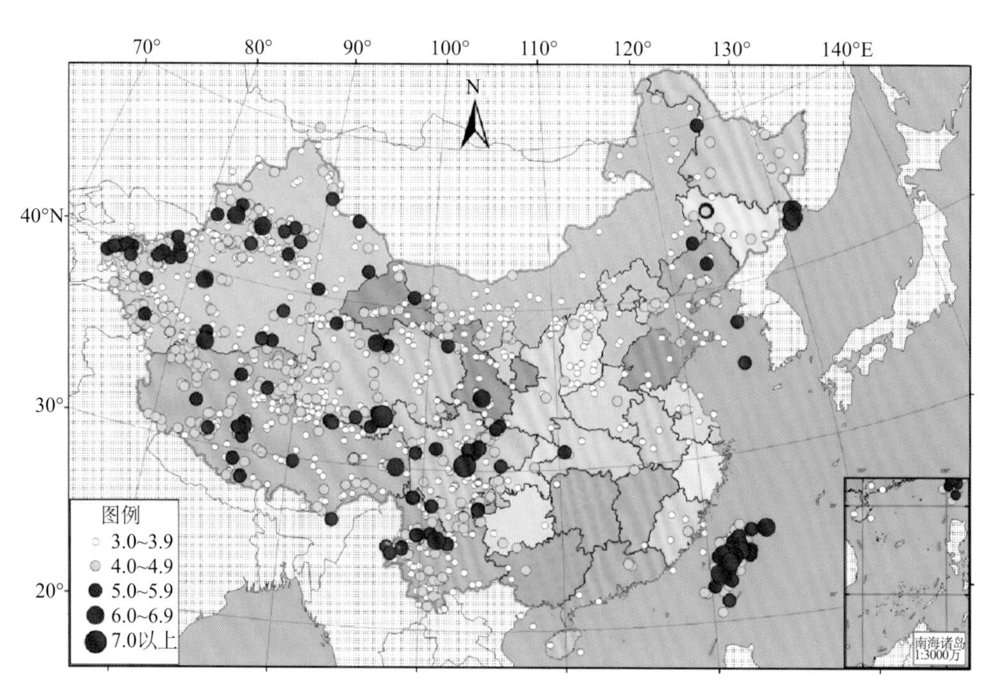

图 8. 1. 2　国内地震速报震中分布图（2009 ~ 2013 年）

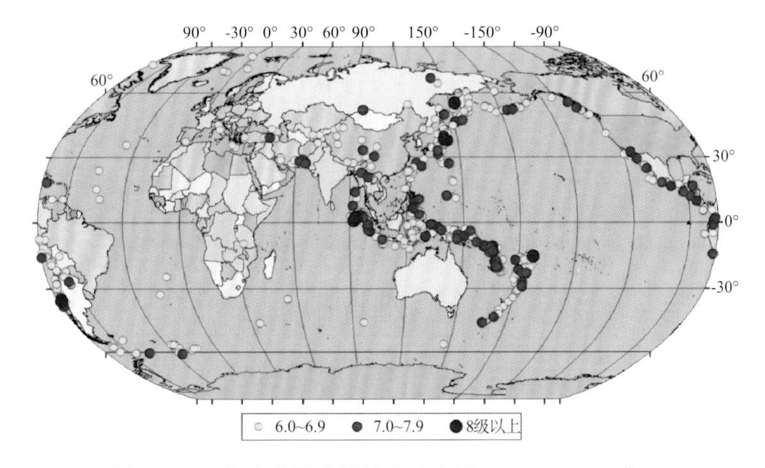

图 8.1.3　全球地震速报震中分布图（2009 ~ 2013 年）

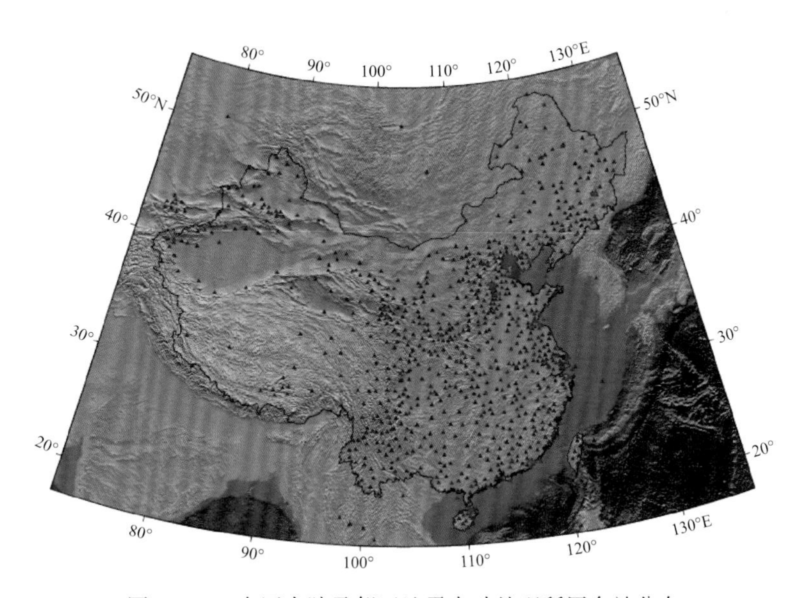

图 8.3.1　中国大陆及邻区地震自动处理所用台站分布

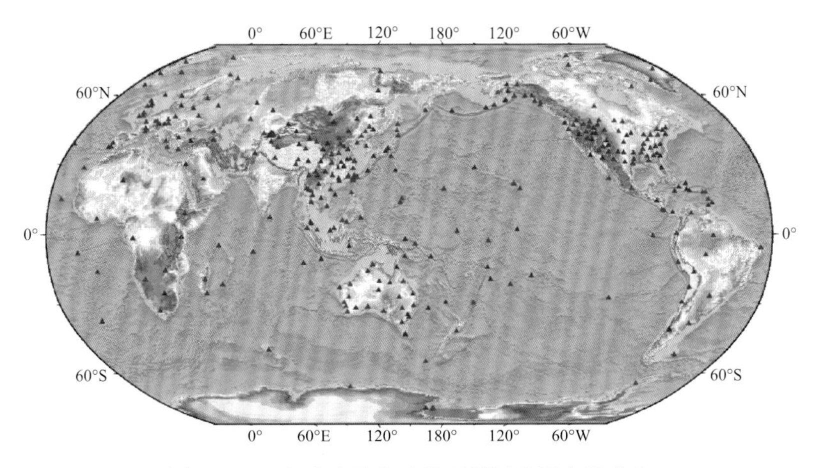

图 8.3.2　全球地震自动处理所用地震台站分布

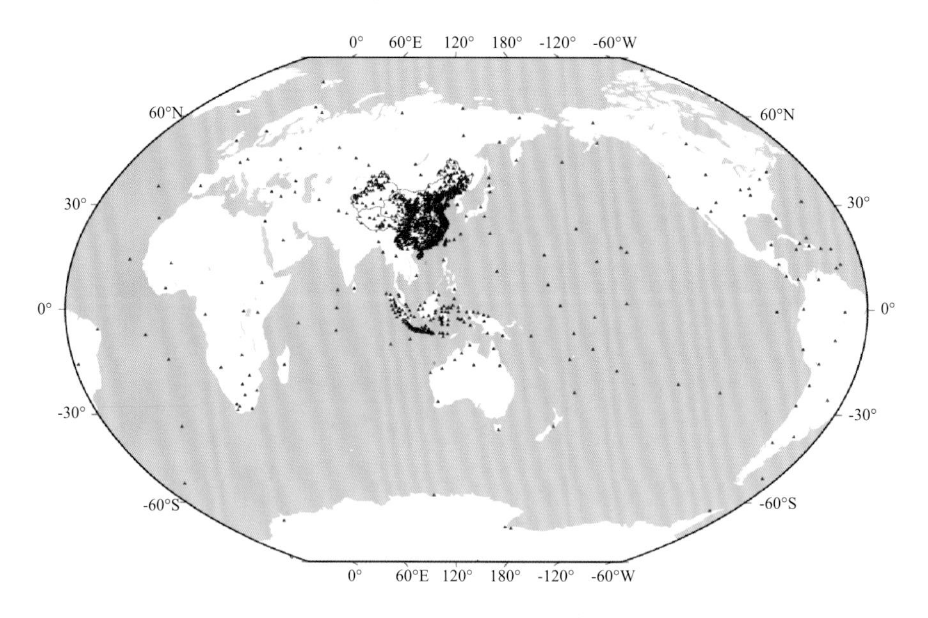

图 8.3.4　国家备份系统接入台站分布图

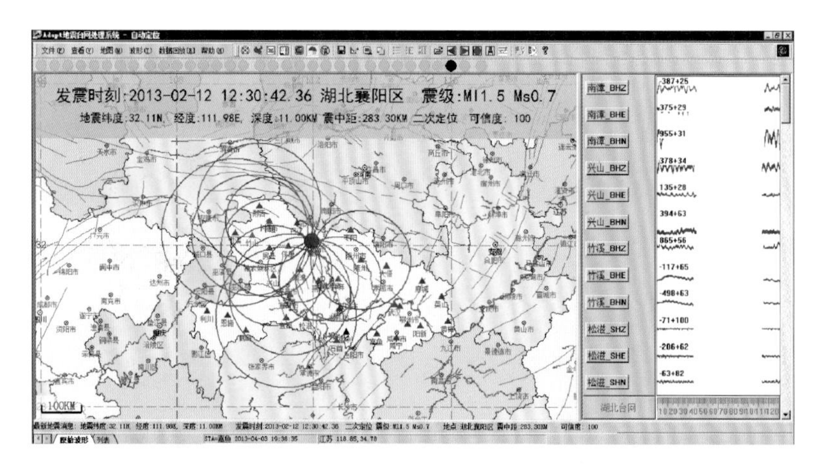

图 9.6.11　ADAPT 软件自动处理界面

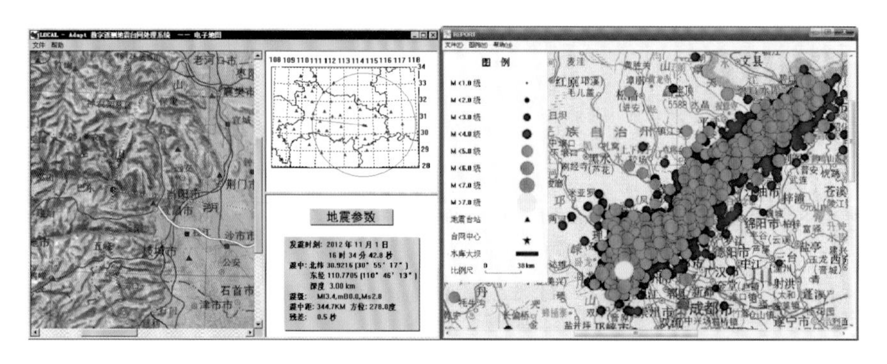

图 9.6.12　ADAPT 软件定位结果显示